jandaíra
São Paulo, 2025

A ERA DA NATUREZA

Becoming Nature Positive

Realização

instituto arapyaú

NATURE POSITIVE INITIATIVE

Apoio

Página 22

A ERA DA

Becoming Nature Positive

16. RECONTAR A NATUREZA: NOVAS NARRATIVAS PARA UM MUNDO EM TRANSIÇÃO

A imaginação em colapso

Histórias de colapso climático, degradação ambiental, extinções, escassez e perdas irreparáveis, embora baseadas em dados reais, estão se tornando fórmulas repetitivas, que nos confrontam com o paradoxo de que quanto mais se alerta sobre a destruição da natureza menos parece possível mobilizar uma transformação real. A rigor, esse modelo de narrativa aponta para outra crise, a crise da imaginação — uma incapacidade coletiva de imaginar futuros ecológicos alternativos que não estejam baseados apenas em perdas, mas em regeneração, em interdependência e em pluralidade de mundos possíveis.

Desde a década de 1970, as narrativas de obras emblemáticas, como *Primavera silenciosa* (Rachel Carson) ou *Os limites do crescimento* (Clube de Roma), têm sido predominantemente apocalípticas. Tratam do esgotamento dos recursos naturais, da degradação de oceanos e florestas e do desaparecimento da sociobiodiversidade. Esse tipo de discurso é importante para respaldar denúncias, contudo é limitado para o campo das propostas, pois tende a suscitar medo, culpa ou paralisia, sentimentos que isoladamente não constroem futuros e embotam a imaginação.

E por que a imaginação importa tanto? Porque se trata de uma ferramenta política, que permite pensar o que ainda não é, permite visualizar futuros alternativos e criar narrativas que mobilizem afetos e ação. Como disse a célebre e premiada escritora norte-americana de ficção científica Ursula K. Le Guin (1929-2018): "Tempos difíceis estão chegando e precisaremos de vozes de escritores que consigam enxergar alternativas ao modo como vivemos agora, que consigam enxergar, através da nossa sociedade amedrontada e de suas tecnologias obsessivas, outras formas de ser, e que até mesmo imaginem motivos reais para a esperança. Precisamos de escritores que se lembrem da liberdade – poetas e visionários, os realistas de uma realidade maior".

Essa urgência narrativa se conecta à experiência emocional de milhões de jovens ao redor do mundo que já vivem com sintomas de ecoansiedade. Pesquisas recentes apontam que sentimentos de impotência, tristeza e medo relacionados à mudança climática estão cada vez mais presentes na geração Z, o que torna ainda mais necessário o cultivo de visões que combinem lucidez com esperança ativa[1].

Ao limitarmos nossos relatos ao que está sendo perdido, corremos o risco de reforçar o desejo de retorno a um passado idealizado, em vez de alimentarmos o desejo por formas de vida mais justas, ecologicamente integradas e sensíveis. Felizmente, diversos movimentos e pensadores têm proposto alternativas. É o caso da Ficção Especulativa e do Solarpunk, gêneros literários que imaginam futuros sustentáveis, comunitários, tecnicamente inovadores e socialmente inclusivos.

Há também as Epistemologias do Sul, uma proposta de imaginação política para além da exaustão intelectual do Norte Global, que amplia as possibilidades de repensar o mundo a partir de saberes e práticas do Sul Global[2]. Os povos tradicionais amazônidas (indígenas, ribeirinhos, quilombolas), por exemplo, articulam outras formas de relação com a natureza, não como recurso, mas como parente, território ou espírito.

Cito ainda a Ecologia Profunda, filosofia proposta pelo empresário da navegação e montanhista norueguês Arnee Naess [1937-2004] de reestruturação da sociedade alinhada à ideia de um valor intrínseco de todos os seres vivos e da natureza. Outro movimento filosófico muito debatido nas últimas décadas é o Pós-humanismo, que aponta para uma perspectiva na qual o ser humano perde o seu protagonismo como um ser dominante do universo e passa a desenvolver parcerias com as máquinas, os animais e o meio ambiente.[3]

As teorias estão mostrando que para superar a crise da imaginação não se deve abandonar a denúncia ou ignorar a gravidade da crise ecológica, mas reequilibrar o imaginário, criar espaços para narrativas de cuidado, reconstrução e transformação. É preciso imaginar não apenas o que estamos perdendo, mas o que ainda pode emergir. Para isso, é importante escutar quem ainda não foi escutado.

Natureza positiva: uma mudança de paradigma

Por muito tempo, a conservação ambiental foi pensada como um esforço de contenção – conter o desmatamento, conter a expansão urbana, conter os impactos provocados pela espécie humana. Essas são expressões que pressupõem gestos defensivos e reativos. As imagens que primeiro surgem à mente são as de parques ecológicos cercados, espécies catalogadas, paisagens intocadas. A visão de que proteger significa manter distância ainda predomina em muitas políticas ambientais. É o momento de dar um passo além. De abandonar o discurso de contenção e abraçar a ideia de regeneração.

O conceito de Natureza Positiva ganhou força nos últimos anos, ao redor do mundo, na defesa de que se deve não apenas conservar a natureza que resta, mas colaborar ativamente para restaurar, regenerar e reinventar formas de ser mais resilientes e interdependentes. Isso exige uma inversão de valores: interagir em vez de preservar, integrar em vez de isolar, e multiplicar benefícios em vez de mitigar danos[4].

O que isso muda na prática? Muda a forma de enxergar a natureza. Por exemplo, um manguezal restaurado não apenas protege terrenos da erosão, reduzindo os impactos do avanço do mar, como também renova todo um ecossistema marinho. Uma fazenda regenerativa não apenas produz alimentos, mas também recupera o solo, atrai vida e armazena carbono. Um parque urbano não apenas embeleza a cidade, ele refresca, abriga, reconecta as pessoas com o mundo vivo. Em outras palavras, a natureza positiva deixa de ser cenário e passa a ser parceira ativa no projeto de um futuro possível.

O mesmo raciocínio pode ser estendido ao espaço urbano como um todo. Telhados verdes, hortas comunitárias, corredores ecológicos e a renaturalização de rios são exemplos de como a regeneração pode habitar também o concreto e o asfalto. As cidades não precisam ser o oposto da natureza – elas podem se tornar ecossistemas híbridos, vivos e restauradores.

Tal mudança de paradigma, muito mais que técnica, é imaginativa e espiritual. Durante séculos, a humanidade foi moldada por uma visão de separação: natureza de um lado, humanidade do outro. Agora, o que se apresenta é uma nova configuração de mundo: não estamos acima nem fora da natureza. Estamos dentro. Somos natureza. Ou seja, a Natureza Positiva não significa idealizar um mundo selvagem e intocado, mas reconhecer que a inteligência da vida está em toda parte: do micélio aos corais; das dunas aos rios urbanos que tentam voltar a correr livremente.

A partir da Natureza Positiva, a compreensão de regeneração vai além da ideia de restaurar aquilo que foi perdido. Regenerar pode ser entendido como uma forma de ativar a potência do que pode ser cultivado em parceria, nunca em dominação. Uma nova ecologia do cuidado, baseada na confiança de que o mundo vivo sabe se curar se o deixarmos fazer parte.

É como se substituíssemos os muros que afastaram por séculos a humanidade da natureza por pontes. Pode-se dizer que a Natureza Positiva é mais que uma política ambiental: é uma mudança de imaginação coletiva, que passa da narrativa de perda para a narrativa de possibilidade, que consegue imaginar o que ainda não foi tentado.

A urgência do século 21

O século 21 começou sob o signo da colisão entre modelos de desenvolvimento e limites do planeta. Vive-se hoje em uma encruzilhada marcada por múltiplas crises entrelaçadas. O colapso climático torna o planeta mais quente, imprevisível e hostil; a perda acelerada de biodiversidade, com espécies desaparecendo a taxas inéditas desde os grandes eventos de extinção; a insegurança alimentar atinge centenas de milhões, mesmo em um mundo que produz mais do que o suficiente; as desigualdades extremas, que concentram riqueza e poder em poucas mãos enquanto bilhões lutam para sobreviver; e os rearranjos geopolíticos, que desenham um novo mapa de forças, dependências e disputas.[6]

Essas não são crises isoladas. São manifestações interligadas de um modelo de desenvolvimento que perdeu o equilíbrio entre crescimento, bem-estar e limites do planeta. Um modelo de mundo que avançou como se fosse infinito sobre um planeta claramente finito. A urgência, então, não é apenas ecológica. É civilizatória. Não basta remendar. É preciso reimaginar como habitamos o território, como produzimos e compartilhamos alimentos, energia, cuidados, e como reconhecemos outras formas de vida, outros saberes, outros futuros.

Talvez o maior desafio do século 21 não seja apenas sobreviver à crise, mas encontrar um novo sentido de viver juntos, humanos e não humanos, comunidades e ecossistemas, saberes e tecnologias. A urgência é real. Mas a resposta ainda está em aberto.

A evolução das narrativas sobre natureza

Narrativas de dominação da natureza (antropocentrismo moderno)

Desde os primórdios da modernidade ocidental, uma ideia passou a dominar o imaginário político, filosófico e científico do Ocidente: a de que a natureza existe para servir ao ser humano. Essa visão — chamada de antropocentrismo — coloca o ser humano no centro do mundo, como medida e fim de todas as coisas. A natureza, por sua vez, é reduzida a recurso, obstáculo ou cenário. Algo a ser dominado, explorado, vencido. Essa narrativa ganhou força com o pensamento cartesiano, que separou corpo e mente, natureza e razão, sujeito e objeto. "Tornar-se mestre e possuidor da natureza", disse Descartes. Era o início de uma lógica que via florestas como madeira, rios como energia, terras como capital.

Com o avanço do colonialismo, essa dominação não foi apenas filosófica, foi geopolítica e brutal. Povos inteiros, considerados "primitivos", eram vistos como parte da natureza a ser conquistada. Suas cosmologias, que viam rios, árvores, pedras e animais como seres vivos e relacionais, foram silenciadas em nome do progresso[8].

A ciência moderna, apesar de seus avanços, muitas vezes reforçou esse paradigma ao estudar o mundo natural como algo separado do observador, perdendo a noção de reciprocidade[9]. Hoje, os efeitos dessa narrativa são visíveis: colapso climático, extinção em massa, exaustão dos solos, pandemias zoonóticas, injustiças ambientais, negacionismo.

Mas há sinais de mudança. Novas e antigas vozes têm questionado essa centralidade humana. Luzes estão sendo jogadas sobre os saberes indígenas e as cosmologias não ocidentais que pensam o mundo como uma teia de relações vivas. A ética ecológica contemporânea propõe direitos para a natureza. As filosofias pós-humanistas descentralizam o sujeito moderno e o convidam à coabitação com o não humano.[10]

Romper com o antropocentrismo não significa negar a importância da humanidade, mas nos recolocar como parte de um mundo maior, em que a vida não gira em torno de nós. Desfazer essa narrativa da dominação talvez seja o primeiro passo para imaginar futuros nos quais o viver não dependa do destruir.

Narrativas de preservação e conservação (século 20)

Se o século 19 foi o auge da expansão industrial e da dominação técnica da natureza, o século 20 marca o nascimento das grandes narrativas conservacionistas. Elas surgem como resposta aos impactos crescentes da modernização: poluição, desmatamento, extinção de espécies, degradação do solo e das águas.

Mas a forma como essas respostas foram formuladas revela muito sobre a mentalidade da época e sobre suas contradições. Duas abordagens distintas emergiram: preservar ou conservar? A proposta preservacionista, ligada a nomes como o do naturalista escocês John Muir [1838–1914], que viveu nos Estados Unidos, via a natureza como um espaço sagrado, que deveria ser mantido intocado, longe da intervenção humana.

Criou-se, assim, a ideia dos parques nacionais como santuários da natureza. A proposta conservacionista, representada pelo engenheiro florestal e ex-governador da Pensilvânia (EUA) Gifford Pinchot [1865–1946], defendia o uso racional dos recursos naturais, desde que de forma planejada e sustentável. Ele cunhou a famosa frase: "a maior utilidade para o maior número de pessoas por mais tempo".

Ambas as ideias carregavam o desejo de proteger e reforçavam a separação entre natureza e sociedade. Muitas vezes, ao criar áreas protegidas, ignoravam, ou expulsavam, os povos originários e tradicionais que viviam nesses territórios havia séculos.

As políticas de conservação do século 20 se expandiram pelo mundo, especialmente a partir da década de 1970, com o fortalecimento dos discursos ambientais globais. No entanto, essas narrativas guardavam limitações importantes. Frequentemente reproduziram lógicas coloniais, transformando territórios vivos em unidades de conservação abstratas. Tratavam os ecossistemas como estoques de serviços a serem mantidos, reduzindo a complexidade da vida a cálculos de custo-benefício.[11]

Apesar das críticas, as narrativas de conservação tiveram papéis importantes ao impedirem desmatamentos, criarem as reservas, denunciarem abusos ambientais, e formarem gerações de ativistas. Mas hoje, diante das múltiplas crises ecológicas, torna-se necessário ir além do paradigma da contenção. A preservação como isolamento não é mais suficiente e a conservação como gestão de recursos também se mostra limitada.

Precisamos de uma ecologia relacional[12], que veja a natureza não como paisagem ou estoque, mas como parceira viva. Precisamos repensar não só o que protegemos, mas como e com quem. Porque proteger a natureza sem as pessoas que vivem com ela é repetir velhos erros. E conservar sem imaginar novos modos de coexistência é, no fundo, continuar a administrar a perda.

Narrativas de emergência e colapso
(Antropoceno e mudança climática)

No início do século 21, uma nova palavra passa a habitar o vocabulário do mundo: Antropoceno. Mais do que uma época geológica, o termo propõe um diagnóstico profundo, pois os impactos humanos sobre a Terra se tornaram tão intensos que já reconfiguram o funcionamento do planeta – em clima, ciclos biogeoquímicos, biodiversidade, oceanos e atmosfera.[13]

Diante desse quadro, emerge a narrativa do colapso, composta por imagens bem familiares, como degelo das calotas polares, florestas em chamas, cidades submersas, ondas de calor letais, espécies extintas, populações deslocadas. Em relatórios científicos, documentários e manchetes na imprensa, a tônica é: estamos ultrapassando os limites planetários e o tempo está se esgotando.

Essa narrativa opera por meio da urgência. Ela convoca, alerta, tenta despertar consciência e ação. "Estamos diante de um ponto de não retorno." "Temos menos de uma década." "Cada fração de grau conta." Essas são frases que circulam como mantras e com razão, afinal, a crise climática é real. Ignorá-la seria irresponsável.

Mas há o risco do fatalismo paralisante. Quando repetidas exaustivamente, essas narrativas podem produzir desesperança em vez de mobilização. Diante do apocalipse anunciado, o indivíduo médio se pergunta: o que posso fazer? E muitas vezes conclui: nada.

O excesso de alerta, sem abertura para ação coletiva significativa, pode levar a um cansaço climático, ao cinismo ou à negação[14]. Além disso, essas narrativas são frequentemente construídas a partir de perspectivas tecnocráticas e distantes da realidade de comunidades do Sul Global, onde já existem práticas e saberes relevantes para enfrentar a crise.

Assim, é preciso reequilibrar o imaginário. Não se trata de suavizar a gravidade do que vivemos. Mas de reconhecer que a imaginação do colapso, sozinha, não é capaz de sustentar futuros habitáveis. Precisamos das narrativas de transição, de regeneração, de reconstrução, que se apoiem em justiça climática, conhecimento ecológico, cooperação entre povos, inovação enraizada em ética[15]. Narrativas que mostrem que o mundo não acabou e que o que fizermos agora importa e muito. Porque, se é verdade que entramos em uma era de emergência permanente, também é verdade que nunca estivemos tão cientes de nossa interdependência.

Emergência do conceito de "natureza positiva": restaurar, regenerar, coexistir

Com a restauração, rios podem voltar a correr livres como em seu formato original. Florestas podem se recompor. Solos podem voltar a respirar. Já a regeneração não busca retornar a um passado idealizado, mas proporcionar as condições para que a vida floresça novamente de forma diversa e adaptada. Regenerar é confiar na potência da vida e atuar como parte dela, não como seu gestor. Coexistir, no conceito de natureza positiva, requer abandonar o antropocentrismo e adotar uma ética relacional.

Não há um "meio ambiente", há um mundo comum, vivo, composto por múltiplos agentes: humanos, animais, plantas, fungos, bactérias, rios, montanhas, espíritos, algoritmos, saberes[16].

Por que as narrativas importam: poder simbólico, cultural e político

Narrativas definem o que entendemos como realidade. São elas que constroem o que percebemos como natural ou anormal, aceitável ou absurdo, permanente ou mutável[17]. Por séculos, a narrativa dominante foi a do ser humano como centro da criação e senhor da natureza. Hoje, começamos a narrar o planeta como um corpo vivo, interdependente, frágil e potente ao mesmo tempo. Essa mudança simbólica é essencial: só podemos cuidar do que conseguimos imaginar como vivo.

Narrativas também estruturam mitos, símbolos e valores de uma cultura. Elas nos dizem quem somos, de onde viemos e o que tem valor. Narrativas ecológicas, por exemplo, não são apenas descrições da crise ambiental. São disputas sobre o que é progresso, natureza, riqueza, bem-estar. Contar a história do planeta a partir de outras vozes do Sul Global altera o centro de gravidade cultural do mundo. Quem narra, molda os significados. E quem molda os significados, molda as escolhas.

Narrativas inspiram políticas públicas, justificam decisões econômicas, mobilizam movimentos sociais ou sustentam regimes opressores. Por isso, a arte e a cultura têm papel central nessa virada simbólica. Poetas, músicos, cineastas, designers e artistas visuais ajudam a traduzir as novas sensibilidades ecológicas em linguagem sensível e acessível.

A ideia de que a regeneração é possível pode convocar. É por isso que disputar o imaginário coletivo é também disputar o poder sobre quais futuros são imagináveis — e para quem[18].

Novas narrativas para um novo contexto político

A resistência à agenda climática não é nova nem se limita a argumentos racionais. Embora a ciência apresente provas sólidas e amplamente aceitas, diversos fatores explicam por que ainda há quem negue ou minimize a gravidade da crise. O histórico de previsões alarmistas, algumas das quais não se concretizaram, e uma fé inabalável no progresso tecnológico como solução futura, ajudam a alimentar o negacionismo. No entanto, as raízes dessa resistência são mais profundas.

Em primeiro lugar, destacam-se os interesses econômicos e políticos. Alguns setores da economia, com forte peso político e midiático, atuam para postergar decisões estruturais, dificultando a construção de consensos amplos sobre a transição climática. Estratégias de desinformação, reforçadas por redes sociais e discursos populistas, contribuem para gerar uma falsa sensação de incerteza, mesmo diante de evidências robustas que ligam as emissões de gases de efeito estufa ao aquecimento global.

Em segundo, temos a dissonância cognitiva. Reconhecer a gravidade da crise climática exige mudanças profundas em hábitos, estilos de vida e até visões de mundo. Para muitos, é mais confortável negar a crise ou se apegar a soluções ilusórias do que encarar suas implicações. Esse mecanismo psicológico ajuda a explicar por que, mesmo frente a eventos extremos, como enchentes ou ondas de calor, nem sempre há disposição para conectar os pontos.

Outro obstáculo é a escala e o tempo do problema. O colapso climático se desenrola de forma difusa, não imediata. Seus efeitos, embora cada vez mais frequentes e intensos, ainda são percebidos por muitos como episódios pontuais, não como parte de um processo sistêmico. Essa percepção fragmentada dificulta a construção de um senso de urgência e atrasa a mobilização coletiva e institucional.

Por fim, pesa a crescente desconfiança nas instituições. Em tempos de polarização política, amplifica-se o ceticismo em relação à ciência, aos governos e às organizações multilaterais. Nesse cenário, os alertas climáticos, em um contexto de polarização e desconfiança institucional, são por vezes recebidos com ceticismo, mesmo diante de sinais claros da crise em curso.

Em contrapartida, experiências narrativas que partem do Sul Global, como as de resistência e de reinvenção na Amazônia, podem oferecer outras formas de perceber e comunicar a crise climática. O Brasil, em especial, com sua diversidade cultural, cosmológica e ecológica, tem potencial único de liderar uma virada narrativa global — e fazer da COP 30 em Belém um marco não só técnico, mas também simbólico, poético e civilizatório. Em um mundo em busca de referências, a Amazônia pode ser mais do que o centro das atenções climáticas — pode ser o centro da reinvenção narrativa. O que está em jogo não é apenas o cumprimento de metas climáticas, mas a capacidade de recontar o mundo a partir da floresta.

Quando narrativas mudam sistemas: três casos de transformação concreta

Ao longo das últimas décadas, algumas ideias que pareciam marginais — por exemplo, a natureza como sujeito de direitos ou a floresta como fonte de valor não extrativista — ganharam força suficiente para influenciar decisões em nível nacional e internacional. Seguem três exemplos:

Direitos da Natureza na Constituição do Equador (2008)

Pela primeira vez na História, a natureza foi reconhecida como sujeito de direitos constitucionais. Sob influência de movimentos indígenas, ecologistas e da cosmovisão do *sumak kawsay* ("bem-viver", em quéchua), o Equador incorporou à sua Constituição o reconhecimento de que a Pacha Mama (Mãe Terra) tem direito a existir, persistir, manter e regenerar seus ciclos vitais. A iniciativa rompeu com a visão clássica de que a natureza é apenas propriedade ou recurso e passou a exigir do Estado e da sociedade responsabilidade ativa na proteção e regeneração do mundo natural. De objeto passou a sujeito de direito, inclusive com ações judiciais movidas em nome de rios, florestas e espécies[19].

Rio Whanganui com status legal de pessoa (Nova Zelândia, 2017)

Após mais de um século de disputas entre o povo Māori e o Estado neozelandês, o rio Whanganui foi oficialmente reconhecido como uma entidade legal com personalidade jurídica. Pela nova lei, o rio tem os mesmos direitos que uma pessoa e é representado por dois guardiões: um nomeado pelo governo e outro pela comunidade indígena local. Essa decisão foi fruto de uma mudança de narrativa profunda: o entendimento de que o rio não é um recurso a ser gerido, mas um ancestral a ser respeitado. A medida sinaliza que formas indígenas de ver e se relacionar com a natureza podem (e devem) moldar estruturas legais modernas.[20]

Bioeconomia amazônica com identidade regional

Na Amazônia brasileira, começa a emergir uma narrativa econômica de que a floresta em pé vale mais do que derrubada, não apenas em termos ambientais, mas também econômicos e culturais. Estamos falando em um modelo de bioeconomia com identidade amazônica. Ela é baseada em conhecimentos tradicionais de povos indígenas, ribeirinhos e extrativistas; em cadeias produtivas sustentáveis e regenerativas (como açaí, copaíba, andiroba, castanha); em tecnologias sociobiodiversas; e em relações de cuidado com o território. Com isso, começa a se definir o imaginário econômico do País e da região, influenciando planos de desenvolvimento, editais públicos e financiamento climático internacional.

Essa nova narrativa econômica também encontra expressão em iniciativas de certificação de origem, de governança territorial compartilhada e em mecanismos de financiamento climático que valorizam não apenas o carbono estocado, mas a cultura viva, o conhecimento tradicional e a regeneração comunitária. O que está em jogo não é só o modelo de desenvolvimento, mas o próprio imaginário de prosperidade.

Conclusão

O momento exige novas narrativas políticas e simbólicas, que não apenas denunciem, mas também proponham formas de cooperação. Histórias que valorizem o bem comum e incentivem modelos de gestão compartilhada e corresponsável dos territórios e recursos naturais; que valorizem os saberes locais e a soberania dos povos sobre seus territórios; e que defendam a biodiversidade não como "capital natural", mas como a teia de interdependência viva, proclamada por Fritjof Capra.

Essas novas narrativas ancoradas na ideia de Natureza Positiva – muito mais que um conceito técnico, uma visão de mundo – têm o poder de reorganizar sentidos, valores e decisões. Elas nos chamam a imaginar futuros regenerativos, onde coexistir é mais importante do que dominar, onde restaurar é também reinventar, onde viver bem é inseparável de cuidar do mundo vivo.

Em tempos de transição, narrar é também liderar. Quem conta as histórias que inspiram, molda as escolhas que transformam. O Brasil, com sua sociobiodiversidade e potência simbólica, pode ser um dos grandes narradores deste tempo. E, talvez, seja justamente da floresta – com seus povos, ritmos e visões – que surja a chave para imaginar outros mundos possíveis.

Notas bibliográficas

1 Hickman, C., Marks, E., Pihkala, P., et al. (2021). "Climate anxiety in children and young people and their beliefs about government responses to climate change: a global survey." The Lancet Planetary Health.

2 Boaventura de Sousa Santos. "Epistemologies of the South: Justice Against Epistemicide". Routledge, 2014. https://www.scielo.br/j/soc/a/Y3Fh6D3ywMCFym4wMFVdzsq/. Acesso a este e demais links deste capítulo em 20 de julho de 2025.

3 Braidotti, Rosi. The Posthuman. Polity Press, 2013

4 https://www.naturepositive.org/app/uploads/2024/02/The-Definition-of-Nature-Positive.pdf

5 KRENAK, Ailton. *Ideias para adiar o fim do mundo*. São Paulo: Companhia das Letras, 2019.

6 ONU – Relatório Global de Desenvolvimento Sustentável (2023). https://www.theguardian.com/environment/2024/oct/21/humanity-earth-natural-limits-biodiversity-warning-cop16-conference-scientists-academics Insegurança alimentar – https://www.ipcc.ch/srccl/chapter/chapter-5/Rearranjos geopolíticos – https://time.com/6246974/worlds-biggest-crises-protect-basic-needs/

7 Latour, B. (2020). Onde aterrar? Como se orientar politicamente no Antropoceno (1a ed.). Rio de Janeiro, RJ: Bazar do Tempo. e-ISBN 978-65-86719-20-8.

8 Fogarty, I. (2022). Coloniality, Natural World Heritage and Indigenous Peoples: A Critical Analysis of World Heritage Cultural Governance. In: Albert, MT., Bernecker, R., Cave, C., Prodan, A.C., Ripp, M. (eds) 50 Years World Heritage Convention: Shared Responsibility – Conflict & Reconciliation. Heritage Studies. Springer, Cham. https://doi.org/10.1007/978-3-031-05660-4_4

9 LATOUR, B. Jamais fomos modernos. Tradução de Carlos Irineu da Costa. 3. ed. São Paul: Editora 34, 2013. https://www.periodicos.rc.biblioteca.unesp.br/index.php/olam/article/view/8798

10 Carta da Terra (2000)

11 Edson Alves Filho, Ricardo Sartorello & Sueli Angelo Furlan. "Geografia da conservação: abordagens, limites e potencialidades" (2023)

12 CAPRA, F. A teia da vida: uma nova compreensão científica dos sistemas vivos. Trad. Newton Roberval Eichemberg. São Paulo: Cultrix, 1999.

13 Steffen, Will; Crutzen, Paul J.; McNeill, John R. – "The Anthropocene: Are Humans Now Overwhelming the Great Forces of Nature?" (AMBIO, vol. 36, nº 8, 2007).

14 Debra J. Davidson (2024) – "The Role of Cynicism in Social Responses to the Climate Emergency"

15 Myles Lennon (2025) – *"From reduction to regeneration: Environmental justice and ecological unity in the IRA era"* aborda a necessidade de superar abordagens puramente redutivistas e urgentes sobre redução de emissões, em favor de

estratégias de regeneração baseadas em justiça ambiental, co-responsabilidade ecológica e participação comunitária.

16 International Union for Conservation of Nature (IUCN) – Nature-Positive: what it is

17 Raul Lejano, Mrill Ingram & Helen Ingram. The Power of Narrative in Environmental Networks (2013, MIT Press)

18 Leila M. Harris (2022) – "*Toward Enriched Narrative Political Ecologies*".

19 https://www.ihu.unisinos.br/categorias/649397-os-direitos-da-natureza-no-equador-um-farol-de-esperanca-na-luta-pelo-meio-ambiente

20 https://www-bbc-com.translate.goog/travel/article/20200319-the-new-zealand-river-that-became-a-legal-person?_x_tr_sl=en&_x_tr_tl=pt&_x_tr_hl=pt&_x_tr_pto=tc&_x_tr_hist=true

GLOSSÁRIO

Aichi Biodiversity Targets – Metas de Aichi: Um conjunto de 20 objetivos globais estabelecidos em 2010, no âmbito da Convenção sobre Diversidade Biológica (CDB), durante a 10ª Conferência das Partes (COP10), em Aichi, Japão. As metas tinham como objetivo parar a perda de biodiversidade até 2020, abrangendo questões como proteção de habitats, conservação de espécies e uso sustentável dos recursos naturais.

Antropoceno: Uma época não oficial que descreve o período em que os seres humanos passaram a exercer um impacto substancial sobre os ecossistemas e a geologia do planeta. Sugere que ações humanas, como industrialização, desmatamento e poluição, moldaram o ambiente terrestre, marcando um afastamento do Holoceno – período de estabilidade climática que permitiu o florescimento do desenvolvimento humano e que começou há cerca de 11.700 anos (ver informação a seguir).

biodiversidade: É a variedade da vida na Terra, incluindo todas as espécies, ecossistemas e processos ecológicos que os sustentam. Ela apoia a saúde e a resiliência dos ecossistemas, além de serviços como ar puro, água, alimentos e regulação do clima. Conservar a biodiversidade ajuda a manter o equilíbrio dos sistemas naturais, essenciais para o planeta e para as futuras gerações, sendo, portanto, vital para a saúde planetária e humana.

carbon neutrality – neutralidade de carbono: Refere-se ao estado final em que se atinge uma pegada líquida de carbono zero. A quantidade de dióxido de carbono (CO_2) emitida por um indivíduo, organização ou atividade é equilibrada por uma quantidade equivalente de CO_2 removida da atmosfera ou compensada por meio de atividades como plantio de árvores ou investimentos em projetos de energia renovável.

climate adaptation – adaptação climática: Ajuste de sistemas e práticas para minimizar os impactos da mudança climática, adaptando infraestrutura, políticas e comportamentos a novas condições, como aumento das temperaturas e eventos climáticos extremos. As estratégias incluem infraestrutura resiliente, melhor gestão da água, agricultura sustentável e proteção dos ecossistemas, reduzindo vulnerabilidades e ajudando comunidades e economias a prosperar.

climate mitigation – mitigação climática: Esforços para reduzir ou evitar emissões de gases de efeito estufa (GEE), desacelerando ou revertendo a mudança climática. As estratégias incluem energia renovável, eficiência energética, reflorestamento, captura de carbono e agricultura sustentável. O objetivo é limitar o aquecimento global e seus impactos sobre ecossistemas, economias e comunidades.

Corporate Social Responsibility (CSR) – Responsabilidade Social Corporativa (RSC): Iniciativas e modelos de negócios que buscam contribuir positivamente para a sociedade para além do lucro, abordando questões como sustentabilidade ambiental, práticas trabalhistas justas, filantropia e engajamento comunitário. Envolve empresas assumindo responsabilidade por seus impactos no meio ambiente, na sociedade e na economia, alinhando suas estratégias com objetivos sociais mais amplos.

Earth Overshoot Day – Dia da Sobrecarga da Terra: Data em que a demanda da humanidade por recursos e serviços ecológicos ultrapassa o que a Terra pode regenerar naquele ano. Marca o ponto em que o consumo de recursos – como terra, água e emissões de carbono – excede a capacidade regenerativa anual do planeta. Após essa data, a humanidade começa a esgotar os recursos naturais ou reduzir reservas ecológicas (como florestas e oceanos). A data tem se adiantado a cada ano – em 2024, aconteceu em 1° de agosto, enquanto nos anos 1970 ocorria apenas no fim de dezembro.

Earth systems: sistemas terrestres: Referem-se aos componentes interconectados da Terra – atmosfera, biosfera, hidrosfera e litosfera – que interagem para sustentar a vida e regular o ambiente do planeta. Esses sistemas trabalham em conjunto para manter o equilíbrio, com processos como o ciclo da água, o ciclo do carbono e o ciclo de nutrientes impulsionando condições ecológicas e climáticas. Atividades humanas, como desmatamento e queima de combustíveis fósseis, podem perturbar esses processos naturais, levando a mudanças ambientais.

Environmental, Social, and Governance – Ambiental, Social e Governança (ESG): Três fatores-chave para avaliar a sustentabilidade e o impacto social: critérios ambientais avaliam a pegada de carbono e os resíduos de uma empresa; fatores sociais analisam as relações com trabalhadores, fornecedores e comunidades; governança observa liderança, transparência e responsabilidade. As considerações de ESG orientam investidores e empresas para práticas mais responsáveis e sustentáveis.

Global Commons Alliance – Aliança dos Bens Comuns Globais: Uma rede de organizações que atuam juntas para proteger e restaurar os bens comuns globais – recursos naturais e ecossistemas compartilhados que são vitais para toda a vida na Terra, como atmosfera, oceanos, florestas e biodiversidade. A aliança busca enfrentar desafios ambientais globais promovendo ação coletiva, metas baseadas na ciência e soluções sustentáveis. Apoia a criação de estruturas para sistemas econômicos positivos para a natureza, visando assegurar a saúde dos sistemas críticos do planeta para as futuras gerações.

Global Environment Facility – Fundo Global para o Meio Ambiente (GEF): Uma parceria internacional que fornece apoio financeiro a projetos que enfrentam desafios ambientais globais como mudança climática, biodiversidade e degradação da terra. Estabelecido em 1991, o GEF financia projetos em países em desenvolvimento e colabora com governos, ONGs e outras partes interessadas. Atua como mecanismo financeiro de acordos como a UNFCCC e a CDB.

Holoceno: A época geológica atual, iniciada há aproximadamente 11.700 anos, após a última Idade do Gelo. Marca o período de condições climáticas estáveis que permitiram o desenvolvimento da civilização humana.

Kunming-Montreal Global Biodiversity Framework (GBF) – Marco Global da Biodiversidade de Kunming-Montreal (GBF): Um acordo global adotado em dezembro de 2022, na 15ª Conferência das Partes da Convenção sobre Diversidade Biológica (COP15). O GBF estabelece metas para proteger ecossistemas, deter a extinção de espécies e enfrentar os vetores da perda de biodiversidade, incluindo destruição de habitats, poluição e mudança climática. O quadro inclui 23 metas de ação para 2030, como ampliar áreas protegidas, mobilizar financiamento para a biodiversidade e integrar a biodiversidade em políticas e práticas empresariais.

The Intergovernmental Panel on Climate Change – Painel Intergovernamental sobre Mudança Climática (IPCC): Órgão científico internacional estabelecido em 1988 para fornecer avaliações abrangentes da ciência da mudança climática, seus impactos e potenciais estratégias de mitigação. O IPCC produz relatórios baseados nas pesquisas mais recentes, oferecendo aos formuladores de políticas informações críticas para orientar a ação climática global. Seus relatórios são amplamente utilizados em políticas e negociações climáticas, incluindo o Acordo de Paris.

Intergovernmental Science-Policy Platform on Biodiversity and Ecosystem Services Plataforma Intergovernamental de Políticas Científicas sobre Biodiversidade e Serviços Ecossistêmicos (IPBES): Órgão intergovernamental independente, estabelecido em 2012, para fornecer aos formuladores de políticas avaliações científicas confiáveis sobre biodiversidade e serviços ecossistêmicos. O IPBES produz relatórios sobre o estado da biodiversidade, os benefícios que os ecossistemas oferecem às pessoas e as consequências da perda de biodiversidade. Apoia esforços globais para deter o declínio da biodiversidade, oferecendo ferramentas e conhecimento para decisões informadas em áreas como conservação, uso sustentável e integração de políticas.

Montreal Protocol – Protocolo de Montreal: Tratado internacional assinado em 1987, destinado a proteger a camada de ozônio por meio da eliminação gradual de substâncias que a destroem, como os clorofluorcarbonos (CFCs). É amplamente considerado um dos acordos ambientais mais bem-sucedidos, com reduções significativas de substâncias destruidoras da camada de ozônio em nível global.

Multilateral Environment Agreements – Acordos Multilaterais Ambientais (MEAs): Tratados internacionais juridicamente vinculantes que buscam enfrentar questões ambientais globais, como mudança climática, perda de biodiversidade e poluição. Os MEAs envolvem múltiplos países e promovem ação coletiva para proteger o meio ambiente. Exemplos incluem o Acordo de Paris sobre mudança climática e a Convenção sobre Diversidade Biológica.

National Biodiversity Strategies and Action Plans – Estratégias e Planos de Ação Nacionais para a Biodiversidade (NBSAPs): Planos elaborados por governos de cada país para enfrentar a perda de biodiversidade.

Definem estratégias, ações e políticas para conservar a biodiversidade e promover o uso sustentável dos recursos naturais, alinhando-se a marcos internacionais como a Convenção sobre Diversidade Biológica (CDB).

Nationally Determined Contributions – Contribuições Nacionalmente Determinadas (NDCs): Compromissos assumidos pelos países no âmbito do Acordo de Paris para reduzir emissões de gases de efeito estufa e agir diante da mudança climática. Cada país define suas próprias metas, de acordo com suas circunstâncias nacionais, com o objetivo de limitar o aquecimento global a bem abaixo de 2 °C e envidar esforços para contê-lo em 1,5 °C.

natural capital – capital natural: Estoques de ativos naturais do mundo, incluindo todos os seres vivos, bem como geologia, solo, ar e água. Engloba os serviços ecossistêmicos que esses ativos fornecem, como polinização, regulação climática e purificação da água, que são essenciais para o bem-estar humano e para as atividades econômicas.

nature-based solutions – soluções baseadas na natureza (NbS): Estratégias que utilizam sistemas, processos e ecossistemas naturais para enfrentar desafios ambientais, como mudança climática, riscos de desastres e perda de biodiversidade. Exemplos incluem a restauração de áreas úmidas para controle de enchentes ou o reflorestamento para sequestro de carbono.

net-zero emissions – emissões líquidas zero: Equilíbrio entre a quantidade de gases de efeito estufa emitida na atmosfera e a quantidade removida ou compensada. Isso pode ser alcançado por meio da redução de emissões e do uso de tecnologias de captura de carbono, reflorestamento ou outras estratégias que absorvam ou compensem as emissões remanescentes, visando nenhuma elevação líquida de gases de efeito estufa na atmosfera.

Other Effective Conservation Measures – Outras Medidas Eficazes de Conservação: Áreas ou práticas fora de áreas protegidas formalmente designadas que contribuem de maneira significativa para a conservação da biodiversidade. Incluem práticas de uso sustentável da terra, áreas geridas por comunidades ou iniciativas de conservação que mantenham ou ampliem ecossistemas e biodiversidade.

the Paris Agreement – Acordo de Paris: Tratado internacional adotado em 12 de dezembro de 2015 no âmbito da Convenção-Quadro das Nações Unidas sobre Mudança Climática (UNFCCC). Tem como objetivo limitar o aquecimento global a bem abaixo de 2 °C, com uma meta de 1,5 °C em comparação com níveis pré-industriais. Ao todo, 196 países se comprometeram a reduzir emissões de gases de efeito estufa, reforçar a resiliência climática e mobilizar financiamento para a ação climática.

Rio Conventions – Convenções do Rio: Três acordos internacionais centrais adotados na Cúpula da Terra, no Rio de Janeiro, em 1992: a Convenção sobre Diversidade Biológica (CDB), a Convenção-Quadro das Nações Unidas sobre Mudança Climática (UNFCCC) e a Convenção das Nações Unidas de Combate à Desertificação (UNCCD).

Science Based Targets Network – Rede de Metas Baseadas na Ciência (SBTN): Iniciativa que apoia empresas na definição de metas ambientais baseadas na ciência, com o objetivo de alinhar práticas corporativas com as metas globais de sustentabilidade. Fornece estruturas e orientações para que as empresas reduzam seu impacto sobre a biodiversidade, os ecossistemas e os recursos naturais.

sixth mass extinction – sexta extinção em massa: O atual processo de perda de biodiversidade impulsionado por atividades humanas, caracterizado pela aceleração da extinção de espécies em escala global. É causado pela destruição de habitats, produção alimentar insustentável, mudança climática, poluição, exploração excessiva de terra e água e espécies invasoras – marcando o primeiro evento de extinção em massa primordialmente conduzido pela ação humana.

the Sustainable Development Goals (SDGs) – Objetivos de Desenvolvimento Sustentável (ODS): Conjunto de 17 objetivos globais (também chamados de Global Goals) acordados pelas Nações Unidas em 2015, destinados a enfrentar uma ampla gama de desafios interconectados, incluindo pobreza, desigualdade, mudança climática e degradação ambiental, com a meta de construir um mundo mais sustentável e equitativo até 2030.

Task Force on Nature-related Disclosures – Força-Tarefa sobre Divulgação Financeira Relacionada ao Clima (TCFD): Organização que fornece recomendações para que empresas divulguem riscos e oportunidades relacionados ao clima em seus relatórios financeiros. Seu objetivo é ajudar investidores a tomar decisões informadas, melhorando a transparência sobre os impactos da mudança climática nas operações e estratégias empresariais.

Task Force on Nature-related Disclosures – Força-Tarefa sobre Divulgação Relacionada à Natureza (TNFD): Iniciativa que desenvolve uma estrutura para que empresas divulguem seus impactos e dependências em relação à natureza. Seu objetivo é oferecer orientações padronizadas e baseadas na ciência para avaliar, gerenciar e reportar riscos e oportunidades relacionados à natureza.

the Economics of Ecosystems and Biodiversity – Economia dos Ecossistemas e da Biodiversidade (TEEB): Iniciativa global que busca aumentar a conscientização sobre o valor econômico da biodiversidade e dos ecossistemas. Destaca a importância de proteger a natureza para o bem-estar humano e promove a integração de considerações ecológicas nos processos de decisão econômica.

tipping points – pontos de inflexão: Limiares críticos nos sistemas da Terra em que pequenas alterações podem levar a mudanças significativas e irreversíveis nas condições ambientais, como a perda das camadas de gelo ou o aumento da ocorrência de secas na Amazônia.

UN Biodiversity Beyond National Jurisdiction – Tratado da ONU sobre a Biodiversidade Além da Jurisdição Nacional (BBNJ): Acordo internacional histórico que busca proteger a biodiversidade em áreas além da jurisdição nacional, abrangendo o alto-mar (conhecido também como "Tratado do Alto-Mar"), por meio de medidas como áreas marinhas protegidas e governança da biodiversidade.

UN Climate Change Conference of the Parties – Conferência das Partes da Convenção-Quadro das Nações Unidas sobre Mudança Climática (COP): Encontro anual no qual países negociam acordos internacionais e ações para enfrentar a mudança climática, incluindo o Acordo de Paris. A primeira COP ocorreu em Berlim, Alemanha, em 1995; a mais recente foi realizada em Baku, Azerbaijão.

UN Convention on Biological Diversity – Convenção das Nações Unidas sobre Diversidade Biológica (CDB): Tratado internacional voltado à conservação da biodiversidade e à promoção do uso sustentável dos recursos naturais. Sua implementação é guiada e revisada pela Conferência das Partes (COP), uma reunião bienal em que os Estados-membros definem metas e estratégias globais de biodiversidade. Resultados importantes das COP incluem marcos como o Marco Global da Biodiversidade de Kunming-Montreal.

UN Convention on the Law of the Sea – Convenção das Nações Unidas sobre o Direito do Mar (UNCLOS): Estrutura que regula os direitos e responsabilidades das nações no uso dos oceanos, incluindo a proteção da biodiversidade marinha.

UN Environment Programme (UNEP) – Programa das Nações Unidas para o Meio Ambiente (PNUMA): Criado em 1972, é o principal órgão da ONU responsável por coordenar atividades ambientais e enfrentar desafios como mudança climática, perda de biodiversidade, poluição e promoção do desenvolvimento sustentável.

Este livro foi impresso em outubro de 2025 na Pigma Gráfica.
Tipografia utilizada: Rubik e Gill Sans
Papel: Pólen Natural 80g no miolo e Supremo 250g. na capa

Prefácio à edição original
André Hoffman
Marco Lambertini
Prefácio à edição brasileira
Lélia W. Salgado
Lívia Pagotto

Tradução de
Ana Cristina Dubeaux Dourado

NATUREZA

Textos de
Marco Lambertini, Joseph W. Bull,
Leroy Little Bear, Brigitte Baptiste,
Fuwen Wei, Harvey Lock,
Eva Zabey, Dorothy Maseke,
Carlos Manuel Rodríguez,
Sonja Sabita Teelucksingh

Izabella Teixeira, Vanda Witoto,
Roberto Waack, Carlos Nobre,
Julia Arieira, Diego Oliveira
Brandão, Adnan Demachki, Ilona
Szabó, Renata Piazzon

SUMÁRIO

Parte 2
A transição para um futuro seguro e justo

Este livro foi revisado segundo o Novo Acordo Ortográfico da Língua Portuguesa.

DIREÇÃO EDITORIAL
Lizandra Magon de Almeida
COLABORAÇÃO EDITORIAL
Amália Safatle e Magali Cabral
ASSISTÊNCIA EDITORIAL
Maria Ferreira
REVISÃO DA TRADUÇÃO
Ana Paula Batista Gomes
PRODUÇÃO EDITORIAL
Colmeia Edições
REVISÃO DE PROVAS
Arman Neto
PROJETO GRÁFICO E DIAGRAMAÇÃO
Pedro Menezes

Dados Internacionais de Catalogação na Publicação (CIP)
(Câmara Brasileira do Livro, SP, Brasil)

A Era da Natureza: becoming nature positive / organização Marco Lambertini ... [et. al.] ; tradução Ana Cristina Dubeaux Dourado. -- 1. ed. -- São Paulo : Editora Jandaíra, 2025.

ISBN 978-65-5094-169-7

1. Conservação da natureza 2. Biodiversidade 3. Desenvolvimento humano 4. Ecossistemas 5. Meio ambiente 6. Meio ambiente - Preservação 7. Recursos naturais 8. Natureza – Conservação I. Lambertini, Marco. II. Pagotto, Lívia. III. Piazzon, Renata. IV. Waack, Roberto S.

25-309394.0 CDD-333.9516

Índices para catálogo sistemático:

1. Biodiversidade : Conservação : Recursos Naturais 333.9516

Maria Alice Ferreira - Bibliotecária - CRB-8/7964

jandaíra

editorajandaira.com.br
Editora Jandaíra
@editorajandaira

Nota da Iniciativa Natureza Positiva

Este livro conta com o apoio da Iniciativa Natureza Positiva (NPI) como um meio de divulgar a meta da Natureza Positiva, justificando-a como um caso social e econômico, e de promover a discussão sobre os desafios e oportunidades de sua implementação.

Embora todas as referências à definição da meta da Natureza Positiva estejam consistentemente ligadas à definição oficial da NPI, devido à ampla variedade dos temas aqui abordados, as abordagens apresentadas pelos autores não representam necessariamente a posição oficial da Iniciativa Natureza Positiva em sua totalidade.

AGRADECIMENTOS

Edição original

Escrever, editar e produzir este livro foi um esforço coletivo imenso, realizado principalmente entre dezembro de 2023 e dezembro de 2024. Os autores têm sua autoria creditada em cada um dos capítulos.

Marco Lambertini, o editor encarregado do livro, também é o autor da Parte 1. Peter Vanham foi o editor de desenvolvimento, e Ross Chainey e Gemma Parkers atuaram como editores de texto.

Os autores e editores gostariam de agradecer a Gavin Edwards, Diretor Executivo da Iniciativa Natureza Positiva (NPI), e a toda a equipe da NPI pelo apoio no processo de escrita e edição desta obra.

Edição brasileira

Nossos agradecimentos a Marco Lambertini e à equipe do Nature Positive Institute, Gemma Parkers e Anna-Julia McVeigh, pela generosidade em abrir o diálogo da edição original de *Becoming Nature Positive* aos autores ligados ao Instituto Arapyaú, possibilitando o encontro de perspectivas brasileiras com o debate global sobre o tema da natureza positiva.

Agradecemos também aos autores e autoras que se engajaram neste projeto coletivo, em constante construção e que certamente seguirá inspirando novos diálogos e ideias. Em especial, esse engajamento reflete o espírito do Programa de Fellows do Instituto Arapyaú: oxigenar a nossa atuação por meio da colaboração com pessoas de trajetórias brilhantes e inspiradoras, que se dispõem a pensar o Brasil em sua relação consigo mesmo e com o mundo.

Nosso profundo agradecimento a Lélia Salgado e ao Instituto Terra pelo generoso prefácio e pela cessão das fotos de Sebastião Salgado, que enriquecem este livro com a força poética de seu olhar sobre a natureza, justamente no ano em que nos despedimos de quem sempre será um dos maiores fotógrafos brasileiros.

Agradecemos à equipe da *Página 22*, liderada pela Amália Safatle, assim como à equipe da Editora Jandaíra, liderada pela Lizandra Magon de Almeida, pela minuciosa e engajada produção da versão brasileira deste livro, conduzida com sensibilidade e rigor editorial.

Por fim, um agradecimento especial à equipe do Instituto Arapyaú – Giordano Magri, Rafaela Mendes, Paula Detoni e Luiz Attié – pelo pulso vivo em manter este projeto em movimento contínuo, abrindo caminhos para futuras conexões e aprendizagens.

André Hoffmann
Vice-presidente da Roche,
membro do Clube de Roma e
ex-vice-presidente do WWF Internacional

PREFÁCIO

à edição original

O que é "Natureza Positiva" e por que é tão importante que você leia um livro sobre isso?

Natureza Positiva é uma meta global recentemente proposta com o objetivo de "parar e reverter a perda da biodiversidade até 2030, tendo como referência o ano de 2020, e alcançar a plena recuperação até 2050".[1] Essa meta foi inicialmente articulada por organizações não governamentais, cientistas, associações empresariais comprometidas com a sustentabilidade e grupos de defesa ambiental no início dos anos 2020. Posteriormente, foi adotada por diversos governos, incluindo os países do G7.[2]

A ideia é que, a partir de um objetivo claro e mobilizador, possamos direcionar a atenção da comunidade global para a preservação da natureza – de maneira semelhante ao que a meta de "emissões líquidas zero" representou para o enfrentamento das mudanças climáticas. Hoje, o conceito de Natureza Positiva conta com o apoio de diversas agências da ONU,[3-6] e sua meta central – parar e reverter a perda da biodiversidade até 2030 – foi incorporada ao Marco Global de Biodiversidade Kunming-Montreal, assinado por 196 países-membros das Nações Unidas.[7]

Como um dos primeiros apoiadores da Iniciativa Natureza Positiva – o grupo que organizou este livro –, espero que, nos próximos anos, "tornar a natureza positiva" seja um objetivo que todos nós – indivíduos, sociedades e empresas – incorporemos completamente. A natureza é o sistema de suporte de vida da Terra e, consequentemente, de toda a humanidade e dos seres vivos. Não é apenas algo "bom de se ter" ou para aproveitarmos no tempo livre – embora eu recomende que se faça isso. Cuidar da natureza significa cuidar dos nossos recursos comuns, de nós mesmos e das gerações futuras – seres humanos, flora e fauna, em igual medida.

Como tantas outras pessoas, comecei a me importar com a natureza ainda muito jovem. Passei a maior parte da minha infância em Camargue, no Sul da França, para onde meu pai, que era ornitólogo, havia se mudado com a nossa família para ficar perto das aves migratórias que ele amava. No delta do Rhône, eu via flamingos e outras aves migratórias usando as águas salobras rasas como seu refúgio inicial. No entanto, na mesma localidade, uma companhia de mineração de sal também extraía o mineral para vendê-lo a consumidores em todo o mundo. O processamento desse negócio exigia um cuidadoso tratamento da água e dos níveis de salinidade, criando, assim, condições ideais para que as aves se aninhassem e se reproduzissem. Então, a natureza e a humanidade trabalhavam de mãos dadas! Isso me fez entender o imenso valor da natureza e sua enorme fragilidade.

Nas últimas décadas, encontrar um equilíbrio entre o desenvolvimento humano e a manutenção do nosso sistema de suporte de vida tem se tornado mais difícil. À medida que a população humana global explodiu de três para oito bilhões, sociedades buscaram maior prosperidade sem se preocupar com a forma como faziam isso e as empresas se esforçaram para atender às necessidades e aos desejos de seus consumidores. Nesse tipo de atitude, a natureza parece ser vista como uma fonte inesgotável de recursos a serem explorados, sem que se leve em conta o custo real da utilização dos recursos naturais, e há pouco empenho em restaurar o que foi destruído.

Infelizmente, o caminho que temos tomado para contrapor essa interferência também não tem sido eficaz. Os grupos de conservação da natureza têm demonstrado um foco quase exclusivo em tentar defender, proteger e preservar a natureza frente a essa superexploração destrutiva. No entanto, isso tem impedido que esses grupos apresentem uma alternativa viável como modelo para o desenvolvimento humano. O resultado é a rápida deterioração dos nossos bens comuns e da biodiversidade.

De certa forma, observei essa evolução de ambos os lados. Nos últimos 40 anos, atuei tanto como ambientalista quanto como empresário. Como vice-presidente do World Wide Fund for Nature (WWF) de 1998 a 2017, e também gerenciando várias outras iniciativas de conservação (como a Fundação Tour du Valat), apoiei muitos esforços para proteger a natureza de atividades humanas invasivas. No entanto, como vice-presidente da Roche (de 1996 até o momento), pude ver como a engenhosidade humana, combinada ao uso de ingredientes que a natureza oferece, pode salvar milhões de vidas. Contudo, também preciso reconhecer que mesmo a mais bem-intencionada companhia pode ter dificuldades para tornar suas operações verdadeiramente sustentáveis.

Ao longo dos anos, cheguei à conclusão de que a solução para a nossa crise social coletiva não está em tentar eliminar ou limitar o papel das empresas, nem em priorizar a conservação da natureza acima de todos os outros objetivos comuns. A solução reside na integração de ambos. Para mim, é disso que se trata a ideia de Natureza Positiva: encontrar um caminho equilibrado e harmônico para interagir com a natureza, no qual os seres humanos continuem a prosperar, mas façam isso permitindo que a natureza se regenere e se recupere.

Hoje, temos a chance de lutar juntos por esse resultado. A meta abrangente Natureza Positiva é algo que, espero, possa ser seguido por todos. No entanto, se quisermos atingir esse objetivo e regenerar a natureza, cada um dos envolvidos na sociedade — incluindo empresas, investidores, governos, sociedade civil e academia — precisa saber o que pode fazer a respeito e como integrar essa meta em suas próprias atividades.

Este livro é sobre isso. Na primeira parte, Marco Lambertini, o criador da Iniciativa Natureza Positiva e ex-diretor-geral do WWF, explica como a proposta surgiu e contextualiza as razões pelas quais essa é uma oportunidade existencial para a humanidade. Ele também aborda os potenciais e as alianças existentes para transformá-la em realidade. Na segunda parte, especialistas de diversas formações apresentam como a ciência, a sociedade civil, empresas, financiadores e governos podem desempenhar seu papel na concretização dessa meta comum. Nesse conjunto, vários colaboradores oferecem suas perspectivas e mostram como as organizações que representam estão fazendo sua parte na trajetória da Natureza Positiva. Entremeados aos textos do original de Lambertini, estão textos de autores brasileiros selecionados pelo Instituto Arapyaú, que complementam com uma visão nacional os assuntos discutidos originalmente.

Este livro não é o começo nem o fim da busca para tornar a Natureza Positiva. Na verdade, no momento da escrita, avanços para identificar medidas nesse sentido estavam surgindo com frequência, e elas representam um pilar fundamental para o alcance de nosso objetivo. Para que nossa economia e nossa sociedade se tornem positivas para a natureza, é crucial que saibamos como valorizá-la, como prestar contas de sua condição e como promover as compensações necessárias para alcançar tanto o desenvolvimento humano quanto a sustentabilidade. Este é um exercício que só será completamente posto em prática após a publicação deste livro.

Mas, enquanto isso, este livro oferece uma visão panorâmica do que é a Natureza Positiva, como surgiu e como uma ampla coalizão de interessados têm se engajado em desenvolvê-la. Espero que o leitor encontre aqui uma leitura inspiradora, e o convidamos a se juntar a nós na busca para fazer da Natureza Positiva uma realidade.

Suíça, 1 de dezembro de 2024

Notas bibliográficas

1. NATURE POSITIVE INITIATIVE. *The Definition of Nature Positive*: 2024. Disponível em: www.naturepositive.org/app/uploads/2024/02/The-Definition-of-Nature-Positive.pdf. Acesso em: 2 out. 2025.

2. UK GOVERNMENT. *G7 2030 Nature Compact*. 12 jul. 2021. Disponível em: www.gov.uk/government/publications/g7-2030-nature-compact/g7-2030-nature-compact. Acesso em: 2 out. 2025.

3. UNDP; SCBD; UNEP-WCMC. *Criando um futuro positivo para a natureza*: a contribuição das áreas protegidas e de outras medidas eficazes baseadas em áreas. Nova Iorque: UNDP, 2021. Disponível em: www.cbd.int/pa/doc/creating-a-nature-positive-future-executive-summary-en.pdf. Acesso em: 2 out. 2025.

4. UN ENVIRONMENT PROGRAMME. *Nature-Positive Finance Guidance*. Jul. 2021. Disponível em: www.unepfi.org/publications/new-nature-positive-finance-guidance/. Acesso em: 2 out. 2025.

5. UN DEVELOPMENT PROGRAMME. *Creating a Nature-Positive Future*. 11 de nov. 2021. Disponível em: www.undp.org/publications/creating-nature-positive-future-contribution-protected-areas-and-other-effective-area-based-conservation-measures. Acesso em: 2 out. 2025.

6. UNICEF. *Sustentabilidade ambiental no UNICEF* — nossa própria pegada. 2023. Disponível em: https://knowledge.unicef.org/CEED/environmental-sustainability-unicef. Acesso em: 2 out. 2025.

7. COMISSÃO EUROPEIA. Biodiversidade global: a UE está comprometida em proteger e restaurar a biodiversidade. 2022. Disponível em: https://environment.ec.europa.eu/topics/nature-and-biodiversity/global-biodiversity_en. Acesso em: 2 out. 2025.

Lélia Wanick Salgado
Cofundadora do Instituto Terra

PREFÁCIO
à edição brasileira

Ao longo de mais de seis décadas, eu e o fotógrafo Sebastião Salgado, meu companheiro de vida e de trabalho, percorremos o mundo em busca de imagens que revelassem tanto a força quanto a fragilidade da vida. Em *Gênesis*, celebramos a beleza da Terra intocada, mostrando que ainda existem territórios onde a natureza se apresenta em sua plenitude. Em *Amazônia*, voltamos o olhar para a imensidão verde que respira no coração do Brasil, mas que pertence a toda a humanidade — um lembrete de que os destinos de povos e florestas estão entrelaçados.

Essas obras nasceram não apenas de um impulso estético, mas de um chamado ético: o de cuidar. Cuidar das árvores que nos dão oxigênio, da água que nos sustenta, das culturas que guardam saberes ancestrais e das pessoas que, em todo o planeta, enfrentam as consequências da degradação ambiental.

Foi com esse espírito e ambição que, em 1998, criamos o Instituto Terra, naquela época uma ideia quase utópica de plantar uma floresta em uma área completamente degradada no interior do Brasil, no estado de Minas Gerais. Jamais poderia imaginar que hoje estaríamos convivendo de uma maneira quase íntima com a rica fauna e flora da Mata Atlântica brasileira. Não foi fácil, enfrentamos inúmeros obstáculos, mas, com muito trabalho e perseverança, conseguimos. Até hoje, já plantamos cerca de 4 milhões de árvores de espécies nativas e trouxemos de volta a biodiversidade do fantástico bioma do qual fazemos parte. Ajudamos produtores rurais e comunidades locais, e nos tornamos uma referência em restauração ecossistêmica, recuperação e preservação ambientais. O Instituto Terra é uma prova tangível de que juntos, por meio de ações concretas, ainda poderemos salvar a vida no planeta.

Hoje, a humanidade encontra-se em uma encruzilhada existencial. Como lembra a edição original deste livro, precisamos urgentemente construir um futuro positivo para a natureza – um futuro no qual os sistemas da Terra continuem funcionando e garantindo a sobrevivência das próximas gerações e da extraordinária diversidade de vida que compartilha o planeta conosco. As crises do clima e da biodiversidade são interligadas, silenciosas em certos momentos e devastadoras. No Brasil, sentimos seus efeitos de forma aguda: a destruição de florestas, a contaminação das águas, a insegurança alimentar e a desigualdade social mostram que o que se passa aqui não é apenas local, mas global.

A Amazônia é, ao mesmo tempo, Brasil e mundo. É memória e futuro. O que se decide aqui ecoa em todos os continentes. Por isso, precisamos romper a falsa dicotomia entre desenvolvimento e conservação. O caminho positivo para a natureza – *nature positive* – só existirá se compreendermos que floresta em pé, rios limpos e diversidade cultural são parte da riqueza verdadeira que devemos legar às próximas gerações. Os capítulos brasileiros reunidos nesta edição mostram como esse caminho pode ser trilhado: com ciência, inovação, saberes tradicionais, políticas públicas e coragem para unir justiça social e regeneração ambiental.

Este livro, *A era da natureza*, nos convida a esse exercício de imaginação e responsabilidade coletiva. Ele aponta que não basta reduzir impactos: é preciso regenerar, reconectar, replantar, reconstruir. É preciso transformar nossa relação com o planeta em uma relação de reciprocidade.

Ao abrir estas páginas, desejo que cada leitora e leitor reconheça, nas palavras e nas imagens, a mesma urgência e a mesma esperança que guiou o olhar de Sebastião e que guia a minha vida: a convicção de que humanidade e natureza não são forças opostas, mas uma só existência.

Que este livro inspire gestos grandes e pequenos – de políticas públicas corajosas a uma árvore plantada no quintal. Porque, como acredito profundamente, se cada um de nós fizer a sua parte, a floresta voltará a crescer. E, com ela, crescerá também a possibilidade de um futuro comum.

Brasil, setembro de 2025.

Marco Lambertini
Criador e organizador da Iniciativa Natureza Positiva, ex-diretor geral da WWF e ex-CEO da BirdLife International.

NATUREZA POSITIVA: UMA BREVE INTRODUÇÃO

A *era da natureza* é um livro que aborda a importância de nossa sociedade e economia fazerem a transição de uma relação negativa com a natureza para uma relação positiva. A meta Natureza Positiva visa parar e reverter o declínio da biodiversidade global até 2030, alcançando uma recuperação completa até 2050. O livro reflete a colaboração entre os membros da Iniciativa Natureza Positiva (NPI), uma coalizão que impulsiona o alinhamento em torno do tema e apoia esforços que gerem resultados positivos para o meio ambiente. Dividida em duas partes, nove capítulos e mais de três dezenas de artigos de colaboradores, a obra original procura demonstrar como a meta da Natureza Positiva tomou forma, por que é crucial e o que precisa ser feito para alcançá-la.

Segue abaixo uma breve descrição de cada capítulo.

Parte I — Natureza Positiva: a jornada percorrida

No Capítulo 1 "A Gênese da Natureza Positiva", contextualizo e explico como a meta Natureza Positiva foi desenvolvida, detalhando o esforço colaborativo que levou à sua definição em 2020 e à sua adoção mundial em 2022.

No Capítulo 2 "'O Grande Avanço' (*da humanidade*) e o 'Grande Declínio' (*da natureza*)", descrevo a acelerada intensificação do impacto humano na natureza. Analiso tanto as origens distantes e incômodas quanto os fatores recentes que impulsionam nossa relação insustentável e abusiva com o meio ambiente. Também discuto como a deterioração do mundo natural começa a representar 'A Grande Ameaça' para o presente e futuro da humanidade, incluindo o perigo inédito e terrível dos pontos de ruptura do sistema terrestre.

No Capítulo 3 "O 'Grande Despertar'", discuto o que torna nossa geração a mais ecologicamente consciente de todas. Analiso como a "redescoberta" de nossa dependência da natureza para questões como clima, segurança alimentar e hídrica, além de saúde e bem-estar, constitui a base e a motivação que podem impulsionar e sustentar uma transição positiva para o meio ambiente.

No Capítulo 4, apresento o direcionamento e as características da "Grande Transição" necessária para nos reconduzir a limites planetários seguros e justos. Isso inclui uma definição detalhada do que significa Natureza Positiva, o que essa meta implica e como pode ser medida. Descrevo o papel que empresas e financiadores podem desempenhar na transição para uma economia positiva para a natureza, e exploro como a sociedade pode superar os poderosos obstáculos para aderir a essa transição, ativando os pontos de virada socioeconômicos que podem gerar resultados positivos para a natureza. Encerro o capítulo compartilhando minhas reflexões sobre o que significa, para a sociedade — e para todos nós como indivíduos –, construir um futuro positivo para a natureza.

Parte II – Em transição para um futuro justo e seguro

No Capítulo 5 "A ciência da Natureza Positiva", Joseph Bull resume as fontes da literatura científica que fundamentam a discussão sobre Natureza Positiva. Ele aborda desde conceitos como a tragédia dos recursos até o papel da biodiversidade na garantia da vida na Terra dentro dos limites do sistema planetário.

No Capítulo 6 "Construindo uma Sociedade de Natureza Positiva", Harvey Locke e Leroy Little Bear, com Éliane Ubalijoro, Brigitte Baptiste e Fuwen Wei, descrevem as diversas formas pelas quais as sociedades têm buscado viver em harmonia com a natureza. Eles levam o leitor a uma jornada que vai do Canadá à China, do Butão à África do Sul.

No Capítulo 7, "O Papel das Empresas em uma Economia para a Natureza Positiva", Eva Zabey observa a trajetória vivenciada pelas empresas: desde quando eram uma força remando contra a maré da natureza até a adoção de esforços pioneiros para mudar esta corrente, apoiando marcos, propósitos e inovações para se tornarem positivas para a natureza e avançarem.

No Capítulo 13, "Finanças para a Natureza Positiva", Dorothy Maseke analisa o papel crítico que o setor financeiro pode e deve desempenhar na transição de uma economia negativa para a natureza rumo a uma economia positiva para a natureza. Ela também oferece uma visão panorâmica das falhas atuais e descreve mecanismos de solução, como mercados de crédito para a biodiversidade, pagamentos por serviços ecossistêmicos e muitos outros.

No Capítulo 15, "Governança para a Natureza Positiva", Carlos Manuel Rodríguez e Sonja Sabita Teelucksingh discutem o papel dos governos, da regulação e das organizações internacionais no apoio à transição positiva para a natureza. Eles destacam a necessidade crucial de políticas locais e internacionais que sejam coerentes e sistêmicas.

Para saber mais sobre a Nature Positive Initiative,
acesse o site www.naturepositive.org

Lívia Pagotto
Diretora institucional do Instituto Arapyaú e Secretária-executiva da iniciativa Uma Concertação pela Amazônia. Pós-doutora pelo Cebrap, doutora em Administração Pública e Governo pela FGV-EAESP e mestre em Governança Ambiental pela Albert-Ludwigs Universität Freiburg.

NATUREZA POSITIVA EM PERSPECTIVA: UMA INTRODUÇÃO AOS OLHARES QUE VÊM DO BRASIL

O conjunto de textos feitos por pensadores brasileiros do debate global incorporado à edição brasileira, sobre como enfrentar a crise climática e socioambiental, se diferencia por nascer em um território onde a natureza é parte viva das culturas e das identidades. Não há como falar sobre Natureza Positiva sem ouvir as vozes do país mais biodiverso do mundo. É sabido que o Brasil reúne condições únicas para oferecer respostas relevantes aos desafios ambientais contemporâneos. Com vastos biomas, diversidade sociocultural e um rico acervo de saberes tradicionais, o País ocupa posição estratégica em um cenário global de crises interconectadas.

Ao mesmo tempo, enfrenta tensões históricas entre conservação e exploração, entre discursos de sustentabilidade e práticas que reproduzem desigualdades e pressões sobre os ecossistemas. Diante desse contexto, mais do que destacar potencialidades, é preciso reconhecer responsabilidades e buscar caminhos estruturantes. Tornar-se Natureza Positiva exige decisões políticas consistentes e transformações profundas em nossos modelos de desenvolvimento.

Em sintonia com as perspectivas apresentadas na versão original do livro sobre o que significa tornar-se Natureza Positiva, a contribuição brasileira avança ao expressar um olhar que vem do Sul — forjado por resistências e reconstruções, enraizado em territórios vivos e histórias de enfrentamento. É uma perspectiva que articula justiça climática, conservação e inclusão social, e que desafia as fronteiras entre natureza e política, entre economia e cultura, entre ciência e sabedoria ancestral. Trata-se de uma visão plural, crítica e comprometida com a urgência de imaginar e construir, desde já, futuros verdadeiramente regenerativos. Originada em um país vasto e desigual, essa perspectiva traz experiências muitas vezes invisibilizadas pelos centros de decisão globais — mas essenciais para repensar o futuro comum do planeta. No Brasil, natureza e sociedade convivem, disputam espaço, resistem e, muitas vezes, se regeneram juntas. O relato dessas vivências vem enriquecer, portanto, os debates sobre como enfrentar crises planetárias, em que as questões ambientais, sociais, econômicas e políticas estão cada vez mais entrelaçadas.

Em consonância com a diversidade que também caracteriza a realidade sociocultural brasileira, este material apresenta um diverso mosaico composto por vozes da ciência, da política pública, do ativismo indígena, da economia, da filantropia e da governança, e que integram o time de *fellows* e convidados do Instituto Arapyaú. São reflexões que emergem de um Brasil em que a natureza está profundamente integrada aos modos de vida e às disputas por futuro. Em comum, afirmam que não há transição possível para um mundo de natureza positiva sem enfrentar as assimetrias globais, valorizar os saberes locais e redesenhar a relação entre humanidade e natureza com base na justiça, no reconhecimento e na regeneração.

Os capítulos a seguir formam um tecido de ideias e práticas que vai desde a mobilização da natureza como ator político à provocadora ideia de que, antes de tudo, cabe a nós, seres humanos, nos tornarmos positivos, entendendo-nos como parte integrante da natureza.

Izabella Teixeira nos oferece uma leitura aguda e geopolítica do colapso das instituições internacionais frente à tripla crise planetária. Ao apontar o rebaixamento da sustentabilidade no tabuleiro do poder global, ela reitera a urgência de uma diplomacia que reposicione a natureza como ativo de segurança e soberania. Seu texto nos convida a reconhecer a natureza não apenas como cenário ou recurso passivo, mas como um verdadeiro ator político, cuja presença e ação influenciam profundamente as dinâmicas sociais, econômicas e ambientais.

Vanda Witoto propõe uma ruptura mais profunda: não basta tornar positiva a natureza — é preciso que a própria humanidade se torne positiva. Com uma narrativa ancestral e visceral, ela nos convida a abandonar o antropocentrismo e a reconhecer a natureza como sujeito, e não objeto. Sua escrita é também memória, resistência e cura.

Carlos Nobre, Julia Arieira e Diego Brandão mergulham no coração científico da Amazônia e alertam: o ponto de não retorno se aproxima. Mas há ainda tempo — se atuarmos com a radicalidade das soluções baseadas na natureza, aliando conhecimento tradicional e ciência de ponta, restauração em escala e protagonismo das comunidades locais.

Roberto S. Waack apresenta uma reflexão técnica e provocadora sobre o capital natural e os caminhos para sua consolidação como classe de ativos. Ao mapear os desafios da mensuração, da regulação e da inserção sistêmica da biodiversidade nos mercados, ele reafirma que tornar-se natureza positiva exige um novo pacto entre economia, ecologia e ética.

Ilona Szabó ilumina a dimensão do crime ambiental e suas conexões perversas com economias ilícitas globais. Ao destacar o papel do Brasil na construção de uma bioeconomia justa e regenerativa, ela defende a floresta em pé como ativo econômico e símbolo de um novo contrato social e ecológico.

Adnan Demachki relata, com a força de quem viveu cada passo, a experiência de transformação de Paragominas, no Pará. O município que um dia integrou a lista dos maiores desmatadores da Amazônia hoje é símbolo de reinvenção local frente a desafios globais. Seu relato demonstra que liderança política, diálogo e ação coletiva podem, sim, reorientar trajetórias de degradação e reconstruir vínculos entre sociedade e floresta.

Há, contudo, um desafio de comunicar mensagens como essas e promover o real engajamento das pessoas. Diante disso, Renata Piazzon propõe em seu capítulo uma renovação das narrativas sobre a natureza, argumentando que, diante das múltiplas crises contemporâneas, é preciso ir além dos discursos de colapso e imaginar futuros baseados na regeneração, na interdependência e na justiça. A partir da ideia de Natureza Positiva e inspirada por saberes do Sul Global, a autora destaca o poder das histórias que reencantam o mundo e reposicionam a natureza como parceira viva na construção de novos modos de existência.

Esse conjunto de vozes não oferece conclusões — nem é essa sua proposta. Em vez disso, compartilha visões contextualizadas, caminhos já percorridos e provocações urgentes sobre os limites e as possibilidades de uma nova relação entre humanidade e natureza. Ao emergirem do Sul, essas reflexões nos convidam a escutar outras epistemologias, a reconhecer outras formas de convivência e a imaginar futuros nos quais a regeneração não é promessa, mas prática concreta de justiça e coexistência.

Boa leitura!

PARTE 1
A JORNADA ATÉ AQUI

Parque Estadual do Aracá, Estado do Amazonas, 2019
© Sebastião Salgado

1. A GÊNESE DA NATUREZA POSITIVA

por Marco Lambertini

Em 12 de dezembro de 2015, quando o Presidente da Conferência das Nações Unidas sobre Mudanças Climáticas (ou Conferência das Partes — UNFCCC COP21) anunciou sua decisão, isso não apenas marcou a aprovação do histórico Acordo de Paris. Também sinalizou, de forma mais profunda, que, contra todas as expectativas e apesar das fortes pressões contrárias, o mundo conseguiu se unir para discutir o desafio existencial causado pelas mudanças climáticas. Cento e noventa e seis países-membros concordaram com uma meta global ambiciosa, que representava uma mudança bastante disruptiva no modelo econômico mundial, tradicionalmente focado no mercado. Após muitos anos de frustração, parecia que os ventos estavam a favor da agenda climática, e o mundo estava prestes a adotar um novo caminho para a energia e o desenvolvimento.

Nesse dia, o ponto central do acordo entre as partes foi limitar o aquecimento global bem abaixo de 2°C. Para isso, a estratégia consistia em equilibrar as fontes e os sumidouros de carbono,[1,2] o que foi posteriormente esclarecido como atingir a meta de "Carbono Neutro" (*net zero*) para as emissões antropogênicas de gases do efeito estufa (GEE) até meados do século.

De forma bastante rápida, o mundo passou a enxergar essa meta globalmente acordada como o ponto de referência para a futura agenda climática. Nos meses seguintes, a "comunidade ambiental" começou a refletir sobre o significado e as oportunidades relacionadas ao Acordo de Paris. Todos nós sentimos que o que havia acontecido recentemente em relação ao clima poderia — e deveria — ser replicado na luta contra o rápido declínio da biodiversidade, que é outra crise interconectada, igualmente existencial, embora mais silenciosa do que outras crises atuais. O Acordo de Paris trouxe a muitos de nós, na comunidade ambientalista, a convicção e a confiança de que poderíamos, finalmente, concordar com uma meta global transformadora para a natureza, semelhante à "neutralidade de carbono". Sabíamos que a crise na natureza exigia uma ambição maior e sem precedentes, que também precisaria ser formalizada em um acordo global, definindo uma ambição e um direcionamento comuns para a restauração e conservação da biodiversidade.

Como poderíamos alavancar a natureza para o topo da agenda política, econômica e corporativa global e levar o mundo a assumir um acordo nos "moldes de Paris" para a natureza? O que um acordo como esse deveria conter a fim de oferecer ao mundo um "norte" ou uma "bússola" para a natureza? E qual deveria ser a meta específica para a natureza a fim de inspirar uma estratégia comum para enfrentar a destruição acelerada da biodiversidade em nível global?

Em 2018, quando eu era Diretor-Geral do WWF Internacional, lancei a ideia de um "Novo Pacto pela Natureza e pelas Pessoas" a fim de reverter o declínio da biodiversidade e de proteger e restaurar a natureza até 2030, para benefício tanto das pessoas, quanto do planeta.[3, 4]

A ideia de um Novo Pacto para a Natureza ecoava no mundo acadêmico e político, e conceitos semelhantes já estavam surgindo de forma independente. Um grupo de cientistas convocou um "Pacto Global pela Natureza" para proteger metade da esfera terrestre.[5] Em junho de 2019, a União Europeia começou a trabalhar em seu abrangente e ambicioso pacote do "Pacto Verde".[6] Nos Estados Unidos, legisladores progressistas também propunham o conceito de um "Novo Pacto Verde".[7] Na China, o Presidente Xi Jinping articulava a demanda por uma *"civilização ecológica"* a partir de uma perspectiva holística e estratégica, integrando o conhecimento ecológico ao desenvolvimento da civilização humana sob o slogan "Verde é Ouro" para simbolizar a transição verde para o clima e para a biodiversidade[8] (CBD).

Na Conferência das Nações Unidas para a Diversidade Biológica (CBD), realizada em 2018 no Egito (COP14), a aspiração e a necessidade de um Novo Pacto para a Natureza foram mencionadas diversas vezes. As nações participantes da convenção concordaram em desenvolver um Marco de Biodiversidade Global Pós-2020, com o objetivo de "salvaguardar a natureza e a biodiversidade nas próximas décadas". Elas também anteciparam o que viria a ser posteriormente acordado na próxima Conferência das Partes, a COP15, agendada para ocorrer na

China em 2020. Havia uma sensação de que, após o Acordo de Paris, a biodiversidade deveria — e estava se tornando — o próximo grande foco global.

Para transformar a COP15 em um sucesso, aqueles que apoiavam o Novo Pacto precisavam responder a uma última questão pendente: qual deveria ser a meta global para a natureza — a mais importante do Novo Pacto — que mobilizasse a todos e pudesse impulsionar mudanças semelhantes ao que o "zero líquido" fez pelo clima?

Uma conversa mais pessoal, durante um *coffee break* na reunião do Conselho Mundial de Empresas para o Desenvolvimento Sustentável (WBCSD), em Morges, na Suíça, na primavera de 2018, me deu uma primeira ideia sobre como poderia ser a meta global para a natureza. Durante o encontro, um executivo de uma corporação me perguntou qual eu considerava ser o "objetivo máximo" que mencionara em meu discurso. Concordávamos que deveria ser algo simples e de fácil comunicação, mas que também tivesse o poder transformador do conceito de "carbono-neutro". Expressões como "carbono neutro" e "zero líquido" (*net zero*) estavam em voga e eram comuns entre aqueles que pensavam em questões climáticas. Contudo, não poderíamos, de fato, escolher "natureza neutra", era preciso ir além. Grande parte da biodiversidade havia sido perdida, e o cenário futuro se mostrava ainda pior. Assim, enquanto interromper a perda da biodiversidade seria fundamental para preservar a estabilidade dos sistemas da Terra, um elemento de recuperação também se fazia necessário, considerando que a natureza viva, ao contrário do clima, tem uma capacidade incrível de se recuperar — e pode fazer isso de forma bastante rápida, se lhe dermos uma oportunidade.

A natureza tem mostrado uma capacidade de recuperação espetacular, incluindo florestas, áreas úmidas, rios, ecossistemas marinhos e vida selvagem em muitos lugares ao redor do mundo. Agora, a ambição deve ser levar essa recuperação para o nível global. Mas como uma nova meta global para a natureza poderia ser definida?

Enquanto isso, sinais de uma transição para uma economia de baixo carbono começavam a aparecer em diversas partes do mundo. Fontes renováveis de energia, como a solar e a eólica, tornavam-se cada vez mais difundidas e acessíveis. A eficiência energética transformou-se em uma área de foco prioritário em espaços construídos, e soluções elétricas de mobilidade começaram a surgir por toda parte. Essas evoluções foram inspiradas e impulsionadas pelo avanço da ciência e da inovação. Contudo, os principais catalisadores foram a meta globalmente acordada pela sociedade de se tornar carbono neutro e a trajetória clara e mensurável de alcançar zero emissões líquidas até 2050, com o objetivo de limitar o aquecimento global a cerca de 1,5°C. Embora a transição global para uma economia de carbono neutro não tenha ocorrido tão rapidamente quanto necessário (e isso ainda é um desafio hoje), é evidente que, sem o acordo sobre a Meta Global para o clima e sobre formas de mensuração para contrapor os impactos, teríamos alcançado pouco ou nenhum progresso. Isso fortaleceu nossa crença de que precisaríamos identificar uma nova e mensurável *meta global para a natureza*.

Outro indicador, se necessário, mostrava que, apesar do aumento da conscientização e dos compromissos que se multiplicam em relação à meta de emissões zero líquidas, a agenda da biodiversidade ainda apresentava um atraso considerável. Há dez anos, as Nações Unidas concordaram em transformar a década de 2010 na "Década da Biodiversidade" e em alcançar os 20 chamados "Objetivos de Aichi para a Biodiversidade", adotados durante a COP10 da Convenção sobre Diversidade Biológica, realizada em Aichi, no Japão. No entanto, à medida que o final da década se aproximava, ficou claro que nem mesmo um desses objetivos seria totalmente alcançado[9]. Grande parte do mundo ainda não compreendia completamente o que esses objetivos significavam, ou sequer sabia de sua existência. Tornou-se evidente, então, a necessidade urgente de agir rapidamente em defesa da natureza. Um esforço conjunto para colocar a preservação ambiental em uma posição mais elevada nas agendas sociais, políticas e corporativas tornou-se imprescindível.

Como os setores empresarial e financeiro são responsáveis pela maior parte dos impactos da humanidade sobre a natureza, decidimos levar nosso desafio em relação à preservação ambiental diretamente à "Toca do Leão": a reunião anual do Fórum Econômico Mundial em Davos, que aconteceria em janeiro de 2019. Esse era o momento em que a elite econômica e financeira mais influente estaria reunida. Embora esses setores representem os maiores impactos sobre o meio ambiente e a reunião discuta questões relacionadas ao futuro econômico, a natureza sempre esteve ausente das discussões mais relevantes nesse contexto. Estávamos determinados a mudar essa realidade e, imediatamente, encontramos no próprio Fórum Econômico Mundial (WEF) um parceiro fundamental para isso.

A reunião de Davos se tornou um marco fundamental para a nova agenda da biodiversidade. Conseguimos colocar a natureza no centro das atenções. Imagens da natureza foram projetadas ao longo das paredes que acompanhavam a entrada de cada delegado e liderança, criando um percurso visual até o hall principal. Lideranças políticas e econômicas presentes, como o Vice-presidente da Roche, André Hoffmann, o CEO da Unilever, Paul Polman, e o ex-Vice-presidente dos Estados Unidos, Al Gore, participaram do primeiro jantar do Novo Pacto para a Biodiversidade. Esse evento, organizado conjuntamente pelo Fórum Econômico Mundial e pelo Fundo Mundial para a Natureza (WWF), consolidou a ideia de um novo e transformador acordo global para a biodiversidade. Surpreendentemente, Sir David Attenborough trouxe a biodiversidade para uma das sessões plenárias de Davos — a primeira vez que isso aconteceu. O renomado ambientalista e documentarista foi entrevistado pelo príncipe William, do Reino Unido, no palco. Logo depois, sua série Our Planet, uma colaboração entre a Netflix e o WWF10, exibiu imagens inéditas e impactantes sobre o declínio da vida selvagem e o colapso dos ecossistemas, levando o Fórum, que costuma ser mais frio e racional, às lágrimas.

Davos 2019 se mostrou um momento decisivo. Um exemplo claro disso é que, pela primeira vez, o declínio da biodiversidade foi incluído entre os 10 principais riscos no *Relatório de Riscos Globais* do Fórum Econômico Mundial de 2020, permanecendo nessa lista desde então[11,12]. A chance de alcançar um momento transformador para a natureza ficou mais concreta, pois agora ela havia chamado a atenção de seu maior adversário: o grande negócio.

Em meio a esses acontecimentos instigantes, porém, a questão crucial do "*coffee break*" na reunião do WBCSD em 2018 permanecia sem resposta. Como poderia ser definida a meta global baseada na ciência para a natureza? Dois elementos estavam se tornando cada vez mais evidentes para nós. O primeiro é que deveríamos focar na *interrupção do declínio da biodiversidade*, por meio de uma maior proteção da natureza intacta do planeta e na *restauração* do que havia sido degradado. O segundo é que precisaríamos promover uma *transformação* em nosso modelo de produção e consumo, que é a fonte dos impactos humanos sobre a natureza. Precisávamos de uma meta global capaz de abranger todas essas dimensões, adotando uma postura ambiciosa e, o mais importante de tudo, desenvolvendo ações transformadoras em grande escala.

Enquanto buscávamos fervorosamente nossa abrangente meta global de biodiversidade, nossos olhares se voltavam rapidamente para 2020, o ano anunciado como o próximo "Super Ano para a Natureza".[13] Diversos eventos importantes relacionados à natureza estavam programados para ocorrer naquele ano, culminando com a COP15, agendada para outubro em Kunming, na China. Seria lá que a comunidade global de sustentabilidade e biodiversidade se reuniria para celebrar o extraordinário progresso feito ao reconhecer a importância de discutir a crise ambiental, transformando esse esforço em uma ambição global maior. Contudo, o tempo era precioso: faltando apenas um ano para o evento, ainda não havíamos estabelecido uma meta global clara para a biodiversidade.

Em dezembro de 2019, decidi, de forma sincera, escrever aos meus colegas líderes de organizações globais ligadas ao meio ambiente, sustentabilidade e do setor empresarial, convocando uma reunião para explorarmos como poderíamos nos alinhar na definição de uma meta global para a biodiversidade. Nosso objetivo era chegar a um consenso sobre um plano de ação para defender e promover essa meta. As respostas foram rápidas e unânimes: "Estamos dentro, vamos conversar."

Criamos o Grupo Meta Global para a Natureza e nos conectamos por chamada logo antes do Natal.[A] Rapidamente, nos concentramos nos contornos da Meta Global para a Biodiversidade. Ela precisaria ser *fundamentada na ciência* e, ao mesmo tempo, inspirar ações de forma inovadora e global. Além disso, o mais importante é que fosse *mensurável*, para aumentar a responsabilidade em sua implementação. Duas opções surgiram para a Meta Global: ela poderia alcançar uma *perda líquida zero* de biodiversidade ou obter um *ganho líquido positivo*.

A última opção acabou ganhando o apoio de todos. Houve um consenso de que precisávamos incorporar o que fosse significativamente

---

A. O Grupo Meta Global para a Natureza incluía 4 Sustainable Development, BirdLife International, Business for Nature, Capitals Coalition, Conservation International, The Global Environmental Facility, Imagine, Luc Hoffmann Institute, Potsdam Institute for Climate Impact Research, The Nature Conservancy, Wildlife Conservation Society, World Business Council for Sustainable Development, World Resource Institute, World Wide Fund for Nature, e Yellowstone to Yukon Conservation Initiative.

necessário para evitar o colapso dos ecossistemas, e não apenas o que fosse politicamente aceitável. Desse ponto de vista, uma meta de ganho líquido positivo era a única opção viável: uma meta que levasse à interrupção e à reversão da perda da biodiversidade. "Natureza Positiva" foi então a versão cunhada como a menos técnica, de melhor difusão e mais inspiradora para expressar a ideia de positividade líquida. A *Natureza Positiva* se tornou a resposta da biodiversidade, em aliança com o carbono neutro.

Figura 1.1: Gráfico da Natureza Positiva. A Meta Global da Natureza Positiva: parar e reverter a perda até 2030 tendo 2020 como referência e chegar à recuperação completa até 2050.

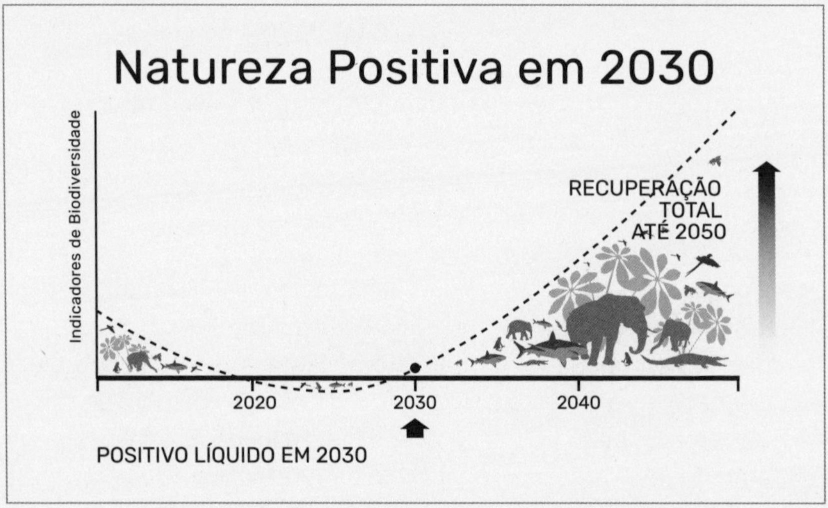

Fonte: Iniciativa Natureza Positiva.

Ao final de nossas discussões, concordamos com a seguinte definição da Meta Global Natureza Positiva: *"Parar e Reverter a perda de biodiversidade até 2030, com base nos níveis de 2020, e alcançar uma recuperação completa até 2050".*[15,16]

A meta que definimos tinha dois componentes principais: primeiro, o prazo de 2030 refletia tanto o imperativo científico quanto a nossa ambição, enquanto a linha de base de 2020 indicava o ponto de partida de uma jornada, tornando a meta mais realista e mensurável. Em termos simples, isso significava que precisaríamos ter *mais* biodiversidade no final da década do que tínhamos no início. A ambição de alcançar uma "recuperação completa em 2050" mostrava que o esforço para reverter a perda de biodiversidade não deveria parar em 2030, mas continuar até restaurar a grande parte de biodiversidade perdida, especialmente nos últimos 100 anos. A definição da Meta Global da Natureza Positiva foi inicialmente apresentada no jantar de 2020 do Novo Pacto para a Natureza e Pessoas, em Davos.

Depois de estabelecermos a meta global para a natureza, precisávamos que ela fosse oficializada por um instrumento de política internacional. Identificamos uma oportunidade crucial: oficializar a definição de Natureza Positiva na futura Convenção das Nações Unidas pela Diversidade Biológica, que faria parte de um Plano Decenal a ser acordado em Kunming, em outubro. Para alcançar esse objetivo, não podíamos perder tempo: já estávamos em janeiro e a segunda reunião de negociações do plano decenal se aproximava. Então, colocamos a mão na massa e, nas semanas e meses seguintes, embarcamos em uma ambiciosa campanha de *advocacy* e esforços de comunicação para incluir a meta global no Marco Global Pós-2020, especialmente em sua missão, garantindo as estratégias necessárias para sua implementação.

Não se podia apostar mais alto. Se fôssemos bem-sucedidos, a missão do Marco Global para a Biodiversidade seria transformada em uma meta global para a natureza, definindo um grau de ambição suficiente para garantir a sustentabilidade, como ocorreu em Paris em relação ao clima. Somente assim seríamos capazes de mobilizar e alinhar governos, empresas, instituições financeiras e consumidores a contribuírem para a meta global, com uma inspiração capaz de abranger toda a sociedade, ao mesmo tempo em que se incorporava o nível necessário de transparência. Assim como a meta global de alcançar uma sociedade e uma economia com neutralidade de carbono até 2050 tem impactado o setor de energia, impulsionando investimentos que se afastam dos combustíveis fósseis e se voltam para as energias renováveis, a Meta Global Natureza Positiva foi criada para impactar as indústrias responsáveis pela perda ambiental. Essas indústrias incluem agricultura, pesca, silvicultura, infraestrutura e extrativismo — os chamados "cinco grandes" —, que estão no topo da lista, acompanhadas por setores como energia, manufatura e turismo.

Nesses primeiros meses de 2020, à medida que nos aproximávamos dos preparativos finais para o Marco Global para a Biodiversidade, a sensação de estarmos às vésperas de um acordo com potencial de grande transformação explica por que nos mantivemos tão focados e, mais importante, tão unidos. Deixando marcas e egos de lado, todos nos concentramos no objetivo que viria a seguir: um Marco Global para a Biodiversidade e uma Meta Global Natureza Positiva, a serem implementados com um conjunto de objetivos mensuráveis. Para todos nós, fazer parte desse esforço era incrivelmente fascinante e estimulante. Ao mesmo tempo, tínhamos consciência de que somente por meio da construção de uma coalizão envolvendo governos, empresas e sociedade civil teríamos alguma chance de sucesso. Foi um dos períodos mais satisfatórios, exaustivos e estimulantes de toda a minha trajetória na conservação da natureza.

Mas, então, evidentemente, a pandemia aconteceu. Durante a segunda Convenção das Nações Unidas sobre Diversidade Biológica (UN CBD), realizada em fevereiro de 2020, em Roma, guardei uma imagem até hoje vívida na memória: a manhã em que fomos recebidos pela estranha presença de policiais italianos. Eles usavam máscaras e estavam parados na entrada com termômetros que mais pareciam armas, prontos para medir a temperatura de cada um de nós. No início de março, grande parte do mundo já estava em lockdown.

Logo ficou claro que a reunião da COP15 sobre biodiversidade não ocorreria como planejado, pelo menos não presencialmente. A rodada final de negociações, na qual o Marco Global para a Biodiversidade seria adotado, foi inicialmente adiada para 2021, depois para dezembro de 2022. O local também foi alterado de Kunming, na China, para Montreal, no Canadá. Nesse período, uma reunião virtual da COP15 foi organizada em 2021, em Kunming, para não perder o embalo e reafirmar o compromisso político.[17]

Enquanto isso, a coalizão em torno da Meta Global de Natureza Positiva crescia cada vez mais, tornando-se mais ampla e diversa. Diversas organizações ambientais de base científica, que faziam parte da Aliança dos Bens Comuns Globais (*Global Commons Alliance*), impulsionaram a criação da iniciativa Rede de Metas Baseadas na Ciência (*Science Based Targets Network*). O objetivo era estabelecer metas para o setor privado que contribuíssem para a Meta Global de Natureza Positiva.[18] Essa iniciativa foi seguida pelo lançamento de mais uma iniciativa fundamental: a Força-Tarefa sobre Divulgações Financeiras Relacionadas à Natureza (TNFD). Seu objetivo era desenvolver recomendações e orientações para permitir que empresas e instituições financeiras avaliassem, sistematizassem e tomassem decisões concretas no que se refere aos impactos, riscos e oportunidades relacionados à natureza, de modo a orientar suas ações.[19]

No Dia Mundial do Meio Ambiente, em 5 de junho de 2021, 64 chefes de Estado de todas as regiões do mundo e o presidente da Comissão Europeia assinaram o Compromisso dos Líderes com a Natureza, conclamando a reversão do declínio da biodiversidade até 2030 e o compromisso de viver em harmonia com a natureza até 2050[20]. No mesmo dia, empresas que participavam da Agenda de Ação para a Natureza no Fórum Econômico Mundial, a Business for Nature, o WBCSD e outras plataformas empresariais sustentáveis, assim como mais de 300 organizações da sociedade civil — ambientais, humanitárias, de direitos humanos, indigenistas, de mulheres e religiosas –, uniram-se aos países signatários do Compromisso dos Líderes com a Natureza em torno da campanha #TheRaceison... para um futuro positivo para a natureza. A campanha focou na tomada de ações transformadoras para reverter a perda de biodiversidade e garantir um mundo positivo para a natureza até 2030.[21] Uma semana depois, a reunião dos líderes do G7 no Reino Unido lançou o Nature Compact, um acordo para "parar e reverter a perda da biodiversidade até 2030", declarando que "nosso mundo deveria não apenas se tornar zero líquido, mas também positivo para a natureza"[22]. Em setembro de 2022, dois meses antes da tão esperada e adiada reunião da COP15 sobre a biodiversidade em Montreal, o número de chefes de Estado que haviam assinado o Compromisso dos Líderes com a Natureza aumentou para 91.

Quando a reunião da COP15 finalmente ocorreu em Montreal, em dezembro de 2022, o apoio à meta global para a natureza era tão amplo que, finalmente, parecia algo possível. Em 19 de dezembro de 2022, às 3h34 do horário local, após uma frenética e dramática rodada final de negociações para superar as últimas tentativas de "afundar" a ambiciosa meta, sete anos depois de Paris, o Presidente da COP bateu mais uma vez o martelo. Dessa vez, foi a presidência chinesa da COP que sancionou o acordo para o Marco Global para a Biodiversidade de Kunming-Montreal (GBF) e sua missão de "Parar e reverter a perda da biodiversidade até 2030". Uma missão que guardava total consistência em relação à definição da Meta Global Natureza Positiva, apoiada por quatro objetivos abrangentes de longo prazo e 23 objetivos orientados para a ação. Era o "Momento Paris para a Natureza", tão esperado por tantos e que foi celebrado com lágrimas de felicidade e exaustão. Nós tínhamos uma meta global para a natureza e o plano para a biodiversidade mais ambicioso, abrangente e mensurável jamais acordado internacionalmente. Agora, a atenção se voltava para como iríamos implementá-lo!

Ao ler este livro, você deve saber que a coalizão original para a meta global se tornou bem maior e mais diversa, evoluindo para o que é hoje a Iniciativa Natureza Positiva. Ela reúne um grupo diversificado de organizações-líder de todo o mundo e de todos os setores da sociedade para preservar a integridade da Meta Natureza Positiva e alinhar os pontos norteadores que apoiam sua implementação[23]. A Meta Global para a Natureza foi desenvolvida tanto para evidenciar a necessidade de parar e reverter a perda da biodiversidade quanto para inspirar uma transição ambiciosa de positividade com a natureza.

Lá em janeiro de 2020, jovens distribuíam gratuitamente exemplares do *The Wall Street Journal* pela gelada avenida principal da cidade alpina de Davos, durante a reunião anual do Fórum Econômico Mundial. As capas patrocinadas escolhidas para as "edições de Davos" sempre são interessantes, pois costumam capturar os temas quentes do momento. Mas, nessa ocasião, a capa do jornal, patrocinada por uma multinacional japonesa, realmente chamou minha atenção. O título era: "Um Mundo Carbono Neutro em 2050? Isso pode acontecer. Você descobre como, aqui". Era um sinal inegável de que a mudança climática estava no topo da agenda corporativa, alguns anos depois do Acordo de Paris de 2015. No entanto, a biodiversidade ainda estava ausente. Foi o que pensei. Veríamos, um dia, uma exposição similar da meta para a natureza em um jornal internacional de economia? Esse dia chegou quase cinco anos depois, em outubro de 2024, coincidindo com a abertura da UN CBD COP16 na Colômbia. O *Financial Times* publicou um artigo de página inteira em sua seção "The Big-Read" com o título "O Apelo da 'Natureza Positiva'", republicado em sua versão online com a manchete: "A nova meta verde corporativa: ser 'positivo para a natureza'".[24] O caminho para a Natureza Positiva havia sido longo.

Carbono Neutro e Natureza Positiva. Emissões líquidas zero até 2050 e biodiversidade líquida positiva até 2030. Essas são duas metas globais interdependentes que apoiam mutuamente os objetivos globais para o clima e para a natureza. Juntas, elas podem nos direcionar para um futuro seguro e sustentável para a humanidade e nos ajudar a enfrentar os desafios mais urgentes do nosso tempo, refletidos nos 17 Objetivos do Desenvolvimento Sustentável (ODS) das Nações Unidas. Por mais instigantes e inspiradores que possam ser, objetivos são eficazes quando são implementados. Esse é o foco da Iniciativa Natureza Positiva. Ser positivo para a natureza é uma inspiração. Apesar da crise multifacetada que enfrentamos hoje, o futuro ainda pode ser maravilhoso. Ele depende das nossas escolhas. Esta geração, não a futura, tem a chance de fazer isso acontecer — a chance da nossa vida.

Mas o que nos levou a ser uma sociedade negativa para a natureza e como podemos nos tornar uma sociedade positiva para a natureza? É nisso que vamos nos aprofundar em seguida.

Notas bibliográficas

1. UNFCCC. *The Paris Agreement*. 2015. Disponível em: https://unfccc.int/process-and-meetings/the-paris-agreement. Acesso em: 2 out. 2025.

2. IPCC. Summary for Policymakers. In: MASSON-DELMOTTE, V. et al. *Global warming of 1.5°C*: An IPCC Special Report on the Impacts of Global Warming of 1.5°C above Pre-Industrial Levels and Related Global Greenhouse Gas Emission Pathways, in the Context of Strengthening the Global Response to the Threat of Climate Change, Sustainable Development, and Efforts to Eradicate Poverty. Cambridge: Cambridge University Press, 2018, p. 3-24. Disponível em: https://doi.org/10.1017/9781009157940.001. Acesso em: 2 out. 2025.

3. WWF. *Annual Review 2018*. 2018. Disponível em: http://europe.nxtbook.com/nxteu/wwfintl/annualreview2018/index.php#/p/20. Acesso em: 2 out. 2025.

4. WWF. *Annual Review 2019*. 2019. Disponível em: http://europe.nxtbook.com/nxteu/wwfintl/annualreview2019/index.php#/p/Cover. Acesso em: 2 out. 2025.

5. DINERSTEIN, E. et al. An ecoregion-based approach to protecting half the terrestrial realm. *BioScience*, [s.l.], n. 67, v. 6, p. 534-545, 2017. Disponível em: https://doi.org/10.1093/biosci/bix014. Acesso em: 2 out. 2025.

6. COUNCIL OF THE EUROPEAN UNION. *Timeline — European Green Deal and Fit for 55*. 2024. Disponível em: www.consilium.europa.eu/en/policies/green-deal/timeline-european-green-deal-and-fit-for-55. Acesso em: 2 out. 2025.

7. U.S. CONGRESS. *H.Res.109 – Recognizing the Duty of the Federal Government to Create a Green New Deal.* 7 fev. 2019. Disponível em: www.congress.gov/bill/116th-congress/house-resolution/109/text. Acesso em: 2 out. 2025.

8. UNEP. *Green Is Gold*: The Strategy and Actions of China"s Ecological Civilization. 2016. Disponível em: https://reliefweb.int/report/china/green-gold-strategy-and-actions-chinas-ecological-civilization. Acesso em: 2 out. 2025.

9. SECRETARIAT OF THE CONVENTION ON BIOLOGICAL DIVERSITY. *Global Biodiversity Outlook 5.* 2020. Disponível em: www.cbd.int/gbo/gbo5/publication/gbo-5-en.pdf. Acesso em: 2 out. 2025.

10. WORLD ECONOMIC FORUM. *Davos 2019* – a Conversation with Sir David Attenborough and HRH the Duke of Cambridge. 2019. Disponível em: www.youtube.com/watch?v=-oam6Ca-mkg. Acesso em: 2 out. 2025.

11. WORLD ECONOMIC FORUM. *The Global Risks Report 2020*. 2020. Disponível em: www.weforum.org/publications/reader-the-global-risks-report-2020/. Acesso em: 2 out. 2025.

12. WORLD ECONOMIC FORUM. *The Global Risks Report 2024*. 2024. Disponível em: www.weforum.org/publications/global-risks-report-2024/. Acesso em: 2 out. 2025.

13. PRESIDENT OF THE 74TH SESSION OF THE UN GENERAL ASSEMBLY. *World Environment Day*. 5 jun 2020. Disponível em: www.un.org/pga/74/2020/06/05/world-environment-day/. Acesso em: 2 out. 2025.

14. GLOBAL GOAL FOR NATURE GROUP. *A global goal for nature*: Nature positive by 2030. In: Establishing a Goal for Nature Positive Societies. 2020. Disponível em: www.naturepositive.org/app/uploads/2024/02/Global-Goal-Nature-Positive-2030-v11092020.pdf. Acesso em: 2 out. 2025.

15. LOCKE, H. et al. *A Nature Positive World*: The Global Goal for Nature. 2021. Disponível em: www.nature.org/content/dam/tnc/nature/en/documents/NaturePositive_GlobalGoalCEO.pdf. Acesso em: 2 out. 2025.

16. NATURE POSITIVE INITIATIVE. *The definition of Nature Positive*. 2023. Disponível em: www.naturepositive.org/app/uploads/2024/02/The-Definition-of-Nature-Positive.pdf. Acesso em: 2 out. 2025.

17. CONVENTION ON BIOLOGICAL DIVERSITY. *Kunming Declaration*: Ecological Civilization: Building a Shared Future for All Life on Earth. 13 out. 2021. Disponível em: www.cbd.int/doc/c/c2db/972a/fb32e0a277bf1ccfff742be5/cop-15-05-add1-en.pdf. Acesso em: 2 out. 2025.

18. SCIENCE BASED TARGETS NETWORK. *About*. [s.d.]. Disponível em: https://sciencebasedtargetsnetwork.org/about/. Acesso em: 2 out. 2025.

19. TASKFORCE ON NATURE-RELATED FINANCIAL DISCLOSURE. *Our History*. jun 2021. Disponível em: https://tnfd.global/about/history/#:~:text=In%20July%202020%2C%20an%20initiative%20to%20bring%20together,of%20Co-Chairs%20David%20Craig%20and%20Elizabeth%20Maruma%20Mrema. Acesso em: 2 out. 2025.

20. LEADERS' PLEDGE FOR NATURE. *Leaders' Pledge for Nature.* 27 set. 2020. Disponível em: www.leaderspledgefornature.org/wp-content/uploads/2021/06/Leaders_Pledge_for_Nature_27.09.20-ENGLISH.pdf. Acesso em: 2 out. 2025.

21. LEADERS' PLEDGE FOR NATURE. *#TheRaceIsOn: Communicators" Explainer.* [s.d.]. Disponível em: www.leaderspledgefornature.org/wp-content/uploads/2021/06/TheRaceIsOn_communicatorsexplainer.pdf. Acesso em: 2 out. 2025.

22. G7. *2030 Nature Compact*. 2021. Disponível em: www.consilium.europa.eu/media/50363/g7-2030-nature-compact-pdf-120kb-4-pages-1.pdf. Acesso em: 2 out. 2025.

23. THE NATURE POSITIVE INITIATIVE. *The Nature Positive Initiative.* [s.d.]. Disponível em: www.naturepositive.org/about/the-initiative. Acesso em: 2 out. 2025.

24. SAVAGE, S. *The new corporate green goal*: Being "nature positive" FT Big Read. Financial Times, Londres, 21 out. 2024. Disponível em https://www.ft.com/content/4d12f8d1-c0df-4ab6-b374-741e9517448b. Acesso em: 2 out. 2025.

2. O 'GRANDE AVANÇO' (DA HUMANIDADE) E O 'GRANDE DECLÍNIO' (DA NATUREZA)

por Marco Lambertini

"O fato é que nenhuma espécie jamais teve tanto controle sobre tudo na Terra — sobre tudo que está vivo ou morto — como temos agora. Tudo depende de nós; quer apreciemos ou não, essa é uma imensa responsabilidade." Essa citação do naturalista e documentarista David Attenborough[1] resume a realidade inédita que a vida na Terra enfrenta atualmente. Nela, uma única espécie desenvolveu uma habilidade sem paralelos para alterar completamente os sistemas terrestres e prejudicar a diversidade de vida no planeta. Isso tem causado um impacto extraordinário no mundo natural, de forma impressionantemente rápida, tanto na história da humanidade quanto na história geológica. Bem-vindos ao Antropoceno, "a Era dos Humanos".

Eu ainda me lembro da empolgação que sentia quando minha mãe, Fosca, depois de me buscar na escola ao fim da manhã, me levava ao mercado de peixes na minha cidade natal, na costa da Toscana. Eu ficava totalmente fascinado pela diversidade, cores e tamanhos dos peixes, caranguejos e mariscos em exposição — a única forma de admirar aquelas incríveis formas de vida que, em geral, ficam escondidas sob a superfície do mar. Eu imaginava essas criaturas escalando pedras, nadando em meio ao imenso mar azul ou à espreita de algo na escuridão profunda dos oceanos. Cada visita parecia uma exploração em um museu oceanográfico, cheio de surpresas inesperadas. Frequentemente, minha mãe atendia aos meus pedidos insistentes para comprar no balcão um polvo vivo ou um peixe-escorpião, que logo depois seriam colocados em liberdade de volta ao mar, no nosso caminho para casa. Eu estava na escola primária, na época, e quase todos os peixes eram selvagens, mas capturados localmente, pois a aquicultura intensiva e em larga escala ainda não havia começado. Hoje em dia, o mesmo mercado de peixes é abastecido com peixes cultivados em cativeiro ou importados de mares distantes. Em toda a União Europeia, mais de 60% dos pescados são atualmente importados.[2]

Tenho também nítidas memórias de voar sobre Sumatra, na Indonésia, no início dos anos 80, em uma de minhas primeiras viagens de campo aos trópicos. Abaixo de mim, estendia-se uma vasta e ininterrupta manta de floresta tropical. De vez em quando, linhas vermelhas apareciam, como veias correndo ao longo do verde da paisagem. Eram novas estradas madeireiras penetrando o coração da imensa floresta intocada ou velhas estradas sendo reconquistadas pela selva em recuperação. A cor ferrugem era causada pelo solo tropical, rico em ferro e alumínio, que, em outros tempos, estaria coberto pela copa fechada da floresta, simbolizando integridade. No entanto, as coisas estavam prestes a mudar de forma surpreendentemente drástica. Os dias de seletividade na exploração da madeira estavam chegando ao fim, dando lugar a esquemas de conversão florestal em larga escala, incluindo plantações de diferentes tamanhos, mineração e assentamentos. A grande queima da floresta estava prestes a começar.

Atualmente, ao sobrevoar a mesma região, observa-se um retrato bem diferente. Ver uma área de floresta de planície grande o suficiente para ser notada, mesmo que esteja atravessada por uma rede de estradas de madeira, é um motivo de esperança. Isso porque a maior parte da planície foi permanentemente convertida para a indústria, além de plantações comerciais de pequeno porte e de subsistência. Hoje em dia, restam menos de 20% das florestas originais de planície de Sumatra.[3]

Essas são apenas duas das principais experiências que vivi pessoalmente durante o período do "*Grande Declínio*" da biodiversidade, que se acelerou em todo o mundo ao longo de algumas décadas. Elas evidenciam a causa universal que originou a degradação ambiental: a exploração insustentável dos recursos naturais, que se tornou o pilar central do nosso desenvolvimento econômico.

Como você deve ter percebido pelo título e pelos primeiros parágrafos, este capítulo não apresenta uma mensagem especialmente animadora. Isso é algo incomum para mim, pois sou conhecido — e às vezes até criticado — por ser uma pessoa otimista. No entanto, a realidade é que o "*Grande Declínio*" do ambiente natural, causado pela ação humana — com machados, tratores, redes e escavadeiras —, é tão impactante que não pode ser considerado algo menor. Trata-se de uma ameaça inédita e fatal à diversidade da vida como a conhecemos, bem como à própria humanidade.

Mas nem tudo é escuridão. Existem inúmeros exemplos de esforços bem-sucedidos para conservar e restaurar a natureza. No entanto, o impacto efetivo desses esforços, sem dúvida, apresenta um saldo significativamente negativo. Não podemos perder de vista a gravidade da crise da perda da biodiversidade e suas profundas consequências. Ela deve permanecer como a principal preocupação em qualquer discussão sobre o desenvolvimento humano e a conservação da natureza. Não há espaço para complacência. Essa ameaça avassaladora à existência é o que fundamenta a necessidade de buscar um futuro positivo para a natureza.

2.1 A "Grande Aceleração"

"Tudo em excesso se opõe à natureza." Essa citação da Antiguidade, do médico e filósofo Hipócrates, referia-se à necessidade de buscar equilíbrio e moderação. Ela alertava que exceder os limites que o corpo consegue suportar contradiz a ordem natural, podendo causar efeitos altamente prejudiciais. Hoje, gostaria de interpretar essa frase à luz da nossa relação com a natureza, como um alerta sobre as consequências do uso excessivo e insustentável dos recursos naturais. Esse uso avançou de forma exponencial em um período muito curto, trazendo impactos devastadores para o meio ambiente, e precisamos corrigi-lo com a mesma velocidade e urgência.

Estamos vivendo tempos incríveis, momentos de múltiplas crises e paradoxos, além de instantes repletos de consequências. Cada geração acredita que seu tempo é, de alguma forma, especial. Para minha avó Ester, a vida se desenrolava entre os horrores de duas Guerras Mundiais. Contudo, eu diria que o nosso tempo é mais visceralmente único do que qualquer outro na história de nossa civilização, e até mesmo de nossa espécie. A novidade do nosso momento se reflete em algo que, embora seja tão profundo e fundamental, tem sido, até agora, amplamente ignorado: uma ocorrência que nunca antes aconteceu na história da humanidade, sem contar os quatro bilhões de anos da vida na Terra. É algo muito recente, de uma velocidade tão rápida que passou despercebida, e que está diretamente relacionada à nossa relação mais existencial de todas: nossa conexão com a "mãe", nossa casa, nossa vida – a Natureza.

Esqueça a exploração espacial, a internet ou a inteligência artificial. Quando pensamos em uma perspectiva global, o que realmente se destaca atualmente é algo muito mais sombrio: a forma como o mundo natural está sucumbindo aos impactos de nossas ações. Refiro-me à nossa capacidade inédita de modificar sistemas terrestres que evoluíram ao longo de bilhões de anos, e às consequências desastrosas que já começamos a perceber ao redor do mundo. Os seres humanos interagem com o meio ambiente de maneiras diferentes, dependendo do contexto e do momento. Hoje, a extensão e a profundidade de nossa pegada ecológica na Terra ameaçam sua estabilidade e, consequentemente, nosso próprio futuro. Essa é a incrível verdade, embora triste, sobre o "nosso tempo".

Isso não é "alarmismo verde verde" ou um "pessimismo catastrófico". A crise planetária não pode ser exagerada. A ciência nunca foi tão clara e precisa ao considerar a profundidade e a extensão dos impactos da humanidade no mundo natural, cujos efeitos são chocantes, tanto em termos de velocidade quanto de escala.

A vida na Terra já enfrentou momentos bastante difíceis no passado, como as cinco maiores extinções em massa. Esses eventos marcaram períodos em que mais de 75% das espécies de fauna e flora desapareceram em um intervalo relativamente curto de tempo (geralmente, menos de dois milhões de anos, considerando a escala geológica)[4]. O primeiro desses eventos ocorreu há cerca de 440 milhões de anos, enquanto o mais intenso aconteceu há aproximadamente 250 milhões de anos (quando mais de 90% de todas as espécies foram extintas). O mais recente e bastante conhecido foi há cerca de 65 milhões de anos, quando os dinossauros não voadores desapareceram. Diante disso, a pergunta que fica é: estamos vivendo atualmente um sexto período de extinção em massa na Terra?

Em todas as situações, as extinções em massa foram causadas por mudanças dramáticas no clima e na composição química dos oceanos, geradas por atividades vulcânicas devastadoras, glaciações ou quedas de meteoros. Como resultado, cientistas estimam que mais de 99% de todas as espécies que viveram na Terra foram extintas e que menos de 1% existem atualmente.[5]

No entanto, a biosfera atual abriga uma diversidade impressionante de vida, estimada entre cinco e dez milhões de espécies diferentes, a maioria das quais ainda não foi identificada pela ciência. Em seu livro *The Sixth Extinction: An Unnatural History,*[6] Elizabeth Kolbert sugere que estamos entrando em um novo evento de extinção em massa, causado pela ação humana.

Kolbert não é a primeira nem a única especialista a chegar a essa conclusão. Se realmente estamos ou não na sexta extinção em massa, ou se estamos à beira de ingressar nela, é claramente evidente que as extinções já estão ocorrendo de maneira entre 100 e 1.000 vezes mais rápida do que as taxas observadas na pré-história humana.[7] A diferença é que, desta vez, não há um "supervulcão" ou um "meteoro" — a causa somos nós.

Devido à intensidade do impacto humano, estima-se que um milhão de espécies estejam ameaçadas de extinção até o final deste século, muitas delas destinadas a desaparecer muito antes.[8] Essas espécies não incluem apenas leões, tigres e pandas. Metade das espécies em risco são invertebrados, e é possível que até 10% das aproximadamente 5 milhões de espécies de insetos estimadas já tenham sido extintas no período contemporâneo à Revolução Industrial.[9]

Em seu livro *The Insect Will Avenge the Bird*, o naturalista italiano do século XIX, Giuseppe Sancasciani, alertou que o desequilíbrio causado pela caça de aves poderia levar a uma explosão na população de insetos, prejudicando significativamente a agricultura[10]. O que o doutor Sancasciani não poderia ter previsto foi a introdução da "maravilha química" diclorodifeniltricloroetano, o DDT, além das gerações subsequentes de pesticidas e herbicidas, a mecanização e intensificação da agricultura, a conversão de habitats e o excesso de luz artificial. Todos esses fatores contribuíram para o que tem sido chamado de "*Armageddon dos Insetos*". Essa crise tem devastado populações de espécies comuns, o que, por sua vez, tem afetado também as populações de aves que se alimentam de insetos.

Em uma mudança inesperada no curso dos eventos, as aves não obtiveram sua vingança com a explosão de insetos, mas acabaram sofrendo ainda mais devido ao colapso das populações desses animais. O declínio dos insetos também prejudicou seu papel vital na manutenção do equilíbrio ecológico e na polinização de dois terços das culturas agrícolas humanas — o que representa mais de meio trilhão de dólares anuais na produção de alimentos[11, 12].

A extinção de espécies representa o resultado irreversível do impacto humano sobre a biodiversidade planetária e seus ecossistemas, decorrente de cinco causas fundamentais de perda de diversidade biológica: perda de habitat devido à conversão ou degradação ambiental (como desmatamento, aterro de áreas úmidas, construção de barragens e intensificação agrícola); exploração insustentável (pesca predatória, caça ilegal e extração madeireira indiscriminada); mudanças climáticas; poluição (química, por plásticos e eutrofização); e espécies invasoras (em ecossistemas terrestres, de água doce e marinhos).[13]

O declínio populacional das espécies constitui o estágio precursor da extinção. Embora menos visível e dramático do que a extinção em si, a redução global na abundância das espécies representa uma das consequências mais alarmantes do impacto humano sobre o planeta. Espécies abundantes desempenham papéis ecológicos essenciais, e seu declínio compromete significativamente essas funções. Populações viáveis e funcionalmente ativas — responsáveis por processos ecológicos fundamentais como predação, polinização, dispersão de sementes, pastoreio, decomposição e filtração, ou que compõem a base das cadeias tróficas — são imprescindíveis para a estabilidade e produtividade dos ecossistemas e, consequentemente, para o funcionamento adequado dos sistemas terrestres.

Um estudo recente revelou que cerca de 50% das mais de 70 mil espécies animais analisadas apresentam declínio populacional, enquanto menos da metade mantém estabilidade e apenas 3% demonstram tendência de crescimento em nível global. As maiores perdas populacionais concentram-se atualmente nas regiões tropicais, onde a biodiversidade é mais expressiva e os impactos antropogênicos, embora recentes, já se manifestam em larga escala.[14]

O *Índice Planeta Vivo*[15] monitora a abundância de mais de 30 mil populações de 5 mil espécies de mamíferos, aves, peixes, répteis e anfíbios em escala global. Desde a década de 1970, quando o monitoramento teve início, a variação média no tamanho populacional de espécies vertebradas de ecossistemas fluviais e marinhos registrou um declínio de 73% entre 1970 e 2020. Embora alguns cientistas questionem a precisão metodológica do índice, as tendências observadas corroboram os declínios populacionais documentados em espécies selvagens em diversas regiões do mundo.[16]

A abundância relativa atual dessas espécies representa o resultado direto e cumulativo dos principais fatores de perda de biodiversidade, funcionando como um sistema de alerta precoce para a saúde dos ecossistemas. O declínio populacional evidencia um risco crescente de extinção, criando oportunidades para intervenções preventivas. As tendências populacionais são particularmente sensíveis tanto a impactos negativos quanto a respostas positivas do comportamento humano, o que as torna excelentes indicadores para orientar estratégias de conservação. No entanto, sua aplicação prática pode enfrentar limitações ligadas à disponibilidade de dados e à complexidade metodológica. Se não for contido, o declínio populacional levará inexoravelmente à extinção e, mesmo antes disso, comprometerá gravemente o funcionamento dos ecossistemas e os serviços ecossistêmicos essenciais para a humanidade.

O acentuado declínio populacional pode levar uma espécie à "extinção funcional" (estado em que se torna incapaz de desempenhar suas funções ecológicas) muito antes de seu desaparecimento definitivo. Frequentemente, essa redução populacional passa despercebida. Um exemplo emblemático são florestas que, embora aparentemente preservadas, encontram-se ecologicamente empobrecidas devido à perda de fauna por caça predatória ou captura ilegal — fenômeno denominado "*defaunação*". Esse processo compromete gravemente a saúde e a resiliência dos ecossistemas florestais. Nas regiões do Sudeste Asiático e África Central, por exemplo, muitas florestas enfrentam drásticas reduções em suas populações de vida selvagem, resultado principalmente de métodos de caça intensivos e não seletivos, como o uso indiscriminado de armadilhas para capturar animais.

A *Lista Vermelha de Espécies Ameaçadas* da União Internacional para a Conservação da Natureza (IUCN) constitui o inventário mais abrangente e atualizado sobre o estado de conservação das espécies em escala global, avaliando mais de 160 mil espécies. Desse total, mais de 45 mil (28%) encontram-se classificadas sob alguma categoria de ameaça[17]. Alinhado a outros indicadores ambientais, o número de espécies ameaçadas cresceu em 25% nas últimas duas décadas.

O "Grande Declínio" da biodiversidade global resulta de múltiplos impactos antropogênicos que convergem para a atual crise ecológica. A humanidade já "alterou" significativamente 75% da superfície terrestre e 66% dos oceanos do planeta. Mais de dois terços dos habitats naturais encontram-se intensamente fragmentados,[18] enquanto aproximadamente 10% das 5,9 milhões de espécies estimadas na Terra carecem de habitat suficiente para sua sobrevivência em longo prazo.[19] Ao mesmo tempo, aproximadamente metade das florestas naturais do planeta foram devastadas, assim como metade dos recifes de coral em águas tropicais e mais de 85% das áreas úmidas da Terra.[20] Em 2017, um terço (34%) dos recursos pesqueiros conhecidos globalmente foram superexplorados, 60% encontravam-se em seu limite "máximo" de exploração e apenas 6% mantinham níveis abaixo do limiar de captura ideal. Isso, em nível mundial e setorial. Noventa por cento dos estoques de peixes com valor comercial provêm de pescarias que chegam ao limite máximo ou operam em superexploração.[21] Para cada grupo de dez espécies classificadas como globalmente ameaçadas, as espécies invasoras emergem como um fator de risco significativo.[22] E, à medida que aprofundamos nossos estudos, torna-se evidente que as consequências da perda de biodiversidade são sistematicamente subestimadas em seu risco e durabilidade, fazendo-nos descobrir novos impactos.

Um dos dados mais surpreendentes que revelam como transformamos a própria composição da biosfera é que, atualmente, 96% da biomassa dos mamíferos terrestres é formada por seres humanos (34%) e animais de criação, como o gado (62%). Apenas 4% correspondem a todos os outros mamíferos selvagens. No caso das aves, as domésticas possuem um peso total duas vezes maior do que o das aves silvestres[23]. Por meio da superexploração dos "recursos vivos", da erradicação de espécies nativas indesejadas e da introdução de espécies invasoras, além da conversão de *habitats* naturais, temos constantemente substituído o "natural" pelo "artificial", alterando e desestabilizando o mundo natural. Um mundo diferente, bem distante do delicado e sofisticado equilíbrio ecológico do "planeta vivo" no qual essa impressionante diversidade de vida se desenvolveu. Nós mudamos e continuamos a alterar a aparência da biosfera. Criamos uma *"nova ordem artificial"* que preenche nossas necessidades enquanto deteriora a estabilidade, resiliência e funcionalidade dos ecossistemas. As consequências estão à vista de todos e muito provavelmente são subestimadas, devido à complexidade dos efeitos de retroalimentação que podem acelerar a desestabilização dos sistemas terrestres de formas imprevisíveis.

Figura 2.1: Biomassa global. Hoje, 96% da biomassa dos mamíferos terrestres é formada por seres humanos (34%) e animais de criação, como o gado (62%). Apenas 4% correspondem a todos os outros mamíferos selvagens.

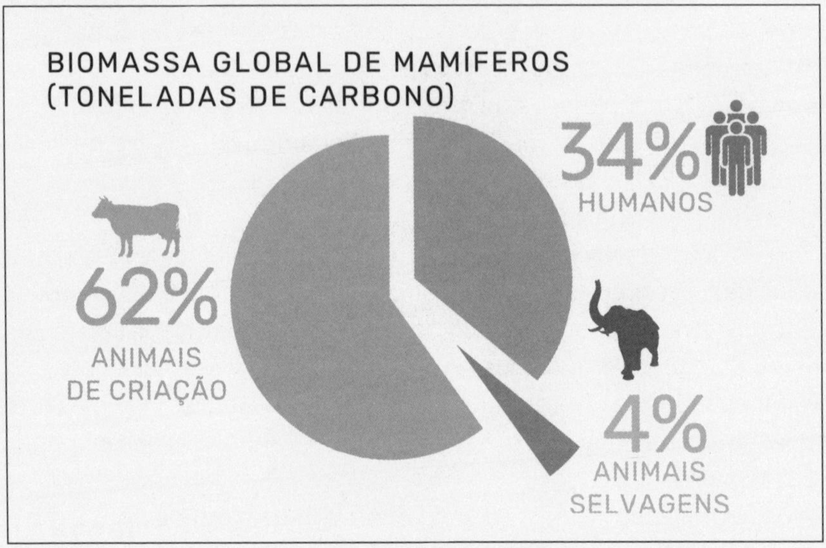

Fonte: Adaptado de Bar-On, Y. M., Philips, R. e Milo, R., 2018[24]

Como chegamos a esse ponto? Voltemos ao momento em que começamos a nos distanciar do mundo natural. Há cerca de 12.000 anos, durante a chamada Revolução Neolítica, as populações humanas cresceram rapidamente, à medida que a agricultura passou a oferecer fontes de alimento mais estáveis e previsíveis. Estima-se que, naquela época, o planeta abrigava apenas 2,5 milhões de pessoas – menos do que um quarto da população atual de Londres. Foram necessários cerca de 200 a 300 mil anos (quando se acredita que os seres humanos modernos, *Homo sapiens*, evoluíram pela primeira vez) para nossa espécie atingir seu primeiro bilhão de pessoas no início do século XIX.

E então, foi preciso mais um século para que esse número dobrasse, e metade do século seguinte para que triplicasse. Por volta da época em que nasci, no início dos anos 60, a população humana chegava a cerca de três bilhões e, desde então, aumentou em mais ou menos um bilhão a cada década. Apenas ao longo de minha vida, a população humana quase triplicou. Inevitavelmente, ao lado desse impressionante crescimento populacional, o consumo geral dos recursos naturais também vem crescendo vertiginosamente, impulsionado nos períodos mais recentes por um novo modelo econômico baseado no consumo.

Os impressionantes avanços científicos e tecnológicos dos últimos cem anos desempenharam um papel crucial nessa explosão demográfica e no aumento das taxas de consumo. Ao longo desse período, a humanidade vivenciou alguns dos desenvolvimentos tecnológicos mais revolucionários e sofisticados da história, dotando-nos de ferramentas poderosas para a exploração dos recursos naturais. Consequentemente, isso possibilitou o desenvolvimento das economias e a melhoria das expectativas de vida e do bem-estar global — embora, é claro, com enormes disparidades entre as diferentes regiões do planeta.

Esses três elementos impulsionadores — crescimento populacional, aumento do consumo e avanços tecnológicos — criaram a combinação perfeita para dar início ao que os cientistas chamam de "Grande Aceleração".[25-27] Desde a década de 1950, logo após o fim da Segunda Guerra Mundial, o consumo de recursos naturais e mercadorias — como água, energia, combustíveis fósseis, minerais, madeira, peixes, produtos agrícolas, animais, cimento, plásticos, fertilizantes, pesticidas e praticamente tudo o que se possa imaginar — cresceu de forma exponencial. A semelhança entre as curvas desses aumentos vertiginosos é impressionante e marca o início de uma nova era de crescimento populacional humano acelerado e de consumo insustentável.

Deixamos para trás o Holoceno, marcado por estabilidade climática e abundância ecológica, e entramos em uma era de dominação humana, superexploração, degradação dos ecossistemas, perda de biodiversidade, imprevisibilidade e extremos. A "Grande Aceleração" caracteriza-se pela velocidade sem precedentes do desenvolvimento humano, com impactos profundos e duradouros sobre o mundo natural.

Esse é o resultado das profundas transformações socioeconômicas ocorridas nos últimos 70 anos. Entre 1950 e 2024, a população global mais do que triplicou, passando de 2,5 bilhões para 8 bilhões de pessoas, com mais da metade vivendo atualmente em áreas urbanas. O Produto Interno Bruto (PIB) global saltou de nove trilhões de dólares para mais de 110 trilhões, embora ainda existam mais de 700 milhões de pessoas vivendo em extrema pobreza. As emissões anuais provenientes da queima de combustíveis fósseis cresceram de pouco mais de 10 bilhões de toneladas para 37 bilhões de toneladas. Ao mesmo tempo, a concentração média de dióxido de carbono na atmosfera aumentou de 350 partes por milhão (ppm) para mais de 420 ppm – o nível mais alto dos últimos 14 milhões de anos. Como consequência, a acidez dos oceanos aumentou em 30% e a temperatura média anual subiu quase 1,3°C em relação à linha de base histórica. De forma impressionante, durante mais da metade de 2024, as temperaturas médias globais ultrapassaram 1,5°C, e a média anual pode ter excedido esse limite pela primeira vez na história. A produção e o consumo de plástico cresceram de dois milhões de toneladas métricas para mais de 400 milhões de toneladas métricas, e a produção de carne quadruplicou, enquanto o consumo global médio de peixes e outros frutos do mar atingiu o recorde de 20 kg por pessoa ao ano. Essa é apenas uma visão instantânea da "Grande Aceleração", que continua ganhando velocidade.

A "pegada ecológica" da humanidade – definida como a relação entre a demanda por recursos naturais e a capacidade da Terra de fornecê-los e se regenerar – tem crescido continuamente em nível global e na maioria dos países.[28] Essa superexploração ecológica está atingindo limites que levam ao esgotamento dos recursos naturais e enfraquecem a capacidade regenerativa do planeta. Estamos derrubando árvores mais rapidamente do que elas conseguem crescer, pescando peixes em um ritmo superior à sua taxa de reprodução e perdendo solo orgânico além da sua capacidade de regeneração. Atualmente, seriam necessários 1,7 Planeta Terra para satisfazer o consumo global, o que significa que estamos utilizando os recursos naturais 1,7 vezes mais rapidamente do que os ecossistemas planetários conseguem se recompor. Alguns países consomem recursos de forma tão intensa que, se todos no mundo vivessem como eles, seriam necessários cinco Planetas Terra para nos sustentar. O Dia da Sobrecarga da Terra – o ponto anual em que o consumo de recursos ultrapassa a capacidade de regeneração do planeta – mudou de dezembro, em 1971, quando ainda utilizávamos o equivalente a um planeta, para agosto, em 2024. Um dos raros pontos de inflexão ocorreu durante a pandemia de Covid-19, quando a desaceleração econômica levou à redução temporária do consumo.

2.2 Antigas Raízes: o ajuste de contas com o nosso passado

"Encorajo cada um de nós, independentemente de nossas crenças, a questionar as narrativas tradicionais do mundo, conectando eventos passados às preocupações atuais, sem medo de entrar em controvérsias". Gostaria de tomar emprestado o convite do historiador israelense Yuval Noah Harari, no início de seu provocador livro Sapiens[29], *para também dar início a este subcapítulo.*

Os problemas descritos acima se aceleraram com a "Grande Aceleração" dos anos 1950, mas não começaram ali, nem mesmo com a Revolução Neolítica. É importante identificar as origens profundas e distantes de nossa relação desequilibrada com a natureza. Embora seja verdade que nosso impacto sobre o mundo natural tenha aumentado significativamente com o desenvolvimento da agricultura e se intensificado vertiginosamente nas últimas décadas, também é verdadeiro que nossa relação competitiva e abusiva com a natureza teve início nos primórdios da civilização humana.

Embora seja reconfortante acreditar na ideia romântica de que, nos tempos antigos, nossos distantes ancestrais mantinham uma relação equilibrada e harmoniosa com a natureza, infelizmente, essa é uma visão falsa e equivocada. Evidências encontradas em registros fósseis contam outra história: uma história de impacto humano sobre outras espécies que remonta a dezenas de milhares de anos, muito antes do advento da agricultura, apesar da percepção de que as extinções provocadas pela ação humana sejam um fenômeno recente. Nossa relação de adversidade e exploração com a natureza e seus recursos começou há muito tempo — no advento da própria existência da nossa espécie.

À medida que a capacidade cognitiva humana avançou e nos tornamos caçadores mais criativos e organizados, passamos a gerar grandes impactos sobre diversas espécies. Dezenas de milhares de anos depois, um dos indicadores mais evidentes da atual crise ecológica é a extinção moderna, causada pela humanidade contra outras formas de vida. No entanto, a megafauna — considerada um dos recursos naturais mais valiosos para os humanos primitivos — já sofria com a presença cada vez mais ampla dos seres humanos em cada continente desde os tempos pré-históricos.

Fósseis, pinturas rupestres e vestígios arqueológicos mostram que as antigas migrações humanas pelo planeta foram acompanhadas por ondas de extinções em diversos continentes. A datação por Carbono-14, também conhecida como datação radiométrica, confirmou um alto número de extinções de megafauna terrestre na era pré-histórica, especialmente durante o Pleistoceno Superior (entre 129.000 e 11.700 anos atrás), assim como no Holoceno Inicial e Médio (entre 11.700 e 4.200 anos atrás), indicando a caça realizada por humanos como a principal causa provável.[30-32]

Ao longo dos últimos 50.000 anos, os animais de grande porte sofreram ondas de extinção durante o que é conhecido como *Extinção da Megafauna do Quaternário* (EMQ). Tecnicamente, não se tratou de uma extinção em massa, pois durante a EMQ desapareceram quase exclusivamente animais maiores – desde o tamanho de um grande cão até mamutes –, mas, ainda assim, isso teve efeitos dramáticos sobre diversos ecossistemas. Embora fatores climáticos durante a última Era Glacial também tenham contribuído para o declínio populacional dessas espécies, o fato de as extinções terem afetado predominantemente animais de grande porte sugere um impacto seletivo causado pela caça humana. A EMQ foi, portanto, um primeiro sinal do que viria a ocorrer muitos milhares de anos depois, em escala muito maior e em ritmo muito mais acelerado.

Tudo isso ocorreu apesar da população global relativamente pequena na época, estimada em cerca de cinco milhões de pessoas no final da EMQ, há aproximadamente 8.000 anos. Os seres humanos já haviam desenvolvido instrumentos de caça mais eficientes, dominavam o uso do fogo e aprimoravam suas técnicas de caçada em grupo. Registros fósseis revelam que a extinção de várias espécies em diferentes regiões coincide fortemente com o momento da chegada dos humanos modernos a cada continente. Por exemplo, o *Homo sapiens* chegou à Austrália entre 65.000 e 44.000 anos atrás e, entre 50.000 e 40.000 anos atrás, quase 90% da megafauna local havia sido extinta. Ao chegarem a novos territórios, os humanos encontravam espécies despreparadas para lidar com um predador tão eficiente. Padrões semelhantes podem ser observados ainda hoje, em pequenas ilhas que experimentam extinções de espécies nativas após a introdução repentina de predadores exóticos, como ratos, cobras e gatos.

Em um planeta praticamente vazio de seres humanos, a solução mais óbvia para a escassez de recursos, a competição e a defaunação em determinada região era simplesmente migrar para outra área, ainda inabitada e inexplorada. As migrações da África para a Europa e da Ásia para as Américas expandiram consideravelmente as fronteiras de nossa espécie.

Quando os seres humanos chegavam e se estabeleciam em uma região, os maiores animais desapareciam de forma rápida e consistente. A expansão humana pela Eurásia levou à extinção de cerca de 35% da megafauna. A Austrália, a América do Norte e a América do Sul foram particularmente afetadas, perdendo, respectivamente, logo após a chegada dos humanos, 88%, 83% e 72% de suas espécies de megafauna.

As espécies de megafauna eram caçadas até a extinção tanto por seu valor como fonte de alimento, dada a dependência dos seres humanos da carne de caça, quanto por serem consideradas uma ameaça ou competirem por recursos.

Essa situação não é tão diferente da forma como exterminamos predadores hoje em dia, como lobos, leões e tigres. Entre os exemplos de grandes animais caçados até a extinção estão o leão europeu e o mamute-lanoso na Europa, o mastodonte na América do Norte, a preguiça gigante na América do Sul, diversas espécies de cangurus gigantes na Austrália e a grande ave de caça *Sylviornis*, na Nova Caledônia. Mais recentemente, foram extintas também a moa gigante, na Nova Zelândia, e o pássaro-elefante (*Aepyornis*), em Madagascar.[33] Outras espécies do gênero *Homo*, no Pleistoceno Superior, como os Neandertais e os Denisovanos, foram extintas parcialmente por hibridização, mas muito provavelmente também pelas mãos do Homo sapiens — um capítulo não contado e perturbador da história inicial da nossa espécie.

Pesquisas adicionais têm explorado o impacto que a presença humana provocou também sobre espécies menores. A chegada dos primeiros humanos às ilhas do Pacífico, por exemplo, foi responsável pela extinção de cerca de 1.300 espécies de aves, muito antes da segunda onda de extinções causada pelos colonizadores europeus.[34] Apenas 11 das 57 espécies de mega-herbívoros sobreviveram até hoje, o que representa uma taxa de extinção superior a 80%. Trata-se de um declínio sem precedentes nos últimos 30 milhões de anos, período durante o qual a alta diversidade da megafauna se manteve estável — com exceção dos últimos milênios.[35]

A EMQ nos mostra que a relação exploratória e insustentável dos seres humanos com a natureza e seus recursos começou há muito tempo. Os animais de grande porte desapareceram de forma contínua pouco depois da chegada e do estabelecimento dos seres humanos em cada região. Nossos antigos impactos não afetaram apenas a fauna: estima-se que metade da perda florestal global tenha ocorrido com o advento da agricultura, por volta de 8.000 a.C., e a outra metade apenas no último século.[36]

Por fim, o mundo foi amplamente e completamente ocupado pelos seres humanos. À medida que migravam para novos territórios em busca de terra e alimento, surgiram sangrentos conflitos entre grupos. Na transição de uma espécie migratória em um planeta praticamente vazio para um mundo territorializado e cada vez mais populoso, as sociedades de caçadores-coletores residentes logo aprenderam que a coleta insustentável de animais ou plantas levava à fome, à desnutrição e às doenças.

Esses grupos logo aprenderam os limites do que seus territórios poderiam oferecer de forma sustentável, desenvolvendo regras para a caça, pesca e coleta baseadas em uma compreensão clara da finitude dos recursos. Essa percepção marcou uma evolução cultural e uma adaptação essencial para garantir a sobrevivência em um mundo que havia se tornado "menor" e com recursos limitados. Ao internalizar nossa dependência da natureza, também desenvolvemos uma relação profunda com ela. Há um ditado Māori que diz: *"Ko au Te Taiao, ko Te Taiao ko au"* — *"Eu sou a natureza, e a natureza sou eu"*. Essa perspectiva holística permanece viva até hoje em muitas culturas indígenas ao redor do mundo.

Porém, com a domesticação de animais e plantas e o surgimento da agricultura, recursos que até então eram naturalmente limitados passaram a parecer infinitamente expansíveis. Nossa perspectiva competitiva e exploratória em relação à natureza, que havia permanecido adormecida por um tempo, ressurgiu com mais força do que nunca. Mas, dessa vez, não seriam apenas os animais de grande porte que pagariam o preço — os ecossistemas como um todo seriam impactados. O efeito sobre o mundo natural se ampliou e se aprofundou por meio do desmatamento e da conversão de florestas e savanas em áreas de cultivo ou pastagens.

Lanças, flechas e cestos de pesca foram progressivamente substituídos por armas de fogo, laços de aço e grandes redes, oferecendo a qualquer presa, em terra ou no oceano, apenas uma mínima chance de escapar. Machados e fogueiras deram lugar a serras manuais, depois a motosserras e, por fim, a maquinários pesados, levando à conversão cada vez mais rápida das florestas e de outros ecossistemas naturais. Mas foi logo após a Segunda Guerra Mundial que a combinação de um crescimento populacional acelerado com políticas focadas na expansão econômica — impulsionadas pela necessidade de reconstrução no pós-guerra e pelo avanço de tecnologias inovadoras — deu início à chamada "Grande Aceleração". Ela começou há apenas 70 anos, um piscar de olhos em termos evolucionários, ou o equivalente a meio segundo antes da meia-noite de 31 de dezembro, se comprimirmos toda a história do planeta em apenas doze meses.

Ao longo do período da "Grande Aceleração" dos impactos humanos sobre o mundo natural, as ações de conservação também cresceram consideravelmente. Aproximadamente 300.000 áreas protegidas foram criadas, incluindo um número crescente de Outras Medidas Efetivas de Conservação Baseadas em Área (OECMs), cobrindo mais de 17% das terras e águas interiores. Além disso, nas últimas duas décadas, houve um aumento significativo na proteção marinha, que hoje já alcança cerca de 8% dos oceanos.[37]

Embora algumas dessas áreas tenham sido classificadas como "parques de papel", devido ao financiamento e à governança inadequados, além do mau gerenciamento que compromete sua eficácia na conservação da natureza e no apoio às comunidades locais, a biodiversidade costuma ser mais rica e abundante em áreas protegidas. Uma pesquisa realizada pela Universidade de Shandong, na China, em parceria com a Duke University, nos Estados Unidos,[38] analisou 10.000 áreas protegidas ao redor do mundo e constatou que, em mais da metade delas, o desenvolvimento socioeconômico local foi estimulado.[39] Ainda há muito espaço para melhorias, mas os resultados confirmam o valor das áreas protegidas tanto para a natureza quanto para as pessoas.

Cenários hipotéticos que consideram a ausência de ações de conservação indicam que a perda de biodiversidade teria sido muito mais grave. Uma meta-análise recente de 186 estudos revelou que, em dois terços dos casos, o estado geral da biodiversidade melhorou ou, ao menos, o ritmo de seu declínio foi desacelerado. As ações de conservação direcionadas a espécies e ecossistemas demonstraram ser particularmente eficazes[40].

A ação conservacionista evitou até 32 extinções de aves e 16 de mamíferos entre 1993 e 2020, além de até 18 extinções de aves e sete de mamíferos desde 2010. Os índices de extinção teriam sido até quatro vezes maiores sem essas iniciativas.[41] Apesar do declínio generalizado e significativo da biodiversidade, as últimas décadas têm testemunhado diversas histórias de sucesso na recuperação de ecossistemas locais e de espécies. Basta pensar na restauração de áreas úmidas e no aumento das populações de aves aquáticas na América do Norte; na recuperação de quase todas as populações de baleias do mundo após o fim da indústria comercial baleeira; nos inúmeros projetos de restauração de florestas, manguezais, áreas úmidas, rios, algas marinhas e recifes de corais e no impressionante retorno de predadores como o lobo-cinzento na Europa, o continente mais densamente povoado e industrializado do planeta.

Temos observado inúmeros exemplos locais inspiradores e bem-sucedidos de conservação e restauração da natureza, que demonstram que, quando uma abordagem de liderança apaixonada e inspiradora consegue reunir ciência, comunidades, governos e até mesmo empresas, é possível interromper e reverter a perda da biodiversidade.

No entanto, o fato de que o "Grande Declínio" tenha ocorrido apesar dos significativos esforços de conservação e dos muitos exemplos bem-sucedidos de conservação e restauração locais revela a existência de questões sistêmicas por trás da perda da biodiversidade: a falta de ambição da sociedade como um todo, a baixa priorização da proteção da natureza, o reconhecimento insuficiente de seus valores, a ausência de vontade política e a frágil responsabilização e transparência das empresas. Isso também evidencia que, embora a conservação de áreas e as ações voltadas a espécies específicas sejam cruciais, elas não são suficientes para enfrentar as pressões socioeconômicas atuais. Somente uma estratégia que combine conservação da natureza com reformas sistêmicas em nosso modelo de produção e consumo poderá, de fato, interromper e reverter a perda da biodiversidade e construir um futuro positivo para a natureza. O "Grande Declínio" e suas causas profundas fornecem a base para entendermos por que precisamos de uma meta e de uma ambição positivas para a natureza e como podemos trilhar corretamente nosso caminho rumo a um desenvolvimento econômico sustentável no futuro.

A cultura das comunidades indígenas e sua relação com a natureza oferecem muitas lições existenciais para a sociedade moderna, apontando um caminho mais seguro e sustentável para o futuro. Nossa sociedade atual, movida pela acumulação egoísta de bens e por uma dominação impetuosa sobre a natureza, cega pelo poder tecnológico, trata os recursos do planeta como se fossem infinitos. Adota-se a ideia conveniente, porém ilusória, de que é possível explorar a natureza sem limites — continuar desmatando, praticando a pesca predatória e poluindo sucessivamente diferentes regiões — sem que haja consequências.

Ao longo dessa "Grande Aceleração", muitas economias cresceram rapidamente e avançaram consideravelmente em termos de bem-estar humano e desenvolvimento, com destaque para o aumento da expectativa de vida e a redução das taxas de mortalidade infantil. No entanto, implantou-se um modelo de consumo e produção que prioriza um crescimento econômico ilimitado e competitivo, pressionando intensamente o mundo natural e ampliando o fosso de desigualdade na distribuição de riqueza e nas condições de vida. O desenvolvimento econômico passou a ser comumente percebido como sinônimo de melhor bem-estar humano. Contudo, esse modelo de desenvolvimento, que inicialmente trouxe resultados positivos para a humanidade, estava destinado a se tornar insustentável em um planeta de recursos finitos, provocando, eventualmente, o "Grande Declínio" da biodiversidade e, atualmente, representando a "Grande Ameaça" para a humanidade e para a vida na Terra.

2.3 A "Grande Ameaça": limites planetários e os pontos de inflexão biofísicos, alerta vermelho para o planeta (e para a humanidade)

"O homem não teceu a teia da vida, ele é simplesmente um fio dela. Tudo o que fizer à teia, fará a si mesmo." A consciência sobre nossa conectividade e dependência em relação à natureza encontra-se nessa famosa citação do cacique Seattle das tribos Suquamish e Duwamish, refletindo a cultura, as atitudes e práticas dirigidas à natureza de diversas das populações indígenas atuais, as quais estão profundamente integradas à natureza — algo que se perdeu em quase todo o resto da sociedade "moderna".

Há mais de 50 anos, um relatório fundamental elaborado pelo Clube de Roma, intitulado *Limites ao Crescimento,*[42] alertava sobre a perigosa dicotomia entre o desenvolvimento humano e a integridade dos sistemas naturais. Hoje, estamos exatamente no meio dessa questão. Os perigos de um crescimento econômico em um planeta que não é infinito tornaram-se evidentes, mas ainda estão longe de serem priorizados em nossa cultura, nossos comportamentos e nossos modelos econômicos. A ciência que recentemente se dedica aos limites planetários tem exposto de forma clara quais são as linhas vermelhas que não podem ser ultrapassadas: "Transgredir um ou mais dos limites planetários pode ser prejudicial ou até catastrófico devido ao risco de ultrapassar fronteiras, o que irá desencadear mudanças ambientais não lineares e abruptas em sistemas de escala continental a global."[43, 44]

Pesquisadores identificaram os limites dos sistemas-chave e processos da Terra, e se esses forem ultrapassados, poderemos correr o risco de mudanças ambientais desastrosas, como: mudanças climáticas; perda da integridade da biosfera (biodiversidade); interferência nos ciclos biogeoquímicos; destruição da camada de ozônio estratosférico; acidificação dos oceanos; uso global da água doce; mudança no uso da terra; introdução de novas entidades químicas poluentes e carga de aerossóis atmosféricos. Dos nove limites planetários identificados, seis (integridade da biodiversidade, mudanças climáticas, água, uso da terra, novas entidades químicas e ciclos biogeoquímicos) já foram ultrapassados, e estamos à beira de ultrapassar os demais.[45]

Hoje, temos uma maior consciência de que a humanidade depende totalmente da estabilidade dos sistemas biofísicos nos principais domínios do planeta: atmosfera, geosfera/litosfera, hidrosfera/criosfera e biosfera. Uma série de feedbacks complexos e ainda não totalmente compreendidos entre esses domínios mantém o equilíbrio, a estabilidade e a previsibilidade que têm permitido à vida na Terra prosperar nos últimos 10.000 anos, desde a última grande Era Glacial. Essas características definem o Holoceno, a era geológica que testemunhou o "Grande Avanço" e um desenvolvimento espetacular da humanidade.

Diversos cientistas têm sugerido que o crescimento recente e exponencial das ações humanas já desestabilizou de forma significativa os sistemas da Terra. Segundo eles, teríamos entrado em uma nova era, marcada por uma forte dominância humana e pela disrupção dos sistemas naturais. Essa nova fase é conhecida como "*Antropoceno*" — a Era dos Humanos.[47-49]

Uma nova era que é muito menos favorável ao desenvolvimento humano e à sobrevivência, marcada por fatores desestabilizantes e ameaças totalmente decorrentes de nossas próprias ações.

Figura 2.2: A ultrapassagem progressiva dos limites planetários.

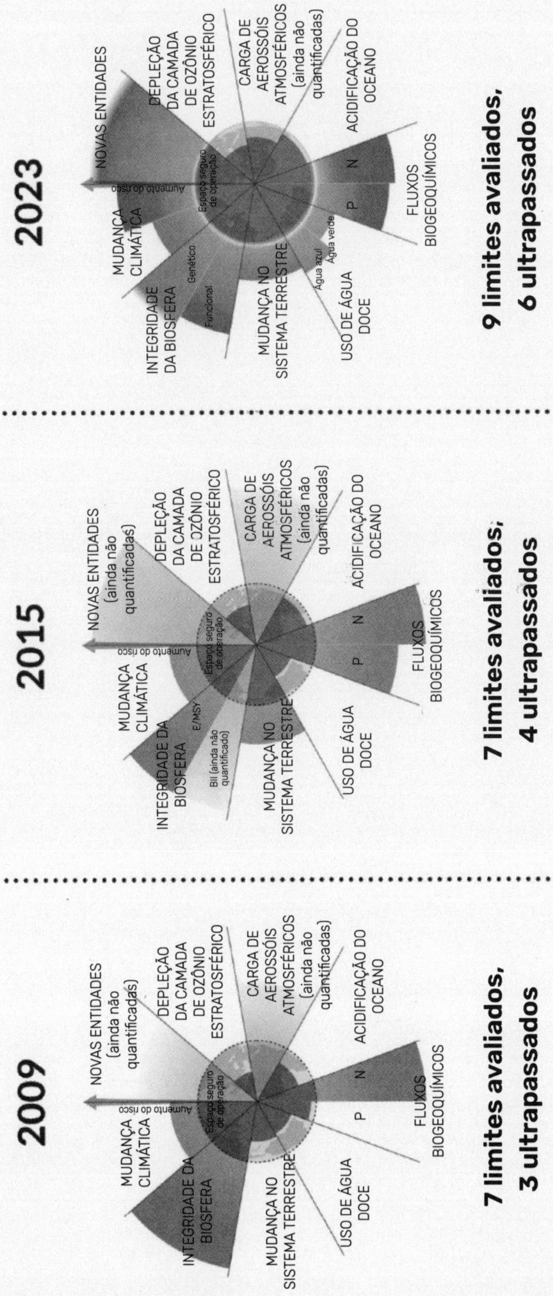

Fonte: Adaptado de Richardson et al. 2023; Steffen et al. 2015; e Rockström et al. 2009[46]

A mensagem é clara, e a luz vermelha de alerta está piscando. Estamos entrando no que os cientistas chamam de "trajetória não análoga", caracterizada pelo risco de desencadear mudanças profundas e irreversíveis em diversos sistemas da Terra, também conhecidos como "pontos de inflexão".[50] Como afirmaram os cientistas especializados em limites planetários: "Enquanto temos assumido, principalmente, uma degradação linear dos sistemas naturais sob nossos impactos, hoje fica claro que a pressão sobre uma certa fronteira faz os sistemas mudarem, de forma rápida e abrupta, para um estado diferente."[51]

O estado dos sistemas biológicos e ecológicos raramente permanece estável. Geralmente, eles evoluem de forma contínua, influenciados por diversas pressões e interações entre seus componentes bióticos e abióticos, o que pode causar desvios em uma determinada condição ao longo do tempo. No entanto, há situações em que esses sistemas são empurrados além de uma certa fronteira, provocando uma mudança radical em seu estado de forma abrupta e irreversível, como consequência de mudanças acumuladas de grande magnitude. Esses limites são influenciados por muitas variáveis de difícil previsão.

Para tornar isso menos abstrato, quando esses pontos de inflexão são atingidos, o estado de biomas inteiros, como recifes de corais, florestas tropicais, planícies de gelo e geleiras, assim como sistemas climáticos, como monções e correntes oceânicas, ou ecoregiões geográficas, como a Amazônia ou a Antártida, podem mudar rapidamente. A recuperação dessas áreas pode levar séculos ou até milênios, e, eventualmente, elas podem nunca se recuperar.

Quando isso acontecer, o planeta parecerá diferente e os sistemas da Terra vão se comportar de maneira bem distinta do que conhecemos hoje. A maior parte da vida no planeta, incluindo nossa própria espécie, enfrentará desafios enormes para se adaptar e sobreviver a condições ambientais radicalmente novas ou extremas, além de padrões climáticos imprevisíveis. Estamos impactando os mesmos sistemas que, nos últimos 10 mil anos, garantiram a estabilidade da biosfera, permitindo que a vida e a civilização florescessem e se desenvolvessem de forma tão espetacular.

Isso representaria uma transformação fundamental na estabilidade característica do Holoceno, ao mesmo tempo em que se tornaria um novo aspecto ameaçador do Antropoceno. Ao longo da história da humanidade, alguns sistemas já passaram por inflexões anteriormente.

Essas mudanças foram causadas por eventos radicais no clima, como variações na órbita terrestre e impactos de meteoros, além de alterações acumuladas na composição química da atmosfera – especialmente nas concentrações de dióxido de carbono, muitas delas relacionadas à atividade vulcânica –, o que levou a mudanças químicas nos oceanos e, consequentemente, afetou a vida em todo o planeta. A novidade de hoje está na velocidade e na origem antropogênica dessas mudanças, além de sua inevitável irreversibilidade, pelo menos nas escalas de tempo humanas.

Ecossistemas, ecorregiões, sistemas biofísicos e meteorológicos, que são essenciais para a estabilidade, resiliência e produtividade do Sistema Terra, foram recentemente reclassificados sob o conceito de "*Bens Comuns Planetários*". Segundo Johan Rockström e outros cientistas:

> Os bens planetários são definidos pelas funções que desempenham na estabilidade e resiliência do Sistema Terrestre. Eles incluem todos os sistemas biofísicos essenciais para a regulação da Terra e suas funções, independentemente de onde estejam localizados, pois são fundamentais para garantir a vida em todo o planeta.[52]

Estes são os sistemas essenciais da Terra que a humanidade deve preservar e cuidar, governar de forma coletiva e sustentável, e beneficiar-se de maneira equitativa.

Uma pesquisa recente da Universidade de Exeter[53] oferece perspectivas interessantes sobre a natureza dos pontos de inflexão do planeta. Foram identificados mais de 25 elementos do Sistema Terrestre que podem atingir pontos de inflexão ao longo da criosfera (como as planícies de gelo da Groenlândia e da Antártida, geleiras de montanha e permafrost), da biosfera (ecossistemas e biomas, como as florestas mortas da Amazônia, a desertificação das savanas e regiões áridas, a eutrofização dos lagos, a degeneração dos recifes de corais e manguezais, além do colapso das populações de seres vivos marinhos) e dos sistemas climáticos que dependem das circulações oceano-atmosféricas (como as correntes reversas dos oceanos Atlântico e Antártico, bem como os sistemas de monções).

Os principais fatores que levam aos pontos de inflexão são os vilões de sempre: mudança climática, perda de habitat, superexploração de espécies e recursos naturais, além da poluição. Alguns pontos de inflexão podem estar bastante próximos de serem atingidos, como o estado dos recifes de corais e as planícies de gelo ou geleiras, que podem chegar a um ponto de inflexão com os níveis atuais de aquecimento. *Feedbacks* e interações negativas podem gerar, então, "pontos de inflexão em cascata" ou efeitos dominó, acelerando o processo e impactando outros sistemas terrestres interconectados. É possível que já estejam ativos cerca de 15 elementos causadores de pontos de inflexão.[54]

Por exemplo, estima-se que 17% da Floresta Amazônica já tenham sido desmatados, e a previsão é de que esse índice chegue de 20 até 25% nos próximos 20 anos. Como mais da metade das precipitações de chuva é gerada pela própria floresta, estima-se que, se o desmatamento atingir o limite de 20 a 25%, a floresta tropical simplesmente não conseguiria gerar chuva suficiente para sobreviver na maior parte das regiões amazônicas e, provavelmente, se transformaria em uma savana mais seca em apenas algumas décadas.[55] Menos floresta significa menos chuva reciclável, menor evaporação para resfriar o ar, e menos árvores para proteger contra a luz solar. Sob condições mais secas e quentes, a vegetação da floresta tropical desaparecerá. Os impactos sobre a biodiversidade local serão devastadores, e as implicações para os padrões de precipitação na região e para as atividades econômicas serão imensas, assim como os efeitos colaterais para o clima global e os sistemas de precipitações de chuva.

Um ponto de inflexão de dimensão amazônica provocado pela ação humana começa com o desmatamento local e os impactos da fragmentação da floresta. Isso amplia os limites para novos desmatamentos e mais e mais áreas sofrerão as mesmas mudanças. Com o acúmulo desses impactos, o clima local e os microclimas começam a ser afetados, acelerando a transição para uma área incrivelmente maior. A redução da precipitação se intensifica e atinge um limite além do qual árvores e animais da floresta tropical, adaptados a condições mais úmidas, não conseguem sobreviver. Isso provoca uma mudança de estado, levando a florestas mais secas e menos densas. As secas inéditas, que têm ocorrido com maior frequência na Região Amazônica, representam um sinal de alerta tanto das mudanças climáticas globais quanto do fato de estarmos nos aproximando de um ponto de inflexão para a Floresta Amazônica. Uma mudança de estado na floresta impactaria os chamados "rios voadores" ou rios atmosféricos — vapores de água que se originam na Amazônia e viajam pela atmosfera, influenciando as precipitações na região e muito além dela.

A floresta da Bacia do Congo apresenta uma precipitação autogerada ainda maior do que a da Amazônia. A sobrevivência da floresta tropical depende desses padrões de precipitação, assim como, indiretamente, dependem outras regiões da África Oriental, incluindo áreas agrícolas densamente povoadas na Etiópia, que se beneficiam dos padrões climáticos originados na floresta tropical do Congo.

A acidificação dos oceanos representa um ponto de inflexão iminente, com profundas implicações para a vida marinha e para o clima global em termos mais amplos. Tradicionalmente, a água dos oceanos apresenta-se como alcalina, com um pH superior a 8. Desde o início da Revolução Industrial, devido à ação humana que aumentou a concentração de dióxido de carbono na atmosfera e sua subsequente absorção pelos oceanos, o pH das águas oceânicas diminuiu de 8,15 para 8,05. Estima-se que essa tendência continue, podendo levar a uma queda de ainda cinco décimos até o final do século, resultando em uma maior acidez das águas.[56, 57]

Esse baixo índice de pH provavelmente nunca foi experimentado pelos oceanos ao longo de centenas de milhares de anos, tendo sido atingido mais recentemente, em um período extremamente curto. Há cerca de duzentos e cinquenta milhões de anos, uma intensa atividade vulcânica provocou um evento de acidificação, com uma queda no pH de aproximadamente 0,7 ao longo de 10.000 anos, levando à extinção virtual de toda a vida marinha[58]. O impacto que essa mudança pode causar na ecologia oceânica, bem como nas funções de sequestro de carbono realizadas pelos organismos marinhos e pelos ecossistemas, tende a acelerar o aquecimento global. Isso resultará em consequências devastadoras para a segurança alimentar de centenas de milhões de pessoas que dependem da pesca e da aquicultura marinhas para sua subsistência e alimentação. A acidificação dos oceanos tem sido denominada o "*gêmeo mau*" do aquecimento global.[59]

A recente escalada dos eventos relacionados ao clima surpreendeu os cientistas, e o fato de contestar previsões convencionais pode ser visto como um alerta inicial de desestabilização do sistema, impulsionada pelo auto reforço e por feedbacks externos (por exemplo, desmatamento, queimadas etc.). Em outras palavras, podemos estar mais próximos dos pontos de inflexão do que imaginávamos, e esses pontos podem estar deixando de ser fenômenos locais para adquirir uma dimensão sistêmica em toda a Terra ou até mesmo desencadear uma mudança de estado completa no planeta[60]. A importância da perda de biodiversidade na intensificação da disrupção climática e na aceleração desses pontos de inflexão tem sido fortemente reconhecida como um fator crítico.[61, 62]

Outros sinais de pontos de inflexão se aproximando incluem os incêndios sem precedentes na Amazônia, Austrália e Canadá, e a surpreendente aceleração do derretimento das geleiras montanhosas do Ártico e da Antártida. Devido à complexidade da maneira que os sistemas terrestres se comportam e interagem, o tempo para os eventuais pontos de inflexão ainda é incerto, mas isso é algo que não queremos descobrir quando seja tarde demais.

A equipe da Exeter University chegou às seguintes conclusões:

> Pontos de inflexão prejudiciais para o mundo natural apresentam-se como as mais graves ameaças já enfrentadas pela humanidade. Os efeitos em cascata sobre os sistemas globais socioeconômicos serão sentidos e podem superar a habilidade de adaptação de alguns países. Pontos de inflexão negativos mostram que a ameaça representada pela crise climática e ecológica é muito mais séria do que comumente se acredita e é de uma magnitude nunca encarada pela humanidade, capaz de afetar severamente os sistemas de suporte de vida de nosso planeta e ameaçar a estabilidade de nossas sociedades.

Desde o início de nossa civilização, os seres humanos se desenvolveram acostumados a um sistema terrestre relativamente estável, previsível e quase sempre benevolente, com recursos abundantes que sustentaram nossas vidas e promoveram nosso desenvolvimento. A ideia de que a disrupção e a degradação do sistema terrestre podem não ser processos lineares e progressivos, mas sim eventos abruptos e praticamente irreversíveis, é uma perspectiva nova e assustadora. Além disso, a profunda disrupção desencadeada pelos pontos de inflexão é algo para o qual não estávamos preparados — nem cultural, nem social, nem politicamente ou economicamente. A pandemia de 2020 evidenciou a inadequação e vulnerabilidade de nossa sociedade, altamente globalizada economicamente, mas fragmentada em termos políticos, diante de uma crise repentina e aguda em nível global.

Nosso principal desafio talvez esteja relacionado ao fato de que os pontos de inflexão do sistema terrestre, causados por impactos humanos, sejam algo nunca experimentado antes em larga escala ou de forma global. Isso nos torna despreparados para enfrentá-los ou mesmo para compreender plenamente que eles podem se tornar uma realidade e que suas consequências podem ser extremamente ameaçadoras para nossa civilização. Eras glaciais foram provocadas por pontos de inflexão ligados ao clima, desencadeados por mudanças nas características da órbita da Terra, que influenciaram a distribuição e a intensidade da radiação solar que atinge o planeta. Essas mudanças, aliadas a processos geofísicos e interações com os sistemas climáticos terrestres, ocorreram ao longo de milhares de anos. A única boa notícia é que, como os pontos de inflexão ecológicos e climáticos resultam de nossas próprias ações, temos teoricamente o poder de preveni-los. A má notícia, no entanto, é que a janela de oportunidade para evitar que isso aconteça já está bastante estreita e se fecha cada dia mais devido à inação.

Pontos de inflexão resultantes da ação humana são, para muitas pessoas, difíceis de compreender devido à sua complexidade, que frequentemente está enraizada na ciência por sua magnitude e pelas consequências assustadoras que podem desencadear. Por tudo isso, há uma dimensão fascinante e psicologicamente bastante perigosa na crise planetária. Nossa reação instintiva a ameaças tão existenciais e grandiosas é percebê-las como impossíveis ou inevitáveis. De todo jeito, nossa reação oscila entre a negação e a incredulidade ou dúvida, bem como entre a ansiedade e a depressão.

A reação mais poderosa e perigosa de todas talvez seja a negação conveniente do problema, juntamente com o processo de reajustar limites de tolerância e aceitação para evitar disrupções, pânico ou, pior ainda, a defesa de interesses privados. Todas essas reações são evidentes na época atual. Trata-se de um grande desafio dentro do modelo fragmentado e nacionalista de governança da nossa sociedade global. A abordagem tribal que acompanhou nossa trajetória evolutiva na Terra é, talvez, o maior obstáculo para o desenvolvimento de um modelo de governança global capaz de coordenar respostas eficazes aos desafios globais. Precisamos estabelecer regras universais sobre como coletivamente preservar os sistemas terrestres essenciais, garantindo condições estáveis de vida na Terra para as gerações presentes e futuras, bem como para toda forma de vida não humana. A meta da Natureza Positiva é um elemento-chave para esse novo pacto pela humanidade e pelo planeta.

No entanto, a noção de uma desestabilização irreversível em escala planetária é complexa e desorientadora. A negação e a resignação são escolhas quase sempre mais fáceis e mais sedutoras. Esse aspecto psicológico representa, talvez, o maior obstáculo para que possamos, efetivamente, evitar e mitigar os efeitos desses pontos de inflexão, que se aproximam cada vez mais rapidamente. Exploraremos esses aspectos com mais profundidade no Capítulo 6.

À medida que os limites biofísicos do que podemos fazer ao planeta se tornam evidentes, começamos timidamente a compreender que, ao ultrapassá-los, geraremos impactos nos próprios sistemas que sustentam a vida. Assim, todo o planeta pode alcançar, em uma escala de tempo humana, um estado instável e imprevisível de forma irreversível. Este é o início do "Grande Despertar" da humanidade.

Notas bibliográficas

1. ATTENBOROUGH, D. *Life on Earth:* A natural history. Boston: Little Brown, 1979.

2. EUMOFA. *The EU fish market*. União Europeia, 2023. Disponível em: https://eumofa.eu/market-analysis?#yearly. Acesso em: 3 out. 2025.

3. URYU, Y. et al. *Sumatra"s Forests, Their Wildlife and the Climate Windows in Time*: 1985, 1990, 2000 and 2009. Jacarta: WWF-Indonesia, 2010.

4. BARNOSKY, A.; MATZKE, N.; TOMIYA S. et al. Has the Earth"s sixth mass extinction already arrived? *Nature*, [s.l.], n. 471, p. 51-57, 2011. Disponível em: www.nature.com/articles/nature09678. Acesso em: 3 out. 2025.

5. STEARNS, S. et al. *Watching, from the Edge of Extinction*. New Haven: Yale University Press, 2000.

6. KOLBERT, E. *The Sixth Extinction*: An Unnatural History. Nova Iorque: Henry Holt and Company, 2014.

7. PIMM, S. L. et al. The biodiversity of species and their rates of extinction, distribution, and protection. *Science*, [s.l.], v. 344, n. 6187, 2014. Disponível em: www.science.org/doi/10.1126/science.1246752. Acesso em: 3 out. 2025.

8. IPBES. *Global Assessment Report on Biodiversity and Ecosystem Services.* 2019. Disponível em: www.ipbes.net/news/ipbes-global-assessment-summary-policymakers-pdf. Acesso em: 3 out. 2025.

9. ACHAZ, G. et al. Mass extinction in poorly known taxa. *Proceedings of the National Academy of Sciences* (PNAS), [s.l.], n. 112, 2015. Disponível em: https://doi.org/10.1073/pnas.1502350112. Acesso em: 3 out. 2025.

10. SANCASCIANI, G. L"insetto vendicherà l"uccello. In: LAMBERTINI, M.; MESCHINI, E. (eds.). *L"insetto vendicherà l"uccello*. [S.l.]: La Fortezza Editore, 1982.

11. CARDOSO, P. et al. Scientists" warning to humanity on insect extinctions. *Biological Conservation*, [s.l.]. n. 242, 2020. Disponível em: https://doi.org/10.1016/j.biocon.2020.108426. Acesso em: 3 out. 2025.

12. POTTS, S. G.; IMPERATRIZ-FONSECA, V. L.; NGO, H. T. (eds.). *The assessment report of the Intergovernmental Science-Policy Platform on Biodiversity and Ecosystem Services on pollinators, pollination and food production*. Bonn: IPBES Secretariat, 2016. Disponível em: https://doi.org/10.5281/zenodo.3402856. Acesso em: 3 out. 2025.

13. BRONDIZIO, E. S. et. al. *Global Assessment Report on Biodiversity and Ecosystem Services of the Intergovernmental Science-Policy Platform on Biodiversity and Ecosystem Services*.Bonn: IPBES Secretariat, 2019. Disponível em: https://doi.org/10.5281/zenodo.3831673. Acesso em: 3 out. 2025.

14. FINN, C.; GRATTAROLA, F.; PINCHEIRA-DONOSO, D. More losers than winners: Investigating Anthropocene defaunation through the diversity of population trends. *Biological Reviews Cambridge*, n. 98, n. 5, 2023. Disponível em: https://onlinelibrary.wiley.com/doi/10.1111/brv.12974. Acesso em: 3 out. 2025.

15. WWF; ZSL. *The Living Planet Report*. 2024. Disponível em: https://livingplanet.panda.org/. Acesso em: 3 out. 2025.

16. SMYČKA, J.; STORCH, D.; TOSZOGYOVA, A. Mathematical biases in the calculation of the Living Planet Index lead to overestimation of vertebrate population decline in *Nature Communications*, v. 15, n. 5295, 2024. Disponível em: https://doi.org/10.1038/s41467-024-49070-x. Acesso em: 3 out. 2025.

17. IUCN. *Red List of Threatened Species*. 2024. Disponível em: www.iucnredlist.org/en

18. HADDAD, N. M. et al. Habitat fragmentation and its lasting impact on Earth"s ecosystems. *Science Advances*, v. 1, p. e1500052, 2015. Disponível em: https://doi.org/10.1126/sciadv.1500052. Acesso em: 3 out. 2025.

19. BRONDIZIO, E. S. et al. *Global Assessment Report on Biodiversity and Ecosystem Services*. Bonn: IPBES Secretariat, 2019. Disponível em: www.ipbes.net/global-assessment. Acesso em: 3 out. 2025.

20. CONVENTION ON WETLANDS. *Global Wetland Outlook:* Special Edition 2021. Suíça: Secretariat of the Convention on Wetlands, 2021.

21. FAO. *The State of World Fisheries and Aquaculture 2020*: Sustainability in Action. Roma: FAO, 2020. Disponível em: https://doi.org/10.4060/ca9229en. Acesso em: 3 out. 2025.

22. IUCN. *The IUCN Red List of Threatened Species*. 2022. Disponível em: www.iucnredlist.org/. Acesso em: 3 out. 2025.

23. BAR-ON, Y. M.; PHILLIPS, R.; MILO, R. The biomass distribution on Earth. *PNAS*, v. 115, n. 25, p. 6506-6511, 2018. Disponível em: https://doi.org/10.1073/pnas.1711842115. Acesso em: 3 out. 2025.

24. BAR-ON, Y. M.; PHILLIPS, R.; MILO, R. The biomass distribution on Earth. *PNAS*, v. 115, n. 25, p. 6506-6511, 2018. Disponível em: https://doi.org/10.1073/pnas.1711842115. Acesso em: 3 out. 2025.

25. STEFFEN, W. et al. The trajectory of the Anthropocene: The Great Acceleration. *The Anthropocene Review*, v. 2, n. 1, 2015. Disponível em: https://doi.org/10.1177/2053019614564785. Acesso em: 3 out. 2025.

26. ENGELKE, P.; MCNEILL, J. R. *The Great Acceleration*: An environmental history of the Anthropocene since 1945. Cambridge: Harvard University Press, 2016.

27. STEFFEN, W. The Earth System, the Great Acceleration and the Anthropocene. In: WILLIAMS, S. J.; TAYLOR, R. (eds.). *Sustainability and the New Economics*. Nova Iorque: Springer, 2022. Disponível em: https://doi.org/10.1007/978-3-030-78795-0_2. Acesso em: 3 out. 2025.

28. GLOBAL FOOTPRINTING NETWORK. *Ecological Footprint*. Disponível em: www.footprintnetwork.org/our-work/ecological-footprint/. Acesso em: 3 out. 2025.

29. HARARI, Y. N. *Sapiens:* A Brief History of Humankind. Nova Iorque: Vintage Books, 2015.

30. SVENNING, J. C. et al. The late-quaternary megafauna extinctions: Patterns, causes, ecological consequences and implications for ecosystem management in the Anthropocene. *Cambridge Prisms: Extinction*, v. 2, p. e5, 2024. Disponível em: https://doi.org/10.1017/ext.2024.4. Acesso em: 3 out. 2025.

31. ANDERMANN, T. et al. The past and future human impact on mammalian diversity. *Science Advances*, v. 6, n. 36. Disponível em: https://doi.org/10.1126/sciadv.abb2313. Acesso em: 3 out. 2025.

32. LOCK, P.L.; BARNOSKY, A. D. Late quaternary extinctions: State of the debate. *Annual Review of Ecology, Evolution, and Systematics*, v. 37, n. 215, 2006. Disponível em: https://doi.org/10.1146/annurev.ecolsys.34.011802.132415. Acesso em: 3 out. 2025.

33. CREES, J. J.; TURVEY, S. T. Extinction in the Anthropocene. *Current Biology*, v. 29, n. 19, 2019. Disponível em: https://doi.org/10.1016/j.cub.2019.07.040. Acesso em: 3 out. 2025.

34. BLACKBURN, T.; BOYER, A.; DUNCAN, R. Magnitude and variation of prehistoric bird extinctions in the Pacific. *PNAS* [online], 2013. Disponível em: https://doi.org/10.1073/pnas.1216511110. Acesso em: 3 out. 2025.

35. SVENNING, J. C. et al., 2024. The late-quaternary megafauna extinctions: Patterns, causes, ecological consequences and implications for ecosystem management in the Anthropocene. *Cambridge Prisms: Extinction*, v. 2, p. e5. Disponível em: https://doi.org/10.1017/ext.2024.4. Acesso em: 4 out. 2025.

36. RITCHIE, H. Deforestation and forest loss. *OurWorldinData.org*, 2021. Disponível em: https://ourworldindata.org/deforestation. Acesso em: 3 out. 2025.

37. UNEP-WCMC. *Protected Planet. The World Database on Protected Areas*. 2025. Disponível em: https://www.protectedplanet.net/en. Acesso em: 3 out. 2025.

38. GRAY, C.; HILL, S.; NEWBOLD, T. et al. Local biodiversity is higher inside than outside terrestrial protected areas worldwide. *Nature Communications*, v. 7, n. 12306, 2016. Disponível em: https://doi.org/10.1038/ncomms12306. Acesso em: 3 out. 2025.

39. LI, B. V. et al. The synergy between protected area effectiveness and economic growth. *Current Biology*, v. 34, n. 13, 2024. Disponível em: https://doi.org/10.1016/j.cub.2024.05.044. Acesso em: 3 out. 2025.

40. LANGHAMMER, P. F. et al. The positive impact of conservation action. *Science*, v. 383, n. 6694, 2024. Disponível em: https://doi.org/10.1126/science.adj6598. Acesso em: 3 out. 2025.

41. BOLAM, F. C. et al. How many bird and mammal extinctions has recent conservation action prevented? *Conservation Letters*. 2020. Disponível em: https://doi.org/10.1111/conl.12762. Acesso em: 3 out. 2025.

42. BEHRENS III, W. et al. *The Limits to Growth*. S.l.: The Club of Rome, 1972.

43. ROCKSTRÖM, J. et al. A safe operating space for humanity. *Nature*, v. 461, p. 472-475, 2009. Disponível em: https://doi.org/10.1038/461472a. Acesso em: 3 out. 2025.

44. STEFFEN, W. et al. Planetary boundaries: Guiding human development on a changing planet. *Science*, v. 347, p. 1259855, 2015. Disponível em: https://doi.org/10.1126/science.1259855. Acesso em: 3 out. 2025.

45. RICHARDSON, J. et al. Earth beyond six of nine planetary boundaries. *Science Advances*, v. 9, n. 37, 2023.

46. ROCKSTRÖM, J. et al. A safe operating space for humanity. *Nature*, 2009, n. 461, p. 472-475. Disponível em: https://doi.org/10.1038/461472a. Acesso em: 3 out. 2025.

47. SUBRAMANIAN, M. Anthropocene now: Influential panel votes to recognize Earth"s new epoch. *Nature*. 2019. Disponível em: https://doi.org/10.1038/d41586-019-01641-5. Acesso em: 3 out. 2025.

48. LEWIS, S.; MASLIN, M. Defining the Anthropocene. *Nature*, n. 519, p. 171-180, 2015. Disponível em: https://doi.org/10.1038/nature14258. Acesso em: 3 out. 2025.

49. CRUTZEN, P. J, STOERMER, E. F. The "Anthropocene". In: ROBIN, L.; SÖRLIN, S.; WARDE, P. (eds.). *The Future of Nature: Documents of Global Change*. New Haven: Yale University Press, 2013, p. 479-490. Disponível em: https://doi.org/10.12987/9780300188479-041. Acesso em: 3 out. 2025.

50. LENTON, T. Early warning of climate tipping points. *Nature Climate Change*, n. 1, p. 201-209, 2011. Disponível em: https://doi.org/10.1038/nclimate1143. Acesso em: 3 out. 2025.

51. ROCKSTRÖM, J. et al. The planetary commons: A new paradigm for safeguarding Earth-regulating systems in the Anthropocene. *PNAS*, v. 121, n. 5: p. e2301531121, 2024. Disponível em: https://doi.org/10.1073/pnas.2301531121. Acesso em: 3 out. 2025.

52. ROCKSTRÖM, J. et al. The planetary commons: A new paradigm for safeguarding Earth-regulating systems in the Anthropocene. *PNAS*, v. 121, n. 5: p. e2301531121, 2024. Disponível em: https://doi.org/10.1073/pnas.2301531121. Acesso em: 3 out. 2025.

53. LENTON, T. et al. *Global Tipping Points*. Reino Unido: University of Exeter, 2023. Disponível em: https://global-tipping-points.org. Acesso em: 3 out. 2025.

54. LENTON, T. et al. Climate tipping points – too risky to bet against. *Nature*, n. 575, p. 592-595, 2019. Correction abr. 2020. Disponível em: www.nature.com/articles/d41586-019-03595-0#correction-0. Acesso em: 3 out. 2025.

55. LOVEJOY, T. E.; NOBRE, C. Amazon tipping point. *Science Advances*, V. 4, N. 2, 2018. Disponível em: https://doi.org/10.1126/sciadv.aat2340. Acesso em: 3 out. 2025.

56. The Royal Society. *Ocean Acidification Due to Increasing Atmospheric Carbon Dioxide*. 2005. Disponível em: https://royalsociety.org/news-resources/publications/2005/ocean-acidification. Acesso em: 3 out. 2025.

57. FRÖLICHER, T. L.; JOOS, F.; TERHAAR, J. Ocean acidification in emission-driven temperature stabilization scenarios. *Environmental Research Letters*, v. 18, n. 2, p. 024033, 2023. Disponível em: https://doi.org/10.1088/1748-9326/acaf91. Acesso em: 3 out. 2025.

58. CLARKSON, M. O. et al. Ocean acidification and the Permo-Triassic mass extinction. *Science*, v. 348, n. 6231, p. 229-232, 2015. Disponível em: https://doi.org/10.1126/science.aaa0193. Acesso em: 3 out. 2025.

59. ROGERS, A. Global warming"s evil twin: Ocean acidification. *The Conversation*, 2013. Disponível em: https://theconversation.com/global-warmings-evil-twin-ocean-acidification-19017. Acesso em: 3 out. 2025.

60. BARNOSKY, A. et al. Approaching a state shift in Earth"s biosphere. *Nature*, n. 486, p. 52-58, 2012. Disponível em: https://doi.org/10.1038/nature11018. Acesso em: 3 out. 2025.

61. UN Environment. *Global Environment Outlook* – GEO-6: Healthy Planet, Healthy People. Nairóbi: UNEP; 2019. Disponível em: https://doi.org/10.1017/9781108627146. Acesso em: 3 out. 2025.

62. IPBES-IPCC. *Workshop Report: IPBES-IPCC Cosponsored Report on Biodiversity and Climate Change*. 2021. Disponível em: www.ipcc.ch/site/assets/uploads/2021/07/IPBES_IPCC_WR_12_2020.pdf. Acesso em: 3 out. 2025.

Izabella Teixeira
Co-chair do Painel Internacional de Recursos Naturais da ONU Meio Ambiente (IRP/UNEP), membro do Conselho Administrativo do Banco Nacional de Desenvolvimento Econômico e Social (BNDES) e conselheira consultiva internacional do Centro Brasileiro de Relações Internacionais (CEBRI). Foi ministra do Meio Ambiente (2010-2016). É *fellow* do Instituto Arapyaú.

3. A NATUREZA E UM NOVO PAPEL POLÍTICO NUM MUNDO EM TRANSFORMAÇÃO

O mundo que temos mudou e deve seguir em atualização e em transformação. As incertezas e os desafios marcam as dimensões internacionais, transnacionais e globais. Percepções e realidades movimentam a sociedade entre um passado que insiste em estar no presente e o futuro adicionado dos riscos geopolíticos e climáticos. Revelam incapacidades, impotências e o *tipping point* das instituições frente aos processos disruptivos em curso nas trajetórias internacionais de cooperação.

As crises contemporâneas ganham contornos ampliados e diversificados e, muitas vezes, impensáveis. A sua abrangência denuncia, a cada dia, as limitações da capacidade de intervir ou de frear a redefinição da ordem internacional determinada pelas superpotências. A sociedade global assiste a tudo numa condição híbrida de perplexidade e apoplexia. A compreensão é de impotência expressa, frequentemente, pela perspectiva da resiliência. Os caminhos de cooperação internacional se rearranjam cada vez mais pela convergência de interesses e não pelas necessidades ou pela amizade e solidariedade entre povos e sociedades. Surgem os blocos de interesses comuns e uma agenda de disputas que busca restringir a diversificação dos caminhos de cooperação internacional.

O presente que está aí está muito distante da aspiração de futuro de uma geração que se engajou no final do século XX, tendo a ciência como um ator político, para construir uma outra relação entre a Humanidade e a Natureza. O reconhecimento da criticidade na relação entre o homem e a natureza foi motivador para a busca dos caminhos da sustentabilidade e o reconhecimento que o impacto da ação do homem tinha dimensão global (e não internacional ou transnacional).

A realidade atual revela que as possibilidades do agir, voltado à superação dos problemas agravados pelo decorrer do tempo, limitam-se às dinâmicas e fluxos emoldurados pela fragmentação das agendas e de *constituencies* políticas que se mobilizam em bolhas ou *clusters*. Os resultados aparentes não favorecem à coesão, união e coerência na ação política e econômica na escala e magnitude que a consecução de soluções com impacto global requer. A crise com a Natureza tem todos os elementos de agravamento observando-se que o *timing* político do homem não dialoga com o *timing* das mudanças impostas pela natureza.

A emergente visão de *power politics* tem pressupostos e prioridades desfavoráveis às trajetórias do *climate and nature politics*. De fato, o que se evidencia é um arrefecimento dos temas mudanças do clima e sustentabilidade como prioridades na agenda internacional. A sustentabilidade vive uma espécie de recessão na agenda internacional. E a questão climática ganha outros contornos com o risco climático sendo um tema do presente e não mais do futuro por conta dos eventos extremos se insinuarem como uma nova realidade.

As superpotências reorganizam o campo estratégico do exercício do poder ao determinar as novas ambições de domínio geopolítico em torno da segurança, defesa, inovação (inteligência artificial e a emergente inteligência quântica), além da posse de recursos naturais, notadamente, os minerais estratégicos e críticos e os recursos hídricos. A nova ordem internacional se movimenta num mundo que irá da Era dos Fósseis para a Era do Minerais e (novos) Materiais, e da paz para as ameaças de guerras e às novas formas de guerra.

Nesse contexto, a segurança energética segue como balizadora do escopo e do tempo da mudança ou da transição para os novos modelos de *power politics*. Após cerca de 40 anos de enfrentamento à mudança do clima, a matriz energética global tem dependência de combustíveis fósseis da ordem de 80%, como registrado em 2024. Nunca se investiu tanto em energias renováveis e em energias fósseis como no ano passado. O achado de que o mundo pratica *energy addition* como parte do escopo da transição energética da agenda climática é uma realidade política, econômica e tecnológica. Portanto, parece mais do que relevante entender a demanda global por energia e suas tendências vis-à-vis a ambição de poder político pelas superpotências e seus aliados para uma melhor compreensão do papel do jogo geopolítico na dinâmica e na priorização do *climate politics*.

O poder político dos países está exposto a vulnerabilidades resultantes da redefinição das áreas de influência, de ambição e de interesse de ascendência das superpotências, das capacidades nacionais de lidar com os impactos transnacionais do crime organizado, e da busca pelas *Big Techs* pela soberania dos dados que modelam a cultura da informação às suas sociedades. Ao levar em consideração esse contexto, assim como a perspectiva da exposição aos riscos da crise com a natureza, a visão de soberania de um povo deve ser revisitada e reafirmada. É estratégico e urgente considerar, como interesse nacional, os seus ativos ambientais e sociais, os requisitos de paz e de liberdade que definem valores de cada sociedade, além da autonomia de suas instituições e os direitos e deveres dos seus cidadãos como aspectos centrais da sua segurança e bem-estar.

A geopolítica se reorganiza em torno de novos interesses de poder e de outras dinâmicas do seu exercício. O sistema multilateral busca aliados para a sua reestruturação e fortalecimento. O mundo do poder político internacional avança sobre os domínios da cooperação multilateral e dos problemas globais e tangencia os problemas transnacionais. Para muitos especialistas, os tempos de hoje são de brutalidade, agressividade, da ausência da verdade, dos limites vencidos das instituições para conter os assombros autocráticos nos regimes democráticos.

Esse contexto confuso e abrangente que acolhe as disputas do poder político no mundo atual não há como excluir a perspectiva geopolítica da agenda climática e na crise com a natureza. Pela ciência, é fato que já vivemos a emergência climática e processos de instabilidade nos ciclos de produção de vida no planeta. Os eventos extremos estarão cada vez mais presentes na realidade da humanidade e do mundo. O risco climático é parte das novas equações econômicas, financeiras e sociais de desenvolvimento. A decisão de lideranças políticas internacionais de exclusão dessa temática da agenda de convergência de interesses geopolíticos não exclui os seus países da exposição ao risco climático ou tão pouco os países oponentes de promover avanços na sua segurança climática. Ou seja, lidar com a natureza e os seus processos disruptivos requer uma sofisticação geopolítica que não é abundante atualmente no mundo, divide ou isola países cujos líderes optam pela desinformação inculta e adia decisões urgentes e estratégicas para a humanidade como se ainda houvesse tempo a ser comprado.

Ainda nesse ambiente, vale anotar que as disputas no campo geopolítico contam com a emergência dos brutalistas,[1] que se movimentam pela não observância às regras internacionais, são céticos climáticos e da sustentabilidade, não partilham de valores comuns, agem motivados pela busca de mais riqueza, numa perfeita expressão de ciclos de poder modulados por um "neoextrativismo" ou um "neocolonialismo".

Do otimismo pragmático à razão pessimista: as outras disputas da crise com a Natureza

Na transição para o século XXI, com os rumos democráticos em consolidação no Ocidente, o sistema multilateral tracionava, ainda com vigor, a construção da agenda de sustentabilidade para fazer frente aos desafios dos impactos de magnitude global provocados pela ação do homem. Com o planeta ameaçado na sua capacidade de produzir vida, os contornos acordados da agenda internacional foram estabelecidos pelo aquecimento global, a perda acelerada da biodiversidade e o avanço do processo de desertificação. Na perspectiva original, o combate à degradação e à poluição ambiental e o enfrentamento à pobreza e às desigualdades também permeavam a ambição de processos de desenvolvimento mais justos e inclusivos.

A crise com a natureza pautava uma nova dimensão de problemas provocados pela ação humana, de escala planetária ou global, com o potencial de impactar a todos os países e sociedades. O reconhecimento da nova agenda pela comunidade internacional veio por meio do sistema multilateral,[A] que, também, acatou conferir à ciência papel político.[B]

A. O sistema multilateral de cooperação internacional traz na sua essência a relação entre países e as suas práticas políticas de poder e econômicas de interação, de alianças e de instituições, de visão, decisão e formação de consenso em torno das soluções a serem adotadas. (Nota da Autora)

B. Embora a década de 1990 tenha marcado a construção de uma nova agenda multilateral de desenvolvimento orientada por sustentabilidade, democracia, direitos civis e humanos, paz e enfrentamento às desigualdades e à pobreza, o século XXI inicia-se com duas grandes mudanças no cenário internacional: o atentado de 11 de setembro e a volta do tema de segurança e defesa para a centralidade da agenda internacional; e a entrada da China na Organização Mundial do Comércio – OMC e as mudanças na ordem internacional com a emergência da polarização com os Estados Unidos. (Nota da Autora)

O ponto de entrada foi o já sabido caminho das crises ambientais emergentes nas décadas de 1960 e 1970 e a arquitetura para promover a ação política de domínio internacional público. Aqui cabe mencionar um ponto de tensão entre especialistas que defendem a natureza como ator político. A ação internacional orientada pelo entendimento sobre os impactos na natureza, a partir unicamente da espécie humana, deixando à parte as interações multiespecíficas, ou seja, como as múltiplas formas de vida interagirem e produzirem impactos, promoveu um apequenamento da agenda acordada. As suas complexidades podem ser mais relevantes do que as existentes narrativas da crise ambiental. Essa perspectiva vai influenciar outros conhecimentos científicos e dinâmicas políticas sobre as práticas ecológicas observadas na natureza, não limitadas à singularidade da espécie humana, e que se traduzem pela ideia das soberanias multiespecíficas.[2, C]

O atual contexto do sistema de cooperação internacional imprime complexidades e impasses para o enfrentamento à tripla crise ambiental planetária. O enfraquecimento do sistema multilateral como espaço político único para lidar com problemas globais e os desafios de fazer funcionar uma ordem internacional multipolar[D] sugerem impasses, interrupções e disrupções em processos negociados e acordados.

Num ambiente político incerto, mas ainda não (totalmente) desfavorável, o enfrentamento às crises ambiental e climática busca ganhar

---

C. Esse debate poderá encontrar maior ressonância ou resistência à medida que se avancem as leituras políticas, científicas e econômicas sobre o capital natural, a sua valoração, a busca por soluções baseadas na natureza às crises globais, a inclusão do papel político dos povos originários e das populações tradicionais no enfrentamento à emergência climática e o horizonte das novas economias verdes. O adiado debate político sobre os tipping points do planeta e as implicações nas cadeias ecológicas que produzem vida poderão fazer emergir uma visão contemporânea das relações entre os seres vivos e não vivos e o papel da natureza como ator político.

D. A instabilidade perene poderá permear um mundo multipolar. Deve-se buscar a estabilidade de processos e a ação dirigida por propósitos orientada pela melhor alocação do poder entre as superpotências, uma governança internacional voltada à uma eficiente e permanente ação coordenada e a precisa definição das esferas de influência das superpotências e seus aliados de forma a se evitar outras tensões e novas guerras (Spektor, 2025).

tração política e econômica. A derrota na eficácia do enfrentamento às mudanças do clima é evidenciada, em 2024, pela ruptura da barreira 1,5 grau Celsius no aumento médio de temperatura do planeta. A percepção de que é possível permanecer aquém da urgente ação necessária, com um potencial aquecimento global de até 3,1 graus Celsius resultante da atual ambição dos países signatários do Acordo de Paris, associada aos retrocessos impostos pela agenda geopolítica, define o contexto **pessimista da razão**.

No entanto, é pertinente constatar um viés do interesse político prioritário sobre a agenda climática em relação às demais agendas multilaterais de meio ambiente. A visão que rege atualmente o enfrentamento à mudança do clima orienta-se por quatro trilhas com impactos nos interesses geopolíticos e nas dependências econômicas e tecnológicas dos países:

(a) a mudança da matriz energética global dependente de energias fósseis para uma matriz baseada em energias renováveis (e ainda energia nuclear);
(b) a eletrificação dos setores econômicos e seus efeitos geopolíticos, econômicos e tecnológicos em cascata;
(c) a descarbonização das cadeias produtivas de valor e de suprimentos e o impacto na demanda e no comércio internacional;
(d) a adaptação climática e os custos associados ao risco climático, crescimento econômico e ao desenvolvimento do mundo.

Cabe observar, ainda, que a questão climática passou a ser discutida além dos espaços institucionais das Nações Unidas, como nos grupos de países do G7, OECD, G20, BRICS+, ASEAN e outros. Essa nova dinâmica política é motivada por interesses diversos, notadamente o financiamento climático, outras possibilidades de poder de convocação e os desafios impostos pela inovação e pelo desenvolvimento tecnológico, as rotas de segurança energética e alimentar, e o acesso a recursos naturais, notadamente os minerais críticos e estratégicos, os recursos hídricos e a terra/solo.

Nos desafios que encerram a relação do Homem e a perda acelerada da biodiversidade, as perspectivas também são sensíveis politicamente. O inevitável alinhamento com a agenda climática para lidar com as demandas de financiamento e de convergência de ações entre a ambição climática e a conservação da biodiversidade precisa superar essa "visão condicionada". A ambição dos países detentores de ativos da natureza precisa ser mais sofisticada e estratégica. E deve conferir ao setor privado papel inovador de adotar soluções e de *bridge builder* na transição de interesses e na emergência das novas narrativas de desenvolvimento.

Afinal, é preciso não somente cortar emissões de gases de efeito estufa, mas avançar na retirada de carbono da atmosfera, adotar medidas robustas e permanentes de fixação de carbono na Terra, proteger áreas destinadas à conservação biológica e ecológica e adaptar-se à Era Climática. Todas essas ações voltadas à solução da crise climática encontram a Natureza como uma aliada estratégica e com novas relações de dependência. Aqui reside o **otimismo pragmático** em relação à centralidade de um novo papel político da Natureza num mundo em transformação. Mas, será preciso buscar abordagens e alianças inovadoras, outros espaços políticos e superar o tom da tragédia e a voz dos retardatários climáticos que bloqueiam a emergência de novas regras e de novas práticas. É preciso ter a presença de outros adultos nas salas dos interesses e formar novos *deals* para lidar com *trade-offs* e pactuar os não retrocessos.

As soluções da crise climática e a transição do uso da terra e dos recursos naturais e materiais

Em um mundo em transformação e com as disputas envolvendo o *power* e o *climate politics*, a agenda de soluções à mudança do clima demanda novos campos políticos de ação. Se a transição energética define o escopo central da crise climática pelas emissões oriundas dos combustíveis fósseis, a transição do uso da terra e dos recursos naturais e materiais define o escopo estratégico da agenda de soluções.

A construção de caminhos alternativos e contemporâneos requer ousadia no olhar, cautela na condução, atenção quanto aos *trade-offs* e tensões de curto prazo, originalidade nas narrativas e parcerias, mobilização dos atores que podem agir como aliados e pragmatismo, determinação e ineditismo na construção das soluções.

É preciso partir da realidade e ser pragmático na formulação dos pressupostos que fundamentam as disputas e as preferências a serem feitas. O enfrentamento à questão climática e à crise com a natureza com ações concretas em escala e sem retrocessos requer a superação de barreiras reais e complexas postas pelo atual contexto internacional, cabendo destacar:

(a) a destruição das guerras em andamento e da contratação de novas crises ambientais no futuro;

(b) o domínio e a dependência dos países desenvolvidos da energia fóssil;

(c) a dependência de alguns países, notadamente da China, em relação às energias renováveis e às tecnologias de descarbonização da economia global;

(d) a emergência dos *middle power countries* no cenário internacional;

(e) a incansável busca geopolítica pelos recursos naturais, notadamente os minerais críticos e estratégicos e a água;

(f) a presença dos brutalistas céticos climáticos e da sustentabilidade na redefinição dos interesses que alicerçam uma nova ordem internacional;

(g) a ação fragmentada e em bolhas dos retardatários climáticos e o seu exercício do poder pelo problema e não pelas soluções;

(h) a crise anunciada de esgotamento de recursos naturais e os padrões de consumo da classe média mundial;

(i) a ameaça à democracia no Ocidente;

(j) o impacto transnacional do crime organizado que também apropria a natureza na sua "cadeia global de valor", além das armas, drogas e tráfico de pessoas;

(k) o cinismo climático e ambiental na comunidade internacional.

Portanto, a construção política para lidar com o *climate politics* demanda ir além do que existe hoje na governança climática internacional: do conteúdo da agenda aos atores responsáveis pela tomada de decisão, definindo um outro tracionamento aos espaços políticos e acordos sob os regimes de cooperação multilateral e bilateral.

As narrativas emergentes deverão conferir poder político, econômico e tecnológico aos países detentores de ativos ambientais e de soluções aplicáveis e às sociedades condutoras dessas trajetórias de ação. E precisam aterrizar em espaços políticos com dinâmicas alternativas de diálogo e de concertação de interesses. Não há como implementar a descarbonização da economia global e a eletrificação da economia sem a Natureza como aliada, em particular, no acesso e na suficiência do uso de recursos naturais e de materiais.[E]

O uso de recursos materiais deve crescer até 60% até 2060 e o seu crescimento é o principal vetor da tripla crise planetária. Nos últimos 50 anos, o consumo de recursos materiais mais do que triplicou, com um crescimento anual de mais de 2,3%. Os impactos da extração e do processamento desses recursos em muito excedem as metas baseadas na perda global da biodiversidade e no aumento médio da temperatura em 1,5°C. A redução do uso de recursos materiais nas áreas de alimentos, transporte, habitação e energia é crítico para a consecução dos objetivos de sustentabilidade. Os países de renda alta consomem seis vezes mais recursos materiais e contribuem dez vezes mais para os impactos climáticos do que os países de baixa renda.[3]

Esse quadro se associa à demanda por minerais estratégicos e críticos, recursos naturais, energia para dar conta dos desafios impostos pela crise climática, pelas novas agendas de defesa e segurança alimentar e energética baseada em fontes renováveis e em energia nuclear e pela era digital-tecnológica, notadamente pela inteligência artificial e a emergente inteligência quântica. Nenhum desses caminhos é factível, num planeta com população estimada em 10 bilhões de pessoas, sem uma nova relação da Humanidade com a Natureza. É possível usar menos recursos materiais e naturais, eliminar os padrões insustentáveis de produção e de consumo, promover o crescimento econômico e o bem-estar e reduzir as perdas ambientais e as desigualdades sociais e tecnológicas.

Isso requer mudanças nos estilos de vida e no atendimento às necessidades das sociedades. Requer a visão de se ter a Natureza como aliada e ator político que se movimenta em ritmo e tempos distintos. A "razão da natureza" para se apresentar como conceito deve adquirir existência no plano da cognição e da intelecção humanas. Resulta disso que essa razão deve ser parte da razão humana, que é humana ou não é razão.[4]

A perspectiva da transição da terra e da segurança dos recursos materiais e naturais no contexto das trajetórias de *Net Zero Emissions* (NZE) talvez faça emergir nas salas de negociação diplomática e no

---

E. Recursos materiais compreendem biomassa, inclusive biomateriais, combustíveis fósseis, metais, e minerais não metálicos. Recursos Naturais compreendem recursos materiais, terra e água (IRP, 2024).

mundo real a razão pragmática, afastando os brutalistas céticos e os retardatários climáticos e permitindo a entrada de novos atores nas salas de promoção de soluções à crise climática. É só ter mais atenção à natureza como ator político, à paz e às novas gerações. Deixar de lado o tom da tragédia e mobilizar a sociedade pela capacidade de mudar e de transformar pode levar o planeta a uma situação de menores vulnerabilidades num futuro que já se insinua.

Referências bibliográficas

1. VASCONCELOS, A. *Seminário O Nosso Patrimônio Comum*. IRI-USP e Casa Comum da Humanidade. São Paulo. 12 de junho de 2025.

2. YOUATT, R. *Interspecies Politics*: Nature, borders, states. USA. University OF MICHIGAN PRESS. 2020.

3. INTERNATIONAL RESOURCE PANEL - IRP. *Global Resource Outlook*. Nairobi. United Nations Environment Programme-UNEP. 2024.

4. BUCCI, E. *A Razão Desumana*: cultura e informação na era da desinformação inculta (e sedutora). São Paulo. Editora Autêntica. 2025.

4. O GRANDE DESPERTAR

por Marco Lambertini

Entre todas as citações de psicólogos e filósofos famosos sobre a nossa tendência de fugir de situações difíceis e verdades duras, nenhuma ressoa tanto em mim quanto as palavras da minha avó Ester: "Não dá pra você se esconder atrás do seu dedo". Essa frase simples, porém profunda, descreve perfeitamente a atitude vergonhosa e generalizada de ignorar ou negar as evidências esmagadoras do nosso impacto na natureza e as consequências que daí decorrem. Felizmente, essa postura finalmente começa a mudar.

Há algo simples, mas extraordinariamente poderoso sobre o nosso tempo: hoje, nós sabemos. Somos a geração mais ambientalmente consciente da história da humanidade. Compreendemos profundamente o funcionamento dos sistemas naturais e temos uma melhor noção de como nossas ações estão desestabilizando os sistemas terrestres. Talvez ainda mais importante, estamos começando a reconhecer que esse impacto não se restringe ao mundo natural; ele, como um efeito bumerangue, nos atinge diretamente.

A conscientização a respeito do "Grande Declínio" e da "Grande Ameaça" é capaz de, por sua vez, catalisar o "Grande Despertar". Esse despertar se refere aos graves riscos que toda forma de vida na Terra, inclusive a nossa, está enfrentando devido à degradação ambiental. Dentro dessa nova consciência, reside a nossa melhor chance de acolher a mudança. Essa percepção renovada é, de fato, o que faz do nosso tempo singular, e é justamente esta geração — não a vindoura — que possui a oportunidade fascinante de edificar um futuro seguro e promissor para a natureza.

4.1 O "Paradoxo do Desenvolvimento"

"As coisas nunca estiveram tão boas para a humanidade, nem tão terríveis para o planeta." O título do artigo do jornalista canadense Arno Kopecky[1] *incorpora perfeitamente um dos mais impressionantes paradoxos do nosso tempo e talvez o desafio mais existencial para a humanidade.*

Na maior parte da história da humanidade, cerca de metade dos recém-nascidos morria antes de atingir a puberdade. Essa é uma taxa de mortalidade comum em muitas outras espécies de mamíferos selvagens. Em 1900, aproximadamente 40% dos nascidos não sobreviviam à infância.[2] Já em 1950, esse índice havia caído para 25% em nível global. Hoje, ele está abaixo de 4%. Em 1900, a expectativa de vida global era de cerca de 30 anos, chegando a pouco menos de 50 anos em 1950 e está atualmente acima dos 70 anos.[3] No início do século XIX, 75% da população mundial vivia na pobreza extrema, sem acesso à comida suficiente para evitar a desnutrição. Em 1950, essa proporção era de quase 60% e, hoje, é de 10%.[4] Mesmo que essas estatísticas ainda escondam um nível profundo e inaceitável de desigualdade entre as regiões, o progresso em termos de desenvolvimento humano é inegável em muitas partes do mundo. É uma realidade que o modelo de desenvolvimento que se mostrou usurpador e prejudicial para a natureza, e que explodiu particularmente durante a "Grande Aceleração", permitiu que a maioria de nós vivesse melhor. Até agora.

Entretanto, enquanto a sociedade humana prosperava, o mundo natural entrava em declínio como resultado direto desse avanço. A cada cidade erguida, a cada estrada, ferrovia e porto construídos, e a cada pedaço de terra destinado à agricultura ou pastoreio, uma parte do mundo natural era sacrificada. Simplesmente não dávamos atenção ao impacto que tudo isso causava nos sistemas naturais — aqueles que nos forneciam um clima estável e previsível, o ar que respiramos e a água que bebemos e usamos para cultivar e impulsionar nossas imensas indústrias manufatureiras. Em nossa corrida frenética para dominar o mundo natural, esquecemos que, na verdade, dependemos da natureza muito mais do que ela depende de nós.

Que cegueira e ignorância demonstramos ao esquecermos que dependemos da natureza, que somos parte dela! Na natureza, tudo está em equilíbrio, e a disponibilidade — ou a escassez — de recursos é um dos impulsionadores fundamentais da adaptação e evolução de cada forma de vida. Viver de forma sustentável, dentro dos limites da disponibilidade de recursos, é um pré-requisito básico para a sobrevivência de cada indivíduo de cada espécie. Isso é, efetivamente, uma realidade em todo o sistema natural, imposta principalmente pela pressão evolutiva, e não por escolha.

Como afirma Richard Dawkins em seu livro *O Relojoeiro Cego*: "A complexa teia da vida na natureza, suas formas e sua adaptação não são resultado de... design consciente, mas sim da seleção natural de mecanismos, adaptações e comportamentos com alta eficiência e propósito de sobrevivência"[5]. Essa é, de fato, a essência da teoria da evolução de Darwin.

Como resultado, a vida sustentável é algo ubíquo e intrínseco ao mundo natural e a tudo o que nele vive. Isso é, no entanto, o resultado da interdependência, interações e feedback entre elementos vivos e inanimados da natureza, e não necessariamente de decisões conscientes.

Por exemplo, os veados-vermelhos do Norte vivem em equilíbrio com a floresta porque sua população é controlada tanto pela disponibilidade de vegetação quanto pela existência de seu principal predador, o lobo. Se os lobos são erradicados, a população de veados cresce descontroladamente e o impacto na floresta aumenta até que a escassez de alimento reequilibre o tamanho populacional por meio de doenças e da fome. A falta de alimento, naturalmente, reduz as taxas de sobrevivência de embriões e filhotes. Contudo, em muitas espécies, também induz a uma diminuição na ovulação, fazendo com que as taxas de nascimento diminuam e levando a um declínio populacional. Simplificando, com o aumento populacional, a competição se intensifica e os recursos diminuem, até que a população volte a patamares sustentáveis.

Exemplos da ausência de um comportamento conscientemente sustentável são comuns na natureza. Criaturas altamente inteligentes, como os elefantes, derrubam árvores para alcançar suas folhas mais verdes, aparentemente alheias aos danos que causam à vegetação local. Como seu habitat natural tem sido drasticamente reduzido pela invasão humana, e a maioria das populações de elefantes foi confinada a áreas protegidas, esse impacto pode afetar sua própria sobrevivência e a de outras espécies herbívoras.

Ainda mais extremo é o extraordinário comportamento recentemente descoberto nas orcas do sul: elas matam grandes tubarões brancos para comer seus fígados e jovens baleias para comer suas línguas, descartando o resto do corpo. Esse comportamento reproduz a insustentabilidade e o desperdício pelos quais culpamos os humanos pelo estado do planeta.

Evidentemente, espécies selvagens não possuem os mesmos meios de "destruição em massa" que os humanos, por isso o impacto que podem causar na natureza é mais limitado e recuperável. Mesmo assim, podemos tirar dessas histórias uma importante reflexão e um duro lembrete: comportamentos sustentáveis não surgem necessariamente de forma natural ou instintiva. Na natureza, a sustentabilidade é garantida por meio de mecanismos de feedback, principalmente relacionados à disponibilidade de recursos, o que leva a um equilíbrio ecológico. Já a sustentabilidade, como conceito, é antropogênica; ela evoluiu em resposta à consciência sobre os impactos que nosso comportamento tem gerado no mundo natural, desestabilizando os sistemas da Terra, esgotando os recursos naturais e gerando consequências negativas que colocam em xeque nossa própria sobrevivência. Esse reconhecimento, novo para as sociedades "modernas", está presente há milênios em muitas populações indígenas que dependem diretamente dos recursos naturais para sua sobrevivência. Mais recentemente, tem sido adotado por uma crescente parcela da população global.

Ser sustentável exige um esforço deliberado que surge ao final de um processo cognitivo, quando internalizamos a necessidade de sê-lo e os benefícios que dela derivam. Esse é, também, um duro lembrete: quanto mais desequilíbrio criarmos no mundo natural, mais drasticamente teremos que agir em favor do reequilíbrio.

A noção de sustentabilidade, diferentemente de outras características instintivas como a sobrevivência e o interesse próprio, parece não ter sido construída em nossa espécie — nem, aliás, em qualquer outra. Geralmente, ela é mobilizada quando conseguimos antecipar consequências negativas e, mais uma vez, agimos em nosso próprio interesse e pelo interesse de nossa família e comunidade.

Isso se evidencia em algumas comunidades costeiras que aplicam proibições sazonais para a pesca de certas espécies, fazem o rodízio de áreas de pesca e estabelecem cotas de pesca para evitar o esgotamento dos estoques. No Oriente Médio, por exemplo, o conceito tradicional de "hima" significa preservar e proteger elementos naturais — como uma floresta[6], uma nascente ou um rio — de atividades destrutivas. Essa prática é reforçada por meio de acordos comunitários para preservar os serviços que a natureza oferece.

Existem também exemplos de como esses sistemas tradicionais de governança dos recursos têm sido interrompidos de forma acelerada pela chegada de tecnologias como armas de fogo e armadilhas na caça, redes de emalhar e explosivos na pesca, e tratores e escavadeiras na conversão agrícola. A pesca com dinamite ou explosivos foi bastante difundida e ainda é uma prática presente em muitas comunidades costeiras no Sudeste da Ásia, no Leste da África e em outras regiões do mundo, causando enormes danos aos habitats costeiros e às populações de peixes[7].

Em inúmeras comunidades indígenas da África Central e do Sudeste Asiático, a caça para subsistência com redes e flechas foi substituída pela caça com o uso de redes de metal e armas de fogo. Nesses casos, os animais selvagens mortos não são consumidos diretamente, mas vendidos em mercados locais ou a atravessadores, infelizmente, muitas vezes trocados por álcool ou outras drogas[8]. A chamada "carne de caça ilegal" é também negociada em nível doméstico ou internacionalmente, principalmente de forma ilegal, atingindo as diásporas em cidades ao redor do mundo e não se restringindo mais à caça de subsistência[9].

Na sociedade moderna, marcada por uma separação física e cultural entre as pessoas e a natureza, além da produção em massa, tecnologias exploratórias avançadas e hiperconsumo, a noção de sustentabilidade enfrenta desafios para ser reconhecida como prioridade. Ela exige um pensamento de longo prazo, uma compreensão das consequências negativas, muitas vezes indiretas, de nossas ações, bem como uma crença na prosperidade equitativa e compartilhada. Ao longo de nossa trajetória de desenvolvimento na modernidade, a tendência de desvalorizar os recursos naturais se acelerou, como as árvores, rios, oceanos, peixes, abelhas e vermes terrestres, e nos preocupamos mais em valorizar elementos artificiais, como cidades, economias, tecnologias, ferramentas digitais, bens manufaturados e comidas processadas. E, ao mesmo tempo, temos ignorado o fato de que, em última instância, nosso "mundo artificial" ainda depende do "mundo natural".

Adaptação, colaboração e governança de recursos são elementos-chave na transição para uma sociedade em equilíbrio com o mundo natural e que funcione dentro dos limites planetários[10]. Ser sustentável demanda um nível empático de consciência de que certos comportamentos contribuem para uma sociedade mais saudável, para um futuro melhor e mais seguro que não deixe ninguém de fora. A Comissão Brundtland das Nações Unidas[11] define desenvolvimento sustentável como um "desenvolvimento que satisfaz as necessidades do presente sem comprometer a capacidade das gerações futuras de atenderem às suas próprias necessidades." Uma maior compreensão do mundo natural, de suas fragilidades, de nossos impactos sobre ele, dos danos que causamos e das consequências posteriores que sofreremos poderia alterar a maneira como nosso cérebro processa informação, desenvolve percepções e impulsiona comportamentos? Seremos capazes de internalizar a demanda por sustentabilidade e aplicá-la à forma como pensamos e vivemos nossas vidas?

O principal motor de uma transição rumo a um futuro positivo para a natureza reside, em última análise, em nossa mente. O surgimento de uma nova corrente na neurociência, aprimorada por tecnologias de imagem cerebral cada vez mais sofisticadas, estuda as respostas do nosso cérebro diante de desafios relativos à sustentabilidade. A neurossustentabilidade é uma abordagem inovadora e fascinante que investiga a relação entre neurociência e sustentabilidade. Como consequência futura da nossa capacidade de internalizar ameaças e selecionar "comportamentos seguros", será nosso cérebro capaz de "automaticamente" se reconectar à priorização de comportamentos sustentáveis em lugar de ações prejudiciais ao meio ambiente?

O fracasso fundamental do nosso modelo de desenvolvimento dominante e globalizado é a presunção de que podemos expandir nossas economias de forma infinita, independentemente das limitações do nosso capital natural. Em *Economics of Biodiversity*[12], o professor Partha Dasgupta descreve e evidencia de maneira impactante como, ao longo das últimas décadas, o mundo continuou a registrar um elevado aumento no *capital produzido* (mercadorias de origem humana e infraestruturas), um crescimento bem menor no *capital humano* (educação, saúde) e um declínio radical no *capital natural* (infraestruturas, recursos e serviços naturais). Entre 1992 e 2014, o capital produzido per capita dobrou, enquanto o capital natural caiu 40% e o capital humano aumentou apenas 13%. Isso evidencia tanto o fosso de desigualdade entre diferentes sociedades e dentro delas quanto a crise da perda da biodiversidade, gerada por um modelo econômico baseado no consumo não regenerativo. Esses três "capitais" essenciais — que, juntos, sustentam o bem-estar humano, a equidade e a sustentabilidade, assim como a saúde do planeta — têm, em nosso modelo moderno de desenvolvimento, entrado em conflito entre si.

Até agora, o capital financeiro tem sido gerado, em grande parte, pela conversão do capital natural, e seu crescimento não tem aprimorado de forma equitativa o capital humano. As maiores empresas do mundo destroem anualmente 7,3 trilhões de dólares em capital natural sem qualquer tipo de compensação, e essa é a razão de sua lucratividade atual[13]. O custo desses efeitos colaterais é arcado pela sociedade, enquanto os lucros permanecem privados. Os custos da inação são impressionantes. Segundo estimativas da OCDE, entre 1997 e 2011, o mundo perdeu de 4 a 20 trilhões de dólares por ano em serviços ecossistêmicos, apenas devido a mudanças na cobertura da terra[14]. Ainda que esses dados pareçam dramáticos e convincentes, eles se limitam a discussões acadêmicas, pois, até onde se sabe, ainda não foram considerados em avaliações econômicas.

Estamos nos aproximando de um ponto em que a escassez de recursos e a degradação dos processos naturais não apenas afetam o desenvolvimento socioeconômico, mas também revertem os ganhos alcançados em décadas anteriores. A pobreza extrema, doenças, desnutrição e o deslocamento humano já estão em crescimento em algumas partes do mundo, como resultado direto das mudanças climáticas. Em 2022, a expectativa de vida média de homens e mulheres diminuiu em dois e três anos, respectivamente, devido à pandemia de Covid-19. Essa zoonose quase certamente se originou de animais selvagens comercializados ou criados em cativeiro. É evidente que não podemos continuar com a exploração insustentável da natureza sem enfrentar suas graves consequências. Elas já estão ocorrendo e só irão piorar se não mudarmos o nosso rumo. Ignorar esse fato coloca em risco a nossa própria segurança.

Este é o primeiro paradoxo de nossa era, o "*Paradoxo do Desenvolvimento*". Trata-se de um modelo de desenvolvimento suicida, um beco sem saída que destrói e corrói suas próprias bases, tornando seu colapso total algo inevitável. Como o ambientalista Edward Abbey certa vez afirmou: "*Crescimento por puro crescimento é a ideologia de uma célula cancerígena.*" Embora o câncer não seja uma única célula, mas uma disfunção induzida que destrói a célula de dentro para fora, essa analogia nos parece familiar?

O modelo de crescimento econômico neoclássico, que remonta a 1950, foi resultado do trabalho conjunto do economista americano e ganhador do Prêmio Nobel, Robert Solow, e do economista australiano, Trevor Swan. Esse modelo considera a acumulação de capital a partir de três fatores principais: o crescimento populacional (que aumenta o consumo), o trabalho e a tecnologia (ambos para impulsionar a produção). É fascinante notar que esse modelo reflete exatamente os mesmos impulsionadores da "Grande Aceleração" do uso de recursos naturais, iniciada precisamente na mesma época.

É provável que Solow tenha se baseado na explosão populacional e nos avanços tecnológicos que surgiram no início da Revolução Industrial e que ganharam impulso no período do pós-guerra. O modelo, contudo, trazia uma visão implícita, ao mesmo tempo óbvia e ingênua, de que a disponibilidade de recursos naturais seria ilimitada. Foi necessário esperar mais de uma década pela publicação do visionário e fundamental relatório "*The Limits of Growth*"[15]. Esse foi o primeiro estudo a evidenciar a insustentabilidade do nosso modelo econômico em relação aos limites de recursos do planeta. No entanto, mesmo o relatório do Clube de Roma deu visibilidade apenas aos recursos que comprometiam matérias-primas, deixando de lado os serviços naturais. Duas décadas depois, a Cúpula da Terra de 1992 lançou o conceito e a primazia do desenvolvimento sustentável, fazendo um apelo para que governos e empresas se unissem em torno das recém-criadas convenções sobre clima, biodiversidade e desertificação. Mas foi o relatório *A Economia dos Ecossistemas e da Biodiversidade* (TEEB)[16], do Programa das Nações Unidas para o Meio Ambiente, a primeira iniciativa a atribuir valor, na nossa economia e sociedade, não apenas aos recursos naturais, mas também aos serviços dos ecossistemas.

Diversas evidências sugerem que a teoria econômica neoclássica (NCE), que ainda sustenta muitos dos sistemas econômicos atuais, impulsionou o rápido crescimento global. No entanto, as consequências dessa teoria na exacerbação da degradação ambiental e da desigualdade socioeconômica também são claras. Uma análise recente critica os princípios de individualismo, instrumentalização e equilíbrio de mercado que servem de base para práticas econômicas neoliberais, como o Estado Mínimo e as decisões orientadas pelo mercado. Esses princípios se mostraram limitados em sua capacidade de análise e precisão de previsões.

O estudo defende uma reforma das micro e macroeconomias neoclássicas, propondo a transição para um sistema de economia socioecológica mais integrativo e interdisciplinar, com o objetivo de alcançar a sustentabilidade e a equidade social[17].

Figura 4.1: O Paradoxo do Desenvolvimento.

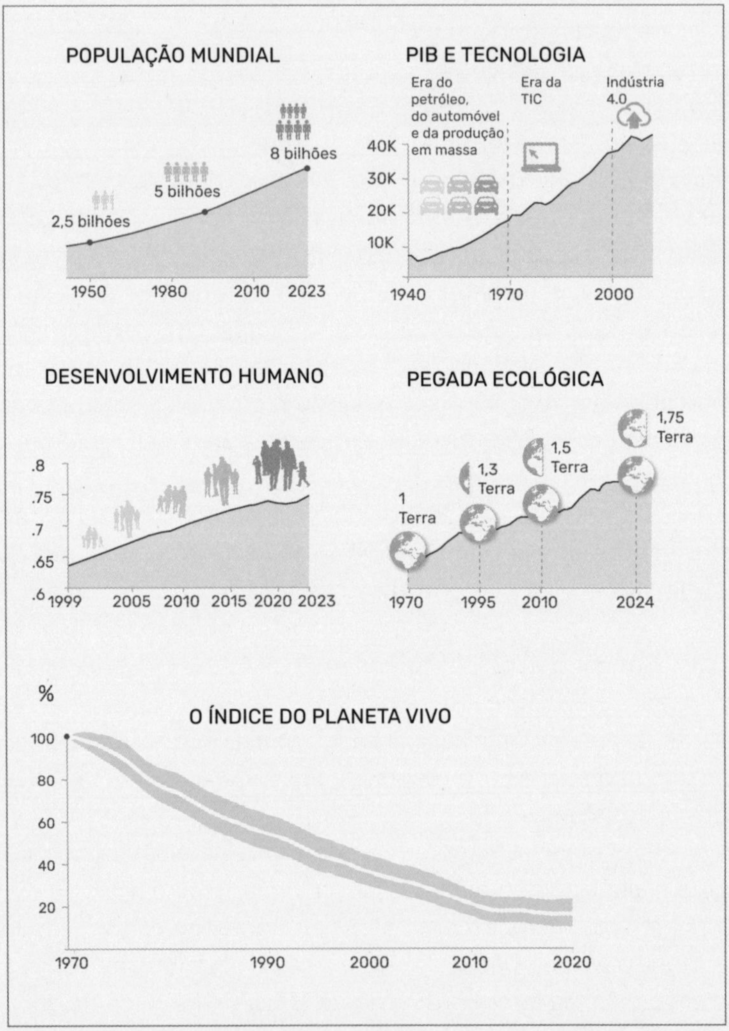

Fonte: a) População humana (fonte: *Our World in Data*); b) PIB e tecnologia (fonte: *UNCTAD*); c) Índice de Desenvolvimento Humano e desigualdade (fonte: *World Bank*); d) Pegada ecológica (fonte: *Global Footprint Network*); e) Índice do Planeta Vivo (fonte: *Zoological Society of London* e *WWF*).

Chegamos, então, ao segundo paradoxo de nossa era, que poderíamos chamar de "*Paradoxo da Consciência*". De um lado, nosso impacto sobre o planeta continua e, de fato, cresce. A ciência nunca foi tão clara: o mundo natural está em crise. Por outro lado, a consciência coletiva nunca foi tão ampla, não apenas sobre o impacto que causamos na natureza e na biodiversidade, mas — o que é ainda mais importante — sobre as consequências geradas a partir dele.

Começamos, assim, a confrontar a ideia ilusória de que podemos continuar agindo de forma irresponsável com a natureza. A exploração e a distribuição desigual de seus recursos, sem levar em conta suas consequências, é algo equivocado. Hoje, já sabemos que as consequências existem e algumas delas já estão se manifestando, como a destruição e a perda econômica causadas pelo clima, a pobreza e a insegurança alimentar agravadas por secas e inundações, a crescente agitação social e conflitos, além da migração forçada e de pandemias zoonóticas devastadoras, capazes de colocar o mundo inteiro de joelhos.

4.2 Por que Natureza Positiva? Do dever moral à segurança humana

A mudança climática e a perda da biodiversidade são cada vez mais percebidas não apenas como uma questão moral ou problemas ecológicos isolados, mas como questões que afetam nossa economia, estabilidade social, nossa saúde individual, bem-estar e felicidade.

Conservar a biodiversidade e estabilizar o clima não são ações simplesmente conectadas ao dever moral de coexistir com a incrível diversidade de vida na Terra. Embora esse argumento seja cada vez mais aceito — e tenha sido o motivo que me levou a atuar como conservacionista ambiental —, ele não é, isoladamente, uma razão suficientemente forte para persuadir a maioria da nossa sociedade a agir de forma eficaz contra a nossa conduta destrutiva em relação à natureza.

O argumento moral para conservação da natureza focado na ecologia ainda está presente e, de fato, mais forte que nunca, pois hoje ele nos inclui, ao lado de toda a vida na Terra. Afinal, a maioria das pessoas se preocupa com... pessoas. Não é uma coincidência que mais de 80% das doações filantrópicas se dirijam à saúde, pobreza, educação ou assistências em desastres. Em paralelo às motivações morais, um argumento material surgiu recentemente e de forma mais poderosa: as mudanças climáticas e a perda de biodiversidade representam enormes riscos e custos para a nossa sociedade, economia e qualidade de vida individual. Nosso impacto no mundo natural tornou-se uma questão de segurança para a humanidade. Além disso, trata-se de uma questão de justiça, pois as populações mais vulneráveis já estão sendo as primeiras e mais gravemente afetadas. É também uma questão de justiça intergeracional, já que, ao permitir o declínio da natureza e de seus serviços, estamos deixando um terrível legado para nossos filhos e as futuras gerações.

Essa nova consciência é o que impulsiona o "Grande Despertar" em que vivemos, um reconhecimento de que o nosso impacto e a consequente degradação da natureza estão atingindo a própria humanidade de forma crescente. Essa enorme mudança cultural é, talvez, o fator mais crucial para que possamos implementar a profunda transformação sistêmica de que nossas sociedades e economias precisam. É o exato oposto da nossa atitude tradicional de ignorar a natureza, como se ela fosse algo que estivesse sempre disponível, de forma abundante e infinita.

Essa é uma mudança histórica na percepção sobre a perda de biodiversidade, uma verdadeira revolução cultural. As extinções e o desmatamento não deveriam apenas nos entristecer, mas nos motivar a agir com coragem. Preocupação e medo se somam à tristeza e à culpa que sentimos pelo nosso fracasso em coexistir com a natureza e a diversidade da vida. Afinal, estamos colocando em risco o futuro de nossos filhos. Talvez estejamos vivendo o paradoxo de uma sociedade à beira de uma profunda transição, onde o nosso impacto crescente no mundo natural vem lado a lado com um aumento sem precedentes de conscientização e atenção. É nesse paradoxo que reside a esperança e a base para a mudança.

A natureza nos afeta em todos os sentidos, pois somos parte dela. Durante um longo período da história humana, vivemos em total dependência e completa integração com o mundo natural. A revolução agrícola, contudo, substituiu essa dependência pela ilusão de controle. Com o tempo e os avanços tecnológicos, a ilusão de nossa independência e separação da natureza aumentou. Felizmente, a crença de que estamos desconectados do mundo natural está sendo posta em xeque pela realidade dos impactos das mudanças climáticas e da perda de biodiversidade em nossas vidas e bem-estar. Hoje, fica claro que dependemos da natureza. Um mundo natural saudável e produtivo é fundamental para garantir um futuro justo e seguro para a humanidade. Evoluímos de uma total dependência para uma crescente ilusão de independência, até chegarmos ao reconhecimento atual de uma profunda interdependência.

Como pacifista, não me sinto à vontade para usar as palavras do ex-primeiro-ministro britânico Winston Churchill, ditas antes da Segunda Guerra Mundial, mas cujo sentimento ainda se mantém verdadeiro.

Devido à negligência do passado, face aos avisos mais claros, entramos agora num período de perigo. A era da procrastinação, das meias medidas, dos expedientes calmantes e desconcertantes, dos atrasos, está chegando ao fim. No seu lugar, estamos entrando em um período de consequências, disse ele, em 1936.

Essas palavras ecoam até hoje quando pensamos nas atuais crises do clima e da biodiversidade. Os "avisos mais claros" são a desestabilização dos sistemas terrestres, e a "negligência do passado" é o impacto do nosso modelo de desenvolvimento insustentável e da nossa atitude de ignorância em relação aos efeitos colaterais ambientais. A diferença, contudo, é que, para nos defendermos do colapso do mundo natural, não precisamos de guerra, mas, sim, de paz. Paz com a natureza.

De fato, entramos em um período de consequências. Os riscos agora se materializam em ameaças e impactos, e nossas dependências econômicas se traduzem em instabilidade e perdas. Não estamos falando de otimismo ou pessimismo, como se costuma dizer. Nem da nossa capacidade de resposta, pois temos tudo para evitar um cenário pior: inteligência, recursos financeiros e tecnologia. A questão é, simplesmente, fazer escolhas e tomar decisões. É nesse ponto que reside, de forma trágica e absurda, o maior entre todos os perigos: a crença de que algo ou alguém nos salvará da desestabilização dos sistemas da Terra.

4.3 Natureza Positiva significa Pessoas Positivas: a base para a equidade social e justiça

A ideia de que preservar a natureza beneficia as gerações humanas, tanto no presente quanto no futuro, é bastante intuitiva. No entanto, o sucesso na conservação e na restauração do mundo natural — e a garantia de suas contribuições para a sociedade — é um componente crucial da Meta Global da Natureza Positiva, fundamental para construirmos um futuro positivo para a natureza, equitativo e neutro em carbono.

Por outro lado, qualquer estratégia ou ação para alcançar um resultado positivo para a natureza deve garantir que a conservação ambiental também possibilite o desenvolvimento econômico e social necessário para promover a equidade, acabar com a pobreza e, de modo geral, melhorar a qualidade de vida. A equidade é tanto um resultado quanto uma condição essencial para um futuro positivo para a natureza, já que a desigualdade social é, ao mesmo tempo, um produto de um modelo econômico insustentável e uma barreira para a construção de um futuro sustentável.

A evidência de que a equidade, a justiça e a sustentabilidade se apoiam mutuamente está bem estabelecida.[18] O conceito de um mundo justo em um planeta seguro demonstra a conexão indissociável entre garantir a estabilidade dos sistemas biofísicos da Terra e perceber a justiça e a equidade como princípios que garantam um acesso e uma distribuição justos dos recursos para o bem-estar humano.[19]

A eficácia e a justiça das políticas ambientais são cruciais. Elas impulsionam a aceitação social, a participação, a inclusão, a conformidade e a longevidade dessas medidas. Por outro lado, práticas insustentáveis, como a exploração excessiva de recursos locais, podem minar a equidade, o desenvolvimento e, por consequência, a própria justiça.

A ascensão dos direitos humanos ambientais evidencia uma crescente conscientização sobre a forte dependência entre um meio ambiente saudável e a garantia de direitos humanos fundamentais. Esse reconhecimento ocorre em um momento crucial, em que a Assembleia Geral das Nações Unidas recentemente reconheceu o direito humano a um meio ambiente limpo e saudável.[20-22]

Uma parte cada vez maior da juventude atual acredita que a mudança climática e o declínio da biodiversidade, impulsionados pelo modelo de desenvolvimento vigente, comprometem seu futuro e representam uma injustiça intergeracional. A questão, no entanto, é muito mais complexa. A percepção de justiça está quase sempre ligada a direitos e, em última análise, a necessidades e aspirações. No entanto, o direito a serviços e recursos naturais é percebido de forma diferente por diversos atores envolvidos. Populações pobres que vivem da agricultura de subsistência, em áreas de colinas arborizadas, podem reivindicar o direito à segurança alimentar, a um emprego e a uma renda decente através da expansão de suas plantações e do desmatamento. Ao mesmo tempo, fazendeiros ou populações urbanas que já converteram as florestas de suas terras podem exigir seu direito ao acesso à água e desejar a preservação das florestas nessas colinas, pois sua fonte de água depende delas. É nesse ponto que a proteção ambiental, a equidade social e a justiça se encontram e devem ser integradas. Ao mesmo tempo, as compensações devem ser cuidadosamente consideradas e gerenciadas.

Além disso, direitos individuais e coletivos frequentemente colidem, e lidar com essa situação de forma justa e que garanta benefícios para todas as partes é fundamental, embora não seja fácil. Em todo o mundo, as pessoas reivindicam seu direito a um clima estável e se opõem ao desmatamento e às queimadas. No entanto, as populações que vivem em regiões ricas em florestas veem a derrubada de árvores como um direito ao desenvolvimento econômico local. No fim das contas, trata-se de dinâmicas de poder e de disparidades. Em outras palavras, de quem tem o poder de decisão e de quem é marginalizado, como jovens, mulheres, povos indígenas e outros grupos.

A implementação da Meta Global Natureza Positiva em sistemas sociais complexos, enquanto se garante acesso equitativo às contribuições da natureza para todos, é um processo com inúmeras compensações e desafios. Essa tarefa se complica ainda mais por uma questão urgente: à medida que a humanidade enfrenta níveis sem precedentes de degradação ambiental — o que ameaça nossa sobrevivência coletiva e exige mudanças radicais na governança, regulação, normas sociais e em nossos valores — somos forçados a considerar a relação entre direitos humanos e segurança ambiental na era do Antropoceno. Nessa época de crise climática e ecossistêmica, que atinge a todos, mas afeta desproporcionalmente os mais vulneráveis, será que essa nova realidade não exige um repensar fundamental de nossa abordagem sobre direitos?[23] Para Hugo Slim, o humanitarismo precisa ser atualizado, e o "novo humanitarismo não é só para os humanos, mas também para a natureza".[24]

Com os direitos, vêm as responsabilidades. O caminho extremamente perigoso que temos seguido atualmente evidencia a necessidade de combinar direitos e responsabilidades de uma forma muito mais rigorosa. A implementação de uma sociedade positiva para a natureza na nova dimensão do Antropoceno certamente reforça a necessidade de redefinir as fronteiras entre direitos e responsabilidade, integrando essas duas dimensões.

Um futuro positivo para a natureza também destaca as contribuições da natureza para a sociedade. As "soluções baseadas na natureza" são definidas como:

> ações para proteger, conservar, restaurar, usar de forma sustentável e gerenciar ecossistemas naturais ou modificados — terrestres, de água doce e marinhos — que abordam os desafios sociais, econômicos e ambientais de maneira eficaz e adaptável, ao mesmo tempo em que promovem o bem-estar humano, os serviços ecossistêmicos, a resiliência e os benefícios da biodiversidade.[25]

E incluem algumas das contribuições mais diretas que a conservação e a restauração da natureza podem oferecer para problemas urgentes, atualmente enfrentados pela humanidade para garantir seu bem-estar social e desenvolvimento econômico.

Isso se exemplifica de diversas formas: pela melhoria da segurança hídrica através da conservação, restauração e purificação das funções de ecossistemas como florestas e terras úmidas; pelo combate à desnutrição e garantia da segurança alimentar; pelo apoio a meios de subsistência econômica via pesca e agricultura resilientes e sustentáveis; pela geração de oportunidades de emprego para comunidades locais por meio do ecoturismo; pela melhoria da qualidade de vida urbana e mitigação de ondas de calor extremo com a criação de espaços verdes; pelo aprimoramento da proteção contra os efeitos de eventos climáticos extremos como inundações e tempestades, utilizando infraestruturas naturais (áreas úmidas, florestas costeiras e arrecifes); e pela conservação do estoque natural de carbono ou absorção ativa de dióxido de carbono da atmosfera através da conservação e restauração de ecossistemas.

Esses são apenas alguns dos potenciais benefícios socioeconômicos dos resultados positivos para a natureza — ou seja, soluções positivas para a natureza — que evidenciam a interconexão entre natureza e sociedade. Isso também revela como essas soluções, quando escolhidas e planejadas para abordar um problema específico, podem, na verdade, alcançar simultaneamente múltiplos objetivos globais de desenvolvimento.

Como meta global, o conceito de Natureza Positiva visa beneficiar as pessoas por meio da natureza, auxiliando a sociedade a enfrentar seus desafios mais prementes: desde a mudança climática, a segurança hídrica e alimentar, até a pobreza e a saúde. Em suma, um futuro positivo para a natureza é o caminho essencial para um mundo seguro, próspero e equitativo.

A percepção dos objetivos sociais e ambientais evoluiu de uma visão separada, e até conflituosa, para uma agenda que os reforça mutuamente, gerando interdependência. Sem dúvida, as metas de carbono neutro e Natureza Positiva são essenciais para a transição do nosso atual modelo de desenvolvimento insustentável. Mais do que isso, elas são cruciais para apoiar o desenvolvimento humano, permitindo que as compensações sejam gerenciadas de modo a gerar resultados positivos tanto para as pessoas, quanto para a natureza.

Isso pode ser alcançado garantindo que as transições positivas para a natureza — tanto na sociedade quanto em setores-chave da economia — sejam justas. Para isso, é fundamental que recebam o apoio adequado por meio de políticas e incentivos fiscais e financeiros, como o redirecionamento de subsídios públicos. Além disso, precisamos assegurar que países e comunidades com maior biodiversidade, mas menor capacidade de investimento, se beneficiem dos recursos necessários à preservação. Investimentos também devem ser direcionados para a preservação e restauração de serviços ecossistêmicos cruciais para o bem-estar humano nas áreas mais necessitadas. Transições e benefícios socioeconomicamente justos representam outro aspecto crítico da intersecção entre resultados positivos para a natureza, equidade e justiça social.

Assim como na transição energética, as transições em setores-chave que impactam a biodiversidade — como a agricultura, pesca, silvicultura, extrativismo, infraestrutura, manufatura e turismo — devem adaptar seus planos aos aspectos culturais, sociais e econômicos das realidades locais. A transição para um futuro positivo para a natureza requer, ao mesmo tempo, que abandonemos uma perspectiva antropocêntrica que desmerece a importância da natureza e que reconheçamos que as pessoas devem estar no centro desse processo, beneficiando-se de forma equitativa.

Essencialmente, isso explica por que ser "Positivo para a Natureza" é, consequentemente, ser "*Positivo para as Pessoas*", uma vez que um meio ambiente saudável é a base para sociedades e indivíduos saudáveis.

4.4. Reconhecendo o(s) valor(es) da natureza

"Verde é ouro", declarou o presidente da China, Xi Jinping,[26] para sinalizar a importância de valorizar a natureza por sua imensa contribuição para a sociedade e a economia. Todos nós temos a compreensão instintiva de que a natureza é a base da nossa existência. Ela purifica e regula a água que usamos para beber, cultivar e viabilizar a produção industrial. A natureza nos provê de materiais essenciais como madeira e fibras. Muitos medicamentos revolucionários e vitais derivam de componentes encontrados em plantas selvagens e animais, enquanto inovações na engenharia são frequentemente inspiradas no biomimetismo, a prática de imitar estruturas e funções criadas pela natureza.

Dois terços de nossas plantações dependem, de alguma forma, de animais polinizadores como abelhas, vespas, moscas, borboletas e mariposas, além de aves e morcegos. Paralelamente, animais, plantas e algas coletados em águas doces e oceanos oferecem proteínas e nutrientes essenciais para mais de três bilhões de pessoas.[27, 28] Em termos econômicos tradicionais, estima-se que cerca de metade do PIB global (conforme calculado atualmente) dependa significativamente de ecossistemas saudáveis que provêm uma variedade de bens e serviços[29]. A realidade, contudo, é que toda a nossa economia, assim como nossa sociedade e nós, como indivíduos, dependemos, intrinsecamente, de sistemas terrestres estáveis, produtivos e da biodiversidade.

Além das contribuições materiais e palpáveis da natureza, existem muitas outras igualmente cruciais, mas menos concretas. Elas vão desde a inspiração, beleza e felicidade que a natureza nos transmite até a construção identitária que um vasto conjunto de grupos e pessoas formou a partir de características e eventos naturais, desde a aurora da civilização. E, claro, por mais de três bilhões de anos, plantas fotossintéticas, algas, fitoplânctons e bactérias — na terra, na água doce e no mar — têm limpado a atmosfera das altas concentrações do dióxido de carbono primitivo. Elas a preencheram com oxigênio, transformando-a de tóxica para respirável e gerando a vida baseada em oxigênio e respiração aeróbica à qual nós, e toda a complexidade de vida que conhecemos, pertencemos. Esses organismos continuam essa tarefa hoje em dia, oferecendo o oxigênio que respiramos — quase metade originado da vegetação terrestre do mundo e a outra metade dos oceanos — enquanto absorvem mais da metade das emissões de dióxido de carbono que lançamos na atmosfera. Essencialmente, as contribuições da natureza são vitais e imensuráveis.

Apesar disso, o ar respirável e a água, essenciais para nossas funções biológicas, sobrevivência e saúde, não recebem valor econômico, ou seu valor é muito baixo em comparação com as mercadorias não essenciais que produzimos e consumimos.

O valor intuitivo, mas muitas vezes invisível, da essencialidade da natureza revela que o primeiro — e talvez maior — desafio para uma transição positiva para a natureza é cultural: reconhecer a multiplicidade de contribuições da natureza e considerá-las de maneira apropriada ao tomarmos decisões que podem afetá-la. A verdade inconveniente é que sempre desprezamos e continuamos a negligenciar a natureza. É isso o que chamo de "*A Grande Negligência*". A natureza sempre foi dominante e abundante, cercando-nos e oferecendo-se a nós desde a origem de nossa espécie. Contudo, ela também é regulada por leis implacáveis que são a fonte de desafios e ameaças contínuas. A natureza tem sido, ao mesmo tempo, nossa maior aliada e uma força aterrorizante.

A integração plena entre a vida humana e a natureza selvagem é um desafio. Originalmente, evoluímos para nos adaptarmos e sobrevivermos na natureza. No entanto, com o tempo, nos empenhamos de todas as formas possíveis para nos protegermos dos perigos da vida selvagem, isolando-nos dela. Fizemos isso em lares cada vez mais seguros, em cidades cada vez maiores e, mais recentemente, nos fechando em nossos estilos de vida modernos e urbanizados. Estes, por sua vez, são apoiados por normas sociais, sistemas de bem-estar e legislativos e cercados por tecnologias cada vez mais sofisticadas. Tudo isso gerou um padrão inédito de segurança e bem-estar: a "modernidade". Depois de todo esse processo, temos empregado nossas habilidades culturais, cognitivas e sociais para satisfazer a antiga e universal aspiração ao bem-estar e à sobrevivência. Tornamo-nos cada vez mais eficientes em extrair os recursos naturais que desejamos e confiamos na capacidade da natureza de se reabastecer, algo que ela se mostrou incrivelmente capaz de fazer ao longo de toda a história da humanidade. A maioria de nós nunca sequer questionou essa presunção básica ou considerou que a estabilidade e a produtividade da natureza pudessem, um dia, deixarem de ser válidas. Até recentemente, podíamos viver dentro dos limites regenerativos oferecidos pela natureza. Hoje, isso não é mais uma realidade.

O mais recente modelo econômico capitalista, fundamentado em níveis exponenciais de produção e consumo, ainda pressupõe que os recursos naturais do planeta são infinitos. Estamos, finalmente, compreendendo profundamente o quão equivocada essa premissa se mostra e como ela tem gerado práticas insustentáveis e uma perigosa degradação dos sistemas naturais.

Quando, no século XVIII, Adam Smith formulou os princípios de uma economia capitalista impulsionada por forças autorreguladoras do mercado, a população humana global era de menos de um bilhão. Hoje, com oito bilhões de pessoas no planeta (e uma projeção de atingirmos 10 bilhões até a metade do século), um poder tecnológico sem paralelo e um enorme fosso de desigualdade na distribuição e consumo de recursos (o que é exacerbado pelos impactos das mudanças climáticas e pela perda da biodiversidade), desenvolvemos uma pegada ecológica global totalmente insustentável — social, econômica e ambientalmente. E ela continua a crescer a cada ano.

Atualmente, a maioria dos seres humanos contribui para que a sociedade funcione além dos limites planetários, enquanto muitas pessoas vivem em comunidades cada vez mais instáveis socialmente. O imperativo cultural do nosso tempo é reconhecer que o atual modelo econômico e de governança tem falhado em cuidar dos "*bens comuns globais*", dos quais todos dependemos, e em compreender as graves consequências que um mundo natural degradado traz para a vida das gerações presentes e futuras. Essencialmente, precisamos parar de subestimar a natureza. Devemos reconhecer suas contribuições materiais, emocionais e espirituais para a humanidade e nos voltar para práticas sustentáveis de produção e consumo. Isso não é apenas para cumprir nossa responsabilidade moral de reconhecer o valor intrínseco da natureza e coexistir com todas as outras formas de vida no planeta, mas também para agir em favor dos seus interesses.

A maioria das pessoas, talvez todas, amam a natureza, e sua manutenção ainda é amplamente percebida e apresentada como uma proposta altruísta e positiva. No entanto, enquanto a consciência sobre a ameaça material da perda da biodiversidade está crescendo, a conservação da natureza ainda não é uma prioridade máxima para políticos, empresas, CEOs e, no nosso cotidiano, para nós mesmos. A "Grande Aceleração" da humanidade e o "Grande Declínio" da biodiversidade são fenômenos muito recentes e aconteceram de forma extremamente rápida, especialmente quando comparados ao tempo imenso em que vivemos cercados por um mundo natural poderoso e abundante.

Pessoalmente, percebo profundamente o valor intrínseco da natureza e nosso dever moral de coexistir com formas de vida não-humanas. Gostaria que esses princípios fossem suficientes para levar mais pessoas a respeitar a natureza, o que nos guiaria a uma economia e sociedade mais sustentáveis. Infelizmente, há muitas evidências de que argumentos morais por si só não têm sido os maiores impulsionadores de mudança comportamental no que se refere à sustentabilidade. Embora possam desempenhar um papel significativo na formação de normas sociais e valores individuais ao longo do tempo, para alcançar mudanças na cultura e no comportamento é necessária uma combinação de fatores, como experiências pessoais, influências sociais e incentivos práticos. Talvez um aliado fortuito seja o *Gene Egoísta* de Richard Dawkins — o poderoso motor biológico de nosso instinto de autopreservação, que normalmente se estende à nossa família, parentes, amigos próximos e pessoas de nosso círculo social[30]. Se ao menos pudéssemos internalizar o fato de que viver em harmonia com a natureza e em equidade com outros seres humanos não é apenas um ato de altruísmo moral, mas de interesse pessoal, para garantir que nossos filhos possam viver protegidos, em segurança e felizes, talvez nosso "gene dominante egoísta" possa nos ajudar a viver com mais sustentabilidade e equidade.

O relatório "*Nosso Futuro Comum*" define sustentabilidade como aquilo que "atende às necessidades do presente sem comprometer a capacidade das gerações futuras de suprirem as suas próprias necessidades"[31]. Essa definição reflete um imperativo moral que fundamenta a sustentabilidade e a dimensão de justiça intergeracional ligada à perda de biodiversidade causada pela ação humana, um problema que tem sido ainda mais agravado pela aproximação dos pontos de inflexão ecossistêmicos.

Hoje, usamos o máximo de recursos naturais possível para atender às nossas crescentes expectativas, sem pensar em sua real necessidade e sem considerar o impacto nas gerações presentes e futuras. Isso se opõe completamente às aspirações de toda mãe e pai, para quem construir um futuro seguro para seus filhos é, naturalmente, a prioridade. A sustentabilidade intergeracional significa que as pessoas vivas hoje devem estar preparadas para fazer escolhas que também beneficiem as futuras gerações. Quando possível, investimos na educação de nossos filhos e economizamos para o futuro deles. Por que não fazemos o mesmo em nossa relação com a natureza, a apólice de seguro mais importante para nossas crianças? Porque a natureza sempre esteve presente, e presumimos que ela sempre estará ali, imutável.

O doloroso e difícil debate sobre a precificação da natureza viva

Nosso sistema de valores precisa mudar. A forma como atribuímos valor à natureza precisa ser transformada. Precisamos enxergá-la como algo precioso, finito e indispensável. Devemos encarar a perda da biodiversidade como uma ameaça à nossa própria sobrevivência e ao futuro de nossos filhos, e não apenas como um motivo para nos sentirmos culpados pelas inúmeras outras formas de vida que estamos levando ao desaparecimento.

As percepções sobre os valores da natureza são muitas e diversas, derivando de diferentes contextos, culturas, e até mesmo de experiências e sensibilidades individuais. *O Relatório de Avaliação sobre os Diversos Valores e a Valoração da Natureza* descreve as distintas formas pelas quais as pessoas se relacionam e valorizam a natureza, utilizando as expressões viver "da", "na", "com" e "como" natureza[32]. Isso reflete a existência de diversas perspectivas, filosofias, estruturas sociais, crenças religiosas e sistemas de conhecimento. Pessoas que se veem vivendo "da" natureza, por exemplo, enfatizam a sua capacidade de fornecer recursos e meios de subsistência para suprir necessidades. Um rio, uma floresta ou o mar são valorizados pela água, pelas plantas medicinais e pelos peixes que oferecem para uso humano. Essa é, inclusive, uma das visões dominantes.

Enquanto isso, pessoas que se veem vivendo com a natureza valorizam de forma mais holística seus bens e serviços, considerando as formas de vida "não-humanas" como parte de um todo, com identidades e direito à existência. Viver na natureza refere-se à importância dos elementos naturais nas vidas, práticas e culturas das pessoas. Um rio, uma floresta ou um oceano são percebidos como um lugar que faz parte de sua própria identidade. Finalmente, aqueles que se veem como natureza a enxergam como uma parte física, mental e/ou espiritual de si mesmos. Nesse caso, um rio, uma floresta ou um oceano são valorizados com base em parentesco, pertencimento e interdependência.

O relatório enfatiza que essas interpretações da natureza não se excluem mutuamente e se manifestam por meio de várias combinações, a depender do contexto. Contudo, ele também aponta que o foco dominante prioriza, quase sempre, vantagens imediatas, relegando outros valores a segundo plano. A maneira como enxergamos nossa relação com a natureza (pensando nas expressões *da*, *na*, *com* ou *como*) influencia diretamente nossa capacidade de viver à altura de uma visão compartilhada de prosperidade tanto para as pessoas quanto para o planeta. Isso significa alinhar "as metas de justiça e sustentabilidade que se apoiam mutuamente e suas dimensões entrelaçadas: econômica, social e ambiental."

O "motor mais poderoso" do declínio global da biodiversidade está ligado à nossa incapacidade de valorizar adequadamente a natureza e à forma como isso se reflete em decisões individuais, políticas e econômicas. A maneira como atribuímos valor a certas coisas é o fundamento que atualmente sustenta a economia. Nosso paradigma atual, como coloca a economista e acadêmica Mariana Mazzucato[33], é que "o valor determina o preço e apenas coisas que têm um preço têm um valor". O valor econômico de um item é determinado pelos benefícios perceptíveis que ele oferece, e isso, muitas vezes, é influenciado pela demanda e pela disposição individual de pagar, algo tipicamente medido em termos monetários.

Entender o verdadeiro valor das múltiplas dimensões e serviços da natureza é crucial para tomar decisões e gerenciar compensações em políticas de desenvolvimento, investimentos e no planejamento do uso da terra, a fim de evitar consequências negativas e indesejadas.

O problema é que a produção e o consumo continuam sendo as medidas-chave do sucesso econômico, fundamentando os cálculos do PIB, enquanto nem os serviços derivados da natureza nem a perda desses serviços são levados em conta. O resultado disso é que o ar limpo e a função de produção de chuvas de uma floresta, embora tragam enormes efeitos positivos para nossas vidas, não possuem valor nos mercados financeiros. Isso se dá em oposição a muitas mercadorias comercializáveis que, ironicamente, afetam a qualidade do ar ou destroem as florestas.

De forma ainda mais perversa, a destruição de uma floresta para fins agrícolas ou a ocupação de áreas úmidas para desenvolvimento urbano aumentam o PIB e são consideradas "crescimento" por envolverem investimentos e resultados. Em contrapartida, a preservação de uma floresta não "conta" para nada, pois ela "sempre" esteve ali e seus serviços essenciais são fornecidos sem custo. Essa é uma questão estrutural fundamental em nosso sistema econômico de valoração atual, o que reforça a ideia de que o mundo natural pode ser facilmente descartado e destruído. A perda de áreas úmidas ou o declínio dos polinizadores não são incluídos em marcos econômicos tradicionais como o PIB, mesmo que falências agrícolas causadas pela falta de água e pela diminuição da polinização tenham um custo financeiro real.

A consequência inevitável é que a conversão de uma floresta para a agricultura ou mineração fará o PIB de um país crescer, ainda que os custos com a perda dos serviços que ela oferece não sejam considerados. Isso é, essencialmente, um *fracasso de mercado* não reconhecido – um conceito central na economia ambiental. Nesse caso, o fracasso reside em não gerar bem-estar ambiental e, consequentemente, social[34], criando efeitos colaterais negativos que afetam o meio ambiente e a sociedade.

A *Economia dos Ecossistemas e da Biodiversidade* (TEEB) foi, sem dúvida, a primeira avaliação científica abrangente e estruturada dos benefícios econômicos derivados dos bens e serviços naturais[35]. Seu principal objetivo era incorporar o valor da biodiversidade e dos serviços dos ecossistemas na tomada de decisões e na prestação de contas. Isso englobava o valor econômico da natureza, inclusive aquele que não é transacionado no mercado, dentro da Estrutura de Valor Econômico Total (VET). Essa estrutura combina e mede o valor dos ativos ambientais, sejam eles monetizáveis ou não. A VET categoriza os benefícios derivados dos ecossistemas em valores de uso, relacionados a benefícios tangíveis, que podem ser de uso direto (como a água utilizada de lagos e rios, madeira de florestas naturais ou estoques de peixes que crescem naturalmente) ou de uso indireto (proteção de manguezais e recifes de corais contra tempestades, a ação das áreas úmidas para diminuir o impacto das inundações e purificar a água, o efeito de resfriamento das árvores em ambientes urbanos) e *valores de não-utilização*, quando os benefícios são de outra natureza (como culturais, espirituais, emocionais ou mentais). Os *valores opcionais* baseiam-se no uso potencial futuro de um recurso e os *valores existenciais* fundamentam-se na preservação de um elemento natural por seu valor intrínseco, sem perspectiva de uso futuro.

No nosso modelo econômico atual, o valor de cada coisa se baseia originalmente em trocas de mercado impulsionadas pela demanda e pela oferta. Isso quase sempre leva a uma profunda distorção do valor verdadeiro, abrindo espaço para a especulação e a obtenção de lucros pelo setor privado. Valores econômicos têm sido tradicionalmente atribuídos à terra, a recursos naturais, produtos, trabalho e capital. Hoje, o preço de algo é determinado unicamente pela demanda e oferta, refletindo o custo de produção, enquanto o valor ou dano ambiental não são contabilizados. A natureza só é valorizada economicamente quando se torna uma mercadoria comercializável. Os serviços da natureza que dão sustentação à nossa economia e ao nosso bem-estar, mas que não são comercializados nem recebem um preço, são, portanto, economicamente invisíveis.

Como resultado, apesar de compreendermos que nossa existência, saúde e felicidade dependem do ambiente natural, quase sempre desconsideramos esse princípio simples e inegável ao tomar decisões sobre como vivemos, investimos nosso dinheiro ou desenvolvemos nossa economia. Por que isso acontece? Porque continuamos a desvalorizar a natureza, considerando-a descartável e focando em ganhos financeiros de curto prazo. Uma valoração precisa da natureza pode retificar, ao menos parcialmente, essas distorções do mercado.

Quando se trata de valorizar as contribuições da natureza para a humanidade, um dos elementos mais controversos, porém essencial a essa discussão, é a aferição de preço dentro do atual sistema econômico. A ideia de atribuir um valor econômico à natureza tem sido duramente criticada. Alguns dos argumentos contrários a isso são de natureza ética e filosófica: seria simplesmente imoral ou impossível precificar os recursos naturais dada a impossibilidade de apreender precisamente a extraordinária diversidade da natureza e suas dimensões intrínsecas. A natureza é tão vital e infinitamente importante para nossa vida que seria, em última instância, imensurável.

Pode-se argumentar que o valor monetário dos serviços dos ecossistemas seria equivalente ao custo de substituir tais serviços e os benefícios por eles oferecidos. No entanto, a maior parte dos serviços da natureza são tão essenciais para a vida na Terra que são insubstituíveis e inestimáveis. Além disso, precificar a natureza seria antiético, pois ela não é propriedade de ninguém e não existe para ser comercializada ou monetizada.

Outros argumentos, no entanto, são mais pragmáticos e apontam para a dificuldade e os riscos associados à valoração de um bem público, principalmente um tão vasto e diverso como a natureza. Atribuir um valor à natureza seria uma tarefa incrivelmente complexa que nos forçaria a focar em componentes distintos do mundo natural, ignorando o fato de que eles são interconectados, interdependentes e, muitas vezes, atuam em sinergia. Pensar na natureza como mercadoria, com base em suas contribuições para a economia, seria um reducionismo que ignora todos os outros valores fundamentais que ela nos oferece. Elementos naturais que expressam uma contribuição financeira mais evidente para a economia poderiam, em teoria, ser priorizados em detrimento de outros menos concretos, embora não menos importantes. Finalmente, deveríamos realmente reconhecer e recompensar a contribuição da natureza para essa mesma economia, que é o principal motor de sua destruição? É difícil discordar dos valores que sustentam essas percepções.

Para outras pessoas, no entanto, estabelecer o valor econômico da natureza é essencial, pois isso nos ajudará a reconhecer que a perda da biodiversidade tem um custo, não em termos abstratos, mas em um valor monetário quantificável a ela associado. Se "quem polui deve pagar" é uma verdade, então "quem destrói a natureza também deve pagar" também deve ser uma regra a ser aplicada. Por sua vez, bens e serviços naturais preservados e bem gerenciados poderiam trazer benefícios materiais à economia real e aos seus envolvidos. Ao fazer isso, o valor econômico da natureza viva apareceria no PIB das economias, nos portfólios dos investidores e nas planilhas de prestação de contas das empresas. Isso finalmente traria à luz muitos dos custos invisibilizados da degradação ambiental, de forma a pressionar governos, investidores e empresas a levá-los em conta e a ajudar a calcular o impacto financeiro dos efeitos colaterais que, até hoje, nunca foram contabilizados.

Quando a natureza não tem um preço justo — ou, como ocorre atualmente, seu valor é considerado insignificante — a conversão de uma floresta tropical em pasto para gado continua sendo vista como uma vantagem econômica inquestionável. Além disso, ao reconhecermos o verdadeiro valor dos serviços ecossistêmicos e das espécies naturais, podemos enriquecer o debate sobre o paradoxo dos subsídios. Dessa forma, os subsídios concedidos a atividades prejudiciais à natureza geram um custo duplo: primeiro, como uma despesa direta para o Estado e os contribuintes; e, segundo, como um custo financeiro decorrente da perda de um ativo natural valioso. Ao considerarmos o problema da sub-precificação da natureza, podemos impulsionar uma verdadeira mudança sistêmica em nosso modelo econômico.

Capital natural é um conceito que vê a natureza sob uma perspectiva financeira e econômica, reconhecendo que a infraestrutura, os recursos e os processos naturais contribuem para a estabilidade e prosperidade de nossa economia e sociedade. É o "estoque mundial de recursos naturais da geologia, do solo, do ar, da água e de todos os organismos vivos"[36, 37]. De forma mais simples, a noção de capital natural reflete uma maneira de considerar o mundo natural em termos econômicos, onde a natureza é vista como uma combinação de bens e serviços que beneficiam a sociedade e a economia. A escolha da palavra "capital" deriva do fato de que, assim como o capital financeiro, os sistemas naturais sustentam nossa economia. O capital natural é composto de ativos renováveis e não renováveis, tais como os abióticos naturais (por exemplo, a água e os minerais) e os recursos bióticos (por exemplo, as florestas, as terras úmidas, as pradarias marinhas), além dos *serviços ecossistêmicos* — que são produtos ou processos gerados por ecossistemas que beneficiam a sociedade (exemplo: regulação e filtração da água, polinização). Os serviços ecossistêmicos podem ser matérias-primas ou produtos extraídos diretamente de ativos ecossistêmicos ou resultantes de processos ecológicos que geram recursos ou serviços. Os serviços *de suporte*, como o carbono e os ciclos de nutrientes, mantêm o funcionamento do ecossistema; os serviços de *regulação*, como a polinização, regulam processos e funções que sustentam a biodiversidade; os serviços de *provisão*, como madeira e filtração da água, representam recursos naturais utilizados na produção de materiais; e os serviços *culturais* referem-se aos benefícios não materiais, originados de valores culturais, emocionais e espirituais.

Isso permite atribuir um valor monetário a ativos ou serviços naturais que atualmente não recebem uma valoração direta. Elementos do capital natural podem ser monetizados de forma relativamente precisa, como o armazenamento de carbono ou a mitigação e prevenção de inundações. Em outros casos, a precisão dessa valoração é menor[38]. Ao tratar os serviços e recursos da natureza como capital, reconhecemos sua importância econômica, mas também somos levados a entender os limites dos estoques naturais e a necessidade de um uso sustentável deles. Garantir a manutenção ou o aumento desses estoques gera mais valor, enquanto sua degradação tem um impacto negativo. Assim, a perda da natureza será vista como uma prática prejudicial, enquanto sua conservação e restauração se tornarão decisões óbvias do ponto de vista econômico e empresarial.

O conceito de capital natural, que surgiu como uma extensão do conceito econômico de capital, tem sido alvo de críticas, especialmente por parte de perspectivas ideológicas e políticas. Alguns acreditam na necessidade de uma reforma mais radical e profunda do modelo liberal baseado no mercado. Por outro lado, há quem reconheça que a aplicação desse conceito pode nos ajudar a fazer a transição de um "capitalismo acionista", focado exclusivamente no lucro, para um "capitalismo das partes interessadas", que leva em conta questões de sustentabilidade ambiental e equidade social.

Isso também levou ao desenvolvimento do conceito de *contabilidade do capital natural*, que consiste em calcular, em termos monetários ou materiais, os estoques totais e os fluxos de recursos e serviços naturais. Em 2016, a Coalizão Capital Natural (conhecida como Capitals Coalition) lançou o Protocolo do Capital Natural[39], um *framework* padronizado para identificar, medir e valorizar os impactos diretos e indiretos, bem como as relações de dependência presentes na perspectiva do capital natural. Essa abordagem foi aprovada em 2021 pela Comissão de Estatística das Nações Unidas e representou um avanço importante em relação ao modelo de avaliação que tem predominado nos relatórios econômicos desde a Segunda Guerra Mundial, o qual frequentemente ignora as contribuições da natureza[40].

Essa iniciativa pode resultar na inclusão do capital natural dos ecossistemas e de seus serviços nos relatórios econômicos. O aspecto revolucionário da contabilidade do capital natural é que ela expressa, em valores monetários, a contribuição que os ecossistemas oferecem à sociedade e à economia, em comparação com outros bens e serviços que normalmente são comercializados a um certo custo. Isso nos permite comparar valores, tomar decisões mais bem embasadas e considerar compensações. De forma mais ampla, essa abordagem ajuda a transformar a percepção da sociedade sobre a importância da economia da natureza e suas contribuições para nossas vidas.

A realidade atual é que os serviços oferecidos pela natureza, como os insetos que polinizam as plantações e as áreas úmidas e florestas que regulam e purificam a água, sempre foram desconsiderados, apesar da sua importância direta e indireta para a nossa economia. Essa situação se reflete na maneira como os resultados e o desenvolvimento econômico são medidos.

Como mencionado anteriormente, o PIB é o indicador macroeconômico mais utilizado para medir os investimentos e resultados da economia em termos puramente monetários, mas ele apresenta falhas ao não considerar as contribuições essenciais da natureza para a sociedade e a economia. Ainda mais crítica é sua incapacidade de reconhecer os custos econômicos associados à perda da biodiversidade e ao gerenciamento insustentável do capital natural. Alinhadas aos conceitos de capital natural e contabilidade do capital natural, novas ideias têm sido propostas para contabilizar o valor econômico dos bens e serviços fornecidos pela natureza. Uma dessas propostas é o "*PIB Verde*"[41], que subtrai do PIB o custo da perda e degradação da biodiversidade.

Mais recentemente, surgiu o conceito de "*Produto Ecossistêmico Bruto*" (PBE). O PBE não apenas contabiliza os custos associados à perda da biodiversidade, mas também considera as contribuições da natureza para a economia. Ele inclui cinco áreas focais: as contribuições da natureza para as pessoas; a mensuração por fluxos de ativos ecossistêmicos (como estoques e serviços ecossistêmicos); a quantificação do uso desses serviços; a compreensão das contribuições dos serviços dos ecossistemas ao longo das cadeias de abastecimento; e a desagregação dos benefícios por grupos[42, 43]. O objetivo é criar um indicador que possa medir estoques e fluxos tanto financeiros quanto ambientais, oferecendo um retrato holístico do valor e da resiliência dos bens e serviços econômicos e naturais que os sustentam.

Em 2013, a coalizão empresarial Economics of Ecosystems & Biodiversity (TEEB) publicou um relatório que concluiu que[44], entre os setores industriais mais impactantes no ranking mundial de impactos ambientais, nenhum deles seria lucrativo se os custos ambientais fossem totalmente considerados. O relatório estimou que a produção primária mundial e os setores de processamento são responsáveis por custos relacionados a "efeitos colaterais ambientais", totalizando impressionantes 7,3 trilhões de dólares por ano, o que representava cerca de 13% do PIB global na época. Desses custos, 38% são atribuídos às emissões de gases de efeito estufa, 25% ao uso da água, 24% à conversão de habitats naturais, 7% à poluição do ar, 5% à poluição do solo e da água, e 1% ao desperdício. Um ano depois, outro estudo estimou que o valor total dos serviços dos ecossistemas mundiais era mais do que o dobro do PIB global agregado no período – impressionantes 124,8 trilhões de dólares por ano[45].

Seja por design, conveniência ou omissão, a natureza hoje – do ponto de vista econômico – quase passa despercebida. Isso tem levado a humanidade a destruir e desperdiçar recursos naturais de forma impune, sem considerar os impactos sociais e econômicos dessa atitude. Enquanto costumamos proteger nosso capital financeiro ou investi-lo para obter retornos, evitando gastos excessivos, dívidas ou falências, o capital natural tem sido visto até agora como algo descartável. A trajetória da natureza rumo à sua "falência" tem ocorrido de forma silenciosa, e ainda não estamos suficientemente conscientes das tendências e das consequências dessa situação, como interessados nesse processo.

O capital financeiro impulsiona quase todas as decisões atuais. No entanto, a falta de compreensão e de consideração dos impactos e dependências da natureza faz com que executivos e partes interessadas fiquem alheios aos riscos e custos associados à perda da biodiversidade. Por outro lado, muitas vezes deixam de enxergar as oportunidades que surgem do uso sustentável, da conservação e da restauração da natureza. Essa situação leva a decisões que nem sempre são bem fundamentadas e que podem ser prejudiciais aos próprios negócios, sem levar em conta o impacto na sociedade. Nas últimas décadas, ficou cada vez mais claro que a destruição e o uso indevido do capital natural resultam em perdas econômicas e impactos sociais negativos, como a escassez de água na agricultura e na produção industrial. Oferecer um valor à biodiversidade contribui para internalizar e reconhecer o custo de sua perda, valorizar sua preservação e, assim, promover decisões mais adequadas e responsáveis.

Nenhum número será capaz de captar o valor holístico da natureza sem levar em conta seu valor intrínseco. No entanto, atualmente, o valor econômico atribuído à natureza viva é zero – ou até valores negativos, se considerarmos os subsídios públicos que incentivam sua destruição. Assim, atribuir um valor à natureza, mesmo que não seja exato, pode ajudar a reduzir o ritmo com que ela vem sendo destruída.

O argumento ideológico de não atribuir um preço à natureza ignora uma realidade: ela já tem um valor, mas este está intrinsecamente ligado à sua destruição. As árvores, por exemplo, ganham valor de mercado pela madeira extraída, e não pelo oxigênio que produzem, pela prevenção da erosão do solo ou pela função de regulação e purificação da água que oferecem enquanto vivas. Os peixes são valorizados ao serem pescados e vendidos para consumo ou criação, e não por sua vital contribuição à saúde de rios e mares, que, em retorno, geram serviços imensamente positivos para nossa economia, sociedade e bem-estar. A água recebe um preço quando é extraída e utilizada na agricultura, indústrias e residências, quase sempre sendo poluída após o uso — e não por sustentar todas as vidas na Terra. Até as flores têm seu valor quando são cortadas e vendidas como presentes para aniversários ou ocasiões especiais, ou quando cultivadas em jardins e apartamentos, mas não pela sua beleza e função ecológica quando em seu estado selvagem em pradarias ou florestas.

A responsabilidade moral de respeitar a natureza em todas as suas dimensões tem sido cada vez mais sentida por um número crescente de pessoas, permanecendo um impulsionador poderoso e fundamental da sustentabilidade e coexistência. No entanto, infelizmente, as evidências mostram que isso não tem sido suficiente para mudar o comportamento humano e frear a destruição do mundo natural. Seja por razões morais ou materiais, os argumentos para a preservação da natureza e seu manejo sustentável são racionalmente válidos e não se excluem.

Temos falhado em contabilizar o valor da natureza viva em nossas decisões econômicas. Essa cegueira em relação aos valores intrínsecos da natureza tem levado à sua superexploração, degradação e destruição, o que, por sua vez, já começa a afetar diretamente nossa economia e sociedade.

Na prática, a ausência de um valor econômico e de mercado para a natureza viva tem permitido que alguns a explorem, destruam e gerem desperdício sem custo para o setor privado, mas com custos incalculáveis para a sociedade. Consequentemente, a conservação da natureza sempre foi vista como uma despesa econômica, uma oportunidade perdida, e não como um ativo ou um investimento. Se a natureza fosse enxergada como uma classe de ativos com valor intrínseco, e sua perda como um risco e um custo, é muito provável que a trataríamos de forma diferente.

Numa perspectiva de curto prazo, vincular um preço à perda da biodiversidade pode parecer um custo adicional indesejado para as empresas. No entanto, essa percepção se manterá apenas até o momento em que bens e serviços essenciais comecem a escassear e seus preços comecem a disparar, gerando um impacto massivo nas economias locais e globais. Nesse ponto, uma valoração adequada dos recursos e serviços naturais – que apoie sua conservação, regeneração e uso sustentável – será não apenas aceitável, mas também indispensável. Contudo, sabemos que, quando esse momento chegar, poderá ser tarde demais, e os sistemas naturais talvez já tenham atingido pontos de inflexão irreversíveis. A transformação precisa acontecer agora.

A citação de Ed Begley Jr. captura perfeitamente o desafio que reside na raiz da nossa atual percepção sobre a valoração da natureza: *"Não entendo por que, quando destruímos algo feito pelo homem, chamamos isso de vandalismo, mas quando destruímos algo criado pela natureza, chamamos isso de progresso".*

4.5 A natureza de nossa comida

A frase da escritora gastronômica M. F. K. Fisher, "Primeiro comemos, depois fazemos outra coisa",[46] *ou o provérbio espanhol "A barriga manda na mente", ambos ressaltam o inegável "poder da comida" e como a priorizamos acima de tudo.*

Para a maioria das espécies, garantir as calorias, nutrientes e água essenciais à manutenção das funções biológicas é a mais básica das preocupações. A comida é um dos pilares fundamentais da nossa existência, e a busca incessante por alimento moldou uma incrível variedade de adaptações anatômicas e comportamentais em todas as formas de vida. Seja na procura ativa de alimento, como os cardumes de atum que atravessam vastas áreas dos oceanos, ou nas táticas quase imóveis da aranha em sua teia, essa busca expressa a forma como a maioria das criaturas vivencia a maior parte de seu tempo de atividade.

Para os seres humanos, garantir alimento para si e para suas famílias sempre foi uma parte fundamental da vida, profundamente integrada à nossa identidade. Sua influência é tão poderosa que molda grande parte de nossas decisões, conscientes e inconscientes, sobre o que comemos e como produzimos alimentos.

Para os animais selvagens, desde predadores que perseguem suas presas até herbívoros que enfrentam invernos rigorosos ou verões de seca intensa, a busca por alimento é uma luta contínua. Essa jornada é frequentemente marcada pela fome, desnutrição, doenças e pela ameaça constante do envelhecimento, que torna a procura por sustento ainda mais árdua.

Há cerca de 12.000 anos, na aurora da Revolução Neolítica, os seres humanos resolveram seu problema de insegurança alimentar através da domesticação de animais e plantas, o que deu origem às formas iniciais de cultivo. O uso do fogo para cozinhar ampliou a variedade de plantas que poderíamos consumir, incluindo alimentos básicos como arroz, trigo e batatas, que de outra forma seriam indigeríveis e até mesmo tóxicos quando crus.

Isso gerou profundas ramificações na evolução de nossa espécie. Fontes de alimento mais estáveis, previsíveis e abundantes aceleraram o crescimento populacional. A agricultura levou ao surgimento de comunidades maiores e mais permanentes, gerando estruturas sociais mais complexas e exigindo novas normas e regras para a sociedade e sua administração. Rapidamente, deixou de ser necessário que todos os membros dedicassem seu tempo a prover alimento e uma sofisticada diversificação e especialização emergiu na sociedade, resultando em papéis específicos e inovação tecnológica. A humanidade estava prestes a embarcar na trajetória mais extraordinária e inédita já experimentada por qualquer espécie que tenha vivido na Terra.

Passaram-se milhares de anos e ainda hoje, nosso sistema de alimentação é desenhado para cumprir uma função fundamental: oferecer nutrientes e apoiar nossa sobrevivência, saúde e bem-estar. Mais de dois bilhões de pessoas — um quarto da população mundial — dependem do cultivo de plantas para sobreviver. A agricultura, por sua vez, é o maior empregador em países de baixo e médio desenvolvimento, com uma força de trabalho global de 900 milhões de pessoas, sem contar os que atuam no setor informal, especialmente nas economias menos desenvolvidas.[47, 48] Além disso, há milhões de pessoas empregadas na pesca e aquicultura, assim como nos setores de processamento, distribuição e varejo. A agricultura e a pesca empregam milhões e os tiram da pobreza.[49, 50] O setor de alimentos tem um valor existencial para a humanidade e, por isso, merece grande atenção e respeito.

Porém também é verdade que, após doze mil anos, nosso sistema alimentar – definido como a soma de produção, transporte, processamento e consumo – precisa ser reformado. Muitos iriam além, afirmando que nosso modelo de produção e consumo de alimentos está, de fato, falido: ambiental, social e economicamente.

Ambientalmente falando, a agricultura é um dos principais motores da crise ecológica atual. Ela gera um quarto de todas as emissões antropogênicas de Gases de Efeito Estufa (GEE)[51], responde por 70% da perda global de biodiversidade e por 80% do desmatamento. Além disso, é a maior consumidora de água do mundo, utilizando até 70% de toda a água doce, e uma grande poluidora de rios, lagos e oceanos, sobretudo devido ao escoamento de fertilizantes, herbicidas e pesticidas. As práticas agrícolas atuais provocam a erosão do solo – do qual depende a produção – a uma velocidade 100 vezes superior à dos processos naturais de sua formação. Como consequência, não é surpreendente que cerca de 52% da terra agricultável no mundo, uma área equivalente a duas vezes o tamanho da China, esteja de alguma forma degradada[52].

Carne, soja e óleo de palma são os principais impulsionadores do desmatamento.[53]. A pecuária, um método bastante ineficiente para produzir calorias e proteínas, tem um forte impacto tanto no meio ambiente quanto em nossa saúde. Carne e laticínios, sozinhos, respondem por 12% a 14% das emissões globais de GEE, principalmente devido ao desmatamento e à liberação de gás metano por animais como vacas, cabras e ovelhas[54]. A criação de gado, por si só, ocupa 35% das terras habitáveis[55].

Mesmo com a expansão dos pastos atingindo seu auge global, o uso exclusivo da terra para a pecuária responde por quase metade de todo o desmatamento das florestas tropicais, principalmente na América Latina, mas com crescimento também na África[56, 57]. Esse número pode ser ainda maior se considerarmos o desmatamento causado pelo cultivo de alimentos, como a soja, destinados à alimentação animal.

Com o crescimento da produção de alimentos de origem animal, a maior parte da produção de cereais tem sido destinada à alimentação do gado. A produção de carne e laticínios exige significativamente mais terra, água e outros investimentos do que os alimentos vegetais. A criação de gado, sozinha, é responsável pela maior parte do uso da terra por seres humanos: um total impressionante de 75% de toda a terra agricultável (que já ocupa quase metade da terra habitável no mundo) é dedicado, direta (pasto) ou indiretamente (cultivo de alimentos para os animais), à pecuária. Para produzir 100 gramas de carne, são necessários, em média, 164 m² de terra, enquanto 100 gramas de tofu requerem apenas 2,2 m² — um uso de terra 75 vezes menor[58].

A crescente demanda por carne e laticínios, tanto em economias desenvolvidas quanto em países em desenvolvimento, impulsiona uma produção com graves consequências. Além de envolver níveis chocantes de sofrimento animal, essa atividade gera um desperdício alarmante. Anualmente, cerca de 18 bilhões de animais — incluindo galinhas, perus, porcos, ovelhas, cabras e vacas — são abatidos, totalizando 52,4 milhões de toneladas de carne que nunca chegam aos nossos pratos[59]. Reduzir a produção e o consumo de carne é crucial para combater as mudanças climáticas, o desmatamento e prevenir o sofrimento desnecessário dos animais. É importante ressaltar que 68% do desmatamento atual é impulsionado pela agricultura e pela criação de animais de menor escala, enquanto o restante é responsabilidade da produção industrial[60].

Figura 4.2: Produção global de carne.

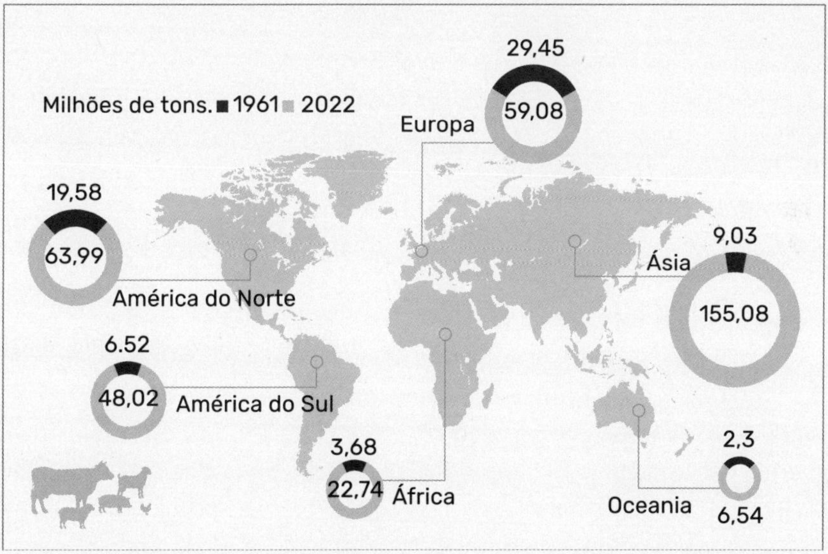

Fonte: Our World in Data, 2023. Ritchie H, Rosado P, Roser M. Meat and Dairy Production. 2019; revisado em 2023. Disponível em: https://ourworldindata.org/meat-production.

Figura 4.3 Uso global da terra e produção de alimentos.

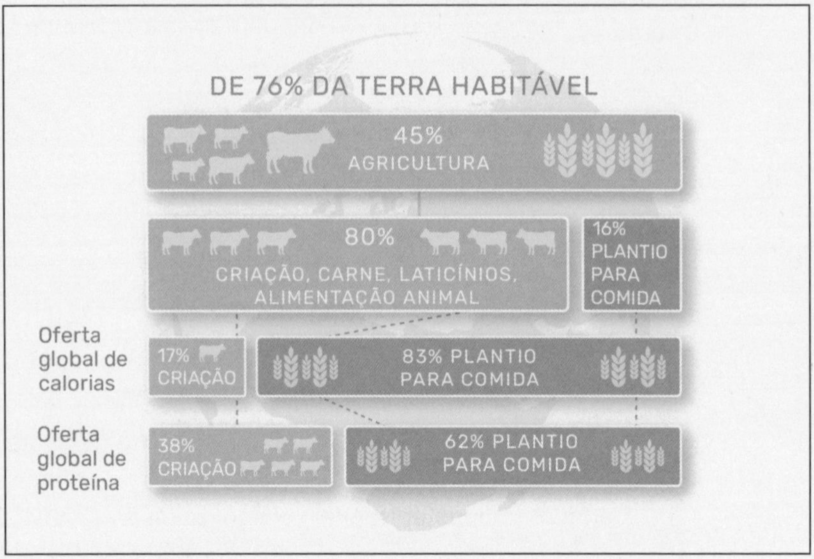

Fonte: Our World in Data, 2024. Ritchie H, Roser M. Half of the World"s Habitable Land Is Used for Agriculture. 2019; revisado em 2024. Disponível em: https://ourworldindata.org/meat-production.

Os impactos da agropecuária na biodiversidade são vastos e devastadores. Mesmo com os atuais padrões mais rigorosos de segurança alimentar e agroecologia, as medidas são totalmente insuficientes para conter os danos. Por exemplo, o *Índice Europeu de Aves Agrícolas* revela um declínio impressionante de 34% nas populações desde 1990. Em contraste, o *Índice de Aves da Floresta* permaneceu relativamente estável, com um pequeno aumento de apenas 0,1%. Essa disparidade evidencia a escala do impacto negativo da agricultura europeia na biodiversidade. Isso é corroborado pelo *Índice Europeu de Borboletas de Pradarias*, que aponta um declínio de 39% no mesmo período. Fica claro que a agricultura e a pecuária, tanto na Europa quanto globalmente, estão longe de serem ecologicamente sustentáveis. A agricultura "moderna" não "cuida" do meio ambiente, como alguns interesses escusos querem nos fazer acreditar. Na verdade, ela se comporta como um verdadeiro matadouro para a natureza.

O impacto da agricultura e da pecuária vai muito além de suas fronteiras, afetando drasticamente os sistemas de água doce e os oceanos.

Muitos dos herbicidas usados na terra são inibidores fotossintéticos e exercem o mesmo efeito prejudicial em ecossistemas de água doce e marinhos quando escoam para rios e, consequentemente, chegam ao mar[61]. Esse fenômeno compromete a essencial função de sequestro de carbono e oxigenação desempenhada pelos fitoplânctons. Além disso, toda a cadeia alimentar marinha, que se forma a partir desses organismos minúsculos, mas abundantes, é severamente afetada. Como resultado, um fluxo incessante de herbicidas pode rapidamente começar a impactar seriamente a estabilidade ecológica e a produtividade das águas costeiras e sua fauna.

Nas regiões tropicais, os herbicidas são vistos como um fator que contribui para o branqueamento dos corais, pois afetam as algas simbióticas que neles se abrigam. Em um delicado exemplo da sofisticada interação entre os reinos naturais, o declínio do fitoplâncton marinho também impacta a agricultura em terra. O fitoplâncton é responsável pela produção de uma fina microcamada lipídica na superfície dos oceanos (SML). Além de reduzir a evaporação da água e mitigar o aquecimento global (visto que o vapor de água é o gás de efeito estufa mais potente), a SML também contribui para a formação de Partículas Suspensas na Atmosfera (aerossóis). Essas partículas desempenham um papel crucial na formação de nuvens e nas precipitações. Com menos aerossóis, menos nuvens se formam, causando secas e inundações que prejudicam significativamente a agricultura[62].

Em termos sociais, os sistemas de produção de alimentos acompanharam por décadas, de maneira impressionante, o ritmo do crescimento populacional, do superconsumo e do desperdício. Eles até conseguiram contribuir para a redução da desnutrição, da pobreza e para o aumento da expectativa de vida. No entanto, esse progresso ocorreu de forma drasticamente desigual ao redor do mundo. A evolução de como produzimos e consumimos comida tem contribuído para desafios sociais, climáticos e de perda de biodiversidade, resultando em crises sociais e de saúde. Isso inclui a fome e a desnutrição persistentes, mas também problemas como obesidade, diabetes e câncer. Atualmente, nosso sistema de produção de alimentos deixa 700 milhões de pessoas em todo o mundo passando fome, enquanto uma em cada três pessoas (2,4 bilhões) sofre com insegurança alimentar e acesso limitado a alimentos adequados. Essa realidade resulta em desnutrição e traz sérias consequências para a saúde e o desenvolvimento. Em 2019, aproximadamente três bilhões de pessoas não tinham acesso a uma dieta saudável[63]. Ao mesmo tempo, entre 2,5 bilhões de pessoas estão acima do peso, sendo que 890 milhões apresentam obesidade. O fato é que, em média, globalmente, produzimos mais comida do que o necessário per capita, mas cerca de 30% de todo o alimento produzido se perde nos processos agrícolas, após a colheita, ou é desperdiçado posteriormente[64]. Em 2022, o mundo perdeu 19% do alimento disponível para consumo, sendo 13% na venda a varejo, 27% em serviços ligados à alimentação e 60% em nível doméstico. Esses números se somam aos 13% de comida perdida ao longo da cadeia de oferta alimentar, desde após a colheita até o que é descartado no varejo[65].

A produção intensiva moderna de alimentos ainda depende de altos níveis de insumos químicos, tanto na agricultura quanto na pecuária, o que causa efeitos prejudiciais ao meio ambiente e à saúde humana.

É simplesmente impressionante que 70% de todos os antibióticos produzidos mundialmente sejam administrados a animais de criação, incluindo na aquicultura[66]. Essa prática, que se tornou comum há algumas décadas, ocorreu simultaneamente ao aumento do consumo de carne, impulsionado pela "Grande Aceleração" do setor, com o objetivo de estimular o ganho de peso e prevenir doenças nos animais criados na indústria pecuária intensiva. Nesse sistema, altos padrões de higiene são difíceis de manter, e as altas concentrações de animais facilitam a disseminação de doenças. Acredita-se que o consumo de carne tratada com antibióticos seja um dos maiores riscos para a resistência antimicrobiana (RAM) em seres humanos, sendo responsável por cerca de 1,27 milhão de mortes globalmente, chegando a quase cinco milhões de mortes quando consideradas as mortes associadas[67].

Administrar hormônios a animais na pecuária, seja para produzir animais maiores ou para aumentar a produção de laticínios, tem se mostrado algo disruptivo para o sistema endócrino humano. Essa prática pode contribuir, possivelmente, para o declínio na fertilidade masculina, além de estar relacionada ao aumento de câncer, diabetes e obesidade. Pessoas que trabalham na criação de animais também não escapam dos impactos do sistema de produção de alimentos atual. A pressão econômica, a exploração no trabalho e outros fatores socioeconômicos frequentemente levam a altas taxas de suicídio entre esses produtores, em comparação com outros profissionais[68]. Essa situação parece estar particularmente associada aos modelos de produção convencionais e ao uso de pesticidas[69].

Estima-se que os custos econômicos não contabilizados do sistema de alimentação atual cheguem a 15 trilhões de dólares, dos quais 11 trilhões estão relacionados à saúde e três milhões ao meio ambiente. Essa cifra é muito superior à contribuição do sistema alimentar para a economia global[70]. Além disso, grande parte da nossa produção de alimentos não sobreviveria sem subsídios públicos significativos. Após os combustíveis fósseis, a agricultura é o setor mais subsidiado, recebendo mais de meio trilhão de dólares por ano. O setor de pesca, especialmente a frota mais industrializada que atua nos oceanos, também recebe fortes subsídios. Esses subsídios muitas vezes são ineficientes, desiguais e prejudiciais à saúde humana, e, entre eles, impressionantes 87% têm impacto negativo ao meio ambiente[71].

Após a Segunda Guerra Mundial, o uso massivo, cada vez mais subsidiado, de fertilizantes e pesticidas, juntamente com a mecanização da agricultura, ajudou a tirar milhões de pessoas da pobreza, da fome e da desnutrição. No entanto, os danos ao meio ambiente foram se acumulando ao longo de décadas de forma tão extensa que a terra começou a se degradar e os rendimentos têm diminuído em muitas regiões[72]. A causa desse declínio está na má alocação dos subsídios públicos agrícolas, influenciada pelo lobby da indústria e pelos grupos pecuaristas. Sem um redirecionamento e reformas profundas, esses subsídios continuarão a transformar terras saudáveis em áreas improdutivas.

Além de adotar uma mecanização crescente e o uso de insumos químicos, o modelo moderno de produção de alimentos não alterou sua característica fundamental de exploração da natureza desde que começou a desmatar florestas para criar espaço para plantações, há mais de 10.000 anos, durante a Revolução Neolítica. Ele continua a transformar a natureza e a destruir a biodiversidade para ampliar as áreas de produção agrícola, sob forte controle humano, devido à presunção ilusória de que podemos substituir os complexos serviços prestados pela natureza por alternativas meramente químicas ou mecânicas.

Hoje em dia, a agricultura ainda é o principal impulsionador do desmatamento e da conversão de habitats naturais. Nas duas primeiras décadas do século XXI, o plantio agrícola cresceu quase 10%, principalmente devido à expansão da agricultura em áreas naturais na África e na América do Sul.[73] Essa expansão não apenas afeta a estabilidade do clima e os serviços ambientais, mas, paradoxalmente, também compromete a segurança alimentar e a saúde das pessoas. Os custos associados aos efeitos colaterais não se refletem nos preços de mercado dos alimentos. Enquanto esses custos contribuem para o lucro privado, continuam a impactar negativamente toda a sociedade.

Nas últimas décadas, tornou-se evidente que, com o desenvolvimento econômico, o consumo de alimentos que demandam produção intensiva, como carne e alimentos processados, aumenta. Na relação entre demanda e oferta, é a demanda que, logicamente, impulsiona a oferta. No entanto, o que e como produzimos é em grande parte influenciado pela disponibilidade, pelo preço e pelas estratégias de marketing. Basicamente, quanto mais produzimos, mais baratos ficam os alimentos, e mais somos estimulados a consumir e a desperdiçar. A maior disponibilidade de alimentos acessíveis leva ao aumento do consumo. Esse ciclo vicioso consumista, impulsionado pelo consumo de alimentos baratos e processados, tem sido a base do padrão de consumo difundido amplamente nas últimas sete décadas, ou até mais.

A intensificação da agricultura fez com que os preços dos cereais caíssem a ponto de serem utilizados na pecuária, impulsionando a produção industrial de carne e provocando uma mudança na dieta em muitas regiões do mundo. Nessas mesmas regiões, os baixos preços dos alimentos, de um lado, levaram ao superconsumo e, de outro, tornaram o desperdício algo economicamente negligenciável. Embora a disponibilidade de comida seja fundamental para combater a fome e a desnutrição, além de ser uma dimensão-chave da justiça social, "o 'paradigma da comida barata'" impulsiona um conjunto de mecanismos que se sobrepõem e se auto reforçam, nos quais o aumento da produção e a liberalização dos mercados globais incentivam comportamentos econômicos que geram resultados negativos para a sociedade e o meio ambiente".[74]

A visão consumista de que devemos produzir mais comida de forma mais barata, para que os consumidores possam gastar sua renda em outros bens e serviços — estimulando assim ainda mais produção, consumo e crescimento econômico de orientação neoclássica — tem dominado o nosso modelo econômico recente, superando a implementação de um desenvolvimento com crescimento mais equitativo, baseado no bem-estar humano e na saúde do planeta. O resultado dessa lógica é o aumento da desigualdade social e de impactos negativos para o meio ambiente.

O apoio governamental à agricultura tem desempenhado um papel fundamental em impulsionar, consolidar e reforçar práticas de produção mais intensivas e insustentáveis, além de padrões de consumo pouco saudáveis que caracterizam o sistema global de alimentação atual e as "dietas modernas". Se esse apoio fosse repensado de forma adequada, por meio de reformas políticas e fiscais, medidas de incentivo e iniciativas baseadas em resultados sociais e ambientais, nossa transição para um sistema alimentar mais sustentável, saudável, justo e eficiente poderia acontecer de forma mais rápida e eficaz.

Realizar a transição para um modelo de produção de alimentos mais sustentável é possível. Atualmente, uma grande parcela da agricultura global é baseada na monocultura. Nesse contexto, muitas vezes pouco natural, a produtividade depende de altos níveis de insumos químicos caros e de práticas agrícolas intensivas, geralmente altamente mecanizadas.[75] Por outro lado, a agricultura regenerativa se fundamenta no conceito de produzir alimentos que promovam a saúde e a fertilidade do solo, além de controlar pragas por meio de práticas agroecológicas que conservem a biodiversidade, sem utilizar insumos e mecânicos, ou apenas uma proporção significativamente menor dos mesmos.

O conceito de agricultura regenerativa não é novo; na verdade, suas origens são antigas.[76] Ele envolve a produção de alimentos de forma lucrativa, enquanto preserva e aprimora a qualidade do solo e a biodiversidade. Isso inclui práticas como policulturas, rotação e diversificação de culturas, a quase inexistência de plantios diretos, e a prevenção ou redução da exposição do solo sem vegetação. Também incentiva a diversidade de plantas e invertebrados, e a preservação e restauração de elementos naturais como pradarias selvagens, sebes, manchas de floresta, lagos e riachos. Tais elementos podem ser integrados à área cultivada ou "destinados à natureza" em paisagens mais amplas, resultando em uma agricultura que é positiva para a natureza e que sustenta maior biodiversidade tanto acima quanto abaixo da terra.

Existem duas dimensões distintas nos impactos da agricultura e da pecuária na biodiversidade. De um lado, temos os diversos efeitos nos ecossistemas naturais causados pela expansão e conversão de terras. Isso inclui a abertura de acesso a áreas naturais intocadas, o que atrai a invasão humana e outros tipos de pressão. Por outro lado, há impactos na biodiversidade da terra cultivada. Estes resultam da remoção de elementos naturais ou seminaturais (como árvores, sebes, lagos e flores silvestres) e de espécies (consideradas predadoras ou competidoras), bem como do uso de pesticidas e herbicidas. Tudo isso leva ao declínio de insetos, aves e da biodiversidade do solo. Uma estratégia agrícola que seja positiva para a natureza deve considerar ambas as dimensões.

Estratégias de uso da terra que visam resultados líquidos positivos para a biodiversidade em áreas agrícolas geralmente se dividem em duas abordagens principais: "separação" e "partilha". A separação envolve destinar áreas dentro da propriedade agrícola exclusivamente à biodiversidade. Isso significa preservar habitats e elementos naturais de forma a permitir a presença e os processos da fauna e flora locais. Já a partilha refere-se à adoção de práticas agrícolas que permitem e incentivam a coexistência com a biodiversidade. Isso pode variar desde o uso de métodos de colheita que previnam danos a ninhos, tocas ou filhotes recém-nascidos, até a manutenção de elementos naturais restauradores, como sebes, árvores, lagos e faixas de flores silvestres integradas às plantações[77].

A monocultura e o uso de pesticidas são notórios por reduzir a diversidade de insetos e simplificar as cadeias alimentares ecológicas. Além disso, têm se mostrado uma causa subjacente de invasões cíclicas e resistentes de "pragas", com impactos devastadores nas plantações. Uma maior diversidade de invertebrados, aves e outras formas de vida selvagem em áreas agrícolas está diretamente ligada à diversidade de plantas e à redução do uso de pesticidas. Essa biodiversidade crescente atua como um mecanismo de controle de pragas poderoso e resiliente, principalmente por meio da competição interespecífica e da predação.

Culturas de cobertura invernais, rotação de culturas, limites de campo, e faixas e porções de vegetação natural são exemplos de como reduzir o impacto de pragas e, ao mesmo tempo, diminuir ou eliminar progressivamente a intervenção química. Pesquisas recentes sobre a rentabilidade da agricultura regenerativa têm revelado resultados contraintuitivos. Por exemplo, um estudo realizado nas planícies do norte dos Estados Unidos demonstrou que as pragas agrícolas eram dez vezes menos abundantes em áreas agrícolas regenerativas livres de pesticidas do que em campos tratados quimicamente.[78] O mesmo estudo também constatou que, embora as práticas regenerativas tenham gerado uma produção um terço (29%) menor, os lucros da fazenda foram mais de três quartos (78%) maiores. Esse aumento se deveu aos custos mais baixos dos insumos e à maior valorização no mercado.[79]

Os custos reduzidos dos efeitos colaterais sociais (como saúde pública) e ambientais (como inundações e secas) da agricultura regenerativa, em uma análise puramente econômica, já justificariam o redirecionamento de subsídios para esse tipo de agricultura, em vez da intensiva, a fim de aumentar sua produtividade.

A agropecuária industrial atual impacta cada vez mais a estabilidade, produtividade e saúde dos próprios sistemas naturais que a sustentam, um reflexo do nosso modelo econômico geral inadequado. O modelo industrial de produção de alimentos em que vivemos está em oposição direta à natureza. Os rendimentos aumentam por meio de práticas que prejudicam a biodiversidade e os serviços ecossistêmicos, tanto no subsolo quanto acima da terra. Chegamos, então, a um ponto paradoxal: a agricultura em terra e a pesca e aquicultura em oceanos e águas interiores — sistemas de produção de alimentos que dependem de ecossistemas naturais estáveis e saudáveis — estão, ao mesmo tempo, causando desmatamento, erosão do solo, declínio de polinizadores, poluição da água, superexploração pesqueira e perda de biodiversidade. O próprio sistema agrícola, que depende de um clima estável e de serviços naturais, é agora o principal responsável pelas mudanças climáticas e pela destruição da natureza. À medida que os serviços naturais que apoiam a produção de alimentos enfraquecem e são progressivamente destruídos, nossa segurança alimentar, acesso à saúde e a uma alimentação equilibrada também são ameaçados.

Alimentos azuis

Obviamente, a comida não provém apenas da terra. Os "alimentos azuis", originários de sistemas de água doce e dos oceanos, são de crucial importância.

Peixes, frutos do mar e algas são uma fonte nutricional essencial para aproximadamente 3,3 bilhões de pessoas[80]. Eles fornecem elementos-chave para a saúde global, como vitaminas A, iodo, cálcio, ferro e ácidos graxos ômega-3. Em escala mundial, a pesca em ambientes marinhos e de água doce sustenta, respectivamente, 560 milhões e 160 milhões de indivíduos, muitos deles em comunidades de baixa renda, oferecendo tanto alimento, quanto meios de subsistência.[81, 82]

Quando se trata da produção de organismos aquáticos, tanto selvagens quanto cultivados, encontramos desafios ecológicos similares aos da agricultura. Entre eles estão os impactos nos ecossistemas (como o arrasto de fundo, o desmatamento de manguezais e a conversão de áreas úmidas para aquicultura), a poluição (eutrofização e uso de antibióticos na aquicultura, lixo plástico e equipamentos de pesca abandonados) e o desperdício (notadamente a captura acidental em pescarias selvagens). A captura acidental, definida como a pesca não intencional de espécies por métodos não seletivos, causa um impacto ecológico considerável e um desperdício significativo de "alimentos azuis". Embora ocasionalmente possa ser comercializada, em muitos casos ela é inutilizável por motivos regulatórios ou econômicos, sendo descartada no mar, frequentemente sem vida.

Além de peixes e invertebrados, a captura acidental é uma ameaça séria que causa a morte inesperada de metade dos mamíferos e aves marinhas e de algumas espécies de tartarugas. Isso se traduz em números alarmantes: cerca de 300 mil baleias e golfinhos, 250 mil tartarugas-cabeçudas (já ameaçadas de extinção), e um número ainda maior de grandes tartarugas-de-couro, estão em perigo crítico. Adicionalmente, 300 mil aves marinhas, incluindo majestosas espécies como os albatrozes, também estão ameaçadas.[83, 84] Estima-se que aproximadamente 38 milhões de toneladas de criaturas marinhas sejam capturadas acidentalmente por ano, o que representa entre 10% a 40% de toda a pesca global.[85, 86] Quase metade dessas capturas acidentais resulta do arrasto de fundo. Para certas espécies, a proporção é ainda mais drástica: um quilo de camarão pode gerar entre 5 a 20 quilos de captura acidental.

A aquicultura depende de maneira significativa de matérias-primas derivadas da pescaria selvagem. As "pescas de redução" — frotas industriais que procuram espécies pelágicas como as anchovas, pescadas e sardinhas — respondem por, estimativamente, de um sexto a um terço da pesca marinha mundial, a depender do ano. Aproximadamente 70% dessa captura é processada para ser comida para o cultivo de peixes, enquanto o restante é usado para alimentar animais criados na terra, para a suplementação dietética, para cosméticos e, em uma extensão bem menor, para o consumo humano.[87]

Pesquisas recentes indicam que a aquicultura global depende de quantidades de pesca selvagem significativamente maiores do que se estimava anteriormente. As métricas "peixe entra, peixe sai" (FIFO), que avaliam a proporção da biomassa selvagem pescada e utilizada como alimento para a biomassa de peixes cultivados — como salmões e trutas —, revelam que a biomassa de peixes selvagens usada para consumo geralmente excede em duas vezes a biomassa dos peixes produzidos na aquicultura. Isso levanta questões cruciais sobre quais espécies de peixes podem ser cultivadas de forma mais sustentável para minimizar o impacto nos estoques selvagens e quais alternativas de menor impacto podem ser adotadas para abastecer a aquicultura. Apesar dos avanços em opções sustentáveis de abastecimento, a rápida expansão da indústria da aquicultura em alto-mar costuma adicionar essas alternativas à pesca selvagem, em vez de substituí-la. Com isso, a pressão sobre os ecossistemas marinhos permanece.[88]

O resultado de todos esses impactos é preocupante: um terço (34%) dos estoques globais de peixes estão superexplorados, 60% são pescados no seu limite máximo e apenas 6% são explorados dentro de condições sustentáveis (ou seja, em estado saudável).[89] Um estudo recente, que analisou 230 pescarias e 125 espécies, revelou que a situação de muitas populações superexploradas é bem pior do que o reportado, e a sustentabilidade dessas pescarias está sendo superestimada.[90]

A forma como desconsideramos os recursos marinhos vivos reflete nossa percepção geral dos oceanos. Sempre os encaramos como recursos infinitos, principalmente para alimento e, mais recentemente, para areia, minerais e metais. Os oceanos parecem tão vastos que o que neles acontece foge à nossa vista e, consequentemente, à nossa consciência. Até bem pouco tempo, jamais consideramos que as atividades humanas poderiam, um dia, ameaçar a saúde, produtividade e estabilidade do maior ecossistema do mundo, que cobre 71% do planeta. Prova disso é que continuamos a despejar plástico, esgoto, lixo industrial, rejeitos de dragagem de mineração, poluentes químicos e até mesmo lixo radioativo no mar. Além disso, enormes quantidades de fertilizantes (ricos em nitrogênio e fósforo) usados na terra acabam nos oceanos, causando eutrofização. Esse processo leva a um aumento anormal e tóxico de algas que, por sua vez, provoca a hipóxia, criando as chamadas "zonas mortas" marinhas. Pesticidas e herbicidas afetam a vida marinha em todos os níveis, e o mais preocupante é o impacto sobre o plâncton, que está na base da cadeia alimentar oceânica.

Outro indicador da nossa falta de cuidado e atenção com os oceanos — e com tudo o que eles nos oferecem, incluindo sua contribuição para a segurança alimentar — é a desvalorização generalizada das Áreas Marinhas Protegidas (AMPs). Apenas 8% da superfície oceânica é protegida, em comparação com 17% da área terrestre.[91,92] Desse total, menos de 3% dos oceanos são estritamente protegidos por meio de "zonas de exclusão total de pesca", onde qualquer tipo de pesca significativa é proibida. São esses regimes de proteção que se mostram mais eficazes no reabastecimento dos estoques pesqueiros. As AMPs têm comprovado sua eficiência tanto na proteção da vida marinha remanescente quanto na restauração do que foi degradado. Há inúmeros exemplos de sucesso na recuperação de estoques de peixes que se beneficiaram de redes de AMPs bem-organizadas e gerenciadas, gerando, inclusive, benefícios para exploração da pesca por meio do efeito de transbordamento em áreas de pesca adjacentes ou até mesmo distantes.[93]

Os benefícios das Áreas Marinhas Protegidas (AMPs) para a exploração pesqueira incluem o aumento do volume dos estoques e das capturas de peixes não só fora da área protegida, mas também em distâncias maiores, graças à dispersão larval e ao aumento do tamanho dos peixes. Em muitas espécies, o tamanho do peixe está diretamente correlacionado com o número de ovos produzidos, o que, por sua vez, leva à recuperação de estoques esgotados. No caso do robalo, por exemplo, uma fêmea de 40 cm produz 250 mil ovos, comparado a 1,3 milhão para um peixe de 60 cm e 3,3 milhões para um de 80 cm.[94]

Muitos exemplos locais de sucesso demonstram que gerenciar uma rede de Áreas Marinhas Protegidas (AMPs) é uma das melhores estratégias para a manutenção da coleta sustentável de recursos marinhos. Contudo, essa abordagem ainda é criticada por ser vista como uma "reserva" — uma área improdutiva — em vez de ser compreendida pelo que realmente é: um investimento na saúde dos estoques pesqueiros. Apesar disso, diversas AMPs ao redor do mundo não são administradas de forma eficiente e não abrangem os habitats e locais mais críticos. Isso implica, por um lado, que não estão gerando os benefícios previstos em seu planejamento e, por outro, que transmitem a falsa impressão de que os oceanos estão sendo devidamente protegidos. Ainda há muito a ser feito para proteger mais os oceanos e garantir que essa proteção ocorra onde é verdadeiramente essencial.

Os benefícios econômicos das Áreas Marinhas Protegidas (AMPs) vão muito além da pesca. Há inúmeras evidências de que a criação de AMPs atrai o turismo, gerando vantagens para comunidades, empresas e governos locais. Na última década, testemunhamos uma aceleração na implementação de AMPs ao redor do mundo. É encorajador notar que o Marco Global das Nações Unidas para a Biodiversidade de Kunming-Montreal incluiu como meta a proteção e o gerenciamento efetivo de 30% dos oceanos até 2030.

Temos, então, uma questão legal. Administrativamente, os oceanos são divididos em duas grandes categorias: águas sob jurisdição nacional (39%), onde as leis nacionais são aplicáveis, e águas internacionais (61%) — os "altos mares" ou *mare liberum* —, que são de acesso aberto. A Convenção das Nações Unidas sobre o Direito do Mar (CNUDM) é um tratado internacional pós-Segunda Guerra que garante o acesso aos altos mares (definidos a partir de 200 milhas náuticas da costa) a todos os Estados. Nenhum Estado tem o direito de submeter qualquer parte dessas águas à sua soberania. O propósito deste acordo foi o de facilitar operações como pesca, navegação, cabeamento submarino e exploração do leito marinho, visando o interesse da comunidade global.

A criação das Organizações para Gerenciamento da Pesca Regionais (RFMOs), que têm a missão de garantir a gestão sustentável dos estoques pesqueiros em regiões específicas por meio do estabelecimento de cotas e da regulamentação dos métodos de exploração, bem como o recente Acordo sobre a Conservação e o Uso Sustentável da Biodiversidade Marinha em Áreas Além da Jurisdição Nacional (BBNJ), também conhecido como "Tratado de Altos Mares", representam avanços significativos. Esses marcos nos aproximam de uma governança oceânica mais coordenada e equitativa, reconhecendo os oceanos como um dos "bens comuns" mais preciosos da humanidade. A percepção dos oceanos, antes vista como "imensos demais para falhar" — o que levava à superexploração —, tem gradualmente mudado para "grandes demais para serem ignorados".[95]

Alimentos Silvestres

Todos os alimentos têm uma origem selvagem, seja diretamente ou pela domesticação de plantas e animais. Além das muitas espécies de peixes selvagens e outros organismos marinhos que são mundialmente consumidos e comercializados tanto a nível local como ao redor do mundo, existe um outro tipo de alimento, menos conhecido, chamado "carne de caça".

Com 800 milhões de pessoas famintas no mundo, milhões em áreas rurais de países pobres ainda recorrem a alimentos silvestres de ecossistemas locais para combater a fome e a desnutrição. Essa situação se agrava ainda mais com distúrbios e conflitos sociais, além da crescente pressão ambiental. A carne selvagem, ou "carne de caça", refere-se à carne de animais silvestres caçados para consumo humano. Ela contribui para a segurança alimentar e a nutrição de milhões de indivíduos em todo o mundo em desenvolvimento,[96] representando uma fonte importante, e até primária, de proteína e nutrientes biodisponíveis em regiões onde a criação de animais é limitada ou muito cara.

Por milênios, os seres humanos dependeram da vida selvagem para se alimentar, utilizando uma variedade de métodos de caça tradicionais para capturar diversas espécies. Muitas comunidades indígenas desenvolveram práticas sustentáveis para gerenciar os recursos naturais, guiadas por uma combinação de fatores. Entre eles, destacam-se o tamanho relativo de suas populações, o uso de instrumentos e técnicas de caça simples e a priorização em garantir alimento suficiente para as necessidades de suas famílias ou aldeias.

Nas últimas décadas, contudo, a "Grande Aceleração" alcançou muitas dessas áreas remotas e sociedades tradicionais. O crescimento populacional, a destruição de habitats, a perda de controle sobre a caça tradicional e o surgimento de instrumentos de caça avançados e não seletivos, como armas ou redes de metal, impuseram forte pressão à vida selvagem. Isso levou a um declínio impressionante das populações e até a extinções em nível local. Simultaneamente, as migrações para as cidades aceleraram e o crescimento das populações urbanas gerou uma nova demanda por carne de caça, desencadeando um comércio notável de animais silvestres caçados.[97] No início do novo milênio, estimava-se que até cinco milhões de toneladas de carne de mamíferos caçados eram extraídas anualmente das florestas tropicais da África.[98] Esse volume equivalia a aproximadamente dois terços da carne bovina produzida na União Europeia na mesma época.[99]

O resultado tem sido que a caça de animais silvestres nos trópicos se tornou amplamente insustentável em todas as regiões, ao longo de várias décadas, mesmo quando conduzida como uma genuína caça de subsistência.[100] A causa desse problema reside numa combinação de fatores como o crescimento da população humana (acentuado pela migração local recente), a diminuição da extensão e a degradação das florestas. Soma-se a isso o fato de que as densidades populacionais da vida selvagem são naturalmente baixas nas florestas tropicais.

Seja para manter os laços com estilos de vida tradicionais, por preferência, pelo gosto do exótico ou como símbolo de status, o consumo de carne de caça por comunidades urbanas e de expatriados tem impulsionado um comércio sem precedentes em níveis nacional e internacional. Esse comércio se dá por meio de redes bem-organizadas, em sua maioria ilegais.[101]

Existe ainda um lado sombrio e ameaçador no consumo e comércio de carne de caça. Muitas das espécies selvagens consumidas ou comercializadas podem ser portadoras de patógenos. A caça, o manuseio e o consumo de carne de caça têm sido associados a diversos e graves surtos de doenças, incluindo Ebola, HIV e SARS.[102] Uma análise recente, que examinou 58 espécies de carne de caça, revelou que 48 delas eram hospedeiras de um ou mais patógenos. Paralelamente, a conscientização sobre os riscos à saúde é baixa entre caçadores, negociantes e consumidores.[103]

Numa visão perturbadora e paralela a muitos outros exemplos de superexploração de recursos, a caça excessiva de animais silvestres para alimento tornou-se uma das maiores ameaças à biodiversidade em diversas regiões remotas da África, Ásia e América Latina. Simultaneamente, essa prática coloca em perigo a segurança alimentar de populações marginalizadas que ainda dependem desse tipo de alimento[104]. Mais uma vez, a conservação da biodiversidade, a segurança alimentar e a saúde humana se revelam como diferentes perspectivas de um mesmo desafio: construir um futuro saudável e seguro para a humanidade.

Momento para uma "transição do sistema alimentar"

Juntamente com o aumento previsível da população e da renda, e as mudanças na dieta para um maior consumo de produtos de origem animal nas últimas décadas, a demanda por alimentos continua a crescer significativamente. Paralelamente, isso também intensificará o impacto no meio ambiente e na saúde humana, a menos que adotemos uma transição para formas mais sustentáveis de produção e consumo.

O conhecimento é o pilar central de toda transição. Indubitavelmente, a compreensão aprofundada que temos hoje sobre o impacto social e ambiental dos sistemas de alimentação resulta na conscientização acerca da pegada ecológica e dos riscos associados à nossa dieta. Muitos indivíduos e produtores agrícolas estão começando a levar a sério o fato de que dizimar os polinizadores de nossas plantações ou envenenar nossa própria comida não é exatamente uma estratégia inteligente! No entanto, muito mais precisa ser feito para conectar a comida em nossos pratos aos seus impactos ambientais. A maioria dos produtos de carne ocupa o topo da lista de alimentos com a maior pegada ambiental. Contudo, o consumo médio global per capita de carne continua a crescer, impulsionado pelo aumento da renda individual e pelo crescimento populacional, assim como por fatores culturais e psicológicos.

O aumento das taxas de consumo de carne varia entre as regiões: enquanto em países de alta renda o consumo se estabilizou ou está em declínio, em países de renda média ele tem apresentado aceleração moderada a forte[105]. À medida que a renda global cresce, a dieta geralmente se transforma, incorporando uma maior proporção de carne, laticínios e ovos. Essa transição, de uma alimentação baseada em vegetais para uma dieta com maior presença de produtos de origem animal, tem sido denominada "Revolução do Gado". Estima-se que 40% da população mundial experimentará essa transição para um maior consumo de produtos animais até meados do século.[106]

Enquanto isso, dietas veganas, vegetarianas e flexitarianas vêm ganhando destaque, variando desde a exclusão total de produtos animais até uma redução significativa deles em favor de alimentos de origem vegetal. As dietas veganas e vegetarianas ainda representam uma pequena proporção das dietas globais, com cerca de 3% e 5%, respectivamente, enquanto as dietas flexitarianas respondem por aproximadamente 14%. Não é surpreendente que haja uma grande variação entre os países, sendo que a Índia responde por 11% e 25% do total de veganos e vegetarianos, respectivamente.[107, 108]

A justificativa para adotar dietas baseadas em vegetais sob uma perspectiva ambiental é que a redução do consumo de alimentos de origem animal levaria à diminuição da criação de gado, o que, por sua vez, resultaria em menor destruição da biodiversidade e na redução das emissões de gases de efeito estufa (GEE), incluindo o metano. O metano é um GEE 25 vezes mais potente que o dióxido de carbono, embora tenha uma permanência menor na atmosfera. Além disso, a redução na produção e no consumo de carne pode liberar áreas de florestas desmatadas, possibilitando sua restauração ao estado natural, o que traz grandes benefícios na absorção de carbono, na recuperação da biodiversidade e nos serviços ecossistêmicos. Segundo o Painel Intergovernamental sobre Mudanças Climáticas (IPCC), até sete gigatoneladas de dióxido de carbono equivalente por ano ($GtCO_2$-eq/ano) podem ser evitadas até 2050 — o que equivale a cerca de um terço das emissões totais de todo o sistema alimentar — por meio de dietas mais sustentáveis e saudáveis, resultantes da redução de emissões de metano e da restauração de áreas desmatadas.[108, 109]

Se 54 países de alta renda, com alto consumo de carne, adotassem a Dieta da Saúde Planetária (EAT-Lancet diet), que reduz o consumo de alimentos de origem animal, eles poderiam não apenas diminuir em 61% suas emissões de gases na agricultura, mas também liberar 400 milhões de hectares de terra — uma área maior que toda a União Europeia —, criando oportunidades para restaurar habitats naturais e gerando benefícios adicionais significativos para o clima e a biodiversidade[109]. Investir na produção e no consumo de alimentos de origem vegetal oferece um retorno médio de investimento em redução de emissões de gases de efeito estufa (GEE) cinco vezes maior do que o investimento em energias renováveis e quatro vezes maior do que o investimento em veículos elétricos. Além disso, cerca de 1,6 bilhão de hectares de terra poderiam ser liberados, retornando a um estado mais natural, o que beneficiaria a biodiversidade e proporcionaria um sequestro de carbono adicional de grande magnitude, equivalente a até duas vezes o sequestro realizado pelas florestas amazônica e do Congo juntas.[111]

A transição exponencial em direção a dietas baseadas em proteínas de origem animal é um fenômeno relativamente recente, contudo, tem impulsionado sistemas industriais de produção intensiva. Sob a pressão de uma demanda crescente por carne, a produção na pecuária bovina quadruplicou nas últimas décadas. Essa expansão alterou significativamente o modelo produtivo: de um uso prioritário de subprodutos (como resíduos de colheitas e terras não utilizadas) para uma produção de alimentos altamente energéticos, especificamente voltada para o crescimento animal.[112, 113]

Com essa realidade, surge uma demanda crescente por alimentos altamente energéticos para animais, visando expandir sua criação e acelerar seu crescimento e ganho de peso. Paralelamente, há um aumento na administração de hormônios e medicamentos. Atualmente, de forma alarmante, 75% da produção mundial de soja e milho é destinada à alimentação de aves e suínos, em vez de seres humanos. Produzir alimentos para consumo humano direto poderia nutrir mais quatro bilhões de pessoas, quase o dobro do aumento populacional esperado até meados do século. Isso ocorre porque converter plantas em carne é um método extremamente ineficiente e perdulário de produzir calorias. A redução do consumo de carne diminuiria o uso de plantações para a alimentação animal na pecuária, podendo melhorar significativamente a segurança alimentar e a disponibilidade global de alimentos.[114]

O uso massivo de fertilizantes sintéticos, pesticidas, antibióticos e hormônios, juntamente com políticas e sistemas de incentivo que beneficiam uma agricultura de alto insumo, insustentável e não regenerativa, estão no cerne do nosso sistema moderno de produção de alimentos. Ao evidenciar o poder da comida em nossas vidas e sociedades, é intrigante observar que, na história moderna, tanto ideologias quanto modelos políticos opostos — capitalista e socialista — convergiram para a produção industrializada em massa de alimentos. Ambos os sistemas se baseiam na monocultura, com o uso intensivo de insumos químicos e pesada mecanização.

Tudo isso tem sido, e ainda é, sinônimo de agricultura moderna, progresso, segurança alimentar e desenvolvimento econômico. Contudo, a agricultura baseada em monocultura intensiva e em larga escala também acarreta graves implicações sociais: 72% de todas as propriedades rurais possuem menos de um hectare, controlando apenas 8% de toda a terra agricultável. Em contraste, 1% das propriedades com mais de 50 hectares detêm 65% da terra.[115] Esse sistema prioriza a produção intensa e de curto prazo, em vez de focar na resiliência e sustentabilidade a longo prazo, resultando em altos níveis de perda e desperdício de alimentos. Embora essa abordagem tenha beneficiado parte da humanidade por várias décadas, ela agora ultrapassou seus próprios limites de sustentabilidade, desconsiderando os limites planetários. Isso leva à redução da diversidade de plantações, erosão do solo, declínio de polinizadores e um aumento no risco de falência das colheitas e insegurança alimentar. Ao mesmo tempo, surge como uma ameaça à saúde humana e do planeta. Esse modelo baseia-se na premissa de que, ao produzir enormes quantidades de alimentos, estamos apoiando a segurança alimentar e a subsistência dos agricultores. No entanto, na realidade, ele tem criado um sistema social, econômica e ambientalmente insustentável, gerando um futuro incerto para o próprio setor alimentício.

O desafio da transição do sistema alimentar é substancial, mas não intransponível. Essa mudança é absolutamente necessária para garantir nossa segurança alimentar, saúde e bem-estar. Até meados do século, estima-se que a população mundial alcançará dez bilhões de pessoas, o que significa que teremos que alimentar mais dois bilhões de indivíduos. É crucial erradicarmos a fome, que hoje afeta cerca de um bilhão de pessoas, e a desnutrição, que atinge dois milhões e meio de seres humanos.[116]

Sabemos como fazer a transição do atual modelo de agricultura insustentável para um que seja positivo para a natureza. Isso implica adotar métodos mais sustentáveis, recorrendo a práticas amigáveis ao meio ambiente, como o rodízio de plantações e o controle natural de pragas. Ou, então, através do uso de tecnologias inovadoras, de baixo impacto e baixo insumo, como a agricultura de precisão e alternativas aos fertilizantes sintéticos. Adotar dietas com maior predominância de vegetais. Reduzir o consumo desnecessário e eliminar a perda e o desperdício. Aumentar de maneira sustentável a produtividade das terras já convertidas ou degradadas. Esse conjunto de ações é o que chamamos de "intensificação sustentável ou ecológica".[117]

A ansiedade que acompanha a defesa desse modelo agrícola surge do fato de que a intensificação da agricultura nas últimas décadas tem gerado impactos desastrosos no clima, na biodiversidade e na saúde humana. Os defensores dessa abordagem apontam para a crescente tensão entre a demanda por alimentos e a necessidade de reduzir a conversão de habitats naturais. Como as mudanças nas dietas ocorrem de forma muito lenta, enquanto o desmatamento e outras formas de conversão de habitats continuam inabaláveis, aumentar a produção nas terras já utilizadas para a agricultura parece ser uma perspectiva lógica e prática.

O conceito de intensificação sustentável, no entanto, é encarado com suspeita e incredulidade. Embora essa desconfiança possa ser justificada pela forma como o conceito se desenvolveu até agora, ele não deve ser descartado por completo como se fosse apenas uma "maquiagem verde". A chave reside na sua implementação prática. A intensificação da agricultura significa produzir mais na mesma área de terra. Para ser verdadeiramente sustentável, ela precisa demonstrar que, além do aumento nos rendimentos, pode gerar resultados líquidos positivos para a biodiversidade, alcançar emissões líquidas zero, promover o bem-estar animal e a equidade social. A transição da intensificação tradicional para a sustentável exige uma eficiência crescente na produção, ao mesmo tempo em que os impactos ambientais são reduzidos por meio da adoção de insumos alternativos e práticas mais sustentáveis.[118]

O modelo atual de produção de alimentos continuará a exacerbar a competição por terra — o que o Laboratório para o Carbono da Terra do World Resources Institute (WRI) chama de "pressão sobre a terra" — e por água em níveis ainda mais insustentáveis.[119] A transição para um sistema alimentar promissor e positivo para a natureza exigirá uma mudança sistêmica profunda. Essa mudança deve priorizar alimentos mais sustentáveis e saudáveis, abandonando as metas quantitativas de produção que são prejudiciais para as pessoas e o meio ambiente. Isso inclui um planejamento cuidadoso de como utilizamos nossa terra e um redirecionamento de aproximadamente meio trilhão de dólares — atualmente gastos em insumos prejudiciais — para investir em práticas regenerativas.

A tecnologia pode ser uma aliada fundamental na redução de muitos dos impactos ambientais e sociais do sistema alimentar. Inovações que nos permitem "produzir melhor com menos" — usando menos terra, menos água, gerando menos emissões, menos insumos químicos, e minimizando perdas e desperdícios — têm um papel enorme nesse processo. Isso se refere ao emprego de tecnologias que promovam um uso mais eficiente dos insumos e que impulsionem a adoção de alternativas mais sustentáveis em comparação com os insumos sintéticos e as práticas insustentáveis que predominam atualmente.

A agricultura de precisão, as proteínas cultivadas e as práticas regenerativas são apenas algumas das abordagens com potencial para produzir alimentos mais sustentáveis e de melhor qualidade, reduzir o desperdício e garantir que a comida nutritiva esteja disponível a preços razoáveis. No entanto, para que isso aconteça, precisamos de uma mudança sistêmica e cultural que, atualmente, é limitada por "amarras" criadas pelo sistema vigente. A primeira dessas amarras são os subsídios agrícolas.

Para alcançarmos uma agricultura verdadeiramente positiva para a natureza, é essencial que, além da mudança de práticas e da adoção de novas tecnologias, sigamos uma estratégia guiada por orientações sistêmicas globais cruciais e, ao mesmo tempo, pelos contextos sociopolíticos locais. A Comissão Econômica dos Sistemas de Alimentos (Food Systems Economics Commission) identificou cinco etapas claras e pragmáticas que podem gerar um impacto transformador:[120]

1. Mudança nos padrões de consumo em direção a dietas saudáveis e sustentáveis.
2. Redefinição dos incentivos por meio dos subsídios governamentais.
3. Reajuste dos incentivos via políticas fiscais e alocação de recursos para apoiar a transformação.
4. Inovação para aumentar a produtividade no trabalho e melhorar os meios de vida dos trabalhadores, especialmente os mais vulneráveis.
5. Redes de proteção dimensionadas para manter os alimentos acessíveis aos mais pobres.

A comissão também identificou fortes tensões que precisam ser controladas para acelerar a transformação do sistema alimentar. Entre elas estão o medo do aumento dos preços dos alimentos, a perda de empregos, a existência de silos de políticas, as desigualdades globais e os interesses instalados.

Ao reformar os sistemas alimentares, devemos focar, antes e acima de tudo, nos agricultores e pescadores. Não para apoiar o *status quo*, mas para assegurar uma transição justa para práticas sustentáveis, tecnologias inovadoras e mecanismos financeiros que melhorem seus meios de vida. É crucial que recompensemos esses profissionais não apenas por metas quantitativas, mas também por metas qualitativas ao produzirem alimentos, protegendo simultaneamente o clima, a natureza e nossa saúde. Isso implica abandonar a monocultura e a produção industrial de altos insumos para adotar práticas produtivas sustentáveis e regenerativas, além de novas tecnologias capazes de melhorar a resiliência, a produtividade e a lucratividade das cerca de meio bilhão de pequenas propriedades agrícolas e das famílias e trabalhadores que delas se ocupam.

Em segundo lugar, é crucial focar nos consumidores. A transparência sobre os impactos dos alimentos no meio ambiente e na saúde pode ajudar as pessoas a fazerem escolhas mais conscientes, aumentando a demanda por uma alimentação mais saudável, acessível, nutritiva e ambientalmente e socialmente sustentáveis. Embora mudanças nos comportamentos alimentares sejam, em geral, difíceis e lentas, pesquisas indicam que a consciência dos consumidores sobre o impacto ambiental da comida tem crescido, principalmente no que diz respeito ao clima e especialmente entre os grupos populacionais mais jovens[121]. No entanto, também é evidente que a maioria das pessoas está mais propensa a adotar transições em suas dietas quando as associam a benefícios para sua saúde e quando conseguem encontrar alternativas que agradam ao paladar, satisfazem a fome e têm preços competitivos. Isso revela a necessidade de informação precisa e políticas de incentivo para apoiar uma verdadeira mudança nos hábitos alimentares.[122]

4.6 Clima e natureza, os dois lados interdependentes da crise ecológica atual

As trágicas e imensas queimadas nas florestas australianas entre 2019 e 2020 talvez tenham representado um ponto de virada na percepção pública global sobre o clima e a agenda da natureza. Imagens apocalípticas — do fogo subindo tão alto quanto os olhos podiam alcançar, imensas colunas de fumaça elevando-se ao céu, vastas áreas de florestas incineradas, a icônica vida selvagem da Austrália — como coalas e cangurus —sendo queimada viva, e o céu vermelho à noite parecendo o de um planeta alienígena — foram difundidas para todo o mundo, alcançando bilhões de pessoas. Essas imagens simbolizaram, de uma maneira nunca antes tão evidente e poderosa, a interconectividade entre as mudanças climáticas e a destruição da natureza. Após décadas sendo tratados como tópicos distintos, e até mesmo sendo temas de duas convenções separadas das Nações Unidas, a interdependência entre o clima e a biodiversidade nunca foi tão clara. Hoje, a ciência é unívoca sobre a contribuição da destruição da natureza para as mudanças climáticas e sobre o fato de que a meta de zero líquido para emissões antropogênicas sozinha não será suficiente para manter o aumento das temperaturas globais abaixo do limite acordado de 1,5°C. Nós também precisamos preservar e restaurar a capacidade da natureza de fazer o que sempre fez ao longo dos últimos três bilhões de anos: sequestrar e armazenar carbono da atmosfera.

É claro como cristal que preservar a biodiversidade é essencial também para manter a estabilidade do clima. Isso garante que os estoques de carbono existentes permaneçam armazenados nos sistemas naturais, longe da atmosfera, e que as funções de sequestro de carbono dos ecossistemas e espécies continuem ativas. Tudo isso deve acontecer paralelamente à redução das emissões antropogênicas de gases de efeito estufa.

Sem a função de dreno de carbono dos ecossistemas naturais na terra, nos sistemas de água doce e nos oceanos, a temperatura global do planeta seria muito mais alta hoje devido às nossas emissões, com impactos ainda mais desastrosos para a vida na Terra e para a sociedade humana, especialmente para os grupos mais vulneráveis e aqueles menos preparados para se adaptar.

Os números do biocarbono são impressionantes. A vegetação terrestre absorve entre 110 e 150 gigatoneladas de carbono da atmosfera a cada ano por meio da fotossíntese.[123] As florestas do mundo armazenam aproximadamente 900 gigatoneladas de carbono, sendo que 44% desse total está no solo, 42% na biomassa viva e 13% na madeira morta e na serapilheira. Enquanto as florestas tropicais armazenam a maior parte do seu carbono na vegetação aérea, as florestas boreais concentram a maior parte no solo.[124]

Em suma, isso equivale a quase um século das atuais emissões anuais de dióxido de carbono antropogênicas. Muitos desses sumidouros de carbono, como as turfeiras e florestas primárias, têm armazenado carbono por milênios, tornando seus estoques efetivamente irrecuperáveis uma vez liberados[125]. Essas áreas com o maior armazenamento de carbono, que são as mais difíceis de serem restauradas após a degradação, correspondem a 30% das florestas tropicais e subtropicais e a uma proporção similar de florestas boreais/temperadas e turfeiras tropicais.

Quanto mais estudamos as complexas interações entre as espécies e os processos naturais, mais percebemos o quão pouco sabemos sobre a Mãe Natureza. Uma descoberta recente demonstrou que as árvores não absorvem apenas o gás carbônico da atmosfera, mas também o metano, que é um retentor de calor bem mais poderoso que o CO_2, embora permaneça na atmosfera por menos tempo. Estima-se que o metano tenha contribuído para quase um terço do aumento global da temperatura e tem sido cada vez mais liberado na atmosfera por meio de atividades humanas.

Enquanto o CO_2 é absorvido pela fotossíntese e armazenado na biomassa vegetal como carbono, o metano é quebrado por microrganismos abrigados nas árvores. Muitas delas, especialmente as que vivem em áreas pantanosas, absorvem o metano do solo e o liberam na atmosfera, enquanto a parte superior do tronco da árvore abriga bactérias consumidoras de metano (ou metanótrofas). As árvores retiram mais metano do que emitem, e pesquisas estimam que o total pode chegar a até 50 milhões de toneladas por ano. Isso torna as florestas, particularmente as tropicais e temperadas, ainda mais importantes na mitigação das mudanças climáticas e do aquecimento global.[126]

A função crucial de armazenamento de carbono pelas árvores tem sido constantemente subestimada pela atividade humana por milênios, especialmente no último século. Nesse período, os seres humanos desmataram cada vez mais florestas, cortaram árvores e drenaram turfeiras. O número global de árvores diminuiu em aproximadamente 46% desde o início da civilização humana. Atualmente, cerca de três trilhões de árvores sobrevivem na Terra, das quais aproximadamente 1,3 trilhões estão em florestas tropicais ou subtropicais e 0,7 trilhões em florestas boreais e um número similar nas temperadas. No entanto, cerca de 15 bilhões de árvores são cortadas a cada ano[127]. Durante a última década, além da derrubada de árvores e da conversão de florestas para a agricultura, temos observado um aumento das queimadas de natureza antropogênica (direta ou indireta, como as causadas por mudanças climáticas). Dados recentes indicam que as queimadas selvagens têm se tornado mais intensas e difundidas, destruindo quase o dobro de florestas hoje do que há apenas 20 anos. Esse aumento afeta todos os tipos e localizações geográficas de florestas e responde por quase um terço da perda anual de florestas globalmente.[128]

O aumento das queimadas florestais pode ser um sintoma da aproximação de um ponto de inflexão, no qual efeitos autoalimentados continuarão a estimular o desmatamento, mesmo sem intervenção humana direta. As queimadas florestais de 2023 bateram recorde no Canadá e destruíram mais de 15 milhões de hectares de florestas, liberando um bilhão de toneladas de CO_2, o equivalente às emissões anuais totais do Japão, o sexto maior país emissor do mundo. Apenas três anos antes, após temperaturas altas inéditas em dezembro, queimadas devastadoras na Austrália liberaram uma quantidade similar de CO_2 e destruíram 13 milhões de hectares de florestas e quase 3.000 casas, matando 33 pessoas e também três bilhões de mamíferos, aves, répteis e anfíbios selvagens. Queimadas nas vastas florestas da Sibéria foram palco de devastação e níveis de emissão semelhantes no mesmo período. A seca extrema que, em 2024, afetou a Floresta Amazônica, provocou um número recorde de queimadas, chegando ao pico de 145.000. As queimadas continuam a provocar destruição em muitas regiões do mundo e são desencadeadas diretamente por seres humanos, sobretudo para a expansão da agricultura, o que é agravado por secas prolongadas.

Isso não se refere apenas a eventos violentos como queimadas. Os ecossistemas terrestres e marinhos estão perdendo a capacidade de absorver e armazenar carbono. Um estudo global revelou que a habilidade geral dos sistemas biológicos de atuar como sumidouros de carbono está se enfraquecendo. Em 2023, o aumento da concentração de CO_2 na atmosfera foi de 3,37 ppm, atingindo um recorde histórico desde que as medições começaram em 1958. No entanto, as emissões globais de CO_2 provenientes de combustíveis fósseis aumentaram em apenas 0,6%. Isso aponta para um enfraquecimento inédito dos sumidouros terrestres e oceânicos. Exemplos incluem a perda anormal de carbono em regiões da Amazônia afetadas pela seca, as emissões extremas das queimadas no Canadá e uma perda similar no Sudeste Asiático. Esse cenário culminou em um ano de aquecimento recorde em 2023, impactando negativamente a capacidade dos ecossistemas terrestres de funcionar como sumidouros de carbono.[129]

Essas descobertas demonstram que, sob a contínua e crescente pressão humana, a função de sumidouro de carbono dos ecossistemas está começando a se enfraquecer, o que tem implicações enormes para o clima. Além disso, o agravamento das mudanças climáticas no futuro afetará ainda mais as funções desses sumidouros. Ao eliminar as queimadas induzidas por seres humanos e permitir que ecossistemas degradados se recuperem, podemos resgatar sua capacidade de absorver carbono. No entanto, o impacto contínuo e crescente das mudanças climáticas poderá tornar impossível para algumas regiões e ecossistemas se recuperarem, uma vez que os pontos de inflexão climáticos e ecológicos sejam atingidos.

Outro alarme contundente surge das florestas da Finlândia. Por décadas, as florestas e turfeiras do país removeram confiavelmente mais carbono da atmosfera do que foi liberado, absorvendo as emissões antropogênicas. Contudo, a partir de 2010, a quantidade de carbono absorvida começou a diminuir. Uma década mais tarde, o sumidouro natural de carbono da Finlândia desapareceu. Em 2022, as emissões crescentes, ocasionadas pela superexploração das florestas e pelo impacto de altas temperaturas e secas nas árvores, no solo e nas turfeiras, fizeram delas um emissor líquido de GEE, contribuindo para, em vez de mitigar, a crise climática[130]. O caso da Finlândia evidencia a importância crucial da natureza para atingir a meta de emissões líquidas zero. Apesar de ter conseguido cortar as emissões antropogênicas em cerca de 40% nos últimos 30 anos, as emissões líquidas da Finlândia estão de volta aos níveis de 1990 devido à falência dos sumidouros de carbono naturais. Mais de 100 países dependem de sumidouros naturais de carbono para alcançar suas metas climáticas de net zero. No entanto, a combinação dos impactos diretos da ação humana com os da própria crise climática — como a morte de florestas por secas extremas — tem transformado a natureza em uma fonte de GEE, em vez de manter sua função de sumidouro, ativa por centenas de milhões de anos.

Não são apenas as florestas que atuam como poderosos sumidouros de carbono. Áreas úmidas, tanto no interior quanto no litoral, também são reconhecidas pela sua capacidade eficiente de sequestro de carbono. Elas estão entre os principais armazenadores de carbono do planeta e, quando drenadas ou degradadas, podem liberar os três mais potentes gases de efeito estufa (GEE) que retêm calor: dióxido de carbono, metano e óxido nitroso. Desde 1700, perdemos 85% das áreas úmidas e, a partir de 1970, as áreas úmidas naturais do interior e do litoral diminuíram em aproximadamente 35%[131]. Embora essa perda tenha liberado grandes quantidades de GEEs, há um enorme potencial para a restauração e, consequentemente, para a reabsorção de vastas quantidades de carbono, especialmente ao considerarmos a rapidez com que esses habitats podem se recuperar.[132, 133]

Turfeiras, tanto boreais quanto tropicais, caracterizam-se por possuírem uma camada de material orgânico parcialmente decomposto com espessura que varia de 30 centímetros a vários metros, preservado em condições alagadas e anóxicas. Elas são consideradas o ecossistema com a maior concentração de carbono, armazenando cerca de 30% de todo o carbono terrestre, o que equivale a até 700 gigatoneladas[134]. Num processo que ignorou sua crucial função de armazenamento de carbono, aproximadamente 15% das turfeiras do mundo foram drenadas para fins como agricultura, plantio de florestas e pastagem. Essa drenagem desencadeou a oxidação da turfa e, consequentemente, a liberação de CO_2. A degradação ou drenagem de turfeiras contribui para 5% das emissões antropogênicas globais, embora representem apenas 3% da superfície terrestre do planeta.[135] Estima-se que os solos gelados do hemisfério norte e as turfeiras contenham aproximadamente 1.700

gigatoneladas de carbono orgânico, das quais 88% estão aprisionadas em solos perenemente congelados.[136]

Essa quantidade representa aproximadamente 50% da reserva de carbono orgânico subterrâneo e é quatro vezes maior do que todas as emissões da humanidade desde a Revolução Industrial, e o dobro do que se encontra atualmente na atmosfera.[137] Principalmente o aquecimento global, mas também o desmatamento, as queimadas e outras pressões, têm contribuído para o descongelamento do permafrost, liberando enormes quantidades de metano e CO_2. O descongelamento do permafrost é um dos pontos de inflexão climáticos e ecossistêmicos mais críticos que a humanidade tem enfrentado.

As pradarias não são intuitivamente associadas a altos níveis de armazenamento de carbono devido à sua aparência herbácea e biomassa relativamente baixa. No entanto, a maior parte do carbono nesses ecossistemas não está na vegetação acima do solo, mas sim no próprio solo. A relevância do carbono das pradarias decorre, em primeiro lugar, de sua vasta extensão. Esse ecossistema cobre virtualmente 40% da superfície terrestre (excluindo a Groenlândia e a Antártica) e armazena 34% do carbono terrestre. Desse total, impressionantes 90% encontram-se abaixo da terra, na forma de biomassa das raízes e carbono orgânico do solo[138]. Ao mesmo tempo, as pradarias têm sido o ecossistema mais impactado pela conversão para a agricultura e pecuária. Contudo, através de conservação, restauração, pastoreio sustentável e práticas agrícolas regenerativas, o potencial de sequestro de carbono dessas áreas tem sido estimado em cerca de 8 gigatoneladas de dióxido de carbono equivalente por ano.[139]

Carbono azul

E ainda temos o carbono "azul". Os oceanos desempenham três papéis essenciais na mitigação do aquecimento global: absorver carbono por meio de ecossistemas e organismos marinhos, absorver calor atmosférico e, por fim, absorver CO_2.

Manguezais, pradarias de ervas marinhas, recifes de corais, fitoplâncton e outras espécies marinhas absorvem e armazenam CO_2, transformando-o em matéria biológica, estruturas e sedimentos, de forma similar ao que acontece em ambientes terrestres. Esse processo é conhecido como o *ciclo biológico do carbono nos oceanos*. Os ecossistemas marinhos e costeiros são alguns dos mais poderosos armazenadores e sumidouros de carbono do planeta. Entre eles, os manguezais, sapais e pradarias de ervas marinhas se destacam no topo dessa lista.

Nos últimos 50 anos, 50% das florestas de manguezais foram dizimadas ou degradadas devido à pressão de portos, turismo e aquicultura (principalmente para a criação de camarão e agricultura), além da extração de lenha e madeira. A remoção e degradação dos manguezais não só prejudicam o meio ambiente, mas também trazem impactos negativos diretos, como a redução da proteção costeira contra a erosão e eventos climáticos extremos, e a invasão de água salgada em áreas litorâneas internas. No entanto, a boa notícia é que a conscientização sobre a importância ecológica dos manguezais e sua contribuição para a humanidade tem crescido. Globalmente, a taxa de declínio desses ecossistemas tem diminuído. Além disso, cerca de 42% dos manguezais remanescentes já estão localizados em áreas protegidas.[140]

Em seguida, aparecem as poderosas "florestas flutuantes" ou os fitoplânctons, organismos que são minúsculos em tamanho, mas astronomicamente abundantes em número, e que absorvem carbono por meio da fotossíntese, como as plantas fazem na terra. Eles são responsáveis por metade da produção líquida primária da atividade fotossintética[141]. Quando morrem, caem no solo dos oceanos, carregando carbono consigo e aprisionando-o em sedimentos, um processo também conhecido como "neve marinha".

Alguns cientistas estimam que entre 20% a 35% das emissões antropogênicas de CO_2 são sequestradas pelos oceanos, em sua maior parte pelo fitoplâncton.[142, 143] O fitoplâncton também é a origem da fina microcamada lipídica de superfície (SML) que recobre a maior parte dos oceanos. Recentemente, descobriu-se que essa camada desempenha um papel crucial na geração de aerossóis, influenciando a formação de nuvens e regulando as trocas de gás e calor entre os oceanos e a atmosfera. A diminuição do fitoplâncton pode impactar negativamente as funções reguladoras da SML oceânica. Inicialmente, uma SML mais fina estaria mais propensa a aumentar a evaporação de água. O vapor d"água possui uma capacidade de retenção de calor superior à do dióxido de carbono e até mesmo à do metano, sendo a principal fonte de aquecimento da atmosfera terrestre.

A razão pela qual o vapor d"água não é tão amplamente discutido no contexto das mudanças climáticas é sua praticamente incontrolável natureza. Em vez disso, focamo-nos em reduzir as emissões antropogênicas de Gases de Efeito Estufa (GEEs), que contribuem para o aquecimento global e, consequentemente, para o aumento da evaporação. No entanto, não podemos subestimar os impactos sobre o fitoplâncton e a alteração dos mecanismos biofísicos, como os relacionados à Microcamada Lipídica de Superfície (SML). Este é mais um exemplo crucial da interação direta e inseparável entre biodiversidade e clima.

Em segundo lugar, o aumento de CO_2 na atmosfera leva à sua dissolução nas águas oceânicas. Em terceiro lugar, à medida que a atmosfera aquece devido às emissões antropogênicas, os oceanos absorvem essa energia térmica. Essencialmente, os oceanos atuam como uma esponja tanto para o calor, quanto para o CO_2 atmosférico. Como consequência, mais de 90% do calor e mais de 30% do CO_2 são absorvidos por eles.[144, 145]

Sem a contribuição essencial dos oceanos, as temperaturas globais já teriam um aumento superior a 1,5°C em comparação aos índices pré-industriais. Como era de se esperar, essa contínua absorção de calor e CO_2 não é irrelevante. Dados alarmantes mostram um aumento nas temperaturas e a acidificação das águas, que já começam a ter um forte impacto na ecologia dos oceanos e na sobrevivência de um número crescente de espécies.

O branqueamento de corais, caracterizado pela morte de corais tropicais devido ao aumento da temperatura da água, é, provavelmente, o impacto mais conhecido do aquecimento dos oceanos. O maior registro de branqueamento ocorreu em 1988, e desde então, três outros eventos destrutivos de grande escala aconteceram, além de inúmeros outros em nível local. Uma previsão conservadora aponta que entre 70% a 90% dos recifes de corais em águas rasas podem desaparecer com um aumento de temperatura de 1,5°C. Se esse aumento atingir 2°C, a perda pode chegar a 99%.[146]

Temos assistido ao deslocamento para o norte nos padrões de migração e distribuição de muitas espécies marinhas, incluindo aquelas de alto valor comercial como o atum e caranguejos-de-fundo. Isso é um resultado direto do aquecimento das águas e das disrupções na cadeia alimentar, afetando negativamente a ecologia dos oceanos e as economias locais. Além disso, águas mais quentes são menos capazes de armazenar gases como o oxigênio, o que, mais uma vez, causa um impacto danoso à vida marinha. O aquecimento, a acidificação e a desoxigenação das águas oceânicas levantam preocupações adicionais sobre a estabilidade dos ecossistemas oceânicos, os ciclos bioclimáticos e a vida marinha como um todo.

De fato, quanto mais monitoramos as indústrias dentro da "economia azul", mais descobrimos novos impactos, tanto no clima quanto na biodiversidade. Um exemplo marcante é o arrasto de fundo, conhecido por destruir o habitat e a vida marinha. Até 70% do pescado capturado por esse método é resultado de pesca não seletiva ou incidental, ou seja, de espécies indesejadas ou não comercializáveis. Ao mesmo tempo, essa prática também contribui para a liberação de carbono armazenado em sedimentos no fundo do mar, o maior reservatório de carbono do planeta. As emissões resultantes do arrasto de fundo têm sido estimadas em uma gigatonelada de carbono por ano nos índices atuais, superando as emissões da indústria da aviação global.

De forma similar, a mineração profunda de nódulos polimetálicos dispersos no solo oceânico pode liberar diretamente carbono e metano como resultado da perturbação. Essa atividade também pode diminuir indiretamente as funções de sequestro de carbono ao interferir nos sumidouros e bombas biológicas de carbono. Por exemplo, a mineração pode afetar a cadeia alimentar pela liberação de plumas de pequenos sedimentos nas águas oceânicas, que são espalhadas de forma ampla e geográfica por correntes subterrâneas. Recentemente, foi descoberta a habilidade desses nódulos de gerar oxigênio por meio da eletrólise nas águas do mar, mesmo na total escuridão das profundidades oceânicas, daí o nome "oxigênio escuro". A disrupção representada por esse novo mecanismo de oxigenação irá, mais tarde, agravar o problema em um momento em que as temperaturas mais quentes do mar já induzirão à desoxigenação das águas oceânicas.

As dependências inextricáveis e as sinergias existentes entre o clima e a biodiversidade tornam imperativa a completa integração dessas agendas em nossas formas de pensar e agir. Devemos fazer tudo o que estiver ao nosso alcance para evidenciar os enormes benefícios de considerar as duas questões de maneira integrada.

4.7 A água não vem da torneira

É óbvio dizer que a água é um dos elementos fundamentais da vida. Também é uma obviedade que a água não "nasce" na torneira, mas de onde ela realmente vem é algo, na verdade, muitas vezes ignorado ou esquecido. A resposta, é claro, é da natureza. A maneira como gerenciamos os recursos hídricos do planeta é outro flagrante exemplo de como desconsideramos o mundo natural e tudo o que ele nos provê. Nós superexploramos, desperdiçamos, poluímos, aumentamos a temperatura e desoxigenamos a água limpa por todo o mundo. Além disso, degradamos os ecossistemas de água doce, que são essenciais para a saúde local e para os ciclos hidrológicos globais que garantem a qualidade da água, oferecendo-nos uma fonte previsível e confiável.

A água não vem da torneira, nem de poços ou canos. Tanto as águas superficiais quanto as subterrâneas são supridas, reguladas e purificadas por ecossistemas naturais e pelos organismos vivos que neles habitam. Com a crescente frequência de secas extremas e inundações em todas as regiões do mundo, estamos finalmente começando a reconhecer que enfrentamos uma crise hídrica cada vez mais grave, afetando tanto a nossa saúde quanto a do planeta. As ameaças à segurança hídrica refletem nossos impactos globais no mundo natural, incluindo a extração excessiva, as mudanças climáticas, a destruição ou degradação dos ecossistemas, a poluição e a interrupção ou modificação dos fluxos de água, como as causadas por barragens em rios.

Apenas um terço dos maiores rios do mundo ainda fluem livremente, sendo o restante represado uma ou múltiplas vezes.[147] Mais de 85% das áreas úmidas foram destruídas por ação humana, embora um terço tenha sido recuperado desde 1970.[148] Um importante indicador indireto da saúde do sistema de água doce, proveniente do *Índice Planeta Vivo*, revela que as populações de vertebrados de água doce sofreram, em média, um impressionante declínio de 85% nos últimos 50 anos, uma perda muito mais grave do que a observada em ecossistemas terrestres ou oceânicos.[149]

A conservação das águas subterrâneas (aquíferos) e das águas de superfície está inextricavelmente ligada à estabilidade dos padrões climáticos e ao funcionamento adequado dos ecossistemas naturais. Áreas como terras úmidas e florestas são cada vez mais reconhecidas como atores-chave nos ciclos hidrológicos locais e globais. A agricultura é a maior consumidora de água, respondendo por quase 70% da utilização global. No entanto, aproximadamente metade da produção agrícola depende diretamente das chuvas e, por isso, é ainda mais vulnerável à seca.[150]

Os ecossistemas de água doce, como rios, lagos e áreas úmidas, apoiam diretamente mais de um terço da produção global de alimentos. Isso ocorre não apenas pela irrigação de terras cultiváveis, mas também por meio da pesca selvagem e da aquicultura, atividades que são, muitas vezes, negligenciadas. Indiretamente, eles contribuem mantendo a fertilidade dos deltas e estuários, assim como suas terras adjacentes. Os deltas do mundo são repositórios globais de alimento, respondendo por 4% da produção mundial, apesar de seu tamanho limitado.[151] Por sua vez, os ecossistemas terrestres, como florestas e pradarias, contribuem com a regulação dos fluxos de água, o reabastecimento dos aquíferos e os processos hidrológicos em geral.

A vulnerabilidade do setor agrícola em relação aos limites da água é clara. No entanto, a agricultura é também o principal motor do desmatamento e da drenagem de áreas úmidas, impactando ecossistemas essenciais para a segurança hídrica. Isso revela mais uma faceta do "paradoxo do desenvolvimento". No cenário global atual, especialmente em países menos desenvolvidos onde a agricultura depende das chuvas, secas frequentes impactam diretamente o plantio. Nesse contexto, preservar a saúde dos ecossistemas de água doce emerge como uma solução crítica de adaptação. Em outras palavras, garantir recursos hídricos pode ser uma solução baseada na natureza para combater a insegurança alimentar, a desnutrição e a pobreza.

A produção de energia é outro setor que consome intensamente a água (utilizada em processos de resfriamento e hidroeletricidade), sendo responsável por 10% do uso global de água doce[152]. A variação nos níveis de quedas d'.água e as inundações extremas ameaçam a viabilidade da geração hidrelétrica, que corresponde a 15% da produção global de energia. Em 2022, devido a severas secas, usinas nucleares foram forçadas a reduzir sua produção. Todos os setores da economia, do têxtil ao siderúrgico, da manufatura ao turismo, dependem diretamente do acesso à água de qualidade.

Áreas úmidas, planícies de inundação naturais e rios desempenham um papel crucial na mitigação do clima e na adaptação. Eles absorvem e armazenam carbono da atmosfera, além de diminuírem os efeitos de inundações extremas. Esses ecossistemas também oferecem reservas de água em períodos de seca, reabastecem aquíferos, protegem contra tempestades e erosão ao diminuir a velocidade das correntes, e regulam o clima local. Rios, lagos e áreas úmidas influenciam ainda o microclima local, reduzindo as temperaturas do ar e combatendo ondas de calor, especialmente em áreas urbanas.[153]

Os manguezais, onde a terra, a água doce e o mar se encontram, são florestas costeiras mágicas, adaptadas para sobreviver em altos níveis de salinidade. Eles dependem do fluxo regular de sedimentos e da água doce vinda do continente para obter nutrientes e mitigar a salinidade. Os manguezais são, de fato, ecossistemas únicos. Isso se deve não apenas às suas extraordinárias adaptações ecológicas e beleza estonteante, mas também à sua notável capacidade de armazenar carbono e à sua função como berçários para muitas espécies marinhas. Os ecossistemas de água doce também abrigam uma biodiversidade extraordinária. Poucas pessoas sabem que 51% de todas as espécies de peixes são encontradas em água doce.[154] Além disso, esses habitats são criadouros cruciais, bem como paradas de descanso e reabastecimento essenciais para bilhões de aves migratórias.

O mundo precisa, com urgência, começar a valorizar os sistemas de água doce por todos os benefícios que eles oferecem para as pessoas e para a natureza. Eles são nosso sistema de suporte de vida e o melhor amortecedor e seguro contra os impactos cada vez mais agravantes sobre o clima. A gravidade dos problemas relacionados à água em todo o mundo, tanto por secas quanto por inundações, mostra que essas questões não podem ser resolvidas apenas com tecnologia ou infraestrutura "cinza". Além de seus altos custos, tais soluções podem gerar impactos ainda piores. A solução mais duradoura e com melhor custo-benefício é investir nos sistemas naturais que evoluíram para regular e preservar o ciclo da água.

Um relatório recente[155] afirma que o valor da água em nossa sociedade e economia é inestimável. Contudo, utilizando o preço médio da água em diferentes países, o mesmo documento estima que o valor total derivado do uso direto e indireto da água doce em 2021 foi de 58 trilhões de dólares, o equivalente a 60% do PIB global. Enquanto isso, o valor do uso direto para residências, agricultura e indústria é estimado em um mínimo de 7,5 trilhões de dólares anuais, equivalente a 7% do PIB global. Serviços indiretos como a regulação da água, purificação, amortecimento para secas e enchentes, transporte e entrega de sedimentos são igualmente críticos. Quase toda empresa e indústria depende do abastecimento de água de qualidade — da agricultura e manufatura, à energia, mineração e tecnologia.

A natureza não só garante o suprimento de água, mas também a sua qualidade. Isso abrange desde a água potável para consumo humano e preparo de alimentos e bebidas, até a água de boa qualidade para uso em processos de manufatura.

Enquanto geralmente focamos na "água azul" de rios e lagos, a "água verde" — aquela armazenada nas plantas e liberada como umidade no extraordinário e eficiente ciclo de reciclagem hídrica, aperfeiçoado ao longo de bilhões de anos — costuma ser negligenciada. No entanto, estudos revelam que a água verde, excretada pelas plantas para a atmosfera, desempenha um papel crucial na regulação dos níveis de precipitação em muitas regiões do mundo. Estima-se que, em condições normais, uma única árvore grande na Amazônia pode liberar até 1.000 litros de água na atmosfera por dia. Juntas, as centenas de bilhões de árvores amazônicas liberam mais de 20 bilhões de toneladas métricas de "água verde", um volume que supera os 17 bilhões de litros de "água azul" que o Rio Amazonas despeja diariamente no oceano.[156]

Globalmente, a maior parte da água na atmosfera tem origem nos oceanos. No entanto, mais da metade das chuvas terrestres provém da umidade reciclada, gerada pela água verde (evapotranspiração de ecossistemas terrestres).[157, 158] Enquanto as mudanças climáticas influenciam a cobertura vegetal, as alterações nessa cobertura (como o desmatamento) também podem impactar o clima. Os países estão interligados por "rios atmosféricos", que funcionam como "cachoeiras do céu", transformando-se em chuva ao se deslocarem a favor do vento em determinadas regiões. Esse conceito de água verde reforça a ideia do nexo água-biodiversidade. Consequentemente, somando-se às mudanças climáticas, alterações no uso da terra, como o desmatamento, exercem um terrível impacto na oferta e previsibilidade de chuvas, mesmo a quilômetros de distância das áreas desmatadas.

Por muito tempo, desvalorizamos e exploramos a água, ignorando o papel crucial dos ecossistemas na regulação do seu abastecimento e qualidade. Implementamos e apoiamos políticas e práticas em diversos setores — como agricultura, manufatura, mineração, energia e infraestrutura — que superexploram e poluem a água, além de converterem e degradarem ecossistemas de água doce. Como consequência, enfrentamos a perspectiva de uma queda de 40% no abastecimento de água até 2030[159]. Claramente, violamos os limites planetários relacionados à água, um elemento essencial para garantir um futuro seguro e justo para a humanidade e para toda a vida no planeta.

Nossa abordagem com relação à água é um exemplo gritante do nosso paradoxo econômico. Setores essenciais como a indústria, que dependem de um fornecimento regular, são, ao mesmo tempo, os maiores responsáveis pela extração irresponsável, pela poluição e pelos impactos negativos em sistemas naturais vitais — desde áreas úmidas até florestas — dos quais dependemos para nossa segurança hídrica. O paradoxo reside no fato de que, em última instância, essa pressão sobre os ecossistemas hídricos causará a disrupção da produtividade e da lucratividade das mesmas indústrias que são tão dependentes da água e que provocam esses impactos. A agricultura é o exemplo mais pungente dessa realidade. Infelizmente, nossa gestão precária da água reflete a maneira irresponsável como tratamos todos os outros recursos e serviços naturais. A crescente crise hídrica tem ampliado nossa consciência sobre as dependências, os riscos e os custos associados à destruição dos ecossistemas que nos fornecem água. Este é um alerta claro para a mudança urgente na forma como valorizamos a natureza... reconhecendo-a como a verdadeira fonte de água.

4.8 A natureza, a saúde e o bem-estar humanos

A compreensão profunda dos vínculos entre a saúde humana e a natureza tem suas raízes na nossa ancestral relação com o mundo natural e no conhecimento de como nos beneficiar de seus serviços — um saber que, infelizmente, se perdeu em muitas partes do mundo. Essa conexão se manifesta, primeiramente, no fato de que, como tem sido por milênios, a maioria dos medicamentos que são cruciais para nossa qualidade e expectativa de vida deriva de componentes químicos encontrados em plantas e animais. Isso abrange desde drogas simples, como analgésicos e anti-inflamatórios originários do salgueiro e do caracol-cone, até aquelas que salvam ou transformam vidas, como antibióticos derivados de fungos, remédios antimaláricos de plantas como a quina e a Artemísia, antifúngicos de bactérias, antitumorais da árvore teixo-do-Pacífico e da vinca, entre muitos outros. Felizmente, muitas comunidades indígenas e locais ao redor do mundo ainda preservam um profundo conhecimento dessa "farmácia natural", o que lhes permite utilizar plantas e animais com propriedades medicinais para promover a saúde e curar doenças.

No entanto, a natureza exerce sobre nós uma influência muito mais profunda e positiva, que vai além da saúde física. E. O. Wilson, em seu livro Biophilia — literalmente, "Amor pela Vida"[160] —, defende a hipótese de que todos os seres humanos possuem uma afinidade, curiosidade e atração inatas pelo mundo natural e por outras formas de vida. Essa característica evoluiu para nos permitir adaptar e sobreviver, ao estabelecer uma conexão profunda e compreender o que a natureza nos oferece, incluindo seus perigos. Quanto mais "conectados" estivermos para "entender" a natureza, maiores serão nossas chances de sobrevivência. Essa conexão ainda existe profundamente em cada um de nós. Essa teoria é corroborada por diversos estudos psicológicos e científicos, que demonstram como nosso corpo e mente respondem à natureza e o efeito de calma e bem-estar que o mundo natural exerce sobre nós. Estar na natureza, como simplesmente caminhar em um parque urbano em vez de enfrentar o tráfego, reduz a pressão sanguínea, o estresse cardiovascular, a ansiedade e o pensamento repetitivo e negativo[161]. Em vários países, médicos já começam a prescrever tempo livre na natureza ou "prescrições naturais" para seus pacientes, visando auxiliar tanto em problemas físicos quanto mentais.

Neurocientistas que estudam a visão têm demonstrado que paisagens naturais exercem um poderoso efeito neurológico. Em hospitais, por exemplo, exibir imagens da natureza tem impactado positivamente os pacientes, inclusive mulheres em trabalho de parto. De forma semelhante, a "terapia pet" — que consiste em levar animais a hospitais ou casas de pacientes — pode ter um efeito transformador em pessoas que sofrem de depressão e até mesmo em autistas.

Mesmo em nosso mundo moderno e urbanizado, tão distante da natureza quanto jamais poderíamos imaginar, trazemos conosco para nossas casas e vidas vários elementos originados no mundo natural. Não é coincidência que, quanto mais nos urbanizamos, mais temos animais de estimação, jardins, plantas domésticas e fotografias ou pinturas que retratam paisagens naturais em nossos lares e escritórios. A maioria das imagens de descanso de tela em computadores, por exemplo, é de cenas da natureza. Todos esses são exemplos de "substitutos" da natureza que, de alguma forma, nos fazem sentir em contato com ela, tornando-nos, em troca, mais felizes. Em muitos países, durante o lockdown da Covid-19, uma das poucas exceções permitidas era a visita a áreas verdes urbanas, para que as pessoas pudessem arejar a mente e regenerar corpo e espírito. No entanto, como explica Miles Richardson,[162] a conexão com a natureza vai muito além de uma simples caminhada. É sobre sentir que fazemos parte dela e que estamos conectados a ela por meio de múltiplos e distintos fatores. Em outras palavras, estabelecer um relacionamento significativo com o mundo natural envolve dimensões cognitivas, sensoriais, emocionais e empáticas.

A natureza pode ser, ao mesmo tempo, nossa salvadora e nossa traidora. Milhares de bactérias, vírus e fungos são potencialmente perigosos para os seres humanos. Cerca de 60% das doenças infecciosas que surgem e são reportadas no mundo são zoonoses, ou seja, patógenos transmitidos de animais para humanos. Desses casos, 70% têm origem na vida selvagem.[163] Doenças bastante difundidas como o Vírus da Imunodeficiência Humana (HIV), a Síndrome Respiratória Aguda Grave (SARS), a Síndrome Respiratória do Oriente Médio (MERS), além dos vírus Nipah, Ebola, Febre de Lassa e Raiva, são todas zoonoses.

A recente e catastrófica epidemia de Covid-19 provavelmente teve início com o manuseio ou consumo de animais selvagens comercializados[164]. A cada ano, novos patógenos de origem animal são identificados. A maioria dessas bactérias e vírus vivem nas profundezas de áreas naturais, especialmente em regiões tropicais, onde são "mantidos sob controle" por ecossistemas complexos e equilibrados.

Nas últimas décadas, a ocupação de habitats naturais por seres humanos e animais de criação tem sido cada vez mais invasiva, resultando em contatos mais próximos com a vida selvagem. A exposição a patógenos de origem animal ocorre por meio do contato direto com animais selvagens (por exemplo, através da caça e comercialização) ou do contato indireto com animais domésticos infectados. Animais selvagens, por causa da destruição de seus habitats, são forçados a se deslocar e dispersar. Isso aumenta a probabilidade de entrarem em contato com seres humanos. Acredita-se que o surto do Vírus Nipah na Malásia tenha sido um resultado direto do desmatamento de um habitat de uma colônia de morcegos. Esses animais, então, se mudaram para uma área povoada, levando os vírus consigo e espalhando-os entre a população humana.

Também tem sido demonstrado que animais sob estresse e em deslocamento sofrem uma queda em seu sistema imunológico. Isso aumenta sua carga viral, tornando-os frequentemente doentes e mais contagiosos. Embora a detecção precoce, boa higiene e vacinas sejam normalmente considerados métodos de prevenção, no rescaldo da pandemia de Covid-19, um painel de especialistas da Organização Mundial de Saúde (OMS) e da Organização das Nações Unidas para a Alimentação e a Agricultura (FAO), juntamente com outras agências, destacou a importância de investir em "prevenção primária". Essa abordagem considera a causa original da dispersão animal. O problema é que a prevenção é quase sempre deixada em segundo plano. Quando o problema ainda não se manifestou de forma concreta, torna-se difícil justificar os investimentos e convencer o público de que não seriam um desperdício de recursos. Por outro lado, grandes somas são mobilizadas durante uma crise. Muitas vezes, isso acontece tarde demais e com despesas massivas adicionais que poderiam ter sido evitadas com uma pequena parte desses custos, por meio de medidas preventivas de apoio.[165]

A crescente emergência de zoonoses está diretamente ligada ao desmatamento tropical em larga escala e à conversão de terras para agricultura e pecuária, especialmente para a criação de gado. As modernas práticas agropecuárias intensivas, onde a alta concentração de animais é comum, criam um ambiente ideal para a dispersão de patógenos. Além disso, a comercialização e o consumo de espécies de alto risco é outro poderoso impulsionador para a difusão de eventos de contato entre a vida selvagem e os seres humanos. Com o aumento da população, mesmo em áreas remotas, o consumo de carne de animais selvagens tem crescido como fonte de proteína. Em áreas urbanas, essa carne pode ser vista como um alimento exótico, parte de hábitos culturais ou um símbolo de status. O comércio ilegal de animais selvagens vivos (para pets ou testes médicos) ou de partes de seus corpos (com propósitos alimentares, medicinais ou de decoração) é a quarta atividade ilícita mais lucrativa do mundo, depois do tráfico de drogas e de pessoas. Estima-se que esse mercado movimente cerca de 20 bilhões de dólares por ano.[166, 167]

Com o comércio de animais selvagens, estamos, literalmente, funcionando como um "correio" de patógenos ao redor do mundo. Virologistas alertam que, a menos que mudemos a forma como interagimos com espaços e espécies selvagens, a ocorrência de outra pandemia não é uma suposição, mas uma questão de "quando" acontecerá. Nosso conhecimento sobre a relação entre a degradação da natureza e a saúde humana[168] sugere a adoção de uma perspectiva de "saúde única"[169] ou de "saúde planetária"[170]. Essa abordagem deve incluir seres humanos, animais e o meio ambiente, e pode ser a forma mais provável de prevenir o surgimento de novos eventos epidêmicos e pandêmicos.

4.9. A justificativa econômica para a Natureza (Positiva)

"Nenhuma abelha jamais nos enviou uma fatura. E isso é parte do problema", disse o economista ambientalista indiano Pavan Sukhdev em 2008, no lançamento do relatório provisório da iniciativa "Economia da Biodiversidade e dos Ecossistemas". Liderado por ele, o estudo resultou em uma série de publicações de referência.[171] Acredito que essa citação captura perfeitamente nossa falha atual em valorizar e contabilizar o valor econômico das muitas e insubstituíveis contribuições da natureza para a humanidade.

Embora a nossa dependência da natureza seja intuitiva, a compreensão da dependência de nossa economia sobre a estabilidade dos ecossistemas naturais ainda é incipiente.

Considerando a natureza reativa dos seres humanos, o que mais tem chamado a atenção das pessoas é o impacto que o declínio dos serviços naturais — devido à disrupção do clima e dos ecossistemas — tem causado em nossa economia, meios de vida e bem-estar. As secas e inundações sem precedentes dos últimos anos, impulsionadas pelas mudanças climáticas e agravadas pelo desmatamento, canalização de rios e drenagem/aterro de planícies de inundação e áreas úmidas, têm afetado muitas regiões. Milhões de pessoas foram privadas de acesso regular à água potável, a agricultura foi prejudicada e a produção nos setores manufatureiros foi impactada. Bilhões de dólares têm sido gastos globalmente com esses problemas, o que reforça a justificativa para o envolvimento econômico no combate às mudanças climáticas e, embora menos reconhecidamente, à perda da biodiversidade. Ao contrário da disrupção climática, os impactos econômicos da crise da biodiversidade são mais sutis e menos evidentes. No entanto, nos últimos anos, uma parcela significativa de líderes empresariais e investidores tem começado a reconhecer a profunda dependência de nossa economia em relação ao mundo natural, incluindo a biodiversidade. Isso tem desencadeado uma nova compreensão econômica da natureza, dos riscos ligados à sua destruição e das oportunidades relacionadas à sua conservação e restauração, além da importância de considerar o capital natural ao tomar decisões de investimento e desenvolvimento.

A justificativa econômica para uma transição positiva para a natureza parte do pressuposto de que toda empresa possui dependências diretas ou indiretas e sofre impactos negativos dos ecossistemas e serviços naturais, seja em suas operações ou ao longo de sua cadeia de valor ou carteira de investimentos. Em outras palavras, todas as empresas dependem da natureza e a impactam, direta ou indiretamente. Riscos não abordados podem se materializar como custos e perdas de diversos tipos. Além disso, os impactos gerados por uma empresa ou setor podem aumentar riscos e custos para outros, evidenciando a importância de uma meta global Positiva para a Natureza que impulsione a ação tanto setorial quanto em nível geral da economia.

Isso também se conecta à emergência do conceito de "dupla materialidade": de um lado, o prejuízo que uma empresa ou investimento causa à natureza; de outro, os riscos e custos para o empresário ou investidor gerados pela perda dos serviços naturais. Essencialmente, a perda da biodiversidade para uma empresa que depende direta ou indiretamente de bens e serviços oferecidos pela natureza equivale ao aumento dos riscos de diminuição da produtividade e lucratividade e, consequentemente, ao declínio no valor de seu negócio. Para cumprir sua responsabilidade fiduciária de gerar retornos para os acionistas, conselhos de empresas e investidores têm começado a considerar as implicações materiais de práticas negativas para a natureza. Nosso crescimento econômico tem sido — como sempre foi e será — impulsionado pelo capital natural. Contudo, como resultado da superexploração e degradação ambiental, o capital natural está em declínio, tendo sua contribuição crucial enfraquecida e desestabilizada. Somente com a sustentabilidade no uso do capital natural poderemos garantir a continuidade do "fluxo de caixa" da natureza para nossa economia.

Um dos dados mais citados para demonstrar a dependência da economia em relação à natureza vem de um relatório de 2020 do Fórum Econômico Mundial[172]. Ele estima que metade do PIB global depende moderada ou altamente da natureza. Isso faz todo o sentido, já que setores como agricultura, pesca, silvicultura, turismo, mineração, energia e manufatura dependem do acesso regular à água. A segurança hídrica, por sua vez, está ligada à estabilidade climática e à saúde de florestas, rios e áreas úmidas. Na verdade, nossa economia, em sua totalidade, depende direta ou indiretamente da natureza. Assim como o clima, a biodiversidade permeia toda a economia.

A incalculável contribuição da natureza para a economia global excede o próprio PIB global, atingindo cerca de 150 trilhões de dólares por ano[173], um valor que corrobora estimativas anteriores[174]. Essa não é uma contribuição abstrata, mas um benefício tangível que se distribui por toda a sociedade e economia, impactando positivamente a todos, incluindo empresas. No entanto, esse valor tem sido amplamente subestimado até agora. Isso ocorre porque sempre contamos com a resiliência e a capacidade regenerativa da natureza, e, por isso, não nos preocupamos muito com os impactos que causamos. Contudo, essa perspectiva está mudando atualmente.

Em 2020, pela primeira vez, o *Relatório de Riscos Globais* do Fórum Econômico Mundial[175] colocou a biodiversidade no topo da lista dos 10 maiores riscos globais para a sociedade e a economia, considerando tanto sua probabilidade quanto seu impacto. Desde então, ela tem se mantido teimosamente próxima do topo. A edição de 2025 do relatório[176] destaca eventos climáticos extremos e poluição como os principais riscos no horizonte de dois anos. Já para um período de dez anos, metade dos riscos são ambientais, com a "perda da biodiversidade e o colapso do ecossistema" em segundo lugar, logo após eventos climáticos extremos. Essa nova consciência e o reconhecimento por parte da sociedade, empresas e investidores têm impulsionado diversas iniciativas sustentáveis nos negócios e nas finanças, além de novos marcos e um engajamento corporativo muito mais forte na agenda da natureza.

Riscos e oportunidades são a base da maioria das decisões tomadas por empresas e financiadores. Não é diferente quando se trata de optar por manter práticas prejudiciais à natureza ou embarcar em uma transição positiva para ela. Riscos materiais surgem da degradação e esgotamento dos bens e serviços naturais dos quais a produtividade das empresas, em última instância, depende. Quando esses bens e serviços (como o acesso à água de qualidade, commodities e matérias-primas) são afetados negativamente, o impacto nas operações, produtividade e lucratividade das empresas é direto e significativo. Os riscos físicos incluem interrupções na cadeia de suprimentos ou desorganização das operações, resultantes de impactos temporários e agudos (por exemplo: falência de plantações por seca, inundações ou infestações de pragas) ou de disrupções mais permanentes e crônicas (como o declínio dos rendimentos agrícolas devido à erosão ou esterilidade do solo). Tais eventos podem colocar a própria sobrevivência do negócio em risco. É fundamental que as empresas considerem e avaliem tanto suas dependências em relação à natureza quanto os impactos que provocam nela, a fim de prevenir ou mitigar riscos de forma eficaz.

À medida que a biodiversidade ganha crescente relevância nos padrões do setor corporativo — em âmbitos tanto voluntários quanto regulatórios — e com a sociedade exigindo mais das empresas sobre sua pegada ambiental, uma legislação ambiental mais rigorosa está sendo desenvolvida em muitos países. Isso resultará em restrições a operações e tecnologias, taxação de práticas prejudiciais e reforma de subsídios públicos, gerando novos riscos de conformidade, legalidade e reputação. Um bom exemplo é a Diretiva de Relatórios de Sustentabilidade Corporativa da União Europeia[177], que atualmente exige que milhares de empresas reportem-se aos padrões de biodiversidade incluídos na Taxonomia da União Europeia.

Além dos *frameworks* de divulgação e definição de metas com foco na natureza — como a Força-Tarefa sobre Divulgações Financeiras Relacionadas à Natureza (TNFD) (https://tnfd.global) e a Rede de Metas Baseadas na Ciência (SBTN) (https://sciencebasedtargetnetwork.org) —, diversas outras estruturas globais voluntárias, como a Iniciativa de Relatório Global (GRI),[178] o Conselho Internacional de Normas de Sustentabilidade (ISSB)[179] e a Organização Internacional de Normalização (ISO)[180], desenvolveram recentemente ou anunciaram que irão implementar padrões de biodiversidade. Os riscos de regulamentação, conformidade e legalidade são gerenciados ao considerar e tratar os impactos na natureza, permitindo que as empresas antecipem e atendam a novas regras e restrições. A falta de preparo pode resultar em aumentos súbitos de custos operacionais, devido à necessidade de adotar novas tecnologias, mudar locais de origem, usar matérias-primas alternativas ou enfrentar atrasos em permissões.

A justificativa econômica para a natureza se articula em dois pilares. Um deles reside na dupla materialidade da perda de biodiversidade, destacando seus riscos, dependências e as implicações para a resiliência empresarial. O outro foca na mitigação dos efeitos colaterais negativos gerados pelas atividades corporativas que afetam a sociedade, especialmente diante da crescente expectativa social para que empresas e investidores considerem essas questões. O fracasso — ou, pior ainda, a falta de interesse — em lidar com os impactos negativos na natureza pode resultar em um abalo significativo na reputação e em sérios desafios legais, afetando, em última instância, a licença social para operar da companhia. Isso também pode influenciar o comportamento do consumidor, as parcerias, a confiança dos investidores e, crescentemente, a motivação e a produtividade dos empregados. É notável que 69% dos empregados consideram importantes as políticas ambientais de uma empresa ao escolher um empregador, enquanto 66% se concentram na performance ambiental ao decidir se permanecem em seu emprego atual.[181]

Enquanto o modelo econômico atual, negativo para a natureza, acarreta riscos, a adoção de uma transição positiva para a natureza representa uma oportunidade enorme. O Fórum Econômico Mundial estima que, somente em cinco setores, essas transições podem gerar mais de 10 trilhões de dólares em novas receitas empresariais e criar 395 milhões de empregos até 2030.[182]

Transições positivas para a natureza precisam ser vistas por empresários e investidores como "proposições de valor", e não apenas como um fardo de conformidade ou um custo adicional. O que observamos na transição para a descarbonização e no investimento em energias renováveis se repetirá nas transições positivas para a natureza em outros setores, como a agricultura regenerativa, a silvicultura sustentável, a mineração e a pesca.[183] No mercado de capitais, os ativos Ambientais, Sociais e de Governança (ESG) têm crescido dramaticamente, com a expectativa de que aumentem de 35 trilhões de dólares em 2021 para 50 trilhões de dólares globalmente até 2025. Paralelamente, empréstimos e financiamentos relacionados ao meio ambiente superaram 1,6 trilhão de dólares em 2021.[184] Apesar da oposição política e da regressão regulatória em alguns países, essa tendência deve continuar.

Com relação às emissões, os bancos começarão a exigir que seus clientes corporativos reduzam ou desacelerem seus impactos na biodiversidade. As políticas de compra governamentais, por sua vez, evitarão cada vez mais os impactos ambientais, e estima-se que gerem um aumento de 6 trilhões de dólares no PIB global e a criação líquida de três milhões de novos empregos até 2050, no contexto dos compromissos de emissões líquidas zero.[185]

O conceito do Tripé da Sustentabilidade[186] interliga resultados financeiros[187], sociais e ambientais, com a expectativa de que as empresas se dediquem a questões sociais e ambientais na mesma proporção em que buscam o lucro. Isso beneficia tanto as próprias empresas quanto a sociedade em geral. Atualmente, reguladores estão tornando as divulgações ESG obrigatórias, e os índices ESG têm sido incrivelmente utilizados para direcionar investimentos por parte das companhias. Assim como o net zero no clima, relatórios e divulgações de iniciativas natureza-positivas ajudarão instituições financeiras e governos a identificar e investir em empresas que estejam gerenciando os riscos relacionados à natureza.

A natureza tem sido, talvez, o componente menos desenvolvido no contexto ESG, mas isso está prestes a mudar. A atenção de executivos, conselhos e investidores aos riscos, dependências e desempenho relacionados à natureza tem crescido rapidamente. Empresas que assumem a liderança e investidores que adotam uma estratégia positiva para a natureza — e a divulgam — enxergam oportunidades significativas na agenda da natureza e ESG. Atualmente, as finanças ligadas à sustentabilidade já ultrapassam 1 trilhão[188]. Apesar da recente reversão de regulamentações ambientais por parte de alguns governos, espera-se que a tendência de relatar a sustentabilidade ambiental corporativa se mantenha.

Compromissos e resultados positivos para a natureza podem gerar oportunidades na vertente da demanda, tanto no contexto empresa-para-cliente (B2C) quanto no empresa-para-empresa (B2B). No cenário B2C, clientes e consumidores estão cada vez mais inclinados a escolher empresas, produtos e serviços que demonstrem contribuições ou resultados positivos para a natureza. Exemplos incluem alimentos livres de desmatamento, bens originados da agricultura regenerativa ou produtos derivados de práticas de pesca sustentáveis. Já no contexto B2B, as empresas enfrentarão uma demanda crescente de seus investidores e órgãos reguladores para se alinharem aos padrões de sustentabilidade. Por fim, empresas devem enfrentar uma crescente demanda de seus investidores ou corpos regulatórios para se alinharem a padrões de sustentabilidade.

É sabido que empresas com estratégias de emissões líquidas zero e dispostas a lidar com a mudança climática têm tido sucesso em motivar seus empregados, bem como em atrair e reter talentos. Mais da metade dos colaboradores que responderam a uma pesquisa da BCG afirmou que não trabalharia para organizações que não refletissem seus valores pessoais relacionados ao meio ambiente.[189] Em essência, reduzir impactos e aumentar investimentos na natureza permite abordar os riscos materiais de disrupção operacional resultantes da mudança climática e da perda de biodiversidade. Isso inclui desde eventos climáticos extremos até a erosão do solo e a escassez de matérias-primas, água e outros recursos e serviços naturais cruciais. Além disso, a redução dos impactos na biodiversidade (ecossistemas, espécies) contribui diretamente para a mitigação da mudança climática.

Isso também ajudará a diminuir riscos legais, de conformidade e regulatórios, permitindo a antecipação de regulamentações que, de outra forma, forçariam transições repentinas e onerosas, além de restrições e atrasos. No lado das oportunidades, essa abordagem pode garantir uma licença social para operar e liberar novos fluxos de receita. Consumidores e investidores, de fato, priorizarão cada vez mais empresas, produtos e serviços que demonstrem contribuições e resultados positivos para a natureza. Oportunidades diretas surgirão com o desenvolvimento de novas linhas de negócios, tecnologias e produtos — desde alimentos saudáveis provenientes da agricultura regenerativa até produtos com uma pegada ambiental menor em uma vasta gama de categorias. Além disso, empresas com liderança em biodiversidade terão melhor acesso a capital, à medida que os investidores integrarão cada vez mais o desempenho ESG em suas decisões, e as avaliações de mercado refletirão esses avanços.

Finalmente, adotar uma transição positiva para a natureza vai impulsionar a eficiência, reduzindo o uso de insumos e recursos, bem como o desperdício e os custos. Como toda transição, há, é claro, custos associados, mas o aumento da resiliência empresarial, a redução de riscos e os ganhos reputacionais poderão compensá-los.

O atual déficit do nível local para o global, embora antes economicamente negligenciável e invisível, começa a se traduzir em uma fragilidade financeira real para empresas, investidores e a economia mundial. Obscurecidas por orçamentos governamentais, balanços contábeis corporativos e *frameworks* de investidores, a mudança climática e a perda da biodiversidade estão gerando custos crescentes anualmente para a economia e a sociedade. Toda economia, seja ela desenvolvida ou em desenvolvimento, depende direta ou indiretamente dos recursos e serviços naturais. A interrupção e a reversão da perda de biodiversidade não são apenas um imperativo ético, mas uma necessidade para a resiliência de cada empresa e investidor. Trata-se de reduzir riscos e, ao mesmo tempo, criar novos valores. Essa é a base para a nova justificativa econômica para a natureza e para a Meta Global Natureza Positiva, e a razão pela qual as empresas devem iniciar agora uma *transição para a natureza positiva*.

Notas bibliográficas

1. KOPECKY, A. *The Globe and Mail*. 25 ago. 2018. Disponível em: www.theglobeandmail.com/opinion/article-things-have-never-been-so-good-for-humanity-nor-so-dire-for-the/. Acesso em: 8 out. 2025.

2. ROSER, M. Mortality in the past: Every second child died. *Our World in Data*. 2019. Disponível em: https://ourworldindata.org/child-mortality-in-the-past. Acesso em: 15 nov. 2024.

3. VOLK, A. A.; ATKINSON, J. A. Infant and child death in the human environment of evolutionary adaptation. *Evolution and Human Behavior*, v. 34, n. 3, p. 182-192, 2013. Disponível em: https://doi.org/10.1016/j.evolhumbehav.2013.01.003. Acesso em: 8 out. 2025.

4. MOATSOS, M. Global extreme poverty: Present and past since 1820. In: OECD. *How Was Life? Volume II*: New Perspectives on Well-Being and Global Inequality since 1820. Paris: OECD Publishing, 2021. Disponível em: https://doi.org/10.1787/3d96efc5-en. Acesso em: 8 out. 2025.

5. DAWKINS, R. *The Blind Watchmaker*. Londres: Penguin Books, 2006.

6. GARI, L. A history of the Hima conservation system. *Environment and History*, v. 12, n. 2, p. 213-228, 2006.

7. HAMPTON-SMITH, M.; BOWER, D. S.; MIKA, S. A review of the current global status of blast fishing: Causes, implications and solutions. *Biological Conservation*, n. 262, p.109311, 2021.

8. NASI, R. et al. *Conservation and use of wildlife-based resources:* The bushmeat crisis. Montreal: Secretariat of the Convention on Biological Diversity; Center for International Forestry Research (CIFOR), 2007. Disponível em: www.cbd.int/doc/publications/cbd-ts-33-en.pdf. Acesso em: 8 out. 2025.

9. GOMBEER, S. et al. Exploring the bushmeat market in Brussels, Belgium: A clandestine luxury business. *Biodiversity and Conservation*, n. 30, p. 55-66, 2021. Disponível em: https://doi.org/10.1007/s10531-020-02074-7. Acesso em: 8 out. 2025.

10. SCHOON, M.; COX, M. E. Collaboration, adaptation, and scaling: Perspectives on environmental governance for sustainability. *Sustainability*, v. 10, n. 3, p. 679, 2018. Disponível em: https://doi.org/10.3390/su10030679. Acesso em: 8 out. 2025.

11. BRUNDTLAND, G. H. *Our Common Future:* Report of the World Commission on Environment and Development. Oxford: Oxford University Press, 1987.

12. DASGUPTA, P. *The Economics of Biodiversity:* The Dasgupta Review. Londres: HM Treasury, 2021. Disponível em: https://assets.publishing.service.gov.uk/media/602e92b2e90e07660f807b47/The_Economics_of_Biodiversity_The_Dasgupta_Review_Full_Report.pdf. Acesso em: 8 out. 2025.

13. TRUCOST PLC; TEEB FOR BUSINESS COALITION. *Natural Capital at Risk:* The Top 100 Externalities of Business. 2013. Disponível em: https://capitalscoalition.org/wp-content/uploads/2016/08/Trucost-Nat-Cap-at-Risk-Final-Report-web.pdf

14. OECD. *Biodiversity*: Finance and the Economic and Business Case for Action. 2019. Disponível em: https://doi.org/10.1787/a3147942-en

15. MEADOWS, D.H. et al. *The Limits to Growth:* A Report for the Club of Rome"s Project on the Predicament of Mankind. Nova York: Universe Books, 1972.

16. TEEB. *The Economics of Ecosystems and Biodiversity:* Mainstreaming the Economics of Nature: A synthesis of the approach, conclusions and recommendations of TEEB. [S.l]: TEEB, 2010.

17. DIESENDORF, M. et al. Sustainability scientists" critique of neoclassical economics. *Global Sustainability*, v. 7, n. e33, p. 1-13, 2024. Disponível em: https://doi.org/10.1017/sus.2024.36. Acesso em: 8 out. 2025.

18. LENZI, D. et al. Justice, sustainability, and the diverse values of nature: Why they matter for biodiversity conservation. *Current Opinion in Environmental Sustainability*, v. 64, n. 101353, 2023.

19. GUPTA, J. et al. A just world on a safe planet: A Lancet Planetary Health–Earth Commission report on Earth-system boundaries, translations, and transformations. *The Lancet Planetary Health*, v. 0, n. 0, 2024. Disponível em: www.thelancet.com/journals/lanplh/article/PIIS2542-5196(24)00042-1/fulltext. Acesso em: 8 out. 2025.

20. BABER, W.F.; MAY, J. R. (eds.). *Environmental Human Rights in the Anthropocene.* Cambridge: Cambridge University Press, 2023. Disponível em: https://doi.org/10.1017/9781009039642. Acesso em: 8 out. 2025.

21. OBURA, D. O. et al. Achieving a Nature- and People-Positive Future. *One Earth*, v. 6, n. 2, 2023. Disponível em: https://doi.org/10.1016/j.oneear.2022.11.013. Acesso em: 8 out. 2025.

22. UNITED NATIONS GENERAL ASSEMBLY. The human right to a clean, healthy and sustainable environment: Resolution/adopted by the General Assembly. 76th session, GAOR, Suppl. n. 49. 28 jul. 2022.

23. KOTZÉ, L. J. Human rights and the environment in the Anthropocene. *The Anthropocene Review*, v. 1, n. 3, p. 252-275, 2014. Disponível em: https://doi.org/10.1177/2053019614547741. Acesso em: 8 out. 2025.

24. SLIM, H. *Humanitarianism 2.0*. Londres: C. Hurst & Co., 2024.

25. COHEN-SHACHAM, E. et al. (eds.). *Nature-Based Solutions to Address Global Societal Challenges*. Gland: IUCN, 2016. Disponível em: https://doi.org/10.2305/IUCN.CH.2016.13.en. Acesso em: 8 out. 2025.

26. CGTN. *On the road*: Green is gold. 19 out. 2019. Disponível em: https://news.cgtn.com/news/2019-10-19/On-the-Road-Green-is-gold-KUYqvQPzOg/index.html. Acesso em: 20 dez. 2024.

27. AIZEN, MA. et al. How much does agriculture depend on pollinators? Lessons from long-term trends in crop production. *Annals of Botany*, v. 103, n. 9, p. 1575-1583, 2009.

28. STOCKHOLM RESILIENCE CENTRE; STANFORD UNIVERSITY; EAT. Blue food assessment. *Nature*. 2021. Disponível em: www.nature.com/immersive/d42859-021-00055-6/index.html#section-wja5pJ2eaN. Acesso em: 8 out. 2025.

29. WORLD ECONOMIC FORUM. *Nature risk rising*: Why the crisis engulfing nature matters for business and the economy. 2020. Disponível em: www.weforum.org/publications/nature-risk-rising-why-the-crisis-engulfing-nature-matters-for-business-and-the-economy/. Acesso em: 8 out. 2025.

30. DAWKINS, R. *The Selfish Gene*. Oxford: Oxford University Press, 2006.

31. WORLD COMMISSION ON ENVIRONMENT AND DEVELOPMENT. *Our Common Future*. Oxford: Oxford University Press, 1987.

32. IPBES. *Assessment report on diverse values and valuation of nature.* 2022. Disponível em: www.ipbes.net/the-values-assessment. Acesso em: 8 out. 2025.

33. MAZZUCATO, M. *The Value of Everything:* Making and Taking in the Global Economy. Londres: Penguin Books Limited, 2018.

34. HARLEY, N.; SHOGREN, J.; WHITE, B. *Environmental Economics in Theory and Practice*. Londres: Palgrave Macmillan, 2007.

35. TEEB. *The Economics of Ecosystems and Biodiversity:* Mainstreaming the Economics of Nature: A synthesis of the approach, conclusions and recommendations of TEEB. [S.l]: TEEB, 2010.

36. WORLD FORUM ON NATURAL CAPITAL. *What Is Natural Capital?* 2024. Disponível em: https://naturalcapitalforum.com/about/. Acesso em: 8 out. 2025.

37. COSTANZA, R.; DALY, H. E. Natural capital and sustainable development. *Conservation Biology*, v.37, n. 1, p. 46, 1992.

38. DAY, B. et al. Natural capital approaches for the optimal design of policies for nature recovery. *Philosophical Transactions of the Royal Society B*, v. 379, n. 20220327, 2024. Disponível em: http://doi.org/10.1098/rstb.2022.0327. Acesso em: 8 out. 2025.

39. NATURAL CAPITAL COALITION. *Natural Capital Protocol*. [online]. 2016. Disponível em: www.naturalcapitalcoalition.org/protocol. Acesso em: 8 out. 2025.

40. UNITED NATIONS. *Natural Capital Accounting for Sustainable Macroeconomic Strategies.* Nova York: United Nations, Department of Economic and Social Affairs, 2021.

41. UNITED NATIONS. *Handbook of National Accounting:* Integrated Environmental and Economic Accounting – SEEA. Nova York: United Nations, 1993.

42. OUYANG, Z. et al. Using gross ecosystem product (GEP) to value nature in decision making. *Proceedings of the National Academy of Sciences*, v. 117, n. 25, 2020. Disponível em: https://doi.org/10.1073/pnas.1911439117. Acesso em: 8 out. 2025.

43. ZHENG, H. et al. Gross ecosystem product (GEP): Quantificando a natureza para a inovação em políticas ambientais e econômicas. *Ambio*, v. 52, n. 12, p.1952-1967, 2023. Disponível em: https://doi.org/10.1007/s13280-023-01948-8. Acesso em: 8 out. 2025.

44. TEEB; TRUCOST. *Natural Capital at Risk:* The Top 100 Externalities of Business. 2013. Disponível em: https://capitalscoalition.org/wp-content/uploads/2016/08/Trucost-Nat-Cap-at-Risk-Final-Report-web.pdf. Acesso em: 8 out. 2025.

45. COSTANZA, R. Changes in the global value of ecosystem services. *Global Environmental Change*, n. 26, p. 152-158, 2014. Disponível em: https://doi.org/10.1016/j.gloenvcha. Acesso em: 14 abr. 2002.

46. WILSON, F. The gastronomical me by MFK Fisher. *The Times*. Londres, 13 mai. 2017. Disponível em: www.thetimes.com/life-style/food-drink/article/the-gastronomical-me-by-mfk-fisher-jwsl5z0pv

47. FAO. *World Food and Agriculture – Statistical Yearbook 2023*. Roma: FAO, 2023. Disponível em: https://doi.org/10.4060/cc8166en. Acesso em: 8 out. 2025.

48. FAO. *World Food and Agriculture – Statistical Pocketbook 2018*. Roma: FAO, 2018.

49. SELIG, E. R. et al. Mapping global human dependence on marine ecosystems. *Conservation Letters*, n. 12, p. e12617, 2018.

50. MCINTYRE, P. B.; LIERMANN, C. A. R.; REVENGA, C. Linking freshwater fishery management to global food security and biodiversity conservation. *Proceedings of the National Academy of Sciences of the United States of America*, n. 113, p.12880-12885, 2016.

51. BRONDIZIO, E. et al. (eds.). *Global assessment report on biodiversity and ecosystem services of the intergovernmental science-policy platform on biodiversity and ecosystem services*. In: Bonn: IPBES Secretariat, 2019. Disponível em: https://doi.org/10.5281/zenodo.3831673. Acesso em: 8 out. 2025.

52. CAMPBELL, B. M. et al. Agriculture production as a major driver of the Earth system exceeding planetary boundaries. *Ecology and Society*, v. 22, n. 4, 2017. Disponível em: https://doi.org/10.5751/ES-09595-220408. Acesso em: 8 out. 2025.

53. WRI. Just 7 Commodities Replaced an Area of Forest Twice the Size of Germany between 2001 and 2015. *World Resources Institute*. 11 fev. 2021. Disponível em: www.wri.org/insights/just-7-commodities-replaced-area-forest-twice-size-germany-between-2001-and-2015. Acesso em: 8 out. 2025.

54. FAO. *Pathways towards Lower Emissions – a Global Assessment of the Greenhouse Gas Emissions and Mitigation Options from Livestock Agrifood Systems*. Roma: FAO, 2023. Disponível em: https://doi.org/10.4060/cc9029en. Acesso em: 8 out. 2025.

55. LAZARUS, O.; MCDERMID, S.; JACQUET, J. The climate responsibilities of industrial meat and dairy producers. *Climatic Change*, n. 165, p. 30, 2021. Disponível em: https://doi.org/10.1007/s10584-021-03047-7. Acesso em: 8 out. 2025.

56. RITCHIE, H. Drivers of deforestation. *Our World in Data*. 2021. Disponível em: https://ourworldindata.org/drivers-of-deforestation. Acesso em: 8 out. 2025.

57. THE BREAKTHROUGH INSTITUTE. *Achieving Peak Pasture*. 21 nov. 2019.

58. POORE, J.; NEMECEK, T. Reducing food"s environmental impacts through producers and consumers. *Science*, v. 360, n. 6392, p. 987-992, 2018. Disponível em: https://doi.org/10.1126/science.aaq0216. Acesso em: 8 out. 2025.

59. KLAURA, J.; BREEMAN, G.; SCHERER, L. Animal lives embodied in food loss and waste. *Sustainable Production and Consumption*. 2023. Disponível em: www.universiteitleiden.nl/en/news/2023/11/18-billion-animals-a-year-they-do-die-but-never-end-up-on-our-plate. Acesso em: 8 out. 2025.

60. BRANTHOMME, A. et al. *How Much Do Large-Scale and Small-Scale Farming Contribute to Global Deforestation? Results from a Remote Sensing Pilot Approach*. Roma: FAO, 2023. Disponível em: https://doi.org/10.4060/cc5723en. Acesso em: 8 out. 2025.

61.YANG, L. et al. Herbicide leakage into seawater impacts primary productivity and zooplankton globally. *Nature Communications,* n. 15, p. 1783, 2024. Disponível em: https://doi.org/10.1038/s41467-024-46059-4. Acesso em: 8 out. 2025.

62. DRYDEN, H.; DUNCAN, D. Climate disruption caused by a decline in marine biodiversity and pollution. *International Journal of Environment and Climate Change*, v. 12, n. 11, p. 3414-3436, 2022.

63. FAO. et. al. *The State of Food Security and Nutrition in the World 2024 – Financing to End Hunger, Food Insecurity and Malnutrition in All Its Forms*. Roma: FAO, 2024.

64. GUSTAVSSON, J. et al. *Global Food Losses and Food Waste:* Extent, Causes and Prevention. Roma: FAO, 2011. Disponível em: www.fao.org/3/mb060e/mb060e00.htm. Acesso em: 8 out. 2025.

65. UNITED NATIONS ENVIRONMENT PROGRAMME. *Food Waste Index Report 2024. Think Eat Save:* Tracking Progress to Halve Global Food Waste. 2024. Disponível em: https://wedocs.unep.org/20.500.11822/45230

66. BOECKEL, T. P. V. et al. Reducing antimicrobial use in food animals. *Science*, v. 357, n. 6358, p. 1350-1352, 2017. Disponível em: https://doi.org/10.1126/science.aao1495. Acesso em: 8 out. 2025.

67. MURRAY, C. J. L. et al. Global burden of bacterial antimicrobial resistance in 2019: A systematic analysis. *The Lancet*, v. 399, n. 10325, p. 629-655, 2022.

68. MCINTOSH, W. L. et al. Suicide rates by occupational group. *MMWR Morbidity and Mortality Weekly Report*. 2016. Disponível em: https://doi.org/10.15585/mmwr.mm6525a1. Acesso em: 8 out. 2025.

69. BEARD, J. D et al. Pesticide exposure and depression among male private pesticide applicators in the agricultural health study. *Environmental Health Perspectives*, v. 122, n. 9, 2014. Disponível em: https://doi.org/10.1289/ehp.1307450. Acesso em: 8 out. 2025.

70. RUGGERI LADERCHI, C. et al. *The Economics of the Food System Transformation*. [S.I.]: Food System Economics Commission (FSEC); Global Policy Report, 2024.

71. FAO; UNDP; UNEP. *A Multi-Billion-Dollar Opportunity – Repurposing Agricultural Support to Transform Food Systems*. Roma: FAO, 2021. Disponível em: https://doi.org/10.4060/cb6562en. Acesso em: 8 out. 2025.

72. DING, H. et al. *Repurposing agricultural subsidies to restore degraded farmland and grow rural prosperity*. Washington: World Resources Institute, 2021. Disponível em: https://doi.org/10.46830/wrirpt.20.00013. Acesso em: 8 out. 2025.

73. POTAPOV, P. et al. Global maps of cropland extent and change show accelerated cropland expansion in the twenty-first century. *Nature Food*, n. 3, p. 19-28, 2022. Disponível em: https://doi.org/10.1038/s43016-021-00429-z. Acesso em: 8 out. 2025.

74. BENTON, T. G.; BAILEY, R. The paradox of productivity: Agricultural productivity promotes food system inefficiency. *Global Sustainability*, n. 2, p. e6, 2019. Disponível em: https://doi.org/10.1017/sus.2019.3. Acesso em: 8 out. 2025.

75. SCHIPANSKI, M. E. et al. Realizing resilient food systems. *BioScience*, v. 66, n. 7, p. 601-610, 2016. Disponível em: https://doi.org/10.1093/biosci/biw052. Acesso em: 8 out. 2025.

76. RODALE, R. Breaking new ground: The search for a sustainable agriculture. *Futurist*, n. 17, 1983.

77. PHALAN, B. et al. Reconciling food production and biodiversity conservation: Land sharing and land sparing compared. *Science*, v. 333, n. 6047, p.1289-1291, 2011. Disponível em: https://doi.org/10.1126/science.1208742. Acesso em: 8 out. 2025.

78. LACANNE, C. E.; LUNDGREN, J. G. Regenerative agriculture: Merging farming and natural resource conservation profitably. *PeerJ*, n. 6, p. e4428, 2018. Disponível em: https://doi.org/10.7717/peerj.4428. Acesso em: 8 out. 2025.

79. SEUFERT, V.; RAMANKUTTY, N.; FOLEY, J. Comparing the yields of organic and conventional agriculture. *Nature*, n. 485, p. 229-232, 2012. Disponível em: https://doi.org/10.1038/nature11069. Acesso em: 8 out. 2025.

80. FAO. *The State of World Fisheries and Aquaculture 2020:* Sustainability in Action. Roma: FAO, 2020. Disponível em: https://doi.org/10.4060/ca9229en. Acesso em: 8 out. 2025.

81. SELIG, E. R. et al. Mapping global human dependence on marine ecosystems. *Conservation Letters*, n. 12, 2018.

82. MCINTYRE, P. B.; LIERMANN, C. A. R.; REVENGA, C. Linking freshwater fishery management to global food security and biodiversity conservation. *Proceedings of the National Academy of Sciences of the United States of America (PNAS)*, n. 113, 2016.

83. ŽYDELIS, R. et al. Conservation of marine megafauna through minimization of fisheries bycatch. *Conservation Biology*, n. 23, p. 608-616, 2009. Disponível em: https://doi.org/10.1111/j.1523-1739.2009.01172.x. Acesso em: 8 out. 2025.

84. WALLACE, B. P. et al. Global patterns of marine turtle bycatch. *Conservation Letters*, n. 3, p. 131-142, 2010. Disponível em: https://doi.org/10.1111/j.1755-263X.2010.00105.x. Acesso em: 8 out. 2025.

85. PÉREZ RODA, M. A. et al. (eds). A third assessment of global marine fisheries discards. *FAO – Fisheries and Aquaculture Technical Paper*, n. 633. Roma: FAO, 2019. Disponível em: https://openknowledge.fao.org/handle/20.500.14283/ca2905en. Acesso em: 8 out. 2025.

86. DAVIES, R. W. D. *et al.* Defining and estimating global marine fisheries bycatch. *Marine Policy*, v. 33, n. 4, p. 661-672, 2009. Disponível em: https://doi.org/10.1016/j.marpol.2009.01.003. Acesso em: 8 out. 2025.

87. CASHION, T. The end use of marine fisheries landings. *Fisheries Centre Research Reports*, n. 24, p. 108, 2016.

88. ROBERTS, S. et al. Feeding global aquaculture. *Science Advances*, n. 10, p. 9698, 2024. Disponível em: https://doi.org/10.1126/sciadv.adn9698. Acesso em: 8 out. 2025.

89. FAO. *The State of World Fisheries and Aquaculture 2020:* Sustainability in Action. Roma: FAO, 2020.

90. EDGAR, G. J. et al. Stock assessment models overstate sustainability of the world"s fisheries. *Science*, n. 385, 2024. Disponível em: https://doi.org/10.1126/science.adl6282. Acesso em: 8 out. 2025.

91. ZUPAN, M. et al. Marine partially protected areas: Drivers of ecological effectiveness. *Frontiers in Ecology and the Environment*, n. 16, p. 381-387, 2018.

92. MARINE CONSERVATION INSTITUTE. *The Marine Protection Atlas*. 2022. Disponível em: https://mpatlas.org. Acesso em: 8 out. 2025.

93. SALA, E. et al. Protecting the global ocean for biodiversity, food and climate. *Nature*, n. 592, p. 397-402, 2021.

94. ERGUDEN, D.; TURAN, C. Growth properties of sea bass (*Dicentrarchus labrax* (L., 1758), Perciformes: Moronidae) live in Iskenderun Bay. *Pakistan Journal of Biological Sciences*, n. 8, p. 1584-1587, 2005.

95. LUBCHENCO, J.; GAINES, S. D. A new narrative for the ocean. *Science*, v. 364, n. 6444, p. 911, 2019. Disponível em: https://doi.org/10.1126/science.aay224. Acesso em: 8 out. 2025.

96. BRASHARES, J. S. et al. Economic and geographic drivers of wildlife consumption in rural Africa. *Proceedings of the National Academy of Sciences*, n. 108, p. 13931-13936, 2011. Disponível em: https://doi.org/10.1073/pnas.1011526108. Acesso em: 8 out. 2025.

97. SWAMY, V.; PINEDO-VASQUEZ, M. Bushmeat harvest in tropical forests: Knowledge base, gaps and research priorities. *Occasional Paper 114*. Bogor: CIFOR, 2014.

98. FA, J. E.; PERES, C. A.; MEEUWIG, J. Bushmeat exploitation in tropical forests: An intercontinental comparison. *Conservation Biology*, v. 16, n. 1, p.232-237, 2002. Disponível em: https://doi.org/10.1046/j.1523-1739.2002.00275.x. Acesso em: 8 out. 2025.

99. EUROSTAT. *Agricultural Production – Livestock and Meat*. Dados extraídos em out. 2024. Atualização prevista: 18 out. 2025. Disponível em: https://ec.europa.eu/eurostat. Acesso em: 8 out. 2025.

100. CAWTHORN, D. M.; HOFFMAN, L. C. The bushmeat and food security nexus: A global account of the contributions, conundrums and ethical collisions. *Food Research International*, n. 76, p. 906-925, 2015. Disponível em: https://doi.org/10.1016/j.foodres.2015.03.025. Acesso em: 8 out. 2025.

101. CHABER, A-L. et al. The scale of illegal meat importation from Africa to Europe via Paris. *Conservation Letters*, n. 3, p. 317-321, 2010.

102. KURPIERS, L. A. et al. Bushmeat and emerging infectious diseases: Lessons from Africa. In: ANGELICI, F. (ed.). *Problematic Wildlife.* [S.l.]: Springer, 2016. Disponível em: https://doi.org/10.1007/978-3-319-22246-2_24. Acesso em: 8 out. 2025.

103. PEROS, C. S. et al. Bushmeat, wet markets, and the risks of pandemics: Exploring the nexus through systematic review of scientific disclosures. *Environmental Science & Policy*, n. 124, 2021. Disponível em: https://doi.org/10.1016/j.envsci.2021.05.025. Acesso em: 8 out. 2025.

104. CAWTHORN, D. M.; HOFFMAN, L. C. The bushmeat and food security nexus: A global account of the contributions, conundrums and ethical collisions. *Food Research International*, n. 76, p. 906-925, 2015. Disponível em: https://doi.org/10.1016/j.foodres.2015.03.025. Acesso em: 8 out. 2025.

105. GODFRAY, H. C. G. Meat consumption, health, and the environment. *Science*, v. 361, n. 6399, p. eaam5324, 2018. Disponível em: https://doi.org/10.1126/science.aam5324. Acesso em: 8 out. 2025.

106. CASSIDY, E. S. et al. Redefining agricultural yields: From tonnes to people nourished per hectare. *Environmental Research Letters*, v. 8, n.3, p. 034015, 2013. Disponível em: https://doi.org/10.1088/1748-9326/8/3/034015. Acesso em: 8 out. 2025.

107. IPSOS MORI. *An Exploration into Diets around the World*. 2018. Disponível em: www.ipsos.com/sites/default/files/ct/news/documents/2018-09/an_exploration_into_diets_around_the_world.pdf. Acesso em: 8 out. 2025.

108. EAT-Lancet Commission. *The Planetary Health Diet*. 2019. Disponível em: https://eatforum.org/eat-lancet-commission/the-planetary-health-diet-and-you/. Acesso em: 8 out. 2025.

109. IPCC. Summary for policymakers. In: SHUKLA, P. R. et al. (eds). *Climate Change 2022: Mitigation of Climate Change. Contribution of Working Group III to the Sixth Assessment Report of the Intergovernmental Panel on Climate Change*. Cambridge; Nova York: Cambridge University Press, 2022. Disponível em: https://doi.org/10.1017/9781009157926.001. Acesso em: 8 out. 2025.

110. HUMPENÖDER, F. et al. Food matters: Dietary shifts increase the feasibility of 1.5 °C pathways in line with the Paris Agreement. *Science Advances*, v. 10, n. 13, p. eadj3832, 2024. Disponível em: www.science.org/doi/10.1126/sciadv.adj3832. Acesso em: 8 out. 2025.

111. SUN, Z. et al. Dietary change in high-income nations alone can lead to substantial double climate dividend. *Nature Food*, n. 3, p. 29-37, 2022.

112. TILT COLLECTIVE; SYSTEMIQ. *Transforming the Global Food System:* A Philanthropic Return on Investment Analysis. 2024. Disponível em: https://tiltcollective.org/wp-content/uploads/2024/09/Transforming-the-global-food-system_190924.pdf. Acesso em: 8 out. 2025.

113. FOOD AND AGRICULTURE ORGANIZATION OF THE UNITED NATIONS. *Statistical Yearbook 2023:* World Food and Agriculture. Roma: FAO, 2023. Disponível em: https://openknowledge.fao.org/server/api/core/bitstreams/28cfd24e-81a9-4ebc-b2b5-4095fe5b1dab/content/cc8166en.html. Acesso em: 8 out. 2025.

114. NAYLOR, R. et al. Losing the links between livestock and land. *Science*, n. 310, p. 1621-1622, 2005.

115. ALEXANDRATOS, N.; BRUINSMA, J. *World Agriculture towards 2030/2050:* The 2012 Revision. Roma: FAO, 2012.

116. CASSIDY, E. S. et al. Redefining agricultural yields: From tonnes to people nourished per hectare. *Environmental Research Letters*, v. 8, n. 3, p. 034015, 2013. Disponível em: https://doi.org/10.1088/1748-9326/8/3/034015. Acesso em: 8 out. 2025.

117. FAO. *Family Farming*. 2014. Disponível em: www.fao.org/family-farming/detail/en/c/273649/. Acesso em: 8 out. 2025.

118. UNITED NATIONS. Department of Economic and Social Affairs, Population Division. *World Population Prospects 2024 Revision*, 2024. Disponível em: https://population.un.org/wpp/. Acesso em: 8 out. 2025.

119. GARNETT, T. et al. Sustainable intensification in agriculture: Premises and policies. *Science*, n. 341, p. 33-34, 2013.

120. BENTON, T. G. Sustainable intensification. In: PRITCHARD, B.; ORTIZ., R.; SHEKAR, M. (eds.). *Routledge Handbook of Food and Nutrition Security*. Abingdon: Routledge, 2015.

121. LAND CARBON LAB. *Land Carbon Lab*. [s.d.]. Disponível em: https://landcarbonlab.org. Acesso em: 8 out. 2025.

122. RUGGERI LADERCHI, C. et al. *The Economics of the Food System Transformation*. [S.l]: Food System Economics Commission (FSEC); Global Policy Report, 2024.

123. CHAFIN, C. The Dawn of the Climavores. *Kearney*, 20 abr. 2022. Disponível em: www.kearney.com/industry/consumer-retail/article/-/insights/dawn-of-the-climavores. Acesso em: 8 out. 2025.

124. GODFRAY, H. C. J. et al. Meat consumption, health, and the environment. *Science*, v. 361, n. 6399, p. eaam5324, 2018. Disponível em: https://doi.org/10.1126/science.aam5324. Acesso em: 8 out. 2025.

125. LAL, R. et al. The carbon sequestration potential of terrestrial ecosystems. *Journal of Soil and Water Conservation*, v. 73, n. 6, p. 145A-52A, 2018. Disponível em: https://doi.org/10.2489/jswc.73.6.145A. Acesso em: 8 out. 2025.

126. PAN, Y. et al. A large and persistent carbon sink in the world"s forests. *Science*, v. 333, n. 6045, p. 988-993, 2011. Disponível em: https://doi.org/10.1126/science.120160. Acesso em: 8 out. 2025.

127. NOON, M. L. et al. Mapping the irrecoverable carbon in Earth"s ecosystems. *Nature Sustainability*, n. 5, p. 37-46, 2022. Disponível em: https://doi.org/10.1038/s41893-021-00803-6. Acesso em: 8 out. 2025.

128. GAUCI, V. et al. Global atmospheric methane uptake by upland tree woody surfaces. *Nature*, n. 631, p. 796-800, 2024. Disponível em: https://doi.org/10.1038/s41586-024-07592-w. Acesso em: 8 out. 2025.

129. CROWTHER, T. et al. Mapping tree density at a global scale. *Nature*, n. 525, p. 201-205, 2015. Disponível em: https://doi.org/10.1038/nature14967. Acesso em: 8 out. 2025.

130. TYUKAVINA, A. et al. Global trends of forest loss due to fire from 2001 to 2019. *Frontiers in Remote Sensing*, n. 3, 2022. Disponível em: https://doi.org/10.3389/frsen.2022.825190. Acesso em: 8 out. 2025.

131. KE, P. et al. Low latency carbon budget analysis reveals a large decline of the land carbon sink in 2023. *arXiv Cornell University*, 2024. Disponível em: https://arxiv.org/abs/2407.12447. Acesso em: 8 out. 2025.

132. LUONNONVARAKESKUS (LUKE). Greenhouse gas inventory 2022. *Monitoring Release*. 2023. Disponível em: www.luke.fi/en/monitorings/maatalous-ja-lulucfsektorin-kasvihuonekaasuinventaario/greenhouse-gas-inventory-2022-no-significant-changes-in-the-final-results-for-the-agriculture-and-lulucf-sectors-compared-to-the-preliminary-data-published-in-december-2023. Acesso em: 8 out. 2025.

133. RAMSAR CONVENTION ON WETLANDS. *Global Wetland Outlook:* State of the World"s Wetlands and their Services to People. Gland: Ramsar Convention Secretariat, 2018a.

134. WERE, D. et al. Carbon sequestration by wetlands: A critical review of enhancement measures for climate change mitigation. *Earth Systems and Environment*, n. 3, p. 327-340, 2019. Disponível em: https://doi.org/10.1007/s41748-019-00094-0. Acesso em: 8 out. 2025.

135. ANISHA, N. F. et al. *Locking Carbon in Wetlands: Enhancing Climate Action by Including Wetlands in NDCs.* [S.l]: Alliance for Global Water Adaptation; Wetlands International, 2020.

136. PARISH, F. et al. [eds.]. *Assessment on Peatlands, Biodiversity and Climate Change*. [S.l]: Global Environment Centre; Wetlands International; 2008.

137. JOOSTEN,H.; TAPIO-BISTRÖM, M-L.; TOL, S. (eds.). *Peatlands – Guidance for Climate Change Mitigation by Conservation, Rehabilitation and Sustainable Use*. Mitigation of Climate Change in Agriculture Series 5. [S.l]: FAO; Wetlands International, 2012.

138. TARNOCAI, C. et al. Soil organic carbon pools in the northern circumpolar permafrost region. *Global Biogeochemical Cycles*, v. 23, n. 2, 2009. Disponível em: https://doi.org/10.1029/2008GB003327. Acesso em: 8 out. 2025.

139. SCHUUR, E. A. G.; ABBOTT, B. High risk of permafrost thaw. *Nature*, n. 480, p. 32, 2011. Disponível em: https://doi.org/10.1038/480032a. Acesso em: 8 out. 2025.

140. WHITE, R. P.; MURRAY, S.; ROHWEDER, M. *Pilot Analysis of Global Ecosystems:* Grassland Ecosystems. Washington: World Resources Institute, 2000.

141. BAI, Y.; COTRUFO, M. F. Grassland soil carbon sequestration: Current understanding, challenges, and solutions. *Science*, n. 377, 2022. Disponível em: https://doi.org/10.1126/science.abo2380. Acesso em: 8 out. 2025.

142. SPALDING, M. D.; LEAL, M (eds.). *The State of the World"s Mangroves 2021.* [S.l]: Global Mangrove Alliance, 2021. Disponível em: www.mangrovealliance.org/wp-content/uploads/2021/07/The-State-of-the-Worlds-Mangroves-2021-FINAL-1.pdf. Acesso em: 8 out. 2025.

143. NASELLI-FLORES, L.; PADISÁK, J. Ecosystem services provided by marine and freshwater phytoplankton. *Hydrobiologia*, v. 850, n. 12-13, p. 2691-2706, 2023. Disponível em: https://doi.org/10.1007/s10750-022-04795-y. Acesso em: 8 out. 2025.

144. KHATIWALA, S.; PRIMEAU, F.; HALL, T. Reconstruction of the history of anthropogenic CO_2 concentrations in the ocean. *Nature*, n. 462, p. 346-349, 2009. Disponível em: https://doi.org/10.1038/nature08526. Acesso em: 8 out. 2025.

145. Chami, R. et al. Nature"s solution to climate change. *Finance and Development*, n. 56, p. 34-38, 2019.

146. IPCC. *IPCC Special Report on the Ocean and Cryosphere in a Changing Climate*. Cambridge: Cambridge University Press, 2019. Disponível em: https://doi.org/10.1017/9781009157964. Acesso em: 8 out. 2025.

147. GRUBER, N. et al. The oceanic sink for anthropogenic CO_2 from 1994 to 2007. *Science*, n. 363, p. 1193-9, 2019.

148. IPCC. Summary for policymakers. In: Masson-Delmotte, V.et al. (eds.). *Global Warming of 1.5 °C: An IPCC Special Report on the Impacts of Global Warming of 1.5 °C Above Pre-Industrial Levels and Related Global Greenhouse Gas Emission Pathways, in the Context of Strengthening the Global Response to the Threat of Climate Change, Sustainable Development, and Efforts to Eradicate Poverty.* Cambridge; New York: Cambridge University Press, 2018, p. 3-24. Disponível em: https://doi.org/10.1017/9781009157940.001. Acesso em: 8 out. 2025.

149. GRILL, G. et al. Mapping the world"s free-flowing rivers. *Nature*, n. 569, p. 215-221, 2019. Disponível em: https://doi.org/10.1038/s41586-019-1111-9. Acesso em: 8 out. 2025.

150. CONVENTION ON WETLANDS. *Global Wetland Outlook:* Special Edition 2021. Gland: Secretariat of the Convention on Wetlands, 2021.

151. WWF.; ZSL. *Living Planet Report*. 2024. Disponível em: https://wwf.panda.org/wwf_news/?12179466/LPR-2024. Acesso em: 8 out. 2025.

152. WORLD BANK. *Water in Agriculture*. 2022. Disponível em: www.worldbank.org/en/topic/water-in-agriculture. Acesso em: 8 out. 2025.

153. WWF. *Rivers of Food: How Healthy Rivers Are Central to Feeding the World*. 2021. Disponível em: https://rivers-of-food.panda.org/?sf152152046=1#intro. Acesso em: 8 out. 2025.

154. ETH. *Water-Energy Nexus*. 2023. Disponível em: https://rre.ethz.ch/research/research-pillars/interdependent-energy-chemical-networks/water-energy-nexus.html. Acesso em: 8 out. 2025.

155. WETLANDS INTERNATIONAL. *Urban Wetlands for Cooler Cities*. 2020. Disponível em: www.wetlands.org/case-study/urban-wetlands-for-cooler-cities. Acesso em: 8 out. 2025.

156. WWF. *The World"s Forgotten Fishes*. 2021. Disponível em: https://wwfint.awsassets.panda.org/downloads/world_s_forgotten_fishes_final_april9_.pdf. Acesso em: 8 out. 2025.

157. WWF. *High Cost of Cheap Water:* The True Value of Water and Freshwater Ecosystems to People and Planet. 2023. Disponível em: https://wwfint.awsassets.panda.org/downloads/wwf-high-cost-of-cheap-water--final-lr-for-web-.pdf. Acesso em: 8 out. 2025.

158. BOWMAN, K. W. et al. The degradation of the Amazon rainforest: Regional and global climate implications. In: ONGOMA, V.; TABARI, H. (eds.). *Climate Impacts on Extreme Weather*. [S,l.]: Elsevier, 2022. Disponível em: https://doi.org/10.1016/B978-0-323-88456-3.00011-3. Acesso em: 8 out. 2025.

159. SHEIL, D. Forests, atmospheric water and an uncertain future: The new biology of the global water cycle. *Forest Ecosystems*, n. 5, p. 19, 2018. Disponível em: https://doi.org/10.1186/s40663-018-0138-y. Acesso em: 8 out. 2025.

160. SCHNEIDER, U. et al. Evaluating the hydrological cycle over land using the newly-corrected precipitation climatology from the global precipitation climatology centre (GPCC). *Atmosphere*, n. 8, p. 1-17.

161. GLOBAL COMMISSION ON THE ECONOMICS OF WATER. *Turning the Tide:* A Call to Collective Action. 2023. Disponível em: https://watercommission.org/wp-content/uploads/2023/03/Turning-the-Tide-Report-Web.pdf. Acesso em: 8 out. 2025.

162. WILSON, E. O. *Biophilia*. Cambridge: Harvard University Press, 1984.

163. BRATMAN, G. et al. Nature experience reduces rumination and subgenual prefrontal cortex activation. *Proceedings of the National Academy of Sciences* (PNAS), n. 112, p. 8567-8572, 2015. Disponível em: www.ncbi.nlm.nih.gov/pmc/articles/PMC4507237/. Acesso em: 8 out. 2025.

164. RICHARDSON, M. *Reconnection*: Fixing Our Broken Relationship with Nature. [S.I.]: Pelagic, 2023.

165. JONES, K. et al. Global trends in emerging infectious diseases. *Nature*, n. 451, p. 990-993, 2008. Disponível em: https://doi.org/10.1038/nature06536. Acesso em: 8 out. 2025.

166. MALLAPATY, S. COVID pandemic started in Wuhan market animals after all, suggests latest study. *Nature*, n. 634, 2024. Disponível em: https://doi.org/10.1038/d41586-024-03026-9. Acesso em: 8 out. 2025.

167. BERNSTEIN, A, S. et al. The costs and benefits of primary prevention of zoonotic pandemics. *Science Advances*, n. 8, 2022. Disponível em: https://doi.org/10.1126/sciadv.abm7571. Acesso em: 8 out. 2025.

168. UNODC. *World Wildlife Crime Report: Summary, Conclusions & Policy Implications*. 2024. Disponível em: www.unodc.org/documents/data-and-analysis/wildlife/2024/Wildlife_SpecialPoint_Final.pdf. Acesso em: 8 out. 2025.

169. NELLEMANN, C. et al. (eds.). *The Rise of Environmental Crime – A Growing Threat to Natural Resources, Peace, Development and Security*. [S.l.]: UNEP; INTERPOL Rapid Response Assessment, 2016. Disponível em: https://www.unep.org/resources/report/rise-environmental-crime-growing-threat-natural-resources-peace-development-and. Acesso em: 8 out. 2025.

170. PFENNING-BUTTERWORTH, A. et al. Interconnecting global threats: Climate change, biodiversity loss, and infectious diseases. *The Lancet Planetary Health*, v. 8, n. 4, 2024. Disponível em: https://doi.org/10.1016/S2542-5196(24)00021-4. Acesso em: 8 out. 2025.

171. BEHRAVESH, C. One health: People, animals, and the environment. *Emerging Infectious Diseases*, v. 22, n. 4, p. 766-767, 2016. Disponível em: https://doi.org/10.3201/eid2204.151887. Acesso em: 8 out. 2025.

172. MYERS, S.; FRUMKIN, H. *Planetary Health:* Protecting Nature to Protect Ourselves. Washington: Island Press, 2020.

173. THE ECONOMICS OF ECOSYSTEMS AND BIODIVERSITY (TEEB). *TEEB Interim Report*. 2008. Disponível em: https://teebweb.org/publications/other/teeb-interim-report/. Acesso em: 8 out. 2025.

174. WORLD ECONOMIC FORUM. *Nature Risk Rising:* Why the Crisis Engulfing Nature Matters for Business and the Economy. 2020. Disponível em: www.weforum.org/publications/nature-risk-rising-why-the-crisis-engulfing-nature-matters-for-business-and-the-economy/. Acesso em: 8 out. 2025.

175. KURTH, T. et al. *The Biodiversity Crisis Is a Business Crisis*. Boston: Boston Consulting Group, 2021. Disponível em: www.bcg.com/publications/2021/biodiversity-loss-business-implications-responses. Acesso em: 8 out. 2025.

176. COSTANZA, R. et al. Changes in the global value of ecosystem services. *Global Environmental Change*, n. 26, p. 152-158, 2014. Disponível em: https://doi.org/10.1016/j.gloenvcha.2014.04.002. Acesso em: 8 out. 2025.

177. WORLD ECONOMIC FORUM. *Global Risks Report 2020*. 2020. Disponível em: https://www3.weforum.org/docs/WEF_Global_Risk_Report_2020.pdf. Acesso em: 8 out. 2025.

178. WORLD ECONOMIC FORUM. *The Global Risks Report 2025*. 2025. Disponível em: https://reports.weforum.org/docs/WEF_Global_Risks_Report_2025.pdf. Acesso em: 8 out. 2025.

179. ERNST & YOUNG GLOBAL LIMITED. *European Sustainability Reporting Standards (ESRS) in a Nutshell*. 2023. Disponível em: https://denkstatt.eu/esrs-standards-explained/#:~:text=The%20five%20environmental%20standards%20cover,circular%20economy%20(ESRS%20E5) Acesso em: 8 out. 2025.

180. GLOBAL REPORTING INITIATIVE (GRI). *GRI 101: Biodiversity 2024*. 2024. Disponível em: www.globalreporting.org/standards/standards-development/topic-standard-project-for-biodiversity/ Acesso em: 8 out. 2025.

181. IFRS. *ISSB to Commence Research Projects About Risks and Opportunities Related to Nature and Human Capital*. 2024. Disponível em: www.ifrs.org/news-and-events/news/2024/04/issb-commence-research-projects-risks-opportunities-nature-human-capital/ Acesso em: 8 out. 2025.

182. INTERNATIONAL ORGANIZATION FOR STANDARDIZATION (ISO). *ISO Standards in Support of the Global Biodiversity Framework*. 2024. Disponível em: www.iso.org/biodiversity Acesso em: 8 out. 2025.

183. PWC. *PwC"s Global Workforce ESG Preferences Study*. 2024. Disponível em: www.pwc.com/gx/en/issues/workforce/pwcs-global-workforce-sustainability-study.html Acesso em: 8 out. 2025.

184. WORLD ECONOMIC FORUM. *The Future of Nature and Business*. 2020. Disponível em: https://www3.weforum.org/docs/WEF_The_Future_Of_Nature_And_Business_2020.pdf Acesso em: 8 out. 2025.

185. YOUNG, D.; BECK, S. *The Strategic Race to Sustainability*. Boston: Boston Consulting Group, 2022. Disponível em: www.bcg.com/publications/2022/winning-strategic-race-to-sustainability Acesso em: 8 out. 2025.

186. KISHAN, S. ESG by the Numbers: Sustainable Investing Set Records in 2021. *Bloomberg*, 3 fev. 2022. Disponível em: www.bloomberg.com/news/articles/2022-02-03/esg-by-the-numbers-sustainable-investing-set-records-in-2021 Acesso em: 8 out. 2025.

187. WORLD ECONOMIC FORUM. *Green Public Procurement:* Catalysing the Net-Zero Economy. [S.l.]: WEF White Papers, 2022. Disponível em: www.weforum.org/publications/green-public-procurement-catalysing-the-net-zero-economy Acesso em: 8 out. 2025.

188. SPRECKLEY, F.; FREER, C. *Social Audit:* A Management Tool for Co-Operative Working. [S.l.]: Beechwood College, 1981.

189. ELKINGTON, J. *Cannibals with Forks:* The Triple Bottom Line of 21st Century Business. Oxford: Capstone, 1999.

Vanda Witoto
Líder indígena e diretora-executiva do Instituto Witoto. É *fellow* do Instituto Arapyaú.

5. HUMANIDADE POSITIVA

Falamos em natureza positiva, mas o que temos visto é uma humanidade negativa, que destrói e acaba prejudicando a si mesma. A humanidade é que deve ser positiva, compreendendo a natureza não como um objeto, mas como um sujeito do qual faz parte.

Venho do coração da América do Sul, da região do Alto Rio Solimões, onde meus antepassados se denominaram o povo do centro da terra. Conhecido por Witoto no Brasil, o povo Murui Muinani significa homem e mulher do centro da terra, pois descendemos de animais que vivem debaixo do chão e que caminham sobre ele. Em nossa cosmologia, somos formados por clãs de anta, onça, saúva e vários outros animais.

Quando pequena, fui apelidada de tatuzinha pelos meus pais, avós e tios – eles observavam os animais e colocavam as características nas crianças. Eu andava muito rápido no caminho da roça e não caía de jeito algum, igual a um tatu. Mas só fui descobrir minha identidade tempos depois, após cavoucar as origens do meu povo, que ao longo da História sofreu intenso processo de violência e apagamento. Somente aos 27 anos pude descobrir que meu nome original na língua Murui Bue é Dɨrɨcɨño, ou Derequine em português. Significa grande formiga vermelha, ou formiga brava, do clã das saúvas.

Ao tecer estas linhas, procuro resgatar as vozes do centro da terra, que nos ensinaram não a ter uma relação com o objeto natureza, mas a nos entender como parte constitutiva dela própria, enquanto sujeito natureza. Esta perspectiva muda por completo a compreensão do mundo e restabelece uma ordem política na qual todos os seres vivos se veem igualmente parte de uma teia complexa, colaborativa e interdependente.

A visão antropocêntrica que coloca os humanos no topo de uma falsa hierarquia tem causado destruição a todo o sistema. É preciso se entender como uma formiga, por exemplo, para alcançar a humildade do rés do chão. A regeneração da natureza começa por restaurar a nossa posição de sujeito natureza, em que a dominação e a exploração dão lugar ao respeito e à autopreservação de toda a teia da vida.

Falar sobre a trajetória do meu povo e da minha vida é uma forma de exemplificar como se deu e ainda se dá o embate entre civilizações e a relação violenta de dominação entre povos. É também uma forma de refletir sobre os rumos do desenvolvimento humano e o que entendemos, na essência, por equilíbrio da natureza, bem-estar e prosperidade.

O silenciamento

Witoto não é nosso nome ancestral — foi a denominação dada pelos colonizadores ao povo que originalmente vivia em terras que hoje estão na Colômbia. Desde 2009, os Witotos daquele país não usam mais esse nome, e sim o de Murui Muinani. É uma forma de afirmação da identidade ancestral, um processo permanente de luta, especialmente neste caso em que houve ação deliberada dos exploradores brancos de apagar todos os elementos culturais de que nosso povo é feito. Cantos, danças, pinturas e a própria língua quase desapareceram na escravização e tentativa de genocídio do meu povo, durante a exploração da borracha, por volta de 1910, na Colômbia. Mais de 50 mil indígenas Witoto foram assassinados naquele período.

Os homens que não entregavam a quantidade de borracha exigida sofriam, como castigo, o rapto de suas mulheres e crianças. As esposas eram tomadas de seus maridos e as filhas eram entregues aos capatazes para a exploração sexual. É nesse contexto que minha bisa e minhas avós vieram para o Brasil, fugindo dos exploradores. A história do meu povo, portanto, é marcada por essa linhagem de mulheres que há tempos resistem.

Muitos fugitivos perseguidos pelos capatazes foram mortos no Brasil. Mas a conformação física do nosso território foi estratégica para a sobrevivência do povo, porque pudemos nos esconder em um igarapé do Rio Solimões, em um lugar recôndito. Nessa rota de fuga, a Igreja Católica nos acolheu. Os Witoto estão no Brasil há 105 anos, e por 87 anos essa população que foi acolhida pela Igreja Católica ficou em absoluto silêncio a fim de não ser identificada. Ao mesmo tempo em que protegeu, a Igreja nos orientou a não falar mais a língua e nem cultivar nenhum elemento relacionado ao povo Witoto. Nesse processo de apagamento da identidade, fui batizada pelos brancos como Vanderlecia Ortega dos Santos.

Quando eu me "entendi gente", aos 10 anos, a minha comunidade festejava os santos católicos e seguia uma organização patriarcal, ditada pelo Catolicismo. Lembro que minha avó, quando se afastava para a roça, falava línguas estranhas com os mais velhos, de costas para os netos, para que a gente não aprendesse. Depois entendi que se tratava da nossa língua ancestral.[A]

Colônia, a comunidade onde nasci em 1987, não tinha energia elétrica, água tratada, escola ou médico. Carregávamos água diretamente do rio, que ficava distante das nossas casas. Quando busco na memória os sons desses momentos, ouço o canto dos galos que tínhamos na comunidade. Não lembro de ter relógio, as horas eram marcadas pelos cantos das cigarras que anunciavam o começo e o fim do dia.

Enquanto minha mãe acendia o fogão de lenha para fazer o café, meu pai nos ensinava as primeiras letras do alfabeto. A cartilha do "abc" era o único material disponível para ele naquele momento, além de uma Bíblia velha entregue pela Igreja. Nós aprendemos a ler em um pedaço do Livro do Apocalipse.

Meu pai sonhava em ser professor e poder ensinar a escrita a seus filhos e à comunidade. Era algo que nosso povo não tinha, pois todo conhecimento passado de geração em geração geralmente se dá por meio das relações coletivas e da oralidade.

Os padres orientaram nossas famílias a saírem do território para buscar educação no município de Amaturá (AM). E então começou para mim e para meu povo uma grande travessia.

A. De acordo com o Censo do IBGE, de 2022, no Brasil existem 305 etnias, o que representa quase 1700 milhão de indígenas e 274 línguas faladas. Destas, 31 etnias não falam suas línguas ou deixaram de viver a sua cultura por vários processos de violação de direitos à sua identidade étnica e cultural.

A sociedade do barulho

O canto da Travessia

"Bidado bii eñeno
"Bidado bii eñeno
Eñeno o u u u
Eñeno o u u u
Jufobe, Luakl, Najema
Bimanido jaidee
Nimanido Jaide
Bimanido jaidee
Nimanido Jaide
Jia Jia u u u
Jia Jia u u u

Fonte: UNAP - Iquitos, Cancionero Murui Bue)

Esse canto fala do encorajamento necessário para fazer a travessia: "Venha por esta ponte e não chore de medo, para evitar cair no vazio, isso assusta muito".

A chegada na cidade de Amaturá não foi nada fácil. A casa que nos prometeram era na verdade um espaço para reunião política, sem piso, pia ou fogão e com camas forradas apenas por papelão, onde dormimos por meses. Ficou impregnada na minha memória a cena em que minha mãe tinha de limpar o peixe no banheiro, ao lado do vaso sanitário. Meu pai descobriu que não tinha como comprar calçados, roupas e mochilas para os sete filhos irem à escola. Então alguns de nós estudavam de manhã e outros de tarde, para podermos revezar o uso. Trabalhei na casa de uma prima para conseguir algum dinheiro, mas era insuficiente.

Ao completar 16 anos, meu pai me colocou em um barco para descer o Rio Solimões com destino a Manaus e, lá, tentar fazer a vida. Foram três dias de travessia até chegar na cidade grande, assustadoramente cheia de carros, barulho e muitas luzes — foi estranho me deparar com a metrópole que cresceu alimentada pelo ciclo de exploração da borracha que quase dizimou meu povo.

Trabalhei durante oito anos como doméstica em diversas casas, em troca de comida e lugar para dormir, fugindo de investidas sexuais. Infelizmente, é comum a realidade de meninas indígenas que saem em busca de trabalho doméstico e acabam como escravas e alvos de abuso sexual por parte dos patrões brancos e seus filhos.

Nós, mulheres Witoto, por estarmos inseridas nesse contexto de socialização urbano e culturalmente ocidental, passamos por privações e preconceitos que são comuns a todas as mulheres. Mas, por sermos indígenas, sofremos ainda o preconceito contra nossa língua, nosso fenótipo e a objetificação dos nossos corpos.

Brasil, o que faço com a minha cara de índia?
Não sou violência
ou estupro
Eu sou história
eu sou cunhã
barriga brasileira
ventre sagrado
povo brasileiro

(Trecho do poema "Brasil", de Eliane Potiguara)

Somente fui me dar conta de que era vítima da exploração do trabalho, do assédio sexual e de tentativa de estupro aos 27 anos, quando consegui entrar na universidade. Ingressei em 2016 na Universidade do Estado do Amazonas (UEA), onde me formei em Pedagogia – fui a primeira pessoa do meu povo a ingressar em uma faculdade, e justamente na área que era sonhada pelo meu pai.

Mas o caminho até a UEA também foi tortuoso. Por acaso, descobri a existência de vagas para cotistas indígenas em universidades, e o processo para provar que eu tinha direito a disputar uma vaga foi longo. Era necessário providenciar o Registro Administrativo de Nascimento de Indígena (Rani)[B] para comprovar a minha origem, mas como fazê-lo após todo o processo histórico de apagamento do meu povo? Eu mandava perguntas complexas para a minha família, que não sabia como respondê-las.

Quando minha mãe conseguiu me enviar o Rani em um envelope

B. https://www.gov.br/funai/pt-br/atuacao/povos-indigenas/direitos-sociais/documentacao-civil/registro-administrativo-de-nascimento-de-indigena-rani. Acesso em 27 jun 2025.

amarelo, eu finalmente descobri que tinha um nome indígena desde o meu nascimento, que era Dɨrɨcɨño. Comecei, então, uma profunda pesquisa para investigar as raízes da minha ancestralidade e da linhagem feminina da qual descendo, tema que inclusive resultou em minha monografia.

Quando as organizações indígenas descobriram que havia uma pessoa Witoto na universidade, passaram a fazer o mapeamento dessa etnia no Amazonas. E partir dali comecei a falar da história do nosso povo, onde se encontram, quem são nossos avós e tudo mais, iniciando um movimento de reafirmação dessa identidade. Tornei-me uma liderança dentro da universidade para encontrar os outros parentes que ali entravam pela política de cotas, mas que não se apresentavam como indígenas. Mesmo dentro da universidade, nenhum indígena se identificava como tal.

Em 2017, conseguimos mapear 23 estudantes indígenas dentro da universidade e demos início a um grande movimento de reconhecimento de suas etnias. Embora a universidade tivesse uma política de cotas, ela não conhecia os estudantes, não sabia quem eram. Foi então que pintamos a universidade e os nossos corpos com urucum e jenipapo, simbolizando a afirmação dos povos.

Dois anos depois, fizemos uma grande assembleia do povo Witoto no Brasil, onde pudemos finalmente reafirmar juntos nossa identidade e a organizar uma estratégia para nos fortalecer. Fui eleita na assembleia para representar os Witoto fora do território, na Colômbia. Como liderança feminina, enfrentei o patriarcalismo fomentado pela Igreja junto a meu povo, que tirava o protagonismo das mulheres e não reconhecia o feminino como sagrado.

Um povo que em 2016 nem existia oficialmente hoje tem uma mulher como representante no Brasil, reconhecida pela defesa da cultura, da vida das mulheres, das crianças indígenas e da natureza.

A travessia foi assustadora, mas vitoriosa.

A escuta da natureza

Gosto de explicar essas coisas para os brancos, para eles poderem saber.
– Davi Kopenawa, em entrevista a Terence Turner, representante da comissão da American Anthropological Association, formada em 1991 para investigar a situação dos Yanomami no Brasil (em *A Queda do Céu*)

Ao chegar em Manaus, eu me perguntava o porquê de tanta luz e barulho. Com tanto estímulo chamando nossa atenção, o nosso cérebro fica muito cansado e não conseguimos ver as estrelas e nem contemplar o Sol e a Lua. Estamos conectados a um excesso de tecnologia, o que faz com que não nos escutemos. E, sem escutarmos uns aos outros, jamais vamos escutar a natureza. Se não temos capacidade de escutar o outro ser humano, como vamos escutar uma árvore, um rio, uma floresta gritando? Sim, eles estão gritando — os eventos climáticos extremos são uma prova disto.

Quando olho para a cultura do meu povo, a partir da formiga, ouço o chamado para que a humanidade se diminua diante da natureza, para que nós nos tornemos uma pequena formiga e façamos parte dessa natureza, colaborando para o equilíbrio de toda essa biodiversidade. E não para querer ser um sujeito maior que a natureza, com poder de dominá-la, destruí-la e explorá-la.

Eu vejo a natureza como um parente, o rio como um avô, a terra como a nossa mãe, a floresta como nossas irmãs. E a partir dessa compreensão, luto em defesa deles. Eu me considero um sujeito-natureza a partir desse ser formiga que sou, tentando fazer mudanças mesmo que diminutas, como uma pequena formiga mesmo — mas não mais como uma formiga isolada, e sim parte de um formigueiro pensando coletivamente em como gerar bem viver para meu povo, para outros povos indígenas e também para os não indígenas.

Assim como nós, povos originários, a natureza grita há muito tempo alertando para a crise do clima e da biodiversidade. Esperamos muito que essas cosmologias sejam ouvidas a tempo por essa sociedade que continua insistindo em objetificar a natureza e reduzi-la a um mero recurso natural. A concepção mercantilista da natureza tem causado a destruição dos ecossistemas e impactado nossas vidas.

Falamos em natureza positiva, mas o que temos visto é uma humanidade negativa, que destrói e acaba prejudicando a si mesma. A humanidade é que deve ser positiva, ouvindo o chamado dos nossos povos para que nos compreendamos natureza. Por que nós destruiríamos algo de que somos parte? Quase todos os elementos presentes na terra e na natureza estão no nosso corpo. Mas é um esforço diário você se entender natureza. Somos seduzidos a todo momento a ser uma natureza negativa, uma natureza exploratória, que deixa pegadas de destruição.

A natureza, contudo, não precisa dos nossos cuidados, como dizia Nêgo Bispo — nós é que precisamos dela.[C] A natureza consegue se regenerar sem nós. A natureza em si é sempre positiva, mesmo na sua degradação. Ela é esse ser positivo, de vida e colaboração, que troca energia o tempo todo, por exemplo, por meio da fotossíntese. Hoje os cientistas anunciam a descoberta de que as raízes trocam energias por debaixo da terra, mas nossos velhos avós já diziam isso.

Falta à humanidade alcançar o equilíbrio. Na "sociedade da mercadoria" de que fala Davi Kopenawa, há muita riqueza de um lado e desigualdades profundas do outro. Há muito barulho e pouca escuta. Há excesso de informação e pouco entendimento.

A cosmologia do meu povo busca o equilíbrio o tempo todo, baseando-se em três medicinas: a coca, o tabaco e a macaxeira doce. A coca é a força feminina que traz equilíbrio para o corpo masculino. O tabaco é a força masculina que equilibra o corpo feminino. Em nossa cultura, não existe somente o espírito feminino e o masculino, mas os dois espíritos coabitam nosso ser. Já a macaxeira doce serve para equilibrar essas duas medicinas, porque tabaco e coca são muito fortes.

O nosso povo não abre a boca para dizer coisas ruins. A palavra tem de ser pensada para trazer abundância, conhecimento e aconselhamento, e nunca uma palavra que possa ferir o outro. A nossa palavra não pode ser amarga como a coca e nem tão forte como tabaco, por isso tomamos a bebida de macaxeira doce, como um gesto de equilíbrio.

O meu povo é considerado um povo sábio, com filosofias de vida e compreensão profunda da natureza — isso mesmo sem podermos

---

C. Antônio Bispo dos Santos [1959-2023], conhecido como Nêgo Bispo, foi um filósofo, poeta, escritor, professor, líder quilombola e ativista político brasileiro.

vivenciar no Brasil a nossa medicina ancestral, pois somos proibidos desde a década de 1940 de plantar a coca em nosso território.[D]

A nossa cultura é uma experiência vivida, muito potente e que só vai ser acessada por aqueles que pararem para escutar os nossos anciãos, pois esse conhecimento não está na literatura, não está neste mecanismo ocidental que é a escrita. Eles são os maiores observadores do tempo, da chuva, do vento e da folha que cai. Quando eu tenho a oportunidade de estar com o mais velho, seja do meu povo, seja qualquer outro avô de outros lugares, procuro me silenciar. Assim como essa sociedade tem que se silenciar para escutar o chamado dessa terra e se regenerar por meio de um processo de reconexão.

Por isso, me incomoda muito o "olhar de drone" sobre a Amazônia, que vê de cima uma floresta verde, mas não enxerga que por baixo da copa das árvores estão as pessoas indígenas que as protegem, com um modo de vida que mantém esse ecossistema pulsante, e que até morrem por elas. É preciso deixar de ser um drone para se tornar uma formiga capaz de visualizar as pessoas que vivem a natureza debaixo dessas copas.

São pessoas que estão inseridas em um sistema capitalista e ao mesmo tempo excluídas dele. Nos impuseram um sistema que nos coloca para fora, pois as desigualdades produzidas pelo capitalismo fazem com que nossos corpos vivam em estado de vulnerabilidade e de extrema pobreza. São poucos os territórios em que as pessoas têm acesso a condições dignas para lutarem pela natureza.

Muitos nos consideram o atraso do desenvolvimento. Só que o nosso modo de produzir no território não está baseado no acúmulo de riqueza, que é o cerne do capitalismo. Nosso ritmo de produção tem um tempo próprio, que segue os ciclos da natureza. Quando plantamos uma roça de macaxeira para produzir farinha e vender, ficamos seis meses à espera de a planta crescer. Isso porque existe um ciclo de água, um ciclo de vazante que não permite produzir continuamente. Nós queremos ter acesso a recursos financeiros e à qualidade de vida, mas desde que seja garantida a proteção de todo o ecossistema e a

---

D. O povo Witoto protocolou na Fundação Nacional dos Povos Indígenas (Funai) o pedido para a criação de um grupo de estudos que pesquise os impactos da proibição da coca e para instituir um mecanismo que garanta ao povo acessar suas medicinas no Brasil — assim como foi permitido o uso espiritual da Ayahuasca por diversos povos da Amazônia.

dignidade para as pessoas, e mesmo que isso não gere toda a riqueza que o capitalismo espera.

A voz que ecoa para o mundo

jɨtoma jɨtoma bɨɨllu,
boinaima boinaima bɨɨllu,
"jɨtoma jɨtoma bɨɨllu
anana eño
boinaiño aru
billa ipɨca
caɨpona caɨpona bɨɨllu"

Fonte: UNAP - Iquitos, Cancionero Murui Bue

Jɨtoma é o Sol, o grande avô do universo. Sua energia traz vida à terra, assim como a palavra de aconselhamento dos avós, que é vida para nós. Cantar é o que nos mantém vivos e conectados com os nossos joriaɨ (espíritos). O vento trouxe os cantos que nossos avós cantavam nas roças até aqui, bem como a floresta que tem seus ritmos e sons guardados nas memórias mais profundas de suas raízes. Que, mesmo sendo podadas, continuam existindo.

Depois de uma longa história de silenciamento e apagamento, chegou a hora de transmitir essa mensagem de regeneração para o mundo, para além dos territórios demarcados. A luta pela demarcação das Terras Indígenas é essencial e legítima, mas também podemos demarcar nossos espaços onde nosso corpo estiver. Afinal, nós, especialmente as mulheres indígenas, nos entendemos como corpo-terra e como corpo-território. Somos feitas de natureza, rios e florestas, e geramos a vida.

Nós carregamos o território aonde formos. A memória, o sentimento de pertencimento, a cosmologia do Witoto estarão onde esse corpo-território estiver, e não restrito a uma limitação territorial que foi imposta, inclusive pela ditadura militar, para os nossos corpos, tentando restringir nossa circulação e nos dominar.

Quando eu olho para a história do meu povo, vejo que eram as mulheres que semeavam a roça para alimentar a todos. As mulheres é que tocavam as flautas. As mulheres é que tinham o conhecimento da medicina e da cura. Quando usamos a coca e o tabaco, temos visões de cura, de como enfrentar doenças, de como conduzir o povo no território. Mas a imposição religiosa trouxe o homem para a centralidade dessa cultura e viemos reproduzindo esses modos há muito tempo.

Quando eu olho para a Igreja presente em nosso território, percebo claramente a imposição do sujeito masculino que tira a mulher da sala no momento da reunião, que manda as mulheres entrarem para o quarto ou para a cozinha, para fazer a comida e servir os homens.

Em 2019, eu havia sido eleita a porta-voz dos Witoto no Brasil. Mas quando encontrei meu povo na Colômbia pela primeira vez, em 2021, houve uma resistência de falar comigo, porque é um povo ainda muito patriarcal. Embora eu tivesse chegado como uma autoridade feminina no território dos Witoto na Colômbia, eu não pude sentar no lugar sagrado dos homens, que é o *mambeadero* — lugar onde o meu povo compartilha as suas medicinas, a coca, o tabaco e a macaxeira doce. As mulheres não podem adentrar esse círculo.

Era um encontro centenário, pois os Witoto não se encontravam há mais de 100 anos após a fuga do seu território ancestral, e eu respondia, de fora do mambe, às questões que me faziam. O meu povo, dentro da sua cosmologia, não fala coisas importantes fora do *mambe*. Então um dos anciões se retirou desse círculo e foi atrás de um tronco de árvore e o levou para o *mambe*, me convidando para sentar dentro do círculo.

Foi um momento muito importante. Pude ouvir dos avós que os espíritos da coca e do tabaco tinham avisado em sonho sobre a minha chegada. Era a chegada de uma mulher. E isso foi a coisa mais impressionante que nós ouvimos. Os anciãos falaram que a chegada dessa mulher é o retorno, é uma ponta de lança de uma transformação que precisava acontecer dentro da nossa cultura. Eles disseram que, no mundo anterior, quem tocava as flautas e quem mambeava — símbolos de poder na cultura Witoto — eram as mulheres.

Após três meses desse encontro histórico, eles elegeram a primeira mulher dona da maloca. Ser dona da maloca representa um dos altos poderes, que é a capacidade de cuidar do povo. É uma mulher que está à frente do território, em Leticia, na Colômbia, dialogando com as autoridades que na maioria são homens.

Hoje nosso canto é livre e se propaga pelo mundo. Eliane Potiguara, nossa escritora indígena, tece sobre como as mulheres foram deslocadas de seus territórios ancestrais e a importância de ressignificar esse corpo como um território. O meu corpo-território, demarcado com o jenipapo e o urucum, carrega a memória das minhas avós, a comida que me fortalece o corpo e o espírito. Esse corpo-território faz com que a gente se empodere e ganhe autoestima. Porque quando alguém diz que eu moro em uma periferia de Manaus, eu reafirmo que esse lugar periférico é território indígena, porque o meu corpo está aqui. Então essa cultura está viva, vibrante e pulsante em todo e qualquer lugar.

Da mesma forma, a proteção do clima e da biodiversidade, que é mais alta nas Terras Indígenas devido ao modo de vida dos povos originários,[E] estende seus efeitos para muito além dos territórios demarcados, beneficiando toda a população brasileira. Um exemplo é do regime de chuvas que garante boa parte da produção de alimentos e energia do Brasil.

Esse necessário reconhecimento, contudo, não deveria se tornar um fardo para os povos indígenas. É como se coubesse aos indígenas a responsabilidade de preservar o clima e a natureza, enquanto esse deve ser um compromisso da população inteira. Quando sai uma notícia de que o agronegócio se beneficia da chuva que é produzida exatamente nesses territórios indígenas, por que não existe um sentimento amplo em torno do qual todo mundo se junte em prol da preservação?

Quando falamos em natureza positiva, eu pergunto: como nós podemos cantar juntos, como a gente compartilha o alimento junto com essas pessoas que não se sentem conectadas com a natureza? Eu gostaria muito de cantar com as pessoas que destroem a natureza. Eu queria que essas pessoas tivessem a experiência de celebrar um baile da terra, o baile de abundância. Que nós pudéssemos tocar os pés no chão, comer o alimento que vem da terra, celebrar a terra, o rio, o vento, a chuva.

Eu repito as minhas falas nas nossas bolhas, junto às pessoas que já têm consciência, mas gostaria mesmo é de cantar com aqueles que

---

E. Levantamento do MapBiomas mostra que as Terras Indígenas no Brasil perderam menos de 1% de sua área de vegetação nativa nos últimos 38 anos, enquanto nas áreas privadas, a devastação foi de 17%. https://www.gov.br/povosindigenas/pt-br/assuntos/noticias/2023/09/territorios-indigenas-sao-os-mais-preservados-do-pais. Acesso em 27 jun 2025.

não tiveram essa experiência da vida, a alegria de se entender terra, de ter os pés na terra como mãe, como irmã, como avô que é o nosso rio. Parece uma utopia, mas sonho com isso. Eu quero tocar meu maracá com essas pessoas. Quero entregar um maracá nas mãos de uma pessoa e sentir a vibração da semente invocando essa ancestralidade. Porque quando erguemos nosso maracá, nós invocamos todos os nossos sagrados a partir dessa semente que vem da terra, que carrega a força da mãe-terra.

O sistema nos preparou para sermos sozinhos e egoístas, mas a natureza nos chama para sermos coletivo. Essa trilha tem de ser no caminho da formiga. Se uma foi impactada, já valeu a pena.

6. A “GRANDE TRANSIÇÃO” DO PONTO DE INFLEXÃO PARA O PONTO DE VIRADA

por Marco Lambertini

"A medida da inteligência é a capacidade de mudar" é um pensamento geralmente atribuído ao físico teórico alemão Albert Einstein. A mudança é uma das leis universais da natureza e uma dimensão crucial da evolução natural, intrinsecamente ligada à necessidade de adaptação e resposta a condições em constante transformação. Essencialmente, ela pode ser resultado de uma escolha consciente ou de uma imposição de variáveis externas.

Nós conhecemos o problema e a ameaça que ele representa. Temos o conhecimento necessário para compreender as consequências desastrosas da inação e os inúmeros benefícios de uma transição. As soluções também são claras, e já escolhemos nosso destino através de importantes acordos internacionais: almejamos uma sociedade e uma economia carbono neutra, positiva para a natureza e equitativa. Agora, nosso foco deve ser a jornada. Sabemos que estamos em um trem que tomou a direção errada. Quanto mais demorarmos para agir, mais caro o "bilhete de volta" custará. E, quanto mais esperamos, maior a chance de perdermos a conexão que nos levará para onde realmente devemos ir.

Como a perda da biodiversidade tem sido cada vez mais considerada o risco macroeconômico de maior impacto para a economia e a sociedade[1,2], o argumento moral, social e econômico para uma transição positiva para a natureza nunca foi tão forte. Trata-se de evitar os pontos de inflexão planetários e alcançar um ponto de virada na nossa relação com a natureza. Trata-se de concordar com a necessidade de mudança, sobre como seria essa mudança, para onde queremos ir e como chegaremos lá. Inevitavelmente, trata-se de uma jornada, e ela começa a partir da definição do destino, a meta que vai nos unir ao longo desse percurso: a meta da Natureza Positiva.

6.1 Do sonho à meta global mensurável: a definição da Natureza Positiva

Natureza Positiva é uma meta global para a sociedade, definida como "Parar e Reverter a Perda de Biodiversidade até 2030, com base em 2020, e atingir a recuperação total até 2050". Em termos mais simples, isso significa garantir mais biodiversidade no mundo em 2030 do que em 2020, e continuar o processo de recuperação a partir daí. Para implantar essa meta, são necessários resultados mensuráveis de positividade para a biodiversidade, por meio de melhorias na abundância, diversidade, integridade e resiliência de espécies, ecossistemas e processos naturais. A meta da Natureza Positiva foi concebida para levar a sociedade a alcançar uma melhoria absoluta mensurável no estado da natureza a partir de uma linha de base definida, o que, por sua vez, aprimorará a capacidade da natureza de contribuir para o bem-estar humano.[3]

A humanidade enfrenta uma crise múltipla, composta por inúmeros desafios. Três deles, no entanto, são existenciais e interconectados: a perda da biodiversidade, as mudanças climáticas e a desigualdade. Todas essas crises são resultado direto de nossas ações e, agindo de forma diferente, teremos a capacidade de enfrentá-las.

A motivação para desenvolver uma meta global para a natureza foi inspirada pelo alto nível de ambição da meta de combate às mudanças climáticas do Acordo de Paris, assinado por 196 partes em 2015. Nele, esses países se comprometeram a "atingir o pico global das emissões de gases de efeito estufa o mais rapidamente possível... para alcançar um equilíbrio entre as emissões antropogênicas pelas fontes e as remoções feitas por sumidouros até meados do século", adotando efetivamente uma meta de carbono neutro que nos proporcione uma chance razoável de manter as temperaturas médias globais bem abaixo de 2°C.

Três anos após o Acordo de Paris, o relatório do Painel Intergovernamental sobre Mudanças Climáticas (IPCC),[4] intitulado *Aquecimento Global de 1,5°C*, afirmou que "limitar o aumento da temperatura a cerca de 1,5°C... implica em alcançar emissões líquidas de CO_2 zero até meados do século, juntamente com a redução de emissões que não são de CO_2". Esse posicionamento estabeleceu, de forma eficaz, uma meta mensurável de *emissões líquidas zero* que impulsiona ações concretas. Iniciativas políticas e da sociedade civil, como o Pacto Climático de

Glasgow, a Corrida para o Zero Líquido (*Race to Zero*), o Protocolo de Gases de Efeito Estufa e as Metas Baseadas na Ciência (SBTs), entre outras, deram um novo impulso à implementação da meta de emissões líquidas zero até 2050. Além disso, reforçaram o marco de 2030 de reduzir pela metade as emissões de dióxido de carbono em relação aos níveis de 2010. Atingir as emissões líquidas zero é a "meta de resposta" à maior pressão antropogênica sobre o clima — as emissões de GEEs. Por outro lado, manter o aquecimento global em 1,5°C é a meta de "resultado global" a ser alcançada.

A definição de uma meta climática global teve um efeito transformador, motivando governos e empresas a se alinharem com a ambição de alcançar emissões líquidas zero. Apenas um ano após o Relatório Especial do IPCC, os compromissos de zerar as emissões (net-zero) já cobriam um sexto do PIB global, um número que saltou para nove décimos em 2022.[5]

É evidente que compromissos só são válidos se forem implementados. Apesar de as emissões terem desacelerado em diversos países, elas continuaram a crescer globalmente desde a assinatura do Acordo de Paris. Isso indica a urgência de agilizar a descarbonização e, simultaneamente, proteger os sumidouros de carbono naturais. Até 2023, quase 40% das companhias listadas estabeleceram metas de descarbonização para alcançar emissões líquidas zero, e mais da metade anunciou compromissos para reduzir emissões. No entanto, apenas 11% das companhias listadas seguem um caminho alinhado com o limite de 1,5°C de aumento de temperatura, e 38% com o limite de 2°C. As companhias globais identificadas no relatório ainda projetam um aquecimento do planeta em até 3°C acima dos níveis pré-industriais neste século[6]. Enquanto as emissões de gases de efeito estufa (GEE) atingem um nível recorde de crescimento, a participação dos combustíveis fósseis na matriz energética global está caindo lentamente.[7]

No entanto, sem a transparência e a responsabilização que devem acompanhar a clara definição de uma ambição comum, poderíamos afirmar com segurança que o progresso teria sido muito mais lento. Sabemos o quão distantes estamos de mitigar as mudanças climáticas, e essa consciência aumenta a responsabilização, o que, por sua vez, pode impulsionar mais ações.

Aprovados no mesmo ano do Acordo de Paris, os Objetivos de Desenvolvimento Sustentável (ODS) oferecem um conjunto de 17 metas socioeconômicas e ambientais ambiciosas. O propósito é claro: alcançar altos padrões de bem-estar humano e garantir a viabilidade de longo prazo dos sistemas naturais, com o objetivo de construir um mundo mais equitativo e sustentável até 2030.[8] Os ODS abordam os desafios mais urgentes que nossa sociedade enfrenta hoje. Isso inclui desde a erradicação da pobreza e desnutrição até melhorias na saúde e o combate à degradação ambiental.

Após o Acordo de Paris, ficou evidente a necessidade e a viabilidade de uma meta global para a natureza, que fosse semelhante, complementar e mensurável à meta climática. Em dezembro de 2019, um grupo de CEOs de organizações ambientais, plataformas de negócios sustentáveis e institutos de pesquisa uniu-se como o Grupo Mundial da Meta para a Natureza.[9] O objetivo desse grupo era identificar e promover internacionalmente uma meta ambiciosa, baseada na ciência e mensurável para a natureza. Eles reconheciam a importância de uma meta abrangente, equivalente à de Paris para o clima, que estabelecesse uma ambição comum para a natureza e a biodiversidade. Essa meta deveria, ainda, apoiar mutuamente tanto a meta do Acordo de Paris de 1,5°C (e o caminho de emissões líquidas zero necessário para alcançá-la) quanto os Objetivos de Desenvolvimento Sustentável (ODS).

Atingiu-se um consenso de que era fundamental estabelecer uma Meta Global Natureza Positiva com *positividade líquida*, enfatizando a urgência de parar e reverter a contínua perda da biodiversidade. Considerava-se que a falta de uma meta bem definida e quantificável para combater a crise da perda de biodiversidade representava um impedimento colossal para o alinhamento necessário na ambição, no impulso para avanços e no fomento de maior responsabilização nos esforços para lidar com essa questão. Tal percepção foi confirmada pela *Perspectivas da Biodiversidade Global 5*,[10] uma publicação lançada antecipadamente à vindoura Convenção das Nações Unidas sobre Diversidade Biológica (UN CBD). O estudo concluiu que nenhuma das 20 metas de biodiversidade, pactuadas na UN CBD em Aichi em 2010, fora integralmente alcançada em escala global. À medida que se aproximava a Conferência das Partes da UN CBD, agendada para delinear um acordo que guiaria as ações pelos próximos dez anos, percebeu-se a oportunidade de o cenário global abraçar e codificar uma nova meta global para a natureza. Essa conquista foi o resultado de um esforço de *advocacy* intenso e coordenado, que engajou 300 organizações da sociedade civil, abrangendo os setores ambiental, humanitário e de desenvolvimento, além de grupos religiosos e organizações indigenistas,[11] centenas de empresas, por intermédio de plataformas empresariais sustentáveis, como o Fórum Econômico Mundial (WEF), o Conselho Empresarial Mundial para o Desenvolvimento Sustentável (WBCSD) e Business for Nature, entre outras, e 96 países e a União Europeia, que, na qualidade de representantes de chefes de Estado, igualmente subscreveram um *Compromisso dos Líderes pela Natureza.*[12]

Superando os atrasos impostos pela pandemia de Covid-19, em dezembro de 2022, 188 nações presentes na UN CBD COP15 aprovaram o Marco Global de Biodiversidade de Kunming-Montreal (GBF), cuja missão é "parar e reverter a perda da biodiversidade até 2030". Apesar de a expressão "Natureza Positiva" não ser textualmente empregada no GBF, a formulação "parar e reverter até 2030" mantém total coerência com a definição original da Meta Global Natureza Positiva. Pela primeira vez, ela serve como uma bússola orientadora para uma agenda de ação global em prol da natureza, uma meta mundial a ser implementada de forma coletiva, que é tanto equivalente quanto um reforço à meta global de 1,5°C para o clima.

A Meta Global Natureza Positiva incorpora um *prazo* e uma *linha de base*, assegurando a mensuração e aumentando a responsabilização de todos os envolvidos na sua implementação. Até 2030, precisamos ter parado e revertido a perda da biodiversidade, alcançando um resultado líquido positivo para a natureza. Isso reflete a ambição baseada na ciência e a urgência de deter e reverter a perda da biodiversidade para guiar nossa sociedade e economia de volta aos limites planetários seguros da integridade da biosfera. A linha de base de 2020, por sua vez, adiciona realismo e viabilidade a essa ambição. Quanto mais recuarmos no tempo para definir essa linha de base, mais monumental será o esforço para reverter a perda da biodiversidade e alcançar um resultado de positividade líquida até o prazo de 2030. A preferência foi dada à linha de base de 2020 em detrimento de opções menos quantificáveis e mais discricionárias, como "condições pristinas ou de alta integridade". Tanto a linha de base de 2020 quanto o prazo de 2030 foram escolhidos para se alinharem com o cronograma do acordo da Convenção das Nações Unidas sobre Diversidade Biológica de Kunming-Montreal. No entanto, a jornada da Natureza Positiva não termina em 2030. A Meta Global da Natureza Positiva estabelece uma ambição mais ampla de alcançar a recuperação "total" da biodiversidade até 2050, em sintonia com a perspectiva de 2050 do Marco Global de Biodiversidade (GBF). Quando a meta Natureza Positiva foi imaginada, o foco principal era a linha de base de 2030. O conceito de "recuperação total até 2050" foi mantido como uma aspiração e não recebeu uma definição mais precisa. À medida que nos aproximamos do prazo final de 2030, será crucial articular esses conceitos de forma mais clara.

O termo "Natureza Positiva" foi escolhido no lugar de outras denominações mais técnicas para que as pessoas pudessem compreendê-lo de forma intuitiva, o que ajudaria a promover maior comunicação e engajamento. Após a aprovação do GBF em 2022, um grupo mais amplo e diversificado de organizações globais se uniu para criar a Iniciativa Natureza Positiva (NPI) a fim de preservar a integridade da definição de Natureza Positiva, alinhar as diretrizes para a implementação de resultados e contribuições que sejam verdadeiramente positivos para a natureza e coordenar futuros esforços coletivos de *advocacy*. A NPI atua como uma plataforma de articulação que busca alinhar, oferecer diretrizes e coordenar o apoio tanto para seus membros na implementação da meta Natureza Positiva, quanto para o ecossistema mais amplo de organizações e partes interessadas que atuam na sustentabilidade.

Em 2023, a iniciativa publicou uma versão da definição mais concisa e aprimorada[13], mas que manteve o total alinhamento com o texto original de 2020. Essa definição de consenso, endossada pelas 27 organizações líderes que compõem a NPI, eliminou quaisquer dúvidas persistentes sobre o significado da meta Natureza Positiva. Essa deve ser agora considerada a *definição de referência para a Natureza Positiva*.

O documento de definição ressalta que a meta da Natureza Positiva é medida por resultados de positividade líquida na biodiversidade, esclarecendo o alinhamento entre a própria meta e a missão do Marco Global de Biodiversidade das Nações Unidas. Com a crescente conscientização sobre os riscos associados à perda da biodiversidade, o conceito de Natureza Positiva tem se mostrado bem-sucedido e tem alcançado um engajamento bastante amplo. No entanto, a natureza intuitiva do termo, por vezes, tem levado a um uso e interpretação superficiais. Em outros casos, é empregado como frase de efeito ou uma aspiração genérica, em vez de ser considerado uma meta global mensurável. Isso desafia a abrangência e a ambição da meta Natureza Positiva em termos de sua mensuração, responsabilização e impulso à ação. Tais elementos deixam claro que não é mais suficiente fazer "menos mal" ou apenas algo bom para a natureza; precisamos, sim, implementar ou contribuir para um resultado quantificável e de positividade líquida para a biodiversidade.

Nem toda ação que beneficia a biodiversidade equivale a um resultado Natureza Positiva. Uma empresa, governo ou qualquer outro agente que faça "algo positivo" para a natureza não pode simplesmente afirmar que implementou um resultado de Natureza Positiva. Para serem considerados efetivamente positivos, os resultados para a natureza precisam demonstrar uma melhoria quantificável e de positividade líquida no estado da biodiversidade até 2030, em relação à linha de base de 2020 e em uma escala bem definida. É crucial, ainda, garantir que essa melhoria não tenha sido apenas o deslocamento de impactos para outro lugar.

A meta Natureza Positiva foi desenvolvida para nos levar de ações insuficientes e alegações genéricas a resultados demonstráveis. Essa abordagem nos guia no desenvolvimento e na implementação de ações apropriadas e planos estruturados que, de fato, concretizarão o que é necessário para deter e reverter a perda da biodiversidade. Além disso, ela visa demonstrar resultados mensuráveis e de positividade líquida para a natureza. É neste ponto que residem a ambição mensurável e a natureza disruptiva do conceito de Natureza Positiva, que devem ser preservadas.[14,15] A manutenção da integridade do significado da meta Natureza Positiva e de suas aplicações é um objetivo crucial da coalizão NPI.

O rigor empregado na definição da Natureza Positiva não deve desencorajar empresas e governos. A maioria das empresas deve começar elaborando estratégias positivas para a natureza e mensurando o progresso em sua esfera de controle (operações) ou influência (cadeia de valores, aquisições etc.), visando aprimorar a cobertura e a granularidade ao longo do tempo. As estratégias corporativas serão discutidas com mais detalhes em uma seção posterior deste capítulo.

Qualquer iniciativa de governos, empresas ou investidores em prol da natureza, embora bem-vinda, não pode ser simplisticamente rotulada como "positiva para a natureza"; é, na verdade, uma contribuição para a meta global geral. A questão central, então, é se essa contribuição é suficiente ou adequada em comparação com os impactos negativos gerados pela própria entidade na natureza. Por essa razão, a Meta Global Natureza Positiva foi concebida como um objetivo mensurável, adotando uma linha de base e um prazo definidos. Cada parte interessada deve desenvolver planos e metas para implementar e contribuir com resultados de positividade líquida para a biodiversidade. Isso se dará por meio de uma estratégia holística e positiva para a natureza, complementada por diretrizes claras e prestações de contas transparentes.

6.2 Precisamos de um mundo com mais, não menos, natureza

O conceito de Natureza Positiva é bastante intuitivo. Em termos simples, significa mais natureza, não menos. Queremos ver mais natureza em 2030 do que em 2029: mais florestas e áreas úmidas naturais, mais peixes selvagens nos oceanos, rios e lagos, mais biodiversidade no solo e mais polinizadores. Mais biodiversidade em todo o mundo, dos habitats selvagens às áreas produtivas e ao ambiente urbano. Esses exemplos simples deixam claro que uma Meta Global Natureza Positiva trará enormes benefícios para a sociedade, a economia e nosso bem-estar. Ela abordará questões como as mudanças climáticas, a segurança hídrica e alimentar, e outros desafios cruciais. A meta incorpora a ambição de transformar nossas sociedades e economias, atualmente negativas para a natureza, em modelos positivos para a Natureza. Isso significa que vamos deter e reverter o declínio da natureza e da biodiversidade até o fim desta década, e continuar a recuperá-las para além desse marco temporal.

Natureza Positiva não é um slogan, mas uma *meta mensurável*, comparável ao carbono neutro. A meta de carbono neutro será alcançada com emissões líquidas zero até 2050, tendo como marco uma redução de 45% até 2030 em relação aos níveis de 2010. Já a meta Natureza Positiva será atingida com um resultado de positividade líquida na biodiversidade até 2030, utilizando a linha de base de 2020. A meta geral para o clima é manter as temperaturas atmosféricas globais abaixo de 1,5°C, enquanto a meta geral para a biodiversidade é parar e reverter a perda de biodiversidade.

A Natureza Positiva é uma meta essencial porque já perdemos uma quantidade significativa de biodiversidade. Essa perda tem debilitado a resiliência, funcionalidade e produtividade de muitos ecossistemas cruciais, aproximando-os de perigosos e irreversíveis pontos de inflexão ecológicos e comprometendo a habitabilidade do planeta como o conhecemos. Isso explica por que um resultado zero líquido para a natureza não é suficiente. Precisamos tanto deter quanto reverter a perda de biodiversidade, e faremos isso através da conservação, restauração e do manejo sustentável dos recursos naturais e da biodiversidade. É imperativo alcançar a meta da Natureza Positiva, pois a humanidade não conseguirá prosperar no futuro se a biodiversidade continuar a declinar e os serviços ecossistêmicos a enfraquecer.

Nunca as evidências foram tão claras. Os impactos das mudanças climáticas e o desdobramento da crise da biodiversidade na humanidade já são profundos. Além disso, as consequências não afetam a todos da mesma forma, o que tem exacerbado a desigualdade socioeconômica.

A Natureza Positiva é uma meta ambiciosa, mas alcançável. Isso se deve ao fato de que já possuímos o conhecimento, as tecnologias e os meios para implementá-la, e também porque a capacidade de regeneração intrínseca da natureza é notável. Ao contrário do clima, a biodiversidade frequentemente se recupera, e de maneira muito mais rápida, quando lhe damos a oportunidade. Existem inúmeros exemplos disso em todo o mundo, como a recuperação das populações de baleias após o fim da caça comercial em larga escala, o retorno do salmão depois da remoção de barragens dos rios, o crescimento exponencial de polinizadores e da biodiversidade do solo na agricultura regenerativa, o retorno de predadores como lobos, linces e castores na Europa, uma vez que deixaram de ser perseguidos, a recuperação das populações de tigres na Índia, de elefantes nas florestas do Gabão, de rinocerontes negros no Quênia, de gorilas das montanhas em Ruanda, de aves aquáticas na América do Norte e do atum no Mediterrâneo, para citar apenas alguns casos. Sem mencionar os muitos exemplos locais de ecossistemas como florestas, áreas úmidas e manguezais que se recuperaram em diversas partes do mundo. Esses resultados são fruto de melhorias na proteção, na conservação de habitats e de mudanças nas atitudes humanas. Diversos estudos comprovam como os esforços de conservação têm feito a diferença na melhoria do status ou na diminuição do ritmo de declínio da biodiversidade, e como muitas áreas têm sido palco de um extraordinário "retorno ao estado selvagem" – seja de forma espontânea ou assistida – mesmo em regiões industrializadas e densamente povoadas.[16,17]

A Natureza Positiva é, de fato, uma meta *disruptiva*, pois impulsiona transições sistêmicas que reduzem os riscos para nossa sociedade e economia. Tornar-se "Positivo para a Natureza" implica mudanças tanto culturais quanto estruturais na maneira como vivemos e como gerenciamos nossa sociedade e economia. Ao mesmo tempo em que reconhecemos a necessidade de construir um futuro positivo para a natureza e os enormes benefícios dele derivados, precisamos também aceitar que a ambição de deter e reverter a perda da biodiversidade até 2030 exige transformações profundas. Isso afeta a forma como valorizamos a natureza, como produzimos e consumimos, como os fluxos financeiros são alocados, como decidimos sobre o uso da terra, como gerenciamos espaços e recursos marinhos e, de forma mais geral, como nos relacionamos com a natureza. Assim como as metas de carbono neutro e emissões líquidas zero causaram disrupção no setor de energia, a meta da Natureza Positiva e da positividade líquida para a biodiversidade foi concebida para provocar disrupção nos setores-chave da economia que são negativos para a natureza. Atualmente, esses setores são os principais impulsionadores da perda da biodiversidade e precisam ser substituídos pela adoção de práticas sustentáveis. No topo dessa lista estão: agricultura, pesca, extrativismo, silvicultura e infraestrutura, mas também energia, manufatura, turismo e outros. Cada setor tem uma contribuição crucial a fazer para alcançar a meta da Natureza Positiva.

A Natureza Positiva é intuitiva, mensurável, necessária, alcançável e disruptiva. Ao embarcarmos nessa jornada, devemos firmar nossa determinação no argumento por trás da necessidade de nos tornarmos positivos para a natureza e nos benefícios que isso pode gerar. Contudo, se os elementos intuitivos da Natureza Positiva são os fundamentos para seu sucesso, então sua definição como uma meta mensurável levanta questões essenciais: o que exatamente significa "mais natureza" ou "positividade líquida de biodiversidade" e como isso pode ser mensurado?

6.3 A inevitabilidade do conceito de "líquido"

Antes de abordar a mensurabilidade da Natureza Positiva, precisamos focar numa dimensão fundamental da sua definição: a noção de "líquido". Um "resultado líquido" é o balanço final de uma série de eventos, tanto negativos quanto positivos. Por exemplo, em termos puramente financeiros, um resultado líquido é a diferença entre receitas e despesas. Seria ótimo, mas altamente irrealista – e, em muitas regiões do mundo, socialmente inaceitável – imaginar que podemos reduzir nosso impacto sobre a natureza a zero. Da mesma forma, é irrealista pensar que alcançaremos zero emissões em um futuro próximo. Isso explica por que o conceito de zero líquido está integrado à Agenda Global de Ação Climática. Ele reconhece que, no curto e médio prazo, algumas emissões são inevitáveis, mas que, no geral, elas devem ser neutralizadas. O estágio atual do desenvolvimento da humanidade, e o fato de que muitas necessidades básicas ainda precisam ser atendidas em diversas partes do mundo, simplesmente não permitem que se atinja uma meta de "impacto-zero".

O conceito de "líquido" no contexto da biodiversidade reconhece que alguma perda ou degradação da natureza é um resultado inevitável do uso e das pressões humanas, bem como do crescimento demográfico e do desenvolvimento. Particularmente em economias em desenvolvimento, infraestruturas precisam ser construídas, a agricultura precisa ser expandida e a capacidade de manufatura precisa ser desenvolvida. Tudo isso gera um grau inevitável de impacto na natureza. Atualmente, a África detém apenas 1% de todas as ferrovias do mundo e menos da metade de sua população rural tem acesso à eletricidade.[18]

No entanto, o "resultado-líquido" geral em termos de biodiversidade deve ser positivo e ocorrer em uma escala apropriada, a fim de refletir as características intrínsecas locais e a distribuição da biodiversidade. Ao contrário do setor financeiro, onde as transações são padronizadas por meio de unidades monetárias normalizadas por taxas de câmbio, ou dos gases de efeito estufa, medidos por equivalentes de CO_2, a biodiversidade é inerentemente local e carece de *equivalência* entre ecossistemas e espécies. Isso, por sua vez, amplia sua complexidade. Alcançar um resultado líquido genuíno exige a rigorosa aplicação de um processo de avaliação e mitigação. A "*hierarquia da mitigação*" é um instrumento desenvolvido para ajudar investidores, empresas e empreendedores a reduzir os impactos negativos na natureza e na biodiversidade, e, assim, alcançar um resultado de zero líquido real ou líquido-positivo.[19, 20]

A hierarquia da mitigação compreende uma série de etapas lógicas, sequenciais e iterativas que começam pela avaliação dos impactos para, em seguida, *evitá-los* e *minimizá-los* e proceder para a restauração e, por último, a compensação, sendo essa ação final aplicável exclusivamente a impactos verdadeiramente inevitáveis. O objetivo inicial é alcançar uma perda *zero-líquida* (*no-net loss*) e, subsequentemente, um *resultado líquido-positivo* (*net-gain* ou *nature-positive*). O princípio do "líquido" reconhece que alguma perda de biodiversidade é inevitável em relação ao desenvolvimento humano. Contudo, por meio da aplicação da hierarquia da mitigação, busca-se reduzir a um mínimo absoluto os impactos na natureza e, através de medidas corretivas, deter e reverter a perda da biodiversidade, ao mesmo tempo em que se viabiliza o desenvolvimento socioeconômico.

Um resultado líquido-positivo para a biodiversidade significa que os impactos negativos de uma atividade podem ser superados pelas ações empreendidas para evitá-los, minimizá-los, restaurá-los e compensá-los. Isso, em última instância, resulta em uma melhoria no estado da biodiversidade dentro de uma área geográfica e escala de tempo definidas, evitando também o "*escoamento*" de impactos negativos para outros lugares. Essa abordagem pode ser aplicada em diversas escalas: desde o projeto, localização e operação até os níveis de organização, setor, paisagem ou jurisdição para impactos cumulativos. A realidade do nosso modelo econômico atual, que tem sido, até agora, bastante alheio aos efeitos colaterais ambientais, indica um enorme espaço para aprimoramento na redução de impactos e na melhoria do estado da natureza. A nova meta Natureza Positiva, com sua ambição, não visa apenas "fazer menos mal", mas sim implementar um resultado positivo para a natureza.

A complexidade da natureza, a falta de equivalência entre espécies e ecossistemas, e os muitos impactos potenciais associados a projetos de desenvolvimento mostram que a aplicação do conceito de "líquido" apresenta riscos significativos à sua integridade e levanta preocupações legítimas. A maior preocupação, observada inúmeras vezes na aplicação da abordagem de "zero líquido" na ação climática, é que as empresas recorram a compensações "com frequência e cedo demais", em vez de inicialmente reduzirem seus impactos. De fato, na ausência de regulamentação e de um preço adequado para o carbono, é quase sempre mais barato pagar por compensações de carbono do que investir na transformação dos sistemas de produção. A hierarquia de mitigação foi desenvolvida justamente para evitar que as companhias utilizem a compensação antes de assumirem as ações necessárias de prevenção e mitigação.

Existem vários elementos fundamentais que podem assegurar uma aplicação com sólida integridade da hierarquia de mitigação. Tudo começa com o compromisso público da empresa em contribuir para a meta da Natureza Positiva. Em seguida, um passo crucial é uma avaliação honesta e abrangente dos seus impactos na natureza, o que determinará o rigor do processo e a credibilidade dos resultados.

A avaliação deve almejar ser a mais abrangente possível, não deixando pedra sobre pedra ao analisar os impactos, tanto nas operações diretas quanto ao longo da cadeia de valores. É importante reconhecer que empresas com cadeias de abastecimento complexas podem precisar de tempo para avaliar toda a variedade de seus impactos na natureza. Consequentemente, seria contraproducente para o resultado geral da Natureza Positiva que as empresas esperem até que toda a avaliação de impacto seja concluída. Após o compromisso público com um resultado positivo para a natureza, a companhia deve, imediatamente, começar a considerar os impactos conhecidos e aqueles de maior materialidade, que estejam afetando locais, espécies e processos naturais prioritários. A avaliação deve ser revisada periodicamente, e o plano de resposta deve ser adaptado caso surjam mudanças de condições ou novos fatos. Também é crucial que avaliações e correções sejam publicamente anunciadas para garantir transparência e permitir que as partes interessadas façam suas escolhas, assegurando, assim, credibilidade e reconhecimento.

Em segundo lugar, o mesmo rigor e transparência devem ser aplicados aos planos para *evitar* e *minimizar* os impactos identificados. Isso pode exigir decisões corajosas, como impedir a exploração e o desenvolvimento em áreas com biodiversidade significativa. Acima de tudo, será necessário minimizar os impactos para reduzir a demanda por compensação a um mínimo absoluto.

Em terceiro lugar, a implicação mais delicada e controversa de uma abordagem sob o conceito do "líquido" relaciona-se ao ato final e potencial de *compensação*. É fundamental reforçar que o foco primordial deve ser, inicialmente, na redução dos impactos internos às operações da companhia e na cadeia de valor, assim como na restauração e melhoria do estado da natureza (também chamado de "investimento interno em sustentabilidade" ou "*insetting*"). Só então se deve recorrer ao financiamento ou impulsionamento de resultados positivos fora da esfera de controle ou influência da companhia (*offsetting*). O passo mais importante é garantir que os impactos avaliados como inevitáveis o sejam realmente. Quando a inevitabilidade do impacto é constatada (e anunciada), a compensação se torna um último recurso necessário. Em situações com algum nível de impactos concretamente inevitáveis, a compensação se faz necessária para alcançar resultados ou contribuições líquidos positivos. Tudo isso precisa ser periodicamente revisado, pois impactos hoje considerados inevitáveis podem ser evitados no futuro em função de novas tecnologias ou práticas.

A complexidade da biodiversidade exige a adesão a diversos princípios essenciais na aplicação de medidas de compensação. Diferentemente das principais métricas de carbono, como a tonelada métrica de dióxido de carbono, a biodiversidade possui características locais únicas que a tornam não fungível e não equivalentes entre diferentes tipologias e geografias. Enquanto as toneladas de carbono emitidas por uma usina podem ser comparadas, em termos puramente quantitativos, àquelas absorvidas pela restauração de uma floresta, no que diz respeito à biodiversidade, duas florestas separadas por apenas alguns quilômetros (por exemplo, ao longo do declive de uma montanha ou em um solo diferente) podem ser muito distintas em sua estrutura, flora e fauna.

Consequentemente, as medidas de conservação e restauração que visam compensar impactos inevitáveis sobre a natureza devem ser concretizadas no mesmo tipo de ecossistema impactado, cumprindo, tanto quanto possível, o princípio de "equivalência" ou "na mesma base". Ações compensatórias em espécies ou ecossistemas diferentes daqueles que foram impactados são falhas e inaceitáveis. Isso torna as ações compensatórias na biodiversidade algo particularmente delicado e radicalmente diferente, em termos práticos, daquelas relacionadas ao carbono. Compensações de impactos na biodiversidade precisam ser hiperlocalizadas para que ocorram na mesma base, e compensações internacionais ou entre amplas geografias não são aceitáveis. Apenas garantindo essa abordagem de alta integridade poderemos assegurar que qualquer compensação não venha a legitimar novos impactos, mas, ao contrário, seja o resultado final de um processo rigoroso de prevenção e mitigação, impulsionando a redução de impactos na natureza e, em última instância, implementando verdadeiros resultados líquidos positivos. Esse é o verdadeiro espírito e objetivo da aplicação da hierarquia de mitigação.

Ações voluntárias adicionais, que não são compensações diretas por impactos de um projeto ou companhia, podem ajudar a alcançar uma contribuição maior para a meta Natureza Positiva. Contudo, o foco principal deve permanecer em evitar, reduzir, restaurar e compensar impactos negativos. Por estarem dissociadas dos impactos diretos das companhias, essas contribuições voluntárias adicionais não precisam seguir o princípio de equivalência, mas também não podem ser contabilizadas como parte de ações compensatórias. Elas podem, no entanto, contribuir para um resultado geral líquido positivo maior, uma vez que, no mínimo, uma "perda zero líquida" seja alcançada internamente às operações da empresa e em sua cadeia de valor. Princípios de salvaguarda para resultados líquidos positivos já foram desenvolvidos[21, 22].

Locais de alto valor para a conservação, caracterizados por biodiversidade significativa, ecossistemas únicos e intactos, ou que oferecem serviços ecossistêmicos essenciais — como áreas cruciais para o ciclo hidrológico local ou para a sobrevivência de biodiversidade endêmica ou ameaçada (a exemplo das Áreas-Chave para a Biodiversidade ou dos locais da Aliança para Extinção Zero) — devem ser estritamente preservados. Nesses locais, os impactos devem ser evitados ou fortemente minimizados. Esse princípio é primordial. Qualquer projeto de desenvolvimento ou investimento deve, em primeiro lugar, buscar evitar e minimizar ao máximo os impactos sobre habitats naturais críticos e espécies. É fundamental que alternativas sejam seriamente consideradas e implementadas. Não é por acaso que a meta de Natureza Positiva e a missão do GBF (Global Biodiversity Framework) mencionam primeiramente "parar" para só depois "reverter" a perda de biodiversidade!

O princípio da equivalência também deve ser aplicado à integridade do ecossistema. A perda de ecossistemas intactos não pode, em condições normais, ser compensada pela restauração de áreas degradadas, mesmo que sejam do mesmo tipo, a menos que os impactos sejam comprovadamente inevitáveis. Ecossistemas intactos são resultado de incontáveis interações entre seus componentes bióticos e abióticos, que se desenvolveram ao longo de milhares, ou até milhões, de anos. A maioria desses ecossistemas é extremamente difícil, senão impossível, de restaurar à sua condição original em um tempo na escala da humanidade. Por isso, evitar impactos sobre esses ecossistemas deve ser sempre a prioridade máxima. A restauração só deve ser considerada aceitável para ecossistemas já degradados, ou para porções limitadas de locais e paisagens que mantêm altos padrões de integridade. Na vasta maioria dos casos, os impactos em ecossistemas altamente intactos não podem ser compensados por qualquer tipo de restauração.

Simplificando, nosso lema deve ser: "proteger o melhor e melhorar o resto". No entanto, embora salvaguardar as áreas de alto valor de conservação seja uma prioridade, isso não implica que outras regiões, mesmo que não sejam intactas ou qualificadas como de alto valor de biodiversidade, mas que ainda se encontrem em estado natural ou seminatural, possam ser convertidas ou exploradas de forma insustentável. A biodiversidade é onipresente em todas as geografias e habitats. Mesmo ecossistemas de alguma forma degradados ainda abrigam níveis significativos de biodiversidade e podem oferecer serviços importantes, sem mencionar seu potencial de recuperação ao longo do tempo. Já enfrentamos uma perda considerável de biodiversidade e precisamos, com urgência, restaurar muitos ecossistemas degradados para conservá-la, estabilizar o clima e assegurar os múltiplos serviços que a natureza oferece ao desenvolvimento e ao bem-estar humanos. A ciência sugere que, para ajudar a prevenir a perda de biodiversidade e preservar a resiliência ecológica da Terra, é necessário conservar entre 50% e 70% do planeta em seu "estado natural"[23-26].

O fato de a biodiversidade ser tão específica em sua localidade e distribuição, não podendo ser comparada a uma mistura de gases de efeito estufa em uma atmosfera contígua e compartilhada, é frequentemente visto como um obstáculo à ação compensatória que mantenha um alto nível de integridade diante da perda de biodiversidade. Mas e se essa falta de equivalência fosse, na verdade, uma bênção disfarçada? Uma vez estabelecido que a compensação deve ser feita "na mesma base" e fundamentada em equivalência ecológica, a natureza local e a distribuição da biodiversidade indicam que qualquer compensação deve, primeiramente, focar no mesmo ecossistema ou paisagem onde os impactos e perdas ocorreram. Esse foco no ecossistema e na paisagem tornará a compensação pela perda de biodiversidade mais rastreável e verificável, com menor impacto e risco em comparação a outros esquemas compensatórios. Isso também promove maior transparência, permitindo que as partes interessadas opinem e avaliem melhor os benefícios à biodiversidade e às comunidades locais, evitando o risco de impactos de deslocamento, compensações desiguais e iniquidade. A "abordagem líquida", apesar de sua inevitabilidade, não está isenta de controvérsias. Sem claras ações de salvaguarda e um forte mecanismo de fiscalização, ela poderia ser utilizada por indivíduos mal-intencionados. No entanto, se guiados por fortes princípios e diretrizes e aplicados por marcos regulatórios robustos, os esquemas compensatórios têm o potencial de retificar a inaceitável situação atual, na qual a natureza vem sendo destruída sem implicações, responsabilização ou consequências para seus perpetradores.

6.4 Mensurando a Natureza Positiva: não vamos fazer da perfeição o inimigo do bom

É crucial reafirmar: Natureza Positiva não é apenas um slogan ou uma aspiração vaga, mas uma meta mensurável. Sob essa ótica, a medição das ações tomadas para implementar e alcançar esse objetivo final é fundamental para garantir efetividade, credibilidade, responsabilização, reconhecimento e, o mais importante, gerar melhorias reais no estado da natureza. O maior desafio para os setores público e privado, ao desenvolverem e implementarem uma estratégia de Natureza Positiva, reside em calcular os impactos e indicadores, bem como em definir as medidas e dados que podem ser utilizados para estimar o progresso em relação a um resultado líquido-positivo. Essa é, sem dúvida, uma área que ainda exige mais clareza e alinhamento.

Para começarmos, vamos esclarecer alguns termos essenciais. Um *indicador* é uma variável, seja ela quantitativa ou qualitativa, que oferece uma maneira mais simples e relevante de mensurar uma condição, um nível ou uma performance. Especificamente ao olharmos para o estado da natureza, um indicador também pode ser definido como um fator quantitativo ou qualitativo que contribui para a compreensão desse estado, incluindo suas tendências de alta e baixa (por exemplo: extensão do ecossistema, condição do ecossistema, riqueza e abundância de espécies). Uma "*medida*" é o padrão mensurável utilizado por um indicador para avaliar o estado ou a condição atual e comparar mudanças ao longo do tempo. As medidas são baseadas em "*dados*" confiáveis, padronizados e comparáveis, que são coletados por meio de diversas *metodologias* e *tecnologias*. Para usar um exemplo direto: "extensão do ecossistema" é um indicador espacial de biodiversidade. Já a "área" é a medida utilizada para mensurar a perda ou o ganho dessa extensão, empregando unidades padrão como hectares, com dados originados, por exemplo, de imagens de satélite.

O termo "*biodiversidade*" refere-se especificamente à diversidade interna e entre espécies e ecossistemas, ou seja, à biosfera. Já o conceito de "natureza" é mais abrangente, englobando tanto os componentes vivos (biosfera) quanto os inanimados (geosfera/litosfera, atmosfera e hidrosfera/criosfera). As interações entre esses domínios coevoluem e são profundas, intrincadas e ainda não totalmente compreendidas. A biodiversidade (espécies, ecossistemas) adapta-se aos sistemas geofísicos e pode tanto influenciar a resiliência e o comportamento dos processos naturais quanto ser afetada por suas alterações. Em última instância, a biodiversidade — o "componente vivo da natureza" — e a habitabilidade geral do planeta dependem da saúde e da estabilidade de todos os outros domínios abióticos. Por essa razão, a biodiversidade pode ser considerada um representante confiável do estado geral da natureza. O declínio da biodiversidade, portanto, funciona como um sistema de alerta para a humanidade, uma vez que nosso bem-estar depende das mesmas condições ambientais. Se a biodiversidade declina, é uma má notícia também para nós. Consequentemente, a conquista da meta Natureza Positiva é melhor mensurada, em última análise, em relação a resultados líquido-positivos de biodiversidade. O Marco Global da Biodiversidade, adotado internacionalmente durante a Conferência das Nações Unidas sobre Diversidade Biológica (UN CBD), também se refere à necessidade de "parar e reverter a perda da biodiversidade até 2030", uma linguagem totalmente consistente com a definição e a mensurabilidade da meta Natureza Positiva[27].

Existem três amplas categorias de medidas, todas igualmente importantes, que são essenciais para impulsionar resultados positivos para a natureza. As duas primeiras categorias incluem as "medidas de pressão/impacto" e as "medidas de resposta". As "medidas de pressão/impacto" quantificam a pegada ecológica de uma empresa. Elas são inerentemente específicas aos impactos de cada negócio e ao seu plano de natureza positiva. Por exemplo, os impactos de operações de pesca, mineração, manufatura ou agricultura são muito diferentes entre si, e a forma de medi-los também. Adotar as medidas corretas é crucial para garantir alta integridade e acurácia, tanto na avaliação e na ação sobre os impactos negativos de uma empresa na natureza, quanto na mensuração dos impactos positivos. As "medidas de resposta" avaliam as ações tomadas para evitar, reduzir e compensar esses impactos. Assim como as medidas de pressão/impacto, elas são específicas para cada empresa, seus impactos e contextos. A terceira e igualmente crucial categoria são as "medidas de resultado/estado". Elas demonstram o alcance ou a contribuição para uma melhoria absoluta no estado da natureza (resultados líquido-positivos de biodiversidade), como consequência da implementação de uma estratégia corporativa de natureza positiva ou de um plano nacional de biodiversidade (no caso de governos). Essas medidas se referem diretamente ao estado da biodiversidade, indicando o resultado geral tanto dos impactos quanto das respostas. As medidas de resultado são essenciais para validar a adequação das estratégias de natureza positiva e para verificar se elas, de fato, geraram resultados líquido-positivos de biodiversidade. Falhas nesse processo indicam que as respostas podem não ser adequadas e/ou que fatores externos estão em jogo.

Figura 6.1 Os indicadores de estado, pressão e resposta são todos essenciais para orientar estratégias que assegurem resultados líquidos positivos para a biodiversidade

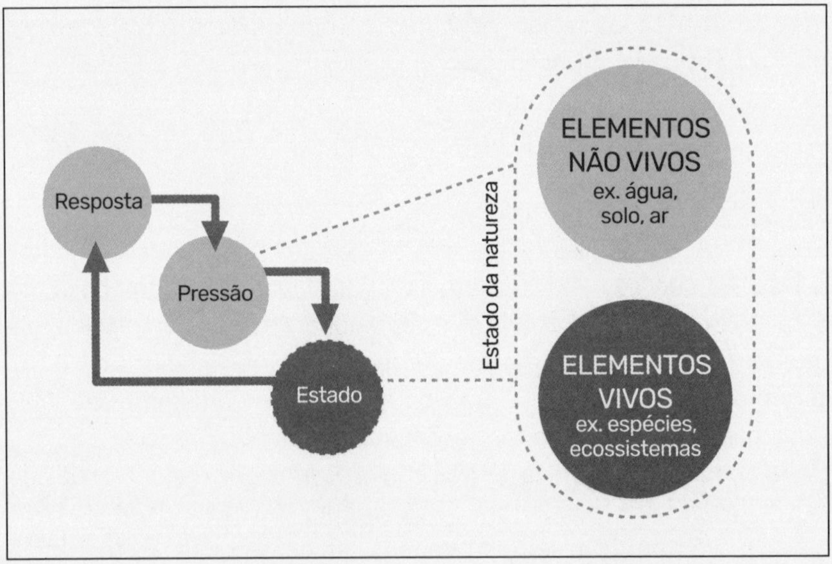

Fonte: Iniciativa Natureza Positiva.

Existem diversas metodologias e *frameworks* que abordam pressões/impactos e as respostas disponíveis para empresas e investidores. Entre os mais reconhecidos e crescentemente alinhados para interoperabilidade estão a Força-Tarefa sobre Divulgações Financeiras Relacionadas à Natureza (TNFD), a Rede de Metas Baseadas na Ciência (SBTN), a Iniciativa de Relato Global (GRI), a Ação Natureza 100 e o Conselho Empresarial Mundial para o Desenvolvimento Sustentável (WBCSD). Além disso, várias consultorias desenvolveram diretrizes para a implementação de estratégias corporativas positivas para a natureza, e os próprios investidores estão sob forte pressão para adotar planos de ação e padrões convincentes. Observamos também que reguladores têm começado a exigir do setor privado a divulgação de seus riscos e estratégias relacionados à biodiversidade. A União Europeia é um exemplo, com os padrões do Regulamento de Divulgação de Finanças Sustentáveis e a Diretiva de Sustentabilidade Corporativa, que focam em impactos e dependências.[28]

É assim que se conectam a pressão, a resposta e as medidas de condição ou estado. A pressão/impacto e as medidas de resposta avaliam os impactos e as ações corretivas. Já as "medidas de resultado" ou "medidas do estado da natureza" mensuram os resultados finais em termos de mudança de estado. A necessidade de padronização das *Medidas do Estado da Natureza* é crucial porque, sem elas, nenhum agente seria capaz de determinar se sua estratégia "positiva para a natureza" é adequada ao seu propósito. Consequentemente, não haveria como demonstrar, de forma plausível e comparável, verdadeiros resultados positivos para a natureza. A ausência de medidas significativas levaria a diversas formas de avaliar e reportar os resultados das estratégias "positivas para a natureza" de uma empresa. Isso, por sua vez, aumentaria o risco de acusações de falta de transparência, pouca ambição e eficácia, e até mesmo *greenwashing*.

A biodiversidade se distribui por cada tipo de habitat: natural, seminatural ou antrópico. Embora os habitats naturais intactos estejam no topo das prioridades de conservação — por abrigarem uma imensa diversidade de vida, contribuírem para a estabilidade de processos naturais cruciais e proverem serviços diretos importantes para as pessoas — devemos nos esforçar para preservar a biodiversidade em qualquer lugar do planeta. As contribuições da biodiversidade para a estabilidade ecológica e para o bem-estar humano são importantes em todos os ambientes, o que deve incluir paisagens modificadas como terras agrícolas e ambientes urbanos.

As *Três Condições Globais* oferecem uma estrutura para a conservação da biodiversidade, identificando três principais padrões de paisagens[29]: amplas áreas selvagens, terras divididas (paisagens transformadas em mosaico pela intervenção humana) e propriedades agrícolas e cidades com alto nível de alteração humana. Cada condição exige estratégias distintas para a conservação da biodiversidade e para um uso sustentável. Um princípio importante dessa estrutura é que a biodiversidade, embora com diferentes graus de riqueza, abundância e relevância, está presente e demanda conservação em todas as três condições. A necessidade de medir resultados líquidos positivos aplica-se a cada uma delas.

A biodiversidade é, sem dúvida, um conceito complexo, com diversas dimensões e fatores de perda que interagem com um número equivalente de variáveis abióticas. Por essa razão, a perda da biodiversidade é frequentemente percebida como muito mais complexa que a mudança climática. Essa conclusão surge quase sempre ao compararmos as muitas e localizadas manifestações da biodiversidade com a natureza onipresente de alguns poucos, mas importantes, gases de efeito estufa. Na realidade, o clima também é um sistema bastante complexo, com muitos motores que interagem e geram feedbacks mútuos, sem mencionar as dimensões bioclimáticas que envolvem a biodiversidade.

Em termos mensuráveis, a biodiversidade é indubitavelmente complexa. No entanto, em vez de fazer do perfeito o inimigo do bom, a comunidade ligada à biodiversidade deveria chegar a um consenso sobre o que seriam medidas "suficientemente boas". Essas medidas precisam atingir o equilíbrio ideal entre serem baseadas em ciência e críveis, além de acessíveis, aplicáveis, comparáveis e economicamente viáveis. Com o avanço da tecnologia, mais metodologias, medidas e dados se tornam disponíveis, permitindo-nos mensurar e monitorar o estado da natureza de formas cada vez mais sofisticadas e holísticas.

Algumas dessas tecnologias e metodologias já estão disponíveis e desenvolvidas, como o sensoriamento remoto, e-DNA e bioacústica. As empresas são incentivadas a utilizá-las para aprofundar a compreensão de seus impactos. No entanto, por ser um objetivo para toda a sociedade, os resultados e contribuições da Natureza Positiva devem ser medidos de forma comparável entre diferentes escalas e usuários, e aplicáveis a uma variedade de situações de uso.

Métricas da Natureza Positiva: a "prova está no estado"

Mensurar mudanças no estado da natureza de forma padronizada e comparativa é essencial. Isso abre caminho para demonstrações plausíveis de progresso no enfrentamento dos impactos negativos e na conquista de resultados líquido-positivos para a biodiversidade (de natureza positiva), alinhando-se à missão do Marco Global de Biodiversidade de Kunming-Montreal de "parar e reverter a perda da biodiversidade até 2030".

A natureza é complexa, e o mesmo se aplica à biodiversidade, seu componente vivo. A biodiversidade engloba uma vasta gama de espécies, ecossistemas e as intrincadas relações e processos naturais que conectam elementos bióticos e abióticos do meio ambiente. Temos feito um progresso notável na mensuração das diversas dimensões da natureza, e novas tecnologias e metodologias estão em constante aprimoramento. Contudo, precisamos encarar o fato de que nunca seremos capazes de mensurar com exatidão todos os elementos da natureza em cada escala e em todos os lugares do mundo, ao menos no futuro próximo. E não teremos tempo para isso. Para começar, conhecemos apenas uma fração dos animais, plantas, fungos e microrganismos do planeta, e menos ainda sobre as interações que governam o sistema ecológico planetário. Mensurar cada aspecto da natureza não é viável nem factível. Consequentemente, devemos identificar um conjunto menor, porém significativo, de medidas que possam servir como indicadores ou representações da saúde geral da natureza. Isso nos permitirá avaliar se ela está em processo de recuperação e fundamentar nossas ações.

Já dispomos de diversos indicadores e medidas, alguns deles já empregados em pesquisas importantes e com propósitos, localidades, espécies e ecossistemas específicos. O que falta, no entanto, é um consenso sobre um conjunto de medidas que, mesmo não sendo perfeitas, sejam consistentes, práticas e acessíveis. Elas devem ser suficientemente boas para mensurar as mudanças no estado da natureza em relação às pressões humanas e para avaliar os resultados positivos para a natureza. Essas medidas precisam ser baseadas na ciência, cobrir de forma plausível as dimensões-chave da biodiversidade, e serem também práticas, acessíveis, aplicáveis e comparáveis em diferentes níveis.

Essa falta de consenso limita o engajamento, a mobilização, a responsabilização, o reconhecimento, a comunicação e, o mais importante de tudo, o progresso em parar e reverter a perda da biodiversidade. A natureza é complexa, e nenhum indicador ou medida simples pode retratar totalmente seu estado. Contudo, com mais de 600 medidas disponíveis para mensurar e realizar a prestação de contas da natureza, torna-se um verdadeiro desafio para organizações, empresas, instituições financeiras, assim como governos nacionais e subnacionais, determinar o que medir e como fazê-lo de maneira relevante, crível e consistente. Isso leva à confusão, à falta de confiança e, em última instância, à inação. O acordo sobre um conjunto de Medidas do Estado da Natureza (SON metrics) é crucial para sabermos, de fato, se nossas ações estão realmente contribuindo para a recuperação da natureza. Essas medidas são um componente central de qualquer estratégia para a natureza e para um plano de transição, complementando e informando outras métricas cruciais que mensuram a pressão e a resposta.

O ponto de partida para qualquer empresa ou instituição financeira é identificar e medir suas pressões e impactos sobre a natureza. O segundo passo é, obviamente, desenvolver um plano para responder a essas pressões e impactos. Medir o estado da natureza significa avaliar os resultados das respostas a essas pressões e impactos. Por exemplo, uma empresa precisa medir suas pressões (como o volume de água desperdiçada) e suas respostas (como o volume de água tratada) usando medidas específicas e relevantes. Contudo, a prova de uma resposta efetiva só pode, em última instância, ser obtida pela mensuração dos efeitos na abundância, diversidade, integridade e resiliência de ecossistemas e espécies (ou seja, a biodiversidade aquática) — que é a melhor representação do "estado de natureza" geral.

Ter um conjunto de indicadores e medidas que realmente capture a efetividade dos nossos esforços para deter a perda de natureza e construir um caminho de recuperação — consequentemente, gerando resultados positivos para a natureza — é a base fundamental para garantir transparência, responsabilização e, principalmente, impulsionar as ações corretas na escala e ritmo adequados. Isso é particularmente relevante para capacitar o setor privado (de onde se origina a maior dimensão da pegada ecológica na natureza) a agir e, ao mesmo tempo, ser responsabilizado e reconhecido por suas ações. Contudo, a justificativa para as Medidas do Estado da Natureza (SON) não se limita ao setor privado. Elas também são cruciais para embasar ações e relatórios de governos nacionais e subnacionais, cidades, proprietários de terra, agricultores, e servem ainda como instrumentos de *advocacy* para a sociedade civil.

Em 2024, a Iniciativa Natureza Positiva (NPI) convocou um processo para construir um amplo consenso sobre um conjunto não extenso, prático e relevante de Medidas de Estado da Natureza Universais, começando pela biodiversidade terrestre. Ao identificar esse conjunto de Medidas do Estado da Natureza, é crucial definir casos de uso prioritários. Isso garante que as medidas sejam úteis e práticas para apoiar a tomada de decisões entre usuários e escalas essenciais. O objetivo não é mensurar os elementos da natureza por uma simples questão de medição, mas sim para informar decisões que levarão a resultados positivos para a natureza. Isso permitirá agregar e comparar dados, algo que nos falta hoje. Foram identificadas três dimensões abrangentes de casos de uso: *usuário* (por exemplo, empresas, instituições financeiras, governos, cidades, proprietários de terra, agricultores ou arrendatários), *escala* (exemplo, sítio ecológico, paisagem, jurisdição, país, planeta, cadeia de valor, portfólio de investimento) e *propósito* (por exemplo, estratégia e definição de metas, divulgação, relatoria, certificação). Medidas de Estado da Natureza práticas e relevantes devem ser selecionadas com base em *critérios* que testem sua aplicabilidade universal e viabilidade para adoção em massa, incluindo se são baseadas na ciência, responsivas, comparáveis, acessíveis, economicamente viáveis e auditáveis. Esse processo também reconhece a necessidade de desenvolver uma estrutura complementar de medidas, baseada na profundidade do conhecimento tradicional e local, bem como em aspirações, prioridades e valores.

Algumas Medidas de Estado da Natureza podem ser selecionadas como *universais* — um conjunto mínimo de indicadores que servem a todos os usuários e em múltiplos casos de uso. Outras, por sua vez, seriam *medidas de casos específicos* — indicadores adicionais acionados sob certas condições. Essa abordagem não apenas simplificaria o uso e reduziria o número de indicadores a serem mensurados por cada usuário, mas também asseguraria que dimensões importantes não fossem negligenciadas, sendo medidas apenas quando necessário. Ambos os tipos de medidas poderiam ser organizados em uma Escala de *Maturidade de Medida*, com um nível de "entrada" e progressão subsequente. Essa estrutura visa oferecer um caminho claro e acessível para usuários com diferentes níveis de experiência e capacidade, permitindo-lhes iniciar o processo e aprimorá-lo ao longo do tempo. Dessa forma, medidas universais e de casos específicos poderiam ser aplicadas em variados níveis de detalhamento. Essa "abordagem em camadas" auxiliaria usuários de diversas dimensões e capacidades a se engajarem, começando sua jornada para implementar e desenvolver uma estratégia "positiva para a natureza" e avançando para um monitoramento da biodiversidade mais sofisticado com o tempo. Diferentes níveis de detalhamento também podem ser apropriados para servir de referência a distintos casos de uso. Essa abordagem é concebida para encorajar entidades a iniciar sua jornada "positiva para a natureza", ao mesmo tempo em que promove uma "corrida para o topo" em termos de monitoramento da biodiversidade.

A escala de maturidade pode guiar os usuários a aprimorar continuamente a qualidade de seus dados, o nível de detalhamento e as metodologias ao longo do tempo. Isso fortalece o compromisso com a ação e melhora a credibilidade de suas divulgações e relatórios. Ao selecionar um conjunto mínimo de indicadores e medidas para oferecer uma visão abrangente do estado da natureza, o foco recai sobre elementos essenciais. Isso inclui a extensão do ecossistema e a condição em nível de paisagem, sítio ecológico ou de espécies em risco de extinção. Nesta etapa da jornada "positiva para a natureza" — quando muitas partes interessadas ainda estão aprendendo e são frequentemente desmotivadas pela percepção da complexidade em mensurar a biodiversidade — a meta não é identificar uma longa lista de medidas, nem procurar pela "bala de prata" ou desenvolver métricas totalmente novas. Pelo contrário, a prioridade é alavancar o que já está disponível e pode ser usado universalmente de forma prática, ao mesmo tempo em que se reconhece o potencial de tecnologias e metodologias emergentes. Os indicadores e as medidas selecionadas devem ser suficientemente bons para representar o estado geral da biodiversidade de maneira eficaz.

Os pontos que justificam um conjunto "mínimo, mas relevante" de medidas universalmente utilizáveis são os seguintes:

1. **Extensão dos Ecossistemas Naturais.** A biodiversidade exige uma área ou habitat apropriado para que um ecossistema se mantenha. Dessa forma, a mensuração da extensão dos ecossistemas naturais é o processo de medição mais crucial e de primordial importância para o acompanhamento dos resultados "positivos para a natureza". Afinal, se perdemos habitat, perdemos espécies e os serviços que dependem dele.
2. **Condição dos Ecossistemas Naturais.** Ecossistemas podem manter sua extensão, mas estarem degradados. No entanto, podem ser recuperados de maneira bastante eficaz com as ações certas e sob condições adequadas. A mensuração das condições reflete a saúde e a resiliência do ecossistema, permitindo-nos avaliar sua recuperação.
3. **Condição da Paisagem.** Esse indicador oferece uma visão da saúde geral de uma paisagem para certos níveis de biodiversidade e serviços ecossistêmicos que nela devem ser preservados. Isso é particularmente importante em paisagens que se apresentam como mosaicos — combinando áreas naturais, antrópicas e produtivas — e onde é fundamental reduzir a fragmentação futura. O objetivo é aumentar a conectividade e viabilidade ecológica dos fragmentos de ecossistema e das espécies que deles dependem. O indicador também fornece informações essenciais para o planejamento do uso da paisagem.
4. **Risco de Extinção e Abundância das Espécies.** Esses dados indicam a importância de uma área ou paisagem para evitar a extinção, sob uma perspectiva tanto local quanto global. Devem acompanhar o estado das populações que são raras ou que, mesmo bem distribuídas, estão em declínio.
5. **Processos Naturais.** A integridade e funcionalidade de processos naturais, como o armazenamento de carbono, ciclos hidrológicos, sedimentação e migração da vida selvagem, são elementos que capturam de maneira mais holística a dimensão interativa entre vários componentes da natureza, apoiando a funcionalidade e a resiliência sistêmicas.

Além das métricas universais, um conjunto de medidas de casos de uso é igualmente necessário para garantir atenção suficiente a prioridades e contextos específicos. Tratam-se, por exemplo, de espécies altamente ameaçadas ou comuns que declinam rapidamente em escala local, ecossistemas ameaçados, ou a proporção de um habitat seminatural em uma paisagem dominada pela agricultura ou outros usos humanos intensivos. No espírito de buscar o justo equilíbrio entre credibilidade e praticabilidade, essa abordagem em dois níveis — de medidas universais e de casos específicos — oferece uma linha de base consistente e comparável para mensurar a biodiversidade. Contudo, ela também permite a flexibilidade para abordar características da biodiversidade de forma sensível ou crítica, quando necessário.

Existem também dois tipos de dados: *Individuais* — por exemplo, quando se coletam dados em um único sítio ecológico — e *Contextuais* — que reconhecem a necessidade de que todos os agentes em uma paisagem terrestre ou marinha contribuam para um resultado positivo para a natureza. A validade de aplicar tanto medidas individuais quanto contextuais reside na possibilidade de agentes individuais identificarem seus impactos, dependências e resultados específicos. Além disso, essa abordagem constrói pontes entre dados de um sítio específico e informações mais amplas em nível da paisagem, estimulando a colaboração e o engajamento entre diversas partes interessadas no contexto da paisagem ou da jurisdição. Por fim, permite avaliar a mudança do estado da natureza em uma escala mais relevante.

O maior desafio para as empresas é mensurar sua pegada ecológica e os resultados positivos para a natureza relacionados às suas cadeias de valor, tanto na fase inicial (*upstream*) — como fontes de matérias-primas, produtos intermediários e maquinário — quanto na fase final (*downstream*) — que inclui a distribuição, uso e descarte dos produtos. Para os investidores, trata-se de identificar quais empresas ou ativos em seu portfólio de investimentos contribuem para a perda da natureza e como esses ativos avaliam e gerenciam riscos e impactos. Em ambos os casos, o foco geral recai sobre riscos materiais, de conformidade, legais e reputacionais causados pelos impactos na natureza. Ao adotar a noção de "*materialidade dupla*", as empresas estão analisando os impactos de investimentos e decisões de negócios na natureza e na biodiversidade, bem como a forma como a perda da natureza afeta sua produtividade, lucratividade, conformidade e reputação.

O declínio ou a recuperação da biodiversidade pode ser monitorado com mais precisão em nível local. A ausência de *rastreamento* em sítios arqueológicos locais, no entanto, é um sério obstáculo para medir impactos, desenvolver respostas adequadas e alcançar resultados positivos para a natureza. Empresas ou instituições financeiras devem envolver parceiros da cadeia de valor ou empresas em seu portfólio de investimentos. Usuários com rastreabilidade parcial para uma região de *sourcing* específica, como uma paisagem definida ou jurisdição subnacional, podem usar métodos estatísticos para guiar ações prioritárias iniciais.

Empresas devem melhorar o rastreamento de sua cadeia de valor e começar a medir e reportar a proporção dessa cadeia que é passível de ser monitorada, mantendo a meta de aumentar o rastreamento ao longo do tempo. Como um ponto de partida, as empresas devem focar nos segmentos de sua cadeia de valor nos quais os impactos potenciais e as dependências do estado da natureza sejam mais concretos. A única forma de progredir é engajar e apoiar fornecedores e consumidores a coletarem localmente seus dados específicos. É nesse ponto que o fato de começar a utilizar o nível de entrada mais simples do *framework* das Medidas de Estado da Natureza pode ajudar fornecedores de menor escala a se engajarem ao longo da cadeia de valor, podendo iniciar também a avaliar pressões, respostas e resultados em termos de mudanças no estado da natureza e em suas operações.[A]

Quem pode reivindicar o quê? Oportunidades, riscos e complexidades em torno das reivindicações de atribuições e contribuições

Uma vez que as Medidas de Estado da Natureza universais e comparáveis forem acordadas, permitindo a mensuração consistente de resultados positivos para a natureza, a pergunta inevitável é: poderia uma determinada entidade *reivindicar ter contribuído para ou gerado* esses resultados? Em outras palavras, o que uma entidade pode legitimamente reivindicar?

A. Quando este livro foi impresso, a consulta global sobre as Medidas do Estado da Natureza, promovida pela Iniciativa Natureza Positiva, já havia sido concluída, e o feedback recebido foi incorporado. Após a fase piloto, a expectativa é que o *framework* das Medidas do Estado da Natureza seja finalizado e publicado em www.naturepositive.org em 2026. Vale ressaltar que o *framework* atual para medir o estado inicial da natureza se restringe à biodiversidade terrestre. Medidas para o estado dos oceanos e águas doces seguirão um processo similar.

Conectar ações a resultados positivos para a natureza é um processo complexo por diversas razões. Primeiramente, a degradação ou recuperação da natureza, seja em um sítio ecológico ou em uma paisagem terrestre ou marinha, é um processo impactado por múltiplas variáveis e entidades simultaneamente. Isso inclui até mesmo fatores externos que não podem ser atribuídos direta ou singularmente à própria entidade, como as mudanças climáticas, queimadas ou a poluição na fase inicial (*upstream*). Em segundo lugar, há tantos elementos envolvidos na natureza que uma entidade pode gerar um resultado líquido-positivo em um elemento (por exemplo, na cobertura florestal), mas não em outros (como na população de uma espécie ameaçada que habita a mesma floresta). Para uma empresa, seria possível falar em "peras positivas para a natureza", mas não em "maçãs positivas para a natureza" — o que seria um claro exemplo de lavagem verde (ou *greenwashing*). No entanto, como a Natureza Positiva foi concebida como uma meta mensurável para permitir maior responsabilização, é fundamental que os esforços bem-sucedidos para deter e reverter a perda da biodiversidade sejam reconhecidos e recompensados.

Ao investir, mudar práticas e até mesmo adotar um novo modelo de negócios para alcançar resultados positivos para a natureza, as entidades podem legitimamente esperar reconhecimento por suas ações. Tomemos o exemplo de uma propriedade agrícola que implementou práticas regenerativas, como uma redução drástica no uso de insumos químicos e nas emissões decorrentes do uso da terra, evitando a conversão de habitats naturais e destinando parte de sua área à regeneração natural. Se essa propriedade demonstrar, por meio de Medidas de Estado da Natureza convincentes, um aumento da biodiversidade acima e abaixo do solo em relação à linha de base acordada, ela terá uma legítima expectativa de ser reconhecida. Esse reconhecimento se daria por ter gerado um resultado mensurável e genuinamente positivo para a natureza, por meio de ações corretas e eficazes que produzem impactos primários *in loco*, assim como impactos indiretos e de fase final (*downstream*), como emissões e escoamento de fertilizantes, herbicidas e pesticidas. No entanto, no outro extremo do espectro, para uma empresa com uma cadeia de valor complexa, múltiplos produtos e diversos fornecedores, é muito mais desafiador implementar resultados positivos para a natureza que sejam mensuráveis em todas as suas operações ou cadeias de fornecimento. Nessas situações, os resultados positivos para a natureza tendem a ser definidos de forma mais específica, pautados pela expectativa e pelo compromisso de expandir sua cobertura e abrangência ao longo do tempo.

Toda ação que contribua para melhorar o estado de um ecossistema, paisagem ou espécie é, sem dúvida, bem-vinda e importante. No entanto, a meta Natureza Positiva vai além: ela se refere a uma melhoria líquida-positiva e mensurável no estado da natureza, fundamentada em um conjunto significativo de indicadores e medidas relacionados ao ecossistema, à paisagem e às espécies. É isso que diferencia o "antes" e o "depois" da "era" da Meta Natureza Positiva. Essa é uma meta global que estabelece uma nova ambição: uma melhoria líquida-positiva no estado da natureza, para a qual toda entidade deve aspirar a contribuir, medindo seus progressos. A grande questão é: o que constitui uma "contribuição suficiente" para garantir que as entidades realmente tomem as ações necessárias para reter e reverter a perda da biodiversidade, em vez de simplesmente fazer "alguma coisa"?

Para a maioria das empresas, o nível do sítio (ou nível local) é o mais prático para avaliar impactos negativos na natureza, planejar ações para mitigá-los e, assim, gerar resultados positivos para a natureza. É fundamental considerar os sítios das operações da própria empresa e também os das entidades da cadeia de valor. Embora seja um nível inicial, ele é essencial porque é onde os impactos se materializam e onde as ações corretivas podem ser implementadas de forma mais direta e precoce. Além disso, é nesse nível que a utilização de medidas se torna mais prática. O nível do sítio é, portanto, o ponto em que cada entidade deve assumir responsabilidade direta e onde a prestação de contas pode ser feita de maneira mais transparente.

Resultados verdadeiramente positivos para a natureza ganham maior significado em larga escala, como no nível de uma paisagem terrestre ou marinha. Melhorias no estado de ecossistemas e espécies, e ainda mais em processos naturais (por exemplo: ciclo hidrológico, sedimentação, armazenamento de carbono e migrações da vida selvagem etc.), geralmente se tornam mais efetivas e resilientes quando aplicadas em uma escala suficientemente ampla. Isso garante a viabilidade das populações de espécies, as funções ecológicas e a resiliência de ecossistemas e processos. Esforços coordenados no nível da paisagem são fundamentais, mas são os esforços no nível local que contribuem para os resultados na escala da paisagem. Não se trata de escolher "uma coisa ou outra"; ambas as escalas — sítio e paisagem — são cruciais e interconectadas.

Sítios operacionais são mais fáceis de identificar e, uma vez resolvido o desafio do rastreamento, tornam-se mais acessíveis, incluindo aqueles onde os agentes da cadeia de valor atuam. No entanto, a abordagem da paisagem terrestre ou marinha agrega valor e complexidade. Definir uma "paisagem terrestre ou marinha" é algo inerentemente subjetivo, dependendo de critérios ecológicos, geográficos, geopolíticos ou socioeconômicos e de um contexto específico. Uma "abordagem de paisagem terrestre ou marinha" é um método de gerenciar uma área que equilibra "proteção e produção" de forma coordenada entre as partes interessadas, visando garantir a sustentabilidade a longo prazo.

A eficácia dessa abordagem está intrinsecamente ligada a planos de uso da terra e do mar, sejam eles voluntários ou regulamentados. Isso, por sua vez, geralmente exige uma governança local comprometida, que desempenhe um papel central na convocação, validação e execução desses planos. No entanto, diversos desafios frequentemente criam obstáculos para a implementação efetiva de uma "abordagem de paisagem terrestre ou marinha". Entre eles, destacam-se a falta de capacidade, experiência, visão e liderança política, além de questões como corrupção e oportunismo político. Tais desafios são comuns em várias regiões. A dificuldade reside em chegar a um acordo sobre a definição e as fronteiras de uma paisagem terrestre ou marinha, o que pode levar à promoção de abordagens jurisdicionais. Nessas abordagens, as fronteiras e as autoridades governamentais são claramente definidas. O Documento para Discussão do Projeto Alinhamento (da Coalizão de Capitais), que trata de compromissos positivos para a natureza, oferece um conjunto abrangente de recomendações para lidar com os desafios associados à "abordagem de paisagem terrestre ou marinha".[30]

Alguns envolvidos têm ressaltado a necessidade de diretrizes claras e consistentes para estabelecer ligações convincentes entre os esforços dos agentes e os resultados positivos para a natureza, bem como para definir o que constitui uma reivindicação legítima. No fim das contas, cada resultado contribui para a meta global Natureza Positiva. Contudo, para alcançar o ambicioso objetivo mundial de deter e reverter a perda da biodiversidade, é fundamental que cada agente individual ou grupo de agentes assuma a responsabilidade e intensifique seus esforços na implementação de sua necessária contribuição em termos de resultados líquidos-positivos (de Natureza Positiva). A característica global da Meta Natureza Positiva não pode servir de desculpa para que entidades individuais não implementem sua parte no que se refere aos seus impactos. Uma vez que a biodiversidade é inerentemente local, os resultados líquidos-positivos devem ser prioritariamente implementados no nível local — onde os impactos ocorrem — ou em ecossistemas e paisagens terrestres e marinhas equivalentes. Isso exige que cada agente individual faça a sua parte nos locais e nas paisagens terrestres e marinhas onde tenha causado impactos negativos, sejam eles diretos ou indiretos.

É tanto crucial quanto urgente alinhar as abordagens-padrão para medir resultados positivos para a natureza e definir princípios e limites claros para as atribuições e contribuições a esses resultados. Isso é fundamental para impulsionar a ação, melhorar a responsabilização e garantir um reconhecimento justo. Iniciativas como as "Medidas de Estado da Natureza" da NPI e o Projeto Alinhamento, que aborda as demandas corporativas, visam fomentar a discussão e alcançar o consenso necessário para avançar nessa agenda.[B]

Além de concordarmos com indicadores e medidas padronizados para avaliar o estado da natureza, precisamos considerar a criação de um "orçamento da biodiversidade". Esse conceito seria semelhante ao orçamento de carbono, que quantifica as emissões de CO_2 permitidas para mantermos o aumento da temperatura global abaixo de 1,5°C. Esse orçamento da biodiversidade precisaria refletir a dimensão local e a diversidade da natureza, podendo ser segmentado por tipologias de ecossistemas. A comparação entre o uso da biodiversidade e a capacidade de recuperação da natureza poderia servir como uma métrica para esse orçamento, que, atualmente, é extremamente negativo. Adicionalmente, a ciência dos limites planetários aplicada à biosfera trouxe alguma clareza sobre o que devemos fazer para limitar nossos impactos na biosfera. Isso é crucial para evitar pontos a partir dos quais mecanismos de retroalimentação ou transversais começariam a impulsionar um declínio irreversível e a alterar o estado dos ecossistemas e dos serviços que eles oferecem. Ao mesmo tempo em que esses limites são

---

B. Depois de finalizadas as Medidas Universais do Estado da Natureza, a Iniciativa Natureza Positiva comprometeu-se a também convocar um processo de engajamento para construir consenso sobre diretrizes relativas às reivindicações de resultados positivos para a natureza.

especificados para diversos ecossistemas e que as Medidas-Padrão do Estado da Natureza são acordadas, seria possível e útil fazer um cálculo de um "orçamento da biodiversidade" em múltiplas escalas? Isso impulsionaria esforços para evitar pontos de inflexão locais e globais e para gerar resultados positivos para a natureza?

6.5 Agora temos uma meta e um plano globais para a biodiversidade: é hora de agir

Sabemos o que tem acontecido com a natureza, entendemos os riscos e as consequências, e conhecemos as soluções. Precisamos de um plano que reúna tudo isso e que una o mundo para lidar com a ameaça existencial da perda da biodiversidade. Um plano que tenha acordo global e seja implementado localmente. Um plano no estilo do Acordo de Paris para a natureza, que comece com uma meta global clara, com prazo definido e mensurável. Esse foi o argumento por trás da reivindicação da adoção de uma Meta Global Natureza Positiva.

Já iniciamos a transição para uma economia de baixo carbono. Não na velocidade necessária, mas *estamos* progredindo. Essa mudança é inspirada e impulsionada pela ciência, por uma justificativa moral e econômica cada vez mais robusta, e por uma missão compartilhada sobre a mudança climática: tornar-nos uma sociedade neutra em carbono até meados do século e nos aproximar o máximo possível de um aumento de temperatura abaixo da média de 1,5°C. Isso resultou em uma Meta Global clara e mensurável de emissões líquidas zero até 2050. Uma meta que permite a governos e empresas desenvolverem planos e objetivos baseados na ciência, elevando o nível de responsabilização ao mostrar quem está avançando e quem está ficando para trás. Hoje, essa é a nossa bússola global para combater as mudanças climáticas e cobrar responsabilidade uns dos outros para atingir a meta. No entanto, reduzir emissões é apenas uma dimensão crucial do desafio para evitar a mudança climática. A outra dimensão, igualmente essencial, é preservar e até mesmo potencializar a capacidade da natureza de sequestrar e armazenar CO_2 da atmosfera.

Por essa e muitas outras razões, precisamos de clareza similar para a natureza e a biodiversidade, o outro lado da atual crise ecológica. Após muitos anos de uma ação louvável, mas obviamente inadequada, para proteger, usar de forma sustentável e restaurar a natureza — como demonstrado pela acelerada perda de espécies, destruição de ecossistemas e enfraquecimento de processos naturais –, o mundo adotou o Marco Global para a Biodiversidade de Kunming-Montreal (GBF) em dezembro de 2022.[31]

É incontestavelmente o plano mais ambicioso para a natureza que o mundo já adotou. Pela primeira vez, o GBF (Marco Global para a Biodiversidade de Kunming-Montreal) define uma meta global clara e mensurável para a natureza, expressa em sua missão de *"deter e reverter a perda da biodiversidade até 2030"*. Isso significa interromper o declínio e estimular a recuperação da natureza, uma meta líquida positiva, ou seja, "Natureza Positiva", pois o "zero líquido" para a natureza não é suficiente. Diferente dos longos períodos de recuperação associados à mudança climática, a natureza viva, na maioria dos casos, pode se restaurar bem mais rapidamente se tiver a oportunidade. Isso traz grandes benefícios para as pessoas através das inúmeras contribuições que a natureza nos oferece, incluindo a mitigação da mudança climática. A missão de 2030 faz parte de uma visão mais ampla de um mundo vivendo em harmonia com a natureza. Até 2050, a biodiversidade deve ser valorizada, conservada, restaurada e utilizada de forma sábia, garantindo a manutenção dos serviços ecossistêmicos, um planeta saudável e benefícios essenciais para todas as pessoas. Essa visão é apoiada por quatro metas para 2050, que também inspiraram as definidas para 2030: a) proteger e restaurar a natureza; b) fazer a natureza prosperar; c) compartilhar benefícios de forma justa; d) investir e colaborar.

O GBF é também o plano de biodiversidade mais mensurável já acordado. De fato, ele inclui, pela primeira vez, diversas metas mensuráveis alinhadas para concretizar essa nova ambição, como: reduzir a perda de áreas intactas para perto de zero (meta 1); restaurar 30% dos ecossistemas degradados (meta 2); proteger 30% dos ecossistemas naturais remanescentes em terra, oceanos e águas doces (meta 3); eliminar, descontinuar gradualmente ou reformular meio trilhão de dólares em subsídios prejudiciais à natureza (meta 18); e destinar um total de 200 bilhões de dólares anuais para a conservação da biodiversidade de todas as suas fontes, mais que duplicando os investimentos locais e internacionais atuais (meta 19). A mensuração das metas é fundamental. A única meta que foi quase atingida do conjunto prévio de metas para a biodiversidade (as Metas de Aichi para a Biodiversidade da Convenção sobre a Diversidade Biológica (CDB) da ONU), acordadas uma década antes, foi a única realmente mensurável: alcançar 15% de cobertura de áreas terrestres protegidas e 10% de áreas marinhas protegidas.

O GBF não é, de forma alguma, um acordo perfeito. Uma de suas maiores fragilidades é que, embora exija a reforma de nossa produção e consumo insustentáveis, mencionando setores econômicos essenciais como agricultura, aquicultura, pesca e silvicultura (meta 10), ele não consegue fornecer metas de transição precisas para alguns setores, como infraestrutura e extrativismo, e ignora outros, como manufatura e turismo. Contudo, apesar de ser uma das principais lacunas do marco, fica claro que não é possível alcançar a missão de "parar e reverter a perda da biodiversidade até 2030" sem reformular nossa forma de produzir e consumir, e sem elevar a biodiversidade ao patamar de regras e comportamentos dominantes que regem nossa sociedade e economia. A despeito dessas fragilidades, o Marco Global para a Biodiversidade de Kunming-Montreal (GBF) ainda é o plano de metas mais ambicioso para a biodiversidade que já tivemos. É nossa melhor chance de avançar em direção a um futuro positivo para a natureza.

6.6 Rumo a uma economia positiva para a natureza: a contribuição de empresas e investidores para a meta da Natureza Positiva

Desde o lançamento da Meta Natureza Positiva em 2020, observa-se um impulso crescente para uma adesão significativa à visão de um futuro positivo para a natureza por parte de empresas e investidores. A adoção do Marco Global para a Biodiversidade de Kunming-Montreal (GBF) foi recebida com grande entusiasmo, assim como a missão de "parar e reverter a perda da biodiversidade até 2030", que está alinhada à Meta Global da Natureza Positiva. Muitas empresas, firmas de consultoria e fornecedores de seguro referem-se cada vez mais à Natureza Positiva como a meta de referência sobre a natureza para o meio corporativo. O *Financial Times*, em 21 de outubro de 2024, publicou um artigo de página inteira, "O Apelo da Natureza Positiva", divulgando o mesmo artigo online com a manchete: "A nova meta verde corporativa: ser positivo para a natureza".[32]

No entanto, a Meta Global Natureza Positiva tem uma história muito mais recente que a meta de carbono neutro incluída no Acordo de Paris. Consequentemente, a biodiversidade é uma área de foco relativamente nova para muitas empresas e investidores. É algo também percebido como complexo e que gera um encargo adicional para as empresas que já estão excessivamente ocupadas avaliando e reportando suas obrigações climáticas. A realidade, é claro, é que as metas de clima e natureza são artificialmente separadas por convenções, regulamentações e padrões distintos. No entanto, elas são interdependentes e devem se apoiar mutuamente; uma não pode ser alcançada sem a outra. Além disso, a maioria das empresas tipicamente tem abordado a biodiversidade de uma perspectiva filantrópica e só muito recentemente como parte de suas agendas abrangentes de Responsabilidade Social Corporativa (CSR) e Governança Ambiental e Social (ESG).

A natureza representa uma questão de *dupla materialidade* em termos de impactos e dependências para empresas e investidores. De fato, toda empresa depende da natureza e causa impactos nela por meio de suas operações diretas ou de suas cadeias de valor. A tensão entre dependência e impactos negativos leva a: riscos físicos; riscos operacionais e financeiros relacionados aos impactos na qualidade e disponibilidade dos serviços e recursos naturais; riscos regulatórios, de conformidade e responsabilidade: limitações e transições operacionais, custos de penalidades, processos legais; riscos de reputação e mercado: expectativas e preferências de consumidores e investidores. É desnecessário dizer que riscos não levados em conta podem, em última instância, ocasionar perdas financeiras. Além disso, impactos gerados por uma empresa ou setor podem aumentar os riscos e custos para outros, daí a importância do alinhamento pré-competitivo e equitativo oferecido pela Meta Global Natureza Positiva. Para tornar suas operações e cadeias de fornecimento livres de riscos e para concretizar seus compromissos de Governança Ambiental e Social (ESG), as empresas devem identificar e abordar seus impactos na natureza. Isso acontece por meio da adoção de uma "*estratégia positiva para a natureza*".

Uma estratégia positiva para a natureza ainda é vista como uma grande incógnita por muitas empresas. Isso se deve, principalmente, à fragmentação das estruturas, padrões e métricas disponíveis para avaliar e gerenciar impactos e dependências, e também à carência de compreensão e experiência no manejo da biodiversidade. Consequentemente, poucas empresas desenvolveram, até o momento, estratégias e planos verdadeiramente voltados para um futuro positivo para a natureza. A Avaliação de Sustentabilidade Corporativa de 2022 do Fundo Global S&P revelou que apenas 20% das empresas listadas no Fortune Global 500 haviam divulgado publicamente seus compromissos com a biodiversidade, e menos da metade dessas divulgações incluía um cronograma acordado.[33]

Segundo uma pesquisa da McKinsey de 2023, empresas globais estão dando maior atenção à natureza, mas o carbono continua sendo seu foco principal. Enquanto quatro entre cada cinco empresas da Fortune Global 500 definiram metas de redução de carbono, apenas uma em cada cinco havia rastreado algumas dimensões de seus impactos na natureza. Destas, somente 6% definiram metas específicas para a biodiversidade e 13% para as florestas.[34]

O *Nature Scorecard da Planet Tracker*[35] avalia o envolvimento das empresas na definição de metas, em iniciativas direcionadas à ação e na divulgação de informações, como indicadores de seu compromisso com a agenda da natureza. Os resultados revelam um baixo nível de engajamento voluntário, e o relatório recomenda pôr fim ao que eles chamam de "biocrastinação"[36]. A realidade é que, para muitas empresas que ainda estão iniciando sua jornada de sustentabilidade, a natureza não é uma prioridade nem é percebida como um risco material ou de transição. O frágil entendimento de muitas empresas e investidores sobre a biodiversidade, combinado com a falta de diretrizes globais claras e métricas padronizadas, impede a avaliação eficaz das ações voltadas para a natureza. Isso gera uma falta de confiança nos planos de desenvolvimento da biodiversidade e pode levar ao que chamamos de "silêncio verde" (*greenhushing*) — a decisão de empresas de não divulgar seus planos e esforços de sustentabilidade por medo de serem criticadas ou acusadas de *greenwashing*.

A resposta do setor privado aos desafios e oportunidades de um futuro positivo para a natureza ainda é inconsistente e, por vezes, contraditória. Essa situação não surpreende e não indica, necessariamente, falta de interesse ou compromisso, mas pode ser um sinal de um estágio inicial de conscientização e transição. Por exemplo, de um lado, dados do Environmental Finance[37] revelam que títulos de investimento sustentáveis lançados em 2023 alcançaram 150 bilhões de dólares. Mais importante, a proporção de títulos com "uso de recursos direcionado à conservação da biodiversidade terrestre e aquática" saltou de 9% em 2022 para 37% em 2023. Por outro lado, a Planet Tracker analisou recentemente 26.500 votos registrados para propostas de biodiversidade em fundos de sustentabilidade e ESG e constatou que apenas 38% foram favoráveis. Os votos contrários se justificavam pela percepção de que as propostas eram excessivamente prescritivas ou não demonstravam benefícios suficientes para as partes interessadas.[38]

Embora a biodiversidade pareça ser uma preocupação relativamente recente para muitas empresas e investidores, temos observado um aprimoramento significativo de habilidades no setor privado. Isso tem levado a uma melhor compreensão da questão e de sua relevância. De uma perspectiva inicial quase filantrópica sobre a conservação da natureza, empresas e investidores começaram a analisar de forma mais holística seus impactos e dependências em relação aos serviços dos ecossistemas e a reconhecer os impactos negativos que o declínio desses serviços pode exercer na lucratividade e até mesmo na sobrevivência de suas operações.

Acordos globais, como o Marco Global de Biodiversidade Kunming-Montreal, e a emergência de estruturas voluntárias de definição de padrões e de relatórios, assim como as primeiras divulgações obrigatórias, enviam sinais claros aos mercados sobre a relevância da agenda da biodiversidade. Isso deve estimular empresas e investidores a ampliar sua preparação para a chegada de requisitos regulatórios obrigatórios para a biodiversidade. Um exemplo são os Padrões Europeus de Relato de Sustentabilidade (ESRS), recentemente aprovados dentro da Diretiva de Relatórios de Sustentabilidade Corporativa (CSRD). Além disso, as crescentes demandas e expectativas dos consumidores também têm aumentado a pressão tanto sobre os reguladores quanto sobre o setor privado.[39]

Corporações vêm sendo alvo do escrutínio da sociedade civil há muito tempo. No entanto, as atuais metas mensuráveis de emissões zero-líquidas e de biodiversidade líquida-positiva aumentaram a pressão e a transparência, tanto em sua ambição quanto em sua implantação. Consequentemente, um número crescente de investidores públicos e privados tem se perguntado como podem identificar empresas e atividades com impacto negativo na natureza, como elas têm lidado com esses impactos, como evitam riscos relacionados à natureza em seus portfólios de investimento e como esses riscos são medidos.

Alguns investidores têm assumido um papel mais ativo. Na Iniciativa Nature Action 100,[40] por exemplo, investidores vêm avaliando proativamente 100 empresas consideradas influentes e transformadoras em seus respectivos setores. Já a iniciativa Spring, dos Princípios para o Investimento Responsável (PRI), tem mobilizado investidores a utilizarem sua influência para deter e reverter a perda da biodiversidade até 2030, com foco inicial no desmatamento.[41] No Grupo de Trabalho Ação Compartilhada sobre Pesticidas,[42] o foco dos investidores tem sido a atuação em relação à natureza de seis grandes empresas agroquímicas globais. Para viabilizar transições efetivamente positivas para a natureza, líderes empresariais e investidores necessitam de diretrizes claras, com alto grau de integridade e aplicabilidade. Diretores executivos e conselhos de administração frequentemente expressam preocupação com a ausência de orientações coerentes com os princípios da natureza. Essa é também uma inquietação compartilhada por empresas de auditoria, cada vez mais demandadas a fornecer "*seguros positivos para a natureza*" – instrumentos que respaldem compromissos e resultados ambientais. A fragmentação de padrões, metodologias e métricas compromete a capacidade de ação, dificulta a comparabilidade e enfraquece os mecanismos de responsabilização. Como mencionado no capítulo anterior, é fundamental alcançar um consenso sobre um conjunto de medidas práticas e plausíveis – e suas diretrizes associadas – para mensurar e demonstrar resultados genuinamente positivos para a natureza.

Existem diversas metodologias, padrões e modelos de relatórios de alta qualidade, já disponíveis ou em desenvolvimento, que empresas e investidores podem utilizar para aprofundar sua reflexão sobre como avaliar e divulgar impactos, riscos e dependências, e para desenvolver uma estratégia positiva para a natureza[43-47]. Para aprimorar o alinhamento global, os principais *frameworks* – incluindo a Global Reporting Initiative (GRI)[48], o Grupo Consultivo Europeu para a Informação Financeira (EFRAG)[49], a Força-Tarefa sobre Divulgações Financeiras Relacionadas à Natureza (TNFD)[50] e a Rede de Metas Baseadas na Ciência (SBTN)[51], entre outros – têm demonstrado crescente coerência e interoperabilidade em seus modelos de relatórios. Isso é cada vez mais necessário para evitar confusão, duplicidade e o ônus de processos de relatoria excessivos. A Organização Internacional de Normalização (ISO) está desenvolvendo padrões para a biodiversidade, e o Conselho Internacional de Normas de Sustentabilidade (ISSB)[52] tem como objetivo criar padrões para divulgações de sustentabilidade abrangentes, voltadas para investidores e mercados financeiros.

Existem também excelentes diretrizes para o desenvolvimento de um plano de transição positivo para a natureza, provenientes de diversas fontes. Entre elas, destacam-se plataformas empresariais como o Fórum Econômico Mundial (WEF) e o Conselho Empresarial Mundial para o Desenvolvimento Sustentável (WBCSD), além de ONGs ambientalistas como a União Internacional para a Conservação da Natureza (UICN), o Fundo Mundial para a Natureza (WWF), The Nature Conservancy (TNC), Conservation International, Fauna & Flora e a Wildlife Conservation Society, entre outras. Paralelamente, consultorias globais especializadas têm expandido sua capacidade de apoiar o setor privado em questões de biodiversidade, publicando documentos de diretrizes de alta qualidade.

Como mencionado anteriormente, lacunas persistem: há um desacordo e a falta de diretrizes claras sobre quais métricas devem ser usadas para demonstrar resultados genuinamente positivos para a natureza (ou seja, biodiversidade líquida-positiva). De fato, somente medindo com eficácia esses resultados uma empresa pode comprovar que avançou o necessário para contribuir em parar e reverter a perda da biodiversidade, em alinhamento com a missão do Marco Global para a Biodiversidade de Kunming-Montreal (GBF) e com a Meta Global Natureza Positiva. A Iniciativa Natureza Positiva (NPI) tem convocado as principais ONGs ambientalistas globais, empresas e plataformas de investimento em sustentabilidade, *frameworks* para padrões de sustentabilidade e definição de metas, consultores, seguradoras, representantes da academia, governos locais e redes de conhecimento indigenista. O objetivo é que cheguem a um consenso sobre um conjunto mínimo de medidas e diretrizes para mensurar resultados autênticos e plausíveis em prol da natureza. Enquanto o consenso sobre as melhores métricas para medir os resultados positivos para a natureza não é alcançado, as empresas não devem hesitar em iniciar a avaliação da evolução de sua "pegada ecológica", nem deixar de agir sobre seus impactos negativos mais conhecidos e materiais.

A meta Natureza Positiva é ambiciosa e disruptiva. Ela desafia o *status quo* e exige uma transformação profunda na forma como gerenciamos nossa economia e vivemos nossas vidas. Essa meta nos força a considerar uma nova maneira de valorizar a natureza em relação à nossa agenda de desenvolvimento, buscando o desacoplamento do crescimento econômico da destruição ambiental. Esse é o paradigma que, até hoje, tem impulsionado a maior parte de uma economia e sociedade negativas para a natureza. Isso significa fazer negócios, gerar lucros e operar portfólios de investimento que incorporem a natureza no centro das tomadas de decisão, beneficiando toda a humanidade e toda a vida na Terra. Implica em investimentos novos e redirecionados, e uma forma diferente de medir e relatar desempenhos empresariais e financeiros.

Estratégias Corporativas para a Natureza Positiva

A dimensão mais transformadora da Meta Natureza Positiva é a convocação de todas as partes interessadas para avaliarem sua performance em relação a uma ambição comum e compartilhada, contribuindo de forma significativa para esse objetivo. O tempo de simplesmente fazer algo bom para a natureza para aliviar nossa própria consciência já passou. Hoje, o verdadeiro objetivo de cada um é fazer o que for necessário para parar e reverter a perda da biodiversidade, além de construir uma economia e uma sociedade verdadeiramente positivas para a natureza. As empresas devem garantir que sua estratégia de "Natureza Positiva" esteja alinhada ao seu propósito e que possa ser implementada ou contribuir para alcançar um resultado de positividade líquida para a biodiversidade, o que deve resultar em uma melhora absoluta no estado da natureza.

Uma estratégia positiva para a natureza envolve um compromisso com uma ambição de alto nível, que defina um conjunto efetivo de metas capazes de impulsionar impactos na companhia, tanto em suas operações quanto ao longo de toda a cadeia de valor. Essa estratégia deve estabelecer mecanismos adequados de prestação de contas, alocar os recursos necessários e, em última análise, demonstrar resultados líquidos positivos em relação a uma linha de base previamente estabelecida.

A jornada de "Natureza Positiva" de uma organização deve incluir: a) uma afirmação de ambição por meio de um compromisso público de contribuir com a Meta Global Natureza Positiva, assumindo todos os passos necessários para isso, por meio da implementação de resultados positivos para a natureza; b) ações imediatas para evitar ou reduzir os impactos e pressões mais conhecidos e relevantes, especialmente aqueles com potencial de gerar grandes resultados; c) a avaliação dos impactos e pressões nas operações e ao longo da cadeia de valor, aprimorando sua abrangência e completude ao longo do tempo, além de identificar oportunidades para mitigação de riscos e geração de valor; d) o desenvolvimento de uma estratégia positiva para a natureza, aplicando a hierarquia da mitigação dentro dos prazos das metas baseadas na ciência, acompanhada de um plano de implementação que aumente sua abrangência e completude ao longo do tempo; e) a criação de um framework de implantação e monitoramento para medir os resultados das ações, utilizando um impulso plausível e métricas que reflitam o estado da natureza de forma positiva. Todas essas etapas devem ser apoiadas e viabilizadas por ações adicionais, como: a) investimento em formação e incentivos para equipes-chave em todos os níveis da empresa; b) garantir a responsabilidade de gestão e supervisão por parte de um conselho para a implementação e elaboração de relatórios; c) promover regularmente a elaboração de relatórios e sua divulgação, tanto dos impactos positivos quanto negativos; e d) assegurar o engajamento das partes interessadas desde o início, adotando uma abordagem genuinamente inclusiva, com transparência e parcerias estratégicas.

Acima e além das intervenções realizadas internamente nas operações da companhia ou na cadeia de valor, deve-se e) apoiar a transformação sistêmica de normas e regulações a nível setorial ou político, o que pode contribuir significativamente para alcançar a meta de Natureza Positiva como um todo, além de promover uma ambição compartilhada e regras comuns. Por fim, f) uma estratégia positiva para a natureza deve estar integrada e alinhada com estratégias voltadas ao clima e a outros Objetivos de Desenvolvimento Sustentável (ODS), a fim de maximizar sinergias e gerar benefícios conjuntos para as agendas sociais e econômicas.

O alcance de uma Meta Global de Natureza Positiva depende da implementação de várias metas-chave, às quais a estratégia de cada parte interessada deve contribuir. Sabemos o que precisa ser feito, e isso está previsto no Marco Global da Biodiversidade de Kunming-Montreal. Em primeiro lugar, é fundamental proteger muito mais ecossistemas ao redor do mundo (a meta do GBF é de pelo menos 30% até 2030, mas a pesquisa científica aponta para uma meta de 50% ou mais), priorizando os ecossistemas mais "intactos" e com melhor funcionamento. Atualmente, apenas pouco mais de 17% da terra e 8% dos oceanos estão sob algum grau de proteção, e a meta é pelo menos dobrar essa proteção na terra e mais que triplicar nos oceanos até o final da década.

Figura 6.2 A jornada de uma organização rumo à Natureza Positiva

Fonte: Marco Lambertini.

Isso exige de nós a aceitação de negociações que surgem ao protegermos grandes áreas de terra, oceanos e águas doces contra usos tradicionalmente destrutivos. Para isso, devemos oferecer compensações por lucros imediatos derivados desses usos, a fim de alcançar benefícios ambientais expressivos e duradouros. Esses benefícios são capazes de impactar o futuro da geração atual e das futuras, permitindo seu bem-estar e desenvolvimento. Essa abordagem não ocorre naturalmente em decisões de curto prazo. Por exemplo, empresários, investidores, políticos e até o público em geral frequentemente veem a proteção de áreas naturais como uma oportunidade econômica perdida, comparada a atividades como mineração, exploração madeireira, conversão para agricultura ou pesca. Em vez disso, deveríamos enxergá-la como um investimento necessário para a manutenção da infraestrutura, do capital e dos serviços naturais que oferecem sustentabilidade, estabilidade e produtividade para toda a nossa economia.

Chegar a essa mudança de mentalidade é crucial para alcançarmos nossa meta com sucesso.

Em segundo lugar, devemos restaurar ecossistemas perdidos ou degradados em nossa capacidade máxima (a meta do GBF é de, no mínimo, 30% até 2030). Sabemos que muitos ecossistemas estão à beira do colapso em nível local, o que causa uma mudança em seu estado e altera os serviços que oferecem. Embora a prioridade seja conter esse declínio, também precisamos investir em uma restauração viável. Muitos habitats e espécies selvagens têm a capacidade intrínseca de se recuperarem, e o fazem rapidamente se as condições forem adequadas. No entanto, assim como acontece com as áreas protegidas, os esforços de restauração exigem um planejamento proativo. É preciso promover o uso consciente da terra e "devolver" essas áreas à natureza, garantindo, assim, que os serviços ambientais sobrevivam melhor tanto no presente quanto a longo prazo.

É importante enfatizar que a restauração e a proteção da natureza não se referem exclusivamente à ausência de ação humana, mas sim à garantia de sua compatibilidade e sustentabilidade sempre que possível. Por exemplo, práticas emergentes como a agroecologia, a agrofloresta e a agricultura regenerativa resgatam certas características naturais e restauram a biodiversidade em terras produtivas. Essas abordagens não mudam o uso da terra, mas, na verdade, melhoram a resiliência da produção, dos meios de subsistência e das economias locais. Da mesma forma, uma área terrestre protegida pode conter zonas prioritárias de proteção ou impor regulamentações mais rígidas para visitação, a fim de salvaguardar espécies sensíveis e ameaçadas, como os gorilas-das-montanhas no Parque Nacional dos Vulcões, em Ruanda, e no Parque Nacional de Virunga, na República Democrática do Congo. De maneira similar, uma área marinha protegida pode implementar uma política de proteção integral para conservar os estoques de peixes, ao mesmo tempo em que permite atividades de ecoturismo.

Em terceiro lugar, e este é o ponto mais complexo, devemos fazer a transição para práticas e resultados que sejam positivos para a natureza nos setores-chave da economia. Esses setores, como agricultura, pesca, silvicultura, extrativismo, energia, manufatura e infraestrutura, são hoje os maiores impulsionadores da perda de biodiversidade. Assim como a meta de emissões zero-líquidas causou uma disrupção no setor energético, acelerando o avanço das energias renováveis, a meta de positividade líquida para a biodiversidade busca uma disrupção similar. A ideia é transformar práticas e tecnologias que hoje são prejudiciais à natureza para que se tornem benéficas.

Por fim, e este é talvez o elemento mais disruptivo, mas também crucial e impactante, devemos redirecionar os fluxos financeiros, tanto públicos quanto privados, para apoiar essas transições positivas para a natureza. Isso pode ser feito por meio de normas regulatórias que incentivem práticas positivas para a natureza e penalizem as prejudiciais, tanto em nível nacional quanto no contexto do comércio internacional.

Essas categorias de ação devem ser consideradas, quando apropriado, na estratégia de cada empresa para a natureza. Embora a Meta de Natureza Positiva tenha sido criada para gerar maior responsabilidade em torno de uma ambição comum, empresas e investidores ainda podem usar suas estratégias para se diferenciar no mercado e alcançar vantagens competitivas. Espera-se que todos os agentes contribuam para um resultado de biodiversidade com positividade líquida até 2030, partindo da linha de base de 2020. No entanto, não há um limite máximo de quão positivo para a natureza o resultado deve ser. O ponto de inflexão na curva de natureza positiva em 2030 significa apenas estar acima da linha de base de 2020, o que constitui a meta mínima, sem mencionar um resultado máximo esperado. Portanto, o nível de ambição das empresas em suas estratégias e a eficácia na implementação de resultados positivos para a natureza se tornarão fatores cruciais para determinar seu reconhecimento e seu valor. Isso influenciará sua exposição a riscos e custos, afetando sua credibilidade, a confiança dos investidores, o reconhecimento social e, por fim, seu valor econômico.

Para alcançar um resultado de biodiversidade líquida positiva, as empresas devem adotar uma abordagem disciplinada e seguir a hierarquia da mitigação. Essa hierarquia deve ser aplicada tanto aos impactos de suas operações diretas quanto àqueles que ocorrem ao longo de toda a cadeia de valor. A hierarquia da mitigação é a abordagem principal para que as empresas lidem de forma eficaz com seus impactos ambientais.[53, 54]

Como mencionado previamente, as etapas fundamentais da hierarquia de mitigação são, em primeiro lugar, prevenir todos os danos evitáveis à natureza (por exemplo, redirecionando projetos de infraestrutura para longe de áreas protegidas ou de alto valor ecológico). Em segundo lugar, deve-se mitigar ou minimizar os impactos inevitáveis (por exemplo, por meio da redução de ações prejudiciais em habitats naturais, limitando o número de vias de acesso a um canteiro de obras ou construindo passagens adequadas para a fauna ao longo de uma infraestrutura linear). Em terceiro lugar, quando possível, deve-se restaurar a extensão, a condição e a funcionalidade da natureza que foi perdida (por exemplo, recuperar in loco áreas impactadas por obras ou construir passagens para a vida selvagem ao longo de uma infraestrutura linear para restabelecer corredores ecológicos e a mobilidade da fauna). Em quarto lugar, realizar compensações aos impactos residuais inevitáveis, criando ações positivas que resultem em ganhos ecológicos comparáveis ou superiores aos da realidade anterior, alcançando, inicialmente, uma perda líquida zero, seguida por ganhos líquidos positivos de biodiversidade (um exemplo seria investir na conservação ou restauração de uma área com o mesmo tipo de ecossistema). As empresas podem explorar opções de "compensação interna" (insetting) ou "externa" (*offsetting*), inicialmente com o foco na melhoria do estado da natureza em áreas terrestres ou marinhas sob sua influência. Por fim, existe a oportunidade de investir na conservação ou restauração além de sua esfera de ação (*ex situ*) para alcançar um resultado ainda mais positivo para a natureza.

Figura 6.3 A hierarquia de mitigação.

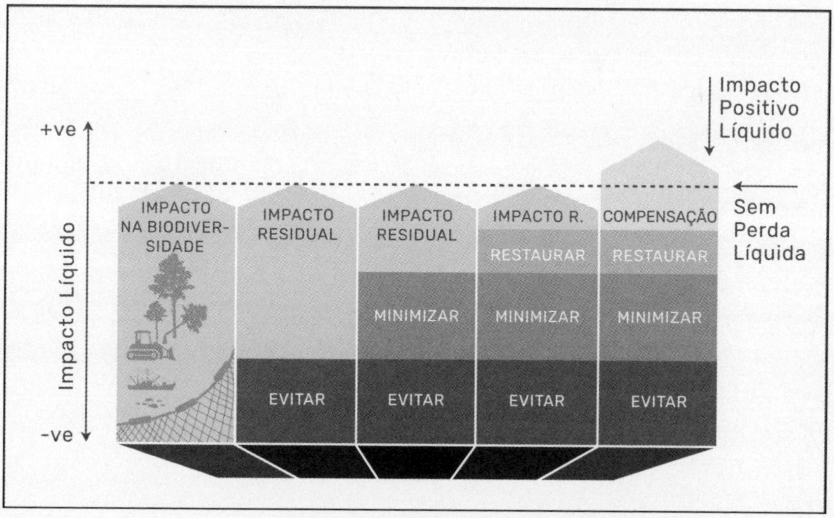

Fonte: Adaptado de The Biodiversity Consultancy.[55]

Variações mais recentes do *framework* original da hierarquia de mitigação incluem a "hierarquia da conservação" que inclui ações para lidar com a perda de biodiversidade histórica, sistêmica e não atribuível e o *framework* AR3T da Science-Based Target Network, que adiciona a "mudança transformadora" em nível sistêmico[56, 57].

Uma mensagem comum nessas três abordagens é que as empresas não precisam esperar para completar todo o seu processo de avaliação. Elas podem, e devem, começar a tomar medidas iniciais para evitar e mitigar impactos conhecidos e mais concretos. No entanto, isso não significa que devem interromper o desenvolvimento de sua estratégia mais ampla ou do processo de definição de metas. Pelo contrário, ao realizar essas etapas iniciais, elas podem ganhar experiência valiosa e construir confiança para lidar com problemas mais complexos nas fases posteriores. Uma abordagem holística e de alta integridade também deve incluir metas claramente mensuráveis e com prazos definidos ao longo de todo o processo da hierarquia da mitigação.

Embora a definição da Meta de Natureza Positiva seja clara e cada vez mais compreendida, o entendimento sobre como desenvolver e implementar uma estratégia eficaz ainda é incipiente. Para avançar, é preciso criar diretrizes de implementação mais claras e abrangentes para diferentes setores, com foco nas metodologias de "*footprinting*", nas Medidas do Estado da Natureza, em como lidar com cadeias de valor, escalas de paisagem e jurisdicionais e desenvolver princípios e diretrizes para contribuições, atribuições e reivindicações. O conceito de um "protocolo para a biodiversidade" deve ser explorado, com uma função semelhante ao Protocolo de Gases de Efeito Estufa (GEE), que garante a integridade na mensuração das emissões dos GEEs. Conforme tenho repetidamente afirmado, isso não significa que empresas e investidores devam esperar até que tudo esteja completamente normatizado e claro como um cristal. À medida que a crise da biodiversidade se acelera, é imperativo que ações para reduzir impactos negativos sejam tomadas imediatamente. Isso também ajuda a construir a experiência e a confiança necessárias para enfrentar os desafios de implementação que surgirão mais adiante.

Existem algumas palavras-chave que caracterizam a abordagem para o desenvolvimento e a implementação de uma estratégia corporativa de natureza positiva. Embora seja um ponto óbvio, é fundamental reforçar que a primeira delas é a "alta integridade". Esse conceito se refere a dois aspectos: a adesão genuína à ambição de implementar resultados de positividade líquida para a biodiversidade e o rigor da abordagem no planejamento e na execução da estratégia. A hierarquia da mitigação, já descrita, é uma ferramenta reconhecida para garantir que todas as etapas sejam cumpridas na sequência correta. A alta integridade deve ser aplicada ao longo de todo o processo: desde a avaliação da pegada ecológica da empresa, passando pelas medidas de prevenção, mitigação e restauração, até a compensação pelo mínimo de impactos inevitáveis. Aplicar a alta integridade em todas essas etapas é crucial para alcançar um resultado verdadeiramente líquido positivo, garantindo o reconhecimento da empresa e evitando a "maquiagem verde" (*greenwashing*).

A segunda palavra-chave é "transparência". A divulgação, vista como um indicador de forte compromisso e abertura para o escrutínio público, tem recebido grande atenção. Não é preciso dizer que, no contexto de uma estratégia de natureza positiva, a divulgação deve impulsionar a ação, e não apenas servir como um relatório. Para isso, as metodologias de divulgação exigem transparência, dados e relatórios detalhados em todo o seu processo.

Embora um resultado líquido positivo seja o equilíbrio entre impactos negativos e positivos, o *framework* da TNFD tem reforçado a necessidade de relatórios separados. Essa abordagem visa evidenciar os impactos negativos remanescentes de uma empresa ou de um portfólio de investimentos. A transição para a natureza positiva é uma jornada inevitável e, para muitas empresas, uma experiência inédita. Por isso, além da integridade e da transparência, que são cruciais, o "compromisso" com a Meta de Natureza Positiva e a "confiança" na proposta de valor dessa transição são igualmente importantes. Em primeiro lugar, empresas que melhoram a eficiência no uso de recursos como matérias-primas, energia e água conseguem reduzir custos operacionais e, ao mesmo tempo, contribuem para as agendas climática e de biodiversidade. Em segundo lugar, empresas que assumem um papel de liderança em relação à biodiversidade terão acesso crescente a capital, incentivos, benefícios fiscais e políticas de negócios "verdes". À medida que os investidores integram cada vez mais o desempenho ESG em suas decisões, isso se refletirá em suas avaliações de mercado. Companhias com fortes credenciais sociais e ambientais serão vistas como mais resilientes a disrupções climáticas e ecológicas, a novos requisitos regulatórios e às expectativas dos consumidores. Ao lado dos indicadores sociais, os investidores têm prestado cada vez mais atenção à redução de impactos na água, no clima e, em especial, na biodiversidade, uma área que tem ganhado foco crescente.

As últimas coisas de que precisamos são a falta de confiança e a ansiedade de empresas e investidores ao se comprometerem com a Meta de Natureza Positiva. Aqueles que primeiro assumirem o compromisso e iniciarem a jornada com ações para uma contribuição positiva para a natureza serão reconhecidos e recompensados. As abordagens setoriais também devem ser incentivadas, pois têm a vantagem de criar perspectivas comuns e um campo de atuação equilibrado dentro do setor. Isso pode gerar reconhecimento e visibilidade, injetando confiança e permitindo que empresas com necessidades, desafios e oportunidades semelhantes aprendam umas com as outras. Embora devam abraçar completamente a ambição da Meta de Natureza Positiva, as empresas não devem ser tímidas ao falar sobre os desafios que enfrentam.

Colocar a biodiversidade no centro da nossa sociedade e economia é um passo crucial. Isso não apenas se torna o principal resultado de uma transição para um futuro positivo para a natureza, mas também serve como um objetivo fundamental para integrar o desenvolvimento socioeconômico e a proteção ambiental. Essa integração precisa ocorrer em todas as esferas: política, planejamento, finanças e implementação. Para isso, é essencial eliminar barreiras, evitar negociações que geram perdas mútuas (*trade-offs negativos*) e adotar uma abordagem de governo unificado (*whole-of-government approach*). As corporações enfrentam um dilema semelhante. Assim como nos governos, onde questões ambientais são frequentemente delegadas ao Ministério do Meio Ambiente e, muitas vezes, contra-atacadas por ministros da área econômica, nas empresas, são as divisões de Responsabilidade Social Corporativa (RSC) e sustentabilidade que lidam com esses temas. Embora a capacidade técnica sobre biodiversidade precise ser melhor desenvolvida em muitas corporações, é igualmente crucial que as estratégias positivas para a natureza resultem de um compromisso total da empresa. Isso deve envolver desde o presidente e o CEO até o diretor financeiro, passando pelos profissionais de gestão de riscos, unidades de operação, acionistas e todas as partes interessadas ao longo da cadeia de valor. No entanto, o desafio vai além de atrair a atenção da alta gestão. É preciso construir a expertise necessária nesses níveis para supervisionar de forma eficaz as estratégias sobre a natureza. Além disso, é fundamental desenvolver um sistema de incentivos vinculado a um desempenho positivo para a natureza. Isso garantirá que as estratégias corporativas superem meros compromissos, recebendo os recursos adequados para sua implementação.

Uma transição para a Natureza Positiva exige mudanças significativas nas operações de muitos setores. No entanto, um estudo do Boston Consulting Group, que analisou mais de 500 iniciativas de sustentabilidade globalmente, revelou que apenas 15 delas transformaram o modelo de negócios das empresas. Esse dado, embora não seja surpreendente, indica que estamos apenas no início desse processo[58]. Para que essa mudança ocorra de fato, é crucial que o impulso venha da alta governança e da gestão da organização.

Ao desenvolver uma estratégia corporativa positiva para a natureza, o maior desafio para muitas empresas é compreender e gerenciar os impactos em sua cadeia de fornecimento. Isso envolve o "rastreamento" desses impactos e a identificação de onde eles ocorrem. Enquanto os impactos nas operações diretas da companhia são relativamente fáceis de identificar e quantificar, avaliar o que acontece em cadeias de fornecimento complexas e globais é um desafio significativo. Isso é especialmente verdadeiro para setores como produtos comerciais, bens de consumo ou mercadorias. Contudo, para muitas dessas empresas, a maior parte dos impactos negativos acontece fora de suas operações diretas. Por isso, a estratégia positiva para a natureza deve, obrigatoriamente, se estender por toda a cadeia de valor. Essa abordagem é essencial para que a empresa possa contribuir de forma completa para reter e reverter a perda da biodiversidade.

O baixo "rastreamento" dos impactos entre os fornecedores e nos custos de produção são obstáculos significativos para o desenvolvimento e a implementação de estratégias de biodiversidade eficazes. Esses pontos devem ser priorizados pelas empresas ao longo do tempo. Conhecer a origem dos impactos em toda a cadeia de valor é crucial para criar estratégias realmente positivas para a natureza. Outro desafio surge quando os esforços de uma empresa são neutralizados pelas ações de outras que operam no mesmo território (terrestre ou marinho) ou na mesma cadeia de valor. Para alcançar resultados mensuráveis, as empresas precisam atuar não só em seus próprios locais de operação, mas também verticalmente — ao longo de toda a sua cadeia de valor — e horizontalmente- em colaboração com outros interessados que atuam na mesma área ou jurisdição, independentemente do setor. Isso significa que a priorização da biodiversidade deve ser uma responsabilidade compartilhada entre a empresa e seus fornecedores. No entanto, essa complexidade não deve ser uma barreira. As empresas devem se comprometer e começar a desenvolver uma estratégia positiva para a natureza, mesmo que baseada na avaliação atual de seus impactos, tornando-a mais precisa com o tempo.

Uma etapa adicional crucial, representada pelo "T" de "Transformar" no *framework* ACT-D (Corporate High-level Actions on Nature (Ações empresariais de alto nível na natureza)[59]), refere-se à contribuição das empresas para a mudança sistêmica necessária em nível setorial, subnacional, nacional ou global, visando alcançar a meta de Natureza Positiva. Isso significa apoiar ativamente a transformação de sistemas (fiscais, financeiros e regulatórios) que, hoje, promovem a perda da biodiversidade. Um exemplo claro é quando as companhias defendem e apoiam mudanças legislativas, o redirecionamento de subsídios prejudiciais ao meio ambiente e a criação de incentivos positivos para a natureza. Este é um tópico delicado, pois historicamente o lobby empresarial tem sido responsável por regulamentações que vão na contramão de visões ambientais progressistas e propostas de redirecionamento de investimentos.

O Observatório Corporativo Europeu, em um relatório de 2017,[60] revelou a atuação de cerca de 25 mil lobistas em Bruxelas, representando uma vasta gama de setores e corporações. A maioria deles, no entanto, não defende legislações ambientais progressistas. O atraso e o enfraquecimento de leis contra o desmatamento na União Europeia, bem como a interrupção dos projetos de lei propostos pelo governo australiano (Australian Nature Positive Bills), são resultados recentes da oposição da indústria às reformas ambientais.

Embora o número de lobistas provavelmente tenha aumentado desde 2017, há sinais de mudança. Um número crescente de empresas progressistas está se unindo a coalizões sustentáveis para apoiar publicamente e defender estruturas ambientais ambiciosas e regras que elevem o padrão do jogo, como o Marco Global da Biodiversidade da ONU. A Coalizão de Empresas de Alta Ambição para Acabar com a Poluição Plástica, por exemplo, tem defendido regras e padrões globais para o plástico, incluindo a definição de metas de redução. Empresas com modelos de negócios baseados em práticas negativas para a natureza, que foram muito lucrativos até agora, são mais resistentes à mudança. No entanto, à medida que surgem mais evidências do impacto material da perda de biodiversidade na sustentabilidade e lucratividade, acionistas e investidores se tornam mais dispostos a apoiar a transição. Isso, por sua vez, persuade as empresas a reconhecerem os benefícios de adotar modelos de negócios positivos para a natureza. Nesse cenário, o papel de liderança dos CEOs e dos Conselhos Diretores é essencial para promover essa nova cultura.

Assim como Roma, um mundo positivo para a natureza não se constrói da noite para o dia. Para atingir esse objetivo, empresas e investidores precisam se comprometer com essa ambição, embarcando em uma jornada para entender seus impactos e dependências. Isso envolve definir e implementar metas para cada impacto identificado, desde as operações diretas até a cadeia de valor. Por ser um processo complexo, a mudança deve começar de dentro, com uma campanha interna de conscientização e engajamento que garanta o comprometimento de todos os colaboradores, em todos os níveis da organização.

Empresas e seus investidores detêm a chave para construir um futuro positivo para a natureza. A justificativa para que qualquer companhia adote essa transição é surpreendentemente simples: trata-se de reduzir riscos no presente e no futuro, aproveitar novas oportunidades e, no fim das contas... garantir a sobrevivência do seu próprio negócio.

6.7 Mercados não podem agir sozinhos: o papel fundamental da regulação

A forma como valorizamos a natureza, tanto de maneira holística quanto econômica, é a base para um futuro próspero. Alcançar um futuro positivo para a natureza sem que o desenvolvimento econômico ocorra em detrimento da natureza exige um esforço coletivo. É preciso superar atitudes, políticas, práticas estabelecidas e interesses já consolidados.

Essa mudança de paradigma, cultural e econômico, sobre a natureza e seus recursos não pode ser delegada exclusivamente ao mercado. Sem regulamentação e uma forte pressão das partes interessadas, o mercado não terá incentivo para investir em ações que evitem impactos ambientais. Além disso, há pouco estímulo para investir na recuperação de recursos e serviços que são gratuitos, especialmente quando os custos ambientais externos não são considerados financeiramente. A crescente conscientização sobre a perda da biodiversidade e nossa dependência da natureza vem mobilizando empresários e investidores com visão de futuro. Muitos têm começado a apoiar regulamentações que criem condições competitivas equitativas, por meio de padrões e normas de divulgação comuns.

A degradação ambiental é um resultado direto das falhas do nosso atual e distorcido sistema econômico. Esforços voluntários ou baseados no mercado, como esquemas de certificação sustentável e compensações de carbono, têm demonstrado repetidamente que os mercados não são, por si sós, capazes de gerar transformações em grande escala. Embora estruturas voluntárias possam ser cruciais para promover conscientização, criando um movimento de vanguarda entre empresas e consumidores e testando novas abordagens, a regulação é fundamental para impulsionar uma transição positiva para a natureza em larga escala.

Precisamos de políticas e regulamentações que possam acelerar a transformação do mercado na velocidade e escala adequadas, oferecendo direcionamento e incentivos para práticas sustentáveis. É necessário também monetizar a perda de biodiversidade para promover a inovação em modelos econômicos de menor impacto ambiental.

No entanto, nem todas as políticas são criadas da mesma forma.[61] Existe uma grande diferença entre políticas que são consagradas em lei e instrumentos não-estatutários, como planos, estratégias e diretrizes. Embora todos sejam genericamente chamados de "políticas", sua capacidade de aplicação legal e de gerar mudanças transformadoras pode variar bastante. Quando a Diretiva da União Europeia sobre Habitats foi validada[62], governos foram levados ao Tribunal de Justiça Europeu por aprovarem projetos de desenvolvimento que afetaram espécies ou habitats ameaçados. Tais projetos foram paralisados e multas foram aplicadas, o que foi possível porque as diretrizes da UE são vinculantes para os países-membros. Por outro lado, "instrumentos não-estatutários", que não passam por processos legislativos formais, muitas vezes não saem do papel. Ao mesmo tempo que evitam longos e quase sempre politizados processos legislativos, esses instrumentos oferecem principalmente diretrizes para os tomadores de decisão e raramente resultam em revisão judicial (quando um tribunal identifica erros processuais nas decisões tomadas). Um plano de *advocacy* ou uma campanha para promover a adoção de novas políticas requer uma análise cuidadosa do instrumento a ser utilizado, com base em uma avaliação técnica e política de sua viabilidade, eficácia e aplicação.

Ao considerar o papel da regulamentação em promover resultados positivos para a natureza, é fundamental focar no que talvez seja a manifestação mais perversa do "paradoxo do desenvolvimento" e de nossa tendência cultural de ignorar a natureza: o "paradoxo dos subsídios". Os números são claros. Governos destinaram, em 2022, pelo menos 1,7 trilhão de dólares em dinheiro público para subsídios que prejudicam o meio ambiente, o que equivale a cerca de 2% do PIB global. Além disso, estima-se que outros 5 trilhões de dólares de financiamento privado foram direcionados para atividades negativas para a natureza, principalmente a extração de combustíveis fósseis, a mineração, a pesca comercial e a agricultura industrializada. Em contrapartida, menos de 200 bilhões de dólares são gastos anualmente em soluções baseadas na natureza, como conservação ou restauração, sem necessariamente garantir resultados efetivos.[63] Embora esses números, por si sós, reflitam o enorme desequilíbrio entre fluxos de financiamento negativos e positivos para a natureza, é provável que os cálculos dos impactos negativos estejam subestimados, dada a dificuldade de analisar o grande volume de financiamentos privados. Por outro lado, os números sobre o que é positivo para a natureza podem estar superestimados devido à dificuldade em evitar a dupla contagem nos gastos públicos, sem mencionar as questões de eficácia. Os custos financeiros que afetam indiretamente a natureza não estão incluídos nesses números, e certamente representam um volume muito maior do que aqueles associados a impactos diretos, pois envolvem um conjunto de setores bem mais amplo.

Dados atualizados para 2024, que incluem subsídios à mineração não-energética e à produção de plásticos, além de refletirem um aumento nos subsídios a combustíveis fósseis, estimam que o total de subsídios prejudiciais ao meio ambiente será de, pelo menos, 2,6 trilhões de dólares. Esse valor equivale a 2,5% do PIB global e representa um aumento de 570 bilhões de dólares (ajustados pela inflação) em relação a estimativas anteriores. Esse total inclui mais de um trilhão de dólares em subsídios a combustíveis fósseis, 600 bilhões de dólares para a agricultura intensiva, 390 bilhões de dólares para projetos de engenharia hidráulica, 180 bilhões e 175 bilhões de dólares para silvicultura não-sustentável e para infraestrutura destrutiva respectivamente, 55 bilhões de dólares para pesca não-sustentável, 40 bilhões de dólares para mineração e uma soma extraordinária de 30 bilhões de dólares para plásticos[64]! O resultado é que quase 7% do PIB global está sendo direcionado à destruição do meio ambiente. Para efeito de comparação, os gastos militares globais em 2023 alcançaram o pico histórico de 2,24 trilhões de dólares, ou 2,3% do PIB global.[65]

Figura 6.4 Gastos anuais dos governos em subsídios nocivos ao meio ambiente

Fonte: Adaptado de Koplow, D.; Steenblik, R., 202466.

Figura 6.5 O financiamento da nossa guerra global contra a natureza

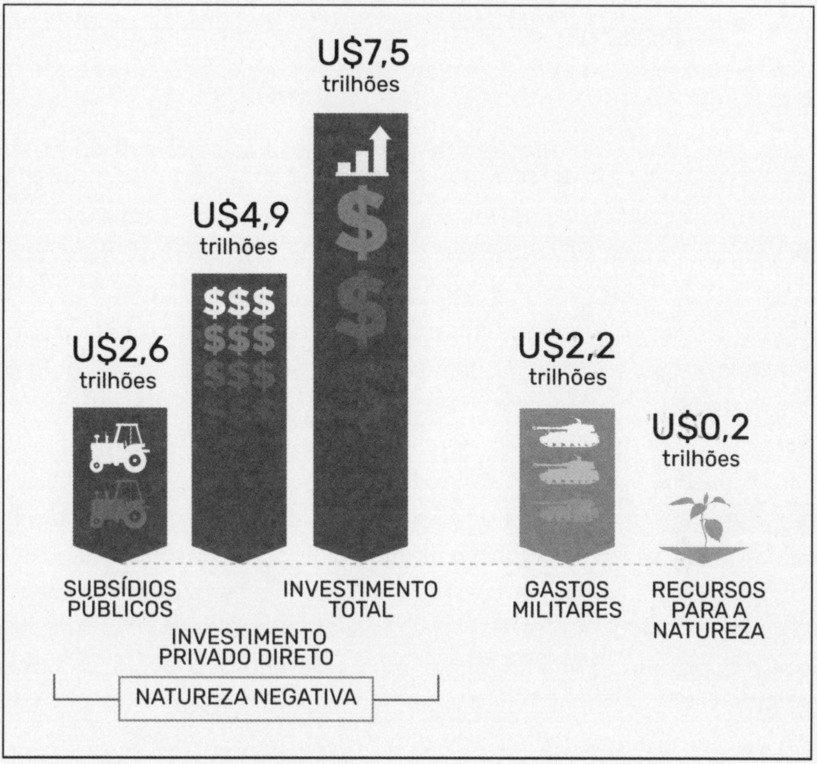

Fonte: Adaptado de UNEP, 2023; Koplow, D.; Steenblik, R., 202467, 68.

Temos gastado pelo menos três vezes mais dinheiro em uma guerra contra a natureza do que em conflitos entre seres humanos, como se a natureza fosse nosso maior inimigo. Uma guerra silenciosa, quase sempre invisível, mas catastrófica, tem sido travada diariamente. Nela, danos e baixas não são contabilizados. Como disse Carlos Manuel Rodriguez, ex-ministro do meio ambiente da Costa Rica e atual CEO da Global Environment Facility: "Hoje não existe um único país que invista mais em proteger a natureza do que em atividades que a destroem. Isso precisa mudar".[69]

A União Europeia, apesar de seu ambicioso e avançado pacote legislativo chamado "Grande Acordo", ainda destina mais de 350 bilhões de euros por ano em subsídios para a agricultura, apoiando amplamente práticas industriais prejudiciais à natureza. Atualmente, 75% dos pagamentos a agricultores pela Política Agrícola Comum da UE têm beneficiado de forma desproporcional as grandes propriedades e a produção intensiva, em vez de focar nas necessidades dos pequenos proprietários e na transição para práticas sustentáveis. Essa é uma contradição política flagrante dentro da própria instituição, um problema que se repete na maioria dos países.

As políticas fiscais, que determinam como os governos usam e gastam as receitas tributárias, funcionam como um poderoso instrumento de regulação. Por meio de mecanismos de incentivo e desincentivo, elas podem impulsionar e apoiar transições e inovações positivas para a natureza. O Marco Global para a Biodiversidade de Kunming-Montreal, por exemplo, destaca a necessidade de eliminar ou redirecionar anualmente 500 bilhões de dólares em subsídios prejudiciais ao meio ambiente até 2030.[70]

O paradoxo dos subsídios é resultado de uma abordagem em silos para o desenvolvimento, na qual as metas econômicas não estão integradas com os objetivos de neutralidade de carbono e de Natureza Positiva. Em vez de maximizar as sinergias entre desenvolvimento e meio ambiente, as compensações (os *trade-offs*) são frequentemente ignoradas, levando a uma gestão ineficiente. O maior desafio recai sobre os ministérios e órgãos reguladores, que precisam alinhar de forma integrada a implementação de metas socioeconômicas e ambientais. Em outras palavras, trata-se de concretizar o Marco dos Objetivos de Desenvolvimento Sustentável. Governos, seus bancos centrais e órgãos reguladores financeiros detêm o poder e a oportunidade de incentivar transições setoriais, redirecionando fluxos financeiros para inovações e práticas sustentáveis.[71]

Em 2016, a Colômbia implementou uma taxa de carbono, cujos lucros foram parcialmente destinados a um fundo de proteção da biodiversidade. Este é um exemplo de como mercados regulados podem mobilizar financiamento para a natureza e, ao mesmo tempo, reduzir impactos ambientais. O Sistema de Comércio de Emissões da União Europeia (EU ETS), o primeiro e maior mercado de carbono do mundo, lançado em 2005, foi por muitos anos considerado ineficaz, pois o preço por tonelada de emissões de carbono era muito baixo. O aumento recente nos preços das licenças começou a contribuir para a aceleração da eliminação gradual do carvão no mercado de energia da União Europeia.

Um exemplo de sucesso no redirecionamento de subsídios é o apoio a proprietários de terra, incluindo pequenos produtores, por meio de Pagamentos por Serviços Ambientais (PSA). A Costa Rica é um dos países pioneiros em esquemas como esse. O país centro-americano enfrentou uma alta taxa de desmatamento nos anos 80, com sua cobertura florestal caindo de 50% em 1950 para apenas 23,4% em 1985. Em 1996, o governo introduziu um programa de PSA para incentivar os proprietários a aumentar a cobertura de floresta nativa. Hoje, as florestas naturais foram recuperadas e cobrem novamente mais da metade do país.[72]

Embora a regulamentação e o financiamento sejam os motores essenciais para uma transição positiva para a natureza, essa mudança vai além de leis e dinheiro. Precisamos abraçar essa transição de forma cultural, moral, emocional e política. É fundamental entender os riscos e custos de falhar, bem como os benefícios e oportunidades de ter sucesso. Somente por meio de um compromisso consciente e determinado seremos capazes de gerar a vontade e a confiança necessárias para adotar uma transição efetivamente positiva para a natureza. Isso exige superar poderosas barreiras biológicas, psicológicas e sociopolíticas.

6.8 Resistindo à resistência: bloqueios e barreiras para realizar a "Grande Transição"

"O velho mundo está morrendo. O novo luta para nascer. E, nesse tempo de luz e sombra, surgem os monstros"[73]. O filósofo italiano Antonio Gramsci escreveu essas palavras fortes e sombrias a sua mãe entre 1929 e 1935, enquanto estava preso pelo regime fascista. Tratava-se de um contexto em que os movimentos nazista e fascista (os "monstros") ganhavam força em uma Europa mergulhada em profunda crise socioeconômica, enquanto a América enfrentava a Grande Depressão — uma tempestade perfeita de condições que levaria à erupção da Segunda Guerra Mundial. Vejo um paralelo impressionante com o mundo atual, onde o velho e falido modelo econômico insiste em não dar lugar a um novo futuro — mais sustentável e equitativo — que tenta se afirmar. Hoje, os "monstros" são os interesses escusos e seus executores políticos, que procuram obstruir por todos os meios possíveis a transição para um amanhã melhor, mais seguro e mais justo para todos nós. Em poucas palavras: um futuro positivo para a natureza.

Um aviso prévio: este capítulo aborda um tema delicado e controverso e tem, de fato, a intenção de provocar ideias, reflexões e debate.

O que você escolheria: um mundo poluído por produtos químicos tóxicos, devastado por secas, inundações e queimadas, empobrecido em beleza e serviços da natureza, ameaçado por surtos de doenças que custariam milhões de vidas e trilhões de dólares; ou um mundo estável, rico em natureza e tendo uma fração desses custos?

Isso parece uma pergunta tola. A resposta é óbvia — ainda mais porque somos a geração mais consciente, em termos ecológicos, que já existiu. De acordo com uma pesquisa recente da IPSOS com países do G20, 59% dos entrevistados declararam estar bastante preocupados com o estado atual da natureza e mais da metade disse sentir-se pessoalmente exposta a riscos ambientais.[74] Então, por que tantas lideranças e indivíduos demonstram falta de clareza e determinação diante do que precisa ser feito? Por que, repetidas vezes, damos um passo à frente e meio passo atrás? Por que seguimos adiando a transição urgente, aproximando-nos perigosamente dos pontos de inflexão?

O modo de ser humano: atitudes diante do perigo e da mudança

Acredito que grande parte da resposta a essas questões esteja na forma como a evolução moldou nossas reações aos limites, ao perigo e à mudança. Para compreender os desafios profundamente enraizados em uma transição positiva para a natureza — assim como em outras transformações socioeconômicas relevantes, como a descarbonização e a busca por equidade — recorro à biologia evolucionista e à psicologia. Essas áreas podem ajudar a identificar as raízes biológicas e psicológicas que nos impedem de abraçar aquilo que é, ao mesmo tempo, a única e a mais lógica transição para um futuro mais seguro e justo. Antes de tudo, precisamos reconhecer que nosso instinto de sobrevivência, de forma consciente ou inconsciente, influencia muitas de nossas respostas e decisões, levando-nos a priorizar interesses imediatos.

Sim, de um ponto de vista evolucionista geral, nosso objetivo primordial é, "simplesmente", sobreviver. Isso não é exclusivo da espécie humana, mas um código presente em todas as formas de vida, transmitido por nossos genes ao longo de incontáveis gerações para garantir tanto a sobrevivência dos indivíduos quanto a continuidade das espécies. Sobreviver na natureza é duro. Foi nessa luta pela sobrevivência que passamos a maior parte de nossa história como espécie e que a evolução nos moldou para sermos bem-sucedidos. A sobrevivência individual é a condição fundamental pela qual a Vida – essa rara e extraordinária condição biofísica encontrada em nosso planeta e, talvez, em poucos outros lugares do universo – pode continuar e evoluir. Apenas assegurando nossa sobrevivência e bem-estar podemos contribuir para as formas de vida futuras que nos sucederão: nossos descendentes no curto prazo e, em uma perspectiva de mais longo alcance, possivelmente outras espécies. Isso é óbvio e intuitivo, mas raramente refletimos conscientemente nesses termos. Como indivíduos, fomos selecionados por nossa capacidade de sobreviver e por nossa engenhosidade em encontrar soluções para desafios específicos. Além disso, como muitos outros animais sociais – ainda que por meio de formas cada vez mais sofisticadas – desenvolvemos normas que nos ajudam a sentir segurança, a viver e prosperar em grupo, na medida em que a sobrevivência coletiva sustenta a individual, e vice-versa. Consequentemente, o medo e a busca por segurança, a evitação do perigo e a conquista do bem-estar são forças poderosas – talvez os motores mais determinantes da evolução. Da mesma forma, perdas e ganhos, riscos e recompensas estão no centro de nossa forma de decidir. Eles se manifestam em nossa vida individual, familiar e comunitária, no trabalho e na sociedade. No fundo, tudo isso remete ao "gene egoísta" ou ao instinto de autopreservação, que domina não apenas nossa existência, mas a de toda a vida na Terra.

A condição mais fundamental para a sobrevivência – comum a todas as formas de vida – é o acesso a recursos vitais, como alimento e água. A limitação e a competição por esses recursos moldaram extraordinárias adaptações físicas e comportamentais em todo o mundo natural. Os seres humanos, desde os tempos antigos até a modernidade, sempre estiveram diante do desafio de garantir tais recursos e de lidar com sua escassez.

Uma de nossas primeiras estratégias de sobrevivência diante da limitação de recursos foi a migração para territórios mais férteis e seguros. Essa foi a força que desencadeou muitas das grandes migrações ao longo da história da nossa espécie. Mesmo nas sociedades mais estáveis da modernidade, pode-se argumentar que ainda recorremos à mesma lógica. A diferença é que, em vez de nos movermos em massa, hoje utilizamos caminhões, navios e aviões para transportar enormes quantidades de recursos de territórios distantes para nosso consumo. Esse processo criou uma desconexão ainda maior entre nós e os recursos que utilizamos. Muitas vezes ignoramos sua origem e os meios pelos quais são obtidos. Além disso, alguns desses recursos chegam até nós tão processados e manipulados que já não é possível identificar sua forma original. Isso altera nossa percepção, levando-nos a desconsiderar o declínio desses recursos e, consequentemente, a nos tornarmos menos propensos a utilizá-los de forma sustentável.

Após as primeiras grandes migrações do *Homo sapiens* pelos continentes – deixando em seu rastro uma onda de extinções de outras formas de vida, incluindo espécies do próprio gênero Homo, como consequência de nossas ações – passamos a nos fixar mais e a aprender a explorar recursos de forma relativamente sustentável. Se não tivéssemos conseguido fazê-lo, os resultados teriam sido fome, doenças e novos conflitos. Essa cultura de uso sustentável permanece enraizada em muitas populações indígenas que ainda hoje mantêm contato direto e dependência da natureza selvagem. No entanto, com o advento da agricultura, da pecuária e das tecnologias de massa, fomos gradualmente perdendo essa relação de equilíbrio com a natureza, assim como o conhecimento de como viver de maneira sustentável. Depois de um século de progresso socioeconômico exponencial, que tem conduzido nossa economia e sociedade para fora do equilíbrio com o mundo natural, começamos agora a compreender a importância dos limites planetários – e as consequências de ultrapassá-los.

O perigo é o motor evolucionista mais poderoso porque afeta de forma mais direta nossa sobrevivência. Nossa reação tende a ser mais decisiva quando estamos diante de uma ameaça óbvia e iminente. Diante de escolhas, optamos pelo que acreditamos garantir nossa segurança, oferecer maiores recompensas e assegurar nosso bem-estar. Esse mesmo motor inato, no entanto, também sustenta nosso modelo de desenvolvimento econômico ganancioso e insustentável. Ainda assim, a crescente consciência das ameaças impostas pelas crises climática e ambiental deveria, idealmente, nos motivar a adotar mudanças – mais uma vez, em nome de nossa sobrevivência. Nossa melhor chance de superar a "Grande Ameaça" do Antropoceno é internalizar, emocional e racionalmente, que a mudança climática e a perda de biodiversidade constituem ameaças existenciais, e que a escolha segura é a sustentabilidade. Entretanto, barreiras psicológicas profundas ainda dificultam essa transição.

Em primeiro lugar, estudos psicológicos sobre comportamento mostram que nós — assim como outros animais — temos a tendência primordial de lidar com ameaças evitando-as. A incerteza implícita à mudança é, de alguma forma, percebida como ameaça e, por isso, a reação mais comum é evitá-la. No enfrentamento da mudança, temos maior aversão a perder do que apreço por ganhar. Em outras palavras, valorizamos mais o que já possuímos — mesmo que insatisfatório — do que aquilo que poderíamos conquistar, mas ainda não experimentamos. Essa é outra forma de evitar o perigo potencial de ficarmos menos seguros ou em uma situação pior. Tendemos a adotar a mudança com mais facilidade quando conseguimos experimentar ou perceber de forma clara seus benefícios.

Evitar perigos e riscos constitui uma "escolha segura" em termos evolucionistas. No entanto, nossa aversão fundamental ao risco e nossa resistência à mudança tornaram-se, hoje, poderosos obstáculos a uma transição positiva para a natureza. A sedução do business-as-usual está justamente no fato de ser familiar. Como diz o ditado: "é melhor lidar com o diabo que já conhecemos".

Um dos meus mentores mais queridos, o brilhante etólogo italiano já falecido, professor Danilo Mainardi, costumava dizer que, ao longo de nossa trajetória de desenvolvimento, nossa cultura e nossa estrutura socioeconômica nos levaram a perder, cada vez mais, a sincronia com as normas ecológicas do planeta, tornando-nos mal adaptados a viver em equilíbrio com o mundo natural. Eu acrescentaria que, como nossa natureza é antes de tudo biológica — e apenas depois cultural —, e como nossa dependência é essencialmente ecológica, não podemos nos iludir de que esse desequilíbrio possa se prolongar por muito mais tempo. Estar mal adaptado não é uma condição segura para permanecer.

Em segundo lugar, os seres humanos são uma espécie reativa: respondemos de forma brilhante a ameaças imediatas e à resolução de problemas urgentes, mas revelamos fragilidade diante de riscos percebidos como distantes. Nossa tendência de privilegiar escolhas imediatas tem enormes implicações, sobretudo quando se trata de enfrentar problemas ainda vistos como de longo prazo, como as crises climática e da natureza. O foco no curto prazo quase sempre nos leva a hesitar em fazer até mesmo pequenos sacrifícios — abrir mão ou reduzir confortos dos quais gostamos — em troca de benefícios muito mais duradouros. Mudanças na dieta são um exemplo típico. Apesar da crescente conscientização sobre os impactos do consumo de produtos da pecuária no clima, na biodiversidade e na saúde humana, nossos hábitos alimentares têm se transformado de forma extremamente lenta. Continuo a participar de conferências sobre sustentabilidade, mesmo aquelas centradas em clima, biodiversidade e alimentação, nas quais os alimentos servidos estão longe de serem sustentáveis. O gosto e a identidade cultural permanecem como as principais razões para continuar a consumir carne — ou ao menos para não reduzir esse consumo — apesar de conhecermos os danos diretos e indiretos que isso nos causa, sem falar dos impactos sobre a biodiversidade e sobre os próprios animais da pecuária.

Tendemos a nos destacar na tomada de decisões diante de questões pontuais e na busca por soluções imediatas e diretas. No entanto, considerar consequências futuras ou ameaças que não nos afetam de forma iminente — ou que não atingem pessoas de nosso círculo social imediato — é muito mais difícil para nós. Além disso, para que uma ameaça seja plenamente reconhecida, ela precisa ser percebida pelos nossos sentidos. Internalizar intelectualmente uma ameaça abstrata exige um esforço maior e uma compreensão profunda do problema em questão. Podemos reagir prontamente ao perigo de uma inundação ou de um tufão, mas não somos tão propensos a lidar com uma mudança sistêmica no clima. Mesmo com o agravamento das mudanças climáticas, seguimos testemunhando repetidamente esse tipo de atitude no mundo inteiro. Em 2024, por exemplo, o rei da Espanha foi chamado de assassino e alvo de ataques de uma multidão irada em Valência, que acusava as autoridades de não terem alertado a população com rapidez suficiente para prevenir os danos causados por inundações que tragicamente vitimaram centenas de pessoas. Mas não me parece que muitos tenham acusado os setores de combustíveis ou de agricultura — ou refletido sobre nossos estilos de vida intensivos em energia —, as verdadeiras causas que estão na raiz dos eventos climáticos extremos.

Nas últimas eleições na União Europeia e nos Estados Unidos, a maioria das pessoas votou em candidatos explicitamente negacionistas quanto à existência da mudança climática causada pela ação humana, alguns dos quais chegaram a defender a retomada do uso de carvão, petróleo e gás. E tudo isso ocorreu tendo como pano de fundo a intensificação evidente de eventos climáticos extremos, que devastaram vidas e meios de subsistência, gerando custos já estimados em centenas de bilhões de dólares por ano — um valor que não para de crescer. A perda de biodiversidade, por sua vez, é ainda menos perceptível que a mudança climática e seus eventos extremos e permanece, de fato, praticamente invisível para a maioria de nós — o que apenas reforça o caráter insidioso da ameaça real que representa.

Percepções são mais importantes que a realidade

Em uma escala de tempo humana, a perda da biodiversidade é percebida tanto como "cronologicamente distante" — ainda muito longe no tempo — quanto como um processo lento se comparado a ameaças imediatas que nossos instintos evolucionários detectam com mais facilidade. Isso contribui não apenas para a falta de valorização da perda da natureza, mas também para a subestimação de suas consequências. Consequências indiretas e de longo prazo são objetivamente difíceis de conceituar, assim como os efeitos inesperados de certas ações. Além disso, a chamada "síndrome da linha de base deslocada" resulta de outro tipo de viés temporal. O termo refere-se à perda de referência e ao esquecimento, por cada geração, da verdadeira escala do declínio da natureza e da biodiversidade, criando para si mesmas uma nova linha de base.[75] Isso sustenta o contínuo — e já bem documentado — declínio da biodiversidade, que muitas vezes passa despercebido. Na América do Norte, existem atualmente cerca de 600 mil búfalos (bisões), enquanto a África abriga aproximadamente 450 mil elefantes. Esses números parecem significativos até que saibamos que, apenas 200 anos atrás, a população de bisões chegava a 30 milhões e que, há menos de 50 anos, havia cerca de 1,3 milhão de elefantes africanos. Da mesma forma, sentimos conforto ao avistar algumas abelhas, borboletas e aves em áreas rurais, mas não compreendemos imediatamente o significado da queda em relação a algumas décadas atrás. De fato, na União Europeia, 15 espécies de borboletas de pastagem sofreram um declínio de 29% entre 1991 e 2020.[76] Somente na América do Norte, houve a perda de 2,9 bilhões de aves, e, de modo geral, quase três quartos das populações de vertebrados diminuíram nos últimos 50 anos.[77,78] O mesmo viés da linha de base deslocada se aplica ao declínio de habitats e ecossistemas. Para compreender plenamente essa redução, precisamos recorrer a dados e tendências científicas — que, muitas vezes, não estão acessíveis nem são facilmente compreendidos pelo público.

A perda da natureza também é percebida por nós como algo fisicamente distante. Um número crescente de pessoas vive em ambientes artificiais ou fortemente modificados, onde a biodiversidade já é menos abundante e seu declínio menos evidente. Grande parte da vida natural deixou de ser visível no cotidiano — como os peixes nos oceanos e rios, os vermes no solo ou as aves nas florestas. Para a maioria das pessoas, esse declínio permanece fora de sua vista e, consequentemente, de sua consciência.

Por fim, quando uma ameaça é percebida como excessivamente grave ou de dimensões descomunais, tende a parecer insuperável — e a reação a ela torna-se ainda mais extrema e variada, fortemente moldada por diferenças individuais, culturais e de valores. No caso das crises ambientais, observamos respostas que vão, entre os grupos mais conscientes e sensíveis, da *ecoansiedade* à *ecodepressão* e até à *ecoraiva*, enquanto entre grupos menos reativos — ou entre aqueles mais diretamente impactados pela transição — surgem o negacionismo ou um otimismo distorcido. Essa diversidade de reações é particularmente evidente na sociedade atual, marcada por questões complexas, polarizadas e ameaçadoras. Em contextos polarizados, as pessoas podem adotar uma posição que, com o tempo, cristaliza-se em ideologia ou identidade, mesmo diante de evidências científicas amplamente reconhecidas ou do mais elementar senso comum.

A postura defensiva inflexível de uma pessoa pode levar ao negacionismo e tornar-se difícil de ser modificada. Foi o que observamos durante a pandemia de Covid-19, e as mesmas forças psicológicas estão em jogo no que se refere à mudança climática e à perda da biodiversidade. As reações são tão impulsivas que até mesmo as evidências científicas mais rigorosas e bem comunicadas podem ser recebidas com negação e desconfiança. Esse processo é reforçado pelo mecanismo psicológico de criação de uma "identidade", geralmente associada a um movimento, corrente de pensamento ou mesmo partido político, tornando-se uma expressão de "tribalismo cultural", no qual as pessoas encontram conforto em tempos de incerteza e insegurança. Compreender o comportamento humano e os mecanismos sociopsicológicos que tanto impedem quanto possibilitam que grupos diversos se unam e se coordenem é fundamental para enfrentar desafios de escala global, como a mudança climática e a perda da biodiversidade. Precisamos encontrar um caminho para forjar uma "identidade global" que se estenda a uma "tribo global", capaz de lidar coletivamente com os "desafios globais comuns".

Em menos de duas semanas, entre setembro e outubro de 2024, os furacões Helene e Milton — dois dos mais devastadores já registrados — atingiram a Flórida, causando perdas econômicas astronômicas e trágicos impactos sobre vidas e meios de subsistência. Na esteira do desastre, espalhou-se um dilúvio de desinformação e manipulações políticas, dando origem a uma das mais surpreendentes teorias da conspiração: a de que os furacões teriam sido resultado de uma suposta "geoengenharia" conduzida pelo governo dos Estados Unidos para intimidar e influenciar um setor específico do eleitorado. Apenas um mês depois, os norte-americanos elegeram como futuro presidente um negacionista da mudança climática.

Psicólogos especializados em teorias da conspiração explicam que, diante de eventos incontroláveis — como os megafuracões, cada vez mais frequentes e destrutivos —, as pessoas tendem a recorrer a "teorias conspiratórias" que preservem sua sensação de segurança e as ajudem a recuperar a impressão de controle79. A teoria da "identidade" pode também ter desempenhado um papel nesse processo.

O psicólogo norueguês Per Espen Stoknes identifica cinco barreiras psicológicas que dificultam a resposta à mudança climática[80] e que podem, em grande medida, ser aplicadas também à perda da biodiversidade. São elas: distância, fatalismo, dissonância cognitiva, identidade e negação. A seguir, apresento minhas definições levemente revisadas dessas barreiras, adaptadas à crise da natureza. "Distância" inclui a percepção de que o problema está longe no tempo ou no espaço, seja em termos sensoriais, seja em termos sociais. "Fatalismo" é uma visão pessimista que pode levar ao cinismo, à inação ou à aceitação passiva do problema (o que pode levar à depressão, ansiedade ou raiva, sentimentos particularmente visíveis entre as novas gerações, alimentados por uma profunda sensação de frustração e injustiça). "Dissonância cognitiva": ocorre quando nossas ações não se alinham às nossas crenças e não temos a determinação de agir de forma coerente, buscando desculpas ou recorremos a "ações de viés singular" — quando realizamos um gesto isolado e nos autoconvencemos de que isso basta, quando evidentemente não é suficiente. "Identidade" é a decisão de adotar uma visão de mundo que se conforma à perspectiva ou ideologia de um grupo ao qual pertencemos ou com o qual escolhemos nos associar (essas identidades podem se formar em diferentes esferas – social, política, étnica, geográfica ou profissional) e, finalmente, "negação", que pode ser o resultado das outras barreiras, levando-nos, consciente ou inconscientemente, a rejeitar a própria existência do problema. Diante de ameaças percebidas como incontroláveis – como a mudança climática, a acidificação dos oceanos ou a extinção em massa de espécies –, algumas pessoas recorrem à negação ou mesmo a teorias da conspiração para preservar sua sensação de segurança. Trata-se, em última instância, de um mecanismo de defesa para evitar aceitar uma verdade desconfortável ou de uma tática deliberada para proteger interesses escusos.

Eu acrescentaria ainda o "*otimismo distorcido*", uma atitude ou esperança baseada na expectativa de que os problemas se resolverão por si mesmos ou de que soluções improváveis ou quase milagrosas surgirão de fontes externas. No caso da mudança climática ou da perda da biodiversidade, muitas pessoas depositam suas esperanças na tecnologia. Sem dúvida, a inovação tecnológica desempenha um papel fundamental para apoiar e acelerar a transição rumo à neutralidade de carbono e a uma sociedade Natureza Positiva. No entanto, está mais do que comprovado que a tecnologia é tão boa (ou ruim) quanto o sistema que a utiliza. Um sistema econômico que não valoriza a natureza não irá desenvolver tecnologias para protegê-la ou para usar seus recursos de forma sustentável, mas sim para explorá-la e destruí-la de maneira mais eficiente. E é exatamente isso que temos visto acontecer: passamos dos machados para as motosserras, do estrume para fertilizantes e pesticidas químicos, das varas de pesca para imensas linhas oceânicas, grandes traineiras e tecnologia sonar de detecção de cardumes. A tecnologia pode, sem dúvida, ser uma aliada essencial da sustentabilidade – mas somente quando integrada a padrões de produção e consumo sustentáveis e orientada por um propósito claro de operar dentro dos limites planetários.[10] Para isso, é necessário antes transformar nossas percepções e atitudes em relação à natureza. Apostar em tecnologias futuras ainda não testadas, tanto em termos de eficácia quanto de efeitos colaterais, é arriscado e pode alimentar o "otimismo distorcido", desviando a atenção das falhas atuais do sistema. Pior ainda, esse desvio pode acabar legitimando a lógica do business-as-usual ou fornecer um álibi para a postergação e a inação.

Figura 6.6 Principais reações psicológicas e barreiras para agir diante das crises do clima e da natureza

DISTANCIAMENTO	CONDENAÇÃO
a questão é percebida como distante no tempo, no espaço, na percepção sensorial e em termos sociais	perspectiva pessimista que leva a cinismo, depressão, ansiedade ou raiva exagerados
DISSONÂNCIA	**IDENTIDADE**
as ações não estão alinhadas às crenças, p. ex., "viés de ação única" nos convence de que o que fazemos é suficiente	nossa decisão de adotar uma visão compartilhada por outros, p. ex. um grupo social, político, geográfico
OTIMISMO ENVIESADO	**NEGAÇÃO**
esperança de que as coisas vão se resolver sozinhas ou que a solução virá de fontes externas	quando decidimos, conscientemente ou não, abordar a questão negando ativamente sua existência

Fonte: adaptado de Stoknes, P. E., 2015[80].

A relação entre estresse e comportamento humano é intuitiva, mas seus aspectos psicológicos e neurológicos são complexos, assim como as diversas atitudes e respostas emocionais que suscita. Essa questão vem ganhando importância diante dos crescentes níveis de estresse no mundo. Do ponto de vista bioquímico, o estresse induz à inflamação celular, desencadeando uma reação em cadeia que envolve processos inflamatórios e neurais interconectados, com impactos negativos sobre comportamentos como a tomada de decisões. Pesquisadores têm investigado fatores de estresse como as mudanças climáticas, os conflitos e a pandemia de Covid-19. Esses agentes externos podem inclusive provocar alterações no genoma celular, em mecanismos de contenção ou adaptação.[81] Abre-se, assim, um campo de pesquisa fascinante para examinar reações a fatores de estresse não apenas sob bases biológicas e neurológicas, mas também em dimensões psicológicas e comportamentais.

Como fazer do "*Business Unusual*" algo visto como melhor e mais seguro que o "*Business-as-Usual*"

Evidências sólidas de estudos psicológicos destacam a relação entre responsabilidade social e ambiental e valores altruístas e empáticos, indicando que indivíduos altruístas tendem a adotar comportamentos mais sustentáveis. A responsabilidade social e ambiental pressupõe a limitação de interesses individualistas e a adoção de atitudes altruístas. Pesquisas associam a oxitocina — um hormônio peptídico conhecido por promover vínculos sociais, amor e sentimentos positivos — ao altruísmo.[82] Altruísmo e empatia evoluíram como mecanismos para fortalecer laços sociais, ampliando as chances de sobrevivência e bem-estar, tanto individuais quanto coletivas. Curiosamente, embora não surpreenda, a oxitocina não está presente apenas nos seres humanos e em todos os mamíferos, mas em todo o reino animal: peixes, aves, répteis e até espécies antigas, como os polvos, possuem sua própria versão dessa substância.

Os limites do altruísmo e da empatia tendem a se restringir mais facilmente a círculos sociais próximos, como a família, os amigos, a comunidade e até mesmo a nossa própria espécie. É muito mais difícil encontrar evidências de sentimentos e comportamentos altruístas aplicados a categorias socialmente distantes, como gerações futuras de pessoas desconhecidas ou formas de vida não humanas. As exceções costumam estar nos animais com os quais estabelecemos vínculos afetivos próximos ou em interações que despertam emoções semelhantes às que sentimos em relação a humanos — como no convívio com nossos animais de estimação, em experiências inspiradoras como um safári para ver elefantes, um mergulho com golfinhos, ou mesmo ao nos deixar envolver por um documentário sobre a natureza. Amamos nossos gatos e cachorros, papagaios e coelhos, mas consumimos com naturalidade porcos, vacas e galinhas que, em sua maioria, foram criados de forma industrializada e submetidos a intensos sofrimentos. Choramos a morte de compatriotas, mas também somos capazes de desumanizar pessoas de outros países, raças ou religiões, justificando assim a discriminação, guerras e até atos de terrorismo.

Pesquisas também mostram que o altruísmo influencia com maior facilidade os comportamentos sociais do que os ambientais. Estudos investigaram as preferências de indivíduos em apoiar iniciativas filantrópicas sociais em detrimento das ambientais e constataram que a liberação de oxitocina aumentava a tendência de favorecer causas sociais. Isso sugere que, para que comportamentos ambientalmente sustentáveis ganhem maior relevância, é necessário internalizar o papel essencial que um ambiente saudável desempenha no bem-estar humano.

Outra dimensão fascinante é que, seja por nossa aversão a mudanças ou pelo chamado viés da ação singular, tendemos a favorecer o surgimento de novos comportamentos sustentáveis em vez de reduzir aqueles prejudiciais ao meio ambiente. Pesquisas em Neurociência mostram que regiões do cérebro ligadas à memória são particularmente ativadas quando imaginamos novas ações que promovem maior sustentabilidade. Já a ideia de reduzir comportamentos não sustentáveis ativa áreas centrais do cérebro associadas ao controle inibitório. Esse mecanismo pode suprimir lembranças de ações nocivas ao meio ambiente, abrindo espaço para pensamentos voltados a alternativas sustentáveis83. Isso ajuda a explicar por que temos mais dificuldade em interromper práticas não sustentáveis do que em adotar rapidamente novas práticas sustentáveis, ressaltando a importância de desenvolver alternativas viáveis e acessíveis.

Transições também enfrentam desafios de natureza semelhante, e por vezes ainda mais sombria — os "privilégios" e os "interesses escusos". De forma parecida ao que ocorre com a pressão pela neutralidade de emissões na ação climática, à medida que sociedade e economia começam a compreender a dimensão da mudança, do esforço e do investimento necessários para um futuro positivo para a natureza, ressurge uma retórica populista e retrógrada que rotula essas transições como "anti-desenvolvimentistas". A realidade, porém, é que fracassar na transição para um modelo de neutralidade em carbono e positivo para a natureza representa o maior risco de enfraquecimento da economia futura e, de forma mais ampla, das perspectivas de desenvolvimento humano. Negar a necessidade da mudança, por sua vez, impede que encaremos as incertezas próprias das transições e reforça a ilusão de que o status quo é seguro.

Décadas de investimento em um modelo econômico insustentável fortaleceram setores com enorme poder e asseguraram benefícios a elites determinadas a perpetuar o status quo pelo maior tempo possível, visando maximizar os retornos de seus investimentos e preservar privilégios. Para isso, recorrem a lobistas, comunicadores e especialistas em marketing altamente treinados e bem remunerados, contratados para manipular a opinião pública, influenciar — e até corromper — políticos, garantindo assim a manutenção do sistema vigente. Esse é o lado sombrio da relação ambígua de certas corporações e setores com a agenda da sustentabilidade: enquanto, de um lado, proferem discursos inspiradores em conferências, de outro, nos bastidores, exercem intenso lobby para frear as transformações necessárias.

De Washington a Jacarta e São Paulo, cada centro de tomada de decisão política enfrenta a mesma realidade. Poderosos esforços regressivos têm desviado, atrasado ou mesmo feito naufragar a legislação ambiental ao longo de décadas — e isso persiste até hoje. Apenas uma liderança política visionária, fortalecida e apoiada pela população em geral, é capaz de resistir a essas pressões, como demonstraram a aprovação do Código Florestal no Brasil, a regulamentação do pagamento por serviços ecossistêmicos na Costa Rica, as políticas do Acordo Verde na União Europeia, o Ato de Redução da Inflação nos Estados Unidos e inúmeras reformas ambientais na China, entre outros exemplos. Felizmente, também temos visto um número crescente de líderes empresariais transformar discurso em prática, assumindo compromissos ambiciosos e trabalhando arduamente para implementá-los, além de apoiar normas comuns e regulamentações ousadas — como no caso da coalizão de empresas que respaldou o Acordo de Paris, o Acordo de Kunming-Montreal e que hoje pressiona pela adoção de um tratado global contra a poluição plástica.

Toda transição profunda carrega consigo incertezas e inseguranças. Quando somada a uma mudança sistêmica complexa e de grande magnitude, as escolhas necessárias tornam-se duras, levando muitos a buscar conforto na postura do business-as-usual. Por isso, é essencial que a transição seja sustentada por uma narrativa que traga o máximo de clareza possível sobre o problema que buscamos enfrentar, a jornada que precisamos trilhar e o destino almejado. Seja no clima ou na biodiversidade, é imprescindível encontrar o equilíbrio adequado entre uma descrição honesta e científica da gravidade da crise e de suas consequências, os passos e compensações necessários ao longo da transição e, sobretudo, os benefícios que dela advirão. Essa é a única forma de persuadir o "gene egoísta" a mudar. Por fim, para que esse processo se concretize, instrumentos socioeconômicos devem ser implementados para apoiar a sociedade durante a transição — em especial os setores mais impactados — a fim de reforçar a confiança, a transparência e a positividade.

A Organização Internacional do Trabalho (OIT) define uma transição justa para a sustentabilidade como aquela que assegura empregos decentes para todos os envolvidos e promove a passagem para "economias ambientalmente sustentáveis de forma justa e inclusiva para todos os atores — trabalhadores, empresas e comunidades"[84, 85].

Para superar algumas das barreiras já discutidas, é crucial adotar a narrativa adequada. O discurso em torno da transição deve equilibrar com cuidado a tensão inerente entre o velho e o novo, entre os esforços exigidos e as recompensas possíveis. Em primeiro lugar, para evitar complacência, otimismo excessivo e margens para atraso ou inação, não devemos falar em "riscos", mas sim em "ameaças". Um risco é algo que pode ou não se concretizar no futuro; já os impactos da perda da biodiversidade estão acontecendo neste exato momento e foram amplamente demonstrados pela ciência.

Em segundo lugar, não devemos apenas enfatizar riscos e ameaças, mas também destacar as oportunidades, os imperativos e as múltiplas sinergias entre um futuro positivo para a natureza e os grandes desafios socioeconômicos que a sociedade enfrenta hoje — e continuará a enfrentar no futuro. É essencial conectar a perda da biodiversidade a questões como estabilidade climática, segurança hídrica e alimentar, além da saúde e do bem-estar humanos; igualmente, é necessário trazer à tona o argumento moral da justiça intergeracional e a construção de um futuro seguro para nossas crianças. Devemos evitar tanto a narrativa que retrata a perda da biodiversidade como um problema global abstrato, gigantesco e insuperável, quanto o falso otimismo que deposita em terceiros a esperança de uma solução milagrosa. Nenhuma dessas posturas levará às transformações necessárias para alcançar a mudança sistêmica de que tanto precisamos. O conceito de Natureza Positiva, por sua vez, capta de maneira eficaz a oportunidade de traduzir objetivos pessoais e sociais em ação concreta, ao evidenciar os benefícios que tanto a nossa geração quanto as futuras colherão ao viver em harmonia com a natureza.

Desde sua concepção até os dias atuais, a conservação da natureza tem sido apresentada e percebida como uma causa nobre e altruísta, sobretudo voltada à proteção de espécies contra a extinção. Embora poucos contestem esses princípios morais fundamentais — e as mais diversas pesquisas indiquem que o apoio público à conservação cresce –, para muitos essa ainda não é uma prioridade. Não é algo que ocupe o pensamento cotidiano nem que influencie de forma decisiva o voto nas eleições. Apesar do avanço na conscientização e do aprofundamento das preocupações, a natureza continua sendo percebida, por muitos, como secundária diante da maioria das outras questões sociais e econômicas. Para ilustrar, o montante gasto anualmente com áreas protegidas em todo o mundo equivale ao que destinamos a serviços de cabeleireiro.[86]

Eu diria que, se queremos mudar de forma proativa percepções e prioridades sociais, precisamos enfatizar o valor pragmático da conservação da natureza, apelando também para nossos valores inatos de autopreservação e para o nosso "egoísmo" instintivo. Isso não significa, contudo, adotar uma perspectiva exclusivamente antropocêntrica ou utilitária. Ao contrário, a ênfase deve estar nos benefícios tangíveis e cotidianos que a natureza nos oferece – e no risco que corremos de perder esses benefícios se comprometemos seus serviços. Embora eu pessoalmente valorize profundamente a extraordinária diversidade da vida na Terra e tenha sido apaixonado pela vida selvagem desde a infância, acredito que a narrativa da conservação não deve se limitar à proteção da vida selvagem: ela deve ser sobre a Vida em sua totalidade, e em particular sobre a vida humana. Não sob uma ótica arrogante e antropocêntrica, mas sim reconhecendo a natureza holística do desafio. É exatamente isso que está em jogo nas crises climática e de desestabilização ecológica: a continuidade da diversidade da vida na Terra como a conhecemos e o bem-estar das gerações presentes e futuras.

Declarações aparentemente poderosas, como "metade do PIB global depende da natureza" ou "os serviços ecossistêmicos geram o equivalente a 150 trilhões de dólares para a economia", soam abstratas, incompreensíveis e distantes da vida cotidiana da maioria das pessoas – que está muito mais preocupada com salários baixos, contas de energia em alta e preços crescentes dos alimentos, sem mencionar a pobreza e a desnutrição. É plausível imaginar que muitos dos que apoiam manifestos políticos populistas e retrógrados – que rejeitam a transição verde e defendem um futuro pautado pelo business-as-usual – não estejam em completa negação quanto à mudança climática ou à perda de biodiversidade. Estão, antes, mais preocupados com outras questões imediatas e urgentes.

Lideranças responsáveis pelo aumento das emissões em seus países ou pelo avanço do desmatamento não foram eleitas com esse propósito. Receberam votos, em grande parte, devido aos fracassos de seus predecessores ou por parecerem mais capazes de lidar com preocupações imediatas — da criminalidade e da inflação ao sistema de saúde e à imigração ilegal. Ainda assim, mais de 85% dos cidadãos da União Europeia declararam recentemente apoiar de forma contundente regras para conter o desmatamento. Paradoxalmente, muitos dos líderes eleitos por esses mesmos eleitores não hesitaram em relegar ao esquecimento — ou em fazer naufragar — a lei antidesmatamento aprovada apenas alguns meses antes pela Comissão e pelo Parlamento Europeu anteriores.

Quando questionado, quem honestamente afirmaria ser a favor do desmatamento? Ou que aprecia a extinção de espécies ou a poluição da água? Mas, se a pergunta for: "você está mais preocupado com o desmatamento, com a imigração ilegal, com a volta da inflação ou com a guerra na Ucrânia?", a resposta certamente seria diferente — refletindo de forma mais fiel as preocupações imediatas e as prioridades das pessoas, e, consequentemente, em quem votariam. O desmatamento dificilmente apareceria no topo dessa lista. Isso, no entanto, não significa que as pessoas não estejam conscientes do problema ou que não se preocupem com ele.

Precisamos de uma narrativa que explique de forma concreta como uma vida com menos emissões, menos pesticidas, menos desmatamento e menos plástico pode ser, de fato, uma vida cotidiana melhor — tanto para cada indivíduo quanto no âmbito das famílias. E precisamos de um plano convincente que nos conduza até lá, mostrando como cada transição e cada eliminação progressiva serão geridas de maneira justa, com apoio às categorias mais afetadas. Trata-se de apresentar alternativas concretas às práticas, produtos e investimentos que hoje são prejudiciais à natureza e comprometem nosso futuro, em vez de garanti-lo. É mostrar o business unusual como alternativa superior ao business as usual — demonstrando que um estilo de vida e uma economia sustentáveis podem ter desempenho melhor do que aqueles a que estamos acostumados. Ao criar confiança em um futuro diferente e melhor, e ao traçar um caminho claro para alcançar uma transição segura e justa, seremos capazes de superar as barreiras impostas por nossa aversão instintiva ao risco e à mudança.

Ao reconhecermos os poderosos motores psicológicos e comportamentais profundamente enraizados em nossa evolução, podemos compreender de forma mais efetiva as diferentes respostas da sociedade diante de ameaças existenciais, como as crises climática e ambiental. Nosso interesse autocentrado pode se transformar em valores altruístas e empáticos, bem como em uma visão ecocentrada do mundo – que enxerga as pessoas em conexão e interdependência com a natureza –, desde que isso represente um futuro mais seguro para nós e para nossos filhos. A chave está em internalizar o vínculo entre comportamentos sustentáveis e a melhoria de nossa sobrevivência e bem-estar, assim como de nossas famílias e de toda a humanidade. Esse parece ser o fator psicológico de mobilização mais poderoso – e talvez nossa melhor chance de engajar a sociedade em larga escala rumo a um futuro positivo para a natureza.

6.9 A "Grande Chance": velocidade, escala e pontos de inflexão positivos

Estamos em um momento de inflexão crucial, no qual a humanidade enfrenta suas mais profundas e inéditas "Grande Escolha" e sua "Grande Chance": seguir no atual caminho negativo para a natureza, avançando vertiginosamente rumo a pontos de inflexão planetários catastróficos e colocando em risco nosso bem-estar e até nossa própria existência; ou, ao contrário, assumir um ponto de virada e escolher a direção de um futuro de neutralidade em carbono, positivo para a natureza, seguro e mais equitativo.

A visão de copo meio cheio sobre a situação atual é que a conscientização nunca esteve tão elevada e que estamos no início de um processo de mudança potencialmente holístico, que atinge o cerne de nossa cultura, de nosso sistema de valores e de nosso modelo econômico. A transição para um futuro de neutralidade em carbono e positivo para a natureza já começou. A visão de copo meio vazio, contudo, mostra que já estamos atrasados para agir contra a mudança climática e a perda da biodiversidade – talvez até gravemente atrasados para evitar a chegada a alguns pontos de inflexão planetários. A velocidade e a escala dessa transição serão a linha divisória entre o sucesso e o fracasso. E é justamente nelas que deve se concentrar qualquer estratégia positiva para a natureza. Por isso, é particularmente significativo que a missão de Natureza Positiva do Marco Global para a Biodiversidade – "parar e reverter a perda da biodiversidade até 2030" – tenha definido tanto a escala da ambição quanto o prazo: o fim desta década. Nossa "Grande Chance" é agora; a corrida por um futuro positivo para a natureza já começou.

Precisamos acelerar a transição. É hora de transformar nossa nova consciência em mudança sistêmica. Já conhecemos o problema e compreendemos sua gravidade. Sabemos que ele está enraizado em um modelo econômico insustentável e em uma lógica distorcida de valorização dos serviços e recursos da natureza – o mesmo sistema que ampliou cada vez mais o fosso da desigualdade socioeconômica. Apesar da gravidade da situação, há um raio de esperança. Nossa crescente percepção dos riscos e das ameaças ao futuro pode servir de gatilho para profundas mudanças culturais e comportamentais – verdadeiros "pontos de virada socialmente positivos".

Os mesmos princípios que se aplicam aos pontos de inflexão negativos também valem para a emergência de pontos positivos. A capacidade de mobilização em certos grupos sociais e a natureza em rede de nossas estruturas sociais fazem com que uma intervenção limitada, mas bem direcionada, possa induzir mudanças sistêmicas. A História mostra que a maioria dos pontos de mudança social não depende do consenso de uma ampla maioria, mas pode ocorrer a partir do apoio de uma minoria significativa. Nesse caso, tratam-se de mudanças em padrões econômicos e sociais capazes de desencadear transformações comportamentais e socioeconômicas em larga escala. Assim como os pontos de inflexão negativos, os pontos de virada positivos são impulsionados por ciclos de reforço. Eles podem se manifestar na forma de ganhos de escala ou de novas normas e valores sociais que acabam prevalecendo sobre a resistência e a incerteza, ampliando benefícios socioeconômicos e tornando-se mais aceitáveis socialmente do que práticas anteriores – acelerando, assim, a adoção de mudanças exponenciais.[87]

Políticas públicas de regulação e de natureza fiscal – incluindo incentivos e desincentivos – são cruciais para acelerar o investimento privado e impulsionar a transformação dos mercados. Isso, por sua vez, estimula avanços e inovações tecnológicas, gerando experiências positivas para consumidores, investidores e empresas, e ampliando a aceitação social e o apoio à mudança. Esses ciclos de retroalimentação, que conectam finanças, tecnologia e comportamento, podem desencadear pontos de virada positivos capazes de sustentar mudanças sistêmicas e duradouras.

A conscientização sobre a crise climática levou ao Acordo de Paris, sinalizando a necessidade de descarbonização da nossa economia global e desencadeando investimentos maciços em tecnologias de geração de energia renovável. Com base nesse instrumento político global e na preocupação pública, vários governos começaram a implementar regulamentação interna, políticas fiscais e esquemas de incentivo para desenvolver o mercado de energia renovável. A UE, os EUA e a China, apesar de estarem entre os maiores emissores globais, estiveram entre os defensores mais influentes do Acordo de Paris e desempenharam um papel importante na promoção da produção de energia renovável.

A China vem ampliando seus investimentos tanto em tecnologia quanto em capacidade produtiva, ao mesmo tempo em que utiliza seu vasto mercado doméstico para impulsionar a fabricação de energia solar e eólica em uma escala sem precedentes — com preços extremamente baixos no mercado global — e pavimentando o caminho para que a energia renovável se torne acessível e até mesmo competitiva frente aos combustíveis fósseis. As tarifas de incentivo (Feed-in Tariffs — FITs) e outros subsídios implementados à época por economias centrais, como os países da União Europeia e os Estados Unidos, criaram estímulos para recompensar a geração de energia renovável e apoiar o comércio de tecnologias e produtos, contribuindo para a formação de um mercado global favorável. Vale destacar que, em linha com os mecanismos psicológicos discutidos no capítulo anterior, tentativas de regular o que é considerado "ruim" tiveram pouco êxito; em contraste, esforços para incentivar o que é percebido como "bom" mostraram-se muito mais eficazes, acelerando a transição à medida que os custos caíam e a escala aumentava. Isso reflete tanto a resistência das forças econômicas à mudança quanto a tendência de mercados e consumidores de experimentar novos incentivos e direções antes de abandonar velhos hábitos. É justamente dessa dinâmica que emergem pontos positivos de virada socioeconômica, capazes de se expandir em escala.

Enquanto escrevia este capítulo, a Agência Internacional de Energia estimava que, em 2024, os investimentos em tecnologia e infraestrutura de energia renovável alcançariam a marca de dois trilhões de dólares

— o dobro do destinado a combustíveis fósseis.[88] Alguns pesquisadores argumentam que já começamos a observar a aproximação de pontos de virada positivos no enfrentamento da crise climática, especialmente no campo da energia renovável e dos veículos elétricos. A produção de amônia para fertilizantes sem base em combustíveis fósseis e o hidrogênio verde podem ser os próximos. Precisamos imprimir a mesma velocidade em direção a pontos de virada positivos na produção e no consumo sustentáveis de alimentos — talvez o componente mais desafiador e crucial da transição positiva para a natureza, do nível local ao global. Práticas agrícolas regenerativas, com menor uso do solo e técnicas hidropônicas, assim como tecnologias para carne cultivada, despontam como tendências promissoras e devem ser incentivadas.

O redirecionamento de subsídios públicos na agricultura, pecuária e pesca, afastando-os das atuais práticas negativas para a natureza e destrutivas, será essencial para estimular insumos de baixo teor químico e energético, a agricultura regenerativa, além da pesca e da aquicultura sustentáveis, entre outros setores. Um ponto de virada positivo poderia advir da combinação entre aceitação cultural e adoção pelo mercado de "proteínas alternativas", como substitutos de base vegetal ou carne cultivada. Ainda que o crescimento no consumo de proteínas não derivadas da carne seja significativo, ele ainda não resultou em uma redução efetiva do consumo de carne. Mas, com mais de 25% dos europeus se identificando hoje como flexitarianos, vegetarianos ou veganos, intervenções bem direcionadas poderiam contribuir para acelerar essa transição.

Já dispomos da tecnologia para produzir carne cultivada (à base de células), o que significa cultivar células fora do organismo vivo. Na prática, células-tronco são extraídas do músculo de um animal vivo e cultivadas em condições controladas, com oferta de nutrientes que permitem sua multiplicação. Dois obstáculos, porém, têm dificultado o avanço dessa nova indústria: a tecnologia necessária para alcançar a produção em escala comercial e os elevados custos envolvidos. No entanto, inovações recentes apontam para um aumento significativo na capacidade de produção de carne cultivada em laboratório, o que pode reduzir seu preço a patamares inferiores ao da carne orgânica tradicionalmente obtida na pecuária — com a perspectiva de, eventualmente, equiparar-se ao preço da carne mais barata proveniente da produção industrial intensiva. Um exemplo é a descoberta de técnicas que permitem multiplicar células de frango em uma densidade quatro vezes maior do que a alcançada em procedimentos anteriores.[89]

Avanços semelhantes têm ocorrido com pescados e outros frutos do mar. Mas o terceiro obstáculo para a carne cultivada é, justamente, a própria "cultura". Nesse contexto, o uso equivocado de termos como "carne sintética" ou "carne de laboratório" abriu espaço para campanhas negativas e rótulos pejorativos, como "carne artificial" ou "carne fake".

A carne cultivada não apenas pode ter o mesmo sabor da carne convencional, como também oferece vantagens significativas. Ela tende a eliminar pesticidas e resíduos associados à pecuária intensiva, além de permitir maior controle sobre a composição de gorduras e nutrientes — tudo isso sem qualquer sofrimento animal. Apesar dos desafios culturais, o potencial é imenso, e o avanço dessa nova indústria provavelmente já se tornou irreversível. Trata-se, auspiciosamente, de um exemplo da aproximação de um ponto de virada social "ambientalmente positivo".

Um estudo da Coalizão para a Alimentação e Uso da Terra, em parceria com a Universidade de Exeter, estima que uma participação de 20% no mercado de proteínas vegetais e alternativas até 2035 poderia poupar entre 400 e 800 milhões de hectares hoje destinados à pecuária e à produção de ração animal — o equivalente a 7 a 15% de toda a terra utilizada para a agropecuária no mundo. Essa redução da pressão sobre as florestas permitiria redirecionar as áreas poupadas para a restauração de ecossistemas, com potencial de absorver CO_2 e fornecer inúmeros outros serviços ecológicos.[90]

A transição para a Natureza Positiva enfrenta um desafio primordial, e seu sucesso depende de superá-lo: a necessidade de confiança em um futuro diferente. Afastar-se de atitudes e práticas consolidadas não é algo que ocorre de forma natural. A evolução nos ensinou a confiar no que já foi testado e a mudar comportamentos e ações apenas diante de uma necessidade, de um benefício claro ou de uma ameaça imediata. Essa lógica se manifesta em gestos cotidianos aparentemente banais: ao entrar em uma sala no segundo dia de um workshop, a maioria de nós se senta na mesma cadeira ocupada no dia anterior; da mesma forma, tendemos a seguir a mesma rota no trajeto para o trabalho, ainda que existam alternativas.

Nossa relutância em mudar consolidou práticas e comportamentos ao longo do tempo. O problema é que muitos deles foram desenvolvidos em uma era em que os recursos naturais eram abundantes e os sistemas da Terra permaneciam fortes e estáveis. Mineração, agricultura, pesca e silvicultura não precisavam ser tão eficientes nem sustentáveis. Uma quantidade significativa de desperdício era considerada aceitável — e até economicamente benéfica —, já que não gerava custos adicionais de coleta ou tratamento. No passado, com uma população humana ainda amplamente ajustada aos limites do planeta, pouco se prestava atenção aos efeitos colaterais, pois nossos impactos eram mínimos diante da resiliência da natureza. Isso ajuda a explicar por que, durante décadas, quantidades imensas de rejeitos foram lançadas em terra ou no mar, troncos foram deixados para apodrecer após o corte, águas poluídas foram despejadas em rios e lagos, e a captura acidental de espécies marinhas foi simplesmente devolvida aos oceanos — práticas que, lamentavelmente, ainda persistem em larga escala nos dias de hoje.

Não temos conseguido adaptar nossas práticas ao ritmo do esgotamento dos recursos e da degradação dos sistemas naturais, tanto é que, hoje, o estilo de vida e as práticas de muitos de nós tornaram-se insustentáveis e já não se encaixam nos limites do que o mundo natural pode oferecer. À medida que o "Grande Declínio" avança, chegamos a uma encruzilhada crítica: com a saúde dos ecossistemas em colapso, não basta apenas adotar mudanças incrementais ou práticas de menor pegada ecológica. O desafio agora é realizar a transição para modelos radicalmente diferentes — para uma sociedade e uma economia verdadeiramente positivas para a natureza.

É natural que a escala da transição desperte reações de preocupação em alguns grupos — como os mineiros de carvão, que protestam contra o desaparecimento do setor diante da priorização da energia renovável, ou os agropecuaristas insatisfeitos com as regulamentações voltadas à redução do uso de pesticidas e herbicidas e à ampliação de áreas destinadas à agricultura regenerativa. Essas manifestações refletem uma ansiedade inevitável — e, em parte, legítima — gerada pela mudança e pela ausência de planos claros, bem definidos e capazes de orientar a transição. Nosso foco deve estar em conduzir esse processo não apenas explicando para onde queremos ir, as necessidades e as vantagens da mudança, mas também implementando políticas fiscais adequadas, incentivos financeiros e oportunidades de reconversão que assegurem uma transição justa e bem-sucedida.

6.10 Avante!

"Não espere que tudo esteja melhor, faça algo antes que seja tarde." É assim que gostaria de reformular o famoso ditado "não deixe para amanhã o que se pode fazer hoje", aplicando-o à mudança necessária de atitudes e práticas que compõe a "Grande Chance" da humanidade de evitar a "Grande Ameaça" da disrupção dos sistemas planetários: a escolha por um futuro positivo para a natureza.

Nasci pouco antes de o mundo adentrar a nova era do Antropoceno, no início da "Grande Aceleração". Vivi suas fases de entusiasmo e de frustração. Na adolescência, escrevia boletins mensais para os membros de minha ONG local em uma máquina de escrever, usando cópias em papel carbono para ganhar tempo e aguardando ansiosamente a chegada de cartas de minha primeira namorada ou de documentos encomendados ao Museu de História Natural de Milão. Depois vieram as máquinas de fax, os grandes e pesados computadores, os primeiros celulares enormes e, em 1983, o célebre discurso de Steve Jobs prevendo um futuro em que as pessoas passariam mais tempo diante de um computador do que dentro de seus carros — ou, como descobrimos depois, até mais em seus celulares.

Ver pessoas conversando por vídeo em um celular era algo restrito aos filmes de ficção científica. Fui contemporâneo de uma época em que o DDT — laureado com o Prêmio Nobel de Química — era amplamente pulverizado dentro das casas para matar mosquitos, antes de ser banido por seus impactos à saúde e ao meio ambiente. Assisti ao surgimento dos sacos plásticos e das garrafas descartáveis nas lojas, das roupas em fibras acrílicas, ao advento dos imensos supermercados e à explosão do desperdício de alimentos. Vi a emergência dos produtos ultraprocessados e a chegada de frutas e vegetais importados de terras distantes, disponíveis em qualquer estação do ano. Testemunhei espécies tropicais surgirem no mercado de peixes de minha cidade natal, no litoral mediterrâneo, e a madeira tropical ser usada em pisos e móveis — ao mesmo tempo em que avenidas e ruas se enchiam de carros, duplicando e triplicando sua dimensão.

Já vivenciei tudo isso — e muito mais — e nem sou tão velho assim. Tudo aconteceu em apenas algumas décadas: uma verdadeira aceleração em cada aspecto de nossas vidas. Após os horrores e sacrifícios de duas Guerras Mundiais sucessivas, o futuro passou a ser ansiado por muitos com sentimentos de esperança e entusiasmo. No início dessa nova era, depois batizada de "Antropoceno", a natureza já sofria sob a pressão humana, mas nada que se comparasse ao que viria nas décadas seguintes. Ao longo desse tempo, visitei espaços naturais magníficos e testemunhei a destruição irresponsável que lhes foi imposta. Vi geleiras escurecerem, recifes de coral embranquecerem. A natureza transformou-se em uma preocupação moral para um número crescente de pessoas — ainda assim, incapaz de competir com as forças poderosas do novo "deus" do crescimento econômico, da acumulação de riquezas e do vertiginoso consumismo.

Não é coincidência que esse período tenha testemunhado, ao mesmo tempo, o surgimento do ambientalismo contemporâneo e a expansão de esquemas de conversão em larga escala: estradas sem fim penetrando florestas intocadas, megabarragens bloqueando o fluxo de rios caudalosos e extensas monoculturas de cana-de-açúcar, soja, palma de óleo, madeira para celulose e seringueiras substituindo habitats naturais. Foi também a época em que a mineração e as operações de exploração madeireira começaram a devastar as florestas tropicais, ao lado da emergência de novas ameaças ambientais, como plásticos, herbicidas, pesticidas e a indústria tropical da carne. À medida que os impactos sobre a natureza se intensificaram e se tornaram mais visíveis, um número crescente de pessoas passou não apenas a tomar consciência, mas também a se preocupar. Como tantas vezes acontece, começamos a valorizar algo justamente quando ele se torna raro e escasso.

A "Grande Aceleração" também coincidiu com muitos avanços positivos que alimentaram a esperança de um futuro melhor para o meio ambiente e para a humanidade. Acompanhei a explosão da criação de parques e reservas em todas as partes do mundo, o retorno de inúmeras espécies que estavam à beira da extinção, o boom do turismo ecológico, a popularização dos documentários sobre a natureza, o crescimento vertiginoso dos movimentos ambientais e de justiça social e, mais recentemente, o advento das energias renováveis. Encontrei pessoas extraordinárias, movidas por uma paixão profunda pela natureza e firmemente dedicadas à sua proteção. Tive o privilégio de participar de diversos programas inovadores e bem-sucedidos que fizeram diferença tanto na base quanto no nível das políticas públicas. Mas também tenho consciência suficiente para compreender que todo esse progresso não basta. E é aqui que chegamos ao paradoxo atual: o maior apoio público de todos os tempos ao meio ambiente ocorre em paralelo a uma pressão humana e a uma degradação do mundo natural sem precedentes. O paradoxo de uma sociedade dividida entre negligência e ansiedade, compromisso e inação, conscientização e negação, demanda e resistência à mudança.

Vivemos tempos extraordinários. Tempos de riscos excepcionais, mas também de uma oportunidade incomparável para o futuro da humanidade e da vida como a conhecemos. A humanidade encontra-se em uma de suas mais críticas encruzilhadas existenciais — um momento de grande preocupação, mas também de conhecimento, consciência e possibilidades sem precedentes. Nunca estivemos tão conscientes dos problemas nem tão atentos às soluções, e nunca houve tanto compromisso em enfrentá-los. A natureza jamais ocupou posição tão elevada na agenda política, corporativa e social. E nunca tantas pessoas recorreram às redes sociais ou tomaram as ruas para que suas vozes sejam ouvidas, sobre o futuro que desejam.

A definição do problema é cristalina e profundamente preocupante. As consequências para a humanidade de manter o cenário business-as-usual são igualmente evidentes e aterradoras. Mas esses cenários não são inevitáveis. Ainda não. Recentemente foram firmados acordos em torno da neutralidade do carbono e da meta da Natureza Positiva para nossa economia e sociedade. Trata-se de um pacto para preservar a estabilidade do clima e a vitalidade e diversidade dos organismos vivos e dos ecossistemas. Agora, precisamos concentrar esforços em fazer essa transição acontecer em grande escala — de forma rápida e justa, acessível e inspiradora. Conseguiremos corrigir o curso do desenvolvimento insustentável antes de atingir pontos de inflexão para o clima e os ecossistemas? Seremos capazes de aprender a viver dentro dos limites planetários? Poderemos, enfim, começar a valorizar a natureza em sua complexidade, e não apenas pelo que dela podemos extrair e comercializar? A resposta para todas essas questões é uma só: sim, podemos. Se quisermos.

Transições são processos complexos, frequentemente acompanhados de ansiedade. Elas colidem com nossa conhecida aversão à mudança e ao risco. A tentação de retroceder ao business-as-usual é universal. Por mais imperfeito que seja, para muitos o status quo ainda transmite uma sensação de segurança. Para grande parte das pessoas, abandonar um modelo de desenvolvimento que proporcionou inegável progresso — embora distribuído de forma desigual — representa uma escolha carregada de incertezas, mesmo para aqueles que pouco ou nada se beneficiaram dele. Além disso, as elites que mais lucraram com o sistema vigente não estão dispostas a abrir mão dele. Sempre haverá resistência, seja fundada em preocupações legítimas, em pânico emocional, em ignorância ou em puro egoísmo — resistência voltada à proteção de interesses econômicos e privilégios de poucos em detrimento do bem coletivo. Mas temos ao nosso lado o poder do conhecimento, da tecnologia e, sobretudo, o "poder de muitos": uma força que se manifesta no número crescente de pessoas engajadas, de indivíduos e comunidades com ideias afins em todo o mundo.

Um futuro mais seguro e sustentável para as pessoas e para a natureza ainda está ao nosso alcance, desde que a humanidade se una e aja coletivamente. Nos últimos anos, contra todas as probabilidades, o mundo conseguiu convergir em torno de acordos históricos sobre o clima e a biodiversidade — apesar das fraturas geopolíticas, da competitividade e da arrogância. Grande parte do setor empresarial e financeiro despertou para a realidade dos riscos que a mudança climática e a perda da biodiversidade representam para sua própria sobrevivência, sem mencionar sua lucratividade. Esse movimento pode inspirar confiança e determinação, mantendo-nos no rumo para agir de forma decisiva. No entanto, apesar desse potencial crescente para a mudança, a realidade permanece sombria: o aquecimento global e a perda da biodiversidade, assim como a desigualdade socioeconômica, continuam avançando sem trégua. O desafio é profundo e nasce de modelos falidos de economia e desenvolvimento, do esquecimento de nossa dependência vital da natureza e de nossa arraigada aversão à mudança. Mas os sistemas que hoje regem nossa sociedade e nossa economia são criações humanas — e, portanto, podem ser transformados. Precisamos de liderança política e corporativa que escute a ciência e a crescente parcela da sociedade que exige ação para evitar a catástrofe ecológica e climática. Mais essencial ainda, precisamos que a sociedade queira mudar.

Precisamos nos apoiar na evidência de que, pela primeira vez na história de nossa civilização, um número cada vez maior de pessoas começa a compreender que não podemos ignorar a natureza. Não podemos seguir dominando o planeta e explorando seus recursos com desperdício e destruição sem esperar consequências. E essas consequências já estão à vista: perda de vidas, de meios de subsistência e de ativos econômicos — um quadro que só tende a se agravar, a menos que corrijamos urgentemente o rumo.

A mudança é possível e, mais do que isso, a mudança é necessária.

Devemos essa transformação à impressionante diversidade de vida que faz deste planeta um verdadeiro "planeta vivo". Temos essa responsabilidade para com as crianças de hoje e com as futuras gerações — aquelas que ainda não têm voz nem lugar à mesa de decisões, mas que inevitavelmente herdarão as consequências delas.

A mudança é, de fato, inevitável. Podemos acolhê-la e desencadear a "Grande Transição" rumo à sustentabilidade — ou ela nos será imposta pelo colapso dos sistemas da Terra. E não haverá nada de cômico nisso. Embora a transformação exigida do atual modelo business-as-usual seja profunda e disruptiva, a transição para uma economia positiva para a natureza abre inúmeras oportunidades. Além disso, contrapõe-se a um cenário hipotético de custos crescentes e de uma desastrosa desestabilização socioeconômica global, capaz de afetar todos os setores da sociedade, sem exceção.

Vivemos tempos de crise. Precisamos evitar as fraturas sociopolíticas e as polarizações que frequentemente emergem quando a sociedade está sob pressão. Devemos também resistir a interesses escusos e de curto prazo, mobilizar nossa capacidade de união diante dos maiores desafios, adotar uma postura de determinação, trabalhar coletivamente e canalizar nosso instinto de sobrevivência — até mesmo nosso "gene egoísta" — para o único caminho seguro: um futuro positivo para a natureza. Ao longo da história, nações, povos e comunidades se uniram em momentos de grandes provações. Hoje, precisamos fazer isso não apenas como uma comunidade, nem apenas como uma nação, mas como uma humanidade. Juntos, um futuro positivo para as pessoas e para a natureza será possível.

Há apenas sete décadas, a maioria de nós ainda não percebia os limites da exploração do mundo natural. Nosso modelo econômico moderno segue perigosamente alicerçado nessa falsa percepção. Adiar a mudança, mesmo que por poucas décadas, pode significar que seja tarde demais para corrigir a rota. As escolhas feitas por esta geração — por líderes políticos, corporativos e, sobretudo, por cada um de nós — terão consequências de enorme alcance para as gerações futuras. O futuro não está no nosso presente, mas as escolhas ecológicas, sociais, políticas e econômicas que o moldarão estão. O futuro é, de fato, o agora.

> *Daqui a cinquenta anos será tarde demais para fazer o que hoje ainda está ao nosso alcance. Estamos em um ponto ideal do tempo: as decisões que tomarmos na próxima década determinarão o rumo dos próximos dez mil anos.*
>
> (Sylvia Earle, bióloga marinha norte-americana)

A conquista de um futuro de Natureza Positiva exige um esforço coletivo de enorme escala. Os setores corporativo e financeiro — com suas vastas pegadas ecológicas, mas também com sua extraordinária capacidade de alocação de capital — têm um papel crucial na transformação da Natureza Positiva em realidade. Não se trata apenas de mitigar riscos ou cumprir obrigações regulatórias: trata-se de adotar uma visão estratégica voltada para a criação de novos valores. Será exigido de cada setor e de cada organização, de cada governo e de cada comunidade, o reconhecimento do verdadeiro valor da natureza para nossa economia e sociedade, bem como a compreensão da necessidade de transitar para um novo modelo operacional — um novo business-as-usual positivo para a natureza. Um modelo capaz de continuar a gerar valor econômico e desenvolvimento humano, sem impulsionar a mudança climática nem acelerar a perda da biodiversidade. Um business-as-usual positivo para a natureza que preserve ecossistemas, espécies e processos naturais que sustentaram nossa vida e alimentaram nosso desenvolvimento desde o início da civilização — e que permita que o mundo natural siga apoiando as futuras gerações.

Uma transição positiva para a natureza é profunda e repleta de desafios, mas representa uma mudança em direção a um futuro melhor — um futuro de oportunidades, e não de riscos. Já sabemos que o modelo business-as-usual atual não é sustentável, pois as inevitáveis consequências socioeconômicas da perda da natureza e da mudança climática imporão, cedo ou tarde, transformações que poderão resultar em grave disrupção social. É muito melhor assegurar que sejamos nós a conduzir essa mudança, de forma eficaz e justa. É tempo de compreender que, para que os seres humanos floresçam, a natureza também precisa florescer. Essa tem sido a base de nosso desenvolvimento até aqui, mas a proximidade dos pontos de inflexão climático e ecológico pode alterar radicalmente esse equilíbrio — possivelmente em questão de poucas décadas. E isso não pode ser descartado como mera retórica apocalíptica: trata-se da própria ciência que fala.

As discussões sobre a transição positiva para a natureza levaram alguns a questionar se, diante de nossa longa história de exploração do mundo natural e do atual modelo econômico — negativo para a natureza e resistente à mudança — seria realmente possível deter e reverter o declínio dos sistemas naturais do planeta. A escala das mudanças culturais e sistêmicas necessárias não deve ser subestimada. No entanto, ainda que essa transição seja inegavelmente desafiadora, as transformações profundas de que precisamos em nossa economia e sociedade não podem nos desencorajar. A magnitude da perda da natureza e os riscos que ela impõe à sociedade e à economia devem ser, por si só, razão suficiente para nos impulsionar a embarcar nessa transição indispensável — por mais árdua que ela seja.

A meta da Natureza Positiva é, sem dúvida, ambiciosa — mas é possível. Em primeiro lugar, porque a biodiversidade possui uma extraordinária capacidade de regeneração e resiliência, desde que ajamos com rapidez suficiente para evitar que os ecossistemas atinjam pontos de inflexão. Em segundo lugar, porque cresce nossa compreensão dos riscos existenciais que a perda continuada da biodiversidade representa para o futuro da humanidade. Na verdade, a Natureza Positiva não é apenas possível: é necessária. É imperativo assegurar as contribuições vitais da natureza e garantir um futuro seguro para a humanidade. Uma sociedade próspera e justa, assim como uma economia produtiva e resiliente, dependem da saúde, da estabilidade e da produtividade dos ecossistemas. A natureza é a base de tudo. É o alicerce da Vida — incluindo a vida humana. E é exatamente essa a razão pela qual precisamos nos tornar uma sociedade positiva para a natureza.

Vivemos no Antropoceno — a era moldada pela ação humana. Isso é um fato. Mas qual Antropoceno vamos escolher? Uma era marcada pela disrupção climática e ecológica, ou uma era em que o desenvolvimento humano se mantém dentro dos limites planetários? Um novo capítulo da história de nossa civilização será, inevitavelmente, escrito. Ele pode retratar a luta contra uma ordem mundial desestabilizada, tanto ecológica quanto climaticamente. Ou pode ser a história de como aprendemos a viver com a natureza e da sustentabilidade que ela oferece, de forma harmoniosa e, talvez o mais importante, reconhecendo-nos como parte indissociável dela. Somos nós que seguramos a caneta que escreverá esse novo capítulo — de uma maneira ou de outra.

Figura 6.7 Os Grandes Momentos da Humanidade

Fonte: Marco Lambertini.

Do "Grande Advento" da humanidade — marcado por um progresso e desenvolvimento sem precedentes, mas acompanhado do "Grande Declínio" do mundo natural — chegamos recentemente ao "Grande Despertar", quando tomamos consciência dos impactos e riscos de nossa relação insustentável com a natureza. Esse despertar tem levado uma parte crescente da população global a reconhecer a "Grande Ameaça" que a mudança climática e a perda da biodiversidade representam para toda forma de vida na Terra, incluindo as gerações presentes e futuras. Estamos agora no momento mais dramático, instigante e decisivo já vivido por nossa espécie. Já entramos em um tempo de consequências, que se tornarão cada vez mais graves e irreversíveis. Mas consequências são frutos de escolhas. E ainda temos diante de nós a "Grande Escolha": embarcar na "Grande Transição" rumo à sustentabilidade e agarrar com determinação e otimismo a nossa "Grande Chance" de transformar a ameaça em oportunidade. A oportunidade de construir um futuro mais seguro e mais justo — um futuro que seja, ao mesmo tempo, Positivo para as Pessoas e para a Natureza.

Retomando a citação de Gramsci mencionada no início do capítulo anterior, nossa tarefa é apressar o fim do "velho" — o atual modelo negativo para a natureza — e acelerar a transição para um "novo" futuro positivo para a natureza, demonstrando à sociedade que este não é apenas o único futuro possível, mas, sobretudo, um futuro melhor para todos. Afinal, um futuro positivo para as pessoas não pode existir sem um futuro positivo para a natureza.

Avante!

Notas bibliográficas

1. DÍAZ, S. et al. Pervasive human-driven decline of life on Earth points to the need for transformative change. Science, v. 366, n. 6471, 2019. Disponível em: https://doi.org/10.1126/science.aax3100. Acesso em: 10 out. 2025.

2. ESG Solutions: Integrating Biodiversity Into a Risk Assessment Framework. Moody"s, 26 mai. 2021. Disponível em: www.moodys.com/web/en/us/hosted-assets/esg-insights-bx6446-integrating-biodiversity-2jun2021.pdf. Acesso em: 10 out. 2025.

3. Nature Positive Initiative. The Definition of Nature Positive. 2023. Disponível em: https://4783129.fs1.hubspotusercontent-na1.net/hubfs/4783129/The%20Definition%20of%20Nature%20Positive.pdf. Acesso em: 10 out. 2025.

4. IPCC. Summary for policymakers. In: Global warming of 1.5°C above pre-industrial levels and related global greenhouse gas emission pathways, in the context of strengthening the global response to the threat of climate change, sustainable development, and efforts to eradicate poverty. MASSON-DELMOTTE, V. et al. (eds.). Cambridge; Nova York: Cambridge University Pres, 2018, p. 3-24. Disponível em: https://doi.org/10.1017/9781009157940.001. Acesso em: 10 out. 2025.

5. NET ZERO TRACKER. Net Zero Stocktake 2022: Assessing the Status and Trends of Net Zero Target Setting Across Countries, Sub-National Governments and Companies [online]. 2022. Disponível em: https://zerotracker.net/analysis/net-zero-stocktake-2022. Acesso em: 10 out. 2025.

6. MSCI. A periodic report on progress by the world"s listed companies toward curbing climate risk. Net Zero Tracker. 2023. Disponível em: www.msci.com/

documents/1296102/38217127/MSCI-NetZero-Tracker-July-2023.pdf. Acesso em: 10 out. 2025.

7. INTERNATIONAL RENEWABLE ENERGY AGENCY (IREA). Clean Energy Market Monitor. 2024. Disponível em: https://iea.blob.core.windows.net/assets/d718c314-c916-47c9-a368-9f8bb38fd9d0/CleanEnergyMarketMonitorMarch2024.pdf. Acesso em: 10 out. 2025.

8. UNITED NATIONS. Transforming the World: The 2030 Agenda for Sustainable Development. A/RES/70/1. 2015. Disponível em: https://sdgs.un.org/goals. Acesso em: 10 out. 2025.

9. GLOBAL GOAL FOR NATURE GROUP. A global goal for nature: Nature positive by 2030. In: Establishing a Goal for Nature-Positive Societies. 2020. Disponível em: www.naturepositive.org/app/uploads/2024/02/Global-Goal-Nature-Positive-2030-v11092020.pdf. Acesso em: 10 out. 2025.

10. SECRETARIAT OF THE CONVENTION ON BIOLOGICAL DIVERSITY. Global biodiversity outlook 5. Montreal, 2020. Disponível em: www.cbd.int/gbo/gbo5/publication/gbo-5-en.pdf. Acesso em: 10 out. 2025.

11. NATURE POSITIVE BY 2030. Non-State Actors" Call for Governments to Strengthen the Post-2020 Global Biodiversity Framework: Secure an Equitable, Nature Positive, Net Zero Emissions World. 2021. Disponível em: www.naturepositive.org/app/uploads/2024/03/Non-State-Actor-Call-To-Action-2021.pdf. Acesso em: 10 out. 2025.

12. LEADERS PLEDGE FOR NATURE. The Race is On for a Nature-Positive World by 2030. 2022. Disponível em: www.leaderspledgefornature.org/wp-content/uploads/2022/01/LPN_progress_180122.pdf. Acesso em: 10 out. 2025.

13. NATURE POSITIVE INITIATIVE. The Definition of Nature Positive. 2023. Disponível em: https://www.naturepositive.org/app/uploads/2024/02/The-Definition-of-Nature-Positive.pdf. Acesso em: 10 out. 2025.

14. BULL, J. W. et al. Net positive outcomes for nature. Nat Ecol Evol, n. 4, p. 4-7, 2020. Disponível em: https://doi.org/10.1038/s41559-019-1022-z. Acesso em: 10 out. 2025.

15. MARON, M. et al. Global no net loss of natural ecosystems. Nat Ecol Evol, n. 4, p. 46-49, 2020. Disponível em: https://doi.org/10.1038/s41559-019-1067-z. Acesso em: 10 out. 2025.

16. LANGHAMMER, P. F. et al. The positive impact of conservation action. Science, n. 384, p. 453-458, 2024. Disponível em: https://doi.org/10.1126/science.adj6598. Acesso em: 10 out. 2025.

17. LEDGER, S. E. H. et al. Wildlife Comeback in Europe: Opportunities and challenges for species recovery. Zoological Society of London, BirdLife International, European Bird Census Council. 2022. Disponível em: www.rewildingeurope.com/wp-content/uploads/publications/wildlife-comeback-in-europe-2022/index.html. Acesso em: 10 out. 2025.

18. G20; GLOBAL INFRASTRUCTURE HUB; OXFORD ECONOMICS. Global Infrastructure Outlook: Infrastructure Investment Need in the Compact with African Countries. 2018. Disponível em: https://outlook.gihub.org/. Acesso em: 10 out. 2025.

19. INTERNATIONAL FINANCE CORPORATION (IFC). Performance Standard 6: Biodiversity Conservation and Sustainable Management of Living Natural Resources. 2012. Disponível em: https://documents1.worldbank.org/curated/fr/898321491456820716/pdf/113846-WP-ENGLISH-PS6-Biodiversity-conservation-2012-PUBLIC.pdf. Acesso em: 10 out. 2025.

20. EKSTROM, J.; BENNUN, L.; MITCHELL, R. A cross-sector guide for implementing the Mitigation Hierarchy: The Biodiversity Consultancy for the Cross Sector Biodiversity Initiative. [s.d.]. Disponível em: https://www.thebiodiversityconsultancy.com/fileadmin/user_upload/A_cross-sector_guide_for_implementing_the_Mitigation_Hierarchy.pdf. Acesso em: 10 out. 2025.

21. GLOBAL GOAL FOR NATURE GROUP. No-Net Loss/Net-Gain Meaning and Principles. 2020. Disponível em: www.naturepositive.org/app/uploads/2024/02/Apex-goal-Net-task-force_draft-October-20-1-1.docx. Acesso em: 10 out. 2025.

22. BULL, J. W. et al. Net positive outcomes for nature. Nat Ecol Evol. N. 4, p. 4-7, 2020. Disponível em: https://doi.org/10.1038/s41559-019-1022-z. Acesso em: 10 out. 2025.

23. ALLAN, J. R. et al. Conservation attention necessary across at least 44% of Earth"s terrestrial area to safeguard biodiversity. bioRxiv, [s.d.]. Disponível em: https://doi.org/10.1101/839977. Acesso em: 10 out. 2025.

24. JONES, K. R. et al. Area requirements to safeguard Earth"s marine species. One Earth, n. 2, p. 188-196, 2020.

25. WILSON, E. O. Half-Earth: Our Planet"s Fight for Life. Liveright, 2016.

26. DINERSTEIN, E. et al. An ecoregion-based approach to protecting half the terrestrial realm. BioScience, v, 67, n. 6, 2017. Disponível em: https://doi.org/10.1093/biosci/bix014. Acesso em: 10 out. 2025.

27. NATURE POSITIVE INITIATIVE. The Definition of Nature Positive. 2023. Disponível em: https://www.naturepositive.org/app/uploads/2024/02/The-Definition-of-Nature-Positive.pdf. Acesso em: 10 out. 2025.

28. EUROPEAN PARLIAMENT, COUNCIL OF THE EUROPEAN UNION. Directive (EU) 2022/2464 of the European Parliament and of the Council of 14 December 2022 amending Regulation (EU) No 537/2014, Directive 2004/109/EC, Directive 2006/43/EC and Directive 2013/34/EU, as regards Corporate Sustainability Reporting. 2022. Disponível em: https://eur-lex.europa.eu/legal-content/EN/TXT/?uri=CELEX:32022L2464. Acesso em: 10 out. 2025.

29. LOCKE, H. et al. Three global conditions for biodiversity conservation and sustainable use: An implementation framework. Natl Sci Ver, v. 6, n. 6, p.1080-1082, 2019. Disponível em: https://anthroecology.org/wp-content/uploads/2020/09/locke_2019.pdf. Acesso em: 10 out. 2025.

30. ARCADIS. et al. Exploring measurement solutions for corporate Nature Positive Commitments: A discussion paper from the Align project. Align Project — Aligning Accounting Approaches for Nature, 2024.

31. UNITED NATIONS CONVENTION ON BIOLOGICAL DIVERSITY. The Kunming-Montreal Global Biodiversity Framework. Decision adopted by the Conference of the Parties to the Convention on Biological Diversity. 2022. Disponível em: www.cbd.int/doc/decisions/cop-15/cop-15-dec-04-en.pdf. Acesso em: 10 out. 2025.

32. SAVAGE, S. The big read. Financial Times. 21 out 2024. Disponível em: www.ft.com/content/4d12f8d1-c0df-4ab6-b374-741e9517448b. Acesso em: 10 out. 2025.

33. GAUTAM, N.; RUEEDI, J. Nature is climbing the agenda, but corporate biodiversity commitments remain rare. S&P Global, 2022. Disponível em: www.spglobal.com/esg/csa/yearbook/articles/nature-is-climbing-the-agenda-but-corporate-biodiversity-commitments-remain-rare. Acesso em: 10 out. 2025.

34. ERBEN, I. et al. Companies are broadening their commitments to nature beyond carbon. McKinsey & Company, 2023. Disponível em: www.mckinsey.com/industries/agriculture/how-we-help-clients/natural-capital-and-nature/our-insights/companies-are-broadening-their-commitments-to-nature-beyond-carbon

35. PLANET TRACKER. The Nature Scorecard. 2024. Disponível em: https://planet-tracker.org/the-nature-scorecard/. Acesso em: 10 out. 2025.

36. PLANET TRACKER. Bio-Crastination. 2023. Disponível em: https://planet-tracker.org/wp-content/uploads/2023/02/Biocrastination.pdf. Acesso em: 10 out. 2025.

37. ENVIRONMENTAL FINANCE DATA. Home. Environmental Finance Data. 2023. Disponível em: https://efdata.org/. Acesso em: 10 out. 2025.

38. BALDOCK, C.; WILLIS, J.; KOZLOWSKI, N. Votes against nature. Planet Tracker. 2023. Disponível em: https://planet-tracker.org/wp-content/uploads/2023/05/Voting-against-Nature.pdf. Acesso em: 10 out. 2025.

39. THE ECONOMIST INTELLIGENCE UNIT. An Eco-wakening: Measuring global awareness, engagement and action for nature. WWF. 2021. Disponível em: https://www.worldwildlife.org/publications/an-eco-wakening-measuring-awareness-engagement-and-action-for-nature. Acesso em: 10 out. 2025.

40. NATURE ACTION 100. Nature Action 100. [s.d.]. Disponível em: www.natureaction100.org/. Acesso em: 10 out. 2025.

41. Principles for Responsible Investment (PRI). Spring, A PRI Stewardship Initiative for Nature. [s.d.]. Disponível em: www.unpri.org/investment-tools/stewardship/spring. Acesso em: 10 out. 2025.

42. ShareAction. Biodiversity Initiatives. [s.d.]. Disponível em: https://shareaction.org/investor-initiatives/biodiversity-initiatives. Acesso em: 10 out. 2025.

43. WORLD BUSINESS COUNCIL FOR SUSTAINABLE DEVELOPMENT (WBCSD). What Does Nature Positive Mean for Business? 2021. Disponível em: www.wbcsd.org/resources/what-does-nature-positive-mean-for-business/. Acesso em: 10 out. 2025.

44. BUSINESS FOR NATURE. et al. How Business and Finance Can Contribute to a Nature Positive Future Now. out 2022. Disponível em: https://www.businessfornature.org/news/nature-positive-discussion-paper. Acesso em: 10 out. 2025.

45. CAPITALS COALITION. Natural Capital Protocol. 2016. Disponível em: https://capitalscoalition.org/capitals-approach/natural-capital-protocol. Acesso em: 10 out. 2025.

46. WORLD ECONOMIC FORUM (WEF). Nature-Positive Industry Sector Transitions. 2023. Disponível em: www.weforum.org/publications/industry-transitions-to-nature-positive-report-series/. Acesso em: 10 out. 2025.

47. TASKFORCE ON NATURE-RELATED FINANCIAL DISCLOSURES (TNFD). Discussion Paper on Nature Transition Plans. 2024. Disponível em: https://tnfd.global/nature-transition-plans/. Acesso em: 10 out. 2025.

48. GLOBAL REPORTING INITIATIVE (GRI). GRI 101: Biodiversity. 2024. Disponível em: www.globalreporting.org/standards/standards-development/topic-standard-for-biodiversity/. Acesso em: 10 out. 2025.

49. EUROPEAN FINANCIAL REPORTING ADVISORY GROUP (EFRAG). ESRS E4 Biodiversity and Ecosystems. 2023. Disponível em: https://xbrl.efrag.org/e-esrs/esrs-set1-2023.html#d1e20709-3-1. Acesso em: 10 out. 2025.

50. TASKFORCE ON NATURE-RELATED FINANCIAL DISCLOSURES (TNFD). Guidance on Assessment of Nature-Related Issues: The LEAP Approach. 2023. Disponível em: https://tnfd.global/wp-content/uploads/2023/08/Guidance_on_the_identification_and_assessment_of_nature-related_Issues_The_TNFD_LEAP_approach_V1.1_October2023.pdf?v=1698403116. Acesso em: 10 out. 2025.

51. SCIENCE BASED TARGETS NETWORK (SBTN). Launch of World"s First Science-based Targets for Nature. 2023. Disponível em: https://sciencebasedtargetsnetwork.org/news/news/launch-of-the-worlds-first-science-based-targets-for-nature-to-mobilize-businesses-to-address-nature-loss-climate-change-together/. Acesso em: 10 out. 2025.

52. INTERNATIONAL FINANCIAL REPORTING STANDARDS (IFRS). About the International Sustainability Standards Board. [s.d.]. Disponível em: www.ifrs.org/groups/international-sustainability-standards-board. Acesso em: 10 out. 2025.

53. INTERNATIONAL FINANCE CORPORATION (IFC). Conservation and Sustainable Management of Living Natural Resources – Performance Standard 6. 2012. Disponível em: https://www.ifc.org/en/insights-reports/2012/ifc-performance-standard-6. Acesso em: 10 out. 2025.

54. EKSTROM, J.; BENNUN, L.; MITCHELL, R. A cross-sector guide for implementing the Mitigation Hierarchy. The Biodiversity Consultancy for the Cross Sector Biodiversity Initiative. [s.d.]. Disponível em: https://www.thebiodiversityconsultancy.com/fileadmin/user_upload/A_cross-sector_guide_for_implementing_the_Mitigation_Hierarchy.pdf. Acesso em: 10 out. 2025.

55. THE BIODIVERSITY CONSULTANCY. Net Positive and the Mitigation Hierarchy. [s.d.]. Disponível em: www.thebiodiversityconsultancy.com/services/site-level-advisory/mitigation-hierarchy/. Acesso em: 10 out. 2025.

56. SCIENCE BASED TARGETS NETWORK (SBTN). Initial Guidance for Business. 2020. Disponível em: https://sciencebasedtargetsnetwork.org/wp-content/uploads/2020/11/Science-BasedTargets-for-Nature-Initial-Guidance-for-Business.pdf. Acesso em: 10 out. 2025.

57. BUSINESS FOR NATURE. The Nature Strategy Handbook: A Practical Guide for Businesses. 2023. Disponível em: https://nowfornature.org/read-the-handbook/. Acesso em: 10 out. 2025.

58. YOUNG, D.; REEVES, M.; GERARD, M. The secrets of sustainability front-runners. Boston Consulting Group (BCG). 2021. Disponível em: www.bcg.com/publications/2021/keys-to-being-a-leader-in-sustainable-business-model-innovation. Acesso em: 10 out. 2025.

59. BUSINESS FOR NATURE. High-Level Business Actions on Nature. 2021. Disponível em: https://www.businessfornature.org/high-level-business-actions-on-nature. Acesso em: 10 out. 2025.

60. LUNDY, D. Lobby Planet: A guide to the murky world of EU lobbying. The Corporate Europe Observatory. 2017. Disponível em: https://corporateeurope.org/sites/default/files/lp_brussels_report_v7-spreads-lo.pdf. Acesso em: 10 out. 2025.

61. BELL-JAMES, J. et al. Not all conservation "policy" is created equally: When does a policy give rise to legally binding obligations? Conserv Lett, p. e13054, 2024. Disponível em: https://conbio.onlinelibrary.wiley.com/doi/10.1111/conl.13054. Acesso em: 10 out. 2025.

62. European Union. Council Directive 92/43/EEC of 21 May 1992 on the conservation of natural habitats and of wild fauna and flora (Habitats Directive). Off J Eur Communities, v. 206, p. 7, 1992.

63. UNITED NATIONS ENVIRONMENT PROGRAMME (UNEP). State of Finance for Nature: The big nature turnaround — Repurposing $7 trillion to combat nature loss. Nairobi, 2023. Disponível em: https://doi.org/10.59117/20.500.11822/44278. Acesso em: 10 out. 2025.

64. KOPLOW, D.; STEENBLIK, R. Protecting nature by reforming environmentally harmful subsidies: An update. Earthtrack. 2024. Disponível em: www.earthtrack.net/sites/default/files/documents/ehs_report_september-2024-update_final.pdf. Acesso em: 10 out. 2025.

65. TIAN, N. et al. Trends in world military expenditure 2023. SIPRI. 2024. Disponível em: www.sipri.org/sites/default/files/2024-04/2404_fs_milex_2023.pdf. Acesso em: 10 out. 2025.

66. KOPLOW, D.; STEENBLIK, R. Protecting nature by reforming environmentally harmful subsidies: The role of business. Earthtrack. 2022. Disponível em: www.earthtrack.net/sites/default/files/documents/EHS_Reform_Background_Report_fin.pdf. Acesso em: 10 out. 2025.

67. UNITED NATIONS ENVIRONMENT PROGRAMME (UNEP). State of finance for nature: The big nature turnaround – Repurposing $7 trillion to combat nature loss. Nairobi, 2023. Disponível em: https://doi.org/10.59117/20.500.11822/44278. Acesso em: 10 out. 2025.

68. KOPLOW, D.; STEENBLIK, R. Protecting nature by reforming environmentally harmful subsidies: The role of business. Earthtrack. 2022. Disponível em: www.earthtrack.net/sites/default/files/documents/EHS_Reform_Background_Report_fin.pdf. Acesso em: 10 out. 2025.

69. RODRÍGUEZ, C. M. Time 100 Climate. Time Magazine. 2024. Disponível em: https://time.com/collection/time100-climate/. Acesso em: 10 out. 2025.

70. CONVENTION ON BIOLOGICAL DIVERSITY. Kunming-Montreal Global Biodiversity Framework, Target 18: Reduce Harmful Incentives by at Least $500 Billion per Year, and Scale Up Positive Incentives for Biodiversity. [s.d.]. Disponível em: www.cbd.int/gbf/targets/18. Acesso em: 10 out. 2025.

71. BIOFIN-UNDP. The Nature of Subsidies: A Step-by-Step Guide to Repurpose Subsidies Harmful to Biodiversity and Improve Their Impacts on People and Nature. 2024. Disponível em: www.biofin.org/sites/default/files/content/knowledge_products/The%20Nature%20of%20Subsidies%20%28Web%29.pdf. Acesso em: 10 out. 2025.

72. QUESADO, AU. Valuing nature: The case of tropical forests and Costa Rica. Philos Trans R Soc B Biol Sci. 2024. Disponível em: https://royalsocietypublishing.org/doi/10.1098/rstb.2022.0320. Acesso em: 10 out. 2025.

73. Giasi, F. (ed.). Antonio Gramsci. Lettere dal carcere. [S.l]: Einaudi, 2020.

74. EARTH4ALL; GLOBAL COMMONS ALLIANCE. Global Commons Survey and Earth for All Survey. 2024. Disponível em: https://earth4all.life/global-survey-2024/. Acesso em: 10 out. 2025.

75. PAULY, D. Anecdotes and the shifting baseline syndrome of fisheries. Trends Ecol Evol, v. 10, n. 430, 1995.

76. EUROPEAN ENVIRONMENT AGENCY. Grassland Butterfly Index in Europe. 2024. Disponível em: www.eea.europa.eu/en/analysis/indicators/grassland-butterfly-index-in-europe-1. Acesso em: 10 out. 2025.

77. ROSENBERG, K. V. et al Decline of the North American avifauna. Science, n. 366, p. 120-124, 2019. Disponível em: https://doi.org/10.1126/science.aaw1313. Acesso em: 10 out. 2025.

78. WORLD WIDE FUND FOR NATURE (WWF); ZOOLOGICAL SOCIETY OF LONDON (ZSL). The Living Planet Report 2024. 2024. Disponível em: https://livingplanet.panda.org/. Acesso em: 10 out. 2025.

79. DINNICK, I.; JOLLEY, D. Why might people believe in human-made hurricanes? Two conspiracy theory psychologists explain. The Conversation. 15 out 2024. Disponível em: https://theconversation.com/why-might-people-believe-in-human-made-

hurricanes-two-conspiracy-theory-psychologists-explain-241098. Acesso em: 10 out. 2025.

80. STOKNES, P. E. What We Think about When We Try Not To Think about Global Warming: Toward a New Psychology of Climate Action. [S.l.]: Chelsea Green Publishing; 2015.

81. VODOVOTZ, Y. et al. Multiscale inflammatory map: Linking individual stress to societal dysfunction. Front Sci, n. 1, 2024.

82. MARSH, N. The neuropeptide oxytocin induces a social altruism bias. J Neurosci, v. 35, n. 34, p. 15696-15701, 2015.

83. BREVERS, D. et al. Brain mechanisms underlying prospective thinking of sustainable behaviours. Nat Sustain, n. 4, p. 433-439, 2021. Disponível em: https://doi.org/10.1038/s41893-020-00658-3. Acesso em: 10 out. 2025.

84. INTERNATIONAL LABOUR ORGANIZATION (ILO). Guidelines for a Just Transition towards Environmentally Sustainable Economies and Societies for All. 2015. Disponível em: www.ilo.org/sites/default/files/wcmsp5/groups/public/%40ed_emp/%40emp_ent/documents/publication/wcms_432859.pdf. Acesso em: 10 out. 2025.

85. INTERNATIONAL LABOUR ORGANIZATION (ILO). Achieving a Just Transition Towards Environmentally Sustainable Economies and Societies for All. 2023. Disponível em: www.ilo.org/sites/default/files/wcmsp5/groups/public/%40ed_norm/%40relconf/documents/meetingdocument/wcms_876568.pdf. Acesso em: 10 out. 2025.

86. KENTHLEY INSIGHTS. The 2024 global market size & growth report – Barber shops. 2024.

87. WINKELMANN, R. et al. Social tipping processes towards climate action: A conceptual framework. Ecol Econ, n. 192, 2022. Disponível em: https://doi.org/10.1016/j.ecolecon.2021.107242. Acesso em: 10 out. 2025.

88. INTERNATIONAL ENERGY AGENCY (IEA). World Energy Investment 2024. 2024. Disponível em: www.iea.org/reports/world-energy-investment-2024. Acesso em: 10 out. 2025.

89. PASITKA, L. et al. Empirical economic analysis shows cost-effective continuous manufacturing of cultivated chicken using animal-free medium. Nat Food, n. 5, p. 693-702, 2024. Disponível em: https://doi.org/10.1038/s43016-024-01022-w. Acesso em: 10 out. 2025.

90. FOOD AND LAND USE COALITION; UNIVERSITY OF EXETER. Positive Tipping Points for Food and Land Use Systems Transformation. 2021. Disponível em: www.foodandlandusecoalition.org/wp-content/uploads/2021/07/Positive-Tipping-Points-for-Food-and-Land-Use-Systems-Transformation.pdf. Acesso em: 10 out. 2025.

Roberto S. Waack

Presidente do Conselho do Instituto Arapyaú, biólogo com pós-graduação em Administração de Empresas pela USP, com especialização em New Institutional Economics. É membro dos conselhos da MBRF Global Foods, da Wise/Braskem Plásticos e do Instituto Arapyaú, cofundador da Coalizão Brasil Clima, Florestas e Agricultura e da Uma Concertação pela Amazônia e *associate fellow* da Chatham House.

7. CAPITAL NATURAL COMO UMA CLASSE DE ATIVOS

Que o capital natural terá mais valor no futuro do que tem hoje, poucos duvidam. No entanto, para ganho de escala e consolidação como uma classe de ativos, ainda há bom caminho a ser percorrido. Não bastará a pressão de ambientalistas sobre o setor financeiro, como se este fosse detentor dos instrumentos necessários para garantir retornos financeiros, sua principal razão de existir, investindo na natureza. Gestores de capital têm responsabilidades fiduciárias que limitam nobres intenções ambientalistas.

Por que é importante que o capital natural seja transformado em uma classe de ativos? Em primeiro lugar, porque a conservação e a regeneração da natureza dependem de um fluxo regular e volumoso de recursos financeiros. E, para que haja esse fluxo, os atores do *mainstream* econômico dependem de um ambiente com funcionamento conhecido e regras claras. Fundos de pensão, por exemplo, com alguma frequência são impedidos de investir em ativos que não estejam configurados em uma classe.

Classes de ativos são conjuntos de instrumentos financeiros que têm características semelhantes e se comportam de maneira similar no mercado. Ativos de uma mesma classe se inserem em ambientes institucionais semelhantes. Operam com regras do jogo equivalentes, especialmente os legais, de regulamentação ou mesmo práticas informais e culturais próprias. Em geral, têm riscos e retornos com previsibilidades convergentes. Seus custos e preços são influenciados pelos mesmos fatores e temporalidades.

Para entender como o capital natural se enquadra nesse arcabouço, é preciso também compreender seu significado. Quais são seus limites conceituais? Qual sua relação com o debate sobre Soluções baseadas na Natureza (SbN)? O espectro varia desde conceitos estritos, muito próximos da conservação e mínima intervenção humana e do capital financeiro, até abordagens amplas, como todas as formas de agricultura milenarmente praticadas pela humanidade.

Dentro desse amplo espectro do capital natural, o conceito de contínuo florestal é uma alternativa para tratar do relacionamento humano com áreas com recursos naturais abundantes. O contínuo inicia-se com a preservação permanente de maciços florestais intocados; segue em um crescente de intervenção humana com manejos florestais sociobioeconômicos; passa ao enriquecimento silvicultural de florestas degradadas; avança na restauração de áreas convertidas com o plantio biodiverso e depois para o plantio pouco diverso; inclui o plantio de espécies exóticas de ciclo longo (eventualmente combinadas com espécies nativas); e termina, no extremo, com o plantio de monoculturas de espécies como o eucalipto ou outras espécies nativas ou não, para finalidades econômicas com mercados bem definidos, inseridos no agronegócio ou na silvicultura tradicional.

Ao longo do contínuo, pode-se afirmar que todas as alternativas geram algum tipo de impacto positivo. A conservação pura garante a permanência do carbono no ambiente, dentro de um padrão natural de equilíbrio de gases de efeito estufa, além de assegurar que recursos hídricos e a biodiversidade sejam mantidos. Na outra ponta do contínuo, os plantios florestais intensos em monoculturas proporcionam uma acelerada absorção de carbono atmosférico.

Restaurações com repovoamento florestal com espécies nativas, além de recomposição da biodiversidade, podem gerar produtos madeireiros e não madeireiros, com impactos socioeconômicos relevantes, além de prover serviços ambientais. O manejo florestal sustentável, mesmo com a retirada de algumas árvores, garante a permanência da floresta em regiões com alta pressão para conversão, gerando renda e produtos com aplicações na movelaria e construção civil, substituindo materiais altamente emissores de gases de efeito estufa, como concreto, plástico e metais. O contínuo florestal incorpora também os sistemas agroflorestais (SAF) e a Integração Lavoura, Pecuária e Floresta (ILPF).

Balanço positivo

É evidente que, apesar de todas as alternativas gerarem algum tipo de impacto positivo, também causam externalidades negativas (efeitos colaterais de atividades econômicas que impactam terceiros, não diretamente envolvidos na transação). Um dos principais desafios é como medir e buscar que a balança aponte para o campo da positividade, com processos que eliminem, reduzam, mitiguem ou compensem os negativos. Se este equilíbrio for positivo, pode-se considerar que o capital natural, de uma forma genérica, está sendo regenerado.

No entanto, para que a natureza seja positiva, os desafios ultrapassam a mera busca de equilíbrio, uma vez que alguns impactos devem ser totalmente eliminados. Um exemplo é a conversão de ecossistemas naturais para a produção de bens e serviços alternativos, como commodities alimentares, energéticas ou minerais.[A] Outros exemplos são o impacto nos modos de vida e deslocamento econômico forçado de populações originais de seus territórios, as práticas trabalhistas condenáveis e a contaminação de solos e recursos hídricos.

Ser natureza positiva por si só não transforma o capital natural em uma classe de ativos. Mas, na medida em que o capital natural se transforma uma classe de ativos, ao incorporar os requisitos que a definem como tal, a natureza positiva também passa a sê-lo.

Parece claro que o desafio da transformação do capital natural em classe de ativos está naquelas atividades relacionadas à natureza que estão fora das práticas tradicionais do mercado financeiro, como o financiamento da produção de *commodities* alimentares e energéticas.

Para ilustrar o quanto o debate sobre a definição de Soluções baseadas na Natureza pode ser perturbador para a transformação do capital natural em classe de ativos, um caso emblemático desenvolveu-se em 2005. Aconteceu na Alta Corte Britânica, sob liderança do juiz Ross Cranston, professor na London School of Economics e ex-deputado pelo Partido Trabalhista. Foi uma longa disputa judicial imposta a respeito da preservação de um local denominado Land at Bore Hole and Trenchmann"s Wharf. O tema da contenda era a definição de uma árvore. O parecer do juiz Cranston utilizou 12 mil palavras para concluir que não há uma definição jurídica para uma árvore. Ele declarou que uma árvore é mais do que uma muda de um indivíduo arbóreo futuro, e também inclui aquelas plantas que poderão vir a germinar em um de-

---

A. Bens e serviços alternativos são aqueles diferentes dos originalmente providos pelo ecossistema que foi convertido — por exemplo, cortar uma floresta nativa para plantar eucalipto. Ambas têm capital natural e a segunda pode até sequestrar e estocar mais carbono, mas não é alternativa aceitável.

terminado bosque — que pode ainda não existir como tal. Ou seja, como passou a ser ironicamente tratada a decisão, "uma árvore não precisa existir para ser uma árvore".

O caso bizarro contrapôs-se à visão de outra imponente personalidade, Lord Denning, segundo a qual uma planta é uma árvore apenas se seu tronco tiver um diâmetro de ao menos sete polegadas. Vale apontar que Lord Denning ocupava a posição de Keeper or Master of the Rolls and Records of the Chancery of England (presidente da Corte de Apelação do Reino Unido), instituição existente desde 1286. O episódio envolveu também os compêndios da engenharia florestal, com boas explicações biológicas, em geral focadas em métricas e aspectos físicos, como presença de tecido lenhoso, caule perene com diâmetros e alturas especificadas e que usualmente produzem galhos. Apesar das inúmeras abordagens agroflorestais, curiosamente não há uma definição científica taxonômica para esse tipo de planta — assim como concluiu o juiz Cranston de que não existe uma definição jurídica para uma árvore.

Pode parecer caricatural, mas esse tipo de discussão não é irrelevante para a transformação do capital natural em classe de ativos. Esse debate se amplifica quando trata da competição pelo uso da terra para a produção de alimentos, energia ou conservação pura, o que desperta visões conflitantes entre países temperados do Norte e os tropicais do Sul, ao envolver políticas públicas divergentes, adicionando um complicador relevante.[B]

Desafios de lidar com a complexidade da vida

Como o capital natural se enquadra no campo da classe de ativos? A diversidade é uma das mais evidentes características do capital natural. A imprevisibilidade das suas reações desafia a definição de padrões de respostas a investimentos. Os instrumentos legais e de regulação são ainda precários, frágeis e pouco homogêneos. O conjunto de atores que influenciam sua existência é muito diverso, com objetivos em um amplo espectro de interesses (conservação, uso social, produção de

B. Especialmente na União Europeia, há uma percepção de que a terra deve ser usada de forma prioritária e quase exclusiva para alimentos. Já em países como o Brasil, com grande extensão territorial, alimentos e energia podem dividir o espaço. As políticas públicas de bioeconomia no Norte são mais restritivas e não incentivam o uso de biocombustíveis, por competirem com a produção de alimentos.

commodities). O campo da caracterização e monitoramento de riscos se aproxima perigosamente das incertezas, um dos maiores fatores de afastamento do capital financeiro.

A caracterização do que são serviços ecossistêmicos, o principal produto do capital natural, não é trivial. Boa parte dos serviços ecossistêmicos que provê ainda são pouco conhecidos e mensuráveis, como o papel dos polinizadores, essenciais para a segurança alimentar global. O carbono e os recursos hídricos e minerais são relativamente mensuráveis, embora ainda faltem padrões globais. No entanto, a biodiversidade apresenta grande desafio. É extremamente sofisticada e complexa, com diversas hierarquias e níveis de abordagem.

Ela engloba o submicroscópico mundo dos genes, passa pelo amplo universo das espécies resultantes de suas expressões e seus agrupamentos em reinos (vegetal, animal e, de forma simplificada, microbiológico), até a magnífica abordagem da paisagem, ou seja, o modo como interage com o meio e com os humanos que se imiscuem em suas vidas. Formata diferentes habitats, que são agrupados em diferentes biomas.

No campo tecnológico, tem sido crescente a intimidade entre os humanos e a natureza, o que pode parecer uma contradição. A tecnologia é de grande importância para transformar o capital natural em classe de ativos, na medida em que contribui para processos de caracterização e homogeneização de produtos e serviços ecossistêmicos. Com a junção entre biotecnologia, *big data* e inteligência artificial (IA), é possível conhecer melhor o objeto do investimento. Além disso, surgem mais oportunidades de negócios, pois esse conhecimento pode prover produtos como farmacêuticos, alimentos, cosméticos etc.

As tecnologias voltadas para o sequenciamento genético de todas as espécies vivas do planeta já estão disponíveis e acessíveis. A diversidade biológica é fruto da expressão de materiais genéticos e o seu sequenciamento permite acessar uma biblioteca de dados que, correlacionado a bases de dados sobre o ambiente onde vivem, abre um campo assombrosamente complexo, perigoso e fascinante. O volume de dados, memórias e padrões "artificialmente" processados é avassalador. A manipulação desse imenso volume de informações passou a ser possível com o advento da IA.

O domínio dessas informações, associado a estratégias públicas e empresariais nos campos da saúde (novos fármacos), da segurança (armas biológicas), da transição energética (bioenergia) e da segurança alimentar (novos alimentos), por exemplo, pode ser o alicerce do que alguns pensadores chamam de Bio Age, ou era do domínio das informações que regem a vida de uma forma geral, em toda a sua diversidade. A intimidade da humanidade com a natureza se revela como nunca. Talvez só tenha comparação com o que povos indígenas vivenciam, de forma diametralmente oposta à dos cientistas com seus laboratórios e ferramentas tecnológicas.

No Brasil, organizações como o Centro de Referência em Informação Ambiental (Cria) dão visibilidade a dados de coleções biológicas espalhadas pelo mundo. Esse centro viabilizou o desenvolvimento de um dos maiores sistemas de informação sobre biodiversidade do planeta, a rede speciesLink.[C] Com reconhecida relevância acadêmica, o Cria integra a rede Global Biodiversity Information Facility (GBIF) e o Clearing-House Mechanism, da Convenção Global da Diversidade Biológica.

No fim de 2024, a rede speciesLink mostrou a integração de dados de 523 coleções biológicas de todos os estados brasileiros e daqueles depositados em acervos latino-americanos, americanos e europeus. São cerca de 18 milhões de registros e 6,5 milhões de imagens. Aproximadamente 98 bilhões de registros foram utilizados para diferentes demandas, representando uma média de 270 milhões de consultas diárias. Assim como a curiosa discussão no Reino Unido sobre como se define uma árvore, a complexidade biológica da natureza é avassaladora, mas os caminhos para sua compreensão apontam para a solução de um dos grandes desafios para que se torne, finalmente, uma classe de ativos.

Instrumentos de monitoramento se multiplicam, de sensores no solo, plantas e animais a satélites. No entanto, ainda há grande fragmentação metodológica, resultando em uma profusão de dados não comparáveis e grande desequilíbrio entre os parâmetros usados em ecossistemas de países com ecossistemas temperados em contraposição às regiões tropicais.

A ciência, base fundamental para a padronização de métricas sobre o capital natural, é muito mais desenvolvida nos países com capital

C. http://splink.cria.org.br/ Acesso em 10 mai. 2025.

natural menos diverso. A recente incorporação de elementos relacionados aos capitais natural e social aos sistemas contábeis, liderados pelo IFRS (sigla em inglês para Normas Internacionais de Relatório Financeiro), pode significar expressiva mudança nesse jogo.

A necessária gestão de riscos

Um dos campos a serem desbravados se refere à gestão de riscos. A migração de incertezas para o mundo do conhecimento de riscos é essencial para que o capital natural se transforme em uma classe de ativos. O esforço do ativismo ambientalista, associado ao conceito de que a natureza é um patrimônio vital para a humanidade, intocável e não transacionável, elevou o capital natural à posição atual de destaque. No entanto, também alimentou o campo dos riscos reputacionais associados às Soluções baseadas na Natureza.

Ainda existe um embate entre quem vê as finanças como um instrumento capaz de proteger a natureza, e aqueles que entendem qualquer intervenção de ordem econômica e financeira como moralmente questionável. Isso gera uma onda de riscos reputacionais para quem investe ou se aproxima economicamente da natureza.

O desdobramento desse processo de ordem reputacional migrou para o campo legal (passivos morais migrando para legais), com um conjunto legal e regulatório mais voltado para o impedimento de atividades do que para seu acolhimento, em um processo compreensível de proteção, impondo riscos jurídicos significativos para os que se aventuram em atividades empresariais voltadas para este campo.

O fato de o capital natural e as Soluções baseadas na Natureza serem intrinsicamente dependentes do uso da terra oferece riscos associados à segurança fundiária, uma vez que estão sujeitos a riscos como invasão, depredação e conversão ilegal. Além disso, o uso da terra é o mais exposto aos efeitos da mudança climática, como secas, intempéries e incêndios, representando riscos importantes à permanência desses ativos em prazos longos (infinitos). Ainda, quando as atividades de conservação ou regeneração ambiental em uma região acarretam a destruição em outra (conceito conhecido como vazamento) configuram um tipo risco bastante imponderável. Por fim, ao serem ainda de difícil valoração, as atividades relacionadas à conservação ou (re)construção do capital natural com frequência implicam em desvalorização do valor fundiário no curto prazo, com difícil previsão de reconstrução deste valor.[D]

Há ainda grandes desafios (e riscos) no desenho de modelos de como manter ou reconstruir operacionalmente esse capital. Pouco se conhece sobre métricas de produtividade e monitoramento, e menos ainda sobre como a construção de valor pode se dar em cadeias de produtos e serviços derivados. No campo comercial, contratos são pouco definidos, com mecanismos de rupturas contratuais imprecisos, modelos de garantias, mecanismos de mitigação e de seguros incipientes e riscos de performance e entregas comerciais significativos. A profusão de exemplos mal sucedidos e aventureiros, típicos de mercados em desenvolvimento, obviamente não ajuda.

Apesar de a maior parte dos mecanismos de remoção de carbono da atmosfera estar ligada a Soluções baseadas na Natureza, ainda falta o reconhecimento formal da sua relação com a agenda climática. O mercado de carbono, apenas um dos derivativos do capital natural, tem alta volatilidade e dispersão de preços (ou seja, apresenta mesmos tipos de projetos com preços diferentes e projetos diferentes com preços iguais). As dificuldades na convergência entre regulamentações são grandes, apesar dos esforços do multilateralismo climático relacionado, por exemplo, ao Artigo 6 do Acordo de Paris e a relação com as Contribuições Nacionalmente Determinadas (NDCs, na sigla em inglês).

O mercado regulado convive de forma confusa com o mercado voluntário. Projetos empresariais ou de comunidades competem com programas jurisdicionais (regionais). Há uma grande proliferação e competição entre esquemas de certificações e trilhas de auditorias independentes ainda não estão consolidadas. Os debates sobre papel de esquemas de compensação (*offsetting*) gera incertezas mercadológicas significativas. Os mercados de carbono que transacionam toneladas de CO_2 na forma de créditos aos poucos incorporam as formas pelas quais a redução nas emissões foi atingida, valorizando aqueles obtidos com maior correlação com os demais derivativos do capital natural, como a proteção da biodiversidade e demais exemplos mencionados.

No ruidoso campo das finanças climáticas, por mais intensas que sejam as discussões sobre o papel da filantropia, dos fundos e dos

---

D. Terras com floresta conservada valem menos que aquelas que podem ser usadas para fins chamados produtivos, como a agricultura.

bancos de desenvolvimento e capital concessional (incentivado) ou *blended* (combinação entre recursos filantrópicos e recursos com expectativa de retorno), suas escalas não são suficientes para que os ativos da natureza sejam valorizados como necessário para sua conservação ou regeneração.

Apesar de as portas de saída para investidores não serem evidentes em regiões onde o capital natural é mais abundante – pois normalmente se encontram em mercados emergentes com riscos institucionais e monetários relevantes –, no *mainstream* financeiro, ativos em empresas, ativos reais da natureza e instrumentos de dívida vão se tornando alternativas para retornos aceitáveis. Passam também a compor portfólios de longo prazo para, entre outros resultados, oferecerem alternativas para proteção inflacionária.

A valoração e os instrumentos de mercado aos poucos aparecem, mesmo diante das fortes e tensas polêmicas entre povos das florestas, ambientalistas, acadêmicos, agentes financeiros e mercadores da natureza. Assim como no campo climático, os sinais estão acima dos ruídos. Esses serão gradativamente equacionados. As taxonomias e metodologias de caracterização, mensuração, monitoramento e valoração da biodiversidade estão sendo formatadas, assim como os mecanismos de gestão de riscos. A farta diversidade de habitats provavelmente será organizada em *clusters*, oferecendo ao mercado a necessária homogeneidade de uma classe de ativos.

Apesar da fragilidade do multilateralismo, o fato de que grande parte do capital natural está em mãos privadas indica que as regras do jogo institucional surgirão. Com a crescente massa crítica de aprendizados, os custos de transação do capital financeiro associado à complexidade e aos riscos devem ser reduzidos. O debate sobre a necessidade de se buscar novo equilíbrio entre subsídios, incentivos fiscais e financeiros para combustíveis fosseis e alternativas mais intensas nas Soluções baseadas na Natureza evidencia-se, indicando um caminho mais favorável para estas últimas.

A consolidação da natureza como infraestrutura vital para o bem-estar da humanidade é o caminho para sua transformação em uma classe de ativos. Os elementos para tanto estão sendo gradativamente desenvolvidos.

PARTE 2
A TRANSIÇÃO PARA UM FUTURO SEGURO E JUSTO

Terra Indígena Suruwahá, Estado do Amazonas, 2017

Joseph "Joe" W. Bull
Professor associado do Departamento de Biologia da University of Oxford, Reino Unido, e diretor da Wild Business

8. A CIÊNCIA DA NATUREZA POSITIVA

por Joseph "Joe" W. Bull

Se um cientista alienígena observasse e categorizasse a vida na Terra, ele provavelmente notaria: "*À primeira vista, todas as espécies são insetos*". Essa famosa citação, atribuída ao ecólogo Robert May, capta de forma brilhante a importância dos insetos para a diversidade biológica global. Eles assumem inúmeras formas fantásticas e — tanto em diversidade quanto em biomassa — são fundamentais para o funcionamento dos ecossistemas. Por isso, pesquisas recentes que mostram um declínio dramático nas populações de insetos são alarmantes e têm recebido ampla atenção.[1] Exemplos incluem estudos que cobrem décadas de mudanças na abundância de invertebrados na Europa, revelando quedas catastróficas nesse período,[2] o que ficou popularmente conhecido como o *fenômeno do para-brisa* (a observação anedótica de que menos insetos são esmagados em para-brisas de carros hoje do que no passado).

Isso é um problema.

Basta ver os bilhões de dólares gastos todos os anos transportando abelhas pelos Estados Unidos para manter a polinização de inúmeras culturas valiosas.[3] Mas os insetos exercem papéis muito além da polinização; portanto, os esforços para conter a perda contínua de populações de insetos e restaurar seu esplendor anterior são também tentativas de preservar o sistema operacional fundamental que sustenta a economia global.

Assim, no que se refere aos insetos — como ocorre com grande parte da natureza selvagem — precisamos de um volume maior do que temos hoje no mundo. Porém, um dos desafios em estabelecer metas globais para a natureza é que não temos uma definição clara do problema, como acontece, por exemplo, com as mudanças climáticas. Por um lado, há razões práticas para aumentar o número de insetos em geral; por outro, há também insetos problemáticos (como pragas agrícolas ou vetores de doenças).

Por outro lado, a conservação da natureza não se refere apenas a questões práticas, mas também ao patrimônio natural e cultural; consequentemente, diferentes elementos naturais (por exemplo, mamíferos e aves) costumam ser o foco da pesquisa e da prática em conservação.[4] Ainda assim, os governos do mundo concordaram com uma meta abrangente para 2030: "*parar e reverter*" o declínio da biodiversidade e iniciar o longo caminho para sua recuperação global.[5] Isso é consistente com a ideia de **Natureza Positiva**, que pode ser definida como a missão de "*parar e reverter a perda da biodiversidade até 2030 em relação à linha de base de 2020 e alcançar a recuperação total até 2050. Em termos mais simples, significa garantir mais natureza no mundo em 2030 do que havia em 2020, e uma recuperação contínua a partir daí*".[6] Essa meta abrangente de "*parar e reverter*" está bem definida em termos técnicos na literatura científica, com base em muitos anos de pesquisa sobre abordagens de "resultados líquidos" para a natureza,[7] como discutido em trabalhos recentes, incluindo um da minha colega na Universidade de Oxford, Professora Dame EJ Milner-Gulland. É importante destacar que a meta de "*parar e reverter*" no que concerne a biodiversidade alinha-se com o que os objetivos centrais do Acordo de Paris buscam fazer em relação às mudanças climáticas.[8]

Diante disso — considerando que existem múltiplas razões para conservar diferentes aspectos da natureza selvagem — o que devemos incluir na mensuração do progresso rumo a um Mundo Positivo para a Natureza? As tendências em conservação da natureza costumam ser medidas em termos de "biodiversidade", isto é, "a variabilidade entre organismos vivos de todas as origens... incluindo a diversidade dentro das espécies, entre espécies e de ecossistemas"[9]. Existem centenas de métricas viáveis para monitorar mudanças na biodiversidade, muitas das quais são úteis como proxies e se complementam, mas nenhuma pode ser considerada universal. Nesse sentido, A "Natureza Positiva" poderia, por exemplo, ser uma forma de exigir um ganho líquido global na diversidade, abundância, cobertura ou papéis funcionais das populações de insetos em relação ao que temos hoje — mas isso é ambicioso, já que estamos longe dessa realidade.

Insetos não costumam ser incluídos nas métricas de biodiversidade mais utilizadas — em parte devido a lacunas de dados e de expertise, embora, no caso da maioria das espécies, elas nem sequer tenham sido descritas taxonomicamente. Por exemplo, a Lista Vermelha de Espécies Ameaçadas da União Internacional para a Conservação da Natureza (IUCN Red List)[10] pode ser considerada "a fonte de informação mais abrangente sobre o risco global de extinção de espécies animais, fúngicas e vegetais".[11] No entanto, embora 97% de todos os animais sejam invertebrados (como insetos), eles representam apenas 30% de todas as avaliações de animais na Lista Vermelha. Os impactos do nosso sistema econômico atual sobre a vida dos insetos — da qual ele próprio depende — são sintomáticos de tendências muito maiores. O ponto central é que as metas positivas para a natureza — embora exijam uma melhoria absoluta no estado da natureza — não pressupõem que todos os impactos negativos sobre a biodiversidade sejam eliminados; ao contrário, exigem que esses impactos sejam evitados ou minimizados até o ponto em que os impactos negativos restantes possam ser mais do que compensados por ganhos de conservação. A aplicação dessa sequência de ações (isto é, evitar, minimizar, restaurar, compensar) os impactos sobre a biodiversidade é uma forma do que é amplamente conhecido como **hierarquia de mitigação** — um conceito científico e técnico absolutamente fundamental que sustenta a Natureza Positiva.[12, 13]

É importante deixar claro, então, o que está causando os declínios — tanto para os insetos quanto para todo o resto. Embora fatores como as mudanças climáticas estejam se tornando cada vez mais relevantes, a principal causa ainda é o vilão clássico da conservação da natureza — o "*quarteto do mal*" proposto pelo cientista e historiador Jared Diamond na década de 1980.[14] Esse quarteto do mal — perda de habitats naturais, exploração excessiva, espécies invasoras e cadeias de extinção — foi apontado por Diamond como o principal motor da perda de espécies.

Pesquisas mais recentes confirmaram que esses continuam sendo os principais fatores de risco de extinção para muitas espécies, apesar de as mudanças climáticas se tornarem cada vez mais um fator relevante de perda (tendência que provavelmente crescerá substancialmente nas próximas décadas).[15] A jornada rumo à Natureza Positiva não diz respeito apenas ao investimento em conservação: antes de tudo, e de forma crucial, trata-se de quantificar a escala de nossos impactos negativos sobre a biodiversidade (causados pelo quarteto do mal e outros fatores) e encontrar maneiras de reduzir esses impactos ao máximo, antes de avançar para investimentos proativos em conservação.[16] Em certa medida, isso exigirá (em alguns casos, embora certamente não em todos) fazer escolhas difíceis entre atividades econômicas e conservação da natureza.[17]

Esse é um dos desafios mais importantes que teremos de enfrentar no caminho para a Natureza Positiva: haverá coisas que simplesmente teremos de fazer em uma menor dimensão? Por exemplo, quanto plástico podemos produzir, quanto metal podemos extrair, quanta carne podemos consumir, se quisermos uma economia global positiva para a natureza? A resposta é em parte científica e objetiva,[18] e em parte guiada por decisões subjetivas — sobretudo porque está intimamente ligada ao bem-estar humano e às compensações a ele associadas. Mas sabemos que, quando se trata da natureza, existem componentes fundamentais da biodiversidade que precisam ser mantidos fisicamente; por exemplo, os insetos de que precisamos para polinizar nossas lavouras. E esse é o ponto central: a natureza que conservamos e preservamos não representa apenas uma perda para a economia; ela também contribui para a economia, como um investimento em capital natural.

Os desafios ambientais associados ao sistema humano atual estão, em essência, relacionados ao estilo de vida: o tamanho e o tipo da produção e do consumo, e a quantidade de espaço e de outros recursos naturais que consequentemente demandamos. Quando se fala de *Natureza Positiva* trata-se de quantificar esses padrões, buscar a maior eficiência possível neles, por vezes fazendo escolhas difíceis, e, em última instância, avançar para o uso sustentável e restaurador dos sistemas naturais. É algo que precisamos alcançar em escala global; não é necessariamente o caso de que cada país, empresa ou ator em outra escala precise ser *positivo para a natureza*[19] — mas é nesse ponto que precisamos chegar a um acordo.

O que a ciência pode nos dizer sobre o caminho para a Natureza Positiva? Como já mencionado, a natureza (e até mesmo o subconjunto central da natureza, a biodiversidade) é um conceito amplo, um problema para o qual não existe uma formulação clara e precisa, da forma que existe em outras questões. Isso não se deve ao fato de não entendermos a natureza, nem à ausência de verdades consolidadas sobre ela — e sim ao fato de que *o conceito de Natureza Positiva* abrange uma multiplicidade de objetivos sociais e ambientais.

Por exemplo, a estrutura dos "*limites planetários*" define claramente as fronteiras que não devem ser ultrapassadas do ponto de vista da biosfera física, incluindo limites ecológicos.[20]

PERSPECTIVA 8.1
Natureza Positiva e Limites Planetários

Por Johan Rockström,
Diretor do Potsdam Institute for
Climate Impact Research

As atividades humanas – incluindo o desmatamento, a poluição, a superexploração de recursos e, cada vez mais, as mudanças climáticas – estão causando danos sem precedentes à natureza. A meta de **Natureza Positiva** foi formulada em resposta ao acelerado declínio da biodiversidade e dos ecossistemas em escala global e busca proteger e fortalecer as diversas formas pelas quais a natureza sustenta o bem-estar humano e a vida na Terra em geral. Alcançar a Natureza Positiva é um objetivo normativo, cujo propósito central é ampliar a capacidade da natureza de fornecer essas contribuições vitais às pessoas.

A estrutura dos Limites Planetários (PBs) – cuja atualização mais recente está representada na figura abaixo – não apenas serve aos seres humanos, mas define limites seguros para nove sistemas críticos da Terra que regulam e mantêm a estabilidade e a resiliência de todo o planeta. Esses nove limites, em conjunto, definem um espaço operacional seguro para a humanidade manter o sistema terrestre em uma condição semelhante à do Holoceno – o único estado do planeta que sabemos com certeza ser capaz de sustentar o mundo moderno tal como o conhecemos (*ver na página ao lado*).

Natureza Positiva e a estrutura dos Limites Planetários compartilham o objetivo comum de restaurar o equilíbrio ecológico da Terra para garantir a resiliência dos sistemas de suporte à vida do planeta. A resiliência do sistema terrestre refere-se à capacidade dos sistemas interconectados da Terra – como atmosfera, biosfera e oceanos – de absorver alterações e se recuperar de mudanças, mantendo suas funções essenciais. Um planeta resiliente é capaz de suportar mudanças climáticas, poluição e perda de habitats sem perder sua capacidade de sustentar a vida e fornecer serviços vitais, como água e alimentos.

Figura 8.1 Atualização de 2023 dos Limites Planetários. Licenciado sob CC-BY-NC-ND 3.0.

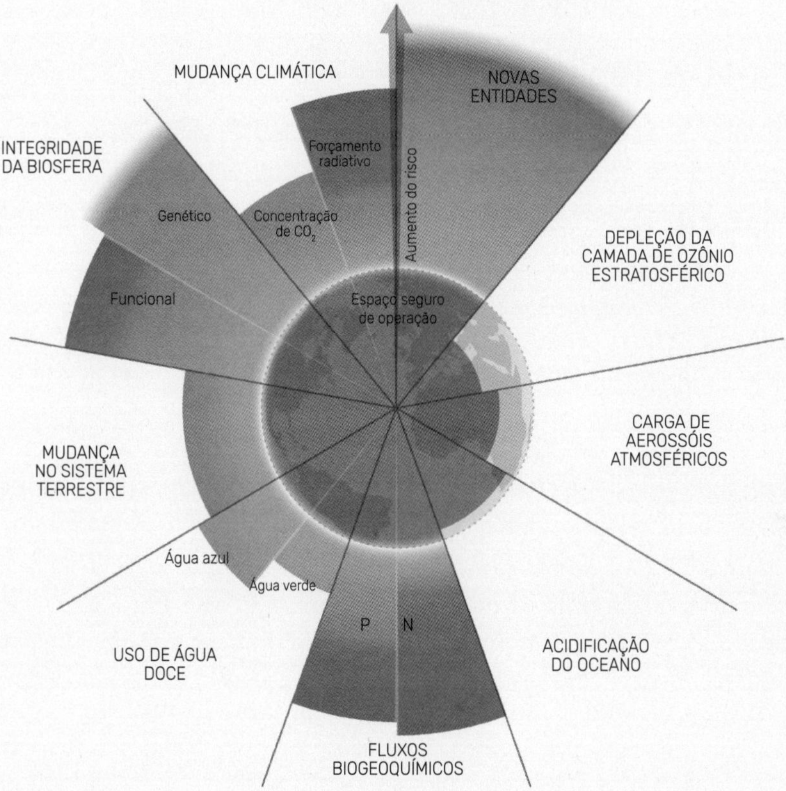

Fonte: Azote para o Stockholm Resilience Centre, baseado na análise em Richardson et al., 2023.21

A relação entre a estrutura dos Limites Planetários e a Natureza Positiva é **sinérgica**. Os Limites Planetários oferecem a base científica e o contexto global, enquanto a Natureza Positiva traz uma meta clara e orientada para a ação de reversão da perda de biodiversidade. Juntos, formam uma abordagem poderosa para enfrentar os desafios ambientais e assegurar um futuro sustentável tanto para a natureza, quanto para a humanidade. Ao combinar esses conceitos, podemos criar uma estratégia mais holística e eficaz de conservação e restauração ambiental, orientando o desenvolvimento humano dentro do espaço operacional seguro do nosso planeta.

Tanto os Limites Planetários quanto a Natureza Positiva enfatizam a urgência de reduzir as pressões humanas sobre os sistemas naturais e promovem uma mudança de paradigma na forma como economias, empresas e sociedades atribuem valor à natureza. Assim, respeitar os limites planetários é a base para conquistar a meta da Natureza Positiva, alinhando a saúde ecológica com o desenvolvimento humano para uma sustentabilidade de longo prazo.

Enquanto isso, os cenários propostos de mitigação das mudanças climáticas normalmente exigem ao menos algumas soluções baseadas na natureza (como o sequestro de carbono por meio da restauração de habitats)[22, 23] que, em geral, devem estar alinhadas aos esforços rumo à Natureza Positiva[24]. De fato, as avaliações do IPCC (Painel Intergovernamental sobre Mudanças Climáticas) nos últimos anos têm mostrado como o uso, a conservação e a restauração de diferentes ecossistemas oferecem as maiores oportunidades de redução líquida das emissões globais, ao lado das soluções ligadas à energia.

Para além das questões práticas, como o funcionamento dos ecossistemas associado ao sequestro de carbono, a Natureza Positiva diz respeito a proteger o patrimônio natural, reconhecer o papel de longo prazo dos Povos Indígenas na gestão da natureza[25] e garantir compatibilidade com muitos outros objetivos (como os Objetivos de Desenvolvimento Sustentável da ONU). A ciência pode oferecer roteiros para cada um desses temas em separado — o desafio é reuni-los todos eles sob uma estratégia coesa.

PERSPECTIVA 8.2
Os ecossistemas que não podemos perder

Por M. Sanjayan, CEO da Conservation International

As mudanças climáticas e a perda de biodiversidade são duas faces da mesma crise. A ciência é clara: o aumento das temperaturas acelera a perda da natureza, enquanto a perda da natureza libera mais carbono para a atmosfera, intensificando o aquecimento global. Esses problemas precisam ser enfrentados em conjunto — e isso começa com a conservação dos ecossistemas vitais do planeta.

Toda a natureza tem valor. Mas pesquisas recentes sugerem que alguns ecossistemas são verdadeiramente insubstituíveis. Ao redor do mundo — em lugares como as florestas antigas da América do Norte, as florestas tropicais da Amazônia, as turfeiras da Bacia do Congo e os manguezais da Indonésia — existem vastíssimos reservatórios de carbono já sequestrado. Chamamos esse carbono de "irrecuperável", porque esses ecossistemas de alta biodiversidade se regeneram relativamente devagar. Se forem destruídos, o carbono perdido não poderá ser realisticamente recuperado a tempo de evitar os piores cenários climáticos.

Em 2022, uma coalizão de cientistas liderada pela *Conservation International* desenvolveu um atlas do carbono irrecuperável do mundo. No total, 139 gigatoneladas estão armazenadas em bolsões espalhados pelo planeta, o que equivale a 15 anos de emissões globais de combustíveis fósseis. Se esse carbono fosse liberado, poderia fazer a temperatura global ultrapassar rapidamente o limite de 2°C.

Muitos desses ecossistemas já estão ameaçados pela expansão da agricultura, pela mineração e pelo crescimento urbano. Mas, felizmente, eles estão altamente concentrados, o que os torna um alvo ideal para esforços de conservação. Apenas 14% das terras do mundo abrigam 75% de todo o carbono irrecuperável — e também 91% das espécies de vertebrados terrestres. Esses mesmos ecossistemas sustentam centenas de milhões de meios de subsistência. Proteger esses lugares em grande escala é uma vitória tripla: para o clima, para a biodiversidade e para as pessoas.

Em um mundo limitado por recursos e capital finitos, a ciência do carbono irrecuperável traz maior precisão para o campo da conservação, permitindo fazer mais a cada dólar investido. Com esforços direcionados, podemos gerar uma diferença enorme para o clima, a biodiversidade e o bem-estar humano — e minimizar as compensações enquanto todos embarcamos na transição rumo a uma sociedade positiva para a natureza.

Retomando essas verdades de longa data, incluindo o já bem estabelecido desafio à biodiversidade representado pelo quarteto do mal: mitigar esses quatro impactos (bem como a ameaça cada vez maior das mudanças climáticas) será crucial para qualquer trajetória rumo à Natureza Positiva. Conectado a isso está o fato de que, de forma fundamental, a natureza selvagem geralmente precisa ter espaço físico e ser deixada em paz; portanto, uma meta deve ser reservar áreas para os ambientes naturais remanescentes do planeta. Da mesma forma, uma das abordagens mais confiáveis para avançar em direção à Natureza Positiva será sempre reduzir os impactos desde a origem, por exemplo nos níveis de produção e consumo[26-29].

Embora os impactos negativos das atividades econômicas sobre a natureza provavelmente nunca sejam reduzidos a zero, preveni-los é uma das formas mais seguras de alcançar resultados líquidos positivos (em comparação à compensação por perdas). Por outro lado, algumas "verdades" estabelecidas acabam sendo derrubadas. Um exemplo clássico é o conceito do ecólogo Garret Hardin, antes amplamente aceito, da chamada "Tragédia dos Comuns"[30]. Ao categorizar um recurso público (como um parque) como bem comum, Hardin argumentava que, quando os indivíduos têm acesso a esse recurso, tenderiam a exauri-lo em benefício próprio.[31]

Essa teoria econômica foi refutada por Elinor Ostrom em seu trabalho empírico, premiado com o Nobel, mostrando que pessoas podem – e em alguns casos de fato conseguem – cooperar para proteger recursos naturais de uso comum[32]. De forma semelhante, por muito tempo, o "excesso populacional" humano foi visto como o principal motor da perda de biodiversidade; a visão contemporânea, no entanto, é mais de que o problema está no excesso de consumo por alguns e não no consumo por muitos. Esses pontos começam a indicar como a Natureza Positiva pode ser concebida a partir de uma perspectiva mais socioeconômica; embora, para tanto, seja necessário recorrer à vasta literatura sobre a pluralidade de visões acerca da natureza e da conservação[33], como as prioridades mudaram ao longo do tempo[34] e como queremos que a natureza seja no futuro.[35]

Levando isso em conta, quais são as perguntas que a ciência ainda precisa responder?

A principal delas deve ser o desafio de como medir e definir o progresso rumo à Natureza Positiva de forma geral e, em particular, no contexto do setor privado; ou seja, quais métricas de biodiversidade devemos usar? Mais uma vez, o progresso rumo a resultados positivos para a natureza costuma ser acompanhado por algum tipo de mensuração da biodiversidade, já que ela é um aspecto central da natureza. Na verdade, existem muitas maneiras de medir a biodiversidade e não há uma métrica universalmente "correta" — mas sim métricas com maior ou menor utilidade em diferentes contextos[36, 37].

Recentemente, houve avanços significativos na aplicação da ampla literatura de avaliação de impacto do ciclo de vida para acompanhar quantitativamente os resultados líquidos de biodiversidade através das cadeias de valor, em termos de ameaça às espécies silvestres[38], embora nesse processo seja crucial levar em conta as incertezas[39]. Como alternativa, temos as métricas baseadas em habitat; por exemplo, na Inglaterra mede-se o tipo, a "singularidade" e a condição física de diferentes habitats como parte da política de *Biodiversity Net Gain* (requisitos obrigatórios para que empreendedores assegurem um ganho líquido de 10% em "biodiversidade" em projetos, introduzidos em 2024). Sabe-se, contudo, que isso não capta todos os aspectos da biodiversidade — como a diversidade e a abundância de espécies de insetos[40] (mais um bom exemplo de invertebrados sendo deixados de fora das métricas) — e tampouco começa a considerar os impactos das cadeias de valor sobre a natureza (onde os efeitos sobre a biodiversidade muitas vezes estão embutidos)[41]. Ainda assim, fornece um instrumento para limitar perdas marginais de habitat na Inglaterra ao lado das atividades de desenvolvimento em curso e, potencialmente, para fomentar investimentos em redes locais de recuperação da natureza.

Podemos medir a diversidade biológica no nível dos genes, das espécies, dos ecossistemas e dos processos naturais — e cada um desses pode ser mensurado de diversas maneiras. Além disso, é provável que (em vez de selecionar apenas um) utilizemos um conjunto de indicadores que capturem diferentes aspectos da biodiversidade para avaliar o progresso rumo à Natureza Positiva. Um exemplo disso pode ser o chamado "Variáveis Essenciais da Biodiversidade"[42]. Em todo caso, a ciência pode responder à pergunta: quais indicadores são mais eficazes para acompanhar determinado aspecto da biodiversidade que valorizamos? É importante destacar que a ausência de uma métrica universal (ou ao menos de algumas amplamente utilizadas, como ocorre de forma análoga na política climática) não é desculpa para a inação; e reside aqui, novamente, o valor da Natureza Positiva. A meta de alcançar um resultado líquido positivo para a natureza é um "objetivo baseado na ciência", mesmo na ausência de uma única métrica ou de um problema claramente definido e delimitado.

Outra questão central diz respeito às opções *estratégicas* para a Natureza Positiva. Até que ponto uma organização, setor ou agente pode avançar rumo à Natureza Positiva por meio de ajustes em modelos já existentes ou da extensão do "business as usual", em vez de exigir uma transformação completa do modelo de negócio? O desafio em lidar com os impactos das atividades essenciais para alcançar resultados líquidos positivos para a biodiversidade é conhecido (por exemplo, no caso de uma universidade, se parte de seus maiores impactos está associada aos materiais adquiridos para viabilizar pesquisas laboratoriais)[43]. Contudo, esses impactos variam entre setores e organizações. Da mesma forma, já se começam a explorar caminhos operacionais para mudanças transformadoras nos negócios,[44] mas muitas questões técnicas sobre como chegar lá ainda permanecem em aberto. Para além de questões mais amplas de política e de intenção, há perguntas eminentemente concretas, como até que ponto empresas de petróleo e gás devem transitar para as energias renováveis, ou se a agricultura deve migrar para uma produção reduzida de carne e laticínios.

Da mesma forma, temos a questão dos câmbios técnicos na transição rumo a mudanças transformadoras para empresas, setores e economias inteiras. Se avançarmos para uma matriz elétrica predominantemente abastecida por energias renováveis, como parte dos esforços de mitigação das mudanças climáticas, quais metais precisaremos extrair para chegar lá — e como essas minas irão se sobrepor a áreas de alta biodiversidade em todo o mundo?[45] E isso antes mesmo de considerarmos até que ponto os cientistas sociais precisam ser consultados sobre intervenções estratégicas de Natureza Positiva que possam ser suficientemente bem recebidas pelo público e levar a mudanças concretas nos resultados[46]. Diversas questões relacionadas — a combinação de instrumentos a serem implementados, os mecanismos de governança e financiamento, bem como a formulação adequada — constituem um dos principais componentes da agenda de pesquisa sobre Natureza Positiva daqui em diante.[47]

Princípios para uma abordagem de Natureza Positiva no setor privado

Adaptado de *The "nature-positive" journey for business: A conceptual research agenda to guide contributions to societal biodiversity goals.*[48]

Em 2023, um grupo de colegas buscou estabelecer princípios para orientar as decisões que as empresas precisam tomar a fim de contribuir para a jornada rumo à Natureza Positiva[49]. Suas conclusões podem ser vistas de forma ilustrada, na Figura 8.2.

Figura 8.2 Princípios para uma abordagem positiva para a natureza na gestão da biodiversidade no setor privado.

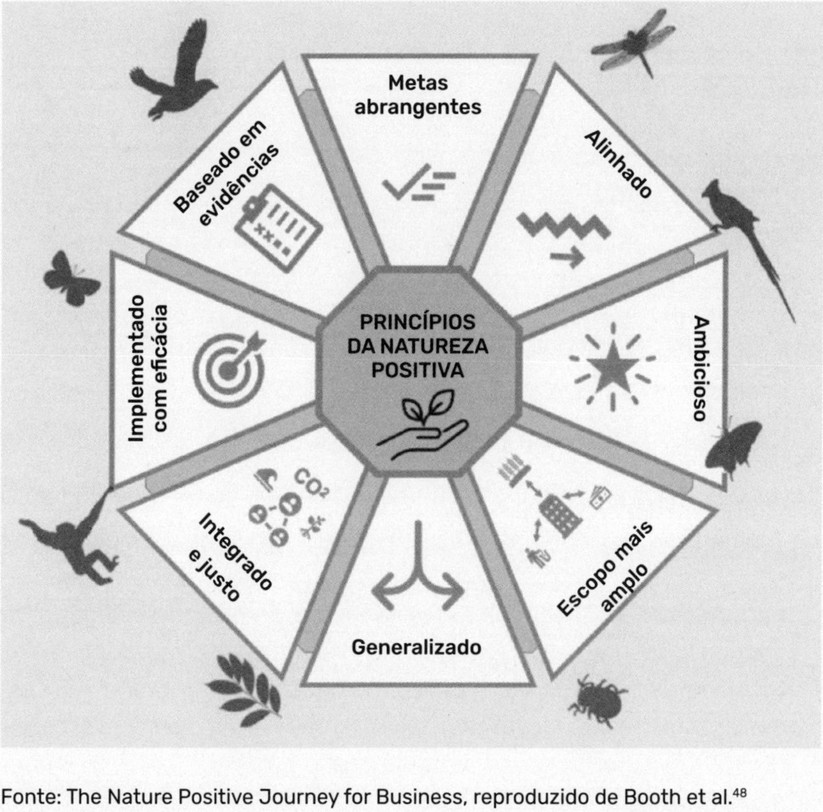

Fonte: The Nature Positive Journey for Business, reproduzido de Booth et al.[48]

Ao elaborar uma estratégia de Natureza Positiva[50], sugere-se que as empresas sigam estes princípios. Sua estratégia, objetivos e metas devem ser:

- **Abrangentes:** as metas e objetivos devem ser SMART (*Specific, Measurable, Achievable, Relevant, and Time-Bound* — Específicos, Mensuráveis, Atingíveis, Relevantes e com Prazo Definido), e desenvolvidos em consonância com a "Hierarquia da Mitigação e da Conservação"[51] (isto é, estabelece-se uma meta geral, com cronograma e linha de base; em seguida, esta é detalhada em metas específicas para diferentes setores, locais e atores; e, quando relevante, fatores de implementação são mobilizados para apoiar o planejamento de ações, acompanhar resultados, revisar e ajustar medidas; por fim, os resultados são integrados em diferentes escalas, tipos de impacto e agentes, sendo avaliado o progresso em direção à meta).
- **Alinhadas:** as estratégias de Natureza Positiva devem estar alinhadas com marcos internacionais (por exemplo, a Força-Tarefa sobre Divulgações Financeiras Relacionadas à Natureza — TNFD, a Metas Baseadas na Ciência — SBTN) e com metas societais (por exemplo, o *Marco Global para a Biodiversidade*).
- **Ambiciosas:** os compromissos devem ser inspiradores, entregando ganhos absolutos para a natureza em relação a uma linha de base sólida e quantificada; reduzindo de forma fundamental as pegadas materiais e perseguindo transformação.
- **De escopo amplo:** as estratégias devem abordar os impactos ao longo de toda a cadeia de valor — priorizando operações diretas e impactos no setor primário incorporando contribuições proporcionais para enfrentar impactos históricos, indiretos e difusos, e contribuindo para esforços setoriais mais amplos que impulsionem mudanças sistêmicas.
- **Transversalizadas:** a natureza deve estar plenamente incorporada em todos os processos e formas de tomada de decisão organizacional, por meio da governança, da estratégia, da gestão de riscos e da mensuração.
- **Integradas e justas:** as abordagens devem ser integradas em todas as dimensões relevantes dos sistemas naturais e sociais, assegurando resultados socialmente justos, promovendo sinergias com o clima e outros objetivos societais, e minimizando compensações.
- **Efetivamente implementadas:** as ações devem ser implemen-

tadas de forma eficaz, com monitoramento dos resultados para acompanhar e divulgar o progresso, permitindo ajustes adaptativos quando necessário.

- **Fundamentadas em evidências:** as estratégias devem estar baseadas em evidências claras sobre os impactos e custos das ações propostas, incluindo uma análise de como cada ação contribuirá para um ganho líquido geral para a natureza.

Você pode ler mais sobre a agenda de Natureza Positiva das empresas no Capítulo 11 deste livro, inteiramente dedicado a esse tema.

Um terceiro conjunto de questões está relacionado à eficácia das intervenções de Natureza Positiva. A conservação da natureza, em termos gerais, é considerada tipicamente eficaz[52], o que deixa claro que simplesmente não estamos fazendo o suficiente. Podemos perguntar: quão eficazes são as ferramentas para prevenir e mitigar a perda de biodiversidade, que, como discutido, são a base para avançarmos rumo a um mundo positivo para a natureza? Compensações de biodiversidade, por exemplo — a etapa final da já mencionada hierarquia de mitigação — apesar de representarem uma fonte substancial de fluxos financeiros para a biodiversidade[53] e de terem se mostrado bem-sucedidas em alguns casos[54], certamente não são sempre eficazes em compensar impactos ecológicos[55]. As compensações em geral (em particular as compensações voluntárias de carbono, que são diferentes das compensações de biodiversidade, mas compartilham algumas semelhanças conceituais) vêm sendo alvo de fortes críticas nos últimos anos, depois que fragilidades em alguns sistemas foram expostas em casos de grande repercussão. Isso não ocorreu apenas por falhas percebidas no próprio mecanismo de compensação de biodiversidade, do ponto de vista ecológico, mas também pela questão de se tais mecanismos levam suficientemente em conta as pessoas e os valores sociais relacionados à natureza em sua implementação. Tornar as compensações (e, de fato, qualquer outro mecanismo de mitigação de impactos sobre a biodiversidade ou de conservação) não apenas eficazes, mas também equitativas e justas, é um campo de estudo por si só[56]. Existe ainda uma ampla gama de outros mecanismos, além da mitigação de impactos e das compensações, que podem contribuir para um mundo positivo para a natureza, como os mercados de créditos de biodiversidade[57], a ação corporativa em prol da natureza[58, 59] e outros mecanismos emergentes — desde que consigam garantir resultados[60]. Em certo sentido, a questão central que sustenta tudo isso é: "como queremos que seja uma economia de Natureza Positiva?" Mas, uma vez respondida essa pergunta, a ciência pode nos fornecer os detalhes técnicos sobre como chegar lá, e como medir e monitorar o progresso rumo a esse objetivo.

O conceito bem definido de Natureza Positiva está totalmente alinhado ao princípio internacional — acordado pela maioria das nações do planeta — de "parar e reverter" a perda de biodiversidade em termos absolutos. Trata-se do nosso "Acordo de Paris" para a natureza e de uma das poucas metas verdadeiramente baseadas na ciência que podemos estabelecer para a natureza como um todo. A necessidade de alcançar essa meta é evidente. Existem ainda questões científicas em aberto, e avanços técnicos reais estão sendo feitos nesse sentido, mas muitos desses pontos são detalhes técnicos. Voltando aos insetos: embora existam inúmeras espécies que ainda não descrevemos, sabemos o quão importantes eles são — e o quão dramaticamente entraram em declínio. Conhecemos o quarteto do mal, e como ele continua a conter os principais motores da perda de biodiversidade. Compreendemos cada vez mais a mecânica das mudanças climáticas e as implicações que terão para os ecossistemas. Nossas intervenções tradicionais de conservação, de modo geral, são eficazes em diferentes regiões e grupos taxonômicos e há um corpo crescente de pesquisas sobre intervenções de conservação emergentes que podem atrair consideravelmente mais financiamento para apoiar a conservação. Os grandes desafios agora dizem menos respeito à ciência fundamental e mais às questões associadas às pessoas, à governança, ao cumprimento de regras, ao monitoramento e ao financiamento. Tecnicamente, sabemos o que é Natureza Positiva, e existe um consenso geral de que precisamos chegar lá de alguma forma — a questão é: como fazer isso de forma social e economicamente viável?

PERSPECTIVA 8.3

O papel das observações da Terra no apoio à Resultados de Natureza Positiva: o Atlas Global de Ecossistemas

Por Yana Gevorgyan, Diretora do Secretariado, Global Earth Observation Network

As tecnologias de observação da Terra (EO, na sigla em inglês) estão na vanguarda dos esforços de conservação orientados pela ciência, fornecendo dados essenciais para alcançar metas globais de natureza positiva. Essas tecnologias permitem o monitoramento contínuo e em larga escala dos ecossistemas do planeta, oferecendo informações essenciais sobre sua extensão, condição e mudanças ao longo do tempo. À medida que os compromissos globais para deter e reverter a perda de biodiversidade se fortalecem, a demanda por informações precisas e atualizadas sobre os ecossistemas nunca foi tão urgente.

Apesar da clara necessidade de dados abrangentes sobre os ecossistemas, persistem lacunas significativas em nosso conhecimento sobre sua distribuição e condição no mundo. Atualmente, mais da metade dos ecossistemas do planeta está mapeada de forma inadequada, o que dificulta a implementação de estratégias eficazes de conservação e a mensuração do progresso em direção a resultados positivos para a natureza. É nesse ponto que entra em cena o **Atlas Global de Ecossistemas**, uma iniciativa inovadora coordenada pelo *Group on Earth Observations (GEO)*.

O Atlas Global de Ecossistemas (de agora em diante "o Atlas") enfrenta a questão existencial da perda da natureza ao impulsionar capacidades exponenciais por meio da integração de tecnologias avançadas de EO, inteligência artificial (IA), dados ecológicos de campo e conhecimento local. Ao combinar essas ferramentas com os dados e mapas de ecossistemas já existentes e de alta qualidade, o Atlas se tornará um recurso essencial para identificar e preencher lacunas críticas de informação. Todos os dados serão alinhados à

Tipologia Global de Ecossistemas da UICN[A], garantindo comparabilidade entre escalas e regiões e oferecendo uma estrutura unificada para monitorar, reportar e verificar metas de conservação e restauração em nível global.

Ao fornecer dados harmonizados e consistentes sobre os ecossistemas, o Atlas apoiará as agendas de neutralidade de carbono e de natureza positiva, ao possibilitar medições, gestão e relatórios mais precisos sobre a saúde e os serviços dos ecossistemas. Essa base sólida de dados não apenas facilitará a tomada estratégica de decisões para a conservação, mas também reforçará a integridade dos mercados de créditos de carbono e biodiversidade. Com essa abordagem abrangente, o Atlas ajudará a impulsionar mudanças transformadoras na forma como gerimos e protegemos os recursos naturais do planeta, alinhando investimentos e políticas com os objetivos de desenvolvimento sustentável.

Por meio do uso de tecnologias de ponta, da integração de dados existentes e de uma abordagem colaborativa e multissetorial, o Atlas Global de Ecossistemas exemplifica como as observações da Terra podem ser aproveitadas para apoiar o objetivo de Natureza Positiva, permitindo que todos os setores da sociedade tomem decisões informadas que promovam um futuro resiliente e sustentável para o nosso planeta.

A A Tipologia Global de Ecossistemas da UICN foi endossada pela Comissão de Estatística da ONU como uma classificação estatística internacional e recomendada como base para os indicadores de ecossistemas pela CDB. De forma semelhante, a Força-Tarefa sobre Divulgações Financeiras Relacionadas à Natureza (TNFD) integrou a Tipologia Global de Ecossistemas em suas orientações para a identificação e avaliação de questões relacionadas à natureza, por meio da abordagem LEAP (Locate, Evaluate, Assess and Prepare – Localizar, Avaliar, Analisar e Preparar).

Notas bibliográficas

1. WAGNER, D. L. et al. Insect decline in the Anthropocene: Death by a thousand cuts. *PNAS*, v. 118, n. 2, p. e2023989118, 2021.

2. HALLMANN, C. A. et al. More than 75 percent decline over 27 years in total flying insect biomass in protected areas. *PLoS One*, 2017. Disponível em: https://doi.org/10.1371/journal.pone.0185809. Acesso em: 10 out. 2025.

3. USDA. *Thousands of Commercial Honey Bee Colonies Are Transported Long Distances to Pollinate California Almonds*, 2024. Disponível em: www.ers.usda.gov/data-products/chart-gallery/gallery/chart-detail/?chartId=107088. Acesso em: 10 out. 2025.

4. TROUDET, J. et al. Taxonomic bias in biodiversity data and societal preferences. *Scientific Reports*, v. 7, n. 9132, 2017.

5. CONVENTION ON BIOLOGICAL DIVERSITY. 2022. Disponível em: www.cbd.int/gbf. Acesso em: 10 out. 2025.

6. NATURE POSITIVE INITIATIVE, 2024. Disponível em: www.naturepositive.org/. Acesso em: 10 out. 2025.

7. MILNER-GULLAND, E. J. et al. Four steps for the Earth: Mainstreaming the post-2020 global biodiversity framework. *One Earth*, v. 4, n. 1, 2021.

8. BULL, J. W. et al. Net positive outcomes for nature. *Nature Ecology & Evolution*, v. 4, n. 1, 2020.

9. CONVENTION ON BIOLOGICAL DIVERSITY. 2022. Disponível em: www.cbd.int/gbf. Acesso em: 10 out. 2025.

10. IUCN. *The IUCN Red List of Threatened Species*. N.d. Disponível em: www.iucnredlist.org/. Acesso em: 10 out. 2025.

11. IUCN RED LIST. *Background & History*, n.d. Disponível em: www.iucnredlist.org/about/background-history. Acesso em: 10 out. 2025.

12. MILNER-GULLAND, E. J. et al. Four steps for the Earth: Mainstreaming the post-2020 global biodiversity framework. *One Earth*, v. 4, n. 1, 2021.

13. MARON, M. et al. "Nature positive" must incorporate, not undermine, the mitigation hierarchy. *Nature Ecology & Evolution*, v. 8, n. 1, 2024.

14. DIAMOND, J. M."Normal" extinction of isolated populations. In: NITECKI, M.H. (ed.). *Extinctions*, p. 191-246. Chicago: Chicago University Press, 1984.

15. MAXWELL, S. L. et al. Biodiversity: The ravages of guns, nets and bulldozers. *Nature*, n. 536, 2016.

16. LECLÈRE, D. et al. Bending the curve of terrestrial biodiversity needs an integrated strategy. *Nature*, n. 585, p. 551-556, 2020. Disponível em: https://doi.org/10.1038/s41586-020-2705-y. Acesso em: 10 out. 2025.

17. BULL, J. W. et al. Analysis: The biodiversity footprint of the University of Oxford. *Nature*, v. 604, n. 7906, 2022.

18. SONTER, L. J. et al. Renewable energy production will exacerbate mining threats to biodiversity. *Nature Communications*, 11, 2020.

19. MARON, M. et al. Global no net loss of natural ecosystems. *Nature Ecology & Evolution*, 4(1), pp. 46-49, 2020.

20. ROCKSTRÖM, J. et al. Planetary boundaries: Exploring the safe operating space for humanity. *Ecology and Society*, v. 14, n. 2, p. 32, 2009.

21. RICHARDSON, K. et al. Earth beyond six of nine planetary boundaries. S*cience Advances*, 9, p. eadh2458, 2023. Disponível em: https://doi.org/10.1126/sciadv.adh2458. Acesso em: 10 out. 2025.

22. LOCKE, H. et al. *A Nature-Positive World:* The Global Goal for Nature. 2021. Disponível em: https://www.nature.org/content/dam/tnc/nature/en/documents/NaturePositive_GlobalGoalCEO.pdf. Acesso em: 10 out. 2025.

23. SEDDON, N. Harnessing the potential of nature-based solutions for mitigating and adapting to climate change. *Science*, v. 376, n. 6600, 2022.

24. BULL, J. W. et al. Net positive outcomes for nature. *Nature Ecology & Evolution*, v. 4, n. 1, 2020.

25. DAWSON, N. M. et al. The role of Indigenous peoples and local communities in effective and equitable conservation. *Ecology and Society*, v. 26, n. 3, p. 19, 2021. Disponível em: https://doi.org/10.5751/ES-12625-260319. Acesso em: 10 out. 2025.

26. PHALAN, B. et al. Avoiding impacts on biodiversity through strengthening the first stage of the mitigation hierarchy. *Oryx*, 2018.

27. LECLÈRE, D. et al. 2020. Bending the curve of terrestrial biodiversity needs an integrated strategy. *Nature*, n. 585, p. 551-556, 2020. Disponível em: https://doi.org/10.1038/s41586-020-2705-y. Acesso em: 10 out. 2025.

28. MARON, M. et al. "Nature positive" must incorporate, not undermine, the mitigation hierarchy. *Nature Ecology & Evolution*, v. 8, n. 1, 2024.

29. LECLÈRE, D. et al. Bending the curve of terrestrial biodiversity needs an integrated strategy. *Nature*, n. 585, p. 551-556, 2020. Disponível em: https://doi.org/10.1038/s41586-020-2705-y. Acesso em: 10 out. 2025.

30. HARDIN, G. The tragedy of the commons. *Science*, v. 162, n. 3859, p. 1243-1248, 1968. Disponível em: https://doi.org/10.1126/science.162.3859.1243. Acesso em: 10 out. 2025.

31. HARDIN, G. The tragedy of the commons. *Science*, v. 162, n. 3859, p. 1243-1248, 1968. Disponível em: https://doi.org/10.1126/science.162.3859.1243. Acesso em: 10 out. 2025.

32. OSTROM, E. A general framework for analyzing sustainability of social-ecological systems. *Science*, v. 325, n. 5939, 2009.

33. PASCUAL, U. et al. Diverse values of nature for sustainability. *Nature*, n. 620, p. 813-823, 2023.

34. MACE, G.M. Whose conservation? *Science*, v. 345, n. 6204, 2014.

35. PEREIRA, L.M. et al. Developing multiscale and integrative nature–people scenarios using the Nature Futures Framework. *People and Nature*, v. 2, n. 4, p. 1172-1195, 2020. Disponível em: https://doi.org/10.1002/pan3.10146. Acesso em: 10 out. 2025.

36. ADDISON, P. F. E. et al. Bringing sustainability to life: A framework to guide biodiversity indicator development for business performance management. *Business Strategy and the Environment*, v. 29, n. 8, p. 3303-3313, 2020.

37. LOCKE, H. et al. *A Nature-Positive World*: The Global Goal for Nature. 2021. Disponível em: https://www.nature.org/content/dam/tnc/nature/en/documents/NaturePositive_GlobalGoalCEO.pdf. Acesso em: 10 out. 2025.

38. BULL, J. W. et al. Analysis: The biodiversity footprint of the University of Oxford. *Nature*, v. 604, n. 7906, 2022.

39. BROMWICH, T.; WHITE, T. B. et al. Navigating uncertainty in life cycle assessment-based approaches to biodiversity footprinting. *Methods in Ecology and Evolution*, n. 0, p. 1-18, 2025.

40. DUFFUS, N. et al. *Metrics based on Habitat Area and Condition as Proxies for Invertebrate Biodiversity*. No prelo. Disponível em: https://www.biorxiv.org/content/10.1101/2024.10.02.616290v1. Acesso em: 10 out. 2025.

41. ZU ERMGASSEN, S.O. et al. Are corporate biodiversity commitments consistent with delivering "nature-positive" outcomes? A review of "nature-positive" definitions, company progress and challenges. *Journal of Cleaner Production*, n. 379, p. 134798, 2022. Disponível em: https://doi.org/10.1016/j.jclepro.2022.134798. Acesso em: 10 out. 2025.

42. PEREIRA, H. M. et al. Essential biodiversity variables. *Science*, v. 339, n. 6117, 2013.

43. BULL, J. W. et al. Analysis: The biodiversity footprint of the University of Oxford. *Nature*, v. 604, n. 7906, 2022.

44. BOOTH, H. et al. Operationalizing transformative change for business in the context of Nature Positive. *One Earth*, v. 7, n. 7, p. 1235-1249, 2024.

45. SONTER, L. J. et al. Renewable energy production will exacerbate mining threats to biodiversity. *Nature Communications*, n. 11, 2020.

46. TAYLOR, I. et al. Nature-positive goals for an organization"s food consumption. *Nature Food*, v. 4, n. 1, p. 96-108, 2023.

47. WHITE, T. B., et al. The "nature-positive" journey for business: A conceptual research agenda to guide contributions to societal biodiversity goals. *One Earth*, v. 7, n. 8, 2024. Disponível em: https://www.cell.com/one-earth/fulltext/S2590-3322(24)00328-2. Acesso em: 10 out. 2025.

48. BOOTH, H. et al. Operationalizing transformative change for business in the context of nature positive. *One Earth*, v. 7, n. 7, p. 1235-1249, 2023. Disponível em: https://doi.org/10.1016/j.oneear.2023.xxxxxx. Acesso em: 10 out. 2025.

49. BOOTH, H. et al. Operationalizing transformative change for business in the context of nature positive. *One Earth*, v. 7, n. 7, p. 1235-1249, 2023. Disponível em: https://doi.org/10.1016/j.oneear.2023.xxxxxx. Acesso em: 10 out. 2025.

50. BOOTH, H. et al. Operationalizing transformative change for business in the context of nature positive. *One Earth*, v. 7, n. 7, p. 1235-1249, 2023. Disponível em: https://doi.org/10.1016/j.oneear.2023.xxxxxx. Acesso em: 10 out. 2025.

51. INTERDISCIPLINARY CENTRE FOR CONSERVATION SCIENCE. *The Mitigation and Conservation Hierarchy*. S.d. Disponível em: https://iccs.org.uk/the-mitigation-conservation-hierarchy/. Acesso em: 6 nov. 2024.

52. LANGHAMMER, P. F. et al. The positive impact of conservation action. *Science*, v. 384, n. 6694, p. 453-458, 2024.

53. DEUTZ, A. et al. *Financing nature*: Closing the global biodiversity financing gap. The Paulson Institute, The Nature Conservancy, and the Cornell Atkinson Center for Sustainability, 2020.

54. DEVENISH, K. et al. On track to achieve no net loss of forest at Madagascar"s biggest mine. *Nature Sustainability*, n. 5, p. 498-508, 2022.

55. ZU ERMGASSEN, S. O. S. E. et al. The ecological outcomes of biodiversity offsets under "no net loss" policies: A global review. *Conservation Letters*, v. 12, n. 6, p. e12664, 2019.

56. GRIFFITHS, V. F. et al. No net loss for people and biodiversity. *Conservation Biology*, v. 33, n. 1, p. 76-87, 2019.

57. WUNDER, S. et al. *Biodiversity Credits*: Learning Lessons from Other Approaches to Incentivize Conservation. 2024. Disponível em: https://osf.io/preprints/osf/qgwfc_v1. Acesso em: 10 out. 2025.

58. ZU ERMGASSEN, S. O. S. E. et al. Are corporate biodiversity commitments consistent with delivering "nature-positive" outcomes? A review of "nature-positive" definitions, company progress and challenges. *Journal of Cleaner Production*, n. 379, p. 134798, 2022.

59. LAMONT, T. A. C. et al. Hold big business to task on ecosystem restoration. *Science*, v. 381, n. 6662, 2023.

60. LOVQVIST, S. et al. Incentives and barriers to private finance for forest and landscape restoration. *Nature Ecology & Evolution*, n. 7, p. 707-715, 2023.

Carlos Afonso Nobre
Graduado em Engenharia Eletrônica pelo ITA e doutor em Meteorologia pelo MIT. Atualmente, é professor titular da Cátedra Clima e Sustentabilidade do Instituto de Estudos Avançados da USP e copresidente do Painel Científico para a Amazônia.

Julia Arieira
Graduada em Ciências Biológicas, mestre em Ecologia e Conservação da Biodiversidade e doutora em Agricultura Tropical. Atualmente, é membro da Secretaria Técnico--Científica do Painel Científico para a Amazônia.

Diego Oliveira Brandão
Graduado em Ciências Biológicas, mestre em Ecologia e doutor em Ciência do Sistema Terrestre. Atualmente, é membro da Secretaria Técnico-Científica do Painel Científico para a Amazônia.

9. A AMAZÔNIA E A URGÊNCIA DE SOLUÇÕES POSITIVAS BASEADAS NA NATUREZA

A Amazônia é um dos elementos mais importantes do sistema climático terrestre, ao oferecer um sistema muito eficiente de reciclagem de água que, por sua vez, alimenta o ciclo de chuvas. Mas, ao mesmo tempo em que o clima depende da Amazônia, a Amazônia depende de um clima equilibrado e da manutenção das condições que fazem dela o lugar de maior diversidade de espécies do mundo.

Diante do desmatamento, da degradação, dos incêndios e do aquecimento global, a Amazônia está prestes a atingir um ponto de não retorno, em que perde as condições de floresta tropical úmida, com impactos devastadores para a região, o País e o mundo. Tudo isso mostra quão urgente é a adoção de Soluções baseadas na Natureza, capazes não só de reverter a destruição, como de regenerar a floresta.

Além de diagnosticar os problemas, este capítulo aponta para soluções, que incluem zerar rapidamente o desmatamento, o fogo e a degradação florestal; promover restauração ecológica em grande escala, com uso de espécies nativas; investir no fortalecimento da sociobioeconomia da floresta em pé e dos rios fluindo; e reconhecer e valorizar os conhecimentos dos Povos Indígenas e das comunidades locais, protagonistas históricos da conservação da Amazônia.

A importância da Amazônia para o sistema terrestre

A megabiodiversidade da Amazônia, bioma tropical com a maior diversidade de espécies do mundo, resulta de uma história de dezenas de milhões de anos de movimentos tectônicos e alteração climática. Isso aconteceu devido ao surgimento dos Andes, que começou a se elevar há 40 milhões de anos. Nos últimos 5-3,5 milhões de anos, os Andes já se encontravam na forma atual, quando a Bacia Amazônica foi formada com a descarga no Oceano Atlântico. Antes do soerguimento dos Andes, havia uma floresta tropical muito menor do que a Amazônia de hoje, e o rio corria para o Pacífico.

A evolução da floresta da Amazônia interagindo com os Andes criou as condições climáticas propícias para uma máxima biodiversidade. A ciência reconhece que 13% das espécies de plantas e animais descritas no mundo estão no bioma[A] — por exemplo, 16 mil espécies de árvores de um total de 50 mil espécies de plantas, mais de 100 mil insetos, 350 primatas, 800 anfíbios e répteis, 1,3 mil pássaros e 3 mil peixes. Toda essa biodiversidade está distribuída em somente 0,5% da área total da superfície terrestre do planeta.

A fotossíntese muito eficiente da floresta resultou no armazenamento de uma grande quantidade de carbono. O carbono estocado no solo e na vegetação original totalizava entre 150 e 200 bilhões de toneladas quando estava totalmente conservada. Esse estoque de carbono é importantíssimo para manter o equilíbrio ambiental e climático provido pela Amazônia. Os 6,5 milhões de km^2 da floresta distribuída por Bolívia, Brasil, Colômbia, Equador, Guiana, Peru, Suriname, Venezuela e Guiana Francesa removia muito gás carbônico da atmosfera na década de 1990, com estimativas variando de 1 bilhão a 2 bilhões de toneladas de dióxido de carbono ao ano.

A Amazônia é um dos elementos mais importantes do sistema climático terrestre. Ao longo de milhões de anos, a Amazônia desenvolveu sistemas eficientes de reciclagem da água. De todo o vapor d"água que entra do Oceano Atlântico, empurrada para o continente pelos ventos alísios, cerca de 55% são descarregados no Rio Amazonas voltando para o Atlântico, mas cerca de 45% são exportados para fora da Amazônia. Uma parte vai para os Andes, mas a maior parte atinge o sul da Amazônia, como o Cerrado, parte do sudeste do Brasil e o centro-sul da América do Sul.

Esse processo é muito eficiente porque grande parte da energia radiativa que vem do Sol é utilizada para a evaporação e, principalmente, para a transpiração pelas plantas. Isso significa que a floresta está reciclando a água permanentemente. A reciclagem, por sua vez,

---

A. NOBRE, C. et al. Climate Change and Sustainability in Amazonia. Oxford Research Encyclopedia of Climate Science. Retrieved 1 Jul. 2025, from https://oxfordre.com/climatescience/view/10.1093/acrefore/9780190228620.001.0001/acrefore-9780190228620-e-978. Acesso a este e demais links do capítulo em 4 jul. 2025.

alimenta o sistema de chuvas. Na Amazônia, de 30% a 40% da precipitação depende dessa reciclagem. Perto do Atlântico, que é o local de entrada do vapor da água, a reciclagem é próxima de 20%, mas, perto dos Andes, no oeste da Bacia Amazônica, 50% da chuva depende da reciclagem da água.

Outra evolução importante da floresta resulta no lançamento de compostos orgânicos voláteis, como isopreno, por exemplo. Na atmosfera, esses compostos reagem fotoquimicamente e formam micropartículas, constituindo os núcleos de condensação das nuvens. Todas as gotículas que formam as nuvens precisam ter um núcleo de condensação. Então, essa é uma evolução ecológica por meio da qual a própria floresta cria condições para a formação de gotículas de nuvens e chuva.

Desde as pesquisas pioneiras do cientista brasileiro Eneas Salati, vários estudos mostram que uma molécula de vapor d"água que entra no continente a partir da evaporação no Atlântico é reciclada de cinco a sete vezes. Essa molécula de água entra como vapor d'água, condensa na atmosfera, forma gotícula e cai como chuva. Uma pequena parte fica nas folhas e evapora, enquanto a maior parte da chuva vai para o solo. As raízes absorvem essa molécula para dentro da planta, e as folhas transpiram essa molécula para a atmosfera, de volta para o espaço, formando novamente as nuvens que saem da Amazônia – isso forma os chamamos rios voadores, que conduzem essa umidade a outras partes do continente.

A combinação entre os processos ecossistêmicos de reciclagem de água e a emissão de compostos orgânicos voláteis realizados por mais de 300 bilhões de árvores é única. Uma árvore com copa de 10 metros de raio de diâmetro lança na atmosfera cerca de 300 litros de água por dia. Uma árvore de copa maior, com cerca de 20 metros de diâmetro, bombeia cerca de 1,1 mil litros de água por dia. Isso contribui com aproximadamente 220 mil metros cúbicos de água por segundo na foz do Rio Amazonas e na foz do Rio Tocantins – um total de 19 bilhões de toneladas de água por dia.

Os rios voadores que deixam a Amazônia são formados por aproximadamente 200 mil metros cúbicos de água por segundo, ou 17 bilhões de toneladas por dia. Isso mostra o papel fundamental da reciclagem de água e das árvores amazônicas para alimentar os sistemas de chuva em toda a América do Sul, incluindo o bioma

Cerrado, o Sudeste e Sul brasileiro, além de Uruguai, Paraguai e norte da Argentina.

Os rios voadores têm um papel muito importante ao manter os sistemas hidrológicos do Cerrado e da Mata Atlântica. Além disso, um estudo recente,[B] liderado pela cientista Marina Hirota, da Universidade Federal de Santa Catarina, mostrou que somente as florestas dentro das Terras Indígenas da Amazônia brasileira respondem por 10% a 30% da chuva do sudoeste da Amazônia, e por grande parte da chuva do centro-oeste do Cerrado e do sul do Brasil. Cálculos econômicos indicam que essa chuva representa um gigantesco valor para a agricultura brasileira — que depende, portanto, da floresta viva.

Grande parte da energia radiativa que chega na Amazônia é usada para a evapotranspiração. Devido à copa das árvores, somente 4% chega no solo da floresta, então há pouca energia para fazer evaporar a água que fica sobre o solo, as plantas, os troncos, as folhas e galhos. Quando acontece uma descarga elétrica causada por tempestade, o incêndio causa pouca destruição, podendo matar poucas árvores. Mas não se espalha, devido à alta umidade dentro da floresta. Outro fator é que o topo das nuvens é mais próximo da floresta, devido à atividade dos núcleos de condensação, com distância geralmente cerca de 8 km. E só há muitas descargas elétricas quando as nuvens estão muito altas, com distância de 10 a 15 km. Isso explica por que a Floresta Amazônica registra um número muito menor de descargas elétricas do que, por exemplo, o Cerrado.

Os sistemas de chuva na Amazônia respondem a vários mecanismos. Na costa Atlântica, o principal mecanismo meteorológico que gera chuvas é a brisa marítima, que traz bastante vapor. No oeste da Amazônia, próximo dos Andes, é o lugar onde mais chove, entre 3 e 5 metros ao ano, devido à curva dos Andes que faz o ar circular de uma forma anticiclônica. Isso faz o ar subir, levando vapor e causando um sistema de umidade elevada. E o sul e o sudoeste da Amazônia são os lugares onde atua a Zona de Convergência do Atlântico Sul (ZCAS). É quando as frentes frias que vêm do sul chegam e ficam estacionadas no sudoeste da Amazônia, Brasil Central e no Sudeste, e produzem muita chuva.

B. MATTOS, C. et al. Manutenção das Terras Indígenas é fundamental para a segurança hídrica e alimentar em grande parte do Brasil. Nota técnica. Instituto Serrapilheira, 22p., 2024.

Em quase toda a Amazônia, a floresta recicla mais água durante a estação seca do que durante a estação chuvosa porque há muita água no solo. As raízes absorvem e evaporam água, e durante a estação seca, a evapotranspiração chega a ser 3,5 até 4,5 litros por metro quadrado por dia. Durante a estação chuvosa, é de 3 a 3,5 litros de água por metro quadrado por dia. Sempre chove durante a estação seca, em razão da supereficiente reciclagem de água do sistema florestal amazônico.

Em síntese: a Floresta Amazônica somente existe porque a floresta existe. Este é um resultado-chave da evolução. Diversidade muito grande de plantas e animais, alta eficiência na reciclagem de água e de nutrientes, grande capacidade de armazenamento e absorção de carbono, alta umidade que bloqueia o espalhamento do fogo e formação de rios voadores que abastecem regiões além da Amazônia: estas são características únicas desta floresta tropical, a Floresta Amazônica.

Amazônia em risco: próxima do ponto de não retorno

Mas todas essas condições singulares da Amazônia estão sob enorme risco devido à ação humana. Desde a década de 1970 começou a aumentar o desmatamento e, mais recentemente, a degradação, os incêndios florestais e o impacto do aquecimento global.

Ao longo dos anos de 2023, 2024 e nos primeiros meses de 2025, o planeta registrou as maiores temperaturas da história. Globalmente, o limite de 1,5°C em 2024 em relação ao período pré-industrial (1850-1900) foi ultrapassado. Na Amazônia, as temperaturas também bateram recordes — resultado tanto da mudança climática global quanto do desmatamento, que eleva significativamente as temperaturas locais. Esse recorde de aquecimento está gerando um risco adicional muito grave: as secas extremas na região. No passado, essas secas severas ocorriam aproximadamente a cada 20 anos. Elas causavam degradação, morte de árvores e propagação de incêndios, mas depois havia um período de duas décadas sem secas extremas para a floresta se regenerar.

Agora, em apenas duas décadas, já tivemos quatro secas extremas históricas: em 2005, 2010, 2015-2016 e, mais recentemente, 2023-2024. Esta última bateu todos os recordes. Em 2023, por exemplo, a temperatura da água no Lago Tefé ultrapassou 40°C, levando à morte de centenas de botos e tucuxis, além de dezenas de milhares de peixes. Em 2024, a Amazônia teve o menor volume de chuvas já registrado e um número muito elevado de incêndios florestais.

Esses eventos estão diretamente relacionados à mudança climática. A seca de 2023-2024 teve início com um dos El Niños mais fortes da história, no segundo semestre de 2023. Além disso, o Atlântico Tropical Norte também registrou temperaturas recordes. Quando essa região do oceano está quente, ela contribui para a intensificação das secas na Amazônia — como ocorreu em 2005 e 2010. Essa interação sinérgica entre o aquecimento global e o desmatamento tem ampliado os riscos para a floresta.

Com isso, há vários sinais de que a Amazônia está muito próxima de atingir um ponto de não retorno. Um deles é a extensão da estação seca: nos últimos 45 anos (desde 1979), ela se prolongou em cerca de cinco semanas nas regiões do sul e sudoeste da Amazônia — do Atlântico até a Bolívia, o Peru e a Colômbia. A cada década, a estação seca se alonga em aproximadamente uma semana. Onde antes a estação seca durava de três a quatro meses, agora já chega a quatro ou cinco meses. Se ultrapassar seis meses, torna-se inviável a manutenção da floresta densa e com a copa fechada, pois esse é o limite climático do Cerrado, uma savana tropical.

É evidente que as áreas muito desmatadas reciclam menos água, o ar se torna mais seco e há menos formação de chuvas. Além disso, muitas regiões da Amazônia — no oeste, centro, leste e até no nordeste — vêm registrando aumento na mortalidade de árvores. Um sinal importante desse ponto de não retorno é o fato de que a floresta no sudeste da Amazônia, especialmente no sul do Pará e norte de Mato Grosso, já se tornou uma fonte de emissão de carbono e a temperatura está cerca de 3°C mais alta durante a estação seca. Essas observações combinadas com modelos matemáticos indicam que grande parte da Amazônia pode se tornar uma região degradada até 2050. A partir daí, não haverá mais retorno para a floresta densa e fechada.

Os impactos do ponto de não retorno na Amazônia podem comprometer o controle das emissões de gases de efeito estufa; afetar a produtividade agrícola dentro e fora da Amazônia, principalmente por alterar os rios voadores; aumentar os níveis de desigualdade e vulnerabilidade humana, afetando especialmente as populações amazônicas mais pobres e vulneráveis; reduzir a diversidade biológica e cultural; e estimular um ciclo socioecológico degradado e desigual.

Existem ainda outros efeitos negativos da perda ou degradação da floresta. O aumento dos incêndios gera micropartículas de poluição do ar, causando doenças respiratórias em mais de 150 mil pessoas na região amazônica brasileira a cada ano. No sudoeste da Amazônia, essa poluição já contribui para a redução da expectativa de vida em 2 a 4 anos. Outra possibilidade preocupante é o aumento do risco de doenças. A degradação da floresta tem feito com que muitos vírus se tornem zoonoses.

Instituições como a Fiocruz e o Instituto Evandro Chagas (em Belém) já identificaram 48 vírus que se tornaram zoonoses com potencial epidêmico e pandêmico. Em 2024, dois deles — os vírus da Febre Mayaro e o da Febre Oropouche — já se tornaram epidemias. A Febre Oropouche, por exemplo, espalhou-se por todo o Brasil, infectando mais de 25 mil pessoas. Ao ultrapassar o ponto de não retorno, a probabilidade de novas epidemias e pandemias será significativamente aumentada.

Soluções baseadas na Natureza, o caminho necessário

A grande pergunta é: ainda podemos evitar o ponto de não retorno na Amazônia? A resposta depende da nossa capacidade de agir com urgência e implementar Soluções baseadas na Natureza (SbN), de forma integrada e imediata.

É urgente um novo paradigma de desenvolvimento sustentável para as florestas tropicais — capaz de reconhecer que estas florestas só continuam a existir porque mantêm sua própria integridade ecológica. A geógrafa Bertha Becker [1930-2013], da Universidade Federal do Rio de Janeiro, sintetizou esse pensamento ao propor a ideia de "agregar valor ao coração da floresta". Em consonância, o líder indígena Davi Kopenawa nos lembra: "vamos salvar o coração da Mãe Terra". No Sínodo da Amazônia, realizado no Vaticano em outubro de 2019, um dos autores deste texto reforçou essa visão com a afirmação: "A Amazônia é o coração biológico do planeta". Essas vozes — científica, espiritual e política — convergem para apontar a urgência de um modelo que una ciência, tecnologia e saberes tradicionais em prol de soluções concretas.

É necessário um modelo que promova uma sociobioeconomia inovadora baseada na floresta em pé e nos rios fluindo, ancorada em bioindústrias sustentáveis e inclusão social. Assim, a conservação da Amazônia se fortalece por meio da valorização da biodiversidade e do protagonismo das populações que vivem na região. É necessário substituir modelos econômicos que enxergam valor na Amazônia com sua floresta derrubada e seus rios desconectados e poluídos.

Aqui, apontamos quatro eixos fundamentais que orientam essas soluções:

1. Zerar rapidamente o desmatamento, o fogo e a degradação florestal. Embora a maioria dos países amazônicos tenha metas de desmatamento zero até 2030, é essencial estender esse compromisso à eliminação das queimadas e da degradação, que seguem ameaçando a integridade do bioma.
2. Promover projetos de restauração ecológica em grande escala, com uso de espécies nativas. Essa ação é decisiva para conter a aproximação do ponto de não retorno, restaurar a biodiversidade e absorver da atmosfera grandes volumes de carbono, contribuindo para enfrentar a emergência climática.
3. Investir no fortalecimento da sociobioeconomia da floresta em pé e dos rios fluindo, baseada no uso sustentável da biodiversidade, na geração de renda local e na construção de cadeias de valor inclusivas e de baixo impacto.
4. Reconhecer e valorizar os conhecimentos dos Povos Indígenas e das comunidades locais, protagonistas históricos da conservação da Amazônia. Seus saberes, práticas e modos de vida são essenciais para uma nova relação com a floresta, centrada na reciprocidade e na sustentabilidade.

Evitar o ponto de não retorno ainda é possível — mas o tempo para agir é agora.

1. Zerar rapidamente o desmatamento, o fogo e a degradação florestal. A partir de 2023, já começamos a ver avanços importantes em direção às SbN. A primeira delas — a redução do desmatamento — registrou uma queda de mais de 50% em toda a Amazônia. Essa tendência positiva se manteve em 2024, com a continuidade da redução do corte raso. No entanto, ainda há um longo caminho a percorrer: é fundamental zerar completamente o desmatamento, combater a degradação florestal e, com igual urgência, eliminar o uso do fogo até 2030. Ainda que tenhamos obtidos redução do desmatamento pelo corte raso, as áreas degradadas aumentaram muito pelo enorme número de incêndios no final de 2023, 2024 e até o início de 2025. Mais de 95% dos incêndios foram de origem humana.

2. Promover projetos de restauração ecológica em grande escala. Durante a COP27, Conferência das Partes da Convenção sobre Mudança do Clima realizada em 2022 no Egito, o Painel Científico para a Amazônia lançou um dos seus informes científicos mais relevantes: a proposta dos Arcos da Restauração. A ideia é restaurar duas das áreas mais desmatadas da região — uma grande área conhecida como Arco do Desmatamento, que vai do Atlântico ao sul-sudoeste da Amazônia, e a faixa andina que atravessa Colômbia, Equador e Peru, reconhecida como a região de maior biodiversidade do planeta. A proposta envolve uma restauração em grande escala de, no mínimo, 500 mil km2 de áreas desmatadas e degradadas.

Essa ação poderia remover mais de 600 milhões de toneladas de CO_2 por ano, contribuindo significativamente para o enfrentamento da emergência climática e a proteção da biodiversidade. Trata-se de uma das poucas soluções viáveis para evitar o ponto de não retorno. A restauração florestal também fortalece o ciclo hidrológico, ajudando a reduzir a expansão da estação seca. As florestas secundárias, por exemplo, têm potencial de remover entre 11 e 18 toneladas de CO_2 por hectare ao ano, por um período de 35 a 40 anos — um serviço ecossistêmico essencial para a estabilidade do clima.

Para combater com urgência a crise climática, o Brasil lançou, durante a COP 28 em Dubai, o projeto Arco da Restauração. A meta é restaurar, no mínimo, 240 mil km^2 no sul da Amazônia. O plano prevê a recuperação de 60 mil km2 até 2030 e mais 180 mil km2 entre 2030 e 2050. Essa iniciativa é fundamental não apenas para remover grandes volumes de gás carbônico da atmosfera, mas, sobretudo, para evitar que a Amazônia ultrapasse o ponto de não retorno. O Banco Nacional de Desenvolvimento Econômico e Social (BNDES) está à frente da coordenação e do financiamento dessa restauração em grande escala, destacando o papel estratégico do Brasil na liderança de Soluções baseadas na Natureza para a Amazônia.

3. Investir no fortalecimento da sociobioeconomia de floresta em pé e rios fluindo. Outro grande desafio é ampliar, em escala, uma sociobioeconomia baseada em florestas em pé e rios fluindo por toda a Amazônia. Para isso, é essencial valorizar a sociobiodiversidade, combinando o conhecimento científico com os saberes dos Povos Indígenas e comunidades locais, promovendo inovações tecnológicas e a criação de biofábricas em áreas rurais e urbanas.

Sistemas agroflorestais não madeireiros são um exemplo promissor: geram lucros entre US$ 300 e US$ 700 por hectare ao ano, empregando de 20 a 40 pessoas a cada 100 hectares — números significativamente superiores à pecuária (US$ 50 a US$ 100 por hectare/ano, com 1 a 2 empregos) e à soja (US$ 100 a US$ 300 por hectare/ano, com apenas 0,5 a 1 emprego por 100 hectares). Este é, sem dúvida, o caminho para conservar a Amazônia enquanto se promove qualidade de vida e inclusão econômica para todos os povos amazônidas.

Enfrentamos um grande desafio cultural e econômico na Amazônia brasileira. O comércio de produtos da sociobiodiversidade, como açaí, cacau, castanha, buriti e cupuaçu, representam apenas 1,2% do Produto Interno Bruto regional, enquanto a pecuária bovina — principal atividade econômica ligada ao desmatamento — responde por 17%. Apesar do imenso potencial da biodiversidade, há somente cerca de 200 biofábricas de produtos da biodiversidade na Pan-Amazônia, sendo que a maioria está na Amazônia brasileira. No entanto, experiências bem-sucedidas de cooperativas agroextrativistas, que produzem dezenas de itens da floresta e geram inclusão produtiva, mostram que um modelo econômico regenerativo e baseado na biodiversidade é possível.

O projeto Amazônia 4.0[C] propõe justamente isso: uma nova economia baseada em biodiversidade, criatividade e tecnologia, voltada para a bioindustrialização sustentável. Como exemplo, o projeto desenvolveu um laboratório portátil para capacitar comunidades na industrialização de cacau e cupuaçu. Três comunidades no Pará foram capacitadas para produzir chocolate e cupulate e, em breve, a comunidade Indígena Paiter Suruí, em Rondônia, também passará a produzir chocolate com tecnologia própria em uma biofábrica no seu território. Com apoio do grupo Carrefour, será instalada uma biofábrica local, com capacidade para produzir de 200 a 250 quilos de chocolate

C. https://amazonia4.org

por dia – uma iniciativa inovadora que demonstra o enorme potencial da sociobioeconomia amazônica.

A proposta de criação do Instituto de Tecnologia da Amazônia (AmIT)[D] visa promover formação de excelência em graduação e pós-graduação em toda a região pan-amazônica, com foco em ciência e tecnologia voltadas à inovação para garantir a inclusão socioeconômica e o desenvolvimento sustentável da própria região. A iniciativa busca integrar ciência de ponta aos saberes tradicionais e locais, estruturando-se em cinco eixos estratégicos: gestão da água, infraestrutura sustentável, paisagens alteradas, sociobioeconomia da sociobiodiversidade e Amazônia urbana.

O projeto está em fase de desenvolvimento e poderá ser concluído em 2025, com perspectiva de aprovação pelos países amazônicos. Está prevista a implantação de seis polos de inovação – três no Brasil, um na Colômbia, um na Bolívia e um no Peru. Um diferencial central da proposta é a valorização e incorporação dos conhecimentos dos Povos Indígenas e das comunidades locais como parte essencial para a construção de soluções tecnológicas, sustentáveis e inclusivas aos desafios amazônicos.

4. Reconhecer e valorizar os conhecimentos dos Povos Indígenas e das comunidades locais. A quarta solução baseada na Natureza é valorizar o conhecimento dos Povos Indígenas, comunidades locais, quilombolas e ribeirinhos, integrando-o ao conhecimento científico. É fundamental reconhecer que os indígenas chegaram à Amazônia há cerca de 14 mil anos e, há aproximadamente 11 mil anos, já ocupavam grande parte da região. São povos que sempre preservaram a floresta e desenvolveram uma ciência própria, domesticando centenas de plantas e utilizando mais de 2,3 mil produtos da biodiversidade amazônica[E] – quase 1,5 mil plantas medicinais, mais de 250 frutos comestíveis, quase 90 espécies oleaginosas e mais de 350 óleos essenciais.

Além disso, criaram técnicas como a "terra preta de índio", uma forma inovadora de melhorar a fertilidade dos solos na Amazônia, e desenvolveram mais de 1,3 mil variedades de cacau, inúmeras variedades de

---

D. https://amit.institute

E. BARATA, L.E.S. A economia verde: Amazônia. Ciência e Cultura, v.64, n.3, p.31–35, 2012. http://dx.doi.org/10.21800/S0009-67252012000300011

mandioca e, na região andina, os incas criaram diversas variedades de batata. Isso demonstra a enorme importância dos saberes tradicionais.

Os Povos Indígenas mantiveram a floresta por milhares de anos, compreendendo a importância da conservação, como o papel vital dos polinizadores para a produção de grande parte dos produtos da floresta. Um exemplo recente ocorreu em junho de 2023, quando, após um acidente aéreo na Amazônia colombiana, quatro crianças Witoto sobreviveram sozinhas na floresta por 40 dias.[F] O presidente da Colômbia, Gustavo Petro, destacou que foi a sabedoria indígena de viver na selva que salvou essas crianças, mostrando o imenso potencial desses conhecimentos ancestrais [saiba mais sobre o povo Witoto no Capítulo 5, à página 190].

Visões para o presente e o futuro

Olhando para o futuro, qual é a vantagem dos países ricos em biodiversidade, como os amazônicos, no cenário global? Seremos eternos fornecedores de commodities para as nações industrializadas, ou também fornecedores de produtos da rica biodiversidade amazônica, com valor agregado e ampla repartição de benefícios?

Sem dúvida, esse é o caminho que devemos seguir para a Amazônia. Nossa visão para o presente e o futuro da região é clara: proteger entre 70% e 80% da floresta de forma integral; dedicar 15% a 20% a um manejo agroflorestal sustentável, que suporte uma sociobioeconomia baseada em florestas saudáveis e rios fluindo — cerca de 1 milhão de km2, suficiente para sistemas agroflorestais que abasteçam todos os países amazônicos e permitam a exportação de produtos com alto valor agregado; e reservar no máximo 5% a 10% para usos intensivos em agricultura e pecuária regenerativa, altamente produtivas e sem desmatamento e sem fogo, além de mineração e infraestrutura urbana sustentáveis.

Essa é a visão de uma Amazônia verdadeiramente sustentável. Em resumo, o conhecimento da natureza amazônica, alicerçado na ciência, nas inovações tecnológicas e nos saberes dos Povos Indígenas e

F. https://www.nationalgeographicbrasil.com/historia/2023/06/conheca-os-uitoto-povo-indigena-ao-qual-pertencem-as-quatro-criancas-perdidas-na-colombia

comunidades locais, aponta o caminho para um desenvolvimento socioeconômico sustentável, para a conservação ambiental e para uma sociobioeconomia de florestas em pé e rios fluindo.

A mensagem final que queremos compartilhar com o mundo é simples, urgente e surgiu do resultado do trabalho do Painel Científico para a Amazônia-SPA:[G]

G. Painel Científico para a Amazônia-SPA: www.sp-amazon.org

Harvey Locke
Cofundador da Yellowstone to Yukon Conservation Initiative e do movimento Nature Needs Half. Vice-diretor da IUCN World Commission on Protected Areas pela Nature Positive.

Leroy Little Bear
Pertence à Blood Tribe/Kainai Nation da Confederação Blackfoot, acadêmico e vice-reitor da University of Lethbridge, e Alto Oficial da Ordem do Canadá.

Éliane Ubalijoro
CEO do Center for International Forestry Research and World Agroforestry (CIFOR-ICRAF) e diretora geral do ICRAF.

Brigitte Baptiste
Chanceler da Universidad Ean, Colômbia, e ex-diretora do Alexander Von Humboldt Biological Resources Research Institute.

Fuwen Wei
Presidente da Jiangxi Agricultural University na província de Jiangxi, China, acadêmico da Chinese Academy of Sciences (CAS), e *fellow* da World Academy of Sciences (TWAS).

10. CONSTRUINDO UMA SOCIEDADE DE NATUREZA POSITIVA

Introdução

Uma sociedade positiva para a natureza é aquela em que a humanidade vive em harmonia com a natureza. É um sonho de grande valor para o atribulado século XXI. Há lampejos de esperança de que esse sonho possa se tornar realidade.

Comecemos com uma história de interrupção da perda da biodiversidade em um lugar aparentemente improvável. A Província de Alberta, no Canadá, abriga as areias betuminosas (também conhecidas como areias de alcatrão), tão extensas que fizeram do Canadá o quarto maior produtor de petróleo do mundo. A província, com quase cinco milhões de habitantes, é uma das jurisdições mais ricas do planeta, com rendas per capita comparáveis às dos países mais ricos da OCDE.[1]

Alberta também abriga as Montanhas Rochosas canadenses, uma das paisagens montanhosas mais icônicas do mundo, que inclui os mundialmente famosos Parques Nacionais de Banff e Jasper, além de parques provinciais vizinhos. Mas a maior parte dessas montanhas está sob jurisdição provincial, sem qualquer proteção legal formal. Conhecidas como *Eastern Slopes* (as Encostas do Leste), essas terras são belas e muito apreciadas pelo público. Tanto as terras provinciais como os parques nacionais são as nascentes dos rios que cruzam as pradarias canadenses até a Baía de Hudson, irrigando vastas áreas de pecuária, uma das regiões agrícolas mais importantes do mundo, além de várias cidades.

As *Eastern Slopes* também contêm grandes depósitos acessíveis de carvão metalúrgico usado na produção de aço. Na vizinha Colúmbia Britânica, algumas das maiores minas de carvão a céu aberto do mundo geram enormes receitas para a província a partir da mesma formação geológica. Mas elas também têm grande impacto sobre o uso da terra e poluem os rios a jusante. Em Alberta, no entanto, por mais de 40 anos vigorou uma política contra a mineração de carvão a céu aberto nas Montanhas Rochosas de Alberta, devido ao seu valor ambiental.[2] Alguns setores do governo e da indústria mineradora esperavam o momento certo para mudar isso. Concessões foram adquiridas. Acordos foram preparados.

Então veio a pandemia da Covid-19. A população estava extremamente preocupada com a economia. Em abril de 2020, o preço do petróleo em alguns lugares caiu para menos de zero.[3] Mas o carvão metalúrgico continuava a ser valorizado no mercado global.[4] Era o momento aguardado pela indústria do carvão e pelo governo: em maio de 2020, o governo de Alberta revogou as restrições à mineração de carvão nas *Eastern Slopes*.[5]

Para sua grande surpresa, a população reagiu com indignação, com 70% dos habitantes de Alberta contrários à decisão, em todas as correntes do âmbito político.[6] Os moradores valorizavam as Rochosas Canadenses por sua beleza natural, lazer, vida selvagem e como fonte de água doce. Com ou sem recessão, esses valores eram mais importantes para a sociedade de Alberta do que os ganhos econômicos de uma exploração destrutiva que os colocava em risco. Após intensas e persistentes demonstrações de indignação pública, o governo teve de reverter a decisão e chegou a pedir desculpas pelo erro.[7]

A história das *Eastern Slopes* mostra que a consciência sobre benefícios e custos ambientais pode orientar uma sociedade a tomar decisões positivas para a natureza. Os habitantes de Alberta têm uma visão positiva para a natureza sobre suas valorizadas montanhas. Mas, quatro anos depois, o governo voltou a tentar liberar as montanhas para a mineração de carvão, alegando que o desenvolvimento traria empregos e novos investimentos.[8] Como era previsto, essa retomada da mineração provocou outra onda de indignação.[9] Embora o desfecho ainda fosse incerto no momento da redação, a saga da mineração de carvão nas nascentes das Eastern Slopes demonstra como é difícil tomarmos decisões positivas para a natureza que sejam duradouras, confrontando-as com a nossa mentalidade atual.

Esse é, em grande parte, o caso em todo lugar. Há alguns espaços naturais especiais reservados, mas, na maioria das vezes, as atividades econômicas vêm em primeiro lugar; a natureza é uma preocupação distante, algo "bom de se ter" em vez de algo "essencial a preservar". O resultado é que temos algumas histórias felizes em meio a uma tendência geral alarmante de um declínio enorme e perigoso da natureza.

10.1 Como nosso mundo se tornou negativo para a natureza

A forma como enxergamos o mundo é o fator fundamental que determina a condição da natureza. Na história que usamos para iniciar este capítulo, vimos como os habitantes de Alberta consideram as *Eastern Slopes* das Rochosas Canadenses como algo especial, associando essas montanhas à sua identidade, ao seu lugar no mundo e ao modo como desejam viver suas vidas. Ainda assim, mesmo depois da rejeição à mineração destrutiva de carvão e da defesa da conservação, o governo voltou a permitir a mineração, por enxergar a natureza como uma mercadoria a ser explorada indefinidamente, como a maioria das instituições humanas no século XXI. Assim, temos superexplorado coletivamente a natureza por meio de ações que fragilizaram de forma perigosa a estabilidade do sistema terrestre do qual todos dependemos.

Nossas atitudes não apenas se tornaram exploratórias, como também o enorme crescimento populacional — impulsionado por avanços como antibióticos e fertilizantes — o que fez a população humana aumentar sete vezes em apenas 125 anos. Esse crescimento, combinado ao consumismo desenfreado, está levando o mundo a um território desconhecido, repleto de pontos de inflexão perigosos. Um lembrete marcante disso é o fato de que a biomassa global hoje é dominada pelos seres humanos e pelos animais que domesticamos. A proporção entre a massa de animais domésticos e a de animais selvagens era de três para um em 1900; em 2000 já havia passado para 25 para um. No mesmo período, a biomassa humana quadruplicou.[10] E, em 2020, todas as estruturas e produtos construídos por nós já pesavam mais do que todos os seres vivos do planeta — incluindo florestas e outras plantas.[11]

A ciência ocidental é clara: continuaremos a ameaçar nossa própria existência a menos que mudemos deliberadamente de rumo a fim de parar e reverter a perda da biodiversidade, restaurando a estabilidade do sistema terrestre.[12] Precisamos mudar nossa percepção da economia e do bem-estar humano como interesses em competição. Em vez disso, devemos adotar uma visão mais holística, reconhecendo o meio ambiente como a base de toda a vida, com a sociedade humana como parte dele, e a economia existindo apenas para servir à sociedade.[12] Precisamos nos ver em relação com os processos naturais, espécies e ecossistemas do mundo, e não como seus senhores, com um suposto direito ilimitado de desconsiderá-los ou explorá-los. A ciência ocidental nos diz que essa é uma necessidade urgente.[12] Precisamos de uma virada positiva para a natureza agora. A boa notícia é que algumas transformações já estão em andamento e podem ajudar a criar o impulso de que necessitamos.

10.2 Estamos posicionados para uma transição global

Há vários sinais encorajadores de que uma virada positiva para a natureza é possível. Em dezembro de 2022, 196 países signatários da Convenção sobre Diversidade Biológica (CDB) concordaram em parar e reverter a perda da biodiversidade até 2030 e em viver em harmonia com a natureza até 2050, por meio do Marco Global de Biodiversidade de Kunming-Montreal (GBF).[13] Depois, na COP do Clima da UNFCCC, 198 países concordaram, no Acordo de Balanço Global de Dubai, que precisamos proteger, conservar e usar a natureza de forma responsável, em consonância com o GBF, se quisermos cumprir as metas do Acordo de Paris de limitar o aumento de temperatura causado pelas mudanças climáticas.[14]

Por muitos anos, a medicina ocidental esteve focada no indivíduo. Hoje ela nos mostra que precisamos pensar em nossa saúde no contexto da saúde da natureza. A Organização Mundial da Saúde (OMS) desenvolveu o conceito de *Uma Só Saúde (One Health)*, que reconhece que a saúde humana está inextricavelmente ligada à saúde de outras espécies e do planeta. Em 2023, um grande grupo de periódicos médicos apelou para que o mundo reconheça o conceito de *One Health* e adote uma mudança de perspectiva, em que saúde humana, mudança climática e conservação da biodiversidade sejam vistos como aspectos de um mesmo problema comum que exige ação conjunta.[15]

Muitos países já reconhecem que os seres humanos têm direito a um meio ambiente saudável. Comunidades religiosas também têm destacado o imperativo moral por trás da proteção da natureza e da ação climática. Por exemplo, em 2015, o Papa Francisco publicou a encíclica *Laudato Si": Sobre o Cuidado da Casa Comum*,[15] na qual chamou a uma conversão ecológica, lembrando que passamos a nos ver de forma equivocada como "senhores e mestres da Terra, com direito de saqueá-la à vontade". Ele chamou isso de uma violência presente em nossos corações feridos, refletida nos sintomas de doença evidentes no solo, na água, no ar e em todas as formas de vida.

O Patriarca Bartolomeu da Igreja Ortodoxa Grega também se pronunciou, afirmando:

> Para os seres humanos... destruir a diversidade biológica da criação de Deus; degradar a integridade da Terra ao provocar mudanças em seu clima, ao despojá-la de suas florestas naturais ou destruir suas áreas úmidas; contaminar suas águas, suas terras, seu ar e sua vida — esses são pecados.[17]

Cometer um crime contra o mundo natural, acrescentou ele, é um pecado contra nós mesmos e contra Deus.

O rei Charles III do Reino Unido, que também é chefe da Igreja da Inglaterra, apelou para que o mundo seja positivo para a natureza e alcance as metas de carbono líquido zero, em seu discurso de abertura da COP28 em Dubai, em dezembro de 2023. E, antes mesmo de se tornar rei, criou a Sustainable Markets Initiative (SMI) para engajar o setor privado e incentivar empresas a fazerem o mesmo. A SMI é orientada pela Terra Carta, que busca colocar "Natureza, Pessoas e Planeta no centro da criação de valor global — aproveitando o poder precioso e insubstituível da Natureza combinado à inovação transformadora e aos recursos do setor privado".[18]

Muitos participantes esclarecidos do setor privado aderiram à SMI ou a outras iniciativas semelhantes. Reforçada pela Meta 15 do GBF, a Força-Tarefa sobre Divulgações Financeiras Relacionadas à Natureza (TNFD) passou a exigir que empresas reportem seus impactos e dependências em relação à natureza.[19] Mais de 100 bancos centrais, por sua vez, se uniram para criar a Network for Greening the Financial System.[20]

Embora essas linhas de esperança no mundo ocidental ainda não tenham sido entrelaçadas em um verdadeiro tecido positivo para a natureza, existe um potencial. Mas o mundo é mais do que isso. As culturas variam amplamente. Uma não é superior à outra. Uma busca por crenças e valores comuns entre culturas revela um alinhamento adequado ao conceito de uma sociedade positiva para a natureza, oferecendo uma visão comum capaz de inspirar toda a humanidade.

10.3 A mudança social que sabemos ser necessária

A transição para uma sociedade positiva para a natureza só será uma Meta Global legítima se estiver em sintonia com outras formas de compreender o mundo natural. Ao oferecer recomendações durante o processo do GBF, a Plataforma Intergovernamental de Política Científica sobre Biodiversidade e Serviços Ecossistêmicos (IPBES) observou que as percepções sobre a "relação entre seres humanos e natureza variam entre culturas e sistemas de conhecimento, em razão de diferentes visões de mundo e cosmologias".[21] Ressaltou a importância de um arcabouço conceitual compartilhado para alinhar esses diversos sistemas de conhecimento, reconhecendo que a natureza é compreendida de formas plurais e holísticas em diferentes culturas. Natureza Positiva pode servir como esse quadro unificador.

Sistemas de valores tradicionais veem o mundo de forma distinta do Ocidente movido pelo consumo. Reconhecem a responsabilidade que têm em relação ao mundo ao seu redor, bem como o fato de que sua saúde está intrinsecamente ligada à saúde do meio ambiente. Um exemplo marcante de uma cultura que trouxe suas tradições para o século XXI é o Reino do Butão, no Himalaia, cujo objetivo constitucional é a "Felicidade Interna Bruta" (FIB). Em vez de medir o PIB, o Butão mede a FIB,[22] utilizando nove dimensões: bem-estar psicológico; saúde; educação; uso do tempo; diversidade e resiliência cultural; boa governança; vitalidade comunitária; diversidade e resiliência ecológica; e padrões de vida. Sua constituição inclui a exigência de manter sempre 60% de cobertura florestal e o país destinou mais da metade de seu território a um sistema de áreas protegidas interligadas por corredores ecológicos. O Butão é um sumidouro líquido de carbono, e não uma fonte de CO_2, tendo, portanto, já ultrapassado a meta global de neutralidade de carbono para 2050.

Até agora, a ciência ocidental, de base secular e iluminista, tem sido o alicerce principal da política ambiental global, em detrimento dos valores tradicionais de outras culturas. No entanto, a ciência ocidental dos sistemas terrestres agora clama por uma mudança de percepção, reconhecendo que a humanidade está inserida na natureza, e não separada dela, e que dependemos integralmente dos sistemas da Terra para manter condições adequadas à vida humana — alinhando-se, assim, mais estreitamente às visões de mundo tradicionais.[12]

Esse alinhamento abre a possibilidade de uma visão unificadora, apoiada tanto pela ciência moderna quanto pela revitalização de valores culturais diversos e positivos para a natureza. Podemos explorar essa possibilidade examinando tradições do Leste Asiático (China), Sul Asiático (Índia), África (Bantu) e povos Indígenas. A discussão simplificada a seguir sobre cosmovisões complexas demonstra que o conceito de Natureza Positiva, com sua hierarquia de seres humanos inseridos na natureza e sua ênfase nos fluxos de processos bióticos e abióticos entre espécies, ecossistemas e sistemas naturais, encontra ressonância em outras tradições, ainda que por caminhos distintos. (Os autores reconhecem que outras tradições asiáticas — como o Jainismo, Budismo, Sijismo e Xintoísmo — também oferecem percepções ricas sobre a relação entre seres humanos e natureza, mas essas não serão abordadas aqui. Da mesma forma, existem outras religiões e tradições importantes em diferentes partes do mundo.)

A seguir, destacam-se quatro cosmovisões e tradições, como parte de um "corte transversal multiperspectiva da riqueza simbólica quanto às atitudes em relação à natureza dentro das tradições religiosas do mundo",[23] que mostra seus pontos de convergência com a Natureza Positiva.

Na cosmologia tradicional chinesa, o mundo é compreendido como energia criativa. No Taoísmo, o Tao gera a razão de ser (o Um), o Um gera o Dois (yin e yang), o Dois gera o Três (Céu, Terra e Humanos / yin, yang e *qi*), e o Três gera as Dez Mil Coisas (tudo). "O Céu e a Terra nasceram comigo, e as Dez Mil Coisas e eu somos um só." Os seres humanos são parte desse processo criativo, que se move incessantemente pelo fluxo do tempo cíclico, oscilando entre opostos (yin e yang) e pelos cinco elementos: Metal, Madeira, Água, Fogo e Terra. Esses elementos se aplicam tanto ao corpo humano como às estações do ano e aos ciclos da lua.[24]

Na escala da paisagem, essa energia se manifesta no conceito de *Shan Shui* (montanha e água), que remete ao fluxo de energia das montanhas até o oceano. No âmbito doméstico, essa orientação para os fluxos energéticos se expressa no *Feng Shui* (vento e água) e no movimento da energia através da casa. Em termos de saúde, a medicina chinesa baseia-se nesses fluxos, em que um tratamento em determinada parte do corpo influencia outra. Essa visão tradicional da unidade entre natureza e humanidade[25] sustenta a ideia de "ecocivilização", adotada constitucionalmente e defendida pelo presidente Xi Jinping.[26] Essa ideia também se refletiu na presidência chinesa da COP15 da CDB, que escolheu o tema "Ecocivilização — criando um futuro comum para toda a vida na Terra".

O Hinduísmo, religião majoritária no Sul da Ásia, também atribui papel central ao fluxo de energia. As três faces do divino (*Trimurti*) regem diferentes aspectos do ciclo da criação: Brahma como criador, Vishnu como preservador e Shiva como destruidor.[27] Os hindus acreditam que o Universo está em um ciclo eterno de criação e destruição.[28] Vishnu é o protetor e guardião da Terra (padrões), enquanto Shiva encarna a energia que destrói e regenera, simbolizando o potencial do Universo para passar continuamente por ciclos de criação, vida, destruição e renovação (processo). Essa energia divina permeia corpos celestes, seres humanos, outros seres vivos e até objetos "inanimados" (considerados animados).[28] Isso guarda afinidades com a teoria da evolução e a física quântica.[29, 30] A interconexão entre seres humanos e natureza também se expressa nas divindades: Ganesha, o filho de Shiva, é metade humano, metade elefante, e há milhares de outros deuses-animais semelhantes. As quatro primeiras encarnações de Vishnu na Terra fundem humanos e animais, e a relação recíproca entre tigres e a saúde das florestas é descrita no texto sagrado *Mahabharata*.[31]

Na filosofia africana Bantu, o conceito de *Ubuntu* — "eu sou porque você é" — expressa a interdependência entre todos os seres humanos e todos os seres vivos. A dignidade de uma pessoa plena se define por uma tripla relação: primeiro com Deus, espíritos e ancestrais que nunca morrem; depois com o eu e com os outros; e, por fim, com o mundo natural. Todos os seres são forças em movimento contínuo, ordenadas por *Hantu*, o conceito de espaço-tempo que situa os fenômenos e os eventos.[32] Essa concepção guarda semelhanças com o pensamento da física moderna sobre espaço-tempo.[33] Comunidades africanas tradicionais frequentemente se identificam com um animal ou planta que simboliza a identidade de seu clã, reforçando a reverência profunda à natureza como parte de si mesmas. Conceitos semelhantes ao *Ubuntu* aparecem na filosofia iorubá com *Iwa* (caráter, vida ética e alinhamento com a ordem natural) e na cultura Akan com *Suban* (caráter moral e conduta), ambos enfatizando virtudes que mantêm a harmonia social e ambiental[29].

Embora os Povos Indígenas estejam espalhados pelo mundo e sejam falantes de inúmeras línguas, eles compartilham uma cosmovisão em que a relação da humanidade com a natureza ocupa papel central.[34, 35] A distinção entre indígenas e não indígenas pode ser clara em alguns contextos e mais sutil em outros, e mesmo em sociedades com uma clara história colonial, essa distinção não é sempre precisa; mas, em todo o mundo, povos que se identificam como indígenas compartilham visões fundamentais comuns no que se refere a suas "cosmovisões".

A filosofia indígena ou aborígene parte da ideia de que há um fluxo constante de ondas de energia, por vezes chamado de espírito, que dá origem à criação em sua forma presente, ainda que instável. Tudo é animado: pedras, Terra, Sol, Lua, animais e pessoas. Como todos são animados pelo mesmo espírito, não existe distinção entre elementos bióticos e abióticos.[36, 37] A terra é a base da identidade indígena, mas também é vista como dinâmica — a manifestação mais estável do fluxo, que muda em escalas de tempo mais longas. Essa visão guarda afinidades tanto com a física quântica[38, 39] como com teorias geológicas, como as placas tectônicas e o ciclo das rochas.

A terra é considerada Mãe, e os seres humanos, participantes ativos dentro da natureza, não separados dela. Daí surge o conceito de "todas as minhas relações", porque os humanos estão ligados a tudo.[36] Por exemplo, as 50 Nações e tribos soberanas das Grandes Planícies da América do Norte, signatárias do *Buffalo Treaty*, consideram o bisão-dasplanícies (*Bison bison*) essencial a seu modo de vida holístico. O bisão tem nome em cada uma de suas línguas, mas em inglês todos o chamam de *Buffalo*. Para eles, o *Buffalo* é membro da família e mestre, fonte de alimento e abrigo, elemento central das práticas religiosas e da saúde tanto das pessoas como da terra. Sua presença e sobrevivência são vitais para cultura e natureza, que são indivisíveis.[40]

Para os povos indígenas, quando os seres humanos participam como atores ecológicos integrados na terra ou no mar, o objetivo é manter o equilíbrio e a harmonia. A relação é de responsabilidade, com "todas as minhas relações", não de direito à exploração. "Todas as minhas relações" guarda um interesse na terra porque ela não pertence exclusivamente às pessoas.[36]

Na Nova Zelândia, o povo Maori e o governo estabeleceram um acordo de reconciliação que criou um novo marco legal para o rio Whanganui. O acordo reconhece juridicamente o rio, da montanha ao mar, incluindo seus afluentes e todos os seus elementos físicos e metafísicos, como um todo indivisível e vivo: *Te Awa Tupua*.[41] Esse reconhecimento também confere personalidade jurídica ao rio.[42, 43]

Em consonância com essas visões culturais da relação humana com a natureza, a meta Natureza Positiva exige uma mudança conceitual: abandonar a ideia de que o desenvolvimento humano compete com a natureza. Em vez disso, enfatiza a necessidade de observar os fluxos dos processos naturais ao longo do tempo e em diferentes escalas. Assim, o conceito de Natureza Positiva não apenas se alinha a outras tradições e sistemas de conhecimento, mas também aproxima uma meta ocidental, baseada na ciência, das metas de outras tradições, que reconhecem a relação normativa de pertencimento aos processos da natureza. Como essas tradições, ser positivo para a natureza implica em uma mudança de mentalidade — de direitos para responsabilidades — guiada pela necessidade de sobrevivência pessoal, pela preocupação intergeracional e pelo respeito a todas as formas de vida.

10.4 Questões ainda não resolvidas

Para sermos uma sociedade positiva para a natureza, precisamos enfrentar três grandes desafios: o fracasso de um mercado que faz com que a natureza valha mais morta do que viva; a necessidade de uma partilha justa e de uma compreensão pessoal do que significa "quanto é suficiente", hoje motor do consumismo; e a confiança cada vez menor nos governos nacionais e nos acordos globais como instrumentos eficazes de ação coletiva.

No sistema econômico global atual, o desperdício é tratado como um efeito colateral e a natureza em si é vista como um recurso estático, colocado à disposição dos seres humanos para ser explorado — e não como formas de vida e processos dinâmicos dignos de nosso cuidado, atenção e afeto. Por essa lógica, a natureza vale mais morta do que viva: em geral, uma floresta intacta não vale nada até ser reduzida à madeira; um peixe no oceano não vale nada até ser pescado; a água correndo em um rio selvagem não vale nada até ser represada e sua energia capturada. Mesmo as metodologias de serviços ecossistêmicos, que buscam atribuir valor aos múltiplos benefícios da natureza, tendem a ignorar a natureza que não serve diretamente às pessoas — a natureza por si mesma não é considerada um serviço ecossistêmico. No entanto, são justamente as funções da natureza que sustentam a saúde do sistema terrestre, do qual a humanidade depende de forma fundamental.

Essa é uma grave falha de mercado. Precisamos encontrar formas de criar incentivos econômicos para a proteção da natureza intacta e para a restauração de áreas degradadas. Embora a primeira seja de longe a mais importante, até agora avançamos apenas na segunda.

Todos os Objetivos de Desenvolvimento Sustentável (ODS) da ONU dependem de uma biosfera saudável.[12] Cada ODS também requer atenção específica dentro do contexto de um mundo positivo para a natureza. Em especial, alcançar os ODS 5 (igualdade de gênero), 8 (trabalho decente e crescimento econômico), 10 (redução das desigualdades) e 16 (paz, justiça e instituições eficazes) é essencial para o sonho integrado de um mundo equitativo, positivo para a natureza e neutro em carbono. Isso exige não apenas avanços na equidade de gênero e no compartilhamento de recursos dentro dos países, mas também em escala internacional. Por isso, é essencial que os países do Norte no Planeta cumpram as promessas feitas aos países do Sul nos acordos das Nações Unidas: fornecer apoio financeiro para a transição energética, compensar perdas e danos causados pelas mudanças climáticas e preservar e restaurar a biodiversidade.[44, 45] Além disso, os países do Norte precisam reconhecer que soluções também podem vir de outras culturas.

O declínio da confiança em acordos e instituições globais é uma preocupação séria. Enquanto os ecossistemas se manifestam em escalas locais, os biomas cruzam fronteiras, e processos naturais de escala planetária, como o clima e a chuva, não respeitam limites políticos. Não é suficiente agir apenas em nível local ou nacional. Precisamos trabalhar juntos para tornar o mundo positivo para a natureza. Os acordos internacionais requerem nosso apoio coletivo e nosso comprometimento. Uma visão compartilhada de um futuro equitativo, positivo para a natureza e neutro em carbono pode servir como um chamado que nos una para construir um século XXI habitável.

Conclusão

A mentalidade predominante da sociedade ocidental pode ser transformada em uma perspectiva positiva para a natureza, em substituição à visão dominante de nosso ambiente como mercadoria a ser explorada. Em nível internacional, esforços coletivos, baseados no reconhecimento de que os seres humanos vivem em relação com o mundo natural e têm responsabilidades de cuidado para com ele, poderiam influenciar e, em última instância, unificar visões de mundo, valores culturais e instituições em torno de um objetivo comum. Alinhar políticas e sociedades com os princípios de uma sociedade positiva para a natureza tornaria essa mudança possível.

Natureza Positiva é um projeto coletivo da sociedade, ancorado na ciência contemporânea e em diversas tradições culturais, que também deve ser sustentado por um senso de responsabilidade pessoal. Embora existam exemplos inspiradores em nosso caminho atual, a visão predominante de futuro ainda é marcada por cenários de pesadelo: mudanças climáticas, desastres naturais, extinções e crises de refugiados. Mas não precisa ser assim. Ações alinhadas de indivíduos, empresas e governos, da sociedade civil e dos povos indígenas em diferentes culturas, unidos pelo objetivo comum de viver em harmonia com a natureza, podem transformar esse futuro. Essa ação coletiva, combinada com a determinação compartilhada de parar e reverter a perda da natureza até 2030, pode nos fazer chegar a um futuro positivo para a natureza. É um sonho de esperança para o século XXI — e está ao nosso alcance.

SOCIEDADE: PERSPECTIVAS ADICIONAIS

PERSPECTIVA 10
O Direito a um Meio-Ambiente Saudável

David Boyd, Professor Associado, Universidade da Colúmbia Britânica, e Ex-Relator Especial da ONU para Direitos Humanos e Meio-Ambiente

O direito a um meio ambiente limpo, saudável e sustentável é talvez o mais importante direito humano do século XXI, pois, sem um planeta habitável, de que servem os outros direitos? Em 2022, a Assembleia Geral das Nações Unidas finalmente reconheceu o direito a um meio ambiente saudável como um direito humano universal. Mais de 160 países reconhecem esse direito em suas legislações, constituições ou tratados regionais de direitos humanos. Esse direito inclui ar limpo, água potável e suficiente, alimentos saudáveis e produzidos de forma sustentável, ambientes não tóxicos, um clima seguro e, de forma crucial, ecossistemas e biodiversidade saudáveis. O direito também garante acesso à informação, participação pública inclusiva nos processos de decisão e acesso à justiça com reparações eficazes.

É de vital importância que o direito a um meio ambiente saudável possa ser usado por ativistas, sociedade civil, comunidades e povos indígenas para responsabilizar os governos por cumprir suas obrigações de direitos humanos, que são informadas por seus compromissos ambientais internacionais. Por exemplo, na Costa Rica, cidadãos invocaram esse direito para interromper a pesca de tubarões-martelo ameaçados e proteger habitats críticos de tartarugas marinhas e araras-vermelhas. Em Portugal, o direito foi usado para proteger lobos-ibéricos. No México, para proteger recifes de corais e ecossistemas de manguezais. Nas Filipinas e no Brasil, para proteger florestas tropicais. O direito a um meio ambiente saudável também pode ser usado pelos próprios governos para se defenderem contra ações judiciais de indústrias que desafiam medidas de proteção ambiental. A Argentina recorreu a esse direito para derrotar uma empresa que atacava uma lei de proteção de geleiras, enquanto outros países o usaram para sustentar regulamentações contra o uso de plásticos frente a processos da indústria.

Diante de uma emergência ambiental planetária, o direito a um meio ambiente saudável é uma das ferramentas mais poderosas de que dispomos. Ele tem imenso potencial para contribuir para um futuro equitativo, neutro em carbono e positivo para a natureza, para todos.

PERSPECTIVA 10.2.
Um mundo de "Natureza Positiva" é possível

Gavin Edwards, Diretor Executivo
Secretariado da Iniciativa Natureza Positiva

Se nos perguntarem "como você imagina um mundo de Natureza Positiva?", todos podemos recorrer às nossas próprias memórias e experiências de contato com a natureza — ou às imagens de programas de vida selvagem que nos fascinaram na televisão. Podemos expandir essas memórias e imaginar um mundo onde as florestas estejam repletas de vida. Podemos visualizar agricultores que, mesmo produzindo colheitas menores para restaurar parte da natureza, ainda alimentam o mundo graças à drástica redução do desperdício de alimentos e a dietas mais saudáveis. Podemos imaginar manguezais costeiros que sustentam o trabalho de pescadores locais ao mesmo tempo em que protegem cidades próximas de tempestades e inundações. E podemos nos inspirar em populações de baleias saudáveis, novamente navegando pelos oceanos do planeta. Também podemos nos imaginar nesse mundo — todos os 8 bilhões de nós — vivendo em cidades e vilas muito mais sustentáveis, com a natureza à nossa porta.

Mas quais seriam as grandes alavancas de mudança capazes de criar pontos de virada, tornando inevitável viver em harmonia com a natureza? Os governos podem — e devem — ter um papel de liderança nesse processo. Por exemplo, medir e relatar regularmente, de forma nacional e comparável se a biodiversidade está se recuperando ou declinando, o que resultaria em um reconhecimento importante para os países que lideram a recuperação da natureza, ao mesmo tempo em que aumentaria a pressão sobre os que continuam permitindo sua degradação. Isso poderia ser reforçado por políticas de ganho líquido, que garantissem que novos empreendimentos evitassem impactar áreas naturais intactas e de alto valor, e que qualquer impacto fosse mais do que compensado por esforços de restauração em áreas já degradadas.

Imagine comunidades e povos indígenas recebendo recompensas financeiras por protegerem os últimos remanescentes de natureza intacta do planeta, e agricultores sendo remunerados por restaurar habitats de vida selvagem em parte de suas terras. Tudo isso seria financiado, pois parar e reverter a perda da natureza deixaria de ser visto como luxo ou custo de desenvolvimento, passando a ser entendido como uma questão de segurança nacional e global. Uma necessidade para enfrentar as mudanças climáticas, para garantir a sobrevivência dos polinizadores e a produtividade agrícola ano após ano. E tudo isso numa dimensão equivalente a uma fração do custo financeiro de guerras e gastos militares.

Imagine um mundo em que cada empresa e instituição financeira relate seus impactos sobre a natureza e contribua para sua restauração, estabelecendo metas baseadas na ciência. Imagine inovações do setor privado em dietas à base de plantas a ponto de grande parte do mundo adotá-las em boa parte da semana, reduzindo significativamente a necessidade da pecuária e, assim, aliviando a pressão sobre o mundo natural.

Na verdade, todos esses exemplos de políticas, inovações e mudanças de mentalidade não precisam ser imaginados — eles já existem em diferentes lugares do planeta. A Costa Rica paga muitas de suas comunidades pela proteção da natureza e pelos serviços ecossistêmicos que ela proporciona. Uma política do governo do Reino Unido exige que empreendedores devolvam 10% a mais de natureza do que retiram, evitando tocar em habitats naturais importantes. Hong Kong constrói sua cidade de forma vertical, tanto quanto possível, garantindo que mais de 40% de seu território esteja protegido para a natureza e disponível para restauração. Inovações em dietas à base de plantas estão crescendo rapidamente, com dietas mais saudáveis se tornando mais acessíveis e sendo cada vez mais adotadas. Centenas de empresas já começaram a relatar seus impactos e dependências em relação à natureza — em breve serão milhares.

Todos esses exemplos de boas práticas ainda não se somam a uma recuperação efetiva da natureza. A realidade de hoje é que as populações de vida selvagem continuam encolhendo, o colapso dos ecossistemas tem acelerado, e os benefícios que a natureza proporcionou ao desenvolvimento humano começam a diminuir. Precisamos garantir que esses exemplos positivos para a natureza não sejam poucos e tardios. O tempo corre contra nós.

Ao mesmo tempo, o mundo começa a abraçar uma revolução energética, descarbonizando a geração de energia e eletrificando o transporte, buscando alcançar a escala necessária. Ainda há muito a fazer para reduzir as emissões de gases de efeito estufa, mas essa revolução energética finalmente começa a atingir pontos de virada que podem um dia tornar possível livrar o planeta de níveis perigosos desses gases.

Da mesma forma, precisamos de uma revolução da Natureza Positiva , com o mesmo foco em ampliar soluções transformadoras em grande escala. Um mundo positivo para a natureza é necessário — e os exemplos positivos destacados aqui reforçam que a recuperação da natureza também é possível.

Notas bibliográficas

1. THE CONFERENCE BOARD OF CANADA. Income Per Capita. 2016. Disponível em: www.conferenceboard.ca/hcp/income-per-capita-aspx-2/ Acesso em: 11 out. 2025.

2. FLETCHER, R.; OMSTEAD, J. Alberta rescinds decades-old policy that banned open-pit coal mines in Rockies and Foothills. CBC News, 22 mai. 2020. Disponível em: www.cbc.ca/news/canada/calgary/alberta-coal-policy-rescinded-mine-development-environmental-concern-1.5578902. Acesso em: 11 out. 2025.

3. STATISTA. Lowest crude oil prices due to COVID-19. S.d. Disponível em: www.statista.com/statistics/466293/lowest-crude-oil-prices-due-to-covid-19/. Acesso em: 11 out. 2025.

4. IEA. Coal 2020: Prices and Costs. 2020. Disponível em: www.iea.org/reports/coal-2020/prices-and-costs. Acesso em: 11 out. 2025.

5. FLETCHER, R.; OMSTEAD, J. Alberta rescinds decades-old policy that banned open-pit coal mines in Rockies and Foothills. CBC News, 22 mai. 2020. Disponível em: www.cbc.ca/news/canada/calgary/alberta-coal-policy-rescinded-mine-development-environmental-concern-1.5578902. Acesso em: 11 out. 2025.

6. VILLANI, M. Majority of Albertans opposed to expanded coal mining operations: Poll. CTV News, 8 fev. 2021. Disponível em: https://calgary.ctvnews.ca/majority-of-albertans-opposed-to-expanded-coal-mining-operations-poll-1.5299906. Acesso em: 11 out. 2025.

7. KNOPFF, R. Oil and Gas+ But Not Coal: Thoughts on Alberta"s Mining Imbroglio. School of Public Policy, University of Calgary, 2021. Disponível em: www.policyschool.ca/oil-and-gas-but-not-coal-thoughts-on-albertas-mining-imbroglio/. Acesso em: 11 out. 2025.

8. ALBERTA ENERGY REGULATOR. Coal Industry Modernization Initiative. 2025 Disponível em: https://www.alberta.ca/coal-industry-modernization-initiative. Acesso em: 11 out. 2025.

9. FARRELL, J.; JOHNSON, L. Alberta Government Lifts Coal Mining Moratorium, Critics Concerned It"s "open season". Global News, 2025. Disponível em: https://globalnews.ca/news/10969621/alberta-government-lifts-coal-mining-moratorium-aer/. Acesso em: 11 out. 2025.

10. SMIL, V. Harvesting the biosphere: The human impact. Population and Development Review, v. 37, n. 4, p. 613-636, 2011.

11. ELHACHAM, E.; BEN-URI, L.; GROZOVSKI, J.; BAR-ON, Y.M.; MILO, R., Global human-made mass exceeds all living biomass. Nature, 2020. Disponível em: www.nature.com/articles/s41586-020-3010-5. Acesso em: 11 out. 2025.

12. LOCKE, H. et al. A Nature Positive World: The Global Goal for Nature. 2021. Disponível em: https://library.wcs.org/doi/ctl/view/mid/33065/pubid/DMX3974900000.aspx. Acesso em: 11 out. 2025.

13. CONSERVATION INTERNATIONAL. UN Biodiversity Negotiations. 2024. Disponível em: www.conservation.org/events/biodiversity-negotiations#:~:text=In%20December%202022%2C%20196%20countries,a%20healthy%20planet%20and%20human. Acesso em: 11 out. 2025.

14. UNITED NATIONS CLIMATE CHANGE. COP28 Opens in Dubai with Calls for Accelerated Action, Higher Ambition against the Escalating Climate Crisis. 2023. Disponível em: https://unfccc.int/news/cop28-opens-in-dubai-with-calls-for-accelerated-action-higher-ambition-against-the-escalating. Acesso em: 11 out. 2025.

15. ABBASI, K. et al. Time to treat the climate and nature crisis as one indivisible global health emergency. BMJ, n. 383, p. 2355, 2023. Disponível em: https://doi.org/10.1136/bmj.p2355. Acesso em: 11 out. 2025.

16. BARTHOLOMEW, P. Address at the Environmental Symposium, Santa Barbara, California. In: CHRYSSAVGIS, J. On Earth as in Heaven: Ecological Vision and Initiatives of Ecumenical Patriarch Bartholomew. New York, 2012. Disponível em: https://apostolicpilgrimage.org/the-environment/-/asset_publisher/9b108Swk2Klh/content/the-fragile-beauty-of-the-world-opening-address/3200849a7.html. Acesso em: 11 out. 2025.

17. HIS MAJESTY KING CHARLES III; THE THEN PRINCE OF WALES. Sustainable Markets Initiative 2020. 2020. Disponível em: www.sustainable-markets.org/terra-carta/. Acesso em: 11 out. 2025.

18. TASKFORCE ON NATURE-RELATED FINANCIAL DISCLOSURES. Home. N.d. Disponível em: https://tnfd.global/. Acesso em: 11 out. 2025.

19. NETWORK FOR GREENING THE FINANCIAL SYSTEM. Origin and Purpose. N.d. Disponível em: www.ngfs.net/en/about-us/governance/origin-and-purpose. Acesso em: 11 out. 2025.

20. DÍAZ, S. 2015. The IPBES conceptual framework—connecting nature and people. Environmental Sustainability, 14, p. 1-16, 2015.

21. GROSS NATIONAL HAPPINESS COMMISSION. Gross National Happiness Index. 2008. Disponível em: www.gnhcentrebhutan.org/gnh-happiness-index/. Acesso em: 11 out. 2025.

22. TRITHART, A.; CASE, O. Do people trust the UN? A look at the data. IPI Global Observatory,
2023. Disponível em: https://theglobalobservatory.org/2023/02/do-people-trust-the-un-a-look-at-the-data/. Acesso em: 11 out. 2025.

23. TUCKER, M. E.; GRIM, J. The challenge of the environmental crisis. In: Series Forward in Religions of the World and Ecology Book Series. Harvard Divinity School, distribuído por Harvard University Press, 1997.

24. SCHIPPER, K. The Taoist Body. Berkeley: The University of California Press, 1993.

25. MA, T. Unity of nature and man. National Science Review, 8(7), p. nwaa265, 2021.

26. XI, J. Keynote speech. 15th Meeting of the Conference of the Parties to the United Nations Convention on Biological Diversity (COP15), 2021. Disponível em: www.youtube.com/watch?v=i1r8d6JRvNw. Acesso em: 11 out. 2025.

27. TRIMURTI. Encyclopaedia Britannica. 2014. Disponível em: www.britannica.com/topic/trimurti-Hinduism. Acesso em: 11 out. 2025.

28. HARI, D. K.; HEMA HARI, D. K. Understanding Shiva. Barath Gyan and Sri Sri Publications Trust, 2011.

29. CHIDAMBARAM, R. Foreword. In: HARI, D.K.; HEMA HARI, D.K. Understanding Shiva. Baratha Gyan and Sri Sri Publications Trust, 2011.

30. CAPRA, F. The Tao of Physics: An Elaboration of the Parallels between Modern Physics and Eastern Mysticism. Shambhala Publications, 1983.

31. LOCKE, H. Leave me alone: India"s opportunity to lead the world in recognizing Nature Needs Half. Sanctuary Asia, n. 2, p. 22-27, 2014.

32. RAMPHELE, M. Ubuntu: The dream of new planetary community. In: CLAYTON, P. et al. The New Possible: Visions of Our World Beyond Crisis. [S.l.]: Cascade Books, 2021, p. 27-34.

33. LOKANGA, E. The concept of space and time: An African perspective. International Journal of Advancement in Physics, n. 10, p. 1-3, 2021.

34. FISHER, M.P.; LUYSTER, R. Living Religions. Englewood Cliffs: Prentice Hall, 1991.

35. LITTLE BEAR, L. Jagged worldviews colliding. In: BATTISTE, M. (ed.). Reclaiming Indigenous Voice and Vision. [S.l.]: University of British Colombia Press, 2000, p. 77-85.

36. LITTLE BEAR, L. Aboriginal paradigms: Implications for relationship to land and treaty making. In: WILKINS, K. (ed.). Advancing Aboriginal Claims: Visions/Strategies/Directions. [S.l.]: Purlich Publishing, 2004, p. 26-38.

37. VAN DER POST, L. Heart of the Hunter: Customs and Myths of the African Bushman (Khoisan). [S.l.]: William Morrow & Company, 1961.

38. PEAT, F. D. Blackfoot Physics: A Journey into the Native American Worldview. Secaucus: Carol Pub. Group, 1994.

39. LITTLE BEAR, L. Preface in Bohm, D. In: NICHOL, L. (ed.). On Creativity. London: Routledge, 2004.

40. BUFFALO TREATY. The Buffalo: A Treaty of Cooperation, Renewal and Restoration. 2014. Disponível em: www.buffalotreaty.com/treaty. Acesso em: 11 out. 2025.

41. TE ARAWHITI – THE OFFICE FOR MĀORI CROWN RELATIONS. Whanganui Iwi (River Settlement). 2014. Disponível em: www.govt.nz/browse/history-culture-and-heritage/treaty-settlements/find-a-treaty-settlement/whanganui-iwi/whanganui-iwi-whanganui-river-deed-of-settlement-summary. Acesso em: 11 out. 2025.

42. HUTCHINSON, A. et al. The Whanganui River as a legal person. Alternative Law Journal, v. 39, n. 3, 2014. Disponível em: https://journals.sagepub.com/doi/10.1177/1037969X1403900309

43. NEW ZEALAND PARLIAMENT. Innovative Bill Protects Whanganui River with Legal Personhood. 2017. Disponível em: www.parliament.nz/en/get-involved/features/innovative-bill-protects-whanganui-river-with-legal-personhood/. Acesso em: 11 out. 2025.

44. UNITED NATIONS. Developed Countries Must Deliver on Climate Change, Finance Commitments, Delegates Stress. 2022. Disponível em: https://press.un.org/en/2022/gaef3566.doc.htm. Acesso em: 11 out. 2025.

45. CAMPAIGN FOR NATURE. Funding Nature: The Essential Role of Governments and the Illusion of Biodiversity Credits. 2024. Disponível em: www.campaignfornature.org/funding-nature-essential-public-finance. Acesso em: 11 out. 2025.

Adnan Demachki
Advogado e fundador da Ordem dos Advogados do Brasil em Paragominas (PA), cidade da qual foi prefeito em 2005 a 2008 e de 2009 a 2010. É *fellow* do Instituto Arapyaú.

11. RESPOSTA LOCAL PARA DESAFIOS GLOBAIS: O CASE PARAGOMINAS

O município paraense de Paragominas representa um dos casos mais bem-sucedidos do Brasil em termos de transformação ambiental e participação da população local. A degradação do meio ambiente, o desmatamento e o crime deram lugar à conservação e à restauração, promovendo crescimento econômico e desenvolvimento social. Esse processo foi conduzido de baixo para cima, por meio do governo municipal, o que torna este caso ainda mais inovador.

Em Paragominas, o desmatamento é decrescente, enquanto o PIB per capita cresce, em meio a ações voltadas à regularização fundiária e à legalidade das atividades produtivas, além da agregação de valor de seus produtos primários. Trata-se do município mais avançado do País no cumprimento do Código Florestal, lei brasileira que define os limites de conservação e produção nos biomas, e na análise e validação do cadastro Ambiental Rural (CAR). Isso demonstra a compatibilidade do desenvolvimento socioeconômico com a natureza positiva.

Para entender como essa trajetória vitoriosa se desenrolou, é preciso voltar no tempo.

O contexto histórico

Paragominas surgiu no meio da Amazônia, impulsionada pela construção da rodovia Belém-Brasília no final dos anos 1950. Vieram pioneiros de Goiás e Minas Gerais, que deixaram tudo para trás em busca de uma nova vida em terras paraenses. Daí veio o nome: Para-go-minas.

Com a implantação do regime militar no País [1964-1985], a ocupação da Amazônia ganhou força. Sob o lema nacionalista "Integrar para não entregar" e bordões como "Terra sem homens para homens sem terra", o governo incentivava a derrubada da floresta para formação de pastagens e colonização sob a pata do boi, financiando a iniciativa por meio de instituições como o Banco da Amazônia e a Superintendência do Desenvolvimento da Amazônia (Sudam). A cidade cresceu nesse ritmo.

Foto 11.1

O então presidente Juscelino Kubitschek (1956-1961) derrubando com um trator a última árvore para permitir a conexão entre dois trechos da Rodovia Belém-Brasília, no território em que seria fundada Paragominas

Fonte: Acervo do autor

A partir da década de 1980, após o ciclo da pecuária, Paragominas tornou-se um dos maiores polos madeireiros do Brasil, chegando a abrigar centenas de serrarias. A economia da cidade cresceu, mas junto vieram sérios problemas: conflitos de terra, pistolagem, trabalho infantil e condições de trabalho precárias. A floresta sumia num ritmo acelerado, mas, na visão da época, isso ainda era sinônimo de desenvolvimento e progresso. Poucos se perguntavam até onde esse modelo poderia ir.

Na virada da década de 1990, o modelo econômico começou a ruir. A atividade madeireira entrou em declínio, em razão da baixa nos estoques madeireiros e das pressões ambientais, caracterizando o fenômeno que o Instituto do Homem e Meio Ambiente da Amazônia (Imazon) batizou como "boom-colapso".[A]

A. Significa que os primeiros anos da atividade econômica ocorre um rápido e efêmero crescimento na renda e emprego (boom), seguido muitas vezes de um colapso social, econômico e ambiental. https://imazon.org.br/publicacoes/o-avanco-da-fronteira-na-amazonia-do-boom-ao-colapso/ Acesso em 26 jun 25.

Naquele período, cresceu a atividade do carvão vegetal, financiada pelas guseiras de Marabá e Açailândia, cujos fornos queimavam desde a lenha das serrarias até as florestas já exploradas pela atividade madeireira, prenunciando o completo esgotamento das reservas florestais do município.

A crise ambiental e a oportunidade

Em 2008, com a ameaça de nova escalada do desmatamento na Amazônia, várias ações estavam em curso.

O Banco Central havia editado uma resolução que condicionava a concessão de crédito rural na Amazônia à regularidade ambiental dos imóveis.[B] O governo federal editou o Decreto nº 6.514, endurecendo as sanções contra as infrações ambientais.[C] À propósito, a data de edição do decreto, 22 de julho de 2008, tornar-se-ia o marco temporal do Código Florestal (Lei nº 12.651/2012).

Uma das medidas previstas no decreto foi a lista de áreas embargadas,[D] que deu transparência aos imóveis rurais e às pessoas físicas responsáveis pelo desmatamento.

O novo decreto também permitiu que o Ministério Público Federal denunciasse os agentes da cadeia produtiva que adquirissem produtos de áreas embargadas,[E] o que resultou, no ano seguinte, na assinatura inédita de um Termo de Ajustamento de Conduta (TAC) com as empresas frigoríficas, cuja iniciativa perdura até hoje.[F]

No meio de tanta novidade, o Ministério do Meio Ambiente (MMA) criou a lista de municípios prioritários da Amazônia. Ela não trazia prêmios, nem méritos. Era uma lista suja, que divulgava os municípios que mais desmatavam a região. Paragominas estava entre eles e com altas taxas de desflorestamento.

B. https://www.bcb.gov.br/pre/normativos/res/2008/pdf/res_3545_v1_o.pdf. Acesso em 26 jun. 25

C. https://www.planalto.gov.br/ccivil_03/_ato2007-2010/2008/decreto/d6514.htm, Acesso em 26 jun. 25

D. Artigo 18, § 1º, do Decreto Federal nº 6.514/2008. A lista pode ser consultada em https://servicos.ibama.gov.br/ctf/publico/areasembargadas/ Acesso em 26 jun. 25

E. Artigo 54 do Decreto 6.514/2008.

F https://www.mpf.mp.br/pa/sala-de-imprensa/noticias-pa/tac-da-carne-acordo-no-para-completa-15-anos-e-inova-para-garantir-ao-consumidor-carne-de-origem-legal. Acesso em 26 jun. 25

Com a lista, veio a Operação Arco de Fogo, uma força-tarefa de fiscalização rigorosa que aplicou novos embargos, multas e bloqueios em diversas atividades no município. Em razão das novas regras e instrumentos, o acesso ao crédito rural foi bloqueado e as cadeias produtivas ligadas à agropecuária e à madeira ficaram travadas. Empresas locais perderam financiamento e acesso aos mercados, que passaram a exigir comprovação da origem dos produtos.

O impacto foi direto na economia local e na vida da população. Produtores, empresários e trabalhadores se viram de repente diante de uma crise profunda. O modelo de desenvolvimento que parecia consolidado mostrou suas fragilidades. A cidade percebeu que, se não mudasse, ficaria isolada economicamente, sem crédito, sem mercado e sem futuro.

Mas, ao contrário do que muitos esperavam, aquele não foi o ponto final da história. Foi a oportunidade para o recomeço.

A resposta da sociedade local

Em 2008, eu cumpria o último ano do mandato de prefeito em Paragominas e não pretendia concorrer à reeleição, pois nunca almejei a carreira política. O problema, no entanto, caiu como uma bomba sobre a cidade. Era algo novo para os gestores municipais, pois o desmatamento não estava na agenda dos prefeitos, que se ocupavam mais dos problemas locais: médico no posto, professor e merenda nas escolas, buracos na rua, pontes e estradas na zona rural. Desmatamento era considerado coisa do Instituto Brasileiro do Meio Ambiente e dos Recursos Naturais Renováveis (Ibama), gerido por Brasília.

Alguns assessores sugeriram contestar os dados, a exemplo do que fizera Blairo Maggi, governador do Mato Grosso à época, pois consideravam que o desmatamento em Paragominas era coisa do passado. Mas preferi ouvir os especialistas e percebi que o problema era real. Minha primeira – de muitas – conversas foi com Justiniano Netto, do conselho de meio ambiente da Federação das Indústrias do Estado do Pará (Fiepa), que trouxe consigo Adalberto (Beto) Veríssimo, cofundador do Imazon. Um restaurante japonês, em Belém, era nosso ponto de encontro.

Beto chegou cheio de dados e imagens de satélite, que me convenceram de que tínhamos um problema grave de desmatamento em nosso município. Decidi que enfrentaríamos esse novo desafio.

Na época, Paragominas já tinha avançado bastante em termos de serviços públicos locais, principalmente na saúde, educação e infraestrutura. As contas estavam em dia. A cidade estava limpa, ordeira, mas com fumaça. A autoestima dos paragominenses estava em alta e a lista suja foi um choque de realidade. Precisávamos, também, avançar na gestão ambiental, pois, sem ela, concluímos que não haveria futuro e desenvolvimento.

Durante a conversa, saíram as primeiras ações. Não sabíamos quem ou o que estava causando o desmatamento. O município não tinha esses dados. Beto falou que mandaria um *dream time* do Imazon para fazer um diagnóstico da região e ajudar na construção de um projeto. Na semana seguinte, recebi Paulo Amaral e Andreia Pinto, juntamente com vários outros pesquisadores do Instituto.

Beto também se comprometeu a enviar os alertas do Sistema de Alerta de Desmatamento (SAD) do Imazon, que conseguiam detectar mensalmente os focos de desmatamento. Eu me comprometi a fiscalizar um a um para sabermos o que estava ocorrendo em campo. Tínhamos apenas um Fiat na secretaria municipal e um GPS que era pessoal do secretário. Mas foi assim que começamos.

Procurei também por alguma experiência municipal na área ambiental. Ouvi falar de Lucas do Rio Verde, no Mato Grosso. Fui pessoalmente até lá e conheci um programa do Cadastro Ambiental Rural (CAR), que contou com o apoio de outra ONG, a The Nature Conservancy (TNC).

Reuni-me com Benito Guerrero e Francisco Fonseca, da TNC no Pará, e eles toparam ajudar. Trouxeram o engenheiro agrícola Fábio Niedermeyer para comandar a área técnica. Por meio de uma parceria inédita, pedi que a TNC fosse hospedada no próprio Sindicato Rural de Paragominas, que criou a "Sala do CAR" e mobilizou os produtores para o cadastramento. O presidente, na ocasião, era o pecuarista Mauro Lúcio Costa.

Em poucas semanas, já tínhamos um rascunho do que seria o projeto e quais os passos a seguir: 1. Firmar um pacto local, o pacto pelo desmatamento zero. 2. Fazer um diagnóstico municipal.[G] 3. Criar um grupo permanente de acompanhamento para conferir se o pacto estava sendo cumprido. 4. Acompanhar os alertas mensais do SAD. 5. Fazer boletins municipais de validação em campo. 6. Avançar o CAR. 7. Fortalecer a

G https://imazon.org.br/PDFimazon/Portugues/outros/iagnostico-socioeconomico-e-florestal-do.pdf. Acesso em 26 jun. 25

gestão ambiental e regularização fundiária. 8. Promover educação ambiental nas escolas.

Faltava, ainda, um nome. Depois de várias sugestões, Justiniano teve a sacada: Município Verde. Bingo! Nasceu, então, o projeto "Paragominas: Município Verde".

Agendamos a data da assinatura do pacto para o dia 28 de fevereiro de 2008. Convidamos e recebemos o apoio do secretário estadual de Meio Ambiente, Valmir Ortega, e do Ministério do Meio Ambiente. Tasso Azevedo, Mauro Pires e André Lima foram os técnicos que nos apoiaram, inclusive participando presencialmente de reuniões em Paragominas.

Fotos 11.2 e 11.3

Assinatura do Pacto pelo Desmatamento Zero. Acima, a mesa do evento. Abaixo, a plateia. Fonte: Acervo do autor

Registro, também, o apoio dos nossos parlamentares Bosco Gabriel (deputado estadual), Zenaldo Coutinho (deputado federal) e Flexa Ribeiro (senador), bem como dos meus vice-prefeitos, José Carlos Gabriel e Paulo Tocantins, que estiveram presentes em todos os momentos – bons ou difíceis – dessa caminhada.

Eram os velhos tempos da rixa PSDB x PT, mas isso nunca nos impediu de dialogar e construir uma agenda comum. A Amazônia estava acima de qualquer divergência política.

Nas duas semanas que antecederam a reunião do pacto, conversei isoladamente com todas as entidades do município e, conforme planejado, no dia 28, o pacto pelo desmatamento zero foi assinado por 51 entidades e pela unanimidade dos vereadores. O auditório do Sindicato Rural de Paragominas ficou lotado. Havia um misto de desafio e esperança no ar. Nosso objetivo era sair da lista suja e fazer a virada verde de Paragominas. Comprometido com o projeto, decidi disputar a reeleição. Alguns dizem que a pauta ambiental tira votos. Em Paragominas, foi diferente. Vencemos com 84% dos votos válidos.

O trabalho seguiu avançando. O projeto estava tendo êxito e o desmatamento caindo, segundo os dados do SAD, confirmados posteriormente pelo Projeto de Monitoramento do Desmatamento na Amazônia Legal por Satélite (Prodes). O CAR crescia mês a mês. Os produtores rurais faziam imensos mapas a partir do CAR para ajudar no planejamento das propriedades.

Descobrimos que o principal vetor do desmatamento naquele período era a atividade carvoeira (ilegal). Cassamos os alvarás municipais, denunciamos a venda de crédito e a conivência das guseiras. Foi o início do fim de todas elas em todo o estado. Para os desempregados do carvão, fizemos cursos de capacitação. Aprenderam a fazer mudas para as empresas de reflorestamento. O desmatamento caiu, assim como diminuíram a fumaça nas redondezas da cidade e as doenças respiratórias no hospital municipal. Tudo estava conectado.

No meio do caminho, porém, havia uma verdadeira prova de fogo. Em novembro de 2008, logo após a eleição e antes da posse do segundo mandato, madeireiros ilegais, que tiveram seus caminhões apreendidos pelo Ibama com madeira retirada da Terra Indígena, ameaçaram os agentes ambientais, queimaram a sede local do órgão e a secretaria municipal. Até o nosso Fiat foi reduzido a cinzas. Roubaram os caminhões, com madeira e tudo.

Foto 11.4

Desempregados, donos de serrarias e outros insatisfeitos com o Projeto Município Verde atearam fogo no prédio, no carro do Ibama e no Fiat da Secretaria Municipal, e liberaram os caminhões com madeira apreendida. Fonte: Acervo do autor

O caso virou notícia nacional. O projeto corria o risco de sofrer uma completa desmoralização. Reuni as entidades subscritoras do pacto e apresentei duas cartas. Uma carta de desculpas à Nação com medidas duríssimas contra os ilegais. Ou minha carta de renúncia ao segundo mandato. Assinaria ao fim da reunião uma das duas. A sociedade, depois de longo debate, escolheu a primeira e seguimos com o projeto.

O então ministro do Meio Ambiente, Carlos Minc, veio a Paragominas em um avião da Força Aérea Brasileira (FAB), usando uma jaqueta camuflada. A prefeitura cassou os alvarás e o Ibama embargou as madeireiras e os veículos envolvidos. O projeto sobreviveu.

Os resultados

Após dois anos de muito trabalho, em 23 de março de 2010, Paragominas foi o primeiro município a sair da lista suja do desmatamento e entrar para o rol dos municípios com desmatamento monitorado e sob controle. Havíamos alcançado as exigências do MMA, dentre elas, a cobertura de mais de 80% do CAR no território municipal e a taxa anual de desmatamento abaixo de 40km^2. O projeto de Paragominas obteve reconhecimento nacional e internacional, ganhando o Prêmio

Chico Mendes e o Prêmio Skool de Empreendedorismo em Oxford. O Sindicato Rural de Paragominas lançou o Programa Pecuária Verde, estimulando os produtores rurais a incrementar a produtividade com regularidade ambiental.[H]

Foto 11.3

A então ministra do Meio Ambiente Izabella Teixeira entregando o Prêmio Chico Mendes. Fonte: Acervo do autor

O Ministério Público Federal (MPF) do Pará, sob a liderança do Procurador Daniel Azeredo, após implementar o TAC da Pecuária, investiu no Acordo com os Municípios,[I] tomando o exemplo de Paragominas como referência para a iniciativa. As cláusulas do acordo eram, basicamente, o dever de casa que Paragominas havia praticado e que foram sintetizadas em publicação do Imazon.[J]

Nesse embalo, em 2011, o governo estadual lançou o Programa Municípios Verdes (PMV),[K] expandindo a iniciativa para todo o estado, fa-

---

H. https://imazon.org.br/PDFimazon/Portugues/livros/Lucratividade_Pecuaria_Verde.pdf. Acesso em 26 jun 25.

I. https://g1.globo.com/brasil/noticia/2010/12/prefeitos-assinam-pacto-contra-desmatamento-no-para.html. Acesso em 26 jun 25.

J. https://imazon.org.br/municipios-verdes-caminhos-para-a-sustentabilidade-2a-edicao/. Acesso em 26 jun 25.

K. https://www.municipiosverdes.pa.gov.br/index.php/pmv/ Acesso em 26 jun 25.

zendo com que outros municípios saíssem da lista. O programa recebeu o apoio do Fundo Amazônia,[L] realizando 95 pactos locais de combate ao desmatamento, que envolveram cerca de 2,8 mil pessoas e instituições. O CAR saltou de 123.287 imóveis rurais para 292.485 cadastros no estado. Foram estruturados 100 municípios para gestão, 68 para o licenciamento ambiental e 34 para verificação em campo do desmatamento e validação de CAR.

Dentre várias iniciativas inovadoras, o PMV criou a Lista do Desmatamento Ilegal (LDI),[M] a primeira lista de embargo estadual da Amazônia e totalmente operada com tecnologia de sensoriamento remoto;[N] e o ICMS Verde,[O] sendo o primeiro estado a repartir o Imposto sobre Circulação de Mercadorias e Serviços junto aos municípios com base na redução do desmatamento e no avanço do CAR.

Em 2012, em plena Rio+20, o Pará e o Brasil registraram a menor taxa de desmatamento da série histórica do Prodes. Atualmente, o município de Paragominas possui quase 100% do território inscrito no CAR. Enquanto apenas 3,3% do CAR no Brasil foi analisado e validado, Paragominas atingiu 15,7% de validação, o que equivale a uma área de 747 mil hectares, correspondente a 38,65% do território municipal. Isso permitiu que 131 mil hectares se transformassem em ativos ambientais.

A agricultura de Paragominas foi pioneira no Programa ABC (Agricultura de Baixo Carbono) e passou a adotar práticas regenerativas, como o plantio direto, o uso de curvas de nível, técnicas de agricultura de precisão e a primeira a instalar uma unidade para recolhimento de embalagens vazias de agrotóxicos.

Agora, está prestes a dar mais um passo inovador, com a inauguração da primeira fábrica de bioinsumos da Amazônia, que serão usados no controle de pragas e doenças, promoção do crescimento das plantas e melhoria da saúde do solo, reduzindo o uso e a dependência de produtos químicos.

L. https://www.fundoamazonia.gov.br/pt/projeto/Programa-Municipios-Verdes/ Acesso em 26 jun 25.

M. https://monitoramento.semas.pa.gov.br/ldi/ Acesso em 26 jun 25.

N. A metodologia inspirou o Projeto Amazônia Protege (https://amazoniaprotege.mpf.mp.br), implantando por Daniel Azeredo quando secretário-executivo da 4ª CCR da Procuradoria Geral da República.

O. https://icmsverde.semas.pa.gov.br/ Acesso em 26 jun. 25

Desde que trouxemos para a cidade, ainda em 2010, uma unidade do Instituto de Terras do Pará (Iterpa) e continuamos avançando na regularização fundiária, titulamos grande parte dos nossos móveis rurais, de pequenos a grandes produtores, facilitando o acesso a crédito e o desenvolvimento local.

As lições aprendidas

A experiência de Paragominas tornou-se um case de sucesso na agenda ambiental. É uma solução local para um problema global, que é o desmatamento das florestas tropicais e o consequente impacto na mudança climática. Desta jornada é possível extrair algumas lições:

1. **Adesão local**. Qualquer política pública para ser eficaz precisa engajar os atores locais. A política ambiental, muitas vezes, trata com desconfiança a sociedade local e, não raro, a marginaliza ou hostiliza. É a receita certa para o fracasso. É preciso conquistar o apoio local, a participação dos atores políticos e sociais, com argumentos e incentivos, sem descuidar da fiscalização.
2. **Parceria multissetorial.** O município sozinho não faz nada. O governo federal também não. É preciso unir os diversos entes federativos da área pública e firmar alianças com o setor privado, terceiro setor e o Ministério Público. Criar espaços adequados para o diálogo, ouvindo a todos com respeito, buscando os consensos e cumprindo os acordos. Numa palavra: democracia. É preciso mostrar que funciona e vale a pena.
3. **Uso da tecnologia.** A agenda ambiental demanda o uso intensivo e inteligente de tecnologia. Os alertas do Imazon permitiram a Paragominas, mesmo com poucos recursos, fazer uma ação cirúrgica e reduzir o desmatamento. O mesmo ocorreu com o CAR, com a lista de embargo e com outras ferramentas que permitiram ganho de escala e transparência para as ações empreendidas.
4. **Estímulo e recompensa.** É preciso criar mecanismos de estímulo, reconhecimento e recompensa, sobretudo para os agentes produtivos. Pequenos ou grandes são eles que movimentam a economia local. A mudança para um bom comportamento não pode ser motivada apenas pela punição ou medo. Na maioria das vezes, basta o governo fazer o seu papel e ser eficiente na entrega de outras políticas públicas, como regularização fundiária, licenciamento ambiental, justiça

fiscal e infraestrutura. Na prática, isso traz segurança jurídica, atrai investimentos e dinamiza as cadeias produtivas, formando um círculo virtuoso. É a receita certa para o sucesso.

Sinto-me grato pela oportunidade de contribuir com a cidade e a região onde nasci e tanto amo. Tudo foi fruto do diálogo, do esforço conjunto e da união de muitas pessoas e instituições, algumas das quais incluí no meu relato, como forma de reconhecimento e homenagem a elas e a milhares de outros colaboradores — a grande maioria anônimos — que ajudaram a escrever um belo capítulo na história de Paragominas.

Eva Zabey
CEO da Business for Nature e ex-diretora de Redefinição de Valor e Capital Natural da World Business Council for Sustainable Development (WBCSD).

12. O PAPEL DAS EMPRESAS EM UMA ECONOMIA PARA A NATUREZA POSITIVA

Introdução

"Tenho uma pergunta para vocês: vocês querem que o Marco Global da Biodiversidade realmente mude alguma coisa? Porque, se quiserem, esta é a sua chance."

O Marco Global da Biodiversidade de Kunming-Montreal (GBF) foi adotado por 196 governos em dezembro de 2022.[1] Foi um momento decisivo para redefinir nossa relação com a natureza, destacando como é crucial o papel das empresas para cumprir a missão de parar e reverter a perda da natureza até 2030 — em outras palavras, alcançar nossa meta comum da Natureza Positiva. Foi algo inédito, na história da Convenção sobre Diversidade Biológica (CDB) da ONU, ver mais de mil representantes do setor empresarial e financeiro comparecerem e se manifestarem na COP15 da CDB, onde o Marco foi negociado e acordado. Esses participantes do setor privado ajudaram a ampliar a ambição regulatória e impulsionar um acordo histórico. Em COPs anteriores, havia apenas algumas dezenas de representantes empresariais, e as sessões relacionadas a negócios definitivamente não eram o centro do palco.

Em Montreal, eu estava lá, representando muitas das empresas mais conscientes e visionárias em relação à natureza no mundo, na condição de CEO da *Business for Nature*, uma coalizão global criada exatamente para esse propósito. E houve um momento em que senti que toda a razão de existir da nossa organização havia sido validada. Isso ocorreu durante as negociações da chamada Meta 15 do Marco Global da Biodiversidade,[2] quando os governos pediram que empresas e instituições financeiras atuassem em prol da natureza, avaliando e divulgando seus impactos, dependências e riscos relacionados a ela.

Os governos presentes discutiam quão forte deveria ser a meta voltada para as empresas, temendo talvez que, se fossem longe demais, houvesse objeções. Mas as empresas que eu representava tinham exatamente a preocupação oposta.

"Vocês querem que o Marco Global da Biodiversidade realmente mude alguma coisa?", perguntei aos negociadores, quando fui convidada a falar no plenário, na condição de observadora. "Porque, se quiserem, esta é a sua chance." Eu sabia que falava em nome de muitas empresas — e de muitas pessoas dedicadas que trabalham nelas — ao fazer essa pergunta. Por meio de uma campanha ousada que conduzimos antes da COP15 para influenciar a ambiciosa Meta 15, mais de 400 empresas e instituições financeiras pediram aos governos que "tornassem obrigatório" avaliar e divulgar seus riscos, impactos e dependências em relação à natureza.[3] Agora, na tensa sala de negociações, tínhamos a chance de reforçar a mensagem. E funcionou. O fato de tantas empresas estarem presentes — e pedirem mais, e não menos, ambição — mostrou-se um ponto de virada. Os governos reconheceram o papel das empresas no enfrentamento da perda da natureza e, por sua vez, as empresas começaram a perceber seu papel essencial e o valor do que traziam à mesa: inovação, experiência, conhecimento e prática acumulada em enfrentar desafios como a mudança do clima e, cada vez mais, a perda da natureza.

Mas, se não fosse por décadas de trabalho de organizações e indivíduos — de fora e de dentro das empresas — empenhados em colocar a natureza na agenda corporativa e em cobrar responsabilidades, as empresas não estariam prontas, na COP15, para defender a natureza com tanta eficácia. Não estariam prontas, hoje, para abraçar a Meta Global de Natureza Positiva. E, sem ampliar e acelerar a ação empresarial agora, não veremos a transformação necessária para permanecer no espaço operacional seguro para a humanidade.

"Empresas" não formam um grupo homogêneo. Diferem em setores e portes, geografias e exigências regulatórias — e reconheço que minhas percepções são influenciadas pela experiência com muitas companhias europeias. Há empresas de capital aberto, familiares ou estatais, com diferentes lideranças, culturas e histórias, além de distintas demandas de acionistas, partes interessadas e funcionários. Mas, a meu ver, o que realmente as distingue — independentemente dessas diferenças — é se fazem parte da transformação sistêmica que se prepara para prosperar em uma nova normalidade, ou se estão resistindo para prolongar o lucro do *business-as-usual* pelo maior tempo possível. O desafio da crise global de perda da natureza é que precisamos de todas as empresas — de todos os setores, geografias e tamanhos — engajadas para alcançar, até 2030, uma economia positiva para a natureza.

Uma Meta de Natureza Positiva insere empresas e instituições financeiras em uma parceria coletiva indispensável à recuperação da natureza, aproximando-as de uma compreensão clara da interdependência entre resultados positivos para a natureza. Toda empresa tem um papel a cumprir, de acordo com suas capacidades, nível de impacto, influência e responsabilidades. Empresas não atuam em um vácuo: fazem parte de múltiplos sistemas e cadeias de valor que podem — e devem — influenciar, mesmo que seus impactos indiretos não lhes sejam totalmente atribuídos. Por isso, cada empresa e cada instituição financeira precisa adotar estratégias em todas as suas esferas de atuação para contribuir com a meta comum de um planeta de Natureza Positiva até 2030. Cumprir essa meta ambiciosa exige mudança sistêmica. É necessária uma transformação fundamental do sistema econômico, impulsionada por regulações, investidores e pela demanda dos consumidores. Embora já haja avanços, acelerar a ação é crucial. As empresas precisam deixar de "jogar o mesmo jogo de forma diferente" para "jogar um jogo novo". A base da ação empresarial está dada; o próximo passo é ampliar exponencialmente a ação e a colaboração para construir um futuro positivo para a natureza.

Este capítulo conta a trajetória de como a natureza entrou, inicialmente, na agenda corporativa, até ocupar hoje uma posição nunca antes alcançada — com os maiores desafios ainda por vir. Isso só foi possível com décadas de esforço de toda a sociedade. Uma demonstração importante do crescente impulso e interesse empresarial ocorreu na COP15, adiada pela Covid-19. Será que a pandemia elevou a consciência, em pessoas com emprego confinadas pelo mundo, sobre a (re)conexão das pessoas com a natureza — um chamado de alerta para a humanidade? CEOs, sem tantas viagens e reuniões presenciais, passaram a ter mais tempo para refletir, com profundidade, sobre como desejavam conduzir suas empresas para produzir impacto positivo na sociedade e no planeta? Estávamos realmente todos um pouco mais dispostos a sair da zona de conforto e a concordar com algo muito maior, juntos? Acredito que foi uma combinação de tudo isso. "Nunca desperdice uma boa crise", como diz o adágio.[4, 5 A]

Com o Marco Global da Biodiversidade, o mundo empresarial dispõe de um roteiro político abrangente que lhe dá segurança para inovar, investir e mudar modelos de negócios. As empresas também passaram a contar com estruturas e apoio para impulsionar a ação. Mas manter a natureza no topo da agenda não depende apenas das empresas – depende de todos nós. Para quem tem o privilégio de escolher: como gastamos nosso dinheiro, como consumidores e investidores – inclusive em nossos planos de aposentadoria? Como decidimos empregar nosso tempo? Em quem e no que votamos? As empresas operam segundo as regras dos sistemas econômico e financeiro vigentes, que as reconhecem e recompensam – em geral – pelo desempenho financeiro, sem considerar adequadamente impactos ambientais e sociais. Se quisermos alcançar nossa Meta comum de Natureza Positiva, isso terá de mudar – e há sinais encorajadores de que a mudança já começou.

Antes de olharmos para frente, para o que ainda precisa ser feito, vale a pena rever como chegamos até aqui e reconhecer o quanto avançamos. Este capítulo busca conduzi-lo na compreensão da jornada que começa com a entrada das empresas no movimento da sustentabilidade, passando pelo momento em que empresas pioneiras começaram a avaliar o valor da natureza, até a construção de um impulso coletivo por políticas ambiciosas – e o ponto em que as empresas agora precisam ampliar e acelerar a ação.

12.1. Os momentos iniciais: quando as empresas começam a se engajar na agenda da sustentabilidade

A narrativa tradicional do movimento ambientalista ocidental costuma começar com a publicação, em 1962, de *Primavera Silencio-*

A Na era moderna, foi Rahm Emmanuel, então Chefe de Gabinete do Presidente eleito Barack Obama, quem disse em 2008 que "nunca se deve desperdiçar uma crise séria. O que quero dizer com isso é uma oportunidade de fazer coisas que você achava que não poderia fazer antes." (Ver nota nas Referências de número 1). Séculos antes, Maquiavel, o autor italiano, fez um ponto semelhante em seu tratado O Príncipe; a saber, que "os príncipes se tornam grandes quando superam as dificuldades e obstáculos que lhes são apresentados" (Ver nota nas Referências de número 2).

sa, de Rachel Carson,[6] que revelou os efeitos nocivos dos pesticidas sobre o meio ambiente. O livro — pré-publicado na *The New Yorker* — transformou completamente a forma como muitas pessoas viam o impacto da humanidade sobre a natureza, e apontou a responsabilidade de grandes empresas químicas e a insuficiência da ação governamental.

Antes do trabalho de Carson, poucos refletiam sobre como os pesticidas afetavam plantas e animais além dos insetos que pretendiam eliminar. Quando se tornou claro o quão devastadores eram os impactos do DDT e de outros produtos químicos, empresas responsáveis por sua produção, como DuPont e Monsanto, tentaram desqualificar as evidências, em vez de investigar, reconhecer e reparar os danos. *Primavera Silenciosa* deu origem ao movimento ambiental e levou à criação de órgãos governamentais como a Agência de Proteção Ambiental (EPA) dos EUA.[7,B] Em resposta, algumas empresas perceberam que não teriam mais "carta branca" para ignorar seus impactos ambientais negativos e passaram a fazer lobby contra padrões ambientais. Mas, como escrevi na introdução a esse capítulo, o setor empresarial não é homogêneo, e também surgiram, na década de 1970, companhias pioneiras que colocaram objetivos ambientais e sociais no centro de seus modelos de negócio — entre elas, Patagonia, The Body Shop e Ben & Jerry"s.

Os primeiros sinais de que grandes corporações também poderiam estar do lado certo da proteção ambiental vieram algumas décadas depois, em 1987, com a assinatura do Protocolo de Montreal — tratado internacional da ONU destinado a proteger a camada de ozônio por meio da eliminação gradual das "substâncias que destroem a camada de ozônio" (SDOs).[8] O tratado tornou-se necessário quando ficou claro que a camada protetora estava em risco, devido ao uso excessivo dessas substâncias. Se o buraco na camada de ozônio crescesse, liberaria mais radiação solar ultravioleta nociva, causando severos danos à saúde humana e ao ambiente, segundo apontavam os cientistas.[9] Os governos negociaram e ratificaram o tratado, mas as empresas seriam essenciais para sua implementação bem-sucedida.

B * A EPA reconheceu esses fatos em seu artigo The Birth of EPA, de 1985. Nele se lia: "Silent Spring desempenhou, na história do ambientalismo, aproximadamente o mesmo papel que Uncle Tom"s Cabin desempenhou no movimento abolicionista. De fato, pode-se dizer sem exagero que a EPA de hoje é a sombra estendida de Rachel Carson."

As companhias usaram avanços da ciência e da área de inovações para desenvolver e adotar rapidamente alternativas que não destruíssem o ozônio, e muitas delas passaram a ser aplicadas em refrigeradores e outros produtos, e a camada de ozônio começou a se recuperar. Em 2021, o Programa das Nações Unidas para o Meio Ambiente (PNUMA) classificou os resultados como "dramáticos"[10] e afirmou que "cerca de 99% das substâncias que destroem a camada de ozônio haviam sido eliminadas e que a camada protetora estava sendo reconstituída"11. Pela primeira vez, uma política global baseada na ciência impulsionou ações bem definidas e alcançou o resultado desejado. Foi também a primeira vez que empresas deixaram de ser parte do problema para ter um papel central na solução.

Um segundo momento de progresso veio com a Conferência das Nações Unidas sobre Meio Ambiente e Desenvolvimento — a "Cúpula da Terra" — realizada no Rio de Janeiro, Brasil, em junho de 1992[12]. A Cúpula ocorreu em meio à euforia pelo fim da Guerra Fria e reuniu 179 governos em um "esforço maciço para focar no impacto das atividades socioeconômicas humanas sobre o meio ambiente", como descreveu a ONU13. Dali surgiram três grandes "Convenções do Rio": sobre clima (Convenção-Quadro das Nações Unidas sobre Mudança do Clima, UNFCCC), biodiversidade (Convenção sobre Diversidade Biológica, CDB) e desertificação (Convenção das Nações Unidas de Combate à Desertificação, UNCCD).

Na Cúpula da Terra, o setor empresarial também entrou em cena. Maurice Strong, diplomata canadense que liderou o encontro14, afirmou que as empresas precisavam fazer parte da conversa — algo até então incomum na ONU. Strong procurou o empresário suíço Stephan Schmidheiny e o desafiou a difundir o conceito de desenvolvimento sustentável entre líderes e companhias de todo o mundo, antes da Cúpula[15]. Schmidheiny fez o que foi pedido: reuniu um grupo de empresas globais e publicou o relatório *Changing Course*[16], mostrando como os negócios poderiam contribuir para o objetivo maior do desenvolvimento sustentável e cunhando o termo "ecoeficiência" como "produzir mais bens e serviços com menos recursos e menor impacto ambiental". À época, ecoeficiência era uma ideia disruptiva. Hoje, parece óbvia. E o argumento seria ainda mais contundente se o verdadeiro valor dos recursos naturais (como a água doce) e os impactos ambientais negativos (como a poluição) fossem devidamente contabilizados.

Acredito que seja justo afirmar que os eventos de 1992 marcaram o início do movimento de sustentabilidade corporativa, já que os encontros empresariais antes e depois da Cúpula levaram, em 1995, à criação do Conselho Empresarial Mundial para o Desenvolvimento Sustentável (WBCSD), protagonista da pauta desde então[17].[C]

Ainda assim, quando o movimento de sustentabilidade corporativa começou, na época da Cúpula, ele tinha um tom de "bom contar com isso": empresas bem-intencionadas o viam como filantropia ou algo que gerava bem-estar, e não como parte central do seu modelo de negócios. O termo "Responsabilidade Social Corporativa" (RSC) ganhou força e mais companhias passaram a entender que detinham uma "licença social para operar", a qual poderia estar em risco caso não embarcassem na jornada da sustentabilidade (por exemplo, para reduzir riscos de boicotes ou danos reputacionais e aumentar as chances de obter licenças para minas, fábricas ou projetos).

É revelador observar onde — e em que nível hierárquico — surgiam as iniciativas de sustentabilidade e quais orçamentos as sustentavam. Muitas vezes, estavam restritas às áreas de comunicação ou marketing, ou ainda vinculadas à fundação corporativa. Como as coisas mudaram! Hoje, nas empresas mais avançadas, a sustentabilidade integra a estratégia central, impulsiona a inovação, orienta as compras e, cada vez mais, está sob a responsabilidade direta do diretor financeiro (CFO). Mas, antes de chegar a esse ponto, as empresas precisaram reconhecer que a natureza tem valor — não apenas em si mesma, mas também para a sociedade e para os próprios negócios. Esse será o foco da próxima seção.

C Uma informação adicional: Schmidheiny, nos anos que antecederam a Cúpula da Terra, havia experimentado em primeira mão a importância da sustentabilidade, já que durante a década de 1980 liderou a empresa familiar Eternit, que utilizava amianto em muitos de seus produtos. Segundo seu próprio relato, ele reconheceu precocemente os efeitos adversos do produto sobre a saúde e, já em 1976, "começou a pressionar pelo fim do processamento do amianto, abrindo caminho nesse sentido em nível mundial", antes mesmo das proibições suíça e europeia do produto. No entanto, as consequências do uso anterior do amianto por sua empresa, a Eternit, perseguiram-no até 2024., inclusive nos tribunais italianos, onde foi responsabilizado pelas mortes de trabalhadores e cidadãos afetados pelo amianto produzido pela companhia que outrora pertenceu à sua família e foi por ele dirigida.

PERSPECTIVA 12.1
A Jornada Natureza Positiva do WBCSD (World Business Council for Sustainable Development) e das empresas-membro

Peter Bakker, CEO do WBCSD - World Business Council for Sustainable Development (Conselho Mundial Empresarial pelo Desenvolvimento Sustentável)

O WBCSD e suas empresas-membro apoiam a Meta Global de parar e reverter a perda da biodiversidade até 2030 — meta explicitamente incluída em nossos critérios para adesão. As empresas entendem cada vez melhor como seu sucesso depende da natureza, seja pelo acesso a matérias-primas, serviços ecossistêmicos ou proteção contra enchentes, para citar apenas alguns exemplos. E entendem também os impactos que exercem sobre a natureza. Um número crescente de nossas empresas-membro vem desenvolvendo estratégias robustas relacionadas à natureza, identificando seus impactos negativos mais relevantes e agindo para enfrentá-los, proteger a natureza e promover estratégias positivas para a natureza.

As empresas agora precisam de apoio para compreender melhor seus impactos e riscos relacionados à natureza, estabelecer compromissos sólidos e integrá-los a seus sistemas de responsabilidade corporativa. A natureza é um tema muito mais complexo do que o clima e sofre um atraso de três a cinco anos em termos de adoção. Mas grande parte do que já foi criado para a ação e a responsabilização climática pode ser reaproveitada para a natureza — por exemplo, a Força-Tarefa sobre Divulgações Financeiras Relacionadas à Natureza) (TNFD) inspira-se nos quatro pilares da Força-Tarefa sobre Divulgações Financeiras Relacionadas ao Clima (TCFD): governança, estratégia, gestão de riscos e impactos, e métricas e metas.

Minha própria trajetória reflete a da comunidade empresarial em geral. Fui CEO de uma grande corporação, a TNT, antes de ingressar no WBCSD. Quando participei pela primeira vez de uma conferência sobre biodiversidade, nos anos 2010, percebi rapidamente que não conseguia compreender muito bem os termos usados nessas discussões, como "serviços ecossistêmicos". Certamente era falha minha, pensei na época. Mas, como empresário, simplesmente não víamos o mundo dessa forma.

Meu primeiro "*momento aha*" sobre a natureza surgiu quando minha equipe começou a enquadrá-la como um capital. Capital natural, assim como o capital financeiro, eles me contaram, é um tipo de capital que qualquer empresa precisa para realizar suas atividades. Falar sobre a natureza nesses termos ajudou-me a me conectar muito melhor ao tema. No fim, isso contribuiu para que o WBCSD e seus parceiros dessem início ao "Protocolo do Capital Natural", lançado em 2016 pela Capitals Coalition, como um meio de aproximar empresas e natureza.

Um segundo grande passo para conscientização da comunidade empresarial global em relação à natureza veio com a Covid-19. A pandemia fez o setor perceber o quanto os destinos da natureza e das pessoas estão interligados. O risco de epidemias e pandemias zoonóticas continua a crescer como resultado do desmatamento, da mudança do clima, da urbanização e da interconectividade global. A perda da biodiversidade é, ao mesmo tempo, um enorme risco social e uma oportunidade extraordinária para construir um mundo mais resiliente.

Mesmo sem termos todas as respostas, qualquer empresa, independentemente de seu grau de maturidade ou setor, pode começar hoje essa jornada. O WBCSD foi co-autor no desenvolvimento das bases que podem inspirar qualquer trajetória corporativa em relação à natureza com o marco de ações empresariais de alto nível *Assess, Commit, Transform and Disclose* (ACT-D) — Avaliar, Comprometer-se, Transformar e Divulgar (ver figura sobre o ACT-D mais adiante neste capítulo) —, para que as empresas possam identificar onde agir e avançar rumo a metas confiáveis para a natureza, além de ter elaborado "*Roteiros para uma Natureza Positiva*"[18]. Os próximos avanços importantes concentram-se em priorizar as métricas usadas pelas empresas para medir impactos e definir metas, alinhadas a marcos obrigatórios e voluntários, refletindo sua posição nas cadeias de valor. Esse é o foco necessário para que possamos passar de centenas para milhares de empresas atuando juntas para restaurar a natureza e fortalecer a resiliência dos sistemas planetários, sociais e econômicos. Isso permitirá destravar a agenda e ampliar a ação coletiva, garantindo que todas as empresas — e não apenas as líderes — possam avançar na agenda da Natureza Positiva.

12.2 Esforços corporativos pioneiros para reconhecer o valor da natureza

Após a Cúpula da Terra, empresas de vanguarda começaram a reconhecer a importância da sustentabilidade corporativa. Mas compreender um conceito é uma coisa; ser capaz de medi-lo e agir sobre ele é outra. Assim, nos cerca de 15 anos após o Rio, a sustentabilidade corporativa se desenvolveu principalmente em dois "espaços" interconectados: 1) na ONU e em outras organizações internacionais, que definiam e esclareciam o que significa sustentabilidade corporativa e como ela se relacionava com a agenda mais ampla de meio ambiente, natureza e biodiversidade; e 2) em empresas visionárias que, voluntariamente, exploravam os motivos e experimentavam formas de lidar com o que a agenda da sustentabilidade representava para seus negócios.

No início dos anos 2000, um grande avanço ocorreu quando o conceito de "serviços ecossistêmicos" entrou no vocabulário das organizações internacionais e foi introduzido às empresas globais envolvidas em desenvolvimento sustentável. Sua origem remonta a 2000, quando o então Secretário-Geral da ONU, Kofi Annan, convocou um grande estudo global sobre o impacto humano no meio ambiente. Esse estudo, a *Avaliação Ecossistêmica do Milênio* (MA), foi concluído em 200519. Apesar de pouco conhecido pelo público e pelas empresas — algo que se mantém até hoje —, foi, na época, a maior avaliação mundial sobre a saúde e a situação dos ecossistemas. Nada menos que 1.300 especialistas de 95 países participaram do esforço[20].

A *Avaliação Ecossistêmica do Milênio* conceituou e quantificou os "serviços ecossistêmicos", definidos como "os benefícios que as sociedades obtêm dos ecossistemas", como água doce, fibras, alimentos, além de controle da erosão, regulação do clima, filtragem da água, polinização e muito mais[21]. O relatório mostrou de forma clara que a maioria desses serviços estava em degradação, colocando em risco os benefícios que seres humanos e empresas recebiam dos ecossistemas. Essas conclusões atraíram a atenção de algumas empresas. Até então, a maioria limitava seu foco a Avaliações de Impacto Ambiental (AIA) exigidas por lei, a Análises de Ciclo de Vida e a planos de gestão ambiental orientados por normas ISO, todos restritos aos principais impactos diretos de suas atividades. Com a MA, algumas empresas (as que prestaram atenção) começaram a perceber que seus impactos eram muito mais amplos e — talvez ainda mais importante — que também dependiam amplamente desses serviços ecossistêmicos. O que aconteceria a seus resultados financeiros se esse conjunto de serviços fornecidos gratuitamente pela natureza — incluindo aqueles essenciais para o funcionamento de seus negócios — um dia se esgotasse?

Partindo diretamente da *Avaliação Ecossistêmica do Milênio*, em 2008, o World Resources Institute (WRI), um instituto de pesquisa não-lucrativo, em parceria com o WBCSD e o Meridian Institute, lançou a primeira "*Revisão Corporativa de Serviços Ecossistêmicos*" (ESR)[22]. A ESR ajudou empresas a entender que elas também tinham impactos (negativos e positivos) e dependências em relação aos serviços ecossistêmicos, e acrescentou o passo lógico de identificar os riscos e oportunidades de negócios que precisavam ser tratados. Foi o primeiro checklist simples para que empresas identificassem quais serviços ecossistêmicos impactavam e dos quais dependiam.[D]

A lógica por trás do ESR representava uma mudança de mentalidade. Antes, as empresas pensavam apenas em impactos essencialmente negativos sobre água, solo ou poluição do ar. Eram obrigadas a realizar avaliações estruturadas de impacto e adaptar seus sistemas de gestão. Mas o foco era quase exclusivamente nos impactos negativos, e poucas consideravam a possibilidade de gerar impactos positivos, como restaurar ou reflorestar ecossistemas degradados ou repor aquíferos. A verdadeira mudança estava nas dependências: uma empresa agrícola, por exemplo, depende de serviços como polinização, controle de pragas, água doce e saúde do solo. Se esses serviços se perdem, o negócio sofre. Mas, se a empresa investe neles, pode se tornar mais resiliente no futuro. Em 2008, essa ideia ainda era novidade no mundo corporativo, que operava, em grande parte, sob a noção de recursos infinitos e abundantes. Aos poucos, essa visão começava a mudar.

Na mesma época (cerca de 2004-2008), organizações como a União Internacional para a Conservação da Natureza (IUCN) e o *Business and Biodiversity Offsets Program* (Programa de Compensações de Biodi-

---

D. Junto com Craig Hanson, Janet Ranganathan, James Griffiths, Charles Iceland, John Finisdore, Suzanne Ozment e outros, tive a sorte de fazer parte da equipe que trabalhou no ESR. Ao que tudo indica, fomos precisos naquela formulação de "impactos, dependências, riscos e oportunidades" relacionados à natureza, já que ela acabou se tornando dominante por meio do trabalho influente da *Taskforce on Nature-related Financial Disclosures* em 2023.

versidade para Empresas) (BBOP) começaram a trabalhar com empresas de mineração, como a Rio Tinto, e de petróleo, como a BP, para desenvolver metodologias em torno da abordagem de "nenhuma perda líquida e impacto líquido positivo na biodiversidade"[23]. Esses esforços mostraram como setores de maior impacto (mineração, petróleo e gás, cimento, agroquímicos) deveriam — e poderiam — ser os primeiros a compreender seus impactos e agir. Foi um começo, mesmo que isoladamente insuficiente para transformar modelos de negócio e refletir a interconexão entre desafios que afetam a natureza, clima e sociedade.[E]

Em 2010, o mundo corporativo deu o passo seguinte, colocando a sustentabilidade ainda mais alto na agenda — dessa vez em razão de um evento negativo. Em 20 de abril, a plataforma de petróleo *Deepwater Horizon*, da BP, explodiu no Golfo do México. O vazamento subsequente foi o maior da história marinha, a poucas dezenas de quilômetros da costa da Louisiana[24]. O desastre provocou enorme dano ambiental, afetando praticamente todas as espécies de peixes e aves da região, além dos habitantes dos estados do sul dos EUA próximos ao local. A natureza e as famílias afetadas pagaram o preço mais alto, com a BP em um distante segundo lugar. A empresa foi condenada a pagar US$ 20 bilhões em indenizações às comunidades impactadas (a maior multa do gênero já aplicada) e responsabilizada pela limpeza do desastre[25]; Tony Hayward, então CEO da BP, foi forçado a renunciar. Se houve algum aspecto positivo, foi o fato de a BP ter assumido publicamente sua responsabilidade pelo impacto negativo sobre a natureza, chegando a estampar a foto do desastre na capa de seu relatório de sustentabilidade[26] — a primeira vez que vi uma corporação desse porte não ter escolha senão assumir integralmente a responsabilidade por um evento tão grave.

A forma como a empresa geriu o desastre foi um sinal de que a sustentabilidade passava a ser tratada também como uma questão material nos conselhos e na alta gestão, em especial nas áreas de risco corporativo, financeiro e jurídico. A BP conseguiu se recuperar, ainda que parte dos danos causados ao Golfo do México tenha sido permanente. Foi um lembrete duro de que, em nosso sistema econômico global atual, muitas vezes não existem consequências existenciais para empresas que

---

E. Essa época também marcou o início da minha trajetória pessoal em sustentabilidade corporativa. Em 2004, apoiei o WWF no desenvolvimento de um estudo sobre biodiversidade para a Lafarge, hoje Holcim, líder mundial em materiais de construção.

apresentam desempenho ambiental ou social inaceitável no longo prazo. Incidentes graves não devem ser tratados como anomalias ou, no máximo, como alertas. Precisam ser integralmente contabilizados, se quisermos alcançar a transformação sistêmica que nosso modelo econômico urgentemente necessita.

Nos anos seguintes ao desastre da *Deepwater Horizon*, a agenda de sustentabilidade corporativa continuou a avançar de forma estrutural. Em 2011, por exemplo, o WBCSD lançou o *Guia de Avaliação Corporativa de Ecossistemas* (CEV)[27]. Foi um passo além na informação aos tomadores de decisão das empresas, permitindo não apenas medir, mas também colocar um valor sobre os impactos e dependências em relação aos serviços ecossistêmicos e compreender melhor riscos e oportunidades. O guia ajudou empresas a atribuir valor qualitativo, quantitativo ou monetário a impactos e dependências, para orientar decisões. Uma dúzia de empresas pioneiras testou o guia, e seus CEOs – incluindo representantes da Holcim, Rio Tinto, Energias de Portugal, Hitachi e Dow – assinaram uma declaração apoiando a abordagem. "Reconhecemos o valor da valoração de ecossistemas", afirmaram[28].

Infelizmente, não houve adesão consistente ao CEV além dos projetos-piloto. Mas ele foi o precursor que levou ao *Protocolo de Capital Natural* de 2016[29], cuja elaboração liderei em nome da organização hoje conhecida como Capitals Coalition, reconhecida como autoridade na mensuração e valoração do capital natural, social e humano.[F]

PERSPECTIVA 12.2
O Protocolo de Capital Natural e a "Engrenagem" essencial da contabilidade dos capitais

Mark Gough, CEO, Capital Coalition

Para alcançar a ambiciosa meta de um mundo positivo para a natureza, precisamos compreender e explicar nossa relação com ela. Há

F. Impulsionar o conceito de valoração dos ecossistemas e do capital natural no mundo dos negócios exigiu visão, conhecimento técnico e perseverança. Esses esforços não teriam sido possíveis sem o papel significativo de muitos (demais para citar todos), incluindo Mikkel Kallesoe, Will Evison, Emily McKenzie, James Spurgeon, Mark Gough, Pavan Sukhdev, Josh Bishop, Rosimeiry Portela, Holly Dublin, Hannah Brooke, Gerard Bos, Steve Lang, Richard Spencer e Richard Mattison.

muitos anos, utiliza-se o conceito de capital natural para esse fim, mas foi apenas recentemente que ele começou a ganhar força de maneira mais consistente. Uma das razões para isso é que a comunidade global passou a trabalhar de forma ativa e conjunta.

Em 2013, havia quase 40 metodologias de capital natural disponíveis. Participei do desenvolvimento de uma delas e, portanto, também fui responsável por participar da confusão. Mas ao invés de discutir sobre qual abordagem era a melhor, essa comunidade singular fez algo novo. Unida por um propósito comum — trazer clareza ao campo — juntou forças. Por meio de sua liderança e desse espírito colaborativo, surgiu um divisor de águas: o *Protocolo de Capital Natural*, um marco internacionalmente aceito.

Ele ofereceu uma forma consistente de gerar informações robustas e acionáveis sobre a relação das pessoas com a natureza e se tornou prova do poder da colaboração — uma história de como vozes diversas, ao se unirem, podem criar algo verdadeiramente transformador.

Figura 12.1 Enxergando a biodiversidade sob a ótica do capital natural — orientação para empresas.

Fonte: Capitals Coalition, 2016.

O Protocolo estabeleceu uma nova referência e deu origem a ideias inovadoras e a experimentações. Desde as soluções baseadas na natureza até a Força-Tarefa sobre Divulgações Financeiras Relacionadas ao Clima (TCFD); o conceito de capital natural tem sido uma força essencial de sustentação. Palavras como “impacto” e “dependência”, raramente consideradas ou utilizadas antes do Protocolo, hoje são onipresentes e estão incluídas no Marco Global da Biodiversidade, além de cada vez mais presentes em abordagens sobre finanças e contabilidade.

E o que vem agora? Parte da razão pela qual tivemos tamanha perda de natureza e biodiversidade foi tê-las tornado invisíveis em nossos processos de decisão. Embora o capital natural seja crucial para corrigir essa omissão, também precisamos incluir os outros capitais – social, humano e da produção – ao tomar decisões. Sei que isso soa complicado, mas não podemos ignorar a complexidade. Pelo contrário, precisamos assumi-la, como já fizemos em tantas outras áreas de nossas vidas.

A Capitals Coalition vem abrindo caminho nessa área, produzindo novas orientações e requisitos integrados para os quatro capitais. À medida que a agenda da Natureza Positiva avança, muitos já reconhecem essas conexões e buscam um mundo neutro em carbono, positivo para a natureza e equitativo. Os capitais têm o potencial de fornecer a infraestrutura (a "engrenagem") necessária para transformar essa ambição em ação.

Mais informações sobre o Protocolo do Capital Natural, sobre o Framework for Integrated Decision-making (Marco para Tomada de Decisão Integrada) e sobre outros materiais podem ser encontradas em capitalscoalition.org

---

Na mesma época, esforços dirigidos a experimentar a valoração de ecossistemas aconteceram em outras empresas, incluindo os seguintes casos:

- A empresa de artigos esportivos **Puma** realizou, em 2011, o primeiro *Environmental Profit & Loss* (EP&L) do mundo[30]. Calculou em 145 milhões de euros o impacto ambiental negativo total de suas operações diretas e de sua cadeia de suprimentos – impactos até então não contabilizados. A Puma continua usando uma versão atualizada do EP&L até hoje, assim como a **Kering,**[31], sua antiga holding.
- Por volta de 2010-2011, a empresa brasileira de cosméticos **Natura** (hoje parte da Natura &Co) começou a remunerar comunidades locais na Amazônia para manterem as árvores em pé, em vez de derrubá-las para venda como madeira. Para a Natura, a palmeira

nativa ucuuba, cujas sementes possuem propriedades hidratantes, tem importância estratégica, já que suas sementes são usadas como insumo em produtos de beleza. Mas o programa também beneficia o meio ambiente, ao apoiar a conservação de 635 mil acres de floresta e 25 espécies nativas, além de gerar renda adicional para milhares de famílias[32].

- Um caso mais antigo, que hoje serve de alerta, é o da água **Vittel**. Nos anos 1990, a Nestlé, proprietária da marca, usou os chamados Pagamentos por Serviços Ecossistêmicos (PSE) para garantir a continuidade de seu negócio de engarrafamento de água mineral. Na época, a intensificação agrícola no aquífero usado pela Vittel representava risco real de contaminação por nitratos. Para evitar isso, a Nestlé passou a pagar agricultores a montante da bacia para que mudassem suas práticas, assegurando, assim, a qualidade da água e a manutenção do rótulo de "água mineral natural". Caso fosse obrigada a tratar a água contaminada, perderia esse rótulo, e a água perderia valor de mercado. Em 2006, um estudo sobre Pagamentos por Serviços Ecossistêmicos classificou o caso Vittel como um "sucesso" a ser replicado em outros lugares[33]. Em janeiro de 2024, porém, a história ganhou uma reviravolta. Reportagens revelaram que a Nestlé – junto com outras empresas de engarrafamento – vinha tratando e purificando suas águas "de nascente" na França[34], incluindo a Vittel, tornando, na prática, o rótulo de "água natural" enganoso. O governo francês supostamente sabia da prática ilegal havia anos e teria flexibilizado as exigências regulatórias, isentando a empresa de responsabilidade legal. O caso evidencia a necessidade de forte responsabilização e transparência, além de regulações claras, consistentes e aplicadas de fato, ao mesmo tempo em que demonstra o valor real da purificação natural da água como serviço ecossistêmico. Apesar desse episódio e de incidentes anteriores, a Nestlé continua amplamente reconhecida como líder em sustentabilidade[G] e vem ajustando seu modelo de negócios em direção à agricultura regenerativa.

G Os esforços da Nestlé têm sido reconhecidos globalmente, por exemplo, por meio do Nature Benchmark da World Benchmarking Alliance, no qual a empresa ocupa a segunda posição entre 816 negócios avaliados. Disponível em: https://www.worldbenchmarkingalliance.org/publication/nature/companies/nestle-6/. Acesso em: 11 out. 2025.

Essas primeiras iniciativas experimentais foram úteis como projetos-piloto e permitiram que equipes de sustentabilidade, ainda incipientes dentro das empresas, aprendessem novas competências, identificassem lacunas e aumentassem a conscientização, dentro e fora de suas organizações, sobre a complexidade de suas dependências e impactos em relação à natureza. Mas, como esses projetos geralmente ficavam sob responsabilidade das equipes de sustentabilidade — e eram de caráter muito técnico —, raramente chegavam ao topo da agenda da alta gestão corporativa. Ainda assim, em minha visão, dois legados se destacam dessa época:

- Primeiro, surgiu a consciência sobre a lacuna de competências existente dentro das empresas para compreender o valor da natureza. A disciplina da valoração ambiental já existia há décadas, mas, no início dos anos 2010, ainda era novidade para a maioria das companhias — e continua sendo até hoje. Havia uma necessidade real de as empresas desenvolverem programas de capacitação, lacuna que foi em parte preenchida por iniciativas como o *Business Ecosystems Training* do WBCSD, a iniciativa Nós Valorizamos a Natureza (*We Value Nature*) apoiada pela Comissão Europeia, o *A-Track* (ver a-track.info), o curso Valorizando a Natureza e as Pessoas (*Valuing Nature and People*) da Capitals Coalition na plataforma Coursera, além do *Cambridge Institute for Sustainability Leadership* e do UNEP-WCMC, entre outros.
- Em segundo lugar, o termo **capital natural** entrou no glossário dos gestores de sustentabilidade das empresas. Ele é definido como o "estoque de recursos naturais renováveis e não renováveis (por exemplo, plantas, animais, ar, água, solos, minerais) que se combinam para gerar um fluxo de benefícios às pessoas, tornando possível a vida humana e uma economia próspera"[35]. Em 2012, a *UNEP Finance Initiative* também reuniu CEOs de mais de 40 instituições financeiras de todo o mundo para assinar uma declaração que, entre outros pontos, afirmava que "os bens e serviços ecossistêmicos provenientes do capital natural sustentam a produtividade e a economia global"[36].

Em outras palavras, algumas empresas pioneiras já começavam a considerar a natureza. Mas o que se tornou em seguida necessária foi uma mudança completa, capaz de colocar a natureza no centro da agenda corporativa global — e usar as negociações do Marco Global da Biodiversidade como alavanca para gerar o maior impulso empresarial em favor da natureza até hoje. É essa evolução que veremos a seguir.

12.3 O impulso coletivo das empresas impulsiona a ambição política para a natureza

Por volta de meados da década de 2010, dois movimentos permitiram que a natureza – e a sustentabilidade de forma mais ampla – entrassem nas discussões centrais do setor empresarial. De um lado, organizações internacionais e ONGs ligadas ao desenvolvimento sustentável, incluindo a ONU, começaram a perceber que seus esforços seriam insuficientes se o setor privado não estivesse mais ativamente envolvido. De outro, as empresas que já participavam de iniciativas de sustentabilidade conseguiram se unir e trazer para a mesa um conjunto muito mais amplo de companhias, criando impulso para a agenda de políticas sobre natureza e clima.

A percepção dentro da ONU surgiu, em grande parte, pelo fracasso dos **Objetivos de Desenvolvimento do Milênio (ODMs)**. Aprovados em 2000 pelos Estados-membros da ONU, os ODMs definiam oito metas ambiciosas para melhorar a vida de milhões de pessoas até 2015. Mas, ao final da avaliação em 2015, o então Secretário-Geral Ban Ki-moon reconheceu que "as desigualdades persistem e o progresso foi desigual"[37].

Ao refletir sobre os sucessos e fracassos dos ODMs, a comunidade internacional concluiu que, em uma oportunidade futura, as empresas precisariam de um assento à mesa. Na época dos ODMs, o setor privado não era visto como ator-chave e, portanto, não teve papel ativo em sua implementação. No futuro, isso teria de mudar: o setor privado seria crucial para o avanço do desenvolvimento sustentável. Organizações como o UN Global Compact e a Câmara de Comércio Internacional ajudaram a criar plataformas entre empresas e atores da ONU. Assim, os dois novos programas liderados pela ONU passaram a convidar ativamente o setor privado para as rodadas de discussão. Primeiro, para os **Objetivos de Desenvolvimento Sustentável (ODS)**, que substituíram os ODMs. Em segundo lugar, para o **Acordo de Paris sobre Mudança do Clima**. Ambos foram elaborados com participação ativa das empresas, e sua adoção em 2015 também foi vista como importante para o mundo corporativo.

Engajar empresas nesses processos não aconteceu por acaso – foi fruto de um esforço articulado que demandou tempo, recursos e colaboração. Antes da COP21 em Paris, em 2015, vários líderes empresariais se manifestaram sobre o que esperavam de um acordo climático e sobre as contribuições que estavam dispostos a oferecer. Foi o caso, por exemplo, de Tim Cook, CEO da Apple, que ajudou a lançar a **We Mean Business Coalition (WMBC)** em 2014[38]. A Fundação IKEA financiou a coalizão desde o início, e outras empresas também aderiram. H&M, Nestlé e BT estavam entre as primeiras a assumir metas baseadas na ciência para reduzir suas emissões de carbono naquele ano. No tema climático, as empresas sentiram a responsabilidade de defender uma política ambiciosa. Antes da COP21, a WMBC apresentou oito propostas de políticas e, em parceria com BSR, Ceres, CDP, Corporate Leaders Group, Climate Group, The B Team e WBCSD, mobilizou o apoio empresarial para um acordo climático. Isso significou que empresas líderes estavam prontas para contribuir quando o acordo foi alcançado, em dezembro de 2015.

O Acordo de Paris e os anos seguintes serviram como catalisador para aqueles que trabalhavam na interseção entre empresas e natureza. Paris mostrou o quanto era possível avançar quando o setor privado desempenhava um papel ativo e positivo na construção e implementação de acordos internacionais. E não se trata apenas da participação prévia: a partir de 2015, muitas empresas também começaram a adotar metas climáticas baseadas na ciência em suas operações, ao mesmo tempo em que identificavam como suas atividades poderiam contribuir para os ODS.

Poucos anos depois, em 2019, uma nova onda de energia surgiu em torno de um possível "momento Paris" para a natureza. De fato, outra "Conferência das Partes" (desta vez sobre biodiversidade, no âmbito da CDB da ONU) estava prevista para outubro de 2020, em Kunming, China. Assim como no clima, esperava-se que os governos adotassem um grande novo acordo para a natureza, o **Marco Global da Biodiversidade**. Mas os sinais não eram animadores. A última vez que um marco de 10 anos havia sido adotado, em Aichi, Japão, em 2010, as metas, lamentavelmente, fracassaram. Muitos acreditam que um dos motivos foi o fato de o acordo de Aichi ser um marco intergovernamental tradicional, sem participação multissetorial suficiente, em especial do setor empresarial e financeiro. Como resultado, não estava claro como as metas seriam alcançadas nem quem era responsável por implementá-las. Além disso, as Metas de Biodiversidade de Aichi não reconheciam a necessidade de transformar os sistemas — como a economia global — nos quais operamos. Havia, portanto, o receio de que o novo marco de 10 anos fosse uma repetição, a menos que sua liderança trouxesse todas as partes interessadas para a mesa, incluindo empresas. Os primeiros sinais não eram animadores: o "esboço zero" do marco[39], divulgado em janeiro de 2020, não incluía nada sobre o papel das empresas.

Era preciso mobilizar rapidamente a comunidade empresarial para influenciar um Marco Global da Biodiversidade ambicioso, assim como havia feito a *We Mean Business Coalition*. Mas a maioria das empresas não tinha o mesmo nível de familiaridade ou conforto com a agenda da natureza que já tinham com a agenda do clima, onde contavam, havia mais de uma década, com padrões claros de contabilidade e relatoria via o Protocolo GEE. Isso tornou mais difícil fazer com que líderes empresariais se manifestassem pedindo ambição política: como fazer isso se a natureza era ainda um tema novo para eles e se nem sequer haviam colocado sua própria casa em ordem?

Diante de uma crise planetária urgente, era preciso avançar em paralelo: impulsionar uma plausível ação empresarial ao mesmo tempo em que se pedia maior ambição política. Ao analisar os esforços existentes, estimamos que mais de mil empresas no mundo já estavam agindo e assumindo compromissos de diferentes formas para enfrentar a perda da natureza, por exemplo, reduzindo consumo ou poluição da água doce, melhorando a saúde do solo, combatendo o desmatamento ou investindo em produtos e serviços mais circulares e sustentáveis. E muitos desses esforços andavam de mãos dadas com os planos climáticos das empresas, como por exemplo restaurar ecossistemas para sequestrar carbono ou proteger manguezais contra tempestades e furacões. Mas era evidente que iniciativas voluntárias e fragmentadas não seriam suficientes. Era crucial usar a voz influente e progressista das empresas para pressionar por ambição política e criar igualdade de condições. Isso garantiria concorrência justa, incentivaria a ação correta e, assim, geraria mais impacto positivo no terreno.

Precisávamos nos organizar. Líderes visionários como Paul Polman (então CEO da Unilever), André Hoffmann (vice-presidente da Roche), Nigel Topping (então CEO da We Mean Business Coalition), Mark Gough (CEO da Capitals Coalition), Akanksha Khatri (chefe de Natureza e Biodiversidade no Fórum Econômico Mundial) e Marco Lambertini (então diretor-geral do WWF Internacional) usaram seu poder de articulação antes e durante o encontro de Davos do Fórum Econômico Mundial, em janeiro de 2019, para colocar a oportunidade da COP15 na agenda empresarial. O WWF foi fundamental, oferecendo horas de trabalho pro bono de sua equipe para atuar como secretariado provisório do que se tornaria a **Business for Nature Coalition**. Enquanto isso, a Fundação Gordon and Betty Moore aportou recursos iniciais via o Fórum Econômico Mundial, e o WBCSD se dispôs a sediar a coalizão por meio de sua entidade legal. Todos os parceiros fundadores — incluindo a Capitals Coalition e a We Mean Business Coalition — contribuíram para elaborar propostas de financiamento, custear apoio inicial de comunicação e organizar reuniões. Essas organizações lançaram a *Business for Nature* em meados de 2019 e, então, passaram a buscar alguém para liderar e gerir a coalizão.

PERSPECTIVA 12.3
Elevando a natureza ao topo da agenda econômica central

Por Akanksha Khatri, Chefe de Natureza e Biodiversidade, Fórum Econômico Mundial

A natureza ganhou espaço na agenda empresarial e econômica central em um período relativamente curto no Fórum Econômico Mundial — menos de cinco anos. O fato de que a sustentabilidade, de forma mais ampla, já havia se tornado prioritária na agenda dos CEOs certamente desempenhou um papel. Questões como mudança do clima, eventos extremos e desastres naturais já lideravam a lista de riscos empresariais quando a natureza entrou nas discussões.

Em setembro de 2018, o Fórum Econômico Mundial, junto com o WWF Internacional (então sob a liderança de Marco Lambertini como Diretor-Geral), a Unilever (com Paul Polman, então CEO) e o Conselheiro do Fórum André Hoffmann, organizou o primeiro diálogo sobre "Como catalisar um movimento público-privado em prol da natureza na preparação para a COP15 e para além disso". Estavam presentes a Secretária Executiva da CDB da ONU, ministros e cientistas de destaque. Todos reconheceram que a natureza precisava ultrapassar os limites do movimento ambientalista e ser colocada no centro de todas as decisões econômicas. Na sequência, ocorreu o primeiro "Jantar da Natureza em Davos", em 2019, e foi formado o grupo **Champions for Nature**, comprometido em ampliar a ambição e catalisar ações por um futuro em harmonia com a natureza. A história do que aconteceu depois, em Davos e depois do evento, já foi bem descrita por Marco em um capítulo anterior deste livro.

Em 2025, o Fórum Econômico Mundial continua a acreditar firmemente que a economia se insere na sociedade e que a sociedade, por sua vez, insere-se no ecossistema. Portanto, a saúde das espécies e dos espaços que habitamos é crucial para nosso bem-estar e prosperidade. O ano de 2030 é o marco para múltiplos compromissos globais, como os Objetivos de Desenvolvimento Sustentável, o Marco Global da Biodiversidade, o Acordo de Paris, entre outros. As decisões que tomamos hoje nos vinculam ao futuro que teremos de aceitar. Daí a urgência em evitar e mitigar os riscos da perda da natureza; mas igualmente crítico é investir em oportunidades positivas para a natureza. O Fórum Econômico Mundial e seus parceiros estão comprometidos em garantir que a forma como produzimos, consumimos, financiamos, construímos cidades e promovemos o acesso à energia seja positiva tanto para as pessoas como para a natureza. Desde aquele primeiro encontro em setembro de 2018, o portfólio de trabalho do Fórum passou a abranger sistemas alimentares, transformação urbana, transição industrial e carteiras de investimento. Esse trabalho continua avançando, até que um mundo positivo para a natureza seja alcançado.

Ou, para citar uma das minhas autoras favoritas: "Outro mundo não é apenas possível, ele já está a caminho. Em um dia tranquilo, consigo ouvi-lo respirar." – Arundhati Roy

---

Na época, eu liderava o trabalho do WBCSD sobre mensuração, valoração e relatoria de capital natural, social e humano no âmbito do programa *Redefining Value*. Mas, sendo apaixonada pelo meio ambiente desde jovem, tendo formação em ecologia e realizado esforços pioneiros com empresas ao longo do caminho, eu sabia que aquele era o meu momento de assumir a liderança. Então me candidatei e tive a honra e a alegria de ser selecionada. Em novembro de 2019, comecei o que pensei (e o que prometi ao meu marido) que seria um cargo intenso de um ano, em preparação para a COP15 em outubro de 2020. Então veio a Covid-19.

Como uma equipe pequena, nova e remota, conseguimos uma agilidade incrível. Enquanto muitas organizações maiores tentavam lidar com os enormes desafios impostos pela pandemia — incluindo o sofrimento de funcionários, problemas logísticos e o fechamento de escritórios —, tivemos a sorte de conseguir navegar por essas dificuldades relativamente bem, já que ainda estávamos em fase de "arranque" e podíamos nos adaptar.

Nos poucos meses que antecederam o confinamento, conseguimos realizar uma consulta pública sobre pontos-chave das políticas, que foram lançados em uma sessão de alto nível em Davos, em janeiro de 2020. Depois fui a Bruxelas para uma reunião privada com o Comissário de Meio Ambiente, Oceanos e Pesca, Virginijus Sinkevičius[40]. Seu papel como negociador principal, aliado à nossa ambição compartilhada em relação ao acordo da COP15, fez dele um parceiro excelente para a conversa. Eu lhe disse que CEOs e empresas estavam assumindo compromissos pela natureza e que isso deveria dar aos formuladores de políticas a confiança necessária para adotar medidas ambiciosas, em especial um Marco Global da Biodiversidade robusto. Ele ficou motivado. No entanto, nos aconselhou que também precisávamos demonstrar que muito mais empresas, para além das líderes, faziam parte da agenda. Nossa estratégia de *advocacy*, então, passou a ter duas frentes: liderança empresarial e construção de um movimento amplo, para passar coragem e assegurar aos formuladores de políticas de que eles receberiam apoio. Já tínhamos boas lideranças; precisávamos agora de evidências de que havia também um movimento.

Para ampliar nosso alcance, usamos campanhas estratégicas e comunicação para influenciar os negociadores e garantir que o acordo fosse relevante para as empresas. Aproveitamos a oportunidade para começar a consolidar o impulso empresarial de que precisávamos, usando a liderança de CEOs justamente quando as pessoas estavam se reconectando com a natureza e reavaliando o que realmente importava. Porém, com a Covid-19 e os sucessivos adiamentos, a COP15 foi postergada repetidamente. Alguns chegaram a questionar se a reunião de fato ocorreria. Mas o lado positivo é que, por causa da pandemia, ganhamos dois anos para trabalhar rumo a um acordo histórico.

Nesse período, a resiliência passou a superar a eficiência como prioridade para as empresas. Organizamos nosso primeiro grande evento virtual global em 15 de junho de 2020, intitulado "Construindo resiliência empresarial: como a liderança coletiva reverterá a perda da natureza"[41], que contou com mais de 2.200 participantes. Tenho quase certeza de que, na época, foi o maior evento online sobre natureza já realizado com foco em empresas – e marcou o início de uma série de campanhas e eventos estratégicos liderados por Lucy Coast, Diretora de Comunicação da *Business for Nature*. Outra surpresa positiva foi a de ter de lidar com o grande número de CEOs que queriam falar e com a dificuldade de encaixá-los no curto tempo disponível.

Durante o evento, ouvimos ao vivo líderes como Emmanuel Faber, então CEO da Danone França, e Thomas Buberl, CEO da AXA. Conglomerados asiáticos também estiveram representados por Guo Guangchang, presidente da Fosun International, e Shinta Widjaja Kamdani, CEO do Sintesa Group. Alan Jope, CEO da Unilever, e Roberto Marques, CEO da Natura &Co, compartilharam sua experiência sobre sustentabilidade nos setores de bens de consumo e cosméticos.

Lançamos o chamado à ação "Nature is Everyone"s Business"[42], acompanhado de um vídeo que recebeu o apoio de CEOs, CFOs e presidentes de empresas como L"Occitane Group e Firmenich. Outras companhias representadas incluíam as brasileiras BRK Ambiental e Eletrobrás, além de fornecedores de fertilizantes e alimentos sustentáveis como Yara e Ofi. O setor de seguros e de utilidades elétricas também trouxe vozes importantes, incluindo MS&AD Insurance Group Holdings, EDF, Nature Home e muitos outros. Hoje, temos cerca de 1.500 empresas de diversos setores, portes e geografias que já assinaram o chamado "*Nature is Everyone"s Business*", com um chamado coletivo para maior ambição política.

Juntos, estávamos colocando a natureza – e a COP15 – na agenda empresarial, mas também precisávamos contribuir de forma construtiva para as próprias negociações, o que significava apresentar recomendações técnicas claras, desenvolvidas em colaboração com nossos parceiros e empresas líderes. A liderança desse trabalho esteve a cargo de Maelle Pelisson, Diretora de *Advocacy da Business for Nature*.

Como principal voz empresarial, tínhamos três prioridades para que o Marco Global da Biodiversidade fosse incluído na COP15:

- A missão precisava ser clara: deter e reverter a perda da natureza até 2030 — ou seja, Natureza Positiva. O apoio empresarial dava ainda mais peso à defesa dessa missão e mostrava que uma lista longa de metas, sem um objetivo global, não ajudaria as empresas a manter o foco no essencial.
- Era necessário incluir exigências claras e ambiciosas para que empresas e instituições financeiras avaliassem e divulgassem seus riscos, impactos e dependências em relação à biodiversidade até 2030, o que hoje consta na Meta 15. No esboço zero do Marco, não havia nenhuma meta voltada às empresas. Mas, no texto acordado por 196 governos na COP15, podemos ver uma das redações mais explícitas já aceitas em um acordo multilateral sobre o que os governos esperam do setor empresarial e financeiro. Conseguimos influenciar o texto da Meta 15 por meio de uma grande campanha, em especial junto ao CDP — a principal organização que recebe relatórios voluntários de milhares de empresas com informações sobre clima, florestas e, cada vez mais, água —, em parceria com a Capitals Coalition e outros aliados, mobilizando mais de 400 empresas e instituições financeiras de 52 países para apoiar a campanha "Make it Mandatory" (*Torne-o Obrigatório*)[43].
- Os governos precisavam enfrentar o "elefante na sala": os subsídios ambientalmente prejudiciais[44]. Se as empresas dependem desses subsídios, eles representam riscos ocultos, mas também oportunidades para aqueles que pressionam por uma transição de resultados negativos para a natureza rumo a resultados positivos. Por isso, co-lideramos uma campanha com o *The B Team*, pedindo a revisão desses subsídios, estimados em US$ 1,8 trilhão por ano (atualizados em 2024 para US$ 2,6 trilhões). A campanha, que recebeu apoio de figuras globais como Christiana Figueres, ex-Secretária-Executiva da UNFCCC, e Richard Branson, fundador do Virgin Group, ajudou a fortalecer de forma significativa o que hoje é a ambiciosa Meta 18 do Marco Global da Biodiversidade e, mais amplamente, contribuiu para o crescente reconhecimento de que a revisão dos subsídios deve estar no centro das discussões sobre fluxos financeiros.

Ao unir empresas em torno de uma narrativa e de um nível de ambição compartilhados, ajudamos a dar coragem e segurança aos formuladores de políticas e a garantir um resultado bem-sucedido. Finalmente, em dezembro de 2022, países de todo o mundo reuniram-se em Montreal, onde o Marco Global da Biodiversidade de Kunming-Montreal (GBF) foi adotado por 196 governos. De nossa parte, ao trabalhar com nossos parceiros, conseguimos levar cerca de mil representantes do setor empresarial e financeiro à COP15 — algo inédito, que significou um forte sinal de que a pressão sobre os governos para adotar um acordo robusto era maior do que nunca. Esse marco histórico passou a ser visto como o "Acordo de Paris da natureza". Em linhas gerais, o Marco forneceu a empresas e governos os elementos centrais de que precisavam para começar a construir um futuro positivo para a natureza.

Curiosamente, a coragem da liderança empresarial em defender maior ambição política continuou após a COP15, apesar das disputas geopolíticas, eleições, conflitos, crise do custo de vida e outros desafios. Não era algo garantido, já que muitas empresas, mesmo as mais avançadas, às vezes se veem sobrecarregadas pela complexidade e pela pressão regulatória. Em muitos casos, equipes de sustentabilidade estão com poucos recursos e no centro de debates acalorados, desinformados e cada vez mais politizados sobre sustentabilidade, ESG e anti-woke. Ainda assim, as empresas continuaram a se manifestar e assinaram cartas abertas e declarações em apoio, por exemplo, à Lei de Restauração da Natureza da UE[45], que estava em risco, e à Diretiva de Relatórios de Sustentabilidade Corporativa (CSRD)[46]. Em outubro de 2024, antes da COP16 de Biodiversidade em Cali, Colômbia, mais de 230 empresas e instituições financeiras assinaram uma carta aberta a chefes de Estado pedindo renovada ambição política para implementar o Marco e parar e reverter a perda da biodiversidade nesta década[47]. Embora algum progresso tenha sido alcançado na COP16, a pressão por resultados foi destacada não apenas por grupos de conservação, jovens, povos indígenas, cientistas e outros, mas também pelo setor empresarial. Graças à nossa carta aberta, tivemos o respaldo de que seus signatários que esperavam mais resultados.

A União Europeia introduziu políticas robustas que afetam diretamente as empresas, como a Diretiva de Devida Diligência em Sustentabilidade Corporativa, em vigor desde julho de 2024[48]. Já a CSRD, adotada em 2022, foi a primeira no mundo a exigir que grandes empresas[49] e pequenas e médias empresas listadas divulgassem informações de sustentabilidade tanto sobre o impacto do meio ambiente na companhia como sobre o impacto da companhia no meio ambiente – a chamada "dupla materialidade". A diretiva inclui orientações sobre biodiversidade e ecossistemas[50], que, na prática, deram início à implementação da Meta 15 do Marco Global da Biodiversidade. Mesmo que ainda existam esforços para aprimorar a implementação prática dessas políticas, elas continuam fornecendo direção clara para orientar a ação empresarial.

Vale mencionar também a política de ganho líquido em biodiversidade do Reino Unido e o Nature Repair Market da Austrália. No Reino Unido, a política exige que empreendedores deixem os habitats em melhor estado do que estavam antes do desenvolvimento. Já o Nature Repair Market australiano deverá ser o primeiro marco global para um mercado voluntário de natureza e biodiversidade, visando incentivar ações de restauração e proteção ambiental. O governo chinês se comprometeu a garantir que, até 2030, todas as principais empresas avaliem e divulguem suas dependências, impactos e riscos relacionados à natureza. Como resultado, em fevereiro de 2024, as três maiores bolsas de valores da China propuseram requisitos obrigatórios de relatoria de dados sobre natureza para as grandes empresas listadas, a partir de 2026. Por fim, danos ambientais poderão enfrentar consequências legais mais severas, incluindo sanções criminais. A União Europeia foi o primeiro bloco internacional a criminalizar danos ambientais de grande escala. Outros países, como o México, estudam seguir o mesmo caminho. Já os EUA têm incentivado a inovação de mercado por meio de políticas como a *Inflation Reduction Act* (Lei de Redução da Inflação).

Os próximos anos serão decisivos para avaliar quão efetivas essas políticas serão em sua implementação e fiscalização. Se forem bem aplicadas, poderão ampliar e acelerar a ação empresarial. Mas como as empresas podem ajudar a alcançar a Meta da Natureza Positiva? É o que veremos a seguir.

12.4 Ampliando e acelerando a ação empresarial pela natureza

Pedir maior ambição política claramente não é suficiente. As empresas precisam agir de forma imediata – deveriam ter começado já nos anos 1960, com a *Primavera Silenciosa*, ou pelo menos quando o GBF foi acordado. Mas certamente agora, em meados da década de 2020, mesmo em um ambiente regulatório imperfeito, elas podem e devem deixar de ser parte do problema para se tornarem parte da solução. Para que isso aconteça, precisamos, coletivamente, promover convergência, consistência, clareza e colaboração em um ambiente cada vez mais complexo — e esse é um dos trabalhos centrais liderados por Michael Ofosuhene-Wise em nossa equipe.

Cada organização tem sua forma de agregar valor e de explicar o que as empresas devem fazer em relação à agenda da natureza. Mas todas essas ações individuais precisam ser complementares e alinhadas em seu conjunto. Foi por isso que, em 2022, a *Business for Nature* se uniu a diversas organizações para definir as ações empresariais de alto nível — conhecidas como o marco ACT-D (ver abaixo). Seguindo o ACT-D — *Assess, Commit, Transform and Disclose* (Avaliar, Comprometer-se, Transformar e Divulgar) —, as empresas podem garantir que suas ações pela natureza estejam alinhadas ao que é necessário para alcançar a Meta da Natureza Positiva em nível global[51].

Em 2022, a Business for Nature trabalhou com a Rede de Metas Baseadas na Ciência (SBTN — Science Based Targets for Nature) e com a Força-Tarefa sobre Divulgações Financeiras Relacionadas à Natureza) (TNFD), além do WBCSD, do Fórum Econômico Mundial, do WWF, da Capitals Coalition e outros parceiros, para definir as principais ações empresariais em relação à natureza. O resultado foi o marco ACT-D, que fornece às empresas as medidas-chave que podem adotar para sinalizar que estão contribuindo de forma significativa para parar e reverter a perda da biodiversidade. Essas medidas são:

- *Assess* (Avaliar): medir, valorar e priorizar seus impactos e dependências em relação à natureza, para garantir que está atuando sobre os que são mais relevantes.
- *Commit* (Comprometer-se): estabelecer metas transparentes, específicas, com prazos definidos e baseadas na ciência, para colocar sua empresa no caminho certo rumo a operar dentro dos limites da Terra.
- *Transform* (Transformar): contribuir para a transformação sistêmica, evitando e reduzindo impactos negativos, restaurando e regenerando, colaborando em paisagens terrestres, marinhas e bacias hidrográficas, ajustando estratégias e modelos de negócio, defendendo

maior ambição política e incorporando sua estratégia à governança corporativa.

- *Disclose* (Divulgar): reportar publicamente informações relevantes relacionadas à natureza ao longo de toda a sua trajetória.

Figura 12.2 O *framework* ACT-D.

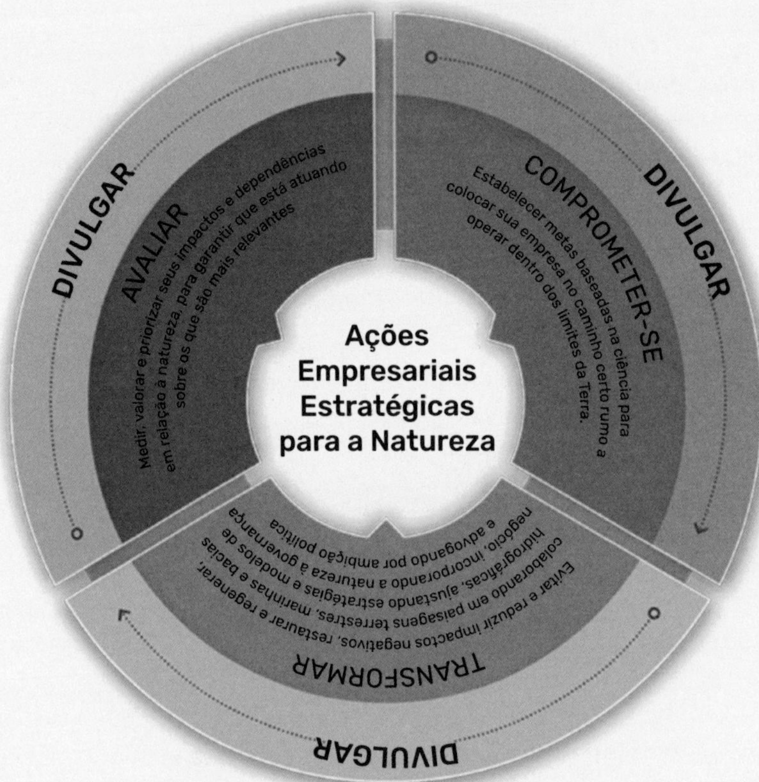

Fonte: Business for Nature.

PERSPECTIVA 12.4
As metas corporativas para a ação pela natureza

Por Erin Billman, Diretora Executiva,
Science Based Targets Network (SBTN)

O que significa, concretamente, para uma empresa fazer a sua parte a fim de operar dentro dos limites do planeta? Quanto é suficiente? A Rede de Metas Baseadas na Ciência (SBTN)[52] existe para oferecer respostas a essas perguntas às empresas e às partes interessadas (stakeholders) — e foi por isso que decidi liderar essa iniciativa. Para que as empresas saibam quais são as metas a serem perseguidas. Para que, ao definirem e cumprirem suas metas baseadas na ciência, elas e seus stakeholders tenham a certeza de que estão tomando as ações certas, na escala necessária, nos lugares certos e no momento adequado, de modo a contribuir para deter e reverter a perda da biodiversidade até 2030, em apoio ao **Marco Global da Biodiversidade**.

A orientação corporativa para o estabelecimento de metas baseadas na ciência é mensurável, tem prazos definidos e se fundamenta nas pesquisas científicas mais recentes, com o respaldo de ONGs líderes que trabalham juntas para definir essas metas. Isso garante que as metas sejam robustas, plausíveis e capazes de gerar resultados significativos. Reconheço, porém, que para impulsionar a ação urgente de que precisamos, as metas também precisam ser pragmáticas para as empresas. A abordagem da SBTN envolve um engajamento contínuo com as companhias para compreender seus desafios e necessidades — hoje, 160 delas já se preparam para definir metas baseadas na ciência para a natureza. Também acompanhamos as primeiras empresas pioneiras que definiram tais metas em outubro de 2024: o grupo de luxo **Kering**, a biofarmacêutica **GSK** e a fabricante de materiais de construção **Holcim**[53]. Esse processo de engajamento permite à SBTN adaptar seu direcionamento para que seja, ao mesmo tempo, cientificamente rigoroso e aplicável na prática.

Minha carreira tem sido dedicada à transformação de sistemas, e levo esses princípios para a forma de atuação da SBTN. A rede escuta, aprende e se adapta, em colaboração com uma ampla diversidade de stakeholders, para garantir relevância, impacto e alinhamento com o cenário científico e regulatório em constante evolução. Por sua vez, a orientação da SBTN inclui como as empresas devem se engajar —reconhecendo seu conhecimento e suas potenciais contribuições — com *stakeholders* locais, incluindo povos indígenas e comunidades afetadas por suas atividades e cadeias de valor que, portanto, também devem fazer parte do processo de definição de metas.

À medida que as empresas reconhecem cada vez mais seus impactos e dependências em relação à natureza, cresce a demanda por transparência e responsabilidade. Por meio da parceria com o *Global Commons Alliance Accountability Accelerator*, encontramos uma forma de responder a essa demanda, realizando validações independentes das metas baseadas na ciência, garantindo a integridade das metas e fornecendo às empresas um *framework* confiável e claro ao qual as empresas podem aderir. Isso não apenas reforça a credibilidade corporativa, mas também impulsiona o progresso em todo o setor, ao estabelecer uma referência para a ação ambiental responsável. Isso significa que as metas não mudarão — a menos que a ciência indique que precisam mudar. E, se precisarem, mudarão para todo o setor.

O ACT-D foi uma conquista crucial por várias razões:

- Oferece uma estrutura compartilhada — e sem uma marca específica— para que todos nós utilizemos ao discutir com empresas sobre as ações que devem ser adotadas, ao mesmo tempo em que possibilitou flexibilidade para que cada organização detalhe sua própria abordagem específica dentro do ACT-D.
- Direcionou o foco da discussão na ação em si mesma, em vez de deixar as empresas presas à tentativa de definir ou reivindicar serem elas próprias "positivas para a natureza".
- Criou uma base comum sobre a qual poderíamos construir e garantiu consistência ao desenvolver ações prioritárias amplamente aceitas para 15 setores[54]. Esse trabalho setorial foi co-liderado pelo Fórum Econômico Mundial, WBCSD e *Business for Nature*, com o engajamento de muitos outros, incluindo *The Fashion Pact, One Planet Business for Biodiversity (OP2B), Planet Tracker, Animondial, Textile Exchange, a Global Cement and Concrete Association*, entre outros. O ACT-D também é a espinha dorsal do **Manual de Estratégias para a Natureza**, disponível em

vários idiomas, que apoia a campanha **It's Now for Nature**, que apresentarei mais adiante[55].

- Foi fundamental para garantir a solidez das nossas propostas de políticas, mostrando como, por exemplo, a Meta 15 poderia ser implementada, e deu aos governos uma estrutura amplamente reconhecida que pudesse também ser utilizada em seu engajamento com o setor privado.

Conseguimos progredir bastante ao definir o que as empresas deveriam fazer; no entanto, a principal questão permanecia: como ampliar e acelerar a ação empresarial e demonstrar progresso coletivo rumo a um mundo positivo para a natureza até 2030? Após múltiplos workshops e contribuições de nossos parceiros e empresas próximas, desenvolvemos e lançamos uma campanha global conjunta de ação empresarial chamada **It's Now for Nature**[56], centrada na ideia de que as empresas precisam ter uma estratégia para a natureza – um plano de futuro que detalhe como irão contribuir para um mundo positivo para a natureza até 2030. Perguntamos a elas: "*Qual o lugar da natureza na sua estratégia de negócios?*" Porque, sem uma estratégia, segundo evidências existentes, é menos provável desenvolver ações significativas. A campanha foi lançada em novembro de 2023 e seguirá até 2030. As empresas devem desenvolver, publicar e submeter suas estratégias na plataforma, que as avaliará com base em critérios mínimos. As primeiras estratégias foram anunciadas em maio de 2024, incluindo GSK e Kering, e desde então mais e mais companhias aderiram[57]. A ideia é que, assim como os governos precisam de suas **Estratégias e Planos de Ação Nacionais de Biodiversidade (NBSAPs)** no âmbito da CDB, também as empresas e instituições financeiras devem ter suas próprias estratégias se quiserem contribuir de forma significativa. Isso não significa que todas essas estratégias sejam perfeitas – porque uma estratégia perfeita não existe –, mas elas mostram que o impulso empresarial está crescendo e que as empresas têm partido para a ação.

Além disso, provavelmente será exigido futuramente que as empresas tenham planos de transição para a natureza, assim como já possuem para o clima. Em 2025, estão em desenvolvimento as primeiras orientações sobre como fazer isso, incluindo a integração da natureza aos planos de transição climática. Ter uma estratégia corporativa para contribuir com um mundo positivo para a natureza será um elemento fundamental em qualquer plano de transição no futuro e ajudará as empresas a transitar de forma proativa pelas crescentes exigências regulatórias e de reporte.

À medida que buscamos ações cada vez mais ambiciosas e impactantes para alcançar nossa Meta coletiva da Natureza Positiva, o próximo desafio será garantir que as estratégias empresariais – incluindo suas metas e ações – estejam, na prática, conduzindo ao resultado esperado. Mas o que queremos dizer com isso? Um documento de discussão no qual participei como co-autora, intitulado *How business and finance can contribute to a nature-positive future*[58], explica:

> Individualmente, Empresas e instituições financeiras devem adotar estratégias em todas as suas esferas de influência para contribuir com a meta comum de um planeta positivo para a natureza até 2030. Em teoria, se uma empresa ou instituição financeira contribui mais para restaurar, regenerar e fortalecer a natureza do que para degradá-la, ao longo de suas cadeias de valor e portfólios, ela pode vir a ser considerada positiva para a natureza. Afinal, a única forma de alcançarmos a meta global de ser positivos para a natureza até 2030 é se todos os componentes somarem para esse objetivo. No entanto, alcançar isso na prática não é tão simples quanto pode parecer. É muito pouco provável e deve ser medido a partir de critérios rigorosos e específicos para cada local. As empresas devem, portanto, buscar ser o mais abrangentes possível nas ações que adotam para **avaliar, comprometer-se, transformar e divulgar** seus impactos e dependências em relação à natureza e, ao fazê-lo, destacar suas contribuições para um futuro positivo para a natureza – em vez de reivindicar serem, por si mesmas, "positivas para a natureza". A urgência da crise atual exige que as empresas ajam imediatamente. Elas podem aprender e ajustar suas abordagens ao longo do caminho, à medida que regulamentos e metodologias de apoio evoluam para oferecer orientações mais padronizadas globalmente. O que as empresas não podem fazer é esperar até que a rota esteja claramente traçada. Até lá, será tarde demais.

À medida que as empresas são incentivadas – e serão obrigadas – a avaliar e divulgar suas informações relacionadas à natureza, e à medida que publicam estratégias e metas, correm o risco de serem acusadas de *greenwashing* (lavagem verde), quando tentarem superdimensionar seus esforços de sustentabilidade. O *greenwashing* agora também tem um "primo bem-intencionado", o *greenwishing* (desejo verde), que ocorre quando as ambições verdes são irrealistas, ainda que não intencionais.

O *greenwashing* é um problema real porque prejudica a ação significativa e corrói a confiança. Regulações como a Diretiva de Greenwashing da União Europeia[59] começam a combatê-lo, e isso será essencial para tornar as regras justas para todas as empresas. No entanto, uma consequência inesperada é que muitas companhias — mesmo as líderes de setor — começaram a reagir ao risco de *greenwashing* recorrendo ao *greenhushing* (silêncio verde) — quando reduzem ao mínimo as informações divulgadas, com medo de serem criticadas. Mas, para que governos, reguladores, investidores e consumidores possam avaliar — e então recompensar ou penalizar — o desempenho de uma empresa, precisamos que elas sejam transparentes e divulguem as informações certas. Empresas que produzem relatórios (mesmo que seu desempenho ainda não seja excelente) não devem ser prejudicadas em relação às que preferem permanecer em silêncio. À medida que essas dinâmicas evoluem, recomendo seguir esta orientação: "Não faça declarações ou reivindicações de ser positivo para a natureza que não possam ser comprovadas. Nada afeta mais a credibilidade de uma empresa do que alegações exageradas, enganosas ou falsas sobre suas credenciais pró-natureza."

10.5 Olhando para frente

A jornada para alcançar a Meta da Natureza Positiva demanda a transformação do sistema econômico global e a incorporação do valor da natureza nas decisões e divulgações corporativas. Em junho de 2023, Frank Elderson, membro do Conselho Executivo do Banco Central Europeu, afirmou que a perda da biodiversidade é uma "ameaça existencial para a economia e para o sistema financeiro"[60]. Foi um sinal de mudança. Concordo plenamente e iria além: desempenho financeiro não significa nada em um planeta morto.

A transformação sistêmica é essencial para um progresso real. Empresas e instituições financeiras estão inseridas em redes e cadeias de valor interconectadas, que podem — e devem — influenciar, mas cujos impactos não cabem apenas a elas, nem podem ser sua responsabilidade isolada. Ao compartilhar responsabilidades, prestar contas e trabalhar em conjunto, podemos impulsionar mudanças positivas em cadeias de valor, paisagens terrestres e marinhas rumo à Meta coletiva da Natureza Positiva.

Sem transformar a forma como fazem negócios — e como o desempenho é reconhecido e recompensado por governos, reguladores, instituições financeiras e consumidores —, as empresas não conseguirão contribuir na escala e na velocidade necessárias para viabilizar uma economia positiva para a natureza e para todos.

O que as empresas podem antecipar e planejar?

a. Mais responsabilização, governança e transparência

As empresas serão cada vez mais avaliadas e responsabilizadas por seu desempenho relacionado à natureza, incluindo dependências, impactos, riscos e oportunidades. Em vez de ficarem presas às armadilhas do *greenwashing*, *greenwishing* ou silêncio verde (*greenhushing*), devem usar diretrizes padronizadas para avaliar e divulgar suas informações materiais. Ficará cada vez mais claro quais empresas são líderes, quais as que se engajaram e quais as que estão atrasadas. Como resultado, veremos quais delas se beneficiarão de sistemas mais sólidos de responsabilização, que reconhecem — e recompensam ou penalizam — o desempenho.

As empresas precisarão adaptar sua própria governança. Uma forma de fazer isso é atribuir responsabilidades dentro do conselho, talvez até mesmo considerando dar um "assento" para a natureza, e adaptar seus estatutos para incluir linguagem legal alinhada à missão, como já é exigido para as empresas B Corp. Um exemplo marcante dessas mudanças vem da França, que criou a figura legal da *société à mission*, ou empresa orientada por propósito. A Danone foi a primeira companhia de capital aberto a adotar esse status, incorporado em seus estatutos em 2020[61]. As empresas também podem usar suas assembleias gerais anuais para que os acionistas aprovem seus planos de transição climática, missão e estratégia — como fizeram Unilever e outras.

b. Contexto regulatório em evolução e distribuído de forma desigual

A COP15 criou um impulso político para a natureza e, nos últimos dois anos, houve avanços encorajadores nas políticas de natureza em várias partes do mundo, enviando um sinal claro para que as empresas coloquem a natureza no topo de sua agenda, aprendam a avaliar e a divulgar seus impactos e desenvolvam estratégias para reduzir seus impactos negativos e ampliar os positivos.

Políticas nacionais e regionais de biodiversidade afetarão diretamente a forma como as empresas operam. Elas precisam manter-se atualizadas sobre essas regulações e compreender suas implicações para suas operações e cadeias de suprimentos. Empresas multinacionais, em particular, terão de transitar na complexidade política e entre as diferenças regionais, como descrito na seção 7.3 (*O impulso coletivo das empresas impulsiona a ambição política para a natureza*).

c. Mais pressão dos investidores e metodologias padronizadas

Investidores estão considerando cada vez mais os fatores ambientais em suas decisões. Empresas que priorizam conservação, restauração e uso sustentável da natureza provavelmente atrairão mais capital. Cresce o número de investidores, fundos de pensão, bancos centrais e instituições financeiras que reconhecem a importância de incluir riscos relacionados à natureza em seus portfólios. Iniciativas como a *Nature Action 100* mobilizam investidores a engajar empresas e a ampliar sua ação pela natureza. Junto com essa demanda crescente, surge também a necessidade de diretrizes e metodologias padronizadas que deem confiança e permitam que as empresas avancem mais rapidamente, indo mais longe. Essa padronização crescente não apenas facilitará o progresso das empresas em sua jornada para a Natureza Positiva, mas também aumentará a transparência dentro e entre setores, permitindo que concorram com base no desempenho usando dados confiáveis – e, é o que se espera, em um padrão comparável ao financeiro.

d. Impulso à inovação e mudança de mentalidade nos negócios

As inovações tecnológicas terão papel crucial para enfrentar os desafios relacionados à natureza. O conceito de "*Nature Tech*" abrange um conjunto amplo de tecnologias que apoiam a implementação, aceleração e expansão de soluções baseadas na natureza, incluindo o uso de inteligência artificial, dados de satélite e dados espaciais para monitoramento da biodiversidade em tempo real e a baixo custo, além de tecnologias que reduzem o impacto ambiental ao longo da cadeia de suprimentos[62].

Mas também é necessária uma mudança de mentalidade: empresas e instituições financeiras precisam adotar estratégias em todas as suas esferas de influência para contribuir com a meta comum de um planeta positivo para a natureza até 2030[63]. Isso requer uma mudança estratégica de foco — de apenas reduzir danos para criar modelos de negócio regenerativos e restaurativos, alinhados à Natureza Positiva. Todas essas transformações implicam, de forma intrínseca, desvincular a atividade econômica do uso intensivo de recursos naturais, levando também em conta a economia circular e a redução absoluta do consumo e da produção de materiais naturais.

e. Colaboração e parcerias

Precisaremos ver, nos próximos anos, um nível radical de colaboração setorial, aproveitando a influência das associações comerciais. As diretrizes já elaboradas para 15 setores representam um ponto de partida sólido, mas será preciso ampliar a colaboração pré-competitiva para enfrentar desafios compartilhados, especialmente diante da complexidade e da interconexão de alguns setores[64]. Empresas atuando isoladamente dificilmente alcançarão suas metas de sustentabilidade, enquanto aquelas que trabalham juntas têm mais chances de gerar valor de longo prazo dentro e entre setores.

Parar e reverter a perda da natureza até 2030 exige uma abordagem de "todos a bordo". O setor empresarial e financeiro terá um papel central e precisa assumir responsabilidade por suas ações e sua influência. Mas ele não estará sozinho nessa jornada, pois conta com o apoio de organizações líderes no desenvolvimento de metodologias, ferramentas, marcos e orientações, enquanto os governos se mobilizam para fornecer estruturas de políticas que incentivem e viabilizem ações empresariais ainda mais ambiciosas.

Conclusão

À medida que os líderes empresariais refletem sobre a trajetória percorrida até aqui e sobre o que esperar, conforme nos aproximamos de 2030, fica claro que, com mais responsabilidade, ação e ambição, surge também a necessidade de investir no desenvolvimento de competências e na atração e retenção de talentos. As empresas precisarão investir na capacitação de seus funcionários em sustentabilidade, biodiversidade e soluções baseadas na natureza. Profissionais jovens estão cada vez mais priorizando a sustentabilidade em suas escolhas de carreira. Negócios que demonstrarem compromisso com a proteção, a restauração e a conservação da natureza serão mais atraentes para os melhores talentos.

Uma mensagem-chave para as empresas em sua jornada rumo a uma economia positiva para a natureza é: **não adiem, e não deixem que o perfeito seja inimigo do bom**. Não existe uma solução milagrosa para a encontrar a melhor contribuição no sentido de parar e reverter a perda da biodiversidade até 2030. Mas já existem ferramentas e abordagens boas e confiáveis, testadas e prontas para serem aplicadas. A situação de emergência da natureza exige ação imediata das empresas. Não é o momento de gastar dois anos elaborando uma avaliação de materialidade perfeita — é hora de começar a agir nas prioridades desde já.

Ao concluir este capítulo e relembrar o início de tudo, nos anos 1960, não posso deixar de reconhecer que o progresso do setor empresarial tem sido lento demais. Agora precisamos de um aumento exponencial na ação. Com o risco relacionado à natureza ganhando espaço na agenda corporativa, torna-se cada vez mais urgente que as empresas ajam, planejem, sejam metódicas e estratégicas e colaborem com outras para garantir o sucesso. Os custos da inação serão muito maiores. Mesmo assim, a incerteza e a complexidade significam que erros certamente acontecerão. Mas as empresas podem aprender e ajustar suas abordagens ao longo do caminho. O que não podem fazer é esperar até que o caminho esteja totalmente traçado. Até lá, será tarde demais.

A hora é da natureza é agora.

PERSPECTIVAS ADICIONAIS

Perspectiva 12.5
O alinhamento de padrões viabiliza a responsabilização pelos impactos na biodiversidade

Por Eelco Van Der Enden, ex-CEO,
Global Reporting Initiative (GRI)

A biodiversidade em escala global está ameaçada por pressões sem precedentes — e as repercussões vão muito além do meio ambiente.

A realidade é que o bem-estar planetário e o bem-estar financeiro estão interligados; uma análise do Fórum Econômico Mundial, em 2020, concluiu que mais da metade do PIB global depende, em grau moderado ou alto, de ecossistemas saudáveis[65].

Ainda assim, a falta de relatórios consistentes e comparáveis faz com que muitas organizações não compreendam plenamente como suas atividades impactam a biodiversidade, nem onde precisam promover mudanças. Não é surpreendente, portanto, que múltiplos stakeholders – incluindo governos, investidores e consumidores – exijam mais das empresas. Não apenas a divulgação de seus impactos, mas também de como eles são geridos, mitigados e reduzidos.

Foi nesse contexto que publicamos, em janeiro de 2024, uma ampla atualização do **Padrão de Biodiversidade da GRI**[66]. Estabelecendo uma nova referência para a responsabilização corporativa em relação à biodiversidade, o **GRI 101** permite que qualquer organização avalie seus impactos ao longo de toda a cadeia de valor, com relatórios específicos por localização, capazes de chegar ao cerne dos fatores que impulsionam a perda da biodiversidade.

Um contexto onde relatórios sejam fragmentados não interessa a ninguém. Embora possa parecer confuso – a chamada "sopa de letrinhas" dos padrões –, a realidade é bem diferente. No que diz respeito à forma como uma empresa divulga seus impactos, sobre biodiversidade e outros temas de sustentabilidade, a GRI oferece segurança por meio de seu engajamento com outros definidores de padrões e organizações-chave. Ainda que partamos de perspectivas diferentes, é fundamental garantir que as abordagens estejam o mais alinhadas possível.

Por isso, não desenvolvemos o GRI 101 de forma isolada – sua elaboração contou com a cooperação do Grupo Consultivo Europeu de Relatórios Financeiros (EFRAG) no desenvolvimento do padrão regulatório de biodiversidade da União Europeia, e foi moldada por contribuições da Força-Tarefa sobre Divulgações Financeiras Relacionadas à Natureza) (TNFD), e da Rede de Metas Baseadas na Ciência (SBTN). Mais recentemente, a GRI e a **International Financial Reporting Standards (IFRS) Foundation** anunciaram uma colaboração mais profunda para otimizar a forma como os padrões GRI e ISSB podem ser usados em conjunto[67], de modo a contemplar tanto os impactos quanto os riscos e oportunidades. Um primeiro resultado é um projeto-piloto no qual a iniciativa da IFRS sobre Biodiversidade e Serviços Ecossistêmicos será construída a partir do GRI 101.

O alinhamento de padrões sobre biodiversidade é uma boa notícia para empresas e usuários de dados, pois assegura relatórios mais relevantes em escala global. A maior transparência que isso proporciona é crucial para que vejamos uma melhora nas decisões corporativas – decisões que levem plenamente em conta os impactos sobre o mundo natural.

PERSPECTIVA 12.6
A contribuição da UICN para a Natureza Positiva

Por Grethel Aguilar, Diretora-Geral,
International Union for Conservation of Nature (IUNC)

A IUNC tem sido um membro ativo e engajado da *Iniciativa Natureza Positiva*. Compartilhamos a convicção de que as contribuições das empresas, em particular, para o **Marco Global da Biodiversidade de Kunming-Montreal (GBF)** são cruciais para que a sociedade possa melhorar o estado da biodiversidade. Nosso foco tem sido definir caminhos para que as empresas identifiquem e realizem contribuições verificadas e quantificadas ao GBF, por meio do uso de métricas e ferramentas baseadas nos conjuntos de dados da IUNC. Essas contribuições precisam ser implantadas com a máxima urgência se quisermos alcançar as metas e objetivos do GBF – por isso, a abordagem foi desenhada para ser o mais eficiente possível, sempre consistente com a geração de impactos inequivocamente positivos.

A abordagem *Mensurando a Natureza Positiva* da IUNC permite que as empresas identifiquem oportunidades para reduzir o risco de extinção de espécies e o risco de colapso de ecossistemas em suas propriedades, cadeias de valor e portfólios. Em sua forma mais simples, a metodologia leva a empresa a uma jornada de triagem dos riscos e oportunidades de impacto sobre a biodiversidade, utilizando a Métrica de Redução e Restauração de Ameaças de Espécies (**STAR**), com foco nos locais ou cadeias de valor com maior potencial de mudança positiva.

Nesses locais ou cadeias de valor, o processo de validação calibrada do STAR permite que as empresas estabeleçam linhas de base de intensidade de ameaças e definam metas voltadas à mitigação das ameaças mais importantes em determinados contextos. Essas ameaças são identificadas por meio da **Lista Vermelha de Espécies Ameaçadas da UICN** e da **Lista Vermelha de Ecossistemas**, e as reduções quantificadas nessas ameaças contribuem diretamente para os objetivos e metas do GBF, em especial para o **Objetivo A**.

A IUNC realizou uma consulta em toda a União sobre essa abordagem e está desenvolvendo uma aplicação digital que permitirá às empresas avançar em seus caminhos de transição da forma mais eficiente e produtiva possível. Essa aplicação está sendo testada em parceria com diversas empresas e atores da sociedade civil em diferentes partes do mundo e vem sendo aprimorada a cada etapa. Nosso plano é disponibilizar uma versão operacional para empresas, acompanhada de orientações para a participação de governos e sociedade civil no processo, já no início de 2025.

PERSPECTIVA 10.7
Construindo o futuro da Natureza Positiva: uma abordagem unificada para clima, biodiversidade e economia

Por Lucy Almond, Presidente, Nature4Climate

Secas, enchentes, incêndios e alimentos. Assim como ar, água, fogo e terra, as questões climáticas parecem abranger todos os elementos da nossa vida moderna – com uma camada extra de complexidade. As crises interconectadas da perda da biodiversidade, da mudança do clima e da desertificação exigem soluções igualmente interconectadas. A mudança do clima já é o terceiro principal fator de perda da biodiversidade no mundo e, para as comunidades que estão na linha de frente, a separação entre metas climáticas e metas de natureza simplesmente não existe. Essas crises interligadas demandam uma resposta unificada e urgente. Mas como enfrentar uma crise tão grande? Onde encontrar as soluções reais?

A solução está nos próprios sistemas que sustentam a vida há milhões de anos: a própria natureza. Florestas, áreas úmidas, zonas áridas e oceanos têm, ao longo de milhões de anos, tecido o equilíbrio que mantém o planeta e todos os seres que nele vivem. Ecossistemas naturais, quando intactos ou restaurados, são capazes de absorver carbono da atmosfera. Isso ajuda a estabilizar a temperatura global, ao mesmo tempo em que permite que a biodiversidade prospere e promove sistemas econômicos sustentáveis que garantem saúde e meios de vida para as pessoas.

Muitos acreditam que natureza intacta e crescimento econômico não podem coexistir — e, até hoje, não fomos muito eficazes em provar o contrário. No entanto, ecossistemas saudáveis são a base essencial de economias resilientes. Uma economia positiva para a natureza não apenas promove a recuperação ambiental, como também garante meios de vida sustentáveis — criando empregos, assegurando fontes de alimento, promovendo saúde e impulsionando o desenvolvimento econômico de longo prazo. A natureza pode fornecer até um terço da mitigação climática necessária até 2030 e aumentar significativamente a resiliência às mudanças do clima. Isso economiza recursos frente a impactos devastadores, protege a sustentabilidade dos negócios e amplia nossas chances de atender a uma população em crescimento.

O *business-as-usual* já não nos serve mais. Hoje, os fluxos financeiros prejudiciais que alimentam a destruição da natureza superam em 35 vezes os investimentos em soluções baseadas na natureza. Isso precisa mudar se quisermos alcançar nossas metas de clima e biodiversidade. Instituições financeiras, governos e investidores enfrentarão riscos operacionais, reputacionais e regulatórios se não agirem contra a destruição dos ecossistemas.

Por outro lado, investir em soluções baseadas na natureza oferece um caminho estratégico e economicamente eficiente para enfrentar os desafios interconectados das Convenções do Rio: mudança do clima, perda da biodiversidade e degradação da terra — ao mesmo tempo em que gera avanços concretos em direção aos Objetivos de Desenvolvimento Sustentável.

Ao se afastarem de atividades que causam desmatamento e degradação da terra, as empresas podem se beneficiar de novos mercados, novas abordagens financeiras e portfólios de investimento mais resilientes. Tecnologias como mapeamento, ferramentas de transparência e inovações em cadeias de suprimento estão reduzindo os riscos dos projetos de soluções baseadas na natureza, atraindo investidores e democratizando o acesso a dados, o que aumenta a credibilidade desses investimentos.

Em 2017, foi criada a coalizão **Nature4Climate (N4C)** para ampliar a conscientização sobre o potencial das soluções baseadas na natureza em fornecer até um terço da mitigação de carbono necessária para cumprir as metas do Acordo de Paris até 2030. Das campanhas que apresentaram a natureza como "a solução esquecida" até a agenda da **Natureza Positiva**, os esforços de *advocacy* da N4C têm priorizado o papel central das soluções baseadas na natureza na mitigação do carbono e sua importância fundamental ao lado das estratégias de neutralidade de carbono. A mudança já está em curso. Mas precisa avançar com mais rapidez e ambição.

Toda a nossa economia depende dos recursos naturais e, ainda assim, a destruição da natureza continua seguindo o modelo extrativista. Precisamos fazer a transição de um modelo econômico exploratório para um modelo que revalorize os ecossistemas naturais, assegurando o bem-estar de longo prazo em vez de ganhos imediatos.

Não pode haver solução duradoura para o clima ou para a economia sem a natureza. Governos precisam incorporar a natureza em suas políticas, empresas devem parar e reverter a perda da biodiversidade e investidores precisam aproveitar as oportunidades econômicas que surgem da proteção e restauração dos ecossistemas. O sucesso depende de todos nós trabalharmos juntos — com a natureza.

Notas bibliográficas

1. CONVENÇÃO SOBRE A BIODIVERSIDADE GLOBAL. Kunming-Montreal Global Biodiversity Framework. 2022. Disponível em: www.cbd.int/gbf. Acesso em: 11 out. 2025.
2. CONVENÇÃO SOBRE A BIODIVERSIDADE GLOBAL. GBF Home, Target 15: Businesses Assess, Disclose and Reduce Biodiversity-Related Risks and Negative Impacts. 2024. Disponível em: www.cbd.int/gbf/targets/15. Acesso em: 11 out. 2025.
3. BUSINESS FOR NATURE. More Than 330 Businesses Call on Heads of State to Make Nature Assessment and Disclosure Mandatory at COP15, 25 outubro de 2022. Disponível em: www.businessfornature.org/news/business-call-for-mandatory-nature-assessment-and-disclosure-at-cop15. Acesso em: 11 out. 2025.
4. THE WALL STREET JOURNAL. Rahm Emanuel on the Opportunities of Crisis. 19 novembro de 2008. Disponível em: www.youtube.com/watch?v=_mzcbXi1Tkk. Acesso em: 11 out. 2025.

5. MAQUIAVEL, N. O Príncipe, Antonio Blado d"Asola, 1532. Disponível em: www.gutenberg.org/files/1232/1232-h/1232-h.htm. Acesso em: 11 out. 2025.

6. CARSON, R. Silent Spring. Houghton Mifflin Company, 1962. Disponível em: www.rachelcarson.org/silent-spring. Acesso em: 11 out. 2025.

7. AGÊNCIA DE PROTEÇÃO AMBIENTAL DOS EUA (EPA). The Birth of EPA – by Jack Lewis. 1985. Disponível em: www.epa.gov/archive/epa/aboutepa/birth-epa.html. Acesso em: 11 out. 2025.

8. PROGRAMA DAS NAÇÕES UNIDAS PARA O MEIO AMBIENTE (PNUMA). About Montreal Protocol. S. d. Disponível em: www.unep.org/ozonaction/who-we-are/about-montreal-protocol. Acesso em: 11 out. 2025.

9. AGÊNCIA EUROPEIA DO AMBIENTE. What Is the Current State of the Ozone Layer? 2024. Disponível em: www.eea.europa.eu/en/topics/in-depth/climate-change-mitigation-reducing-emissions/current-state-of-the-ozone-layer. Acesso em: 11 out. 2025.

10. PROGRAMA DAS NAÇÕES UNIDAS PARA O MEIO AMBIENTE (PNUMA). Rebuilding the Ozone Layer: How the World Came Together for the Ultimate Repair Job. Disponível em: www.unep.org/news-and-stories/story/rebuilding-ozone-layer-how-world-came-together-ultimate-repair-job. Acesso em: 11 out. 2025.

11. PROGRAMA DAS NAÇÕES UNIDAS PARA O MEIO AMBIENTE (PNUMA). Rebuilding the Ozone Layer: How the World Came Together for the Ultimate Repair Job. Disponível em: www.unep.org/news-and-stories/story/rebuilding-ozone-layer-how-world-came-together-ultimate-repair-job. Acesso em: 11 out. 2025.

12. BRITANNICA. United Nations Conference on Environment and Development. 2024. Disponível em: www.britannica.com/event/United-Nations-Conference-on-Environment-and-Development. Acesso em: 11 out. 2025.

13. NAÇÕES UNIDAS. United Nations Conference on Environment and Development, Rio de Janeiro, Brazil, 3-14 June 1992. S.d. Disponível em: www.un.org/en/conferences/environment/rio1992. Acesso em: 11 out. 2025.

14. PNUMA. The World Mourns One of Its Greats: Maurice Strong Dies, His Legacy Lives On. 2015. Disponível em: www.unep.org/news-and-stories/story/world-mourns-one-its-greats-maurice-strong-dies-his-legacy-lives. Acesso em: 11 out. 2025.

15. WBCSD. Our History. S.d. Disponível em: https://www.wbcsd.org/who-we-are/our-history/. Acesso em: 11 out. 2025.

16. SCHMIDHEINY, S.; CONSELHO EMPRESARIAL PARA O DESENVOLVIMENTO SUSTENTÁVEL. Changing Course: A Global Business Perspective on Development and the Environment. 1992. Disponível em: www.wbcsd.org/resources/changing-course/. Acesso em: 11 out. 2025.

17. SRF. Stephan Schmidheiny zu zwölf Jahren Gefängnis verurteilt, 8 junho de 2024. Disponível em: www.srf.ch/news/schweiz/wegen-fahrlaessiger-toetung-stephan-schmidheiny-zu-zwoelf-jahren-gefaengnis-verurteilt. Acesso em: 11 out. 2025.

18. WBCSD. Roadmaps to Nature Positive. S.d. Disponível em: www.wbcsd.org/actions/roadmaps-to-nature-positive. Acesso em: 11 out. 2025.

19. AVALIAÇÃO ECOSSISTÊMICA DO MILÊNIO. Overview of the Millennium Ecosystem Assessment. 2005. Disponível em: www.millenniumassessment.org/en/About.html. Acesso em: 11 out. 2025.

20. INSTITUTO DE RECURSOS MUNDIAIS (WRI). Millennium Ecosystem Assessment: Ecosystems and Human Well-Being, 1 março de 2005. Disponível em: www.wri.org/research/millennium-ecosystem-assessment-ecosystems-and-human-well-being. Acesso em: 11 out. 2025.

21. REID, W. et al. Ecosystems and Human Well-Being. Millennium Ecosystem Assessment, 2005. Disponível em: www.researchgate.net/publication/40119375_Millenium_Ecosystem_Assessment_Synthesis_Report. Acesso em: 11 out. 2025.

22. INSTITUTO DE RECURSOS MUNDIAIS (WRI); WBCSD; INSTITUTO MERIDIAN; The Corporate Ecosystem Services Review. 2008. Disponível em: www.wri.org. Acesso em: 11 out. 2025.

23. IUCN. No Net Loss and Net Positive Impact Approaches to Biodiversity. 2015. Disponível em: www.iucn.org/resources/publication/no-net-loss-and-net-positive-impact-approaches-biodiversity. Acesso em: 11 out. 2025.

24. BRITANNICA. Deepwater Horizon Oil Spill. 2024. Disponível em: www.britannica.com/event/Deepwater-Horizon-oil-spill. Acesso em: 11 out. 2025.

25. BRITANNICA. Deepwater Horizon Oil Spill. 2024. Disponível em: www.britannica.com/event/Deepwater-Horizon-oil-spill. Acesso em: 11 out. 2025.

26. BP. Sustainability Review 2010. 2010. Disponível em: www.bp.com/content/dam/bp/business-sites/en/global/corporate/pdfs/sustainability/archive/archived-reports-and-translations/2010/bp_sustainability_review_2010.pdf. Acesso em: 11 out. 2025.

27. WBCSD. Guide to Corporate Ecosystem Valuation. 2011. Disponível em: www.researchgate.net/publication/356427693_Guide_to_Corporate_Ecosystem_Valuation_About_the_World_Business_Council_for_Sustainable_Development_WBCSD. Acesso em: 11 out. 2025.

28. WBCSD. Guide to Corporate Ecosystem Valuation. 2011. Disponível em: www.researchgate.net/publication/356427693_Guide_to_Corporate_Ecosystem_Valuation_About_the_World_Business_Council_for_Sustainable_Development_WBCSD. Acesso em: 11 out. 2025.

29. CAPITALS COALITION. Natural Capital Protocol. 2026. Disponível em: https://capitalscoalition.org/capitals-approach/natural-capital-protocol/?fwp_filter_tabs=guide_supplement. Acesso em: 11 out. 2025.

30. KERING. Kering Digital EP&L Platform. 2024. Disponível em: www.kering.com/en/sustainability/measuring-our-impact/our-ep-l/. Acesso em: 11 out. 2025.

31. KERING. Kering Digital EP&L Platform. 2024.Disponível em: https://kering-group.opendatasoft.com/pages/home/. Acesso em: 11 out. 2025.

32. NATURA BRASIL. The Standing Forest. S.d. Disponível em: www.naturabrasil.com/blogs/blog-do-brasil/the-standing-forest. Acesso em: 11 out. 2025.

33. PERROT-MAÎTRE, D. The Vittel Payments for Ecosystem Services: A "perfect" PES Case?. International Institute for Environment and Development, Londres, Reino Unido, 2006. Disponível em: www.cbd.int/financial/pes/france-pesvittel.pdf. Acesso em: 11 out. 2025.

34. LE MONDE. Revealed: France"s Bottled Water Plants Widely Used Fraudulent Purifying Techniques. 30 janeiro de 2024. Disponível em: www.lemonde.fr/en/environment/article/2024/01/30/revealed-france-s-bottled-water-plants-widely-used-fraudulent-purifying-techniques_6477927_114.html. Acesso em: 11 out. 2025.

35. PNUMA. Natural Capital Declaration. 2012. Disponível em: www.unepfi.org/natural-capital-declaration/. Acesso em: 11 out. 2025.

36. PNUMA. Natural Capital Declaration. 2012. Disponível em: www.unepfi.org/natural-capital-declaration/. Acesso em: 11 out. 2025.

37. NAÇÕES UNIDAS. The Millennium Development Goals Report 2015. 2016. Disponível em: www.un-ilibrary.org/content/books/9789210574662/read. Acesso em: 11 out. 2025.

38. WE MEAN BUSINESS COALITION. Annual Report 2023. 2024. Disponível em: www.wemeanbusinesscoalition.org/wp-content/uploads/2024/07/We-Mean-Business-Coalition-Annual-Report-2023.pdf. Acesso em: 11 out. 2025.

39. CONVENÇÃO SOBRE A DIVERSIDADE BIOLÓGICA. Zero Draft of the Post-2020 Global Biodiversity Framework. Janeiro de 2020. Disponível em: www.cbd.int/doc/c/efb0/1f84/a892b98d2982a829962b6371/wg2020-02-03-en.pdf. Acesso em: 11 out. 2025.

40. COMISSÃO EUROPEIA. Virginijus Sinkevičius. S.d. Disponível em: https://commissioners.ec.europa.eu/virginijus-sinkevicius_en. Acesso em: 11 out. 2025.

41. ZABEY, E. Nature Is Everyone"s Business: A Call for Collective Action to Reverse Nature Loss. Business for Nature, 2020. Disponível em: www.businessfornature.org/news/nature-is-everyones-business-a-call-for-collective-action-to-reverse-nature-loss. Acesso em: 11 out. 2025.

42. BUSINESS FOR NATURE. Business for Nature"s Call to Action. S.d. Disponível em: www.businessfornature.org/call-to-action. Acesso em: 11 out. 2025.

43. BUSINESS FOR NATURE. Make It Mandatory Campaign. S.d. Disponível em: www.businessfornature.org/make-it-mandatory-campaign. Acesso em: 11 out. 2025.

44. BUSINESS FOR NATURE. Reform $1.8 Trillion Yearly Environmentally Harmful Subsidies to Deliver a Nature-Positive Economy. S.d. Disponível em: www.businessfornature.org/news/subsidy-reform. Acesso em: 11 out. 2025.

45. BUSINESS FOR NATURE. CEOs and Executives from More Than 80 Companies and Financial Institutions Urge the EU to Adopt Environmental Legislation to Address the Nature and Climate Crises Together. 2023. Disponível em: www.businessfornature.org/news/euenviroregulation. Acesso em: 11 out. 2025.

46. BUSINESS FOR NATURE. Businesses and Organizations Support Ambitious EU Reporting Standards to Scale and Speed up Nature Action. 2023. Disponível em: www.businessfornature.org/news/csrd. Acesso em: 11 out. 2025.

47. BUSINESS FOR NATURE. Business Statement. S.d. Disponível em: www.businessfornature.org/business-statement. Acesso em: 11 out. 2025.

48. COMISSÃO EUROPEIA. Corporate Sustainability Due Diligence. S.d. Disponível em: Corporate sustainability due diligence — European Commission (europa.eu). Acesso em: 11 out. 2025.

49. HOLGER, D. At least 10,000 foreign companies to be hit by EU sustainability rules. Wall Street Journal, 5 abr. 2023. Disponível em: www.wsj.com/articles/at-least-10-000-foreign-companies-to-be-hit-by-eu-sustainability-rules-307a1406. Acesso em: 11 out. 2025.

50. COMISSÃO EUROPEIA. Annex to the Commission Delegated Regulation (EU) Supplementing Directive 2013/34/EU of the European Parliament and of the Council as Regards Sustainability Reporting Standards. 2023. Disponível em: www.efrag.org/sites/default/files/sites/webpublishing/SiteAssets/ESRS%201%20Delegated-act-2023-5303-annex-1_en.pdf. Acesso em: 11 out. 2025.

51. BUSINESS FOR NATURE. High-Level Business Actions on Nature. S.d. Disponível em: www.businessfornature.org/high-level-business-actions-on-nature. Acesso em: 11 out. 2025.

52. SCIENCE BASED TARGETS NETWORK. Home. S.d. Disponível em: https://sciencebasedtargetsnetwork.org/. Acesso em: 11 out. 2025.

53. SCIENCE BASED TARGETS NETWORK. SBTN Announces First Companies Publicly Adopting Science-Based Targets for Nature. 30 outubro de 2024. Disponível em: https://sciencebasedtargetsnetwork.org/wp-content/uploads/2024/10/SBTN-October-announcement.docx-1.pdf. Acesso em: 11 out. 2025.

54. BUSINESS FOR NATURE. Sector Actions towards a Nature Positive Future. S.d. Disponível em: www.businessfornature.org/sector-actions. Acesso em: 11 out. 2025.

55. NOW FOR NATURE. The Nature Strategy Handbook. Nov. 2023. Disponível em: https://nowfornature.org/read-the-handbook/. Acesso em: 11 out. 2025.

56. NOW FOR NATURE. First Business Nature Strategies Published. S.d. Disponível em: https://nowfornature.org. Acesso em: 11 out. 2025.

57. NOW FOR NATURE. First Nature Strategies Featured as Part of "It"s Now for Nature". 2024. Disponível em: https://nowfornature.org/news/first-nature-strategies/. Acesso em: 11 out. 2025.

58. BUSINESS FOR NATURE. How Business and Finance Can Contribute to a Nature Positive Future Now. 2022. Disponível em: www.businessfornature.org/news/nature-positive-discussion-paper. Acesso em: 11 out. 2025.

59. UNIÃO EUROPEIA. Directive (EU) 2024/825 of the European Parliament and of the Council of 28 February 2024 on Empowering Consumers for the Green Transition through Better Protection against Unfair Practices and Better Information, Official

Journal of the European Union. 2024. Disponível em: https://eur-lex.europa.eu/legal-content/EN/TXT/PDF/?uri=OJ:L_202400825. Acesso em: 11 out. 2025.

60. ELDERSON, F. The economy and banks need nature to survive. The ECB Blog, 8 jun. 2023. Disponível em: www.ecb.europa.eu/press/blog/date/2023/html/ecb.blog230608~5cffb7c349.en.html. Acesso em: 11 out. 2025.

61. DANONE. Danone Became the First Publicly Listed Company to Adopt the "Société à Mission" Status. S.d. Disponível em: www.danone.com/about-danone/sustainable-value-creation/danone-societe-a-mission.html. Acesso em: 11 out. 2025.

62. NATURE4CLIMATE. Nature Tech Hub. 2024. Disponível em: https://nature4climate.org/nature-tech/. Acesso em: 11 out. 2025.

63. BUSINESS FOR NATURE. How Business and Finance Can Contribute to a Nature Positive Future Now. 2022. Disponível em: www.businessfornature.org/news/nature-positive-discussion-paper. Acesso em: 11 out. 2025.

64. BUSINESS FOR NATURE. Sector Actions towards a Nature-Positive Future. S.d. Disponível em: www.businessfornature.org/sector-actions. Acesso em: 11 out. 2025.

65. FÓRUM ECONÔMICO MUNDIAL. Nature Risk Rising: Why the Crisis Engulfing Nature Matters for Business and the Economy. 2020. Disponível em: https://www3.weforum.org/docs/WEF_New_Nature_Economy_Report_2020.pdf. Acesso em: 11 out. 2025.

66.GRI. Transparency Standard to Inform Global Response to Biodiversity Crisis. 25 janeiro de 2024. Disponível em: www.globalreporting.org/news/news-center/transparency-standard-to-inform-global-response-to-biodiversity-crisis/. Acesso em: 11 out. 2025.

67. IFRS. GRI and IFRS Foundation Collaboration to Deliver Full Interoperability That Enables Seamless Sustainability Reporting. 24 maio de 2024. Disponível em: www.ifrs.org/news-and-events/news/2024/05/gri-and-ifrs-foundation-collaboration-to-deliver-full-interoperability/. Acesso em: 11 out. 2025.

Dorothy Maseke
Chefe do Secretariado da African Natural Capital Alliance (ANCA), e líder para a África, Finanças Naturais e TNFD no Financial Sector Deepening (FSD) África.

13. FINANÇAS PARA A NATUREZA POSITIVA

Introdução
Por que trabalho com finanças para a natureza

Não vou fazer de conta que atuo nesta área há muitos anos. Não posso reivindicar qualquer tipo expertise em natureza, tampouco afirmar ter feito contribuições significativas nessa área. Sou nova nesse campo — meu foco começou a partir do que só posso chamar de um descontentamento. Descontentamento diante do que vi acontecer ao meu redor, e que me levou a seguir essa paixão sob a forma de um projeto. Minha jornada de "descontentamento" foi marcada por muitas experiências, grandes e pequenas, que alteraram a lente através da qual enxergo o mundo.

Ao mesmo tempo, reconheço o privilégio de poder transformar isso em carreira, aproveitando uma mudança na metade de minha trajetória profissional, e o privilégio de poder escrever sobre o tema. Quando reflito sobre a obra da zoóloga, primatóloga e antropóloga Jane Goodall, que acompanhei de perto por anos, vejo agora o impacto profundo que ela teve sobre mim. Penso em Sir David Attenborough — cuja voz acompanho na BBC desde criança — e, de repente, entendo o que despertou essa paixão tão intensa pelo que faço hoje. Essas vozes e escritos cultivaram em mim essa chama, desde quando eu era muito jovem.

E aqui está a razão do meu descontentamento. Está vendo aquela árvore ali? Aquela árvore tem uma história. Eu a chamo de meu "símbolo do descontentamento". Tenho sua foto emoldurada no meu escritório. Uma imagem especial, que me lembra por que faço o que faço. Quando criança, meus irmãos e eu costumávamos escalá-la. Corríamos ao redor dela, brincando, cantando, coletando conchas na beira do lago durante as férias escolares, quando éramos literalmente enviados para o interior da Ilha Rusinga, no Quênia. Infelizmente, essa árvore avança cada vez mais para dentro do lago a cada ano. Desde que me lembro, o pôr do sol foi a única constante naquela margem. Em poucos anos, essa árvore vai apodrecer e morrer. Na ilha, também existe um prédio conhecido como o "Centro". Em muitos vilarejos do Quênia, há sempre um espaço chamado assim — geralmente o mercado, onde se concentram lojas e negócios. Mas, em Rusinga, o prédio do Centro, localizado na beira da ilha, foi destruído pelas águas que avançavam. Pouco a pouco, o Centro está perdendo sua praia, à medida que a elevação das águas desloca comércios e estabelecimentos.

Essa é a minha aldeia.

Figura 13.1 O sol se põe na Ilha Rusinga, Quênia.

Crédito da foto: Norman Abade.

Quando publiquei pela primeira vez essas fotos e a história da Ilha Rusinga, leitores vieram me contar que também tinham histórias a compartilhar. Histórias de rios em que nadavam e que hoje estão secos; de florestas e campos onde se escondiam para brincar e que desapareceram. Assim, todas as manhãs, mesmo a centenas de quilômetros de distância, surge a lembrança daquela árvore antiga, daquele prédio no Centro e daquela praia que lentamente desaparece. Sei que minha aldeia não sofreu níveis extremos de devastação como muitos outros lugares do mundo, afetados pela degradação da natureza e da biodiversidade. Mas aquela foi a causa do meu descontentamento. Digo isso com absoluta certeza: precisamos respeitar o mundo em que vivemos. Precisamos proteger o que ainda resta. É tolice acreditar que nosso mundo atual tem muito tempo pela frente. Basta olhar para os efeitos devastadores que já vemos sobre a natureza e nossas comunidades.

Muitas vezes repito para mim mesma: *"há tanto a fazer, e tão pouco tempo"*. Essas palavras descrevem exatamente como me sinto quando nenhuma outra consegue dar conta desse peso. Mas, neste capítulo, vou encontrar as palavras. Palavras para transformar essa tarefa árdua – movida por esse fardo em meu coração, esse descontentamento – em uma experiência desafiadora, mas também inspiradora. Palavras que possam salvar meu país, meu continente e o planeta para as próximas gerações. Palavras que impulsionem mais financiamento para a natureza. Deixe-me agora apresentar a história, o presente e o futuro deste tema que me é tão caro.

13.1 A história do financiamento para a natureza

Embora vários elementos das finanças para a natureza só tenham entrado recentemente no léxico do mundo financeiro, alguns de seus fundamentos remontam a centenas de anos. Nesse sentido, podemos considerar os conceitos de finanças de conservação e de investimentos socialmente responsáveis.

- ***Finanças de conservação***

Comecemos pelas finanças de conservação. O registro mais antigo remonta a 1634, nos Estados Unidos. Naquele ano, os moradores de Boston votaram a favor de um imposto de seis xelins por domicílio a fim de comprar a fazenda de William Blackstone, que foi transformada em área comunitária usada para fins públicos, militares, agrícolas e de lazer. Como forma de conservação "utilitária", foram criadas regras que limitavam o número de cabeças de gado no pasto da área comum por família, prevenindo o excesso de pastoreio. Esse exemplo mostra como uma comunidade autogerida pode investir em espaços abertos, gerando benefícios públicos e privados.[1]

Mais a oeste, nos EUA, o Parque Nacional de Yellowstone, estabelecido em 1° de março de 1872, é frequentemente reconhecido como o primeiro parque nacional do mundo. Essa área emblemática foi protegida do desenvolvimento privado por meio de uma legislação conhecida como *Yellowstone National Park Protection Act.* A lei declarava: *"As nascentes do rio Yellowstone... ficam aqui reservadas e retiradas de assentamento, ocupação ou venda... e dedicadas e separadas como parque público ou espaço de lazer para benefício e desfrute do povo"*[3]. Durante um período de expansão territorial e de descobertas pós-expedição, o governo federal reconheceu o imenso valor daquela terra e se mobilizou para preservá-la da exploração privada. De forma semelhante, as Hot Springs, no Arkansas, protegidas desde 1832, são consideradas a reserva federal mais antiga dos Estados Unidos, originalmente criada para conservar e gerir suas águas termais para uso público.

• ***Precursores do investimento de impacto***

Figura 13.2 Celebração da Água no Boston Common.

Fonte: U.S. National Park Service[2] (Imagem de domínio público).

As raízes dos *investimentos socialmente responsáveis* — precursores do investimento de impacto contemporâneo — também remontam a tempos antigos. O conceito de *Tzedek* (que significa justiça e igualdade), conforme estabelecido na lei judaica e escrito entre 1500 e 1300 a.C., definiu padrões econômicos iniciais. Esses padrões abrangiam os direitos e responsabilidades dos indivíduos e enfatizavam a importância de prevenir não apenas danos imediatos, mas também potenciais, tanto para as pessoas quanto para o meio ambiente.[4] De forma semelhante, o Alcorão, escrito entre 609 e 632 d.C., também estabeleceu princípios baseados nos ensinamentos islâmicos, com foco central em evitar a exploração por meio do padrão Riba. Esse padrão não apenas proíbe a cobrança de juros, como também exclui investimentos em álcool, carne de porco, jogos de azar, armamentos e ouro e prata.[5]

Nos Estados Unidos, as raízes do investimento responsável remontam ao século XVIII, com os metodistas, grupo de protestantes que se opunha ao tráfico de escravos, ao contrabando e ao consumo abusivo. Também evitavam investir em empresas envolvidas na produção de bebidas alcoólicas ou tabaco, ou que incentivassem o jogo.[6] Essa abordagem evoluiu nos anos 1960, quando os protestos contra a Guerra do Vietnã exigiram que fundos patrimoniais universitários se desfizessem de ativos ligados a empresas de armamentos.[7]

Da mesma forma, os protestos contra o regime do *apartheid* na África do Sul levaram a desinvestimentos significativos em empresas sul-africanas e impulsionaram mudanças institucionais e legislativas em escala global.[8] Com o tempo, os princípios do investimento socialmente responsável alinharam-se a uma filosofia de investimento consistente, refletindo as preocupações dos investidores – desde a oposição ao tráfico de escravos e a conflitos até o apoio ao comércio justo e à resposta a questões modernas relacionadas a critérios ambientais, sociais e de governança corporativa (ESG).

• *Trocas de dívida por natureza e títulos verdes*

Com base nessas raízes, as últimas décadas testemunharam a introdução de instrumentos genuínos de finanças para a natureza, notadamente por meio das trocas de dívida por natureza e dos títulos verdes. Em 1984, o World Wildlife Fund (hoje conhecido como *World Wide Fund for Nature*, WWF) apresentou a ideia das trocas de dívida por natureza para fortalecer os esforços de conservação em países em desenvolvimento.[9] Esse conceito surgiu do reconhecimento de que países com significativa diversidade biológica frequentemente enfrentam forte pressão financeira devido à dívida externa.

O primeiro acordo desse tipo foi assinado em 1987 entre o governo da Bolívia e a Conservation International (CI). A CI adquiriu US$ 650 mil da dívida externa boliviana pelo valor com desconto de US$ 100 mil. Em contrapartida, a Bolívia comprometeu-se a oferecer máxima proteção legal à Reserva da Biosfera Beni, a criar três áreas protegidas adjacentes e a destinar US$ 250 mil em moeda local para as atividades de gestão da reserva. Apesar de controvérsias e atrasos iniciais, esse acordo destacou o potencial das trocas de dívida por natureza como ferramenta de financiamento da conservação.

Na África, a primeira troca de dívida por natureza ocorreu em agosto de 2023, em um acordo de US$ 500 milhões articulado pelo Bank of America. O acordo reduziu a taxa de juros da dívida do Gabão e estendeu o prazo de pagamento, com o país se comprometendo a investir pelo menos US$ 125 milhões na expansão de uma reserva marinha e no fortalecimento da regulamentação pesqueira, ajudando a proteger os golfinhos-corcunda ameaçados de extinção.[10] Cada vez mais amplas, as trocas de dívida por natureza têm tido sua utilização expandida como estratégia financeira para aliviar dívidas nacionais em troca de compromissos ambientais.[11]

Antes disso, em 2007, o Banco Europeu de Investimento, braço de crédito da União Europeia, foi quem emitiu o primeiro título verde, seguido pelo Banco Mundial no ano seguinte. Desde então, diversos governos e empresas entraram nesse mercado para financiar projetos ambientalmente responsáveis. De início, o mercado de títulos verdes cresceu lentamente, mas ganhou grande impulso com iniciativas globais como o Acordo de Paris e os Princípios para o Investimento Responsável da ONU.[12]

13.2 Situação atual

• *Por que precisamos de financiamento para a natureza*

Em primeiro lugar, precisamos rememorar a gravidade do problema.

De acordo com a Plataforma Intergovernamental de Ciência e Política sobre Biodiversidade e Serviços Ecossistêmicos (IPBES), a atividade humana já transformou, de forma dramática, 75% da superfície terrestre e impactou mais de 66% das áreas oceânicas. Isso levou à perda de mais de 50% dos recifes de corais e 85% das áreas úmidas, deixando 25% das espécies de plantas e animais do planeta em risco de extinção — mais de um milhão de espécies enfrentam a ameaça de desaparecer completamente.[13]

Estamos no limite de pontos de inflexão irreversíveis para a natureza e o clima. Mais da metade do PIB global — US$ 44 trilhões — está potencialmente ameaçado pela perda da natureza e também é dependente dela, de forma moderada ou bastante relevante. A destruição dos sistemas naturais, além de agravar as mudanças climáticas, introduz riscos significativos para a economia global.[14]

Especialistas destacam o aumento dos riscos à estabilidade econômica e financeira causados pela degradação contínua da natureza,[15] inclusive no relatório *The Economics of Biodiversity: The Dasgupta Review*.[16] O Fórum Econômico Mundial afirmou, em 2020, que é necessária uma transformação fundamental em três sistemas socioeconômicos: uso de alimentos, terras e oceanos; infraestrutura e ambiente construído; e energia e extrativismo.[17] Coincidentemente, esses sistemas também são os principais responsáveis pelas pressões mais significativas do setor empresarial sobre a biodiversidade. Segundo a Lista Vermelha da IUCN, 46.300 espécies estão ameaçadas de extinção — o que se refere apenas a 28% das espécies já avaliadas.[18] Esses mesmos sistemas, no entanto, concentram as maiores oportunidades para liderar a criação conjunta de oportunidades positivas para a natureza. Já foram identificados negócios no valor de US$ 10 trilhões que são capazes de gerar 395 milhões de empregos até 2030, abrindo espaço para um desenvolvimento que beneficie tanto as pessoas quanto a natureza, ao mesmo tempo em que fortaleça a resiliência frente a choques futuros. Para viabilizar essa transição, serão necessários US$ 2,7 trilhões por ano até 2030.[17]

Somente os custos de restauração, devido ao seu alto custo, exigem os maiores níveis de investimento — US$ 125 bilhões por ano até 2025 e mais de US$ 177 bilhões por ano até 2030. Estima-se que isso represente mais da metade do financiamento destinado às Soluções Baseadas na Natureza (NbS) anualmente até 2030.[14]

• *O desafio do financiamento*

Para reduzir a lacuna de financiamento, a Meta 19 do Marco Global da Biodiversidade de Kunming-Montreal (GBF) busca mobilizar recursos adicionais de US$ 200 bilhões por ano para a biodiversidade, provenientes de todas as fontes — incluindo US$ 30 bilhões via financiamento internacional.[19] Mas isso ainda está muito aquém do necessário. Os fluxos financeiros atuais destinados às NbS estão em torno de US$ 200 bilhões — apenas um terço do que seria necessário para alcançar as metas de clima, biodiversidade e degradação até 2030. Esses fluxos precisam aumentar em US$ 236 bilhões até 2025 e em mais US$ 342 bilhões até 2030, em relação aos valores atuais, para alcançar os objetivos definidos.[14]

Apesar de o financiamento para as NbS ter crescido apenas 11% no último ano, tem acontecido um impulso crescente: 66% dos governos já se comprometeram a restaurar e proteger ecossistemas como parte de suas Contribuições Nacionalmente Determinadas (NDCs) no âmbito do Acordo de Paris, e mais de 100 governos incluíram ecossistemas naturais em seus planos de adaptação. Os governos continuam sendo a principal fonte de financiamento de NbS, respondendo por cerca de 82% do total.[14]

PERSPECTIVA 13.1
A lacuna (de quase) um trilhão de dólares nas finanças para a natureza

Por Jennifer Morris, CEO, The Nature Conservancy

Lembro-me de modo bastante vívido do momento em que comecei a compreender com profundidade como a natureza está ligada à saúde e ao bem-estar econômico — e como toca diretamente a nossa vida cotidiana. Eu morava em uma vila rural na Namíbia e assisti em primeira mão as enormes consequências trazidas pela mudança do clima e pela perda da biodiversidade. Cercadas por campos castigados pela seca, mulheres tinham de passar dias inteiros viajando longas distâncias para buscar água e lenha, ficando expostas à violência e reduzindo drasticamente suas chances de encontrar empregos remunerados. Três décadas depois, vemos essa perda acontecer em ritmo e escala alarmantes.

A emergência climática e a rápida perda da biodiversidade são as maiores ameaças da nossa geração e, ainda assim, a natureza frequentemente não é devidamente valorizada — e, até recentemente, sequer aparecia nos balanços contábeis. No The Nature Conservancy, identificamos uma lacuna de financiamento anual entre US$ 722 e 967 bilhões entre o que o mundo gasta em atividades que beneficiam a natureza e aquelas que a destroem.[20] Para reverter o declínio da biodiversidade até 2030 e cumprir os compromissos do 30x30, precisamos chegar a um investimento anual de cerca de US$ 824 bilhões.

Desde que identificamos essa lacuna nas finanças para a natureza, em 2019, houve progressos significativos. O estabelecimento do Marco

Global da Biodiversidade de Kunming-Montreal foi o ponto de virada de que tanto precisávamos. Iniciativas subsequentes, como o Plano de 10 Pontos,[21] delinearam uma visão clara de como podemos preencher essa lacuna. Mas, embora tenhamos avançado muito, nossos sistemas ainda não estão preparados para operar na escala necessária.

Governos, filantropia e empresas estão assumindo responsabilidades, mas, para cada US$ 3 de financiamento público para a natureza, existe apenas US$ 1 de financiamento privado. Para atender à urgência e à dimensão do desafio, precisamos mudar — e adotar ideias ousadas que aumentem de forma rápida e ambiciosa os fluxos financeiros destinados às áreas e às pessoas que mais precisam. O caminho para um mundo positivo para a natureza, capaz de sustentar sociedades estáveis e economias saudáveis no longo prazo, não se resume apenas a reduzir danos. Trata-se de uma mudança fundamental na forma como valorizamos e precificamos a natureza — e dependerá da criatividade e da inovação necessárias para repensar como catalisar o financiamento e o investimento privados, levando recursos diretamente às comunidades que mais necessitam.

• *O paradoxo dos fluxos financeiros negativos*

Infelizmente, embora exista um subfinanciamento significativo das Soluções Baseadas na Natureza (NbS), os sistemas econômicos e financeiros negativos para a natureza continuam a degradá-la sem parar. Subsídios ambientalmente prejudiciais, estimados em cerca de 2% do PIB global (US$ 1,8 trilhão), aceleram a degradação dos recursos naturais por meio de métodos de produção e consumo, enfraquecendo os ecossistemas mais amplos que sustentam a saúde planetária.[22]

Esses fluxos financeiros globais, de fontes públicas e privadas, que impactam negativamente a natureza, são estimados em US$ 7 trilhões por ano.[14] Essa estimativa baseia-se apenas nos impactos diretos, conhecidos como emissões de Escopo 1, que se referem aos gases de efeito estufa liberados diretamente por fontes pertencentes ou controladas por organizações, como emissões da combustão de combustíveis ou de processos industriais.

Apesar do investimento privado mínimo nas NbS, aproximadamente US$ 5 trilhões em financiamento privado têm efeito negativo direto sobre a natureza — 140 vezes mais alto que o montante investido em NbS. No setor público, embora compromissos governamentais sejam numerosos, os subsídios ambientalmente prejudiciais aumentaram 55%. O efeito combinado desses fluxos financeiros negativos para a natureza, vindos de ambos os setores, é imensamente destrutivo, minando significativamente os esforços para ampliar o financiamento das NbS[14]. Como destacado anteriormente, os níveis atuais de financiamento privado, público ou de Assistência Oficial ao Desenvolvimento (AOD) são insuficientes para enfrentar a perda da biodiversidade, exigindo, portanto, uma mudança transformadora de incentivos prejudiciais para incentivos positivos para a natureza.

• *Desenvolvimentos em instituições multilaterais e no setor privado*

A Meta 19 do GBF inclui objetivos específicos para abordar o financiamento da biodiversidade. Ela enfatiza a necessidade de alinhar os fluxos financeiros às metas de biodiversidade e de mobilizar recursos financeiros de todas as fontes, incluindo o financiamento privado, para enfrentar a crise da natureza. Diversos atores do sistema financeiro e econômico global já deram passos iniciais para responder à crise da natureza e ao chamado do GBF, como demonstram os exemplos abaixo. Ainda assim, muito trabalho ainda precisa ser feito para assegurar que esses esforços se traduzam em impactos significativos e duradouros na conservação da biodiversidade e na saúde dos ecossistemas.

Integração da natureza nas discussões financeiras globais

A natureza está sendo cada vez mais integrada às discussões financeiras e econômicas globais. Iniciativas como a Força-Tarefa sobre Divulgações Financeiras Relacionadas à Natureza (TNFD), que desenvolveu um quadro de referência para que organizações relatem riscos relacionados à natureza, de forma semelhante à Força-Tarefa sobre Divulgações Financeiras Relacionadas ao Clima (TCFD), ajudaram a aumentar a conscientização sobre os riscos financeiros associados à perda de biodiversidade e à degradação dos ecossistemas.

O guia de políticas da OCDE para ministros de Finanças, Economia e Meio Ambiente recomenda a incorporação da biodiversidade no setor financeiro, incluindo recomendações para que formuladores de políticas, reguladores, definidores de padrões, investidores e provedores de financiamento alinhem os fluxos financeiros com as metas de biodiversidade, dando maior atenção ao impacto das finanças sobre a natureza. O guia também destaca a necessidade de alinhar políticas orçamentárias e fiscais com objetivos de biodiversidade.[23]

Mais de 130 empresas e instituições financeiras, com receitas combinadas de US$ 1,1 trilhão, apelaram a chefes de Estado e de governo para que adotem e façam cumprir políticas de natureza, a fim de implementar o Marco Global da Biodiversidade e acelerar uma ação corporativa decisiva pela natureza. A declaração empresarial, coordenada pela *Business for Nature*, é um apelo urgente do setor privado aos governos para uma liderança imediata no fortalecimento — e não no enfraquecimento — das políticas, incentivos e legislações que impulsionarão a ação empresarial necessária para deter e reverter a perda da natureza nesta década.

Ela apresenta recomendações para políticas de natureza que assegurem que empresas e atores financeiros protejam a natureza e restaurem ecossistemas degradados; que promovam o uso e a gestão sustentável de recursos para reduzir impactos ambientais negativos; que a natureza seja valorizada e incorporada à tomada de decisões, bem como à divulgação de informações; que os fluxos financeiros sejam alinhados a uma economia positiva para a natureza, neutra em carbono e equitativa; e que haja a adoção de acordos globais ambiciosos para enfrentar os principais desafios da perda da natureza. Se essas iniciativas ousadas forem implementadas, poderão abrir novas oportunidades e criar um ambiente sólido e favorável à ação empresarial. Entre elas, o estabelecimento de marcos regulatórios claros e mecanismos de incentivo é fundamental para ampliar a responsabilidade corporativa e garantir igualdade de condições para empresas e instituições financeiras.[24]

Um grupo de cientistas e economistas de instituições como Stockholm Resilience Centre, Potsdam Institute for Climate Impact Research, Norwegian Business School e do Clube de Roma publicou o livro *Earth for All — A Survival Guide for Humanity*,[25] que explora políticas econômicas capazes de promover transformações extraordinárias para alcançar prosperidade para todos dentro dos limites planetários,[26] em apenas uma geração.

Compromissos de instituições financeiras

Um número crescente de instituições financeiras está se comprometendo a alinhar seus investimentos a resultados positivos para a natureza. Por exemplo, o Compromisso de Financiamento para a Biodiversidade já conta com mais de 194 instituições financeiras, representando 29 países e mais de 23 trilhões de euros em ativos combinados, comprometidas em proteger e restaurar a biodiversidade por meio de suas atividades financeiras e investimentos.[27] Iniciativas semelhantes estão em andamento na África, por meio da *African Natural Capital Alliance*, que reúne instituições financeiras e, mais recentemente, outros agentes de mercado de mais de 45 países africanos.

Desenvolvimento de taxonomias baseadas na natureza

Diversos países e regiões estão desenvolvendo ou já desenvolveram taxonomias que incluem critérios relacionados à natureza. A agenda de finanças sustentáveis da União Europeia[28] busca apoiar empresas e o setor financeiro ao incentivar o financiamento privado de projetos e tecnologias de transição, além de facilitar fluxos financeiros para investimentos sustentáveis. A *Taxonomia da UE para Atividades Sustentáveis*[29] inclui critérios para atividades que contribuam significativamente para a biodiversidade e os ecossistemas, ajudando a direcionar investimentos para projetos positivos para a natureza.

Maior envolvimento do setor privado

O setor privado tem reconhecido cada vez mais os riscos financeiros decorrentes da perda de biodiversidade. Empresas e investidores começam a considerar o capital natural em seus processos de decisão. Isso se reflete no aumento de produtos financeiros sustentáveis, como títulos verdes (*green bonds*) e fundos voltados para a biodiversidade. Detalhes sobre isso serão abordados adiante.

Revisão de subsídios prejudiciais

Esforços para revisar subsídios ambientalmente prejudiciais que contribuem para a perda de biodiversidade estão ganhando força. Diversos acordos internacionais e políticas nacionais têm como objetivo redirecionar subsídios para atividades que apoiem a biodiversidade e a conservação da natureza. Tanto as nações do G7[30] quanto do G20[31] assumiram compromissos de reduzir subsídios que contribuem para a degradação ambiental, como os subsídios a combustíveis fósseis, e redirecionar recursos para práticas sustentáveis, incluindo Soluções Baseadas na Natureza.

Alianças globais e encontros

Alianças globais para ampliar o investimento na natureza continuam a surgir. Por exemplo, a força-tarefa *Natural Capital Investment Alliance*, lançada em 2021, busca ampliar e criar sinergias entre grandes proprietários e gestores de ativos, por meio do compromisso de mobilizar pelo menos US$ 10 bilhões em capital privado para investimentos em capital natural. O objetivo é promover e demonstrar a oportunidade associada ao investimento em capital natural como um novo tipo de ativos a ser escalonado.[32]

• ***Iniciativas governamentais: uma visão panorâmica***

Vários países estão reconhecendo cada vez mais o papel das finanças e da economia no enfrentamento da crise da natureza e vêm implementando esforços que vão desde reformas de políticas e diretrizes financeiras até programas inovadores que alinham as atividades econômicas à conservação da natureza.

O Reino Unido, por exemplo, lançou em 2021 a *Dasgupta Review on the Economics of Biodiversity*, que enfatizou a importância do capital natural no planejamento econômico.[33] Em seguida, o país assumiu o compromisso de garantir ganho líquido obrigatório de biodiversidade em novos empreendimentos e de integrar os riscos financeiros relacionados à natureza em sua *Estratégia de Financiamento Verde.*[34] O Reino Unido também criou a *Força-Tarefa para Mercados da Natureza* a fim de orientar o desenvolvimento de mercados baseados na natureza.

Mais tarde, a União Europeia adotou a *Taxonomia da UE para Atividades Sustentáveis,*[32] que inclui critérios específicos para atividades que contribuam para a biodiversidade e a saúde dos ecossistemas. Essa taxonomia orienta investimentos em projetos sustentáveis e faz parte do mais amplo *Acordo Verde Europeu*, cujo objetivo é tornar a Europa o primeiro continente neutro em carbono até 2050. A UE também está trabalhando ativamente para reformar subsídios ambientalmente prejudiciais, com planos de redirecionar esses recursos para resultados positivos para a natureza.

A tentativa da Costa Rica de reconhecer o valor econômico da natureza levou o país a implementar um programa de *Pagamentos por Serviços Ambientais* (PES), que compensa proprietários de terras pela conservação de florestas que fornecem serviços ecossistêmicos vitais.[35] Esse programa é financiado em parte por um imposto sobre combustíveis e contribuiu para um aumento significativo da cobertura florestal. A Costa Rica também integrou o capital natural em seu sistema nacional de contas, permitindo que decisões políticas fossem melhor informadas.

A China integrou o conceito de "civilização ecológica" em sua estratégia nacional de desenvolvimento, enfatizando a necessidade de harmonizar crescimento econômico e proteção ambiental.[36] O país desenvolveu as Diretrizes para o Financiamento Verde para encorajar instituições financeiras a apoiar projetos ambientalmente sustentáveis.[37] Além disso, está testando a contabilidade de capital natural (NCA) em várias províncias para medir e gerir melhor seus recursos naturais.[38]

A abordagem da Nova Zelândia envolve a incorporação do capital natural em seu quadro orçamentário de bem-estar (*Wellbeing Budget*).[39] Seu Framework para Padrões de Bem-Estar inclui a sustentabilidade ambiental como pilar central, garantindo que a natureza seja considerada em todas as principais decisões econômicas. A Nova Zelândia também tem sido pioneira no reconhecimento dos direitos da natureza, como ao conceder personalidade jurídica ao Rio Whanganui e à Floresta Te Urewera.[40]

A abordagem do Canadá para o sistema socioeconômico de infraestrutura e ambiente construído inclui o *Nature Smart Climate Solutions Fund*, que investe em Soluções Baseadas na Natureza para reduzir as emissões de gases de efeito estufa. O país também vem avançando na implementação da NCA para valorizar melhor seus vastos recursos naturais e incorporar esses valores nas decisões nacionais e corporativas.[41]

• *Barreiras e oportunidades para o investimento em natureza*

Apesar das ações já adotadas, o financiamento para a natureza está claramente aquém do necessário para atingir as metas de Natureza Positiva. A esse respeito, vale destacar uma constatação da *Dasgupta Review*, mencionada anteriormente: "Coletivamente, contudo, falhamos em gerir de forma sustentável nosso portfólio global de ativos. Estimativas mostram que, entre 1992 e 2014, o capital produzido por pessoa dobrou, e o capital humano por pessoa aumentou cerca de 13% globalmente; mas o estoque de capital natural por pessoa caiu em quase 40%. Acumular capital produzido e humano à custa do capital natural é o que crescimento e desenvolvimento econômico passaram a significar para muitas pessoas".

Por que houve tão pouco progresso? A questão fundamental ainda sem resposta é: como podemos não valorizar aquilo de que depende, moderada ou fortemente, metade de todo o PIB mundial?

A resposta é simples: apesar dos compromissos globais de deter a perda de biodiversidade, nossos sistemas econômicos e financeiros falham em valorizar adequadamente a natureza e não enfrentam os fracassos do mercado que impulsionam sua superexploração. Em vez disso, esses sistemas frequentemente incentivam atividades econômicas ambientalmente prejudiciais. Os serviços ecossistêmicos nos foram dados gratuitamente pela natureza durante milênios e, por isso, não nos parece aceitável valorizarmos e investirmos no que sempre esteve disponível. Estimar o momento, a progressão e a magnitude de seus impactos é um desafio — devido à sua natureza de bem público global. Como resultado, os países frequentemente priorizam necessidades mais imediatas e visíveis.[42]

Embora em alguns casos a natureza seja precificada na economia por meio de políticas e mercados, essa precificação pode não ser adequada[43] — por exemplo, quando impostos ambientais são insuficientes para deter a destruição da natureza, como argumenta Dasgupta.[33] Além disso, os preços não capturam todos os custos, especialmente os efeitos colaterais negativos que, em grande parte, são de difícil mensuração.[44]

Iniciativas como o *G20 Sustainable Finance Roadmap* e a *Bridgetown Initiative* ilustram as reformas tão necessárias na arquitetura financeira global, que permitiriam aos países alcançar os objetivos do GBF e reverter a perda de biodiversidade. Contudo, mesmo com esforços em curso em diversos países, enfrentar a perda de biodiversidade é desafiador porque as regras e incentivos econômicos e financeiros ainda não estão alinhados com as metas do GBF.

Os países em desenvolvimento enfrentam um desafio ainda maior devido ao acesso limitado a mercados e à falta de espaço fiscal para mobilizar financiamento na escala necessária para evitar os graves impactos da perda de biodiversidade, da degradação da natureza e da redução dos serviços ecossistêmicos. O adiamento desses investimentos termina por empurrá-los para um círculo vicioso que os expõe ao risco de colapso ecológico[42].

Além disso, as estruturas existentes são voluntárias. Embora o International *Sustainability Standards Board* (ISSB) tenha adotado os Requisitos Gerais para Divulgação de Informações Financeiras Relacionadas à Sustentabilidade (*IFRS S1*) e as Divulgações Relacionadas ao Clima (*IFRS S2*), outros padrões de divulgação relacionados à natureza estão planejados para a fase seguinte de desenvolvimento. Esses padrões visam garantir que investidores recebam informações de alta qualidade e comparáveis sobre riscos e oportunidades relacionados à sustentabilidade, e que as empresas possam fornecer tais informações de forma eficiente.

Vamos agora examinar alguns outros desafios enfrentados pelas finanças para a natureza.

a. Desafios da contabilidade do capital natural

A Contabilidade do Capital Natural (NCA, na sigla em inglês) é uma abordagem sistemática para medir e valorar os estoques (que acompanham a saúde dos ativos naturais em relação a uma linha de base) e os fluxos (que acompanham o valor dos benefícios que a natureza fornece em um determinado período) dos recursos naturais e dos serviços ecossistêmicos em termos econômicos. Isso nos oferece um meio de integrar o valor da natureza aos sistemas de contabilidade nacionais e corporativos, garantindo que os benefícios derivados dos ativos naturais sejam reconhecidos e incorporados aos processos de tomada de decisão.

O objetivo principal da NCA é melhorar a gestão e o uso sustentável dos recursos naturais, tornando visível e quantificável o seu valor econômico. Vários desafios, no entanto, limitam sua efetividade no âmbito das finanças para a natureza. Um problema significativo é a ausência de metodologias padronizadas para medir e valorar ativos naturais. Essa inconsistência gera dificuldades na comparação de dados entre regiões e setores, dificultando a criação de uma abordagem unificada para investidores.

Os desafios de padronização para empresas incluem aspectos de avaliação de impacto e métodos de valoração, bases de dados de fatores de valoração e formatos de relatórios;[45], entre outros. Além disso, a NCA frequentemente enfrenta dificuldades devido à complexidade dos ecossistemas, pelo fato de as interdependências entre vários elementos naturais tornarem desafiador isolar e quantificar componentes individuais. A falta de dados detalhados e de alta qualidade agrava ainda mais esses problemas, já que os dados existentes são muitas vezes fragmentados e inconsistentes, limitando a precisão dos resultados da NCA. Em 2023, apenas 90 países utilizavam o Sistema de Contabilidade Ambiental e Econômica (SEEA), das Nações Unidas e mantinham pelo menos uma conta de capital natural. A utilidade e a descentralização dos dados da NCA também continuam sendo desafiadoras, com níveis variados de avanço entre os países[46]. Geralmente é mais comum se contabilizar os fluxos de água, florestas, terras, agricultura e energia — embora outros pontos contabilizáveis, incluindo biodiversidade e ecossistemas, necessitem cada vez mais serem levados em conta.

b. Pontos cegos

No nosso mundo em rápida transformação, há uma tendência crescente de ignorar o papel intrínseco que a natureza desempenha no enfrentamento de preocupações imediatas como a mudança climática, os conflitos e as pandemias. Embora a mudança climática seja frequentemente apresentada como um problema crítico, é essencial reconhecer que a saúde de nossos ecossistemas naturais está intimamente ligada à estabilidade do nosso clima[47]. Da mesma forma, conflitos e pandemias não estão isolados de fatores ambientais — ecossistemas degradados podem agravar ambos[48], contribuindo para a escassez de recursos e a propagação de doenças. Ignorar o papel fundamental da natureza nesses problemas urgentes compromete nossa capacidade de desenvolver soluções holísticas e sustentáveis.

c. Restrições de dados

O "desafio dos dados" é uma expressão frequentemente utilizada no discurso cotidiano sobre finanças para a natureza. Essas restrições representam obstáculos significativos ao financiamento e ao investimento em natureza, dificultando a capacidade de tomar decisões informadas que equilibrem retornos financeiros com sustentabilidade ecológica. Preocupações específicas dizem respeito à falta de dados padronizados e de alta qualidade sobre o valor econômico do capital natural e sobre os riscos associados à perda da biodiversidade. As complexidades na mensuração e na valoração dos serviços ecossistêmicos agravam ainda mais esse desafio.

A disponibilidade limitada de dados robustos e confiáveis também restringe o desenvolvimento de produtos e mecanismos financeiros capazes de impulsionar o investimento em natureza. Por exemplo, a TNFD identificou as restrições de dados como uma das principais barreiras à integração de riscos relacionados à natureza nas decisões financeiras. A força-tarefa publicou um estudo exploratório para uma plataforma global de dados, afirmando que "dados de alta qualidade relacionados à natureza são um bem público global, cada vez mais demandado por uma ampla gama de atores públicos, privados e da sociedade civil em todo lugar", e que "sempre que possível, dados básicos relacionados à natureza devem ser acessíveis a uma ampla gama de partes interessadas e não mantidos atrás de paywalls ou em sistemas proprietários"[49].

A TNFD propõe uma plataforma pública de dados, cujo próximo passo será o desenho de um modelo preferencial de governança, financiamento e operação que possa dialogar com iniciativas de dados climáticos relacionadas. Sem dados abrangentes, investidores e formuladores de políticas têm dificuldade em avaliar o verdadeiro valor dos ativos naturais e os retornos potenciais de investimentos em projetos de conservação e restauração, levando a uma lacuna persistente de financiamento em iniciativas positivas para a natureza[50]. Essa situação reforça a necessidade urgente de aprimorar a coleta, a padronização e o compartilhamento de dados para ampliar as finanças para a natureza e garantir que os investimentos estejam alinhados com metas mais amplas de sustentabilidade. Há ainda argumentos de que o problema não é a escassez de dados, mas sim a forma como as medições de biodiversidade é interpretada, bem como questões de acessibilidade, qualidade, formato, relevância, escala e transparência[51].

d. Falta de desenvolvimento dos mercados de capitais

O desenvolvimento de mercados de capitais dedicados ao financiamento da natureza e da biodiversidade permanece incipiente em escala global[52].

Essa significativa ausência de produtos, instrumentos e mercados financeiros especificamente desenhados para enfrentar a conservação da biodiversidade e a gestão sustentável dos recursos naturais cria uma grande lacuna nos esforços para mobilizar o capital necessário. Parte da razão para isso é que produtos vinculados à natureza e à biodiversidade nem sempre proporcionam retorno financeiro ou geram fluxo de caixa positivo, e as considerações sobre biodiversidade não estão totalmente integradas nos modelos financeiros usados por investidores para alocação de capital.[45] Outros desafios no que se refere à oferta e à demanda que atuam como barreiras ao investimento em natureza incluem a falta de projetos passíveis de investimento, a estrutura das transações, o pequeno porte dos projetos, os prazos longos de investimento e os altos riscos associados.[53] Devido a falhas de mercado, os mercados financeiros podem não refletir adequadamente o verdadeiro valor dos ativos naturais, seja por imperfeições de mercado, falta de informação ou motivações de lucro de curto prazo. Isso pode resultar em subinvestimento em esforços de conservação e restauração ou, ainda pior, levar à degradação do capital natural, à medida que as forças de mercado falham em considerar a sustentabilidade ecológica de longo prazo.

É por isso que, apesar do crescente interesse do setor financeiro, o fluxo de capital privado para a natureza continua dolorosamente lento, particularmente entre investidores institucionais. Além disso, embora os *green bonds* e os empréstimos vinculados à sustentabilidade tenham ganhado espaço nos últimos anos, seu foco tem sido em grande parte em iniciativas relacionadas ao clima, com apenas uma pequena parte direcionada à biodiversidade e às Soluções Baseadas na Natureza. Os fundos relacionados ao clima somam cerca de US$ 534 bilhões em ativos sob gestão (AUM),[54] em contraste com os atuais 15 fundos de biodiversidade com US$ 1 bilhão em AUM.[55] Essa disparidade evidencia a necessidade urgente de mecanismos financeiros inovadores e de marcos regulatórios que canalizem capital privado e público para projetos que apoiem a conservação da biodiversidade e a restauração dos ecossistemas em escala global.

A integração da natureza nos mercados de capitais deve ser uma evolução necessária nas finanças. À medida que instituições financeiras continuam a impulsionar mudanças e as preferências dos consumidores evoluem, o potencial dos mercados de capitais para apoiar um futuro sustentável e resiliente torna-se cada vez mais alcançável.

e. Ausência de resultados positivos para a natureza

Mesmo ao discutirmos o desenvolvimento dos mercados de capitais, um princípio-chave é que qualquer mecanismo de desenvolvimento de mercado deve levar a resultados positivos para a natureza, o que significa que os investimentos devem resultar em um ganho líquido mensurável em capital natural. No entanto, especialistas apontam que nem todos os mercados de natureza são equitativos ou verdadeiramente positivos para a natureza.[43] Por exemplo, certos investimentos podem inadvertidamente levar à degradação ambiental em vez de à sua melhoria. Um exemplo conhecido é a substituição de florestas nativas biodiversas por plantações de monocultura, o que pode comprometer a biodiversidade e a saúde dos ecossistemas, mesmo sendo rotulado como uma Solução Baseada na Natureza. Avanços significativos têm sido feitos em termos de desenvolvimento e de adoção contínua de marcos como o TNFD (ver mais adiante neste capítulo), que buscam enfrentar essas questões oferecendo orientações estruturadas sobre como empresas e instituições financeiras podem integrar riscos e oportunidades relacionados à natureza em seus processos de decisão. Entretanto, a falta de capacidade e de consciência tanto sobre os riscos quanto sobre as oportunidades potenciais da natureza continua sendo um desafio. Muitos investidores e formuladores de políticas ainda têm dificuldade em diferenciar entre investimentos verdadeiramente positivos para a natureza e aqueles que podem ter consequências negativas não intencionais. Para garantir que o desenvolvimento dos mercados de capitais apoie genuinamente a natureza, é necessário contar com marcos regulatórios mais robustos, melhores mecanismos de dados e divulgação e maior colaboração entre instituições financeiras, especialistas em conservação e comunidades locais. Sem essas medidas, o risco que permanece é o de que as finanças para a natureza possam reforçar práticas prejudiciais em vez de promover uma restauração ambiental significativa e a resiliência dos ecossistemas.

f. A confusão entre valoração e monetização do capital natural

Pesquisadores argumentam que a monetização do capital natural não deve ser confundida com a valoração do capital natural. Thomas Cuckston sustenta que, enquanto a monetização envolve atribuir um valor financeiro a elementos da natureza para fins de transações econômicas, esse processo não reflete necessariamente o verdadeiro valor ecológico da biodiversidade.[56] Ele enfatiza que o valor ecológico é complexo e multifacetado, frequentemente abrangendo aspectos que não podem ser facilmente quantificados ou capturados em termos financeiros. De forma semelhante, Ian Thomson argumenta que a monetização, embora útil em alguns contextos, não é sinônimo de valoração.[57] Ele defende uma abordagem mais sutil, que vá além de métricas econômicas simples, e que incorpore um quadro integrado que combine múltiplas formas de conhecimento — incluindo ciência ecológica, percepções das comunidades locais e considerações éticas — na contabilidade ambiental e na tomada de decisão.

Os mercados financeiros, por outro lado, prosperam com a monetização, uma vez que valores monetários podem ser atribuídos a transações, e essa monetização é muitas vezes vista como equivalente à valoração da natureza. Independentemente da posição — seja em apoio ou em oposição à valoração ou à monetização — ambas apresentam oportunidades econômicas, mas também levantam dilemas significativos. Embora atribuir um valor monetário à natureza possa ajudar a enfrentar a lacuna de financiamento da biodiversidade, essa abordagem levanta sérias preocupações quanto às suas implicações ecológicas, práticas e morais. Em primeiro lugar, a monetização da natureza corre o risco de reduzir ecossistemas complexos a métricas econômicas simplificadas.[56] Valorizar uma floresta apenas por sua capacidade de sequestro de carbono, como frequentemente ocorre nos mercados de carbono, ignora outras funções críticas, como biodiversidade, regulação hídrica e relevância cultural. Esse foco estreito pode levar à priorização de certos serviços ecossistêmicos em detrimento de outros, resultando potencialmente em práticas prejudiciais, como a promoção de plantações de monocultura ao invés de priorizar usos de terra mais sustentáveis e focados na biodiversidade.

Além disso, as implicações em termos de equidade são profundas. Investidores e corporações ricos podem se beneficiar desproporcionalmente dos mercados da natureza, enquanto Povos Indígenas e Comunidades Locais (IPLCs), que dependem desses recursos para sua subsistência, podem ser marginalizados. Isso pode não apenas gerar conflitos sociais, mas também minar a confiança nos mercados de natureza, travando seu progresso. Por fim, as considerações éticas não podem ser ignoradas. A mercantilização de organismos vivos e ecossistemas levanta questões sobre se é apropriado atribuir valor econômico a elementos da natureza que possuem um valor intrínseco além dos termos monetários. Nesse contexto, a monetização é vista como uma forma de denegrir o valor intrínseco da natureza, substituindo o amor inato das pessoas por ela e a obrigação moral de protegê-la por incentivos de mercado voltados ao interesse financeiro individual[59].

Em seu artigo "*The Fabrication of Environmental Intangibles as a Questionable Response to Environmental Problems*", Eve Chiapello e Anita Engels[60] examinam criticamente a mercantilização dos recursos ambientais intangíveis, como créditos de carbono e serviços ecossistêmicos. O argumento central de Chiapello é que o processo de transformar elementos ambientais em mercadorias comercializáveis — chamado de "fabricação" — é uma resposta problemática às crises ambientais. As autoras argumentam que essa abordagem frequentemente simplifica relações ecológicas complexas e reduz a proteção ambiental a uma série de transações econômicas, que podem não abordar efetivamente as causas subjacentes da degradação ambiental. Chiapello e Engels[60] também destacam as questões éticas e práticas envolvidas nesse processo de mercantilização, questionando se os mecanismos de mercado podem realmente capturar o valor dos bens e serviços ambientais. Elas sugerem que essa abordagem baseada no mercado pode agravar os problemas ambientais ao incentivar um foco em ganhos financeiros em detrimento da sustentabilidade ecológica genuína. Tais argumentos ressaltam a necessidade de uma abordagem equilibrada e cautelosa em relação à valoração e à monetização do capital natural e seus efeitos sobre a tomada de decisão.

13.3 Estratégias e marcos de referência

Como o mundo pode superar os desafios que as finanças para a natureza enfrentam atualmente? A resposta precisa pode variar por jurisdição e por setor. Mas, em nível global, diversas estratégias e marcos de referência foram criados para enfrentar os desafios que impactam o financiamento da natureza e da biodiversidade. Esses esforços incluem cúpulas, alianças focadas no desenvolvimento de quadros de referência e organizações de definição de padrões que criam métricas e medidas. A seguir, apresentamos uma visão geral dessas estratégias e marcos.

Contabilidade do Capital Natural

Como mencionado anteriormente neste capítulo, a NCA é um quadro que integra os recursos naturais e os serviços ecossistêmicos aos sistemas de contabilidade nacionais e corporativos. Ao valorar as contribuições da natureza para as economias, a NCA fornece uma visão mais clara da importância econômica da biodiversidade e dos ecossistemas. Ela permite que governos e empresas tomem decisões mais informadas ao evidenciar as compensações a serem feitas na relação entre desenvolvimento econômico e sustentabilidade ambiental. Globalmente, diversas iniciativas, como o Sistema de Contabilidade Ambiental e Econômica (SEEA), das Nações Unidas, estão trabalhando para padronizar as práticas de NCA. Esses esforços são cruciais para integrar o capital natural à tomada de decisões econômicas convencionais, assegurando que os verdadeiros custos da degradação ambiental sejam reconhecidos e enfrentados.

Planos nacionais de financiamento da biodiversidade

Os planos de financiamento da biodiversidade são marcos estratégicos concebidos para mobilizar e alocar recursos financeiros para a conservação e o uso sustentável da biodiversidade. Esses planos envolvem um mapeamento do panorama financeiro para a natureza que, combinado a um exame do catálogo global de soluções financeiras e a consultas nacionais sobre ideias emergentes, frequentemente resulta em soluções antes não identificadas. Eles também incluem a definição de uma linha de base para a lacuna nacional de financiamento da biodiversidade e, em geral, envolvem a identificação das necessidades financeiras, a definição de prioridades e a mobilização de recursos provenientes de uma combinação de fontes públicas, privadas e filantrópicas.

Os planos também enfatizam mecanismos de financiamento inovadores, como créditos de biodiversidade, títulos verdes e pagamentos por serviços ecossistêmicos a fim de assegurar um financiamento sustentável e de longo prazo. Essa ferramenta já é utilizada por mais de 130 países, tendo a Malásia, como pioneira, introduzido um sistema de Transferências Fiscais Ecológicas que direcionou mais de US$ 87 milhões em alocações para seus estados, com base em critérios ecológicos.[58]

Com apoio do *Global Environment Facility* (GEF), o Programa das Nações Unidas para o Desenvolvimento (PNUD) está apoiando outros 91 países na elaboração de planos nacionais de financiamento da biodiversidade, incluindo a revisão de subsídios prejudiciais e o realinhamento de políticas fiscais.[61]

Força-Tarefa sobre Divulgações Financeiras Relacionadas à Natureza (TNFD)

A TNFD é uma iniciativa global que busca desenvolver um quadro de referência para que organizações relatem e ajam sobre riscos e oportunidades relacionados à natureza[62]. O quadro da TNFD fornece orientações sobre como as empresas podem divulgar seus impactos sobre a natureza, integrando as considerações de biodiversidade à tomada de decisões financeiras. Ao promover transparência e responsabilidade, a TNFD ajuda a alinhar os fluxos financeiros às metas globais de biodiversidade, apoiando a transição para uma economia positiva para a natureza.

PERSPECTIVA 13.2
Como a Força-Tarefa sobre Divulgações Financeiras Relacionadas à Natureza (TNFD) ajuda a redirecionar o capital global de resultados negativos para a natureza para resultados positivos para a natureza

Por Tony Goldner, Diretor-Executivo, TNFD

Inspirada no trabalho e no impacto global da Força-Tarefa sobre Divulgações Financeiras Relacionadas ao Clima (TCFD), a Força-Tarefa sobre Divulgações Financeiras Relacionadas à Natureza (TNFD) foi lançada em 2021 com o apoio do G20 e do G7 e de uma rede de organizações globais que definem normas e padrões em ciência.[63]

Em termos simples, seu objetivo é ajudar a trazer a natureza para o registro de riscos e para o balanço patrimonial de empresas e instituições financeiras, com base no reconhecimento fundamental de que a resiliência dos negócios e dos portfólios de capital em todo o mundo depende, em diferentes graus, da resiliência da natureza.

Ao mudar mentalidades, comportamentos e, em última instância, ações de empresas e do setor financeiro em direção à natureza por meio da relatoria corporativa como instrumento, o objetivo final da TNFD é ajudar a redirecionar os fluxos de capital global de resultados negativos para a natureza para resultados positivos para a natureza.

Como uma iniciativa liderada pelo mercado, a TNFD é composta por 40 executivos do setor privado.[64] No entanto, por meio de sua abordagem de "inovação aberta" para o desenho e desenvolvimento, bem como de suas extensas atividades de engajamento com o mercado, ela conquistou o apoio e a participação de atores de todo o mundo, incluindo cientistas, líderes da sociedade civil, organizações de conservação e comunidades indígenas.

A reação inicial do mercado ao lançamento das recomendações da TNFD para relatoria corporativa, em setembro de 2023, foi significativa. Em 2024, o primeiro ano após a publicação de suas recomendações de divulgação, métricas e conjunto de orientações de implementação, a TNFD assegurou a adoção voluntária por 500 organizações em mais de 40 jurisdições.[65] Essas organizações representavam mais de US$ 6 trilhões em capitalização de mercado entre empresas de capital aberto, mais de US$ 16 trilhões em ativos sob gestão entre proprietários e gestores de ativos, e 25% dos Bancos Globais de Importância Sistêmica (GSIBs).

Com base em suas recomendações centrais de divulgação, e ancorada nelas, a TNFD desenvolveu, no outono de 2024, orientações adicionais de implementação, notadamente sobre planejamento de transição para a natureza e impactos financiados sobre a natureza (o equivalente, para a natureza, às emissões financiadas).[66] Essas orientações são sustentadas por uma arquitetura de mensuração e métricas que oferece aos participantes do mercado, pela primeira vez, métricas recomendadas para apoiar relatórios quantitativos de dependências, impactos, riscos e oportunidades relacionados à natureza (DIROs). Uma parte crítica dessa arquitetura de mensuração são as métricas para avaliar o "estado da natureza", desenvolvidas pela *Iniciativa Natureza Positiva*,[67] da qual a TNFD é membro fundador.

Em apenas três anos desde sua criação, e em estreita colaboração com parceiros-chave como a *Capitals Coalition*, a Rede de Metas Baseadas na Ciência (SBTN) —, a *Global Reporting Initiative* (GRI) e o ISSB, a TNFD desempenhou um papel central ao oferecer uma ferramenta integrada de avaliação e relatoria de ponta a ponta, permitindo que empresas e instituições financeiras tomem ações concretas e práticas alinhadas às metas e objetivos do Marco Global da Biodiversidade (GBF). Especificamente, ela contribui para a Meta 15 do GBF, que conclama os governos a introduzirem, até 2030, exigências de avaliação e divulgação de impactos, dependências e riscos relacionados à natureza.

Aliança de Créditos de Biodiversidade (BCA)

Essa é uma coalizão que reúne diferentes partes interessadas, incluindo um grupo de cientistas, acadêmicos, profissionais de conservação e definidores de padrões, com vínculos diretos com Povos Indígenas e Comunidades Locais, para definir e desenvolver conceitos relevantes que contribuam para a formação de um mercado de biodiversidade transparente e confiável.[68]

Painel Consultivo Internacional sobre Créditos de Biodiversidade (IAPB)

Essa iniciativa independente e global busca ajudar a destravar fluxos financeiros significativos para a natureza por meio do desenvolvimento de mercados de créditos de biodiversidade de alta integridade. O painel fornece orientação especializada para a criação e implementação de esquemas de créditos de biodiversidade e trabalha em estreita colaboração com diversas organizações para estabelecer boas práticas e garantir que os créditos de biodiversidade resultem em benefícios reais para a conservação.[69]

Força-tarefa sobre mercados de natureza

É uma força-tarefa que se concentra na criação de diretrizes e marcos de referência para mercados baseados na natureza, incluindo créditos de biodiversidade. Seu objetivo é alinhar esses mercados às metas globais de sustentabilidade, assegurando que contribuam para a proteção e a restauração da biodiversidade.[70]

Programa de padrões para investimentos em natureza

O Programa de padrões para investimentos em natureza é uma iniciativa voltada ao desenvolvimento de padrões que orientem investimentos em Soluções Baseadas na Natureza e em projetos de biodiversidade. Esse programa busca estabelecer critérios claros para que o setor financeiro possa avaliar e gerir riscos e oportunidades relacionados à biodiversidade.[71]

A contribuição da IUCN para mensurar a Natureza Positiva

A IUCN está desenvolvendo uma abordagem para definir e implementar metas verificadas e robustas para espécies e ecossistemas dentro de um quadro de Natureza Positiva. Essa abordagem envolve o estabelecimento de metas para resultados líquidos positivos em biodiversidade, a implementação de práticas favoráveis à biodiversidade e a mensuração do progresso em relação a marcos estabelecidos. A abordagem da IUCN fornece um roteiro para alcançar ganhos de biodiversidade, promovendo uma contribuição proativa e positiva aos esforços globais de conservação.[72]

O padrão de biodiversidade da Plan Vivo

PV Nature é o padrão de biodiversidade da *Plan Vivo Foundation* (instituição de caridade registrada no Reino Unido que apoia comunidades rurais vulneráveis e combate a mudança climática ao redor do mundo, principalmente por meio do desenvolvimento e aplicação de seus padrões). O objetivo é gerar os primeiros certificados de biodiversidade de alta integridade, que proporcionem resultados sólidos e confiáveis para a natureza, juntamente com benefícios sociais e climáticos.[73]

A nova metodologia de biodiversidade da Verra

A Verra, conhecida por seu papel em padrões de carbono, introduziu uma nova metodologia de biodiversidade que oferece um quadro rigoroso para a quantificação, monitoramento e verificação de resultados em biodiversidade. Essa metodologia foi desenhada para apoiar a criação de créditos de biodiversidade, permitindo que projetos gerem ganhos mensuráveis de biodiversidade que possam ser comercializados em mercados voluntários. Ao definir critérios claros e robustos, a metodologia da Verra assegura que os créditos de biodiversidade se baseiem em práticas cientificamente sólidas e transparentes.[74]

Padrão Global de Biodiversidade (GBS)

O GBS estabelece um quadro abrangente para a avaliação e verificação de impactos e resultados em biodiversidade e é a única certificação internacional do mundo que reconhece e promove a proteção, a restauração e o fortalecimento da biodiversidade. Seu objetivo é fornecer um padrão universal para medir o desempenho em biodiversidade em diferentes setores e geografias.[75]

Organização de Certificados de Biodiversidade (OBC)

A OBC é dedicada à criação de certificados de biodiversidade padronizados que quantificam e verificam resultados positivos em biodiversidade. Seu objetivo é fornecer um quadro reconhecido globalmente para a emissão de certificados de biodiversidade, assegurando consistência e credibilidade na mensuração e na relatoria dos ganhos em biodiversidade. Esses certificados podem ser utilizados por empresas e governos para demonstrar suas contribuições à conservação da biodiversidade, facilitando a integração da biodiversidade em relatórios financeiros e corporativos.[76]

8.4 Instrumentos financeiros para a Natureza Positiva

Um segundo aspecto fundamental para tornar as finanças para a natureza eficazes é identificar e utilizar os instrumentos financeiros adequados para enfrentar desafios na natureza e na biodiversidade. De forma geral, existem quatro ferramentas: mercados de créditos, troca de dívida por natureza, pagamentos por serviços ecossistêmicos e abordagens tradicionais de investimento, como integração de riscos e atendimento à evolução das demandas dos investidores. Entre eles, os mercados de créditos — em especial os de carbono — são provavelmente os mais desenvolvidos; por isso começaremos por eles.

• *Mercados de créditos*

Um crédito é uma quantidade determinada de um serviço ecossistêmico, como 1 tonelada de carbono ou uma quantidade definida de biodiversidade, que pode ser comercializada em um mercado.[77] De acordo com a taxonomia dos mercados de natureza,[77] os mercados de créditos se dividem em dois tipos:

- *Créditos específicos da natureza* refletem o valor dos serviços ecossistêmicos. Podem incluir créditos voluntários de biodiversidade que representem um resultado positivo em biodiversidade (ou uma atividade realizada e com alta probabilidade de resultar em um resultado positivo em biodiversidade) e que não sejam usados para compensar um impacto negativo equivalente sobre a biodiversidade em outro lugar.
- *Créditos de carbono relacionados à natureza*, por outro lado, refletem o valor do sequestro ou do armazenamento de carbono.[78] São tokens transferíveis que representam a evitação ou a remoção de emissões de gases de efeito estufa, medidos em toneladas de dióxido de carbono equivalente (tCO_2e).[76]

Embora os créditos de carbono tenham como objetivo principal reduzir ou compensar emissões de CO_2, em vez de proteger diretamente a biodiversidade, eles estão cada vez mais alavancando Soluções Baseadas na Natureza — que aproveitam o poder de ecossistemas saudáveis para remover e armazenar carbono — para alcançar esse objetivo. Alguns projetos já estão valorizando os resultados positivos para a biodiversidade derivados desses projetos de carbono baseados na natureza, criando créditos de carbono de maior valor.[79]

Outra forma de distinguir os créditos é entre "ativos" e "pendentes", distinção já amplamente utilizada nos créditos de carbono, os mais desenvolvidos entre os créditos relacionados à natureza:

- "Ativos" significam que os créditos foram totalmente verificados, emitidos e estão prontos para uso, comercialização ou afastamento. Esses créditos representam reduções ou remoções reais e quantificadas de dióxido de carbono ou outros gases de efeito estufa que já ocorreram.
- "Pendentes" (também chamados de "*forward credits*" ou créditos "futuros") representam reduções ou remoções de carbono previstas, esperadas para ocorrer no futuro. Esses créditos ainda não foram verificados nem emitidos porque as atividades de redução de carbono não foram totalmente concluídas. Os compradores desses créditos estão, essencialmente, investindo na capacidade futura do projeto de gerar reduções de carbono.

Os créditos de carbono também podem ser artificiais ou baseados na natureza, e podem ser usados como "compensações" ou "inserções":

- "Compensações" (Offsets) são créditos adquiridos por uma entidade para compensar suas emissões de gases de efeito estufa financiando projetos que reduzem ou removem uma quantidade equivalente de CO_2 ou outros gases de efeito estufa em outro local.
- "Inserções" (Insets), por sua vez, são créditos gerados por projetos que reduzem ou removem emissões dentro da própria cadeia de suprimentos ou operações de uma empresa. Em outras palavras, o *insetting* envolve a implementação de projetos de redução de carbono diretamente relacionados à cadeia de valor da empresa. Por exemplo, uma empresa de alimentos pode trabalhar com seus agricultores para adotar práticas agrícolas sustentáveis que aumentem o sequestro de carbono no solo ou reduzam as emissões decor-

rentes do uso de fertilizantes. Os créditos de carbono gerados por essas atividades seriam considerados insets porque fazem parte da cadeia de suprimentos da empresa.

• ***Mercados de créditos de carbono***

Os créditos de carbono são negociados em dois tipos de mercados: Mercados Voluntários de Carbono (VCMs) e Mercados de Compensação Regulatória (Compliance Markets).

- VCMs são impulsionados por organizações e indivíduos que optam por compensar suas emissões além do que é legalmente exigido. Esses mercados são frequentemente utilizados por empresas que buscam atingir metas de responsabilidade social corporativa ou por indivíduos que desejam reduzir sua pegada de carbono. Aqui, os compradores apoiam projetos que reduzem emissões.
- Mercados de Compensação Regulatória, por outro lado, são regulados por regimes nacionais, regionais ou internacionais obrigatórios de redução de carbono. Normalmente, destinam-se a emissores com uso intensivo de energia. Nesses mercados, as entidades são legalmente obrigadas a reduzir suas emissões e podem comprar ou negociar créditos de carbono para atender às suas exigências regulatórias. Esses esquemas incluem tanto impostos sobre carbono quanto sistemas de *cap-and-trade*, como no caso da União Europeia, que alteram os incentivos econômicos ao tornar mais caro poluir. Sete dos 30 mercados de compensação existentes no mundo permitem algum uso de créditos de carbono.

Segundo o *London Stock Exchange Group* (LSEG), o valor dos mercados globais de permissões de dióxido de carbono (CO_2) negociados atingiu um recorde de 881 bilhões de euros em 2023.[80] O mercado de carbono mais valioso do mundo, de longe, foi o Sistema de Comércio de Emissões da UE (EU ETS), avaliado em cerca de 770 bilhões de euros, representando 87% do total global. A maior parte do valor restante veio de um grupo restrito de outros países e regiões, incluindo o Reino Unido (4%) e os EUA (8%),[81] onde a Califórnia e os 11 estados do Nordeste reunidos na Iniciativa Regional de Gases de Efeito Estufa (RGGI)[82] criaram mercados regionais de compensação. (Em nível nacional, no entanto, os EUA não possuem um mercado de carbono.) Outras economias com mercados de créditos de carbono incluem Austrália, Canadá, China, Indonésia e Coreia. Diversas outras grandes economias – incluindo Brasil, Índia, México, Nigéria, Tailândia e Vietnã – estão em fase de testes ou considerando adotar o modelo, segundo dados de 2024 do Banco Mundial.[83] Ainda assim, apenas a UE, o Reino Unido e os mercados regionais dos EUA alcançaram valor significativo em seus mercados de carbono (falaremos mais sobre isso adiante).

Em comparação, o valor total negociado no VCM foi de apenas US$ 2,5 bilhões em 2023[84], muito aquém do que especialistas consideram necessário para ter impacto material nas emissões. Notavelmente, o ex-governador do Banco da Inglaterra, Mark Carney, destacou que um mercado de "US$ 50–100 bilhões por ano é imperativo para ajudar a reduzir emissões".[85] Um relatório recente da Força-Tarefa para o Escalonamento dos Mercados Voluntários de Carbono (TSVCM) indicou que a demanda por créditos voluntários de carbono (VCCs) deve aumentar 15 vezes até 2030, com a necessidade de mais de um aumento de 100 vezes para alcançar a neutralidade líquida até 2050.[86]

Além do óbvio obstáculo da escala, os VCMs enfrentam diversos outros desafios, incluindo preocupações sobre a qualidade e integridade dos créditos de carbono, falta de padronização e questões de transparência e verificação. Um desafio significativo é garantir que os créditos de carbono representem reduções reais, adicionais e permanentes de emissões. Por exemplo, alguns projetos de conservação florestal foram criticados por emitir créditos de desmatamento supostamente evitado em áreas que talvez nem estivessem antes sob risco, levantando dúvidas sobre o verdadeiro impacto ambiental. Essa falta de supervisão mais rígida e de metodologias padronizadas pode comprometer a credibilidade dos VCMs, dificultando que empresas e indivíduos confiem que suas compras estão realmente contribuindo para a mitigação climática.

Para compreender melhor como os mercados de carbono funcionam na prática, vamos olhar com mais detalhes o Sistema de Comércio de Emissões da União Europeia (EU ETS), o maior mercado de carbono do mundo.

• *O mercado europeu de compensação de carbono e seu funcionamento*

Lançado em 2005, o EU ETS tornou-se um pilar da estratégia da União Europeia para combater a mudança climática. O mercado regula cerca de 11.000 instalações em diferentes setores, desde geração de calor e energia até indústrias de uso intensivo de energia.[87] Ele opera sob o princípio do *cap-and-trade*, no qual é estabelecido um teto para o total de gases de efeito estufa que podem ser emitidos pelas instalações cobertas pelo sistema. Dentro desse teto, as empresas recebem ou compram permissões de emissão, que podem ser negociadas entre si, conforme necessário. Essas permissões podem ser alocadas gratuitamente ou leiloadas, dependendo do setor e das regras específicas em vigor. Indústrias de alto risco, como aquelas suscetíveis à fuga de carbono (quando empresas transferem a produção para países com restrições de emissão mais brandas), frequentemente recebem uma parcela significativa de suas permissões gratuitamente, a fim de manter a competitividade.

Cada permissão dá direito ao titular emitir uma tonelada de dióxido de carbono ou seu equivalente em outros gases de efeito estufa. Empresas que reduzem suas emissões podem vender suas permissões excedentes para aquelas que têm dificuldade em permanecer dentro de seus limites. Isso cria um incentivo financeiro para que as empresas reduzam suas emissões, já que podem lucrar vendendo permissões não utilizadas.

A maioria das permissões é leiloada pelos Estados-Membros da UE. As empresas devem adquirir essas permissões para cobrir suas emissões. O processo de leilão é centralizado por meio de plataformas designadas, assegurando transparência e acesso igual para todos os participantes. Há leilões diários e mensais que variam em volume. Para participar das negociações de compra e venda de contratos futuros de Licenças da União Europeia (EUAs), é necessário ser participante direto do mercado com uma conta registrada ou utilizar um corretor ou banco para intermediar a operação. Uma vez que as permissões de emissão tenham sido colocadas em circulação pelas empresas da UE, podem ser negociadas no mercado secundário por qualquer parte que possua uma conta registrada na UE. Dentro dessa conta, as partes podem comprar e vender EUAs no mercado de balcão.

O teto de emissões totais no EU ETS é reduzido anualmente, diminuindo o número de permissões disponíveis. Essa escassez eleva o preço das permissões ao longo do tempo, incentivando as empresas a investir em tecnologias mais limpas para reduzir a necessidade de comprar permissões adicionais. Ao final de cada período de conformidade (normalmente um ano), as empresas devem entregar permissões suficientes para cobrir suas emissões totais. Caso não o façam, enfrentam multas pesadas e são obrigadas a compensar o déficit no período seguinte. Isso garante que o teto seja respeitado e que as reduções de emissões sejam alcançadas.

Por meio desse sistema de distribuição e negociação, o EU ETS incentiva as empresas a reduzir suas emissões ao mesmo tempo em que oferece flexibilidade sobre como cumprir suas obrigações regulatórias. O estreitamento gradual do teto assegura que as emissões totais na UE continuem a diminuir, impulsionando o progresso em direção às metas climáticas europeias.

REDD+ e a iniciativa africana de mercados de carbono

REDD+

Os mercados de créditos de carbono podem ser empregados com a ambição exclusiva de reduzir emissões de carbono, mas também podem cumprir um duplo papel, gerando resultados positivos para a natureza ao lado de resultados negativos em carbono. Um exemplo fundamental, nesse sentido, é o programa soberano de mercados de carbono conhecido como REDD+. O mecanismo REDD+ foi estabelecido pela UNFCCC para proteger florestas no âmbito do Acordo de Paris. ("REDD" significa – Redução de Emissões por Desmatamento e Degradação Florestal em países em desenvolvimento. O "+" refere-se a atividades florestais adicionais que protegem o clima, a saber, o manejo sustentável das florestas e a conservação e o aumento dos estoques de carbono florestal).[88]

O REDD+ é a maior categoria individual de projetos de créditos de carbono do mundo, respondendo por 28% de todos os créditos emitidos desde 2016, além de produzir créditos soberanos.[89] Seu objetivo é incentivar as nações em desenvolvimento a conservar suas florestas e reverter o desmatamento, contabilizando esses resultados nas suas Contribuições Nacionalmente Determinadas (NDCs). Embora o REDD+ tenha como foco principal países em desenvolvimento – devido às extensas florestas tropicais, cruciais para o armazenamento de carbono – os princípios de manejo sustentável da terra e conservação são relevantes em todo o mundo.

O acordo da COP26 sobre créditos soberanos de carbono – que viabilizou a criação de um *rulebook* para a negociação global de créditos soberanos e REDD+ no âmbito da UNFCCC – trouxe um otimismo essencial para a transição do mercado voluntário rumo à conformidade com o Acordo de Paris, alinhando-se em termos de padrões, escala e sofisticação. Dessa forma, os créditos soberanos de carbono podem estimular o desenvolvimento e o aperfeiçoamento do mercado voluntário.[90] Especificamente para países de baixa e média renda, especialistas destacam que nações em desenvolvimento estão impulsionando o mercado em direção a uma abordagem jurisdicional de REDD+ (soberana ou subnacional), que amplia o escopo do REDD+ para além de projetos ou áreas específicas. Isso permite a compra voluntária de um ativo com padrão de conformidade, com potencial para levar mais participantes do mercado a financiar o progresso rumo às metas de neutralidade líquida do Acordo de Paris.[91]

Iniciativa de Mercados de Carbono da África (ACMI)

Outro exemplo de mercado de carbono iniciante, mas promissor, é a Iniciativa de Mercados de Carbono da África (ACMI). Lançada na COP27, em 2022, a ACMI busca aproveitar o potencial dos mercados de carbono na África, com o objetivo de destravar bilhões de dólares em investimentos ao mesmo tempo em que apoia a ação climática e o desenvolvimento sustentável no continente. A iniciativa procura impulsionar a produção e a venda de créditos africanos de carbono de alta qualidade, promovendo boas práticas, oferecendo capacitação e facilitando o acesso ao mercado.

As conquistas até o momento, construídas sobre o embalo de esforços anteriores, incluem a ampliação de seu escopo para integrar mercados de carbono regulados e mecanismos do Artigo 6 do Acordo de Paris, além dos anteriormente já almejados mercados voluntários. A iniciativa agregou intenções de investimento totalizando US$ 1 bilhão em créditos africanos de carbono de alta qualidade até 2030, com US$ 250 milhões já comprometidos, ajudando a fortalecer a confiança nos mercados africanos de carbono. A ACMI também trabalhou com parceiros de desenvolvimento para criar um caminho de crescimento de mercado que promova alta integridade e transparência.[89]

• *Como os mercados globais de créditos de carbono podem se expandir daqui em diante*

Para que os mercados de carbono sejam efetivos – isto é, para que reduzam emissões ao longo do tempo – um requisito central é que o preço de negociação dos créditos seja suficientemente alto (e a oferta suficientemente baixa). Só assim os compradores serão incentivados a reduzir suas emissões em vez de simplesmente compensá-las comprando créditos. Mas qual é esse preço efetivo? Em 2022, o Banco Mundial o estimou entre US$ 50 e US$ 100 por tonelada de CO_2 até 2030, para cumprir as metas de temperatura do Acordo de Paris[92]. Infelizmente, o único grande esquema que atinge esse patamar é o EU ETS, cujo preço, no momento da redação, oscilava em torno de US$ 70.[93]

Além disso, segundo estudo recente da Nasdaq, são necessárias reformas estruturais para destravar os mercados globais de carbono. *Falta de transparência de preços, ineficiências de mercado e fragmentação* permanecem barreiras estruturais críticas para uma expansão, enquanto a reforma dos registros de créditos de carbono é o facilitador mais importante do crescimento.[94] Vejamos isso com mais detalhe.

Em primeiro lugar, questões estruturais no mercado voluntário de carbono (VCM) levaram a uma baixa confiança na valoração dos ativos de carbono, dificultando que investidores determinem preços com precisão ou que façam *benchmark* dos créditos em relação à demanda. Essa falta de transparência de preços limita a capacidade de intermediação e impede investidores de manter posições, o que resulta em volumes de negociação artificialmente baixos. Em segundo lugar, essa restrição de volumes limita a oferta nos bancos comerciais, pois os financiadores têm dificuldade em definir o risco com precisão e alocar capital de forma eficaz, gerando ineficiências de mercado. Por fim, inconsistências entre diferentes tipos de créditos e a dependência de processos manuais para transações – incluindo *diligência prévia* e precificação – não apenas dificultam a negociação, como também restringem o acesso de investidores estrangeiros a mercados locais, perpetuando a fragmentação.

Para superar esses obstáculos, registros de carbono são vistos como um motor-chave para a escala. Eles forneceriam um sistema padronizado, transparente e confiável para rastrear, verificar e negociar créditos de carbono – essencial para fortalecer a integridade do mercado, atrair investimento, facilitar o comércio e sustentar tanto mercados regulados quanto voluntários.

Outros desenvolvimentos na perspectiva de mercado visando superar lacunas atuais — ou expandir o alcance dos mercados visados— incluem o melhor funcionamento de *mercados do tipo spot digitais e contratos futuros* padronizados vinculados a atributos específicos de projetos ou a necessidades de conformidade.[A] À medida que cresce o uso de futuros contratos — permitindo aos compradores garantir créditos para um uso posterior — essas "exchanges" (ou corretoras) podem ganhar popularidade. Além disso, temos visto a emergência de *corretoras de cripto*, já que a tecnologia blockchain oferece novas oportunidades de inovação e crescimento. Várias instituições líderes trabalham para assegurar que tokens comercializados como créditos de carbono estejam em conformidade com os padrões definidos pelos emissores originais.[95]

Mercados de créditos de biodiversidade

Os créditos de biodiversidade são um mecanismo financeiro voltado para apoiar e incentivar a conservação e a restauração de habitats naturais e espécies. Esses créditos funcionam de modo semelhante aos créditos de carbono, mas com foco em resultados de biodiversidade, permitindo que empresas e governos compensem seu impacto ambiental investindo em projetos que protegem ou incrementam a biodiversidade. A Meta 19 do GBF identifica os créditos de biodiversidade (não compensáveis) como uma abordagem inovadora para canalizar investimento do setor privado para a biodiversidade. Para apoiar isso, organizações como o Painel Consultivo Internacional sobre Créditos de Biodiversidade (**IAPB**) e a Aliança de Crédito para a Biodiversidade (BCA) trabalham com governos, ONGs, entidades filantrópicas e agentes do mercado privado para desenvolver os marcos essenciais de implementação desses esquemas.

O mercado de créditos de biodiversidade ainda está em estágio bastante inicial. Um relatório do Fórum Econômico Mundial afirma que, com progresso efetivo em múltiplas frentes, a demanda global por créditos de biodiversidade pode chegar a 2 bilhões de dólares em 2030, o que

---

A. Veja, por exemplo, a Carbon Trade Exchange (https://ctxglobal.com/about/), que oferece negociações digitais no mercado à vista, e a ICE Carbon Futures Index Family, que negocia futuros dos maiores mercados de carbono do mundo, incluindo o EU ETS (https://www.ice.com/fixed-income-data-services/index-solutions/commodity-indices/carbon-futures).

responde por penas 1% do financiamento total necessário para cumprir a meta de 2030 e 69 bilhões de dólares em 2050. Se progredir menos efetivamente, a demanda global alcançará 760 milhões de dólares em 2030 e, no máximo, a 6 bilhões de dólares em 2050.[96]

Esquemas regulados nacionais de compensações de biodiversidade mobilizam atualmente, em conjunto, cerca de 6 a 9 bilhões de dólares por ano,[97] enquanto, no âmbito voluntário há ainda muito pouca negociação e baixo investimento associado a resultados de biodiversidade.

Do lado das empresas, apenas metade das listadas na Fortune 500 reconhece a perda de biodiversidade em seus relatórios de sustentabilidade e somente 5% definiram metas quantificadas relacionadas à biodiversidade.[79] Ampliar a escala dos mercados de créditos de biodiversidade exige enfrentar desafios tanto do lado da oferta quanto da demanda, consolidar princípios, padrões e métodos comuns e construir um ambiente favorável a políticas.

A complexidade dos créditos de biodiversidade reside na dificuldade de mensuração e padronização: ao contrário do carbono, quantificado em toneladas métricas equivalentes de CO_2, a biodiversidade envolve ampla gama de fatores ecológicos — como diversidade de espécies, qualidade de habitat e funções ecossistêmicas.[79] Esses fatores são, frequentemente, específicos ao contexto e difíceis de reduzir a uma única unidade de medida. Isso torna mais complexa a definição de métricas e métodos de valoração padronizados, dificultando a garantia de consistência, comparabilidade e credibilidade entre projetos e regiões.

Foram identificados cinco desafios centrais no desenho da viabilização de mercados de créditos de biodiversidade de alta integridade. Entre eles inclui-se assegurar mensuração e monitoramento de status, melhorias e manutenção da biodiversidade que sejam plausíveis, oportunas e com adequado custo-benefício. Outros desafios seriam ampliar, com integridade, uma demanda duradoura por créditos.; garantir oferta suficiente; e assegurar precificação justa e distribuição equitativa de benefícios para quem elabora projetos, para governos, povos indígenas e comunidades locais. Além disso, são essenciais governança sólida e arranjos institucionais transparentes.[98] Esses desafios se somam a dez recomendações delineadas em relatório do GEF e do IIED.[99]

• *Visão geral dos esquemas e metodologias atuais de biodiversidade*

Espera-se que os mercados de créditos de biodiversidade se desenvolvam sob esquemas liderados pelo setor privado (via padrões voluntários) ou sob esquemas liderados por governos (via políticas específicas ou legislação) — ou ainda por uma combinação dessas abordagens.[100]

Uma pesquisa do Pollination Group indica que o setor privado lidera, hoje, o desenvolvimento de esquemas e iniciativas de créditos de biodiversidade. Vinte e seis estão atualmente ativas: oito internacionais; quatro na Austrália; quatro na Colômbia; duas na Nova Zelândia; e uma em cada um dos países: África do Sul, França, Suíça, Suécia, Escócia e Brasil; além de uma em nível continental na África.[101] Dentre essas 26 iniciativas, o Pollination reportou que a maioria não estabeleceu requisitos para a obtenção de consentimento livre, prévio e informado (FPIC) e não incorporou modelos de copropriedade, parceria ou repartição de benefícios com povos indígenas e comunidades locais, alimentando as já debatidas preocupações de equidade nos esquemas de créditos. O estudo "Investing in Africa: Investing in Nature" explora o panorama dos créditos de biodiversidade na África, delineando três caminhos potenciais para evolução do mercado: um cenário local e comunitário; um cenário global e orientado ao mercado; e um cenário coordenado, amparado por políticas públicas.[102]

• *Ação global em créditos de biodiversidade*

Diversas iniciativas globais trabalham, de forma complementar, para criar a infraestrutura, os padrões e as condições de mercado necessárias para que os créditos de biodiversidade se tornem uma ferramenta viável de financiamento da conservação no mundo todo.

Entre elas está a Aliança de Crédito para a Biodiversidade (BCA), uma coalizão que reúne atores diversos — governos, ONGs e setor privado — para desenvolver marcos e padrões de créditos de biodiversidade. Há também o Painel Consultivo Internacional sobre Créditos de Biodiversidade (**IAPB**), que oferece orientação especializada para criação e implementação de esquemas de créditos de biodiversidade, trabalhando de perto com várias organizações para estabelecer boas práticas e assegurar que os créditos entreguem benefícios reais de conservação. Por fim, a Força-Tarefa para Mercados da Natureza, que prioriza diretrizes e marcos para mercados baseados na natureza, incluindo créditos de biodiversidade, buscando alinhá-los às metas globais de sustentabilidade.

As abordagens em nível de países até agora incluem o Pacto Verde e a Estratégia para Biodiversidade da União Europeia, que exploram a integração de créditos de biodiversidade em políticas ambientais e climáticas mais amplas. Isso inclui o desenvolvimento de marcos regulatórios que apoiem o uso de créditos de biodiversidade como parte dessas estratégias. Em mercados emergentes, Austrália, Brasil e África do Sul estão desenvolvendo marcos nacionais para créditos de biodiversidade, muitas vezes ligados a ecossistemas ou espécies específicas. Esses marcos visam atrair investimento privado para a conservação por meio de mecanismos de mercado.

• ***Pagamento por serviços ecossistêmicos (PSE)***

O PSE é um instrumento de mercado que incentiva a conservação e o manejo sustentável de ecossistemas naturais, compensando proprietários de terras ou gestores de recursos pelos benefícios ecológicos que suas áreas proporcionam. Nesse contexto, serviços ecossistêmicos — como água limpa, sequestro de carbono, biodiversidade e fertilidade do solo — são reconhecidos por suas contribuições críticas tanto ao meio ambiente quanto à economia.

Tais programas permitem traduzir os serviços que os ecossistemas fornecem gratuitamente em incentivos financeiros à sua conservação, direcionados aos atores locais que possuem ou administram os recursos naturais.[103] Por exemplo, um governo ou entidade privada pode pagar agricultores para manter a cobertura florestal, o que, por sua vez, sustenta a biodiversidade, a regulação hídrica e o armazenamento de carbono. A lógica é: quem fornece um serviço deve receber por isso.

O PSE ajuda a aproximar a proteção ambiental do crescimento econômico, atribuindo um valor econômico tangível a ecossistemas frequentemente subvalorizados ou ignorados nos mercados tradicionais.

Os mecanismos de pagamento em esquemas de PSE podem ser baseados em desempenho, quando os pagamentos estão vinculados à entrega efetiva de serviços ecossistêmicos (por exemplo, aumento registrado na biodiversidade), ou baseados em insumos, quando os pagamentos se dão pela implementação de práticas específicas de manejo de terras ou recursos.[104]

O financiamento do PSE costuma ser mobilizado por usuários diretos e por terceiros (isto é, quando governos ou organizações atuam em nome dos beneficiários).[105]

A maior parte dos programas de PSE é geralmente limitada em escopo geográfico e financiada por usuários de serviços ambientais específicos. Muitos desses programas recebem financiamento governamental, com recursos adicionais de bancos multilaterais e organizações não governamentais internacionais.

Características essenciais para desenhar uma implementação bem-sucedida de PSE incluem a valoração de ecossistemas – quantificação de impactos e atribuição de valor econômico – juntamente com políticas de apoio e de marcos legais e institucionais, além da organização efetiva das partes interessadas.[106] Onde a posse de recursos ou os direitos de uso/posse da terra não estejam definidos, surgem desafios significativos. Os desenhos devem contemplar monitoramento e reporte, suplementação, vazamento (*leakage*) e permanência, além de abordar preocupações de equidade e de distribuição.[104]

Figura 13.3. Pagamentos por Serviços Ecossistêmicos (PSE).

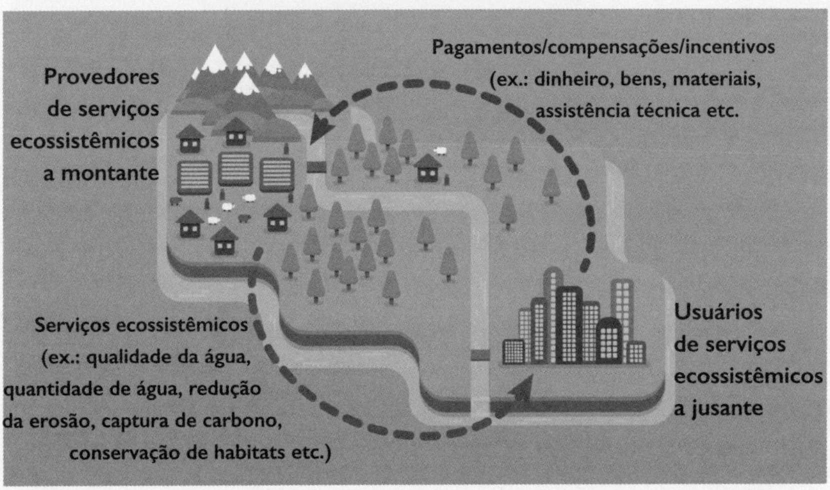

Fonte: Bosco Lliso (Licenciado sob CC BY-SA 4.0).

• ***Troca de dívida por natureza***

Uma troca de dívida por natureza é um acordo que reduz o estoque ou o serviço da dívida de um país em desenvolvimento em troca de um compromisso do governo devedor de proteger a natureza. Trata-se de uma transação voluntária na qual o(s) doador(es) cancela(m) a dívida devida pelo governo de um país em desenvolvimento. As economias resultantes da redução do serviço da dívida são, então, investidas em projetos de conservação.[107]

Asingularidadedaposiçãoedaestruturadadívidadecadapaíspermite que esse instrumento seja customizado para atender a necessidades fiscais específicas, trazendo a flexibilidade tão necessária ao desenho das operações.

Estima-se que as trocas de dívida por natureza tenham capacidade de direcionar 100 bilhões de dólares para restaurar a natureza e ajudar os países a se adaptarem à mudança climática.[108] Os países mais vulneráveis à mudança climática — apesar de terem contribuído muito pouco para o aquecimento global — frequentemente enfrentam pesados encargos da dívida. Cinquenta e oito dos países em desenvolvimento mais vulneráveis à mudança climática têm quase 500 bilhões de dólares em pagamentos de serviço da dívida previstos para os próximos quatro anos.[109]

As trocas de dívida por natureza oferecem uma forma de canalizar financiamento para a natureza e a biodiversidade sem aumentar os encargos da dívida já existentes. Esse mecanismo representa um triplo ganho, pois os países podem reduzir suas dívidas externas, alcançar resultados positivos para a natureza e a biodiversidade, e os bancos obtêm lucro ao participar das transações.[110] Existem cerca de 140 operações desse tipo no total, incluindo em Belize, Gabão, Filipinas, Costa Rica e Seicheles.

O mecanismo de fortalecimento de crédito, que permite captação de capital para amortização de dívida a um custo mais baixo, bem como o seguro de risco político, desempenha papel fundamental na redução de riscos estruturais e de transação, oferecendo confiança aos investidores e diminuindo a necessidade de concessão de capital.

O Equador, por exemplo, realizou uma das maiores trocas de dívida por natureza já registradas: um novo "blue bond" que canalizará pelo menos 12 milhões de dólares por ano para a conservação das Ilhas Galápagos. Esse projeto, realizado com oapoio do Credit

Suisse, recomprou cerca de 1,6 bilhão de dólares da dívida do país com um desconto de quase 60%, devido à desvalorização dos títulos soberanos equatorianos existentes. A transação contou com uma garantia de crédito de 85 milhões de dólares do Banco Interamericano de Desenvolvimento e com 656 milhões de dólares em seguro de risco político da *International Development Finance Corp (DFC), dos Estados Unidos.*[111]

• ***Ferramentas financeiras tradicionais e mudança das preferências dos investidores***

À medida que o setor financeiro reconhece cada vez mais a interconexão entre estabilidade econômica e saúde ambiental, o financiamento positivo para a natureza surge como uma estratégia de investimento crucial. Investidores que priorizam considerações positivas para a natureza em seus portfólios estão liderando essa mudança de paradigma. Suas percepções revelam um compromisso crescente em alinhar retornos financeiros com a preservação e o fortalecimento dos ecossistemas naturais.

Um dos principais aprendizados desses investidores visionários é a ênfase na gestão de riscos. Investimentos tradicionais frequentemente ignoram riscos ambientais, que podem resultar em perdas financeiras significativas de longo prazo. Ao integrar critérios positivos para a natureza em seus processos de decisão, os investidores não apenas mitigam riscos ambientais, mas também garantem a resiliência de seus portfólios. Essa abordagem reconhece que ecossistemas naturais estáveis sustentam a atividade econômica, e que a degradação desses sistemas pode representar riscos substanciais à estabilidade financeira. Nos últimos anos, avanços consideráveis foram feitos na avaliação do impacto da perda da natureza sobre sistemas bancários em diversos países, levando investidores a colocar a natureza e a biodiversidade no centro das discussões sobre risco.

Além da gestão de riscos, investidores estão cada vez mais conscientes do potencial de retornos competitivos — ou pelo menos "suficientes" — em investimentos positivos para a natureza, especialmente no longo prazo. A demanda por fundos sustentáveis, notavelmente, continuou a crescer em 2024,[112] dando sequência a uma tendência iniciada há vários anos — apesar de manchetes negativas recentes e de uma desaceleração dos fluxos para fundos ligados às práticas ESG (Ambientais, Sociais e de Governança) nos EUA. A mudança é mais pronunciada na Europa,[113] onde uma nova geração de investidores valoriza não apenas os retornos financeiros, mas também o impacto positivo de seus investimentos sobre o meio ambiente. No total, em 2023, os fundos classificados pela indústria financeira como "sustentáveis", e estando sob gestão, cresceram para 3,4 trilhões de dólares (em comparação com mais de 40 trilhões de dólares em fundos tradicionais), e tiveram retornos superiores aos dos fundos tradicionais em todos os últimos cinco anos, com exceção de 2022.[114]

Comparativamente a essa categoria mais ampla de "fundos sustentáveis", há bem menos dados disponíveis sobre os "fundos positivos para a natureza". Não tem sido fácil até agora obter números globais sobre esses fundos, embora, segundo grandes investidores, consultorias e bancos privados como Federated Hermes, McKinsey e Lombard Odier, "a demanda por investimentos em natureza e biodiversidade está crescendo"[115] e será, de fato, "incontrolável" a longo prazo, visto que a necessidade de se tornar positivo para a natureza e resiliente ao clima se encontra presente em praticamente todos os principais setores.

Conclusão

À medida que o foco global em sustentabilidade se intensifica, o panorama financeiro vai evoluindo rapidamente, com as finanças para a natureza emergindo como um componente essencial do desenvolvimento sustentável. Investidores, cada vez mais desiludidos com métodos tradicionais que não geram impacto mensurável, estão se voltando para investimentos diretos e estratégias que vão além de simples compensações e inserções (*offsets* e *insets*). Esses investimentos — que incluem transições para energia renovável, desenvolvimento de produtos sustentáveis e iniciativas de economia circular — representam uma abordagem proativa para reduzir pegadas de carbono e conservar a natureza e a biodiversidade. No entanto, também exigem capital inicial substancial e um compromisso de longo prazo.

A mudança em direção às finanças para a natureza introduz novas complexidades. Dinâmicas geopolíticas, desequilíbrios de poder entre países e preocupações de equidade social evidenciam a natureza multifacetada desses investimentos. Os custos crescentes associados à transição para práticas sustentáveis levantam questões importantes sobre implicações econômicas mais amplas, incluindo o potencial de aumento dos preços de alimentos e de energia para os consumidores. Ainda assim, a atividade econômica depende da estabilidade dos ecossistemas naturais. Para navegar efetivamente nesse cenário, é urgente reformular a narrativa em termos que façam sentido para investidores. A linguagem do risco, familiar a instituições financeiras e investidores, deve ser adaptada para destacar as oportunidades de investimento inerentes à saúde ecológica. Ao encarar a redução do risco ecológico como um caminho para criar ativos financiáveis, o argumento em favor das finanças para a natureza torna-se mais convincente e acessível à comunidade financeira.

Duas temáticas críticas emergem dessas discussões. Primeiro, os riscos estão se intensificando à medida que os ativos naturais se degradam, ameaçando serviços ecossistêmicos essenciais. Segundo, valorar o capital natural é crucial para mitigar esses riscos. A ligação entre degradação da natureza, perda de biodiversidade e riscos sistêmicos é reconhecida há tempos, como destacado em relatórios globais de risco ao longo dos anos. Atualmente, as finanças públicas sustentam a maior parte dos investimentos em Soluções Baseadas na Natureza, mas esse financiamento continua dramaticamente insuficiente diante das imensas necessidades e oportunidades. As finanças privadas, ainda criticamente baixas, precisam ser significativamente ampliadas para gerar impacto real.

Diante desse contexto, por que ainda há tão pouco investimento? Diversas razões têm sido exploradas, variando de imperfeições de mercado e falta de instrumentos de avaliação do investimento até problemas de transparência e motivações de lucro de curto prazo. Além disso, a complexidade inerente da natureza e da biodiversidade levanta questões relevantes sobre como medi-las de forma eficaz — tal como fazemos com o carbono. Como resultado, valorar e monetizar a natureza exige uma abordagem holística que integre valores de uso e de não uso da natureza. O valor econômico total da natureza deve reconhecer que o valor intrínseco dos ecossistemas naturais vai além de sua utilidade imediata — caso contrário, o debate sobre monetização continuará. Uma abordagem sistêmica que assegure que os aspectos de capital humano e social não sejam negligenciados na busca por investimentos positivos para a natureza é essencial, sendo o objetivo final das finanças para a natureza a conquista da saúde ecológica.

Criar o ambiente adequado por meio de regulação e mecanismos de mercado é essencial. Fatores habilitadores-chave incluem o estabelecimento de uma taxonomia e a garantia de transparência para harmonizar abordagens de NCA. Também é crucial alinhar fluxos de capital e crédito às metas do Marco Global da Biodiversidade e priorizar a eliminação gradual de subsídios prejudiciais. Sem instrumentos de investimento as finanças privadas continuarão ausentes, e o valor total da natureza seguirá sendo negligenciado.

À medida que avançamos no campo das finanças para a natureza, é necessário adotar uma abordagem abrangente para enfrentar esses desafios multifacetados. É crucial construir um ambiente propício ao investimento e alinhar todos os fluxos financeiros à saúde ecológica. Só assim poderemos criar o mundo que não apenas queremos, mas o mundo de que precisamos.

PERSPECTIVAS ADICIONAIS

PERSPECTIVA 13.3
Como a natureza chegou ao topo da agenda da Iniciativa Financeira do Programa das Nações Unidas para o Meio Ambiente (UNEP FI)

Por Jessica Smith & Romie Goedicke den Hertog,
Líderes de Natureza, UNEP FI

Ao longo de seus quase 35 anos de história, a Iniciativa Financeira do Programa das Nações Unidas para o Meio Ambiente (UNEP FI)[116] tem sido um ator-chave na aproximação entre a ONU e instituições financeiras em todo o mundo para impulsionar a agenda das finanças sustentáveis. Para enfrentar com urgência a tripla crise planetária – mudança climática, perda de biodiversidade e poluição – a UNEP FI tem estado na linha de frente da integração das considerações sobre ecossistemas e capital natural nas finanças convencionais.

Iniciativas pioneiras, incluindo a Aliança para o Financiamento do Capital Natural (NCFA) e a ferramenta ENCORE (*Exploring Natural Capital Opportunities, Risks and Exposure*)[117] desenvolvida com o Centro

Mundial de Monitoramento da Conservação do Programa das Nações Unidas para o Meio Ambiente (UNEP-WCMC)[118] e a **Global Canopy**, organização sem fins lucrativos, orientada por dados, que atua sobre as forças de mercado que destroem a natureza)[119], lançaram as bases para esse trabalho crucial.

No início da década de 2020, uma mudança significativa abriu espaço para mais ação sobre a natureza por parte de nossos membros, catalisada por duas publicações influentes. *Indebted to Nature,*[120] um relatório pioneiro do Banco Central da Holanda e da Agência Holandesa de Avaliação Ambiental, investigou os riscos associados à perda de biodiversidade para os investimentos das instituições financeiras holandesas, destacando a perda da natureza como um risco financeiro. E *Financing Nature: Closing the Global Biodiversity Financing Gap,*[121] do Paulson Institute, The Nature Conservancy e Cornell Atkinson Center for Sustainability, apresentou um argumento econômico convincente para valorizar a natureza e identificou mecanismos fundamentais para suprir a lacuna de financiamento da biodiversidade.

Essas publicações geraram impactos que levaram instituições financeiras visionárias a reconhecer a natureza como um risco substancial e a compreender seu papel decisivo em suplantar a lacuna global de financiamento da biodiversidade. Com base em sua ampla experiência, a UNEP FI trabalhou ao lado de um ecossistema de atores que foi instrumental para avançar rapidamente a ação sobre a natureza entre seus membros. A UNEP FI contribuiu para esse espaço em evolução, apoiando Marco Global da Diversidade (GBF) por meio de uma declaração do setor financeiro global. O PNUMA copresidiu a Força-Tarefa sobre Divulgações Financeiras Relacionadas à Natureza (TNFD) que avançou significativamente nos padrões e marcos relacionados à natureza. Além disso, a UNEP FI prestou apoio técnico, incluindo o teste piloto de estrutura beta com 50 membros em 25 países.

Mas ainda não é hora de acomodar-se com as conquistas. Embora a conscientização e as primeiras ações de nossos membros sobre a natureza estejam crescendo, ainda não estamos acompanhando o ritmo da curva de declínio da biodiversidade. No momento da redação desse livro (novembro de 2024), a UNEP FI estava transformando marcos globais em ação, lançando publicações inéditas, como nossas diretrizes para bancos sobre definição de metas relacionadas à natureza, lançadas no ano anterior, além do **Nature Positive Insurance Working Group**. Para que a Natureza Positiva se torne realidade, precisamos agir com profundidade e amplitude.

Às vésperas da COP16 da CDB em Cali, Colômbia, a UNEP FI focou sua atenção em traduzir as metas e objetivos do GBF em ações significativas para seus membros. Isso envolveu examinar a eficácia do apoio do setor privado à biodiversidade, garantir o alinhamento com os objetivos do GBF e contribuir para os esforços globais de conservação. O objetivo era – e continua a ser – moldar as considerações sobre a natureza em um modelo prático e robusto para o setor financeiro internacional, promovendo mudanças progressivas que possam contribuir substancialmente para essa causa.

Embora a natureza esteja ganhando espaço na agenda de nossos membros, esperamos, em paralelo, ver a curva da biodiversidade se inclinar positivamente, ajudando-nos a preparar um futuro em que vivamos em harmonia com a natureza.

PERSPECTIVA 13.4
O papel dos Princípios para o Investimento Responsável na transição para a Natureza Positiva

Por David Atkin, CEO, UNPRI

Os "Princípios para o Investimento Responsável" (UNPRI), apoiados pela ONU, são o principal movimento em prol do investimento responsável122. Seus seis princípios derivam do reconhecimento da necessidade de que investidores institucionais atuem no melhor interesse de longo prazo de seus beneficiários e, portanto, incorporem questões ambientais, sociais e de governança (ESG) na análise e nos processos de tomada de decisão de investimentos.

Ao longo das últimas duas décadas, o PRI tem apoiado seus mais de 5.000 signatários em todo o mundo na abordagem de riscos relacionados à natureza, particularmente ligados ao desmatamento, já que este é um dos principais fatores tanto da perda de biodiversidade quanto da mudança climática. A atuação ativa como acionistas e as iniciativas colaborativas têm sido particularmente importantes para impulsionar práticas corporativas mais sustentáveis e reduzir seus impactos sobre a natureza.

Apesar das ações de investidores e empresas individuais, não estamos vendo a crise da natureza ser enfrentada na velocidade e na escala necessárias. Hoje, precisamos de uma mudança transformadora para alcançar um futuro de emissões líquidas zero e positivo para a natureza, com reformas abrangentes de políticas por parte dos governos e contribuições de toda a sociedade.

Os investidores têm um papel fundamental a desempenhar, inclusive avançando em suas práticas de investimento responsável e participando de iniciativas colaborativas. Eles também precisam fomentar um ambiente propício ao investimento responsável, tanto em nível local quanto global, por meio de políticas e práticas dos mercados financeiros.

A Natureza Positiva está alinhada ao objetivo de prosperidade de longo prazo, em consonância com o investimento responsável, e impulsiona contribuições proativas, significativas e ambiciosas dos investidores. O PRI está trabalhando lado a lado com seus signatários – que representam mais da metade do capital institucional mundial – para desempenhar seu papel na realização dessa missão.

PERSPECTIVA 13.5
O papel da filantropia na reversão da perda de biodiversidade

Por Andrew Steer, ex-Presidente e CEO do Bezos Earth Fund e do World Resources Institute

Clima e natureza são duas faces da mesma moeda. Para enfrentar a mudança climática, precisamos reverter a perda de biodiversidade. E para reverter a perda de biodiversidade, precisamos enfrentar a mudança climática. Nenhum grupo isolado – seja governo, filantropia ou setor privado – pode resolver esse problema sozinho.

A filantropia pode desempenhar um papel importante. Ela pode assumir riscos, sabendo que, às vezes, haverá falhas. Pode agir com rapidez. Pode ajudar a catalisar financiamento e ação de outros atores.

O Bezos Earth Fund[123] é resultado de uma doação extremamente generosa (US$ 10 bilhões) de nosso presidente, Jeff Bezos. Gerir esses recursos é uma grande responsabilidade. É vital que cada dólar não apenas garanta o sucesso de projetos, mas também contribua para uma mudança sistêmica em larga escala.

Damos foco especial à proteção e restauração do nosso mundo natural. A natureza tem valor intrínseco e é parte integrante do combate à mudança climática.

Em nosso trabalho de preservação e restauração de florestas, áreas marinhas, pastagens e muito mais, colocamos no centro os Povos Indígenas e as comunidades locais, que são — e há muito tempo têm sido — os guardiões desses lugares preciosos.

Em 2021, comprometemo-nos a investir um bilhão de dólares na iniciativa 30x30 — que busca proteger 30% do planeta até 2030. Trabalhamos com outras 10 entidades filantrópicas que se juntaram a nós e criamos o "Protecting Our Planet Challenge".[124] Juntos, assumimos o compromisso de investir cinco bilhões de dólares até 2030 — a maior promessa já feita em prol da natureza. Esse passo foi crucial para garantir a adoção do 30x30 como parte do Marco Global da Biodiversidade das Nações Unidas, que reúne 196 países.

Até o momento, já comprometemos mais de 500 milhões de dólares em áreas-chave de biodiversidade que incluem Gabão e a Bacia do Congo, os Andes Tropicais da Colômbia, o Pacífico Tropical Oriental, a Amazônia Brasileira, os Estados Unidos, o Canadá e o Oceano Pacífico.

Por meio desses esforços, estamos apoiando grupos indígenas a assegurar direitos sobre suas terras ancestrais e a proteger seus territórios contra a exploração ilegal de madeira e mineração, além de ajudar a proteger alguns dos ecossistemas e espécies mais preciosos do planeta — incluindo elefantes florestais, gorilas-das-montanhas, tartarugas marinhas, tubarões e muitos outros.

Notas bibliográficas

1. LEVITT, J. N. From Walden to Wall Street: Frontiers of Conservation Finance. Washington: Island Press, 2005.

2. NATIONAL PARK SERVICE. Boston Common. S.d. Disponível em: https://www.nps.gov/places/boston-common-ma.htm. Acesso em: 12 out. 2025.

3. NATIONAL PARK SERVICE. Yellowstone Act 1872. S.d. Disponível em: https://www.nps.gov/parkhistory/online_books/anps/anps_1c.htm. Acesso em: 12 out. 2025.

4. TROSTER, L. Beyond the Letter of the Law: The Jewish Perspective on Ethical Investing and Fossil Fuel Divestment. 2014. Disponível em: https://sojo.net/articles/disinvest-reinvest/beyond-letter-law-jewish-perspective-ethical-investing-and-fossil-fuel. Acesso em: 12 out. 2025.

5. CONGRESSIONAL RESEARCH SERVICE. Islamic Finance: Overview and Policy Concerns. 2010, Disponível em: https://crsreports.congress.gov/product/pdf/RS/RS22931/6. Acesso em: 12 out. 2025.

6. DISCIPLESHIP MINISTRIES. The Use of Money by John Wesley, p. 4-6, s.d. Disponível em: https://www.umcdiscipleship.org/articles/the-use-of-money-by-john-wesley. Acesso em: 12 out. 2025.

7. ORESKES, M. Protests at Columbia: Students and issues have changed since the "60s. The New York Times, 18 mai. 1985. Disponível em: https://www.nytimes.com/1985/04/13/nyregion/protests-at-columbia-students-and-issues-have-changed-since-the-60-s.html. Acesso em: 12 out. 2025.

8. LANSING, P. The divestment of United States companies in South Africa and apartheid. Nebraska Law Review, 1981. Disponível em: https://digitalcommons.unl.edu/cgi/viewcontent.cgi?article=2025&context=nlr. Acesso em: 12 out. 2025.

9. RESOR, J. P. Debt-for-Nature Swaps: A Decade of Experience and New Directions for the Future. Unasylva, n. 188 — Funding Sustainable Forestry. S.d. Disponível em: https://www.fao.org/4/w3247e/w3247e06.htm. Acesso em: 12 out. 2025.

10. WACHIRA, C. First "debt-for-nature" swap complete in Gabon. Global Finance Magazine, 2023. Disponível em: https://gfmag.com/sustainable-finance/first-debt-for-nature-swap-complete-in-gabon/#:~:text=This%20was%20Africa"s%20first%2Dever,long%20conservation%20and%20refinancing%20project. Acesso em: 12 out. 2025.

11. FÓRUM ECONÔMICO MUNDIAL. Climate Finance: What Are Debt-for-Nature Swaps and How Can They Help Countries? 2023. Disponível em: https://www.weforum.org/agenda/2024/04/climate-finance-debt-nature-swap/#:~:text=The%20first%20debt%2Dfor%2Dnature,around%20140%20swaps%20in%20total. Acesso em: 12 out. 2025.

12. FÓRUM ECONÔMICO MUNDIAL. What Are Green Bonds and Why Is This Market Growing So Fast? 2023. Disponível em: https://www.weforum.org/agenda/2023/11/what-are-green-bonds-climate-change/#:~:text=The%20first%20green%20

bonds%20were,have%20helped%20spur%20this%20expansion.
Acesso em: 12 out. 2025.

13. PLATAFORMA INTERGOVERNAMENTAL DE CIÊNCIA E POLÍTICA SOBRE BIODIVERSIDADE E SERVIÇOS ECOSSISTÊMICOS (IPBES). About: What is IPBES? S.d. Disponível em: https://www.ipbes.net/about. Acesso em: 12 out. 2025.

14. PROGRAMA DAS NAÇÕES UNIDAS PARA O MEIO AMBIENTE (PNUMA). State of Finance for Nature 2023. 2023.Disponível em: https://www.unep.org/resources/state-finance-nature-2023. Acesso em: 12 out. 2025.

15. NGFS. NGFS Acknowledges That Nature-Related Risks Could Have Significant Macroeconomic and Financial Implications. 2022. Disponível em: https://www.ngfs.net/en/communique-de-presse/ngfs-acknowledges-nature-related-risks-could-have-significant-macroeconomic-and-financial. Acesso em: 12 out. 2025.

16. HM TREASURY. The Economics of Biodiversity: The Dasgupta Review – Full Report. 2021. Disponível em: https://www.gov.uk/government/publications/final-report-the-economics-of-biodiversity-the-dasgupta-review.
Acesso em 12: out. 2025.

17. FÓRUM ECONÔMICO MUNDIAL. New Nature Economy Report II: The Future of Nature and Business. 2020. Disponível em: https://www3.weforum.org/docs/WEF_The_Future_Of_Nature_And_Business_2020.pdf. Acesso em: 12 out. 2025.

18. LISTA VERMELHA DA IUCN. 2024. Disponível em: https://www.iucnredlist.org/. Acesso em: 12 out. 2025.

19. CONVENÇÃO SOBRE A DIVERSIDADE BIOLÓGICA. Target 19. S.d. Disponível em: https://www.cbd.int/gbf/targets/19. Acesso em: 12 out. 2025.

20. THE NATURE CONSERVANCY. Closing the Nature Funding Gap: A Finance Plan for the Planet. 2020. Disponível em: https://www.nature.org/en-us/what-we-do/our-insights/perspectives/closing-nature-funding-gap-global-biodiversity-finance/. Acesso em: 12 out. 2025.

21. BIODIVERSITY FINANCE TRENDS. The 10 Point Plan for Financing Biodiversity: A Call to Action. S.d. Disponível em: https://www.financebiodiversity.org/call-to-action. Acesso em: 12 out. 2025.

22. KOPLOW, D.; STEENB, R. Protecting Nature by Reforming Environmentally Harmful Subsidies: The Role of Business. 2022. Disponível em: https://www.earthtrack.net/sites/default/files/documents/EHS_Reform_Background_Report_fin.pdf. Acesso em: 12 out. 2025.

23. OCDE. Biodiversity, Natural Capital and the Economy. 2021. Disponível em: https://www.oecd.org/en/publications/2021/05/biodiversity-natural-capital-and-the-economy_940af1d4.html. Acesso em: 12 out. 2025.

24. BUSINESS FOR NATURE. COP16 Business Statement. 2023. Disponível em: https://www.businessfornature.org/cop16-business-statement.
Acesso em: 12 out. 2025.

25. DIXON-DECLÈVE, S. et al. 2022. Earth4All: The Book. 2022. Disponível em: https://www.clubofrome.org/publication/earth4all-book/. Acesso em: 12 out. 2025.

26. STOCKHOLM RESILIENCE CENTRE. Planetary Boundaries. S.d. Disponível em: https://www.stockholmresilience.org/research/planetary-boundaries.html#:~:text=It%20stated%20that%20society"s%20activities,the%20boundaries%20into%20unprecedented%20territory. Acesso em: 12 out. 2025.

27. FINANCE FOR BIODIVERSITY FOUNDATION. Finance for Biodiversity. S.d. Disponível em: https://www.financeforbiodiversity.org/. Acesso em 12: out. 2025.

28. COMISSÃO EUROPEIA. Sustainable Finance Package 2023. 2023. Disponível em: https://finance.ec.europa.eu/publications/sustainable-finance-package-2023_en. Acesso em: 12 out. 2025.

29. COMISSÃO EUROPEIA. EU Taxonomy for Sustainable Activities. S.d. Disponível em: https://finance.ec.europa.eu/sustainable-finance/tools-and-standards/eu-taxonomy-sustainable-activities_en. Acesso em: 12 out. 2025.

30. MINISTÉRIO DOS NEGÓCIOS ESTRANGEIROS DO JAPÃO. G7 Ise-Shima Leaders" Declaration. 2016. Disponível em: https://www.mofa.go.jp/files/000160266.pdf. Acesso em: 12 out. 2025.

31. HARVEY, F. G20 poured more than $1tn on fossil fuel subsidies despite Cop26 pledges – Report. The Guardian, 23 ago. 2023. Disponível em: https://www.theguardian.com/environment/2023/aug/23/g20-poured-more-than-1tn-on-fossil-fuel-subsidies-despite-cop26-pledges-report#:~:text=G20%20leaders%20agreed%20to%20phase,agreed%20to%20accelerate%20these%20efforts. Acesso em: 12 out. 2025.

32. SUSTAINABLE MARKETS INITIATIVE. Enabling Taskforce: Natural Capital Investment Alliance. S.d. Disponível em: https://www.sustainable-markets.org/taskforces/ncia/. Acesso em: 12 out. 2025.

33. DASGUPTA, P. The Economics of Biodiversity: The Dasgupta Review (Full Report). 2021. Disponível em: https://assets.publishing.service.gov.uk/media/602e92b2e90e07660f807b47/The_Economics_of_Biodiversity_The_Dasgupta_Review_Full_Report.pdf. Acesso em: 12 out. 2025.

34. HM TREASURY. et al. Mobilising Green Investment: 2023 Green Finance Strategy. 2023. Disponível em: https://assets.publishing.service.gov.uk/media/643583fb877741001368d815/mobilising-green-investment-2023-green-finance-strategy.pdf. Acesso em: 12 out. 2025.

35. ORTIZ, E. M.; KELLENBERG, J. Program of Payments for Ecological Services in Costa Rica. S.d. Disponível em: https://www.cbd.int/financial/pes/costarica-pesprogram.pdf. Acesso em: 12 out. 2025.

36. WEI, F. et al. Ecological civilization: China"s effort to build a shared future for all life on Earth. National Science Review, v. 8, n.7, p. 2-12, julho de 2021. Disponível em: doi.org/10.1093/nsr/nwaa279. Acesso em: 12 out. 2025.

37. NATIONAL FINANCIAL REGULATORY ADMINISTRATION. CBIRC Releases the Green Finance Guidelines for Banking and Insurance Sectors. 2023. Disponível em: https://www.cbirc.gov.cn/en/view/pages/ItemDetail.html?docId=1055048&itemId=980. Acesso em: 12 out. 2025.

38. NAÇÕES UNIDAS. Natural Capital Accounting and Valuation of Ecosystem Services – China. S.d. Disponível em: https://seea.un.org/content/china-0. Acesso em: 12 out. 2025.

39. NEW ZEALAND TREASURY. Wellbeing Budget 2022: A Secure Future. 2022. Disponível em: https://www.treasury.govt.nz/publications/wellbeing-budget/wellbeing-budget-2022-secure-future. Acesso em: 12 out. 2025.

40. KAHUI, V. Can granting legal "personhood" to nature stem biodiversity loss?. Greenpeace Aotearoa, 26 abr. 2024. Disponível em: https://www.greenpeace.org/aotearoa/story/granting-legal-personhood-nature-biodiversity-loss/. Acesso em: 12 out. 2025.

41. ENVIRONMENT AND CLIMATE CHANGE CANADA. Nature Smart Climate Solutions Fund. 2024. Disponível em: https://www.canada.ca/en/environment-climate-change/services/environmental-funding/programs/nature-smart-climate-solutions-fund.html. Acesso em: 12 out. 2025.

42. WORLD BANK. Assessment and Options Analysis of Climate and Nature Financing Instruments and Opportunities. 2023. Disponível em: https://documents1.worldbank.org/curated/en/099060123121542587/pdf/P1812770472a3805008b6306b88d19eee9e.pdf. Acesso em: 12 out. 2025.

43. NATURE FINANCE. Global Nature Markets Landscaping Study. 2022a. Disponível em: https://www.naturefinance.net/wp-content/uploads/2022/12/GlobalNatureMarkets-LandscapingStudy.pdf. Acesso em: 12 out. 2025.

44. HELBLING, T. Externalities: Prices do not capture all costs. Finance and Development
Magazine, Fundo Monetário Internacional, s.d. Disponível em: https://www.imf.org/en/Publications/fandd/issues/Series/Back-to-Basics/Externalities#:~:text=Social%20costs%20grow%20with%20the,lead%20to%20lower%20production%20levels. Acesso em: 12 out. 2025.

45. VIONNET, S.; BLOWER, L. Corporate natural capital accounting: From building blocks to a path for standardization. Transparent, 2021. Disponível em: https://capitalscoalition.org/wp-content/uploads/2021/04/Transparent-benchmarking-final.pdf. Acesso em: 12 out. 2025.

46. UNITED NATIONS STATISTICS DIVISION. Findings from the 2023 Global Assessment of Environmental-Economic Accounting. 2023. Disponível em: https://seea.un.org/news/findings-2023-global-assessment-environmental-economic-accounting. Acesso em: 12 out. 2025.

47. NGFS. Nature-Related Financial Risks: A Conceptual Framework to Guide Action by Central Banks and Supervisors. 2023. Disponível em: https://www.ngfs.net/sites/

default/files/medias/documents/ngfs_conceptual-framework-on-nature-related-risks.pdf. Acesso em: 12 out. 2025.

48. INSTITUTE FOR ECONOMICS AND PEACE. Ecological Threat Report 2023. 2023. Disponível em: https://www.economicsandpeace.org/wp-content/uploads/2023/12/ETR-2023-web.pdf. Acesso em: 12 out. 2025.

49. TASKFORCE ON NATURE-RELATED FINANCIAL DISCLOSURES (TNFD). TNFD Publishes Scoping Study Exploring Global Nature-Related Public Data Facility. 2023. Disponível em: https://tnfd.global/tnfd-publishes-scoping-study-data-facility/. Acesso em: 12 out. 2025.

50. TASKFORCE ON NATURE-RELATED FINANCIAL DISCLOSURES (TNFD). TNFD Publishes Scoping Study Exploring Global Nature-Related Public Data Facility. 2023. Disponível em: https://tnfd.global/tnfd-publishes-scoping-study-data-facility/. Acesso em: 12 out. 2025.

51. TASKFORCE ON NATURE-RELATED FINANCIAL DISCLOSURES (TNFD). Discussion Paper: A Landscape Assessment of Nature-Related Data and Analytics Availability. 2022. Disponível em: https://tnfd.global/wp-content/uploads/2022/03/220321-TNFD-Data-discussion-paper-FINAL.pdf. Acesso em: 12 out. 2025.

52. CONVENTION ON BIOLOGICAL DIVERSITY. Supplementary Information on Effective and Feasible Pathways for Closing the Biodiversity Finance Gap: A Note by the Panel of Experts on Resource Mobilization. 2022. Disponível em: https://www.cbd.int/doc/c/d6df/7cc2/0fe75538dc7109ed9d866c9f/sbi-03-inf-47-en.pdf. Acesso em: 12 out. 2025.

53. COALITION FOR PRIVATE INVESTMENT IN CONSERVATION (CPIC). Conservation Finance 2021: An Unfolding Opportunity. 2021. Disponível em: https://www.cpicfinance.com/wp-content/uploads/2021/12/CPIC-Conservation-Finance-Report-2021-1.pdf. Acesso em: 12 out. 2025.

54. BIOY, H. Investing in Times of Climate Change 2023. 2023. Disponível em: https://www.morningstar.com/funds/investing-times-climate-change-2023. Acesso em: 12 out. 2025.

55. MAHMOOD, R.; GUO, S. Biodiversity funds: Welcome to the jungle. MSCI, 2023. Disponível em: https://www.msci.com/www/blog-posts/biodiversity-funds-br-welcome/04075535373. Acesso em: 12 out. 2025.

56. CUCKSTON, T. Seeking an ecologically defensible calculation of net loss/gain of biodiversity. Accounting, Auditing & Accountability Journal, n. 32, p. 1358-1383, 2019. Disponível em: https://doi.org/10.1108/AAAJ-01-2018-3339. Acesso em: 12 out. 2025.

57. THOMSON, I. Designing environmental impact-valuation assemblages for sustainable decision-making. In: BEBBINGTON J. et al. (eds.). Routledge Handbook of Environmental Accounting. 1ª ed. Routledge, p. 236-250, 2021. Disponível em: https://doi.org/10.4324/9780367152369-20. Acesso em: 12 out. 2025.

58. BIOFIN. A New Era of Biodiversity Finance Plan Emerges. 2023. Disponível em: https://www.biofin.org/news-and-media/new-era-national-biodiversity-finance-plans-emerges. Acesso em: 12 out. 2025.

59. WE VALUE NATURE. Risks of Perverse Outcomes from Accelerating Natural Capital Thinking: A Reflection. S.d. Disponível em: https://wevaluenature.eu/sites/default/files/2022-04/We_Value_Nature_Natural_Capital_Thinking_Briefing_Paper.pdf. Acesso em: 12 out. 2025.

60. CHIAPELLO, E., ENGELS, A. The fabrication of environmental intangibles as a questionable response to environmental problems. Journal of Cultural Economy, v.14, n.5, p. 517-532, 2021. Disponível em: https://doi.org/10.1080/17530350.2021.1927149. Acesso em: 12 out. 2025.

61. NETO, M. Evaluation in Ecosystem Management and Biodiversity Conservation Projects and Programmes Help Advance a Just Green Transition. 2024. Disponível em: https://www.undp.org/speeches/evaluation-ecosystem-management-and-biodiversity-conservation-projects-and-programmes-help-advance-just-green-transition. Acesso em: 12 out. 2025.

62. TASKFORCE ON NATURE-RELATED FINANCIAL DISCLOSURES. Homepage. 2024. Disponível em: https://tnfd.global/. Acesso em: 12 out. 2025.

63. TASKFORCE ON NATURE-RELATED FINANCIAL DISCLOSURES. About Us: History. S.d. Disponível em: https://tnfd.global/about/#history. Acesso em: 12 out. 2025.

64. TASKFORCE ON NATURE-RELATED FINANCIAL DISCLOSURES. About Us: The Taskforce. S.d. Disponível em: https://tnfd.global/about/the-taskforce/. Acesso em: 12 out. 2025.

65. TASKFORCE ON NATURE-RELATED FINANCIAL DISCLOSURES. Over 500 Organisations and $17.7 Trillion AUM Now Committed to TNFD-Aligned Risk Management and Corporate Reporting, 25 outubro de 2024. Disponível em: https://tnfd.global/over-500-organisations-and-17-7-trillion-aum-now-committed-to-tnfd-aligned-risk-management-and-corporate-reporting/. Acesso em: 12 out. 2025.

66. TASKFORCE ON NATURE-RELATED FINANCIAL DISCLOSURES. TNFD Publishes Draft Guidance on Nature Transition Planning at COP16. 2024. Disponível em: https://tnfd.global/tnfd-transition-plans-paper-published/. Acesso em: 12 out. 2025.

67. NATURE POSITIVE INITIATIVE State of Nature Metrics. 2024. Disponível em: https://www.naturepositive.org/metrics/. Acesso em: 12 out. 2025.

68. BIODIVERSITY CREDIT ALLIANCE. Homepage. 2024. Disponível em: https://www.biodiversitycreditalliance.org/. Acesso em: 12 out. 2025.

69. INTERNATIONAL ADVISORY PANEL ON BIODIVERSITY CREDITS. Homepage. 2024. Disponível em: https://www.iapbiocredits.org/. Acesso em: 12 out. 2025.

70. NATURE FINANCE. Taskforce on Nature Markets. 2024. Disponível em: https://www.naturefinance.net/making-change/nature-markets/taskforce-on-nature-markets/. Acesso em: 12 out. 2025.

71. BSI STANDARDS. About the Nature Investment Standards Hub. 2024. Disponível em: https://nature-investment.bsigroup.com/. Acesso em: 12 out. 2025.

72. UNIÃO INTERNACIONAL PARA A CONSERVAÇÃO DA NATUREZA (IUCN). Measuring Nature-Positive: Setting and Implementing Verified, Robust Targets for Species and

Ecosystems. 2023. Disponível em: https://iucn.org/sites/default/files/2023-11/iucn-nature-positive-contribution-v1.0.pdf. Acesso em: 12 out. 2025.

73. PLAN VIVO FOUNDATION. About PV Nature. S.d. Disponível em: https://www.planvivo.org/pv-nature. Acesso em: 12 out. 2025.

74. VERRA. New Biodiversity Methodology. 2022. Disponível em: https://verra.org/new-biodiversity-methodology/#:~:text=Verra%20is%20developing%20a%20biodiversity,certification%20of%20nature%2Dpositive%20investments. Acesso em: 12 out. 2025.

75. THE GLOBAL BIODIVERSITY STANDARD. About the Standard. S.d. Disponível em: https://www.biodiversitystandard.org/. Acesso em: 12 out. 2025.

76. ORGANIZATION FOR BIODIVERSITY CERTIFICATES. About Us. 2024. Disponível em: https://www.obiocert.com/. Acesso em: 12 out. 2025.

77. HM GOVERNMENT. Nature Markets: A Framework for Scaling Up Private Investment in Nature Recovery and Sustainable Farming. 2023. Disponível em: https://www.gov.uk/government/publications/nature-markets. Acesso em: 12 out. 2025.

78. NATURE FINANCE. Nature in an Era of Crises. 2022. Disponível em: https://www.naturefinance.net/wp-content/uploads/2022/09/TNMNatureInAnEraOfCrises.pdf

79. RAO, R.; CHOI, E. S.; CZEBINIAK, R. P. Can "Biodiversity Credits" Boost Conservation? 2024. Disponível em: https://www.wri.org/insights/biodiversity-credits-explained. Acesso em: 12 out. 2025.

80. GEORGE, V. LSEG: Global carbon market value reached record $949b in 2023. Carbon Herald, 5 fevereiro de 2024. Disponível em: https://carbonherald.com/lseg-global-carbon-market-value-reached-record-949b-in-2023/.
Acesso em: 12 out. 2025.

81. GEORGE, V. LSEG: Global carbon market value reached record $949b in 2023. Carbon Herald, 5 fevereiro de 2024. Disponível em: https://carbonherald.com/lseg-global-carbon-market-value-reached-record-949b-in-2023/.
Acesso em: 12 out. 2025.

82. REGIONAL GREENHOUSE GAS INITIATIVE. About. S.d. Disponível em: https://www.rggi.org/rggi-inc/contact. Acesso em: 12 out. 2025.

83. BANCO MUNDIAL. State and Trends of Carbon Pricing Dashboard, Compliance Mechanisms. 2024. Disponível em: https://carbonpricingdashboard.worldbank.org/compliance/instrument-detail. Acesso em: 12 out. 2025.

84. RIMMER, A. Infrastructure, Integrity and Innovation: How to Bring the Voluntary Carbon Market to Scale. 2024. Disponível em: https://www.lseg.com/en/insights/infrastructure-integrity-innovation-how-to-bring-voluntary-carbon-market-to-scale. Acesso em: 12 out. 2025.

85. HOOK, L.; TEMPLE-WEST, P. Carney calls for "$100bn a year" global carbon offset market. Financial Times, 3 dez. 2020. Disponível em: https://www.ft.com/content/8ed608b2-25c8-48d2-9653-c447adbd538f. Acesso em: 12 out. 2025.

86. FERRIS, N. The mission to mend the voluntary carbon offset market. Energy Monitor, 19 agosto de 2022. Disponível em: https://www.energymonitor.ai/policy/carbon-markets/the-mission-to-mend-the-voluntary-carbon-offset-market/. Acesso em: 12 out. 2025.

87. PANDYA, H., ARCHER, T. Understanding the compliance and voluntary carbon trading markets. Deloitte, 4 julho de 2023. Disponível em: https://www.deloitte.com/uk/en/services/risk-advisory/blogs/2023/understanding-the-compliance-and-voluntary-carbon-trading-markets.html. Acesso em: 12 out. 2025.

88. UNFCCC. What is REDD+? S.d. Disponível em: https://unfccc.int/topics/land-use/workstreams/redd/what-is-redd. Acesso em: 12 out. 2025.

89. AFRICAN CARBON MARKETS INITIATIVE. Status and Outlook Report 2024. 2024. Disponível em: https://africacarbonmarkets.org/wp-content/uploads/2024/07/ACMI_Status-and-Outlook-Report-2024.pdf. Acesso em: 12 out. 2025.

90. DEUTSCHE BANK. UNFCCC REDD+ and the Power of Sovereign Carbon. 2022. Disponível em: https://www.deutschewealth.com//content/dam/deutschewealth/cio-perspectives/cio-special-assets/unfccc-redd-sovereign-carbon/CIO-Special-UNFCCC-REDD-power-of-sovereign-carbon.pdf. Acesso em: 12 out. 2025.

91. NATURE FINANCE. From Links to Linkages: Integrating Renewable Natural Capital into Sovereign Debt Instruments. 2023. Disponível em: https://www.naturefinance.net/wp-content/uploads/2023/11/FromLinksToLinkages-3.pdf. Acesso em: 12 out. 2025.

92. BLOOMBERG. The Untapped Power of Carbon Markets in Five Charts, 16 setembro de 2022. Disponível em: https://about.bnef.com/blog/the-untapped-power-of-carbon-markets-in-five-charts/. Acesso em: 12 out. 2025.

93. TRADING ECONOMICS. EU Carbon Permits, 5 Year Price Evolution. 2024. Disponível em: https://tradingeconomics.com/commodity/carbon. Acesso em: 12 out. 2025.

94. NASDAQ. Nasdaq Study Shows Structural Reform Needed to Unlock Global Carbon Markets. 2024. Disponível em: https://www.nasdaq.com/press-release/nasdaq-study-shows-structural-reform-needed-to-unlock-global-carbon-markets-2024-03-0. Acesso em: 12 out. 2025.

95. ECOSYSTEM MARKETPLACE. Today"s VCM, Explained in Three Figures. 2024. Disponível em: https://www.ecosystemmarketplace.com/articles/todays-vcm-explained-in-three-figures/. Acesso em: 12 out. 2025.

96. FÓRUM ECONÔMICO MUNDIAL. Biodiversity Credits: Demand Analysis and Market Outlook. 2023. Disponível em: https://www3.weforum.org/docs/WEF_2023_Biodiversity_Credits_Demand_Analysis_and_Market_Outlook.pdf. Acesso em: 12 out. 2025.

97. CUMIN, V.; BROMLEY, H. Biodiversity Finance Factbook. 2023. Disponível em: https://assets.bbhub.io/professional/sites/24/REPORT_Biodiversity_Finance_Factbook_master_230321.pdf. Acesso em: 12 out. 2025.

98. NATURE FINANCE. Harnessing Biodiversity Credits for People and Planet. 2023. Disponível em: https://www.naturefinance.net/wp-content/uploads/2023/06/HarnessingBiodiversityCreditsForPeopleAndPlanet.pdf. Acesso em: 12 out. 2025.

99. GLOBAL ENVIRONMENT FACILITY. Innovative Finance for Nature and People: Opportunities and Challenges for Biodiversity-Positive Carbon Credits and Nature Certificates. 2023. Disponível em: https://www.thegef.org/sites/default/files/documents/2023-03/GEF_IIED_Innovative_Finance_Nature_People_2023_03_1.pdf. Acesso em: 12 out. 2025.

100. WATERFORD, L. et al. Biodiversity credit markets: The role of law, regulation and policy Taskforce on Nature Markets, 2023. Disponível em: https://cdn.prod.website-files.com/623a362e6b1a3e2eb749839c/6452340b9bcbb3ef3f82e6b6_BiodiversityCreditMarkets.pdf. Acesso em: 12 out. 2025.

101. POLLINATION GROUP. Review Frameworks for Biodiversity Credit Schemes. 2023. Disponível em: https://pollinationgroup.com/wp-content/uploads/2023/10/Review-Frameworks-for-biodiversity-credit-schemes-Pollination-October-2023.pdf. Acesso em: 12 out. 2025.

102. NATURE FINANCE. Investing in Africa. 2024. Disponível em: https://africannaturalcapitalalliance.com/theancaplus/uploads/2024/10/101424_Africa-Landscapes_FINAL_10.pdf. Acesso em: 12 out. 2025.

103. PLATAFORMA INTERGOVERNAMENTAL DE CIÊNCIA E POLÍTICA SOBRE BIODIVERSIDADE E SERVIÇOS ECOSSISTÊMICOS (IPBES). Policy Instrument: Payment for Ecosystem Services. S.d. Disponível em: https://www.ipbes.net/policy-support/tools-instruments/payment-ecosystem-services. Acesso em: 12 out. 2025.

104. SMITH, S. et al. Payments for Ecosystem Services: A Best Practice Guide. Londres: Defra, 2013.

105. OCDE. Chapter 4: Paymentes for ecosystem services. In: Scaling-up finance mechanisms for biodiversity. 2013. Disponível em: https://www.oecd.org/content/dam/oecd/en/publications/reports/2013/05/scaling-up-finance-mechanisms-for-biodiversity_g1g2bcff/9789264193833-en.pdf. Acesso em: 12 out. 2025.

106. TURPIE, J. et al. The working for water programme: Evolution of a payments for ecosystem services mechanism that addresses both poverty and ecosystem service delivery in South Africa. Ecological Economics, n. 65, p. 788-798, 2008. Disponível em: https://doi.org/10.1016/j.ecolecon.2007.12.024. Acesso em: 12 out. 2025.

107. PROGRAMA DAS NAÇÕES UNIDAS PARA O DESENVOLVIMENTO (PNUD). Debt for Nature Swaps. 2024. Disponível em: https://sdgfinance.undp.org/sdg-tools/debt-nature-swaps. Acesso em: 12 out. 2025.

108. IIED. Debt Swaps Could Release $100 Billion for Climate Action. 2024. Disponível em: https://www.iied.org/debt-swaps-could-release-100-billion-for-climate-action. Acesso em: 12 out. 2025.

109. WHITE, N. Debt-for-nature swaps gain traction among developing countries. Bloomberg, 7 novembro de 2022. Disponível em: https://www.bloomberg.com/news/

articles/2022-11-07/debt-for-nature-swaps-offer-option-for-developing-countries. Acesso em: 12 out. 2025.

110. FÓRUM ECONÔMICO MUNDIAL. Climate Finance: What Are Debt-for-Nature Swaps and How Can They Help Countries?. 2024. Disponível em: https://www.weforum.org/agenda/2024/04/climate-finance-debt-nature-swap/. Acesso em: 12 out. 2025.

111. JONES, M.; CAMPOS, R. Ecuador seals record debt-for-nature swap with Galapagos bond. Reuters, 10 maio de 2023. Acesso em: 12 out. 2025. Disponível em: https://www.reuters.com/world/americas/ecuador-seals-record-debt-for-nature-swap-with-galapagos-bond-2023-05-09/

112. MORNINGSTAR. Global Sustainable Fund Flows: Q3 2024 in Review. 2024 Disponível em: https://www.morningstar.com/lp/global-esg-flows. Acesso em: 12 out. 2025.

113. ISS INSIGHTS. Sustainable Funds Continue to Outgrow Peers in 2023. 2024. Disponível em: https://insights.issgovernance.com/posts/sustainable-funds-continue-to-outgrow-peers-in-2023/. Acesso em: 12 out. 2025.

114. MORGAN Stanley. Sustainable Funds Outperformed Peers in 2023. 2024 Disponível em: https://www.morganstanley.com/ideas/sustainable-funds-performance-2023-full-year. Acesso em: 12 out. 2025.

115. MCKINSEY. Nature-Positive Investments: Good for the Planet and Long-Term Value. 2024. Disponível em: https://www.mckinsey.com/industries/agriculture/how-we-help-clients/natural-capital-and-nature/voices/nature-positive-investments-good-for-the-planet-and-long-term-value. Acesso em: 12 out. 2025.

116. INICIATIVA FINANCEIRA DO PROGRAMA DAS NAÇÕES UNIDAS PARA O MEIO AMBIENTE (UNEP FI). About Us. S.d. Disponível em: https://www.unepfi.org/about/. Acesso em: 12 out. 2025.

117. ENCORE. Exploring Natural Capital Opportunities, Risks and Exposure. S.d. Disponível em: https://encorenature.org/en. Acesso em: 12 out. 2025.

118. CENTRO MUNDIAL DE MONITORAMENTO DA CONSERVAÇÃO DO PNUMA (UNEP-WCMC). About Us. S.d. Disponível em: https://www.unep-wcmc.org/en/about. Acesso em: 12 out. 2025.

119. GLOBAL CANOPY. What We Do. S.d. Disponível em: https://globalcanopy.org/what-we-do/. Acesso em: 12 out. 2025.

120. DNB. Indebted to Nature. 2020. Disponível em: https://www.dnb.nl/media/4c3fqawd/indebted-to-nature.pdf. Acesso em: 12 out. 2025.

121. PAULSON INSTITUTE. Financing Nature: Closing the Global Biodiversity Financing Gap. 2020. Disponível em: https://www.paulsoninstitute.org/conservation/financing-nature-report/. Acesso em: 12 out. 2025.

122. PRINCIPLES FOR RESPONSIBLE INVESTMENT. About Us. S.d. Disponível em: https://www.unpri.org/about-us/about-the-pri. Acesso em: 12 out. 2025.

123. BEZOS EARTH FUND. Who We Are. S.d. Disponível em: https://www.bezosearthfund.org/who-we-are. Acesso em: 2 dez. 2024.

124. Protecting Our Planet Challenge. The Largest-Ever Private Funding Commitment to Biodiversity Conservation. S.d.

Ilona Szabó
Empreendedora, física, cofundadora e presidente do Instituto Igarapé, focado nas áreas de segurança pública, digital e climática.

14. A VALORIZAÇÃO DA NATUREZA — CAMINHOS PARA O FINANCIAMENTO DAS NOVAS ECONOMIAS

Cresci em Nova Friburgo, cercada pelos deslumbrantes remanescentes da Mata Atlântica brasileira. Essa região serrana oferece mais do que apenas belas paisagens: é um *hotspot* global de biodiversidade que moldou fundamentalmente minha visão de mundo. Mesmo criança, eu já compreendia algo que o economista Partha Dasgupta articularia mais tarde em seu relatório revolucionário de 2021: "Tudo – nossas economias, nossos meios de vida, nosso bem-estar – depende do nosso ativo mais valioso: a Natureza".[1]

Apesar dessa compreensão, eu considerava que minha cidade natal teria sua beleza natural garantida, afinal, as montanhas e sua exuberante mata fazem parte de sua identidade e são sua principal atração. Eu sempre soube que as florestas do meu país haviam sofrido enormemente com a colonização e a urbanização, mas não pensava sobre a possibilidade de que o que restou ainda pudesse estar ameaçado.

A realidade, no entanto, me ensinou outra lição. Durante meus primeiros trabalhos na Bacia Amazônica, a maior e mais vital floresta tropical do mundo, tive uma profunda constatação. Eu estava testemunhando a transformação de ecossistemas antes prósperos, agora consumidos por crimes ambientais, desmatamento ilegal e forças que priorizavam o ganho imediato em detrimento da sobrevivência a longo prazo. A escala da destruição era avassaladora, e suas implicações, evidentes.

Naquele momento, compreendi uma verdade fundamental que mudou tudo: a Natureza está em risco em todos os lugares. Reconheci que a ação era necessária não apenas na Amazônia, mas também em Nova Friburgo e muito além.

A crise global é agora

Em 2024, cruzamos uma linha decisiva. Pela primeira vez, a temperatura média do planeta ultrapassou o limite de 1,5 °C acima dos níveis pré-industriais, patamar considerado seguro para a humanidade, de acordo com a ciência[2]. Aquilo que muitos viam como uma crise climática distante tornou-se assustadoramente presente em incêndios, enchentes e ondas de calor que destruíram cidades, dilaceraram comunidades e destruíram meios de subsistência em todo o mundo.

Nesse cenário sombrio, as florestas tropicais seguem entre nossos maiores aliados. A Amazônia, a Bacia do Congo e as matas da Indonésia formam, juntas, 52% das florestas tropicais primárias que ainda existem no mundo[3], regulando o clima e dando estabilidade ao nosso futuro. Ainda assim, esses ecossistemas vitais sofrem enorme pressão por conta da degradação e do desmatamento ilegal.

Grande parte dessa destruição é movida por crimes ambientais, atualmente a terceira economia ilícita mais lucrativa do mundo, gerando até US$ 281 bilhões por ano[4]. Grilagem de terras, extração ilegal de madeira, garimpo ilegal e tráfico de fauna se conectam e são impulsionados pelo crime organizado transnacional. O mais alarmante é a lógica de baixo risco e alto retorno: tais delitos prosperam em meio a fiscalização frágil, governança fragmentada e poucas alternativas econômicas.

Os impactos vão muito além da derrubada de árvores. Crimes ambientais costumam andar de mãos dadas com outras ilegalidades como tráfico de drogas, fraudes e delitos financeiros. Juntos, alimentam a pobreza, a violência e a corrupção, corroem direitos humanos e inviabilizam qualquer chance de desenvolvimento sustentável. E quem paga o preço mais alto são os povos indígenas e comunidades tradicionais, justamente aqueles que mais protegem as florestas.

A Amazônia: uma batalha pelo futuro

A Bacia Amazônica se espalha por oito países e um território francês, formando um ecossistema de importância global sem paralelo. Nela concentram-se quase 60% das florestas tropicais do mundo[5], 20% do fluxo de água doce que chega aos oceanos[6] e 10% de toda a biodiversidade conhecida[7]. Mesmo assim, nos últimos 40 anos, perdeu-se uma área equivalente à soma da França e da Alemanha para o desmatamento desenfreado.[8]

As consequências são profundas. Um de nossos maiores aliados no combate à mudança climática corre o risco de deixar de ser um sumidouro e se tornar um emissor de carbono, o que mudaria a equação climática global.[9]

O motor dessa mudança é um ciclo perverso e autoalimentado. O desmatamento ilegal, fomentado por crimes ambientais e atividades ilícitas correlatas, causa perda de biodiversidade e mudança no uso da terra. No ponto de inflexão, a floresta começa a liberar o carbono antes estocado, acelerando o aquecimento global. Temperaturas mais altas criam condições ideais para incêndios, que destroem ainda mais a mata e reforçam o ciclo destrutivo.

Esse efeito cascata ameaça o nosso futuro comum. Não podemos permitir que continue. Os compromissos assumidos no Acordo de Paris e no Marco Global da Biodiversidade não são apenas compromissos internacionais traduzidos em políticas públicas; são o nosso plano de sobrevivência.

Por que o Brasil precisa liderar

O Brasil possui uma das chaves do futuro do planeta. Maior detentor de biodiversidade do mundo, encabeça a lista das 18 nações megadiversas[10]. Da imensidão da Floresta Amazônica às savanas do Cerrado, dos alagados do Pantanal aos campos do Pampa, da exuberante Mata Atlântica à singularidade da Caatinga, além das pouco lembradas zonas Costeiras e Marinhas, seus biomas abrigam até 20% de todas as espécies conhecidas. Além de ser patrimônio ambiental, essa riqueza natural constitui a base para o Brasil se tornar a maior potência verde do planeta com uma economia alicerçada em baixo carbono, regenerativa e socialmente inclusiva.

A biodiversidade não se resume a catálogos de espécies. Ela sustenta a segurança alimentar, a água, a energia renovável e a inovação biomolecular que abastecem o mundo. Por meio de sua agenda verde, o Brasil tem a chance de mostrar ao planeta como prosperar protegendo a natureza e crescendo em harmonia com seus ecossistemas. Isso também demonstra que a sustentabilidade não é apenas uma questão ambiental, mas uma poderosa ferramenta de justiça social que coloca as pessoas no centro da transformação ecológica.

O caminho vai além de energia limpa ou da produção de alimentos de baixo carbono. Trata-se de um novo modelo de desenvolvimento, no qual a proteção dos biomas seja indissociável da saúde econômica.

A história prova que é possível. Entre 2004 e 2012, o Brasil realizou um feito sem paralelo ao reduzir o desmatamento na Amazônia em 83%, enquanto o PIB do setor agrícola da região cresceu impressionantes 12,4 % no mesmo período[11]. Mas também aprendemos uma verdade difícil: os esforços de conservação baseados em políticas "comando e controle" por si só não são suficientes. Sem uma alternativa econômica sustentável, as florestas sempre estarão em risco, reféns de diferentes prioridades e ciclos eleitorais.

De fato, em 2024, a Amazônia registrou a maior área queimada desde 1985, com cerca de 15,6 milhões de hectares (117% acima da média histórica)[12]. Pela primeira vez, a vegetação florestal foi mais afetada pelo fogo do que as pastagens, uma mudança preocupante nos padrões de incêndios.

Perante essa realidade, o País está aprimorando diretrizes para uma bioeconomia que não apenas conserve e recupere a natureza para as próximas gerações, mas que também ofereça alternativas de renda sustentáveis às comunidades locais[13]. E vem usando palcos regionais e globais para impulsionar esse reconhecimento da geração de valor econômico a partir da floresta de pé como instrumento decisivo para garantir sua conservação. O encontro de presidentes dos países membros da Organização do Tratado de Cooperação Amazônica (OTCA), na Cúpula da Amazônia, em 2023, marcou o compromisso político de alto nível com a floresta. Em 2024, na presidência do G20, o Brasil colocou a bioeconomia no centro das prioridades globais, estabelecendo os 10 princípios de Alto Nível sobre Bioeconomia[14]. Em 2025, liderando os Brics, fez do financiamento climático a pauta número um pela primeira vez na história do grupo, um passo decisivo em meio a grandes transformações geopolíticas.

O País também levou a natureza ao centro da COP 30, criando mecanismos permanentes de valorização da floresta em pé e fortalecendo a resposta mundial às crises interligadas do clima e da biodiversidade.

O desafio pela frente é monumental. As metas nacionais de zerar o desmatamento e restaurar 12 milhões de hectares exigem esforço coletivo. Salvar a Amazônia, a Mata Atlântica e demais biomas implica estancar a derrubada, recuperar áreas degradadas e desmatadas, e migrar para uma economia que veja a floresta como ativo a ser protegido, não como commodity a ser convertida.

Essa não é apenas uma questão brasileira; é um desafio global. Proteger nosso futuro comum depende da ação conjunta de todos.

As soluções de que precisamos

Salvar a Amazônia e o planeta exige uma mudança radical na maneira como atribuímos valor à natureza. Mais de 50% do PIB global depende, pelo menos em parte, dos serviços ecossistêmicos: água limpa, solo fértil, polinização, regulação do clima[15]. Esses benefícios não são abstrações; sustentam a economia mundial. Mesmo assim, a natureza quase nunca entra nas contas econômicas. Esse ponto cego é fatal.

Há anos discutimos segurança climática, energética e alimentar. A dura verdade é que nenhuma delas será alcançada sem garantirmos a segurança da natureza.

A solução começa nas florestas tropicais, que figuram entre os lugares mais biodiversos da Terra. Precisamos criar novos modelos econômicos que valorizem a natureza e coloquem pessoas e biodiversidade no centro. Bioeconomias inclusivas podem tornar-se a força motriz capaz de transformar todo o sistema econômico global.

Construindo a base

1. Expansão de áreas protegidas e reconhecimento de terras e direitos indígenas

Precisamos redobrar os esforços de conservação, destinando mais terras públicas para proteção ambiental e ampliando as áreas protegidas, como terras indígenas e unidades de conservação. Isso é especialmente crucial no Brasil, onde cerca de 305 povos indígenas[16] já manejam 14% do território nacional.[17]

É vital fomentar a criação de corredores ecológicos para conectar áreas protegidas, e incentivar a proteção da biodiversidade também em terras privadas, a partir de modelos como as RPPNs — Reservas Particulares do Patrimônio Natural, unidades de conservação de domínio privado, criadas por ato voluntário do proprietário.

Garantir a posse da terra e reconhecer os direitos dos povos indígenas é igualmente urgente. Estudos mostram que as taxas de desmatamento são muito menores em territórios indígenas, comprovando a eficácia de sua gestão[18]. Ainda assim, essas comunidades enfrentam conflitos fundiários, invasões e atividades ilegais, como extração ilegal de madeira e ouro, além de estarem expostas a pressões e retrocessos políticos que ameaçam seus direitos e sua segurança.

Proteger e respeitar seus direitos não é apenas questão de justiça; é uma das estratégias de conservação mais eficientes que temos.

2. Quebrar o ciclo do crime ambiental

O segundo passo decisivo é reduzir os riscos nos territórios e fortalecer a governança, condições indispensáveis para garantir o futuro dos nossos ecossistemas e enfrentar o crime ambiental que alimenta o desmatamento. Isso significa ampliar monitoramento e vigilância, tornar as cadeias de suprimento mais transparentes e combater a corrupção, os crimes financeiros e o crime organizado.

Além disso, a mudança sistêmica também depende de cooperação e parcerias articuladas do nível local ao global, com ênfase especial em alianças regionais. Afinal, o jeito mais eficaz de desmontar o ecossistema do crime ambiental é substituí-lo por um ecossistema vibrante de empreendimentos verdes. Essa virada exige mais que vontade política: requer compromisso financeiro robusto de longo prazo e governança fortalecida.

O Instituto Igarapé, por exemplo, desenvolveu a Green Bridge Facility (GBF)[19] para identificar e mitigar riscos territoriais, impulsionar negócios verdes e destravar investimentos responsáveis no Brasil e na Bacia Amazônica. Ao reduzir os custos operacionais, financeiros e reputacionais de investimentos em territórios estratégicos, a GBF promove impacto social e contribui para alcançar o desmatamento zero e um futuro positivo para a natureza e para as pessoas. A iniciativa reconhece que, para que o capital mobilizado aterrisse em regiões complexas, é preciso enfrentar barreiras críticas para um ambiente de negócios sustentável, como a insegurança fundiária, a informalidade nas cadeias produtivas, a insegurança provocada por economias ilícitas e a complexidade regulatória.

A metodologia "Know Your Territory" (KYT, ou Conheça o Seu Território)[20] fornece inteligência territorial abrangente, avaliando seis dimensões centrais: Clima e Natureza, Gestão do Uso da Terra, Social, Segurança, Econômica e Institucional. Reconhecendo o caráter sistêmico dos riscos territoriais, a análise ocorre de maneira bidimensional, avaliando os impactos do território para o empreendimento e vice-versa.

A abordagem vai além das exigências tradicionais de responsabilidade socioambiental, incorporando fatores muitas vezes ignorados no processo de *due diligence* convencional e no monitoramento da integridade de portfólio de investimentos. Por meio de mapeamento de atores, engajamento comunitário, análises geoespaciais e avaliação de riscos, a GBF ajuda a transformar paisagens complexas em novos polos da economia verde.

A GBF atua do nível local ao global para apoiar o Brasil e os países da Bacia Amazônica no cumprimento de seus compromissos com a biodiversidade e o clima.

3. Reconhecer o verdadeiro valor da natureza

Precisamos tornar a floresta em pé mais valiosa do que a terra desmatada. É urgente adotar um novo paradigma econômico que reconheça o valor do capital natural que sustenta a vida e construa economias inteiramente novas que trabalhem com a natureza, não contra ela.

Esses recursos oferecem benefícios vitais: de alimentos e matérias-primas a serviços reguladores, como polinização e mitigação de eventos climáticos extremos. Hoje, porém, os sistemas econômicos estimulam o crescimento às custas da natureza. Os recursos naturais são tratados como insumos gratuitos, explorados sem preocupação com sua manutenção ou reposição.

O caminho adiante é claro. Precisamos tornar a contabilidade do capital natural uma prática padrão, integrando a natureza aos balanços patrimoniais, demonstrações de resultado e contas nacionais. Não podemos continuar ignorando as consequências dos fluxos negativos para a natureza, que alcançaram impressionantes US$ 7 trilhões em 2022, em grande parte devido a subsídios nocivos à agricultura e à energia[21]. Esse modelo simplesmente é insustentável.

4. Construir uma bioeconomia inclusiva e inovadora

Novas bioeconomias, baseadas em cadeias de valor que respeitam a natureza, estão florescendo no Brasil, em setores que vão da alimentação à cosmética e aos têxteis. O País tem a rara capacidade de sustentar múltiplas vertentes da bioeconomia: da biotecnologia de ponta e de substitutos sustentáveis para materiais convencionais até uma forte "sociobioeconomia" ancorada no conhecimento indígena e local, sempre dentro dos limites ecológicos[22].

Para acelerar essas cadeias de valor e gerar empregos verdes, o Brasil vem firmando parcerias com bancos de desenvolvimento multilaterais e nacionais[23].

A transformação é liderada por uma nova geração de empresas. A Natura, veterana e pioneira global do setor de cosméticos, é um exemplo emblemático: prioriza o extrativismo sustentável de insumos amazônicos enquanto fortalece populações que dependem da floresta[24].

Recentemente, a Natura uniu-se à Bioverse, empresa de inteligência florestal, para mapear o maior inventário de biodiversidade já realizado no País[25]. Em apenas seis meses, fizeram o que, pelos métodos tradicionais, levaria 25 anos. Com satélites, drones e IA, aprimoraram a identificação de espécies e aumentaram de forma sustentável a produtividade dos coletores ribeirinhos.

Eles fazem parte de um ecossistema em crescimento de empreendedores e filantropias brasileiras – entre elas, o Instituto Arapyaú – que conectam comunidades extrativistas a compradores responsáveis.

5. Criar um setor econômico voltado à restauração da natureza

Ao se comprometer a restaurar 12 milhões de hectares de áreas degradadas até 2030 e alcançar desmatamento zero, o Brasil não está apenas perseguindo metas ambientais, está desenhando uma verdadeira "política industrial da natureza" capaz de redefinir o desenvolvimento rural e a geração de empregos em todo o País.

Os números evidenciam o poder transformador da restauração: cumprir a meta de 12 milhões de hectares pode gerar até 2,5 milhões de novos empregos e criar até US$ 140 bilhões em valor econômico[26].

Para acelerar esse processo, o Brasil vem lançando parcerias público-privadas, no nível estadual e federal, que permitem a empresas disputar concessões de restauração em terras públicas, gerando receita por meio de créditos de carbono e manejo florestal sustentável.[27]

Startups de restauração como a re.green e a Belterra também estão ampliando a captura de carbono e a geração de créditos de alta integridade por meio de métodos ecológicos e agroflorestais e já demonstram como tecnologia e engajamento comunitário podem ganhar escala enquanto fortalecem economias locais.

Ser uma superpotência da Natureza vai além de proteger e restaurar ecossistemas: significa criar um novo setor econômico que seja melhor para as pessoas, mais barato e mais escalável do que alternativas de captura de carbono.

6. Transformar a Natureza em uma classe de ativos de alta integridade

O Brasil está na vanguarda de inovações em finanças verdes capazes de destravar recursos cruciais. O País já deu os primeiros passos com o mercado de carbono regulado — o Sistema Brasileiro de Comércio de Emissões de Gases de Efeito Estufa (SBCE), mas vai além ao desenvolver instrumentos financeiros que valorizam outros serviços ecossistêmicos.

Entre eles, estão os créditos ou unidades de biodiversidade, instrumentos econômicos que visam remunerar ações de conservação, restauração ou uso sustentável da biodiversidade. Eles representam ganhos mensuráveis na conservação de espécies, habitats ou ecossistemas, permitindo que empresas e investidores contribuam diretamente para a integridade e resiliência da natureza.

Em termos simples, um crédito de biodiversidade equivale a uma unidade de valor ecológico gerado ou protegido, como, por exemplo, a restauração de um hectare de floresta nativa, a proteção de uma espécie ameaçada, ou a melhoria da qualidade de um ecossistema degradado.

Os créditos de biodiversidade podem ter distintas finalidades, incluindo: compensação ambiental regulatória, quando empresas que causam impacto à biodiversidade podem ser obrigadas a compensar os danos através da compra de créditos; mercado voluntário, no qual organizações e investidores podem comprar créditos para apoiar metas de sustentabilidade e gerar impacto positivo; e incentivo à conservação privada, para que proprietários de terras e comunidades locais possam gerar renda por conservar ou restaurar a natureza.[28]

Para apoiar a adoção desse instrumento financeiro, o Painel Consultivo Internacional sobre Créditos de Biodiversidade (IAPB, em inglês), do qual faço parte, lançou um marco global com um conjunto de princípios e diretrizes desenvolvidos para apoiar a criação de mercados de créditos de biodiversidade com alta integridade.[29]

Também avançam os Pagamentos por Serviços Ambientais (PSA), amparados na Lei 14.119/2021, instrumentos que remuneram proprietários rurais e comunidades por conservar, recuperar ou ampliar benefícios como água limpa, sequestro de carbono e habitats saudáveis, priorizando povos tradicionais, indígenas e agricultores familiares.[30]

Os PSA podem ocorrer em dinheiro ou por meio de apoio técnico, capacitação, regularização fundiária, entre outros incentivos. O objetivo central é valorizar a natureza em pé, gerar renda para quem conserva e restaura ecossistemas e impulsionar a transição para uma economia sustentável e de baixo carbono. O marco legal brasileiro está em processo de regulamentação para dar mais segurança jurídica, definir regras claras e fortalecer e ampliar os programas existentes, atraindo investimentos públicos e privados para a conservação ambiental.

Outro mecanismo promissor são os títulos vinculados à sustentabilidade (SLBs, na sigla em inglês), instrumentos de dívida cujo custo, como juros ou remuneração, está atrelado ao desempenho ambiental, social e/ou de governança da organização emissora.[31] Diferentemente dos "títulos verdes", que exigem alocação de recursos em projetos específicos, esses papéis permitem uso livre do capital e incentivam práticas sustentáveis ao recompensar ou penalizar o emissor com base no cumprimento (ou não) de metas de sustentabilidade pré-estabelecidas, podendo reduzir o custo do capital para quem entrega resultados robustos.

Fechando o portfólio de inovações, o país lidera a criação da Tropical Forest Forever Facility (TFFF), que inclui um fundo global de US$ 125 bilhões destinado a remunerar países em desenvolvimento com florestas tropicais em cerca de US$ 4 por hectare conservado ou restaurado, com monitoramento por satélite e verificação independente.[32] Previsto para ser lançado na COP 30, em Belém, o fundo busca valorizar a manutenção das florestas em pé e direcionar 20% dos recursos aos povos indígenas e comunidades tradicionais, que estão na linha de frente da conservação e proteção dos territórios.

Um chamado à ação

Hoje, quando retorno às montanhas que circundam Nova Friburgo, vejo nelas um lembrete vivo de tudo o que está em jogo. O sentimento de que o que ainda resta da Mata Atlântica e nossos biomas exuberantes não está garantido, unido à certeza de que precisamos além de conservar, restaurar, me move cada vez mais à ação.

Estou convicta de que valorizar a natureza é a chave para sairmos das crises climáticas e da biodiversidade que nos assolam, e de deixarmos um planeta habitável para as crianças e próximas gerações.

Não há país mais bem posicionado do que o Brasil para ser uma superpotência da natureza. Se formos bem-sucedidos em criar novos modelos econômicos compatíveis com nossas metas ambientais e climáticas, outros países podem decidir seguir os nossos passos. E assim, todos sairemos ganhando.

Precisamos agir já pois, como nos lembra Ailton Krenak, "o amanhã não está à venda".

Notas bibliográficas

1 Dasgupta, P., & Great Britain. (2021). *Economics of Biodiversity: The Dasgupta Review: Headline Messages.* HM Treasury. https://assets.publishing.service.gov.uk/media/60182857d3bf7f70c2afe5bb/Dasgupta_Review_-_Headline_Messages.pdf Acesso a este e demais links do capítulo em 30 jun 2025.

2 MCTI. (2025, janeiro 10). *Temperatura média do planeta rompe limite de 1,5°C em 2024, apontam centros meteorológicos.* https://www.gov.br/mcti/pt-br/acompanhe-o-mcti/noticias/2025/01/temperatura-media-do-planeta-rompe-limite-de-1-5degc-em-2024-apontam-centros-meteorologicos

3 Alves, A. R. (2023, maio 8). "Opep das Florestas" traz dilemas e oportunidades para Brasil, Congo e Indonésia. *O Globo*. https://oglobo.globo.com/um-so-planeta/noticia/2023/05/opep-das-florestas-traz-dilemas-e-oportunidades-para-brasil-congo-e-indonesia.ghtml

4 Nellemann, C., Stock, J., & Shaw, M. (2018). *World Atlas of Illicit Flows.* Global Initiative. https://globalinitiative.net/wp-content/uploads/2018/09/Atlas-Illicit-Flows-FINAL-WEB-VERSION-copia-compressed.pdf

5 Butler, R. A. (2020, julho 11). *The world"s largest rainforests.* World Rainforests. https://worldrainforests.com/facts/the-worlds-largest-rainforests.html

6 Alencar, A., et al. (2021). Chapter 25: A Pan-Amazonian sustainable development vision. Em C. Nobre, et al. (Orgs.), *Amazon Assessment Report 2021* (1° ed). UN Sustainable Development Solutions Network (SDSN). https://doi.org/10.55161/IBHC5215

7 Guayasamin, J. M., et al. (2021). Chapter 2: Evolution of Amazonian biodiversity. Em C. Nobre, et al. (Orgs.), *Amazon Assessment Report 2021* (1° ed). UN Sustainable Development Solutions Network (SDSN). https://doi.org/10.55161/CZWN4679

8 AFP. (2024, setembro 23). Amazon forest loses area the size of Germany and France, fueling fires. *France 24*. https://www.france24.com/en/live-news/20240923-amazon-forest-loses-area-the-size-of-germany-and-france-fueling-fires

9 Gatti, L. V., et al. (2021). Amazonia as a carbon source linked to deforestation and climate change. *Nature*, 595(7867), 388–393. https://doi.org/10.1038/s41586-021-03629-6

10 UNEP. (2019, fevereiro 28). *Brasil Megadiverso: dando um impulso online para a biodiversidade*. https://www.unep.org/pt-br/noticias-e-reportagens/story/brasil-megadiverso-dando-um-impulso-online-para-biodiversidade

11 Tolentino, L., & Freitas, I. (2012). *Desmatamento em queda livre*. MMA. https://antigo.mma.gov.br/informma/item/8873-desmatamento-em-queda-livre.html

12 MapBiomas. (2025, junho 24). *Área queimada no Brasil em 2024 supera média histórica em 62%*. https://brasil.mapbiomas.org/en/2025/06/24/area-queimada-no-brasil-em-2024-supera-media-historica-em-62/

13 Presidência da República. (2024). *Decreto no 12.044, de 5 de junho de 2024.* https://www.planalto.gov.br/ccivil_03/_ato2023-2026/2024/decreto/d12044.htm

14 Secretaria de Comunicação Social. (2024). *G20 chega a consenso e estabelece princípios de Alto Nível sobre Bioeconomia*. https://www.gov.br/secom/pt-br/assuntos/noticias/2024/09/g20-chega-a-consenso-e-estabelece-principios-de-alto-nivel-sobre-bioeconomia

15 World Economic Forum. (2020). *Nature Risk Rising: Why the Crisis Engulfing Nature Matters for Business and the Economy*. https://www3.weforum.org/docs/WEF_New_Nature_Economy_Report_2020.pdf

16 IBGE. (2012). *Censo 2010: população indígena é de 896,9 mil, tem 305 etnias e fala 274 idiomas*. https://agenciadenoticias.ibge.gov.br/agencia-sala-de-imprensa/2013-agencia-de-noticias/releases/14262-asi-censo-2010-populacao-indigena-e-de-8969-mil-tem-305-etnias-e-fala-274-idiomas

17 MapBiomas. (2023). *7 fatos sobre Terras Indígenas no Brasil*. https://brasil.mapbiomas.org/wp-content/uploads/sites/4/2023/08/MapBiomas_Terras_Indigenas_28.04_OK.pdf

18 Den Braber, B., Oldekop, J. A., Devenish, K., Godar, J., Nolte, C., Schmoeller, M., & Evans, K. L. (2024). Socio-economic and environmental trade-offs in Amazonian protected areas and Indigenous territories revealed by assessing competing land uses. *Nature Ecology & Evolution*, 8(8), 1482–1492. https://doi.org/10.1038/s41559-024-02458-w

19 https://greenbridgefacility.com/

20 https://greenbridgefacility.com/know-your-territory-method/

21 Olsen, N., Mulder, I., Qian, H., Malandrino, G. M., Blin, A., Mitchell, A., & Wong, P. C. (2023). *The big nature turnaround repurposing $ 7 trillion to combat nature loss*. United Nations Enviornment Programme. https://www.unep.org/resources/state-finance-nature-2023

22 Leme Lopes, C., & Chiavari, J. (2022). *Bioeconomia na Amazônia: Análise Conceitual, Regulatória e Institucional*. Climate Policy Initiative. https://www.climatepolicyinitiative.org/wp-content/uploads/2022/09/AMZ-2030-Bioeconomia-na-Amazonia.pdf

23 MMA. (2024). *Governo Federal e parceiros lançam Plataforma Brasil de Investimento Climático e para a Transformação Ecológica*. https://www.gov.br/mma/pt-br/assuntos/noticias/governo-federal-e-parceiros-lancam-plataforma-brasil-de-investimento-climatico-e-para-a-transformacao-ecologica

24 Buoro, M., Pavan, M., & Cenamo, M. (2023). *Estudo de Boas Práticas Empresariais na Amazônia*. CEBDS. https://cebds.org/wp-content/uploads/2023/06/Estudo-de-Boas-Praticas-Empresariais-na-Amazonia_VF.pdf

25 Vilarino, C. (2025, fevereiro 4). Drone adaptado "caça" árvores amazônicas que viram perfume. *Globo Rural*. https://globorural.globo.com/tecnologia-e-inovacao/noticia/2025/02/drone-adaptado-caca-arvores-amazonicas-que-viram-perfume.ghtml

26 Instituto Escolhas. (2023). *Quanto o Brasil precisa investir, hoje, para recuperar 12 milhões de hectares de florestas?* https://escolhas.org/wp-content/uploads/2023/12/Onepage_12mi.pdf

27 Teixeira Jr., S. (2024, novembro 15). Pará lança concessão para restauração florestal. *Capital Reset*. https://capitalreset.uol.com.br/clima/cop/para-lanca-concessao-para-restauracao-florestal/

28 Cardial, I. (2025, janeiro 31). Crédito de biodiversidade: entenda esse (polêmico) financiamento da natureza. *Capital Reset*. https://capitalreset.uol.com.br/biodiversidade/credito-de-biodiversidade-entenda-esse-polemico-financiamento-da-natureza/

29 IAPB. (2024, outubro). *Framework*. https://www.iapbiocredits.org/framework

30 WRI Brasil. (2021, junho 14). *Como funciona o pagamento por serviços ambientais a quem protege e restaura florestas*. https://www.wribrasil.org.br/noticias/como-funciona-o-pagamento-por-servicos-ambientais-quem-protege-e-restaura-florestas

31 Adachi, V. (2021, setembro 23). O que são os green bonds? O ABC da dívida ESG. *Capital Reset*. https://capitalreset.uol.com.br/financas/divida-esg/o-que-sao-os-green-bonds-o-abc-da-divida-esg/

32 Catanoso, J. (2024, outubro 30). COP16: "A fund unlike any other" will pay tropical nations to save forests. *Mongabay*. https://news.mongabay.com/2024/10/cop16-a-fund-unlike-any-other-will-pay-tropical-nations-to-save-forests/

Carlos Manuel Rodríguez
CEO e presidente do Fundo Global para o Meio Ambiente (GEF) e ex-ministro de Energia e Meio Ambiente da Costa Rica.

Sonja Sabita Teelucksingh
Conselheira do CEO do Fundo Global para o Meio Ambiente (GEF) e Chefe da Equipe de Análise de Dados do GEF.

15. GOVERNANÇA PARA A NATUREZA POSITIVA

Introdução

Arturo Echandi Jimenez, um cafeicultor de terceira geração, nasceu em 1907 em San José, Costa Rica. Arturo foi criado em uma economia baseada na agricultura, em que todas as políticas de desenvolvimento visavam ampliar a produção agrícola e, em particular, a produção de café. As melhores terras agrícolas nas regiões altas estavam bem divididas entre os cafeicultores e a agricultura de subsistência. Naquela época, a Costa Rica possuía uma cobertura florestal muito elevada.

A Revolução Mexicana de 1910 teve um impacto significativo sobre as políticas públicas de posse da terra e reformas agrárias em toda a América Latina. Assim, o governo da Costa Rica iniciou várias reformas legais e institucionais que visavam: 1) dar terras aos sem-terra, 2) colocar todas as terras disponíveis em sistema de produção agrícola e 3) aumentar a produtividade agrícola e o desenvolvimento humano. Em 1942, Arturo, então com 35 anos de idade, adquiriu uma propriedade de 440 hectares no Vale de Orosi, na Costa Rica, como beneficiário de um programa governamental de posse da terra. Ali estabeleceu uma fazenda de café, dedicando 120 hectares à produção de café e deixando o restante da área intocado, coberto por florestas úmidas primárias.

Como parte das reformas agrárias introduzidas na Costa Rica em 1962, novas políticas e incentivos foram desenvolvidos para aumentar a produtividade e expandir a fronteira agrícola. Uma dessas políticas foi uma lei simples, de 10 artigos, chamada "Imposto sobre Terras Improdutivas", destinada a tributar todas as fazendas e propriedades que não estivessem sob produção econômica. Como os solos dos 300 hectares de florestas intocadas de Arturo não eram adequados para a produção de café, ele decidiu converter suas florestas em pastagens para criação de gado. Durante muitos anos, essa foi uma atividade produtiva. No entanto, por volta de 1975, Arturo notou uma grande queda na produção de leite e, em 1985, foi forçado a encerrar essa parte de sua operação. Nessa altura, a produção de café também estava em risco. As atividades de pastagem haviam degradado o solo da fazenda, e o desmatamento total de suas terras havia comprometido suas fontes de água.

Arturo Echandi Jimenez era meu avô, e esta é sua história — uma história repetida por muitos milhares de agricultores costarriquenhos ao longo das últimas duas gerações. Quando menino, vi isso acontecer em escala mais ampla diante dos meus próprios olhos. Minha família fazia a viagem de quatro horas até o litoral da Costa Rica nos fins de semana, e, como brincadeira para nos entreter, meus primos e eu competíamos contando as centenas de caminhões de madeira e de gado que passavam na direção contrária. As políticas nacionais incentivavam e geravam diretamente o desmatamento em larga escala — a Costa Rica perdeu 50% de sua cobertura florestal em apenas duas décadas. Isso levou à perda de biodiversidade, de solos e de água doce. Como no caso do meu avô, tais políticas, em última instância, limitaram a própria expansão da renda e o desenvolvimento econômico que os líderes do país buscavam estimular.

Em 1979, diante dos elevados níveis de desmatamento e da consequente perda de produtividade, o Ministério da Fazenda da Costa Rica incluiu em seu orçamento um conjunto de incentivos florestais. Esses incentivos visavam estimular o plantio de árvores como atividade comercial. O programa foi muito bem-sucedido até que a combinação entre uma crise fiscal e planos de ajuste estrutural do Banco Mundial mudou todas as políticas de incentivos como forma de preparar o caminho para o livre comércio, a globalização e a competitividade. Diante do sucesso do programa, a Costa Rica buscou um mecanismo substituto de financiamento que fosse resiliente a mudanças políticas e crises fiscais. Isso levou ao estabelecimento, em 1997, do inovador programa costarriquenho de Pagamentos por Serviços Ambientais (PSE), cujo objetivo era corrigir a falha de mercado e criar um novo conjunto de incentivos voltados aos objetivos mutuamente benéficos de geração de renda e conservação da natureza[1]. Junto com os mesmos primos, com quem eu contava caminhões de madeira e gado quando criança, trabalhei na restauração das florestas da terra de meu avô, colocando a fazenda no esquema de PSE para créditos de carbono.

Na época de sua morte, em 2004, meu avô tinha uma fazenda produtiva de 440 hectares, com 120 hectares dedicados ao café, quase 300 hectares de florestas restauradas, muitas nascentes e fontes de água doce, além de renda adicional proveniente de créditos de carbono. Hoje, graças ao programa PSE, nossa fazenda recebe 78 dólares por hectare de floresta por ano pelos serviços de carbono, água e biodiversidade. Isso resulta em um valor anual quase equivalente ao lucro da produção de café. As terras do meu avô estão agora tão diversas e densas quanto eram no início da década de 1960, e sua rica biodiversidade retornou. Essas terras fazem parte essencial de um corredor biológico que conecta dois grandes parques nacionais na Costa Rica, contribuindo de múltiplas formas para os compromissos ambientais globais do país.

A história do meu avô, Arturo Echandi, foi replicada em milhares de propriedades rurais na Costa Rica, e constitui um exemplo tangível de como as políticas de um país podem simultaneamente aumentar a renda das famílias, apoiar a conservação ambiental, promover o desenvolvimento nacional e contribuir para as metas ambientais globais. Por outro lado, também demonstra como a conquista desses múltiplos objetivos pode ser limitada se não houver políticas públicas relevantes — e harmonizadas — em vigor.

Hoje, em minhas viagens por muitos países em desenvolvimento na qualidade de CEO do Global Environment Facility, vejo a história do meu avô se repetir — com políticas nacionais, financiamento público, incentivos diretos, subsídios e instituições atuando contra a conservação sustentável e contra resultados climáticos. Em outra camada de contradição e complexidade, esses fatores também podem atuar em conflito entre si: políticas públicas "promovem" o desenvolvimento insustentável da agricultura, da pesca, da infraestrutura, da exploração madeireira, do petróleo e da mineração, enquanto, ao mesmo tempo, governos centrais apoiam a conservação da natureza e a sustentabilidade, tanto domesticamente por meio de outras políticas nacionais quanto internacionalmente por meio de compromissos com acordos globais. Esses desalinhamentos e contradições das políticas públicas e da governança continuam alimentando a tripla crise planetária da mudança climática, da perda de biodiversidade e da poluição, que compromete os meios de vida individuais, o desenvolvimento econômico, o progresso nacional e a estabilidade ambiental global.

15.1 A evolução da arquitetura ambiental internacional

Desde o século 19, intelectuais e formuladores de políticas vêm se tornando cada vez mais conscientes do estado do mundo natural e de como este interage com os sistemas econômicos[2]. Essa percepção foi inicialmente caracterizada por avaliações e ações pontuais, isoladas, em nível nacional – como a criação de parques nacionais[3]. Com o tempo, tornou-se evidente a necessidade de ação em escala global.

Criada em 1948, a União Internacional para a Conservação da Natureza (UICN) foi a primeira união ambiental global do mundo, encarregada de monitorar o estado do mundo natural e de identificar o que é necessário para protegê-lo[4]. A Conferência das Nações Unidas sobre o Meio Ambiente Humano, em Estocolmo, em 1972, foi o primeiro marco internacional significativo para uma abordagem global capaz de avaliar, enfrentar e fortalecer os sistemas humanos e naturais[5]. Dessa reunião histórica nasceu o Programa das Nações Unidas para o Meio Ambiente (PNUMA), criado como uma agência especializada da ONU destinada a monitorar o estado do meio ambiente, informar a formulação de políticas com base científica e coordenar a resposta global aos desafios ambientais[6].

Estocolmo 1972 levou a um aumento significativo da conscientização sobre questões ambientais, tanto no nível das comunidades quanto no nível global[5,7]. Ações globais coordenadas começaram a se materializar de várias formas – por exemplo, a descoberta do buraco na camada de ozônio levou ao Protocolo de Montreal sobre Substâncias que Destroem a Camada de Ozônio, de 1987, um acordo global para eliminar gradualmente a produção e o consumo dessas substâncias, bem como à criação do Fundo Multilateral para facilitar sua implementação[8].

Em 1992, outro marco ambiental global ocorreu com a Conferência das Nações Unidas sobre Meio Ambiente e Desenvolvimento, no Rio de Janeiro[5]. Da Conferência do Rio nasceram três grandes convenções internacionais conhecidas como "Convenções do Rio" – a Convenção-Quadro das Nações Unidas sobre Mudança do Clima (UNFCCC), a Convenção das Nações Unidas sobre Diversidade Biológica (CDB) e a Convenção das Nações Unidas de Combate à Desertificação (UNCCD)[9]. Um programa-piloto recém-criado no Banco Mundial, conhecido como Global Environment Facility (GEF), recebeu o mandato de atuar como mecanismo financeiro dessas três convenções e de facilitar sua implementação[A].

Com o tempo, outros Acordos Ambientais Multilaterais (MEAs) e iniciativas foram desenvolvidos em resposta ao aumento dos desafios ambientais globais.[B] Vimos a criação de novas instituições internacionais[C], bem como a expansão das operações de instituições já existentes[D]. Muitas instituições regionais, como os bancos de desenvolvimento regionais, passaram a incluir objetivos ambientais em seus portfólios. E, em nível nacional, houve uma expansão da ajuda bilateral de países desenvolvidos para países em desenvolvimento, refletindo metas e objetivos ambientais.

Tanto a Conferência de Estocolmo quanto a do Rio, portanto, representam marcos significativos no direito e na governança ambiental global, e suas respectivas declarações assinalam a evolução do direito ambiental internacional, das instituições e das convenções[10]. Esses acordos estabeleceram a estrutura para ações nacionais visando alcançar o desenvolvimento econômico sustentável e as metas ambientais globais. Eles formaram a base para compromissos e acordos adicionais, tanto dentro[E] quanto em paralelo[F] a seus marcos já existentes, e estabeleceram um modelo – em forma e em processo – para diversos MEAs subsequentes.[G]

A Ao longo dos últimos trinta anos, o mandato do GEF foi ampliado para incluir questões de proteção e preservação das florestas, produtos químicos e resíduos, águas internacionais e biodiversidade em alto-mar. O GEF é agora uma "Agrupamento de Fundos" que atende às necessidades de uma gama cada vez maior de acordos internacionais. As três Convenções do Rio permanecem no cerne do GEF, que continua a operar sob a autoridade das respectivas Conferências das Partes (COPs) e a receber orientações desse processo.

B Exemplo: The Stockholm Convention on Persistent Organic Pollutants, The Minamata Convention on Mercury e o Biodiversity Beyond National Jurisdiction Agreement.

C Exemplo: The Climate Investment Funds (2008) e The Green Climate Fund (2010).

D Exemplo: além do PNUMA, várias organizações da ONU, como o PNUD, possuem atualmente carteiras ambientais robustas.

E Exemplo: Paris Agreement (2015) e Kunming-Montreal Global Biodiversity Framework (2022).

F Exemplo: Millennium Ecosystem Assessment (2000) e Sustainable Development Goals (2015).

G Como, por exemplo, a Convenção da Basileia sobre o Controle de Movimentos Transfronteiriços de Resíduos Perigosos e seu Depósito (1989), a Convenção de Roterdã, que facilita a tomada de decisões informadas pelos países em relação ao

15.2 O desafio da fragmentação nos níveis nacional e internacional

Ao refletir sobre a evolução da atenção global direcionada ao estado do meio ambiente ao longo dos últimos 50 anos, vejo paralelos com minhas próprias experiências pessoais e profissionais – desde contar os caminhões de madeira e de gado nas estradas da Costa Rica quando menino, até implementar um esquema de Pagamentos por Serviços Ambientais (PSE) com meus primos na fazenda do meu avô, passando pela atuação como advogado ambiental e como Ministro do Meio Ambiente e Energia da Costa Rica em diferentes períodos, até chegar ao meu cargo atual como CEO do Global Environment Facility (GEF).

Fui representante da juventude na Conferência do Rio em 1992, testemunhando o desenvolvimento de acordos internacionais que eu viria a implementar tanto em nível nacional quanto global, e a construção institucional fundamental da organização que hoje lidero. Como Ministro do Meio Ambiente e Energia, fui responsável pela implementação dos compromissos da Costa Rica com as Convenções do Rio. E agora, como CEO do GEF, o mandato central do meu trabalho é direcionar recursos, políticas, processos e marcos para facilitar a entrega dos compromissos assumidos por todos os países relevantes.

Como conservacionista e ministro, testemunhei os desafios de implementar acordos internacionais de baixo para cima, em nível nacional. Como CEO do GEF, testemunho agora esses desafios de cima para baixo, em nível internacional. Em diferentes funções ao longo de minha carreira, participei de aproximadamente 60% das Conferências das Partes (COPs) das três Convenções do Rio (e, mais recentemente, também das Convenções da Basileia, Roterdã e Estocolmo, e de Minamata). A crescente atenção dada à governança ambiental internacional nos últimos 50 anos foi, possivelmente, um dos desenvolvimentos globais mais positivos de minha vida, representando uma mudança de paradigma para a visão de que a natureza está no cerne de nossos sistemas humanos, sociais e econômicos.

---

comércio de produtos químicos perigosos (1998), a Convenção de Estocolmo sobre Poluentes Orgânicos Persistentes (2001), o recente acordo sobre a Biodiversidade Além da Jurisdição Nacional (2023) e as negociações em curso sobre Poluição por Plásticos.

No entanto, da minha perspectiva, essa evolução da arquitetura ambiental global ocorreu como resposta a circunstâncias políticas específicas, em vez de resultar de um plano institucional global bem definido, com papéis, estruturas, obrigações e responsabilidades claras para todas as instituições ambientais multilaterais. Como resultado, hoje observamos uma proliferação de convenções, acordos, instituições e mecanismos de ajuda no espaço ambiental internacional. Alguns são complementares entre si, outros têm mandatos e objetivos sobrepostos, e todos necessitam de níveis crescentes de cooperação mútua para alcançar o impacto necessário.

Essa fragmentação em nível internacional também se reflete em nível nacional. Continuo a observar, em múltiplos contextos domésticos, marcos institucionais que geram falta de coerência política em políticas de desenvolvimento — semelhantes àquelas que levaram meu avô a desmatar suas terras. A crescente atenção à governança e aos marcos ambientais em nível nacional tem sido um avanço positivo, mas resultou na criação de Ministérios do Meio Ambiente que operam separadamente de outros ministérios com os quais compartilham os mesmos recursos naturais.

A realidade política, portanto, é que, em muitos países, diversos ministérios gerenciam simultaneamente os recursos naturais renováveis e não renováveis e as paisagens sem planejamento ou orçamento comuns suficientes (ou sequer existentes). Esse nível de fragmentação limita a gestão integrada dos recursos naturais compartilhados, podendo resultar em políticas domésticas contraditórias. Isso pode ser visto como uma das razões pelas quais os governos gastam mais recursos financeiros em atividades que destroem a natureza e contribuem para a mudança climática do que em conservação da natureza. Essa fragmentação também dificulta ainda mais a capacidade dos países em cumprir os acordos ambientais internacionais com os quais se comprometeram.

15.3 "Integração" como um paradigma global em evolução

As Convenções do Rio de 1992, por definição, estabeleceram financiamentos, metas e mecanismos que, em grande medida, trataram individual e separadamente desafios ambientais comuns. Apesar do reconhecimento crescente de objetivos compartilhados e da necessidade de interligações, meus 30 anos de experiência profissional com a agenda ambiental global mostram que, na maior parte do tempo, os desafios da mudança climática, da perda de biodiversidade e da degradação da terra foram abordados com uma lógica de compartimentos isolados (*silos*). A meu ver, isso foi um fator limitante significativo para o avanço da agenda ambiental, tanto em nível nacional quanto internacional.

Em 2014, a então CEO do GEF e minha predecessora, Naoko Ishii, propôs um paradigma inovador: que os fundos destinados ao clima e à natureza deveriam ser canalizados por meio de "abordagens integradas" concebidas para enfrentar, de forma holística, os fatores subjacentes e comuns da degradação ambiental. O GEF, como instituição, foi o campo de testes perfeito para essa abordagem. Apesar de as Convenções do Rio ainda operarem, naquele momento, como mecanismos amplamente separados e isolados uns dos outros, o fato de terem o GEF como mecanismo financeiro comum constituía o único elo inquestionável entre elas.

Nos primeiros anos, o GEF desenvolvia programações específicas às necessidades e objetivos individuais de cada convenção. Com o tempo, devido a vários fatores — incluindo a demanda dos países por programações que abrangessem diferentes áreas das convenções —, crescia a consciência de que essa abordagem isolada não produziria o impacto necessário em nível nacional e em escala. Isso culminou na introdução de uma série de "Projetos-Piloto de Abordagem Integrada" em 2014[11].

Ao longo dos últimos dez anos, o GEF tem atuado, com crescente eficácia e eficiência, no espaço da programação integrada, respondendo às diferentes necessidades, objetivos e metas das múltiplas convenções que atende. Hoje, quase 50% dos recursos do GEF são programados por meio de abordagens integradas[12].

Essas iniciativas no âmbito do GEF estimularam diretamente uma mudança de paradigma na arquitetura ambiental internacional. Atualmente, o conceito de integração e o potencial de sinergias entre diferentes iniciativas começam a ser incorporados tanto em Acordos Ambientais Multilaterais (MEAs) já existentes (como as Convenções do Rio), quanto em MEAs mais recentes (como a Convenção de Minamata e o Acordo sobre Biodiversidade Além da Jurisdição Nacional) e até em novos que estão em negociação (como o tratado sobre Poluição por Plásticos).

Na COP26 da UNFCCC, em 2021, vivi uma espécie de crise de identidade devido à ênfase que essa COP deu às florestas — um tema que, tradicionalmente, era tratado na COP de Biodiversidade. Essa COP do clima chegou a ser informalmente chamada de "COP da Natureza", resultando na Declaração dos Líderes de Glasgow sobre Florestas e Uso da Terra. Em todos os meus anos participando da maioria das COPs das três Convenções do Rio, nunca tinha presenciado esse tipo de "atravessamento". Hoje, a integração é vista, com razão, como a forma de maximizar os recursos limitados disponíveis para clima e natureza, bem como de maximizar o impacto desses recursos.

Embora o conceito de integração seja reconhecido e esteja começando a ser aplicado nos acordos internacionais, ele ainda não se reflete na mesma medida em nível nacional — justamente onde os países precisam, em última instância, implantar esses compromissos internacionais. A trajetória da Costa Rica em governança ambiental é um bom exemplo da criação de marcos institucionais integrados para enfrentar desafios ambientais em nível local.

Antes da década de 1980, a Costa Rica tinha vários ministérios administrando os mesmos recursos naturais, paisagens e áreas marinhas. Em 1988, a gestão de todos os recursos renováveis e não renováveis foi unificada no Ministério do Meio Ambiente e Energia[13], abrangendo recursos naturais (principalmente biodiversidade), energia, mineração, água e oceanos — ministério que eu acabaria por liderar três vezes ao longo de minha carreira profissional.

Naquele momento, e até hoje, a Costa Rica foi uma anomalia nesse aspecto. Lembro-me bem de que alguns colegas ministros do meio ambiente, em outros países, por vezes desconfiavam da minha lealdade à agenda ambiental (e vice-versa), já que eu também era responsável pela mineração. Mesmo com esse ministério unificado, ainda havia conflitos, tanto ideológicos quanto práticos, com o Ministro da Agricultura, que era a principal fonte de políticas rurais que promoviam a mudança no uso da terra e a degradação das florestas.

No meu primeiro mandato como ministro, percebi que, apesar da fusão, os silos persistiam. Em 1994, havia três órgãos na Costa Rica (o Serviço Florestal, os Parques Nacionais e o Serviço de Vida Silvestre) responsáveis por gerir áreas protegidas e recursos naturais, mas em constante conflito entre si e sem planejamento comum. Isso limitava nossas ambições de consolidar áreas protegidas e reduzir o desmatamento. Assim, examinamos a estrutura do ministério e identificamos a oportunidade de integração organizacional. Trabalhamos, então, para fundir esses três órgãos em uma única organização, ao mesmo tempo em que descentralizávamos suas operações e abríamos os processos de planejamento à sociedade civil.

Embora múltiplos acordos e instituições globais estejam começando a trabalhar de maneira cada vez mais integrada em direção a metas globais, esse paradigma ainda não é aceito universalmente — nem refletido em muitos países, onde órgãos centrais de governo continuam a gerir simultaneamente os mesmos recursos ambientais.

Onde essa abordagem integrada de conservação ambiental existe, a evidência de seu sucesso é clara — por exemplo, as tendências de desmatamento da Costa Rica entre 1980 e 2005 mostram um declínio surpreendente diretamente associado ao aumento da coerência política. A persistência da fragmentação na gestão de recursos naturais entre ministérios e setores continua a ser uma barreira significativa ao alcance de metas e objetivos internacionais, como os ODS. Essa falta de integração, tanto em nível nacional quanto internacional, é em grande medida o que continua a limitar o que o mundo pode fazer para alcançar nossos múltiplos compromissos globais sobre clima e natureza.

PERSPECTIVA 9.1
Operação Caranguejo Preto: um modelo de governança Positiva para a Natureza

Por Carlos Eduardo Correa, Ex-Ministro do Meio Ambiente e Desenvolvimento Sustentável da Colômbia

Em 16 de novembro de 2020, o Furacão Iota, uma tempestade de categoria 5, atingiu diretamente o território colombiano, devastando a ilha de Providência, no Arquipélago de San Andrés. A tormenta deixou uma destruição sem precedentes. Na época, eu atuava como Ministro do Meio Ambiente e Desenvolvimento Sustentável da Colômbia. Embora os esforços iniciais tenham se concentrado quase exclusivamente nas necessidades humanitárias, logo ficou evidente que a recuperação de Providência exigia uma visão de longo prazo que integrasse conservação e desenvolvimento socioeconômico.

Os manguezais foram apelidados de "Heróis de Iota", pois essa barreira natural ajudou a mitigar o impacto da tempestade. No entanto, a destruição da ilha foi significativa, atingindo o litoral, a floresta tropical seca e os recifes da Reserva da Biosfera Seaflower (a terceira maior barreira de corais do mundo). Esses eventos foram catastróficos para uma ilha de apenas 5.000 habitantes, cuja subsistência depende da natureza e dos serviços de turismo que ela possibilita.

Mobilizamos toda a capacidade científica e técnica do Sistema Nacional Ambiental para restaurar a ilha. Sabíamos que não poderíamos fazê-lo sozinhos e que o conhecimento local seria nosso melhor aliado. Utilizando nosso sistema de Pagamentos por Serviços Ambientais (PSE), lançamos a Operação Caranguejo Preto, batizada em homenagem a uma espécie da ilha. Esse programa envolveu mais de 350 famílias na restauração dos ecossistemas. Os habitantes de Providência, com seu profundo conhecimento do território, desempenharam papel fundamental na avaliação dos danos, coleta de sementes, restauração de manguezais e recuperação de recifes de coral.

Por meio desse projeto, conseguimos restaurar dezenas de hectares de ecossistemas essenciais, fortalecer a resiliência da ilha a eventos climáticos extremos e criar oportunidades de emprego. Além disso, a Operação Caranguejo Preto deu origem ao programa nacional "Um Milhão de Corais para a Colômbia" – a maior restauração de recifes das Américas –, que cultivou o mesmo número de fragmentos de coral e restaurou 200 hectares de recifes em toda a Colômbia (60% no Arquipélago de San Andrés), com a participação ativa de autoridades ambientais territoriais, comunidades, escolas e centros de mergulho, organizações de pesca artesanal, academia e ONGs setoriais.

A experiência em Providência nos trouxe lições sobre a importância da governança positiva para a natureza, especialmente em momentos de crise. Como demonstrou a Operação Caranguejo Preto, uma estrutura de governança em múltiplos níveis nos permite mobilizar recursos, compartilhar conhecimento e coordenar ações de forma mais eficiente, com todas as partes interessadas trabalhando por um objetivo comum. Em particular, aprendemos que envolver as comunidades locais nos processos de decisão e fornecer a elas incentivos adequados são fatores-chave para alcançar resultados ambientais e sociais positivos e sustentáveis que se reforçam mutuamente.

Com minha experiência local, nacional e internacional, comprometi-me a repensar nossas políticas públicas para reverter a perda de biodiversidade. A governança Positiva para a Natureza exige que pensemos de forma inovadora e adotemos políticas e marcos regulatórios que redefinam nossa relação com a natureza – como fizemos com a Operação Caranguejo Preto. Ao longo dos anos, aprendi que um dos maiores obstáculos para isso é a fragmentação da governança ambiental em todos os níveis, refletida em inúmeros acordos internacionais e na falta de uma linguagem comum. Como tem sido discutido neste capítulo, essa transição requer uma estratégia de coerência política dentro e entre os níveis locais e internacionais de governança. Além disso, como minha experiência política me mostrou, isso exige um engajamento rigoroso das partes interessadas, incluindo governos, cientistas, urbanistas, Povos Indígenas, comunidades locais, academia, setor privado e financeiro, organizações multilaterais e ONGs.

É claro que a governança Positiva para a Natureza é o pilar fundamental para construir um futuro sustentável. Somente por meio de um esforço conjunto, coerente e inclusivo poderemos enfrentar os desafios atuais e construir um mundo em que a natureza e a humanidade prosperem em harmonia. O tempo de reflexão acabou. Agora, precisamos agir.

15.4 Princípios norteadores para a conquista da governança Positiva para a Natureza

A governança Positiva para a Natureza é o arranjo institucional ideal de que o mundo necessita para transitar de um estado negativo para a natureza a um estado de Natureza Positiva. A governança Positiva para a Natureza pode ser caracterizada como aquela que possui uma coerência de políticas em três níveis de escala: doméstico, internacional e sistêmico (ver Figura 15.1).

A *coerência de políticas domésticas* refere-se à consistência entre os marcos institucionais e de políticas dentro de um país. Os países devem desenvolver ambientes regulatórios e de políticas que se reforcem mutuamente – tanto para desencorajar/eliminar práticas nocivas quanto para estimular o financiamento em larga escala voltado ao clima e à natureza[14]. Contudo, isso deve ser feito ao mesmo tempo em que se aprimora o planejamento e a harmonização entre os poderes Executivo e Legislativo, de modo a permitir a implementação efetiva dessas políticas. O fortalecimento da coerência doméstica de políticas pode ampliar de forma significativa os fluxos de recursos internos destinados aos investimentos necessários para alcançar metas ambientais cruciais, catalisar ainda mais o impacto dos fluxos internacionais de financiamento e aumentar tanto os benefícios ambientais nacionais quanto globais.

A necessidade de coerência de políticas domésticas vem sendo progressivamente incorporada aos diálogos globais como um mecanismo essencial que, se negligenciado, pode comprometer a capacidade do mundo de reverter as tendências ambientais atuais e de alcançar suas metas cruciais de Natureza Positiva.[15, 16]

Figura 15.1 Os três elementos da governança Positiva para a Natureza.

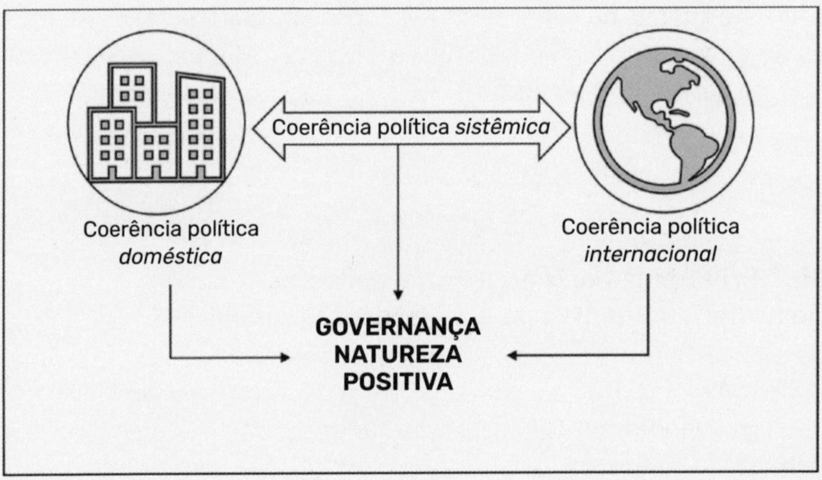

Fonte: Rodríguez, C. M; Teelucksingh, S.S; Global Environment Facility. Usado com permissão dos autores.

Enquanto mecanismos como os Pagamentos por Serviços Ambientais (PSE) buscam corrigir a falha de mercado na proteção ambiental, a coerência de políticas domésticas busca enfrentar sua falha institucional.

A coerência internacional de políticas refere-se à consistência entre e dentro dos acordos ambientais internacionais, das instituições que os implementam e dos financiamentos de múltiplas fontes que servem a seus objetivos. A atual arquitetura financeira e institucional global voltada à conservação da natureza é um cenário complexo — que tende a se tornar ainda mais intrincado com a chegada de novos acordos e com os apelos por mais instituições para dar suporte a esses acordos. Dentro das próprias instituições internacionais existentes, pode-se observar outro nível de incoerência de políticas, em que algumas atividades podem simultaneamente proteger a natureza enquanto outras exploram seus recursos de forma insustentável. Tais contradições precisam ser mapeadas e enfrentadas ao nível da governança institucional.

A Assistência Oficial ao Desenvolvimento (AOD), destinada ao financiamento da natureza, costuma ser entendida como a ajuda multilateral canalizada pela arquitetura financeira internacional existente, como o GEF. Um componente significativo e frequentemente negligenciado nessa equação de financiamento é o da ajuda bilateral. Avaliações preliminares internas do GEF indicam que, para muitos países doadores, a maior parte dos recursos relevantes para a natureza é canalizada bilateralmente. A questão central é se essa ajuda é explicitamente direcionada e operacionalizada em função dos compromissos assumidos pelo país beneficiário em relação às metas globais. Além das ineficiências que podem resultar desse cenário fragmentado, aproveitar ao máximo essa multiplicidade de oportunidades financeiras existentes e em expansão pode ser uma tarefa árdua para os países receptores. Assim, a probabilidade de que os recursos internacionais disponíveis sejam usados com impacto máximo em nível nacional é pequena.

A coerência sistêmica de políticas refere-se à consistência entre os marcos institucionais e de políticas de um país e os acordos ambientais internacionais dos quais ele é signatário. O progresso em direção a metas globais é a soma dos avanços alcançados nos níveis nacionais respectivos. Políticas domésticas inconsistentes ou que estejam em contradição aos objetivos ambientais globais podem não apenas comprometer a capacidade de um país de cumprir essas metas, mas até mesmo minar os próprios benefícios ambientais globais que precisam ser gerados.

Para alcançar a governança Positiva para a Natureza, propomos três princípios orientadores: 1) a adoção de uma abordagem institucional de paisagem/ecossistema, 2) o alinhamento dos investimentos privados e públicos com os Acordos Ambientais Multilaterais e 3) a mobilização ampliada e direcionada de recursos financeiros para o clima e a natureza.

15.4.1 A adoção de uma abordagem institucional de paisagem

Um paradigma comum na literatura de conservação é o da abordagem de paisagem. Esse conceito é definido como:

> uma estratégia integrada e multifacetada que reúne múltiplas partes interessadas de diversos setores para oferecer soluções em múltiplas escalas. Pode ser amplamente definida como um marco para enfrentar os desafios ambientais, econômicos, sociais e políticos cada vez mais difundidos e complexos, que normalmente transcendem os limites tradicionais de gestão[17].

Uma abordagem de paisagem, portanto, busca substituir uma lógica setorial por uma lógica integrada, para equilibrar objetivos concorrentes no contexto de setores concorrentes.[18] Ela exige o reconhecimento da interconexão entre pessoas e natureza, especialmente em locais onde o uso produtivo da terra — como agricultura, pecuária e mineração — pode comprometer metas ambientais e de biodiversidade.

Podemos estender o conceito de abordagem de paisagem para o de abordagem institucional de paisagem. Há um paralelo claro entre os desafios de fragmentação que a abordagem de paisagem tenta enfrentar e os desafios de fragmentação das instituições internacionais e nacionais no contexto do clima e da natureza. A governança Positiva para a Natureza exige uma estrutura operacional fundamentalmente enraizada na integração, em vez da fragmentação.

Em nível global, a crescente conscientização sobre as sinergias de objetivos entre convenções e acordos ambientais vem, pouco a pouco, levando a mudanças operacionais em como esses acordos são implementados em nível nacional. Resta saber se tais mudanças estão ocorrendo com rapidez suficiente para alcançar as Metas Globais de 2030. Nesse sentido, as abordagens de instituições como o Global Environment Facility são cruciais para gerar maior impulso rumo à integração em todos os níveis de escala espacial.

Atualmente, estão em andamento muitas discussões internacionais sobre a eficácia, eficiência e impacto das instituições ambientais internacionais e sobre o potencial de maiores sinergias entre elas[H]. Ao mesmo tempo, a experiência e as evidências mostram que a criação de novos mecanismos financeiros apenas agravará a fragmentação de um cenário de financiamento já fragmentado — que, paradoxalmente, tenta se tornar mais coeso. Um parâmetro fundamental de impacto é, portanto, a integração.

De forma semelhante, em nível nacional, a fragmentação de papéis e responsabilidades na governança dos recursos naturais pode comprometer sua gestão eficaz. Melhorias em planejamento, coordenação, financiamento e uso de tecnologias são passos na direção correta. Contudo, o objetivo da governança de Natureza Positiva exige ações mais robustas, com a implementação de uma abordagem institucional sistêmica, que coordene tanto os poderes Executivo quanto o Legislativo na gestão dos recursos naturais.

A adoção de uma abordagem institucional de paisagem pode, portanto, alinhar políticas, incentivos e programas, resultando em uma gestão mais eficiente da natureza. Isso, por sua vez, facilitará o cumprimento dos compromissos nacionais em processos internacionais. Como alcançar isso?

Em primeiro lugar, é necessário avaliar os acordos e instituições ambientais internacionais existentes no contexto de complementaridades, duplicações e sinergias. Num momento em que a eficiência e a eficácia dos limitados recursos globais para a conservação da natureza são cruciais para gerar impacto máximo, é preciso realizar um balanço global e diálogos francos para identificar áreas de sobreposição, possibilidades de simplificação de objetivos e/ou mandatos, e oportunidades de sinergia. Em segundo lugar, é preciso avaliar, em nível nacional, o cenário político em torno dos recursos ambientais e o

---

H Este é agora um tema presente na maioria das Conferências das Partes (COPs) de todas as principais Convenções e Acordos, particularmente na Convenção sobre Diversidade Biológica, onde discussões explícitas sobre sinergias foram colocadas em pauta. Curiosamente, esse também é um tema encontrado nas negociações em andamento de potenciais novos acordos, como as do Comitê Intergovernamental de Negociação sobre Poluição por Plásticos, atualmente em curso. Diversos trabalhos sobre sinergias e otimização de fundos existentes estão sendo conduzidos no âmbito do G20, atualmente sob a presidência do Brasil. Além disso, algumas instituições internacionais existentes, incluindo o Fundo Global para o Meio Ambiente (GEF), estão contribuindo para tais trabalhos, bem como examinando internamente o potencial de interligações com outras instituições já atuantes nas áreas de natureza e clima.

grau de coerência entre os diversos atores públicos. Em terceiro lugar, devem ser identificados caminhos metodológicos e operacionais para a adoção dessa abordagem. Por fim, a abordagem deve ser testada, revisada e adaptada conforme necessário. No cerne desse processo está a geração de diálogos políticos relevantes pelo Poder Executivo, capazes de avaliar o progresso em direção aos compromissos internacionais, analisar os orçamentos das agências do Executivo que administram recursos naturais e abrir caminhos para maior integração entre elas.

São, sem dúvida, empreendimentos complexos e específicos de cada contexto. Mas não alcançaremos as metas globais de sustentabilidade com os mesmos marcos institucionais que geraram os desafios que hoje precisamos solucionar. Na Global Environment Facility, estamos ampliando nosso pensamento metodológico e operacional em direção a uma abordagem institucional de paisagem e estamos conduzindo diversas iniciativas internas inovadoras, bem como múltiplos programas, por meio de amplos engajamentos com países selecionados.

15.4.2 O alinhamento dos investimentos privados e públicos com os Acordos Ambientais Multilaterais

O progresso em escala nacional é o que conduz ao avanço em direção às metas e objetivos globais. Qualquer desconexão entre os ambientes propícios em nível doméstico e os compromissos internacionais assumidos pode gerar desafios para a implantação sustentada dos resultados prometidos.

Quando um país assina um acordo internacional — geralmente por meio dos ministros competentes — isso representa uma expressão de intenção não vinculante de cumprir o tratado. O passo seguinte é a aprovação segundo os procedimentos internos do próprio país. Uma vez concluído esse processo, o país ratifica o tratado — isto é, notifica as demais partes do acordo internacional de que consente em se vincular ao tratado. Após a ratificação, o tratado passa a ser oficialmente vinculante para o país. Para que entre em vigor como direito internacional, diferentes tratados exigem diferentes números de países ratificantes. Até hoje, o Protocolo de Montreal sobre Substâncias que Destroem a Camada de Ozônio foi o primeiro tratado das Nações Unidas a alcançar ratificação universal[19].

Uma vez ratificada, a implementação ou o cumprimento de um compromisso nacional relativo a um acordo internacional exige um nível significativo de coerência e coordenação em âmbito doméstico. Normalmente, isso é feito pelo ministério pertinente – no caso dos acordos ambientais, pelo ministério responsável pelo meio ambiente. Em diferentes países, o meio ambiente está situado dentro de distintas configurações administrativas: em alguns, como ministério autônomo; em outros, integrado a outros portfólios (como é o caso do Ministério do Meio Ambiente e Energia da Costa Rica).

Entre o conjunto de governos nacionais do mundo, existe uma lista quase infinita de combinações e possibilidades de onde o portfólio ambiental se insere dentro da arquitetura administrativa pública. Esse fato aparentemente simples afeta diretamente como um país aborda sua agenda de clima e natureza em nível nacional e, por consequência, em nível internacional, no contexto de seus compromissos globais. Além disso, como já discutido, em muitos casos esse portfólio não supervisiona integralmente as atividades econômicas que interagem diretamente com a natureza, nela ocasionando impactos.

Da mesma forma, o compromisso de um país com um tratado internacional precisa ser espelhado em seus planejamentos nacionais e arranjos institucionais. Embora um tratado vinculante, por definição, transcenda os ciclos políticos nacionais e a inevitável alternância de governos, a abordagem de implementação pode variar entre administrações. Essa desconexão pode provocar uma execução lenta, fragmentada e/ou insustentável das ações locais necessárias para cumprir os compromissos globais. Um elemento adicional de complexidade interna é que, dependendo do arranjo nacional, diferentes agências, entidades ou ministérios podem ser responsáveis por compromissos distintos de Acordos Ambientais Multilaterais (MEAs).

Os governos nacionais impactam o clima e a natureza por meio de múltiplos canais. Embora as estruturas da administração pública e a direção do gasto dos recursos públicos sejam um vetor claro de mudança ambiental, os governos também são responsáveis pela definição, criação e implementação de ambientes regulatórios domésticos que podem estimular a atividade econômica de outros atores relevantes, como o setor privado. Portanto, é necessário um planejamento holístico em nível nacional em relação aos compromissos assumidos nos MEAs, com os fluxos de financiamento público e privado alinhados na direção desses compromissos.

Avançar para um maior alinhamento dos investimentos privados e públicos com os MEAs, em cada país, pode ser alcançado por meio de várias iniciativas. Em primeiro lugar, é necessário realizar uma avaliação holística de todos os compromissos assumidos por um país nos acordos ambientais globais. Em segundo lugar, esses compromissos precisam ser mapeados para os ministérios e agências competentes, a fim de identificar o cenário institucional doméstico responsável por sua implementação. Em terceiro lugar, deve-se estabelecer uma linha de base de dados e informações sobre a arquitetura administrativa pública relevante para o uso dos recursos naturais, os fluxos de financiamento já existentes dessas entidades e os marcos de políticas que orientam tanto os gastos públicos quanto privados em atividades que impactam o clima e a natureza. Essa linha de base destacaria contradições e revelaria potenciais oportunidades de maior alinhamento entre os MEAs e os planos nacionais de implementação. Por fim, essa abordagem precisaria ser testada e conduzida em uma gama de países, incluindo os diálogos políticos internos relevantes, para estabelecer um marco metodológico e operacional que pudesse ser transferido e aplicado em escala.

PERSPECTIVA 15.2
Avançando para a coerência de políticas domésticas: desenhando orçamentos sensíveis à natureza

Por Onno van den Heuvel, Assessor Técnico Sênior, Nature Finance, United Nations Development Programme (UNDP) Nature Hub

Muitas pessoas diriam que a biodiversidade é prerrogativa de ONGs de conservação, como o World Wildlife Fund, dos Ministérios do Meio Ambiente ou de figuras como David Attenborough. Mas esse pensamento se baseia em um equívoco. Biodiversidade não significa apenas vida selvagem e alguns belos parques nacionais que gostaríamos de preservar. É a variedade de toda a vida e de todos os ecossistemas do planeta que sustentam nossas economias e sociedades. Nossos principais ecossistemas estão profundamente entrelaçados com nossas economias. Precisamos de plantas para sequestrar carbono e liberar oxigênio, de polinizadores para cultivar nossas lavouras agrícolas e de estoques de peixes sustentáveis para que uma nova geração de pescadores possa manter seus meios de vida. Infelizmente, a maioria dos modelos econômicos até hoje parte da suposição de que nossas economias e os ecossistemas globais não estão fortemente conectados.

Ao perguntar quem é responsável pela biodiversidade nos governos, a maioria dos funcionários apontaria diretamente para o Ministério do Meio Ambiente. No entanto, como destacado neste capítulo, a responsabilidade pela conservação da biodiversidade e por seu uso sustentável deve estar entre os mandatos de múltiplos órgãos governamentais, assim como de organismos internacionais. Afinal, biodiversidade não é um setor econômico, mas uma prioridade de desenvolvimento transversal. Se, por um lado, criamos uma série de parques nacionais, mas, por outro, derrubamos florestas tropicais para expandir a agricultura — a própria definição de incoerência de políticas domésticas — acabamos em um jogo no qual a soma é zero.

Mas como definir a contribuição de cada ministério para a biodiversidade? Uma ferramenta muito útil nesse processo é a Revisão de Gastos em Biodiversidade (*Biodiversity Expenditure Review*). Introduzida em 2014 e já utilizada por mais de 40 países até hoje (como Colômbia, Costa Rica, Irlanda, Cazaquistão, Namíbia, Seychelles, Índia e Filipinas), essa revisão avalia os orçamentos públicos em relação a objetivos específicos de biodiversidade. Os governos que participaram desse exercício encontraram resultados notáveis. Em muitos casos, foi o Ministério da Agricultura o principal responsável pelos gastos com biodiversidade, já que a maioria dos países possui programas públicos relevantes, como agricultura orgânica ou regenerativa, cujo objetivo é sustentar os ecossistemas subjacentes. Esse tipo de revisão permite, então, promover ainda mais as categorias de gastos identificadas como Positivos para a Natureza, avançando para uma maior coerência de políticas domésticas.

Os países podem, de fato, dar um passo além. Em vez de realizar um exercício pontual, os princípios da Revisão de Gastos em Biodiversidade podem ser integrados aos sistemas de monitoramento de despesas por meio de um mecanismo de "orçamento etiquetado" (*budget tagging*). Isso introduz uma marcação oficial no sistema orçamentário público, identificando determinados programas e seus gastos associados à Natureza Positiva. O governo pode então revisar periodicamente quanto é gasto em investimentos Positivos para a Natureza em todo o sistema fiscal. México, Maláui, França e Indonésia estão entre os pioneiros na testagem dessa prática inovadora.

Não deveria todo país adotar isso? Com o apoio do Global Environment Facility (GEF), outros 91 países em breve iniciarão uma Revisão de Gastos em Biodiversidade. Eles poderão, então, considerar o passo seguinte de integrar essas revisões a seus sistemas de monitoramento de despesas. Já passou o tempo em que os orçamentos públicos podiam ser concebidos como "cegos em relação à natureza". Ferramentas e experiências como as Revisões de Gastos em Biodiversidade e o orçamento etiquetado estão agora disponíveis para permitir a elaboração de orçamentos sensíveis à natureza. Ações como essas podem nos aproximar da coerência de políticas domésticas e, portanto, da governança Positiva para a Natureza. As gerações futuras serão enormemente beneficiadas.

15.4.3 Uma mobilização de recursos financeiros para a natureza maior e melhor direcionada

As discussões internacionais, políticas e científicas atuais convergem em torno da conclusão de que as metas ambientais e de desenvolvimento sustentável do mundo para 2030 só poderão ser alcançadas se a lacuna de financiamento para o clima e a natureza for reduzida. Podemos definir a "lacuna de financiamento da natureza" como a diferença entre o financiamento atualmente destinado ao meio ambiente e o que é necessário para alcançar as metas globais críticas até 2030 e além desse marco.

A mensuração dessa lacuna integrada é um exercício complexo e repleto de suposições. Apesar da ausência de números concretos unificados, é inegável que: 1) essa lacuna existe, 2) é grande, e 3) precisa ser reduzida.

Fechar essa lacuna de financiamento requer a mobilização de recursos para o clima e a natureza por meio de uma abordagem de duas frentes: 1) aumentar os fluxos financeiros ao mesmo tempo em que 2) se reduzem as necessidades financeiras.

Com a lacuna de financiamento continuando a se ampliar, reconhece-se agora que os recursos da Assistência Oficial ao Desenvolvimento (AOD), sejam eles canalizados por vias multilaterais ou bilaterais, são necessários, mas insuficientes. Há necessidade de novas fontes de financiamento, provenientes de outros atores, como o setor privado e a filantropia. A mobilização de recursos a partir dessas fontes não tradicionais, bem como as opções para viabilizá-la, já são temas recorrentes nas discussões ambientais internacionais — e estão explicitamente refletidos em suas negociações[I].

Avançar para uma governança de Natureza Positiva exige a mobilização de recursos em escala maior. Mais do que isso, esses recursos precisam ser direcionados às instituições e iniciativas capazes de gerar um impacto que se mantenha por meio de abordagens holísticas e integradas, tanto em nível internacional quanto nacional.

Paralelamente ao aumento e à focalização dos financiamentos provenientes de todas as fontes, impactos positivos sobre a lacuna também podem ser alcançados por meio da coerência de políticas domésticas. Ambientes propícios nacionais podem potencializar ainda mais o impacto dos fluxos financeiros voltados à natureza; por outro lado, políticas domésticas desalinhadas podem reduzir o efeito dos próprios recursos que se tornam cada vez mais necessários da AOD e de outras fontes.

Em reconhecimento à importância dessa crescente agenda internacional, a Global Environment Facility (GEF) incorporou explicitamente a coerência de políticas como um elemento fundamental de sua programação, especialmente em seu portfólio em expansão de programas integrados. Atualmente, mantemos engajamento ativo com o setor privado[20], particularmente por meio desses programas integrados e do Fundo para o Marco Global da Biodiversidade[21]. Também temos cada vez mais colaborações com organizações filantrópicas, por exemplo, por meio de nosso trabalho contínuo com Fundos Fiduciários de Conservação regionais. Como mecanismo financeiro de múltiplas convenções ambientais, o GEF está bem posicionado para testar e operacionalizar esse conceito e demonstrar seu impacto.

Conclusão

Minha vida como conservacionista foi fundamentalmente moldada pela história de meu avô. O que ela me ensinou é que a governança

I Por exemplo, o Fundo do Marco Global de Biodiversidade de Kunming-Montreal da Convenção sobre Diversidade Biológica de 2022 (que está sendo em parte operacionalizado por meio da família de fundos do Fundo Global para o Meio Ambiente – GEF) tem explicitamente a mobilização de recursos como uma de suas 23 metas. Este também é um tema presente no Acordo sobre a Biodiversidade Além da Jurisdição Nacional (2023) e faz parte das discussões em andamento do Comitê Intergovernamental de Negociação sobre Poluição por Plásticos.

para a Natureza Positiva, entendida como a soma da coerência de políticas nacionais, internacionais e sistêmicas, é o elo perdido que tem inibido — e continuará a inibir — nosso progresso rumo ao desenvolvimento sustentável.

A governança Positiva para a Natureza, como objetivo político, pode ser alcançada por meio de uma mudança de paradigma que gere mais coerência e integração de políticas em todos os níveis de escala. O contrário — falta de coerência e fragmentação adicional — continuará a desafiar o alcance das metas e objetivos de 2030 e além desse marco temporal. A criação de novas leis, políticas, agências e instituições para proteger a natureza e reverter a mudança climática terá impacto limitado até que a governança e as políticas das instituições e acordos internacionais, das agências públicas nacionais e do setor privado estejam alinhadas com as metas globais de sustentabilidade. Precisamos explorar passos concretos e ousados para estimular essa mudança de paradigma.

Nessa empreitada, o papel de dados e informações universais, harmonizados e de acesso aberto é fundamental. Precisamos de uma contabilidade plena da natureza e de valorizar adequadamente os serviços ecossistêmicos nas decisões econômicas nacionais e globais. A academia tem papel relevante nesse processo, em que as comunidades científica e de elaboradores de políticas públicas (nacionais e internacionais) precisam trabalhar em estreita colaboração para moldar os marcos regulatórios pertinentes.

Embora avanços plausíveis em soluções de natureza positiva continuem ocorrendo em ciência, negócios, finanças e sociedade, o progresso sustentado e acelerado só poderá ser alcançado com governança para a Natureza Positiva. Esta é a condição necessária e subjacente para a transformação sistêmica de que precisamos para atingir um planeta de Natureza Positiva.

PERSPECTIVAS ADICIONAIS

PERSPECTIVA 15.3
Para que a Natureza Positiva se consolide, o setor público deve catalisar a ação

Por Brian O"Donnell, Diretor, Campaign for Nature

Grande parte da atenção dedicada ao avanço da agenda Natureza Positiva tem se concentrado no setor privado, o que é lógico, dado que ele representa 60% da economia global. Mas não podemos depender apenas de alguns poucos e brilhantes exemplos de empresas "no topo do ranking" que estão reduzindo seus danos ambientais. Precisamos que toda a classe se engaje em práticas empresariais positivas para a Natureza. Em última instância, isso exigirá que os governos assumam um papel de liderança, fornecendo a arquitetura necessária para criar um ambiente fértil para o investimento e para mudanças transformacionais — incluindo maior financiamento público, incentivos e regulamentações reforçadas.

A boa notícia é que há uma grande quantidade de exemplos convincentes de ações governamentais que catalisaram melhores práticas empresariais, aumentaram os investimentos ambientais e promoveram a recuperação de terras, águas e vida selvagem. Em 1991, Michael Porter, economista da Universidade de Harvard, desafiou o pensamento convencional ao afirmar: "*Regulações ambientais rigorosas não necessariamente prejudicam a vantagem competitiva em relação a rivais; de fato, muitas vezes a reforçam*"[22]. Nas décadas seguintes, a chamada "Hipótese de Porter" foi amplamente estudada, e grande parte das evidências empíricas sugere que ele estava certo.

Consideremos o Clean Water Act e outras regulamentações relativas à qualidade da água nos Estados Unidos, ou a "Guerra contra a Poluição" da China[23]. Esses esforços não apenas foram muito bem-sucedidos em reduzir significativamente a poluição e ajudar na recuperação das populações de peixes[24], como também estimularam a inovação econômica e aumentaram a produtividade[25, 26]. Políticas governamentais protegeram e restauraram a natureza em todo o mundo. Na Baja California Sur, México, na década de 1980, cientistas locais e pescadores observaram os profundos impactos da sobrepesca e da poluição na região de Cabo Pulmo27. Eles peticionaram com sucesso ao governo mexicano a criação de uma Área Marinha Protegida em 1995. A recuperação subsequente da biodiversidade marinha na região foi profunda — e também trouxe recuperação econômica para os pescadores e uma sólida economia turística.

Os governos já demonstraram inúmeros caminhos bem-sucedidos para ampliar o financiamento do setor privado para a conservação da natureza. Na Índia, o Companies Act de 2013 incentivou as empresas a destinar pelo menos 2% de seu lucro líquido à responsabilidade social corporativa (RSC), incluindo iniciativas ambientais[28]. (Nos anos seguintes à implementação, a legislação levou a grandes aumentos na filantropia, trazendo a RSC "da periferia para a sala do conselho", como disse um observador. Mas também gerou um aumento de empresas que evitaram ou burlaram as regras, segundo constatou o The Guardian)[29].

Na preparação para a COP15 de biodiversidade, um grupo de fundações, principalmente sediadas nos Estados Unidos, anunciou o maior compromisso filantrópico já feito para a natureza: cinco bilhões de dólares, para apoiar a proteção de pelo menos 30% das terras e oceanos do mundo até 2030[30]. Embora esse enorme compromisso financeiro tenha sido celebrado como uma iniciativa do setor privado, as leis tributárias dos EUA incentivaram a filantropia por meio de benefícios fiscais, o que levou à criação dessas fundações em primeiro lugar.

Mesmo com esses importantes investimentos privados na natureza, é fundamental lembrar que mais de 80% do financiamento global para biodiversidade ainda vem diretamente dos governos[31]. Os governos terão que mobilizar recursos adicionais a partir das indústrias que promovem a perda de biodiversidade, incluindo os setores de combustíveis fósseis, mineração, agricultura industrial e pesca. O Land and Water Conservation Fund do governo dos EUA é um exemplo-chave, ao tributar a indústria (petróleo e gás offshore) e destinar os recursos a iniciativas de conservação. Em última instância, como foi discutido neste capítulo, todos os investimentos públicos e privados em conservação da natureza em nível nacional devem estar alinhados com os Acordos Ambientais Multilaterais (MEAs)[32] com os quais o país se comprometeu.

A oportunidade de ação governamental para catalisar conservação, restauração e aumento do financiamento para a natureza está apenas arranhando a superfície do que é possível — e do que é necessário — para deter e reverter a perda de biodiversidade. Além disso, os governos podem estimular ainda mais o financiamento do setor privado para a natureza por meio da criação de ambientes de políticas domésticas adequados. O Marco Global da Biodiversidade estabeleceu metas e objetivos importantes para nos levar a uma economia de Natureza Positiva. Agora, cabe aos governos desenvolver e implementar as políticas que tornarão isso possível.

PERSPECTIVA 15.4
Traduzindo compromissos globais com a natureza em ações nacionais transformadoras

Por Kirsten Schuijt, Diretora-Geral, WWF International

O Marco Global da Biodiversidade de Kunming-Montreal (GBF) é um acordo transformador, com potencial para colocar o mundo em um caminho Postivo para a Natureza. Suas 23 metas para deter e reverter a perda de biodiversidade até 2030, se todas forem alcançadas, proporcionarão melhores resultados de conservação na base e abordarão os fatores da perda de biodiversidade, incluindo aqueles relacionados ao consumo e à produção insustentáveis em escala global. Esses são ingredientes essenciais para cumprir a missão Natureza Positiva do GBF. Mas esses compromissos globais permanecerão apenas palavras no papel se não trabalharmos juntos para traduzi-los em ações transformadoras concretas.

Para que isso aconteça, esforços coletivos de todos os setores da sociedade são essenciais. Como ponto de partida, precisaremos de Estratégias e Planos de Ação Nacionais de Biodiversidade (NBSAPs) atualizados e alinhados ao GBF, que sejam ambiciosos e imediatamente implementados.

Na **COP15**, as partes da CDB concordaram em revisar seus NBSAPs (ou metas nacionais) para refletir a missão, a ambição e as metas do GBF. As partes também se comprometeram a implementar esse processo por meio de uma abordagem de governo e sociedade como um todo, envolvendo todos os setores, detentores de direitos e principais partes interessadas. Isso oferece uma oportunidade importante para fortalecer a governança Positiva para a Natureza em nível nacional. A aprovação dos NBSAPs revisados no mais alto nível político nacional garantiria ainda mais sua plena implementação.

Uma ampla e sólida apropriação dos NBSAPs revisados, alcançada por meio de um processo inclusivo de revisão, lançará as bases para a implementação de ações imediatas e transformadoras necessárias para atingir a missão Natureza Positiva do GBF. Essa abordagem não deve ser um esforço pontual, mas sim sustentada durante todo o processo de implementação e monitoramento. Os NBSAPs são um ponto de partida para a ação, não um fim em si mesmos. A participação contínua e a inclusão são essenciais, tanto na elaboração de planos de ação detalhados e específicos quanto na implementação e no monitoramento. O marco de monitoramento do GBF é uma ferramenta importante para aprimorar a governança por meio de maior transparência e responsabilização, além de preparar o terreno para ampliar as ações nacionais após a Revisão Global de 2026 sobre o progresso coletivo – caso se constate, então, que o avanço é insuficiente para alcançar a missão Natureza Positiva do GBF até 2030.

A governança inclusiva e Positiva para a Natureza não é importante apenas para enfrentar os vetores da perda de biodiversidade, mas também deve reforçar sinergias. Enquanto muitos países estão no processo de aprimorar suas Contribuições Nacionalmente Determinadas (NDCs) e, ao mesmo tempo, revisar seus NBSAPs, este é um momento oportuno para buscar maiores sinergias e lidar com possíveis compensações entre ações de clima e de natureza.

Uma governança Positiva para a Natureza Positiva sólida precisa ser apoiada por recursos adequados, que permitam implantar ações apropriadas nos lugares certos, pelos atores adequados. Isso inclui recursos adequados, previsíveis e de fácil acesso para apoiar países em desenvolvimento na implementação de seus NBSAPs, bem como Povos Indígenas e Comunidades Locais. Os planos nacionais de financiamento da biodiversidade constituem, portanto, parte importante do pacote dos NBSAPs, ao criar maior clareza sobre necessidades, recursos e lacunas. Maior transparência e acordo sobre métodos de contabilização de compromissos financeiros também são fundamentais, em especial no que se refere ao financiamento de ações sinérgicas.

Infelizmente, muitos países ainda não apresentaram seus NBSAPs atualizados, apesar de terem se comprometido a fazê-lo até a COP16 da CDB, em outubro de 2024. Embora o processo de atualização dos NBSAPs ofereça oportunidades para uma governança e ações mais eficazes, abrangentes e inclusivas, a urgência em concluir esses processos de revisão é evidente.

No momento em que este texto estava sendo escrito (no outono de 2024), estávamos há menos de seis anos para alcançar as metas do GBF 2030. Precisamos trabalhar juntos para apoiar os atores e as ações – começando pelo desenvolvimento e implementação inclusivos dos NBSAPs de que necessitamos – e garantir que recursos suficientes cheguem o quanto antes aos países em desenvolvimento e aos Povos Indígenas e Comunidades Locais.

Notas bibliográficas

1. PAGIOLA, S. Payments for environmental services in Costa Rica. Ecological Economics, n. 65, p. 712-724, 2008.

2. CALDWELL, L. K.; WEILAND, P. S. International Environmental Policy: From the Twentieth to the Twenty-First Century. [S.l.]: Duke University Press, 1996.

3. Gissibl, B. et al. Introduction: Towards a global history of national parks. In: Gissibl, B. et al. (eds.). Civilizing Nature: National Parks in Global Historical Perspective. New York: Berghahn Books, p. 1-28, 2012. Disponível em: https://doi.org/10.1515/9780857455277-004. Acesso em: 12 out. 2025.

4. UNIÃO INTERNACIONAL PARA A CONSERVAÇÃO DA NATUREZA (IUCN). International Union for Conservation of Nature. 2024. Disponível em: www.iucn.org/about-iucn. Acesso em: 12 out. 2025.

5. HANDL, G. Declaration of the United Nations Conference on the Human Environment (Stockholm Declaration), 1972 and The Rio Declaration on Environment and Development,
1992. United Nations Audiovisual Library of International Law, 2012.

6. PROGRAMA DAS NAÇÕES UNIDAS PARA O MEIO AMBIENTE (PNUMA). UNEP: 50 Years of Environmental Milestones. S.d. Disponível em: www.unep.org/environmental-moments-unep50-timeline. Acesso em: 12 out. 2025.

7. PANJABI, R. K. L. From Stockholm to Rio: A comparison of the declaratory principles of international environmental law. Denver Journal of International Law and Policy, n.21, p. 215, 1993.

8. MULTILATERAL FUND FOR THE IMPLEMENTATION OF THE MONTREAL PROTOCOL. S.d. Disponível em: www.multilateralfund.org/. Acesso em: 12 out. 2025.

9. CONVENÇÃO DAS NAÇÕES UNIDAS DE COMBATE À DESERTIFICAÇÃO. Rio Conventions. S.d. Disponível em: www.unccd.int/convention/partners/rio-conventions#:~:text=The%20three%20global%20agreements%20-%20which,joint%20approach%20to%20restore%20our. Acesso em: 12 out. 2025.

10. SAND, H. P. The evolution of international environmental law. In: BODANSKY, D. et al. (eds.). The Oxford Handbook of International Environmental Law. [S.l]: Oxford University Press, 2007, p. 30-43.

11. GLOBAL ENVIRONMENT FACILITY. GEF/A.5/07/Rev.01 Report of the Sixth Replenishment of the GEF Trust Fund. Global Environment Facility, 2014.

12. GLOBAL ENVIRONMENT FACILITY. GEF/C.62/03 Summary of Negotiations of the Eight Replenishment of the GEF Trust Fund. Global Environment Facility, 2022.

13. DEVEX. Ministry of Environment and Energy (Costa Rica). S.d. Disponível em: www.devex.com/organizations/ministry-of-environment-and-energy-ministerio-de-ambiente-y-energia-minae-costa-rica-126001#. Acesso em: 12 out. 2025.

14. GLOBAL ENVIRONMENT FACILITY. GEF/C.65/04 Enhancing Policy Coherence through. GEF Operations. Global Environment Facility, 2023.

15. DEPARTAMENTO DE ASSUNTOS ECONÔMICOS E SOCIAIS DAS NAÇÕES UNIDAS (UNDESA). Sustainable Development Goals. S.d. Disponível em: https://sdgs.un.org/goals. Acesso em: 12 out. 2025.

16. CONVENÇÃO SOBRE A DIVERSIDADE BIOLÓGICA. Decision Adopted by the Conference of the Parties to the Convention on Biological Diversity: 15/4 Kunming-Montreal Global Biodiversity Framework. 2022. Disponível em: www.cbd.int/doc/decisions/cop-15/cop-15-dec-04-en.pdf. Acesso em: 12 out. 2025.

17. REED, J. et al. What are "integrated landscape approaches" and how effectively have they been implemented in the tropics: A systematic map protocol. Environmental Evidence, n. 4, p. 1-7, 2015.

18. SAYER, J. et al. Ten principles for a landscape approach to reconciling agriculture, conservation, and other competing land uses. Proceedings of the National Academy of Sciences, v.110, n.21, p. 8349-8356, 2013.

19. PROGRAMA DAS NAÇÕES UNIDAS PARA O MEIO AMBIENTE (PNUMA). About Montreal Protocol. S.d. Disponível em: www.unep.org/ozonaction/who-we-are/about-montreal-protocol Acesso em: 2 ago. 2024.

20. GLOBAL ENVIRONMENT FACILITY. GEF/C.58/05 GEF"s Private Sector Engagement Strategy. Global Environment Facility, 2020.

21. GLOBAL ENVIRONMENT FACILITY. GEF/C.64/06/Rev.02 Programming Directions for the Global Biodiversity Framework Fund. Global Environment Facility, 2023.

22. PORTER, M. E. America"s green strategy. Scientific American, n. 264, p. 168, 1991. Disponível em: http://dx.doi.org/10.1038/scientificamerican0491-168. Acesso em: 12 out. 2025.

23. GREENSTONE, M. et al. China"s war on pollution: Evidence from the first five years. NBER Working Papers, 2021. Disponível em: www.nber.org/system/files/working_papers/w28467/w28467.pdf. Acesso em: 12 out. 2025.

24. U.S. GOVERNMENT ACCOUNTABILITY OFFICE. 50 Years after the Clean Water Act–Gauging Progress, 17 outubro de 2022. Disponível em: www.gao.gov/blog/50-years-after-clean-water-act-gauging-progress. Acesso em: 12 out. 2025.

25. LI, H.; RUS, H. Water Governance and Water Innovation Adaptive Responses to Regulatory Change and Extreme Weather Events. 2022. Disponível em: https://papers.ssrn.com/sol3/papers.cfm?abstract_id=4002240. Acesso em: 12 out. 2025.

26. ZHUGE, L. et al. Regulation and innovation: Examining outcomes in Chinese pollution control policy areas. Economic Modelling, 89, p. 19-31, 2020. Disponível em: www.sciencedirect.com/science/article/abs/pii/S0264999318301044. Acesso em: 12 out. 2025.

27. GLOBAL CONSERVATION. Baja Sur Marine Protection. Mexico. S.d. Disponível em: https://globalconservation.org/projects/baja-sur-mexico. Acesso em: 12 out. 2025.

28. MINISTRY OF CORPORATE AFFAIRS. Help & FAQs, Companies Act. S.d. Disponível em: www.csr.gov.in/content/csr/global/master/home/helpandfaqs.html. Acesso em: 12 out. 2025.

29. BALCH, O., 2016. Indian law requires companies to give 2% of profits to charity: Is it working?. The Guardian, 5 abril de 2016. Disponível em: www.theguardian.com/sustainable-business/2016/apr/05/india-csr-law-requires-companies-profits-to-charity-is-it-working. Acesso em: 12 out. 2025.

30. WWF. WWF Hails Largest-Ever Private Funding Commitment for Biodiversity as a "Momentous Move for a "Nature-Positive" World". 2021. Disponível em: https://wwf.panda.org/wwf_news/?3762941/WWF-hails-largest-ever-private-funding-commitment-for-biodiversity-as-a-momentous-move-for-a-nature-positive-world. Acesso em: 12 out. 2025.

31. PAULSON INSTITUTE. Financing Nature: Closing the Global Biodiversity Financing Gap. 2020. Disponível em: www.paulsoninstitute.org/conservation/financing-nature-report/. Acesso em: 12 out. 2025.

32. ORGANIZAÇÃO DAS NAÇÕES UNIDAS PARA A ALIMENTAÇÃO E AGRICULTURA (FAO). Building Capacity Related to Multilateral Environmental Agreements in African, Caribbean and Pacific Countries. S.d. Disponível em: www.fao.org/in-action/building-capacity-environmental-agreements/overview/what-are-meas/en. Acesso em: 12 out. 2025.

Renata Piazzon
Diretora executiva do Instituto Arapyaú e integrante dos conselhos do GIFE e da Coalizão Brasil, Clima, Florestas e Agricultura, do Comitê ASG da C&A e do Conselho de Desenvolvimento Econômico e Social (CDESS) da Presidência da República. Colunista do jornal *O Estado de S. Paulo*, foi reconhecida em rankings como Chambers Latin America e pelo Prêmio Abraps.